石油和化工行业"十四五"规划教材

高等职业教育本科教材

化学反应工程

李　倩　杨艳玲　主编　　彭振博　副主编

陈炳和　主审

化学工业出版社

·北京·

内容简介

本书全面贯彻党的教育方针，落实立德树人根本任务，有机融入党的二十大精神，根据国家职业教育本科应用化工技术专业标准，基于典型工作任务进行编写。全书包含基础理论知识、釜式反应器、管式反应器、固定床反应器、流化床反应器、气液相反应过程与反应器以及反应器技术前沿。内容设计从典型生产案例引出反应器应用特点，从实际工作过程出发按照“生产应用案例—反应器结构特点—典型任务设计计算—实践操作—能力提升—分析讨论—工业文化”的编写体例，使学生在学习时循序渐进，遵从“理论—实践—提升”的认知规律，实现教学内容和实际工作过程的高度对接，培养学生的职业性，各项目后附有知识点归纳和自测练习。

本书可作为高等职业教育本科化工技术类专业和相关专业的教材，也可作为高等职业教育专科相关专业的教材，还可供企业技术人员学习、参考。

图书在版编目(CIP)数据

化学反应工程/李倩，杨艳玲主编；彭振博副主编.—北京：化学工业出版社，2024.4

ISBN 978-7-122-44775-3

Ⅰ.①化… Ⅱ.①李…②杨…③彭… Ⅲ.①化学反应工程-高等职业教育-教材 Ⅳ.①TQ03

中国国家版本馆CIP数据核字（2024）第033446号

责任编辑：提 岩 刘心怡 王海燕　　文字编辑：曹 敏
责任校对：李露洁　　装帧设计：关 飞

出版发行：化学工业出版社
（北京市东城区青年湖南街13号 邮政编码100011）
印 装：河北鑫兆源印刷有限公司
787mm×1092mm 1/16 印张21¼ 字数564千字
2024年4月北京第1版第1次印刷

购书咨询：010-64518888　　售后服务：010-64518899
网 址：http://www.cip.com.cn
凡购买本书，如有缺损质量问题，本社销售中心负责调换。

定 价：58.00元
版权所有 违者必究

序

党的二十大报告提出：建设现代化产业体系。坚持把发展经济的着力点放在实体经济上。石油和化学工业是实体工业中最具生命力，极富创造性的工业领域。现代化学工业以高端化、智能化、绿色化发展为标志，是支撑国民经济发展和满足人民生活需要的重要基础。

行业发展，人才先行。职业教育以建设人力资源强国为战略目标，随着产业结构升级，绿色技术革新，智能化迭代步伐的加速，提高职业教育培养层次，培养一批高层次技术技能型人才和善于解决现场工程问题的工程师队伍，迫在眉睫。职业本科教育应运而生。

职业本科教育旨在培养一批理论联系实际，服务产业数字化转型、先进制造技术、先进基础工艺的人才和具有技术创新能力的高端技术技能型人才，以提高职业教育服务经济建设的能力，满足社会发展的需求。

教材作为教学活动的基础性载体，是落实人才培养方案的重要工具。职业本科教材建设对于推动课程与教学改革在职业本科教育中落地、提高人才培养质量以及促进社会经济发展都具有重要意义。

为满足我国石油和化工行业对高层次技术技能型人才的需求，更好地服务于职业本科专业新标准实施，补充紧缺教材，全国石油和化工职业教育教学指导委员会于 2022 年 6 月发布了《石油和化工行业职业教育“十四五”规划教材（职业本科）建设方案》（中化教协发〔2022〕23 号），并根据方案内容启动了第一批石化类职业本科系列教材的建设工作。本系列教材历经组织申报、专家函评、主编答辩、确定编审团队、组织编写、审稿、出版等环节，现即将面世。

本系列教材是多校联合、校企合作开发的成果，编写团队由来自全国多所职业技术大学、高等职业院校以及普通本科学校、科研院所、企业的优秀教师、专家组成，他们具有丰富的教学、实践及行业经验，对行业发展和人才需求有深入的了解。本系列教材涵盖职业本科石化类专业的专业基础课和专业核心课，能较好地满足专业教学需求。

本系列教材以提高学生的知识应用能力和综合素质为目标，具有以下突出特点：

（1）坚持正确的政治导向，加强教材的育人功能。全面贯彻党的教育方针，落实立德树人的根本任务，在教材中有机融入党的二十大精神和思政元素，展示石化工业在社会发展和科技进步中的重要作用，培养学生树立正确的世界观、人生观和价值观。

（2）体系完整、内容丰富，可服务于职业本科专业新标准的实施。以职业本科应用化工技术专业教学标准为依据，按照顶层设计、全局总览、课程互联的思路安排教材内容，增强教材与课程、课程与专业之间的联系，为实现模块化、项目化等新型教学模式奠定良好基础。

（3）突出职业教育类型特征，强调知识的应用能力。紧密结合行业实际，注重培养学生利用所学知识分析问题、解决问题的能力，使其能够胜任生产加工中高端产品、解决较复杂问题、进行较复杂操作，并具有一定的创新能力和可持续发展能力。

（4）反映石化行业的发展趋势和新技术应用。将学科及相关领域的科研新进展、工程新技术、生产新工艺、技术新规范纳入教材；反映石化工业在经济发展、社会进步、产业发展以及改善人类生活等方面发挥的重要作用，使学生紧跟行业发展步伐，掌握先进技术。

（5）创新教材编写模式。为适应职业教育“三教”改革的需要，系列教材注重编写模式的创新。根据各教材内容的适应性，采用模块化、项目化、案例式等丰富的编写形式组织教材内容；统一进行栏目设计，利用丰富多样的小栏目拓展学生的知识面，提高学生学习兴趣；将信息技术作为知识呈现的新载体，通过二维码等形式有效拓展教材内容，实现线上线下的互联和互动，以适应新时期的教与学。

（6）统一设计封面、版式，装帧印刷精良。对封面、版式等进行整体设计，确保装帧精美、质量优良。

期待本系列教材的出版和使用，能为我国石油和化工行业培养高水平、高层次技术技能型人才助力，对推动行业的持续发展和转型升级发挥积极作用。

最后，感谢所有在系列教材建设工作中辛勤付出的专家和教师们！感谢所有关心和支持我国石油和化工行业发展的各界人士！

全国石油和化工职业教育教学指导委员会

前言

《化学反应工程》是为充分落实教育部《“十四五”职业教育规划教材建设实施方案》（教职成厅〔2021〕3号）文件精神以及石油和化工行业“十四五”规划教材（职教本科）建设工作而编写。本教材具有以下特点：

（1）落实“立德树人”根本任务，突出创新性、复合性、行业性和可持续发展能力的职教本科特性，以化工生产岗位需求、“化工总控工高级工”等国家职业资格证书技能要求为依据，提炼岗位知识、技能点，融入“岗课赛证”内容，与时俱进，及时将新技术、新工艺、新规范纳入教材内容。

（2）以生产案例提炼工作任务，围绕工作任务构建理论知识点，力求概念准确清晰、原理分析透彻；通过虚拟仿真和现场操作进行消化总结，强化实践教学；通过反应器设计案例进行巩固提升，培养学生工程工艺设计和创新理念，强化创新能力培养，提高岗位技能迁移能力和终身学习能力。

（3）为学生将来发展预留空间，以拓展知识的形式延伸了课程中较难的知识点，使学生不仅知识够用还有上升空间。同时结合“思政筑魂”“文化育人”，将育人与专业课程学习有机结合，插入与专业相关的工业文化知识片段，逐步融入行业企业文化，培养石油和化工行业人文精神，将化工生产的工匠精神、安全意识、绿色发展等融入教材。

教材内容设置在本科教材的基础上力求简洁明了，相对高职教材更注重分析能力、创新能力培养，既能满足职业教育人才培养特征性，也可以具备普通本科人才培养的适应性。按照“能学辅教”的资源建设理念，在教材中以二维码的形式融入动画、微课等数字化资源，提供多种学习方式，激发学习兴趣。

本教材由兰州石化职业技术大学李倩和潍坊职业学院杨艳玲担任主编，宁波职业技术学院彭振博担任副主编，常州工程职业技术学院陈炳和教授担任主审。其中，绪论、项目一～项目三（除“生产应用案例”外）和项目九由李倩编写，项目四由彭振搏、宁波职业技术学院姚鹏军编写，项目五由杨艳玲编写，项目六由河南应用技术职业学院何璐红编写，项目二、项目三的生产应用案例和项目七由湖南化工职业技术学院魏义兰编写，项目八由青岛职业技术学院左常江编写。各反应器项目中实训部分由兰州石化公司彭远嘱高级技师进行审核。在教材编写过程中，兰州石化职业技术大学杨西萍、王小瑞提供了大量帮助，北京东方仿真软件技术有限公司和化学工业出版社有限公司也给予了大力支持，在此一并致谢！

由于编者水平和实践经验所限，书中不足之处在所难免，恳请广大读者批评指正，并深表感谢！

编者

2023年8月

目录

项目三 管式反应器 / 76

项目四 固定床反应器 / 123

项目五　流化床反应器　/ 189

项目六　气液相反应过程与反应器　/ 240

项目七　微反应器　/ 287

项目八　其他类型反应器　/ 306

二维码资源目录

序号	资源名称	资源类型	页码
1	“三率”例题	微课	6
2	间歇操作	动画	10
3	连续操作	动画	11
4	物料衡算式	微课	11
5	理想置换流动模型	动画	21
6	理想混合流动模型	动画	22
7	釜式反应器基本结构	动画	36
8	桨式搅拌器	动画	37
9	涡轮式搅拌器	动画	37
10	釜式反应器夹套式换热原理	动画	39
11	BR 计算例题	微课	44
12	n-CSTR 计算例题	微课	52
13	管式反应器的结构及分类	微课	80
14	PFR 空时和体积计算	微课	84
15	不同反应器生产能力的比较	微课	90
16	固定床反应器的结构	微课	126
17	乙苯脱氢反应器	动画	128
18	催化剂基本特征	微课	130
19	催化剂性能指标	微课	132
20	气固相催化过程	微课	142
21	气固相反应本征动力学	微课	149
22	固定床催化剂用量计算例题	微课	161
23	固定床反应器结构尺寸计算例题	微课	162
24	标准流化床	动画	192
25	流化床反应器的结构及特点	微课	192
26	固体流态化	微课	200
27	沟流现象	动画	203
28	大气泡现象	动画	203

绪论

化学工业产品种类繁杂，生产工艺千差万别，但不论是何种化工产品，它的生产工艺过程都可以概括为以下三部分：原料的预处理、化学反应过程以及反应产物的分离与提纯过程。其中原料的预处理和反应产物的分离与提纯过程主要是物理过程，属于分离过程所研究的问题。而化学反应过程是整个化工产品生产的核心部分，实现化学反应过程的设备是反应器。

化学反应工程是一门研究涉及化学反应的工程问题的学科。对于已经在实验室中实现的化学反应，如何将其在工业规模上实现是化学反应工程学的主要任务。为了实现这一目标，化学反应工程学不仅研究化学反应速率与反应条件之间的关系，即化学反应动力学，而且着重研究传递过程对宏观化学反应速率的影响，研究不同类型反应器的特点及其与化学反应结果之间的关系。简单地说就是选择一个适宜的反应器结构型式、操作方式和工艺条件，使得在该反应器内进行化学反应过程时能够得到最大的经济效益。

在工业反应器中完成产品的生产过程包括两方面：化学反应和反应器。我们知道，化学反应是反应过程的主体，反应本身的特性即反应动力学方程是代表反应过程的本质因素，而反应器是实现这种反应的客观环境。在工业反应器内进行的化学反应过程既有物理过程又有化学过程。物理过程和化学过程相互渗透、相互影响，有可能导致工业反应器内的反应结果与实验室获得的结果大相径庭。

反应器中对反应结果产生影响的主要物理过程是流体流动过程和传质传热过程。从本质上说物理过程虽然不能改变化学反应的动力学规律，但是它可以改变反应器内操作条件如温度和浓度的变化规律，最终导致反应效果发生变化，影响反应结果。因此，我们不仅要研究化学反应的原理、动力学方程式，还要研究如何在工业上实现这些反应过程，即反应的工程问题。

化学反应工程主要包括以下几方面的内容：

（1）化学反应动力学特性　化学反应动力学是指反应过程中，操作条件如反应的温度、反应物的浓度、反应压力、催化剂等对反应速率的影响规律。这些规律一般是在实验室内，通过对小型反应器内的化学反应进行研究得到的，它不包括传递过程的影响。通常我们得到的是用简单的物理量所描述的影响反应速率的动力学方程式。它是对反应器进行设计、计算和分析的基础。

（2）物理过程对反应的影响　工业反应器内的物理过程主要是指流体流动、传质和传热过程。这些过程会影响反应器内的浓度和温度在时间和空间上的分布，使得反应的结果最终发生变化。因此，只有对这些物理过程进行分析，找出它们对反应过程的影响规律，定量描述，才能准确分析反应过程，对反应器进行设计和放大。

（3）反应器的设计和优化　将反应动力学特性和反应过程中的传递特性结合起来，建立数学模型，利用计算机对化学反应过程进行分析、设计，并对反应进行最优生产条件的选择以及控制。

(4) 反应器的操作　反应器的计算包括设计计算和校核计算。而反应器的校核计算在化工生产装置中是必不可少的。校核计算和生产过程中反应器的操作有很大的关系。因此如何进行各类不同反应器的操作也是化学反应工程的重要内容。

而上述这些内容的研究，并不是独立的，它需要和其它学科紧密联系。化学反应工程和其它学科如物理化学、化学工艺、化工热力学、传递过程等课程存在着一定的关系。在化工热力学中，主要分析反应的可能性、反应条件和可能达到的反应程度等，如计算反应的平衡常数和平衡转化率。而在本课程中，则需要对这些在热力学上具有一定的反应能动性的化学反应通过反应动力学研究，选择适宜的操作条件及反应器结构型式、确定反应器尺寸等来完成该反应，使其达到较好的反应效果。例如合成氨反应，该反应在热力学上有很大的能动性，化学平衡常数较大，但反应速率却很慢，如何实现工业化？通过动力学的研究，在体系中加入了催化剂后，反应速率得到大幅提高。并且在工业上选择了自热式固定床反应器，确定了合适的工艺条件，使其达到很好的反应效果。在传递过程中主要是讨论反应过程中的动量传递、热量传递和质量传递过程的基本规律。这些规律在化工反应原理及设备中直接影响到工业反应器内的流体流动与混合、温度与浓度的分布，使得反应效果发生改变。因此，化学反应工程学的研究和其它学科的研究是密不可分的，是相互依存、相互促进的。

化学反应工程是研究如何在工业规模上实现有经济价值的化学反应的一门应用技术学科。是通过对反应过程本身及所用设备的研究开发来达到有效地大规模生产化工产品的目的。既以化学反应作为对象，掌握这些化学反应的特性；同时又以工程问题为对象，熟悉装置的特性，并把这两者结合起来形成学科体系。它的基本研究方法是数学模型法，核心就是数学模型的建立。它是通过对客观实体人为地作出某些假设，设想一个简化的物理模型，并用数学的方法对其进行描述，通过修正各物理参数，对该过程进行数学运算，并用模型方程的解讨论反应特性规律。

数学模型法的基本过程是：首先进行实验室规模的实验，主要进行催化剂的开发和反应动力学的研究，着重研究核心反应规律；同时进行小试，仍在实验室进行，只是采用与工业规模相类似的金属装置作实验，主要研究物理过程对化学反应的影响；在此基础上，进行大型冷模实验，摸索传递过程规律，研究传递过程对化学反应过程的影响；然后即可进行中间试验，简称中试。中试时所用的设备不仅仅是规模上的扩大，而且和生产车间的工艺流程及反应器的型式十分接近。此时主要是对数学模型的检验与修正，寻找优化条件。在这些过程中，需要利用计算机或其它手段对各步试验结果进行综合分析，预测大型反应器性能。

本教材在内容编排上，把各类反应器设计计算时所需要的基本理论知识进行整合，在基础理论知识里进行一一介绍，然后分门别类，在不同的项目分别介绍不同类型反应器的结构、设计计算、性能、操作以及在实际生产中要考虑的问题。

项目一
基础理论知识

【学习目标】

知识目标

(1) 掌握反应过程中的基本概念和常用物理量的计算。
(2) 理解动力学基本概念、常见动力学方程的表示方法和工程应用。
(3) 熟悉常见工业反应器的分类和操作方式。
(4) 了解化工生产过程中的几个时间参数。

技能目标

(1) 能够分析反应活化能和反应温度之间的关系，具备控制反应温度的技能。
(2) 能够分析反应器内理想流动模型和非理想流动模型的特征。
(3) 能够进行简单动力学的计算。
(4) 了解动力学方程的建立方法。

素质目标

(1) 具备化工生产相关职业资格的基本素质。
(2) 具备一定的科研素养、质量意识和工匠精神。
(3) 具备高级技能人才的分析问题的主观能动性和国际视野。

化学反应工程主要包括两部分内容：反应过程及反应过程所使用的反应器。由于在化工生产过程中会发生各种类型反应，导致为完成反应所使用的反应设备也不同，因此主要任务就是如何选择合适的反应器使反应过程所能达到的效率为最大。为完成这个任务，首先就要了解化学反应过程效率最大的判断指标，这个指标主要是指反应速率，即通过反应的动力学来进行判定。因此，反应的动力学方程是化工生产过程中最大化生产的一个重要指标。

任务一 学习化工生产中基本概念

化学反应过程是化学工业的核心过程，如何描述化学反应的具体状态和结果就需要一些基本的概念和指标。

一、化学反应式及计量方程

1. 化学反应式

反应物经过化学反应生成产物的过程用定量关系式予以描述时，该定量关系式称为化学反应式，如：

$$aA+bB \longrightarrow rR+sS \tag{1-1}$$

式中，A、B为反应物；R、S为生成物，即产物；a、b、r、s为参与反应的各组分的分子数，恒大于0，称为计量系数。

上式表示a摩尔A组分与b摩尔B组分经化学反应后将生成r摩尔R组分和s摩尔S组分等（若还有其他组分，类似）。箭头表示了反应进行的方向，如果箭头为双向，则表示该反应为可逆反应。

2. 化学反应计量式(化学反应计量方程)

$$aA+bB = rR+sS \tag{1-2}$$

式(1-2)是一个方程式，允许按照方程式的运算规则进行运算，如写成方程的形式为：

$$(-a)A+(-b)B+rR+sS=0 \tag{1-3}$$

写成普通形式：

$$\alpha_A A+\alpha_B B+\alpha_R R+\alpha_S S=\sum \alpha_I I=0 \tag{1-4}$$

式(1-4)中，α_I为I组分的化学计量系数。

如果I组分为反应物，α_I为负值；如果I组分为产物，α_I为正值。因此化学反应计量式中计量系数与化学反应式中的计量系数存在以下关系：若是产物，二者相等，即$\alpha_R=r$；若是反应物，则二者数值相等，符号相反，即$\alpha_A=-a$或$a=-\alpha_A$，即反应物的化学计量系数为“－”，产物的化学计量系数为“＋”。

化学反应计量式只表示参与化学反应的各组分间的计量关系，与反应历程及反应可以进行的程度无关。化学反应计量式不得含有除1以外的任何公因子，具体如何写法依习惯而定，如$2SO_2+O_2 = 2SO_3$与$SO_2+\frac{1}{2}O_2 = SO_3$均被认可，习惯上将关键组分写在第一位，并使其计量系数为1，即$a=-\alpha_A=1$。

二、常用指标

对于任一化学反应，$aA+bB = rR+sS$或$\alpha_A A+\alpha_B B+\alpha_R R+\alpha_S S=0$反应时各组分的起始量分别为$n_{A0}$、$n_{B0}$、$n_{R0}$、$n_{S0}$；反应进行到一定程度时，各组分的量分别为$n_A$、$n_B$、$n_R$、$n_S$。

（一）反应程度

反应程度用来描述反应进行的程度。

从化学计量方程可知：任何一个反应在反应进行过程中，反应物的消耗量与产物的生成量之间存在一定的比例，即化学计量系数关系。

$$\frac{n_A-n_{A0}}{\alpha_A}=\frac{n_B-n_{B0}}{\alpha_B}=\frac{n_R-n_{R0}}{\alpha_R}=\frac{n_S-n_{S0}}{\alpha_S}$$

对于反应物：$n_A<n_{A0}$，$\alpha_A<0$；$n_B<n_{B0}$，$\alpha_B<0$。

对于生成物：$n_R>n_{R0}$，$\alpha_R>0$；$n_S>n_{S0}$，$\alpha_S>0$。

从上式可以看出：任何组分的消耗量（或生成量）与其化学计量系数的比值均相同且为

一定值。

定义
$$\xi=\frac{n_I-n_{I0}}{\alpha_I} \tag{1-5}$$
称为反应程度。

反应程度 ξ 可以用来描述反应进行的程度。反应程度是一累计量，其值永远为正且随反应时间而变化，是一广度性质的量，单位为 mol。

反应进行到某时刻，各组分的物质的量与反应程度的关系为：
$$n_I=n_{I0}+\alpha_I\xi \tag{1-6}$$

（二）生产中的“三率”

1. 转化率

生产中经常用关键组分 A 的转化率来描述一个化学反应进行的程度。所谓转化率是指某一反应物转化的百分率或分率：
$$x_A=\frac{\text{A 组分的转化量}}{\text{A 组分的起始量}}=\frac{n_{A0}-n_A}{n_{A0}} \tag{1-7}$$
转化率是针对反应物而言的。如果反应物不止一种，根据不同反应物计算所得的转化率数值就有可能不同，但它们反映的都是同一客观事实。因此用哪一个反应物计算才能得到更多的有用的信息就是一个问题。一般情况下我们选择关键组分即反应物中价值最高且不过量的反应物来计算转化率。

反应进行到一定时刻，各组分的物质的量与转化率的关系为：
$$n_I=n_{I0}+\frac{\alpha_I}{(-\alpha_A)}n_{A0}x_A \tag{1-8}$$
对于 A 组分可得到
$$n_A=n_{A0}(1-x_A) \tag{1-9}$$
一些反应系统由于化学平衡的限制或其他原因，反应过程中的转化率很低。为了提高原料的利用率从而降低成本，通常将反应器出口处的产物分离出来，余下的反应原料再返回反应器的入口，和新鲜的反应原料一起加入反应器中再反应，组成一个循环反应系统。这样该系统的转化率定义就有两种含义。一种叫单程转化率，指原料通过反应器一次达到的转化率，即是以反应器入口物料为基准的转化率；另一种叫全程转化率，指新鲜物料进入反应系统到离开反应系统所达到的转化率，即以新鲜进料为基准的转化率。显然，全程转化率必定大于单程转化率，因为物料的循环提高了反应物的转化率。

实际化工生产中多数化学反应的单程转化率都是很低的，往往采用循环操作的方式来提高原料的利用率，这也符合当下的绿色生产的发展理念。

转化率和反应程度都是表示化学反应进行的程度，因此，二者之间有一定的关联，将式(1-6) 和式(1-7) 结合，可以得到
$$x_A=\frac{-\alpha_A}{n_{A0}}\xi \tag{1-10}$$

【例 1-1】 合成氨的方程式如下：$N_2+3H_2 \longrightarrow 2NH_3$。假设反应开始时，$N_2$、$H_2$ 和 NH_3 的物质的量分别为 2mol、3mol、1mol，求反应进行到一定程度时，各组分的物质的量。

解： 反应进行程度用 ξ 来表示：
$$n_{N_2}=2-\xi \qquad n_{H_2}=3-3\xi \qquad n_{NH_3}=1+2\xi$$
反应进行程度用 N_2 的转化率来表示：

$$n_{N_2}=2-2x_A \qquad n_{H_2}=3-6x_A \qquad n_{NH_3}=1+4x_A$$

由此可见：反应程度 ξ 只与初始量有关，与物质的种类没有关系；而转化率则不仅与物质的初始状态有关，且与物质的种类有关。

2. 收率与产率

在化工生产过程中，一般都是复合反应体系。单一体系中只用转化率就可以衡量反应的效果，但复合反应体系如果只用转化率去衡量反应的效果，那是非常不准确的。因此引入生产中常用的指标收率和产率。

收率是指通入反应器的原料量中有多少生成了目的产品。

$$Y=\frac{\text{系统中生成目的产物消耗的关键组分的物质的量}}{\text{加入系统中的关键组分的物质的量}} \tag{1-11}$$

产率是指参加反应的原料量中有多少生成了目的产品，也叫选择性。

$$\overline{S}=\frac{\text{系统中生成目的产物消耗的关键组分的物质的量}}{\text{参加反应的关键组分的物质的量}} \tag{1-12}$$

“三率”的关系为：　　$Y=x_A \cdot \overline{S}$

“三率”例题

【例 1-2】 每 100kg 乙烷裂解产生 46.4kg 乙烯，乙烷的单程转化率为 60%，裂解气分离后，所得到的产物气体中含有 4kg 乙烷，其余未反应的乙烷返回裂解装置。求乙烯的选择性、收率及乙烷的全程转化率。

解：反应过程如下：

循环装置

新鲜乙烷 → 裂解装置 → 分离装置 → 产物

A　　　M

对 M 点衡算，设 M 点进入裂解装置的乙烷为 100kg。由于乙烷的单程转化率为 60%，根据转化率的定义参加反应的乙烷为：$H=100\times 0.6=60(\text{kg})$

乙烷的循环量为：$Q=100-H-4=100-60-4=36(\text{kg})$

补充的新鲜乙烷为：$F=100-Q=100-36=64(\text{kg})$

乙烯的选择性：

$$\overline{S}=\frac{\text{系统中生成目的产物消耗的关键组分的物质的量}}{\text{参加反应的关键组分的物质的量}}=\frac{46.4/28}{60/30}=0.83=83\%$$

乙烯的收率：

$$Y=\frac{\text{系统中生成目的产物消耗的关键组分的物质的量}}{\text{加入系统中的关键组分的物质的量}}=\frac{46.4/28}{64/30}=0.78=78\%$$

乙烷的全程转化率：

$$x_A=\frac{\text{某一反应物的转化量}}{\text{通入反应器的新鲜反应物量}}=\frac{60}{64}=0.94=94\%$$

三、化学反应速率

对于某一化学反应，反应速率定义为单位反应体系反应程度随时间的变化率。

$$r=\frac{1}{V}\frac{d\xi}{dt} \tag{1-13}$$

式(1-13) 为反应速率的普遍定义式，不受选取反应组分的限制，这是因为反应程度 ξ 是描述反应进行程度的，且对于参与反应的所有组分是同一个数值，所以用反应程度的变化来定义反应速率就成为度量所有参与反应的组分变化速率的统一物理量。这个定义式虽然比较准确，但是不够直观，实际应用过程中更习惯以某个组分的变化关系来表示这个概念。

通常以反应系统中，某一物质在单位时间、单位反应体系内的变化量来定义该反应的速率。

$$\text{反应速率}=\frac{\text{变化量}}{(\text{反应时间})(\text{反应体系})} \tag{1-14}$$

反应速率中某一物质的变化量一般用物质的量（mol、kmol）来表示，也可用物质的质量或分压等表示。反应速率是针对反应体系中某一物质而言的，这种物质可以是反应物，也可以是生成物。

对于化学反应，$a\text{A}+b\text{B}=r\text{R}+s\text{S}$，参与反应的任意组分的反应速率为：

$$r_{\text{I}}=\frac{1}{V}\frac{\text{d}n_{\text{I}}}{\text{d}t} \tag{1-15}$$

结合反应程度的定义式(1-5)，可发现 r_{I} 与 r 之间的关系为

$$r=\frac{1}{V}\frac{\text{d}\xi}{\text{d}t}=\frac{1}{V}\frac{\text{d}n_{\text{I}}}{\alpha_{\text{I}}\cdot\text{d}t}=\frac{1}{\alpha_{\text{I}}}\frac{1}{V}\frac{\text{d}n_{\text{I}}}{\text{d}t}=\frac{r_{\text{I}}}{\alpha_{\text{I}}} \tag{1-16}$$

如果是反应物，由于其量总是随反应进行而减少，为保持反应速率值总为正，在反应速率前赋予负号，表示消耗速率。

即

$$(-r_{\text{A}})=\frac{1}{V}\frac{\text{d}n_{\text{A}}}{\text{d}t} \tag{1-17}$$

如果是产物，其量则随反应进行而增加，反应速率取正号，表示生成速率。

即

$$r_{\text{R}}=\frac{1}{V}\frac{\text{d}n_{\text{R}}}{\text{d}t} \tag{1-18}$$

因此，在一般情况下，对于同一个反应若按不同物质计算的反应速率在数值上常常是不相等的。根据化学计量关系，结合式(1-16) 可知，

$$\frac{(-r_{\text{A}})}{-\alpha_{\text{A}}}=\frac{(-r_{\text{B}})}{-\alpha_{\text{B}}}=\frac{r_{\text{R}}}{\alpha_{\text{R}}}=\frac{r_{\text{S}}}{\alpha_{\text{S}}}=r$$

或

$$\frac{(-r_{\text{A}})}{a}=\frac{(-r_{\text{B}})}{b}=\frac{r_{\text{R}}}{r}=\frac{r_{\text{S}}}{s}=r$$

对于某一化学反应，若知道了 r，乘以化学计量系数就可以得到相应组分的反应速率。

对于复杂反应系统，即反应体系中不止发生了一个化学反应。此时，反应体系中某一组分的反应速率就应该考虑它所参加的所有化学反应。因此它的反应速率等于它所参加的所有化学反应速率的代数和。即：$r_i=\sum r_{i,j}$。其中 $r_{i,j}$ 表示组分 i 在第 j 个反应中的速率。如平行反应：$\text{A}\xrightarrow{k_1}\text{R}$，$\text{A}\xrightarrow{k_2}\text{S}$，此时反应物 A 的消耗速率为：$(-r_{\text{A}})=(-r_{\text{A}})_1+(-r_{\text{A}})_2$。而对于连串反应 $\text{A}\xrightarrow{k_1}\text{R}\xrightarrow{k_2}\text{S}$，产物 R 的生成速率为：$r_{\text{R}}=r_{\text{R1}}-r_{\text{R2}}$。

通常情况下，反应速率习惯用反应物的消耗速率来表示。根据式(1-17)，若反应为恒容体系，即反应体积不随反应程度变化，可得到：

$$(-r_{\text{A}})=-\frac{1}{V}\frac{\text{d}n_{\text{A}}}{\text{d}t}=-\frac{\text{d}\left(\frac{n_{\text{A}}}{V}\right)}{\text{d}t}=-\frac{\text{d}c_{\text{A}}}{\text{d}t} \tag{1-19}$$

该式即为经典化学反应动力学方程式的定义式。

若反应为变容反应：

$$(-r_A)=-\frac{1}{V}\frac{dn_A}{dt}=-\frac{d(c_AV)}{dt}=-\frac{dc_A}{dt}-\frac{c_A}{V}\frac{dV}{dt} \tag{1-20}$$

恒容体系，则式(1-20) 还原成式(1-19)。

另外，反应速率定义中的反应体系针对不同的体系可取不同的量。对于均相反应过程的反应体系通常取反应混合物总体积，则反应速率单位以 kmol/(m^3・h) 表示。

$$(-r_A)=-\frac{1}{V}\frac{dn_A}{dt}$$

而气固催化反应过程的反应体系可以选择催化剂颗粒体积、催化剂质量、催化剂堆积体积。则反应速率（$-r_A$）单位为 kmol/[m^3(催化剂)・h]、kmol/[kg(催化剂)・h]、kmol/[m^3(床层)・h]。

$$(-r_A)=-\frac{1}{V(V_{床层},V_{cat},w_{cat})}\frac{dn_A}{dt}$$

气液非均相反应过程通常可以选择液相体积、气液相混合物体积、单位气液相界面积作为反应体系的量，反应速率（$-r_A$）单位为 kmol/(m^3・h)、kmol/(m^3・h)或 kmol/(m^2・h)。

$$(-r_A)=-\frac{1}{V(V_{液相},V_{气液混合物},s_{相界})}\frac{dn_A}{dt}$$

因此，对于不同的反应系统，由于反应体系的选择不同，会导致反应速率数值上的不同。必须注意，反应区域应该是实际反应进行的场所，而不包括与其无关的区域。

任务二　反应器设计基础分析

一、反应器的分类及操作方式

（一）反应器的分类

在工业上化学反应必然要在某种设备内进行，这种设备就是反应器，是化工生产过程中的关键设备。通常，化学反应需要适宜的反应操作条件，例如温度、压力（对气相反应）、原料组成等。操作条件不同，会导致反应效果不同，尤其是温度的变化更是对反应过程有不可控制的影响。由于任何化学反应过程均是伴随着热效应，要维持合适的反应温度，必须采取有效的换热措施。为了提高反应速率，缩短反应时间，增加反应设备生产能力，常需要选择活性高的催化剂，同时提高扩散速率，改善流体流动状况等。因此，只有综合考虑化学反应动力学、流体流动、传热传质等因素的影响，才能进行正确选择、合理设计、有效放大反应器和实现反应器的最佳控制。

工业反应器类型繁多，根据不同的特性可以有不同的分类。根据实际生产过程中应用特点，工业反应器示意图见图 1-1。下面重点介绍常见的几种。

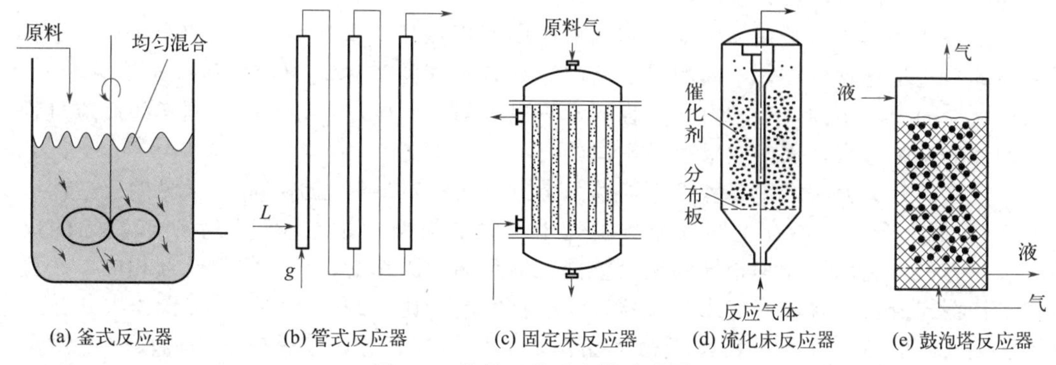

图 1-1　常见工业反应器示意图

1. 釜式反应器

釜式反应器又称槽式反应器、反应釜或搅拌反应器。该反应器高度和直径之比为1～2.5。釜内装有搅拌器，热效应不大时是在反应器外装夹套进行换热，也可根据不同的情况在反应器内装换热装置或在反应器外进行强制换热。釜式反应器的操作条件比较缓和，操作方式既可采用连续式，也可采用间歇式。该反应器应用较为广泛，可用于液相均相反应（绝大多数情况是液相均相反应），也可用于多相反应如气液反应、液固反应等。例如：聚合反应、酯化反应、硝化反应等。

2. 管式反应器

这类反应器一般管长与管径之比大于100。通常管内中空，不设任何内部构件。适用于热效应比较大的均相反应，也可用于高压反应。烃类裂解生产乙烯用的裂解炉即是典型的管式反应器，高压聚乙烯反应器也属此类。

3. 固定床反应器

固定床反应器是指反应器内装有固定不动的固体颗粒的反应器。反应时，流体通过这些颗粒所形成的床层进行反应，固体颗粒可参加反应也可不参加反应。根据反应过程中是否和外界进行热交换又可分为绝热式固定床和换热式固定床。根据换热方式的不同换热式固定床又分为自热式和外热式。该反应器适用于气固相催化和非催化反应。工业上许多反应都是应用该类反应器，例如：乙苯脱氢生产苯乙烯、乙烯氧化生产环氧乙烷等。

4. 流化床反应器

流化床反应器是利用固体流态化技术进行气固相反应的装置。将大量的固体颗粒悬浮于运动的流体从而使颗粒具有类似流体的某些宏观表观特性。与固定床不同的是反应器内固体颗粒处于运动状态，根据运动方式不同，可分为循环流化床即固体颗粒被流体带出，经分离后固体颗粒循环使用和沸腾床反应器。沸腾床反应器是指固体在反应器内运动，流体与固体所构成的床层犹如沸腾的液体。流化床反应器主要用于固体的物理加工、颗粒输送、催化和非催化化学反应。例如丙烯氨氧化生产丙烯腈、丁烯氧化脱氢生产丁二烯催化裂化反应装置等。

5. 塔式反应器

这类反应器的高度一般是直径的数倍以至十余倍，内部设有为了增加两相接触的构件如填料、筛板等，即填料塔和板式塔。塔式反应器主要用于两种流体相反应的过程，如气液反应和液液反应。鼓泡塔也是塔式反应器的一种，用于气液相反应，气体以鼓泡形式通过催化剂液层进行反应，反应器内不设任何内部构件。喷雾塔也属于塔式反应器，用于气液反应，液体呈雾滴状分散于气体中，情况正好与鼓泡塔相反。无论哪一种型式的塔式反应器，参与反应的两种流体可以逆流，也可以并流，视具体情况而定。

以上是几种典型的工业反应器。实际生产中所用的反应器还有很多，不可能一一列举。反应器的型式是各种各样，不同型式的反应器具有不同的流体流动特征和传质传热的方式。因此反应器的类型不同，对动力学方程的影响也不同。这样，就导致即使同样的反应过程在不同的反应器中进行，反应效果也是不同的。

反应器的分类方法有很多种，不同的分类方法所针对的目标也不同。常见的反应器分类见表 1-1。同一个反应器在不同的分类中处于不同的类型，如乙苯脱氢生产苯乙烯的反应器：按相态分，它属于非均相气固相反应器，催化剂是固相的，反应物料是气相的；按反应器的结构型式分，它属于固定床反应器，反应器的高径比大约为 10∶1；按操作方式分，它属于连续式反应器，反应过程属于稳态操作；按传热方式分，该反应器是两段式绝热反应器，反应过程中与外界没有热交换，反应过程所吸收的热量靠通入的稀释剂水蒸气来提供；按温度分，它属于变温反应器。

表 1-1　反应器的分类

<table>
<tr><th>分类方法</th><th colspan="2">类型</th><th>本质</th></tr>
<tr><td rowspan="2">相态</td><td colspan="2">均相——气相、液相</td><td rowspan="2">动力学特性</td></tr>
<tr><td colspan="2">非均相——气固、气液、液固等</td></tr>
<tr><td rowspan="3">结构</td><td colspan="2">管式</td><td rowspan="3">流体流动和传递特性</td></tr>
<tr><td colspan="2">釜式</td></tr>
<tr><td colspan="2">塔式</td></tr>
<tr><td rowspan="3">操作方式</td><td colspan="2">连续操作</td><td rowspan="3">是否稳态</td></tr>
<tr><td colspan="2">间歇操作</td></tr>
<tr><td colspan="2">半连续间歇操作</td></tr>
<tr><td rowspan="5">温度和传热方式</td><td rowspan="2">温度</td><td>等温</td><td rowspan="5">热量衡算</td></tr>
<tr><td>非等温</td></tr>
<tr><td rowspan="3">传热方式</td><td>绝热式</td></tr>
<tr><td>自热式</td></tr>
<tr><td>换热式</td></tr>
</table>

（二）化学反应器的操作方式

间歇操作

工业反应器在生产过程中有三种操作方式：间歇操作、连续操作、半连续（半间歇）操作。

1. 间歇操作

采用间歇操作的反应器称为间歇反应器，特点是进行反应所需的原料一次性装入反应器内，然后在其中进行化学反应，经一定时间后，达到所要求的反应程度时卸出全部物料，其中主要是反应产物以及少量未被转化的原料。接着是清洗反应器，继而进行下一批原料的装入、反应和卸料。因此间歇反应器又称为分批反应器。

间歇反应过程是一个非定态过程，反应器内物系的组成随时间而变，这是间歇过程的基本特征。间歇反应器在反应过程中既没有物料的输入，也没有物料的输出，即不存在物料的流动，整个反应过程都是在恒容下进行的。反应物系若为气体，则必充满整个反应器空间，体积不变；若为液体，虽不充满整个反应器空间，但由于压力的变化而引起液体体积的改变通常可以忽略，因此按恒容处理也足够准确。

采用间歇操作的反应器几乎都是釜式反应器，其余类型则工业上极为罕见。间歇反应器主要适用于反应速率较慢的化学反应，对于产量小的化学品生产过程也很适用，尤其是那些批量少而产品的品种又多的企业尤为适宜，例如医药、洗涤剂等精细化工产品生产往往就属于这类情况。

2. 连续操作

连续操作

这一操作方式的特征是反应过程中连续地将原料通入反应器，反应产物也连续地从反应器流出。采用连续操作的反应器叫作连续反应器或流动反应器。一般情况下，前面所述的各种结构类型的反应器都可采用连续操作。对于工业生产中某些类型的反应器，连续操作是唯一可采用的操作方式。

连续操作的反应器多属于定常态操作过程，即反应器内任何部位的物系参数，如浓度及反应温度等均不随时间而改变，只随位置而变。大规模工业生产的反应器绝大部分都是采用连续操作，因为它具有产品质量稳定，劳动生产率高，便于实现机械化和自动化等优点。这些都是间歇操作无法与之相比的。然而连续操作系统一旦建立，想要改变产品品种是十分困难的，有时甚至要较大幅度地改变产品产量也不易办到，但间歇操作系统则较为灵活。

3. 半连续（半间歇）操作

原料与产物只要其中的一种为连续输入或输出而其余则为分批加入或卸出的操作，均属半连续操作，相应的反应器称为半连续反应器或半间歇反应器。由此可见，半连续操作具有连续操作和间歇操作的某些特征：有连续流动的物料，这点与连续操作相似；也有分批加入或卸出的物料，因而生产是间歇的，这反映了间歇操作的特点。由于这些原因，半连续反应器的反应物系组成必然既随时间而改变，也随反应器内的位置而改变。管式、釜式、塔式以及固定床反应器都可采用半连续操作方式。

二、反应器设计基本方程

反应器的工艺设计应包括两方面的内容。一是反应器的设计计算：即根据生产任务计算完成该任务所需要的反应器的结构尺寸，包括反应器直径、高度等；二是反应器的校核计算：即根据已知的反应器尺寸计算该反应器能否完成一定质量要求下的生产任务。设计计算主要包括选择合适的反应类型、确定最佳的工艺条件、计算所需反应器的体积；校核计算主要是用来对运行一定时间后的反应器进行标定。

反应器设计计算的基本方程包括：描述浓度变化的物料衡算式；描述温度变化的热量衡算式；描述压力变化的动量衡算式；描述反应速率变化的动力学方程式。

（一）物料衡算式

物料衡算式

1. 基本方程

物料衡算式是在所选的衡算范围内，根据质量守恒定律对系统内某一关键组分进行衡算，是计算反应器体积的基本方程。它给出反应物浓度或转化率随反应器位置或反应时间变化的函数关系。对任何型式的反应器，关键组分既可以是反应组分也可以是产物。而衡算范围的选择原则是把反应速率视为定值的最大空间范围，即所选的范围内，物料温度、浓度必须是均匀的，在满足这个条件的前提下尽可能使衡算范围最大化。若不知反应器具体的传递特性，则可认为在反应器的微元体积内参数是均一的，即在微元时间内取微元体积建立衡算式。

$$\left\{\begin{array}{l}\text{微元时间内}\\\text{进入微元体积}\\\text{关键组分量}\end{array}\right.-\left\{\begin{array}{l}\text{微元时间内}\\\text{离开微元体积}\\\text{关键组分量}\end{array}\right.+\left\{\begin{array}{l}\text{微元时间微元}\\\text{体积内变化的}\\\text{关键组分量}\end{array}\right.=\left\{\begin{array}{l}\text{微元时间微}\\\text{元体积内}\\\text{关键组分的累积量}\end{array}\right. \tag{1-21}$$

2. 注意事项

式(1-21)是物料衡算式普遍式，对任何系统都适用，但不同情况下可作相应简化。对于间歇反应器，由于是分批加料、卸料，在反应过程中无加料卸料，因此微元时间内进入和离开微元体积的关键组分量为零；而对于连续操作反应器则微元时间内在微元体积内关键组分量的累计量为零。若关键组分是反应物，则微元时间微元体积内变化的关键组分量前应为“－”，若关键组分是生成物，则微元时间微元体积内变化的关键组分量前应为“＋”。只有对不稳定过程中的半连续半间歇操作的反应器才需要同时考虑上述四项。

（二）热量衡算式

1. 基本方程

热量衡算式是在所选的衡算范围内，根据能量守恒与转换定律对系统内整个反应混合物进行衡算。它给出了温度随反应器位置或反应时间变化的函数关系，反映换热条件对过程的影响。计算时应注意在同一衡算式中各热量计算项取同一个基准温度。微元时间对微元体积所作的热量衡算如下：

$$\left\{\begin{array}{l}\text{微元时间内进入}\\\text{微元体积的物料}\\\text{带入的热量}\end{array}\right.-\left\{\begin{array}{l}\text{微元时间内离开}\\\text{微元体积的物料}\\\text{带出的热量}\end{array}\right.+\left\{\begin{array}{l}\text{微元时间微元}\\\text{体积内反应过程}\\\text{的热效应}\end{array}\right.+\left\{\begin{array}{l}\text{微元时间微元}\\\text{体积内和外界}\\\text{的热交换量}\end{array}\right.=\left\{\begin{array}{l}\text{微元时间微元}\\\text{体积内热量的}\\\text{累积量}\end{array}\right. \tag{1-22}$$

2. 注意事项

式(1-22)是热量衡算式普遍式，对任何系统都适用，但不同情况下可作相应简化。对于间歇反应器，由于是分批加料、卸料，在反应过程中无加料卸料，因此微元时间内进入和离开微元体积的物料所带的热量为零；而对于连续操作反应器则微元时间内在微元体积内累积的热量为零。对于等温过程微元时间内进入和离开微元体积的物料所带的热量相等，此时热量衡算式的目的只是为了计算为维持等温操作所需要的热量及换热面积，并不是为了计算温度随反应器位置或反应时间变化的关系；对于绝热过程，微元时间微元体积内和外界的热交换量为零。计算时应注意对于放热反应，热效应为负值，则微元时间微元体积内和外界的热交换量项前为“－”；吸热反应，热效应为正值，微元时间微元体积内和外界的热交换量项前为“＋”。

（三）动量衡算式

动量衡算式以动量守恒与转化定律为基础，计算反应器的压力变化。当气相流动反应器的进出口压差很大，以致影响反应组分浓度时，就要考虑流体的动量衡算。一般情况下，反应器计算可以不考虑此项。

（四）动力学方程式

动力学方程式是指反应速率与影响反应速率的影响因素之间的函数表达式。对于均相反应，需要有本征动力学方程；对于非均相反应，则需要得到包括相际传递过程在内的宏观动力学方程。下面进行单独介绍。

三、动力学方程式

（一）化学动力学方程

定量描述反应速率与影响反应速率因素之间的关系式称为化学动力学方程也叫速率方程。影响反应速率的因素有反应温度、组成、压力、溶剂的性质、催化剂的性质等。然而对于绝大多数的反应，最主要的影响因素是反应物的浓度和反应温度。因而化学动力学方程一般都可以写为

$$r=f(T, c)$$

式中，T 表示反应过程中的温度，c 为浓度向量，它表示影响反应速率的组分不止一个。对一个由几个组分组成的反应系统，其反应速率与各个组分的浓度都有关系。当然，各个反应组分的浓度并不都是相互独立的，它们受化学计量方程和物料衡算关系的约束。

1. 基本方程

对于基元反应，即反应物分子按化学反应式在碰撞中一步直接转化为生成物分子的反应。可以根据质量作用定律写出动力学方程。

对于基元反应：$\nu_A A+\nu_B B=\nu_R R$，则动力学方程式可写为：

$$r=k_c c_A^{\nu_A} c_B^{\nu_B} \tag{1-23}$$

式中　r——反应速率，$kmol/(m^3 \cdot h)$；

c_A，c_B——反应物的浓度，$kmol/m^3$；

ν_A，ν_B——分别为反应物 A、B 的反应级数，反应总级数为 $n=\nu_A+\nu_B$；

k_c——以浓度表示的反应速率常数，$(kmol/m^3)^{1-n} \cdot h^{-1}$。

对于气相反应而言，反应物的浓度通常情况下是用反应物的分压或摩尔分数来表示的。此时，动力学方程式可表示为：

$$r=k_p p_A^{\nu_A} p_B^{\nu_B} \qquad r=k_y y_A^{\nu_A} y_B^{\nu_B}$$

其中，k_p 以分压表示的反应速率常数，k_y 以摩尔分数表示的反应速率常数，若为理想气体，则它们之间的关系可以用气体状态方程进行换算，即：

$$k_c=(RT)^n k_p=(RT/p)k_y \tag{1-24}$$

一般情况下，大多数反应都是非基元反应，而非基元反应是不能直接根据质量作用定律写出动力学方程的。但非基元反应可以看成若干个基元反应的综合结果，因此可以把非基元反应分为几个基元反应，选取其中一个基元反应为控制步骤，一般为对反应起决定性作用的那一个基元反应即反应速率最慢的那一个基元反应，其余各步基元反应达到平衡。然后根据质量作用定律推导出动力学方程。

2. 反应级数

反应级数，是指动力学方程式中浓度项的指数，它是由实验确定的常数。对基元反应，反应级数 ν_A、ν_B 即等于化学反应式的计量系数值；而对非基元反应，都应通过实验来确定。一般情况下，反应级数在一定温度范围内保持不变，它的绝对值不会超过 3，但可以是分数，也可以是负数。反应级数的大小反映了该物料浓度对反应速率影响的程度。反应级数的绝对值愈高，则该物料浓度的变化对反应速率的影响愈显著。如果反应级数等于零，在动力学方程式中该物料的浓度项就不出现，说明该物料浓度的变化对反应速率没有影响。如果反应级数是正值，说明随着该物料浓度的增加反应速率增加；如果反应级数是负值，说明该物料浓度的增加反而阻抑了反应，使反应速率下降。总反应级数等于各组分反应级数之和，即 $n=\nu_A+\nu_B+\cdots\cdots$

因此反应级数的高低并不能单独决定反应速率的快慢，只是反映了反应速率对物料浓度的敏感程度，级数愈高，物料浓度对反应速率的影响愈大。这可以为我们以后选取合适的反应器提供依据。

3. 反应速率常数 k

反应速率常数也称反应的比速率，即动力学方程式中的 k_c 值。它等于所有反应组分的浓度为 1 时的反应速率值。它的单位与反应的级数有关，如一级反应它的单位为 h^{-1}，二级反应单位则为 $m^3/(kmol \cdot h)$。

k 值大小直接决定了反应速率的高低和反应进行的难易程度。不同的反应有不同的反应速率常数，对于同一个反应，速率常数随温度、溶剂、催化剂的变化而变化。其中温度是影响反应速率常数的主要因素。温度对速率常数的影响可用阿伦尼乌斯（Arrhenius）方程描述

$$k = k_0 \exp\left(-\frac{E}{RT}\right) \tag{1-25}$$

式中 k_0——指前因子或频率因子，取决于反应物系的本质，与操作条件无关；

E——反应的活化能，J/mol；

R——气体常数 [$R = 8.314 J/(mol \cdot K)$]。

活化能 E 的物理意义是指把反应物分子“激发”到可进行反应的“活化状态”所需要的能量。由此可见，活化能的大小是表征化学反应进行难易程度的标志。活化能高，反应难于进行；活化能低，则容易进行。但活化能 E 不仅决定反应的难易程度，还决定了反应速率对温度的敏感程度。活化能愈大，温度对反应速率的影响就愈显著，即温度的改变会使反应速率发生较大的变化。例如在常温下，若反应活化能 E 为 42kJ/mol，则温度每升高 1℃，反应速率常数约增加 5%；如果活化能为 126kJ/mol，则将增加 15%左右。当然，这种影响的程度还与反应的温度水平有关。对于同一反应，即当活化能 E 一定时，反应速率对温度的敏感程度随着温度的升高而降低。例如反应活化能为 150kJ/mol，当反应温度由 300K 上升 10K 时，反应速率增加了 7 倍；而当温度由 400K 上升了 10K 时，反应速率却只增加了 3 倍。即高温时温度对反应速率的影响不如低温时影响大。

由阿伦尼乌斯方程可知：若以 $\ln k$ 对 $1/T$ 作图可得一条直线，即：

$$\ln k = \ln k_0 - \frac{E}{RT} \tag{1-26}$$

直线的斜率为（$-E/R$）。如果在实验条件下测得不同温度下的反应速率值，就可以根据式(1-26) 作图得到该反应活化能的值。

由此可见，影响反应速率的因素主要是温度和反应物的浓度。而温度的影响尤为重要。一般情况下，温度升高，则反应速率是增加的。但对于可逆反应而言，则需要具体问题具体分析。因为可逆反应的速率等于正逆反应速率之差，温度升高，正逆反应速率均升高，但正逆反应速率差值的变化却不一定升高。通过对可逆反应速率的计算，我们知道：对于可逆吸热反应，反应速率是随着温度的升高而增加的；而对于可逆放热反应则不然。可逆放热反应随着温度的增加，反应速率的变化规律是先增加然后再下降，存在一极大值。因此，对于可逆放热反应而言，若要提高反应速率，不一定要增加反应温度，因为可逆放热反应存在一最佳温度，反应宜在最佳温度下进行，此时的反应速率最大。

（二）动力学计算

把化学反应速率的定义式和化学动力学方程式相结合，可以得到：

$$(-r_A)=-\frac{1}{V}\frac{dn_A}{dt}=k_c c_A^{\nu_A} c_B^{\nu_B}$$

若反应恒容过程，则$(-r_A)=-\frac{dc_A}{dt}=k_c c_A^{\nu_A} c_B^{\nu_B}$。

在等温条件下对上式分离变量进行积分，可得到化学反应动力学方程的积分形式。例如：

对一级不可逆反应，有：

$$(-r_A)=-\frac{dc_A}{dt}=kc_A \tag{1-27}$$

当初始条件$t=0$、$c_A=c_{A0}$，终点条件$t=t$、$c_A=c_{Af}$时，式(1-27)分离变量积分，得：

$$t=-\int_{c_{A0}}^{c_{Af}}\frac{dc_A}{(-r_A)} \tag{1-28}$$

在等温条件下k为常数，则式(1-28)积分得到，

$$kt=\ln\frac{c_{A0}}{c_{Af}}=\ln\frac{1}{1-x_{Af}} \tag{1-29}$$

式(1-29)表示了一级不可逆反应的反应结果与反应时间之间的关系，实际上包含了两种形式，残余浓度式和转化率式。之所以采用两种形式主要是为了适应工业生产中对反应结果的两种不同的要求，一种是给出了规定的终点转化率，着眼于原料的利用率，此时可以用转化率x_{Af}的形式进行计算；另一种是给出了规定的残余浓度，着眼于后处理工序的要求，此时可以用残余浓度c_{Af}的形式进行计算。

在等温恒容条件下，常见简单整数级不可逆反应动力学方程的积分式见表1-2，初始条件均为$t=0$，$c_A=c_{A0}$，终点条件$t=t$，$c_A=c_{Af}$。

表1-2 不同反应动力学积分式

化学反应	动力学方程	积分形式
$A\rightarrow P$ (零级)	$(-r_A)=-\frac{dc_A}{dt}=k$	$kt=c_{A0}-c_{Af}=c_{A0}x_{Af}$
$A\rightarrow P$ (一级)	$(-r_A)=-\frac{dc_A}{dt}=kc_A$	$kt=\ln\frac{c_{A0}}{c_{Af}}=\ln\frac{1}{1-x_{Af}}$
$2A\rightarrow P$ $A+B\rightarrow P$ $(c_{A0}=c_{B0})$(二级)	$(-r_A)=-\frac{dc_A}{dt}=kc_A^2$	$kt=\frac{1}{c_{Af}}-\frac{1}{c_{A0}}=\frac{1}{c_{A0}}\times\frac{x_{Af}}{1-x_{Af}}$
$A+B\rightarrow P$ $(c_{A0}\neq c_{B0})$(二级)	$(-r_A)=-\frac{dc_A}{dt}=kc_Ac_B$	$kt=\frac{1}{c_{B0}-c_{A0}}\ln\frac{c_{Bf}c_{A0}}{c_{Af}c_{B0}}=\frac{1}{c_{B0}-c_{A0}}\ln\frac{1-x_{Bf}}{1-x_{Af}}$
$A\rightarrow P$ (n级)	$(-r_A)=-\frac{dc_A}{dt}=kc_A^n$	$kt=\frac{1}{n-1}(c_{Af}^{1-n}-c_{A0}^{1-n})$ $=\frac{1}{c_{A0}^{n-1}(n-1)}[(1-x_{Af})^{1-n}-1]$

想一想：从表中计算式可以得到哪些定性的结论？

半衰期：定义反应转化率从0变为50%所需要的时间为该反应的半衰期。除一级不可

逆反应外，反应的半衰期是初始浓度的函数。

【例 1-3】 某一级不可逆液相反应，$A+B \longrightarrow P$，反应动力学方程式为$(-r_A)=kc_A$，当反应温度 $T=288K$ 时，速率常数 $k=0.0806min^{-1}$。当反应物 A 的初始浓度为①0.1mol/L、②0.5mol/L 时，试计算：（1）反应 20min 后，①和②两种溶液中 A 的转化率分别为多少？（2）若反应为 2 级反应，达到同样的转化率分别需要多久？

解：（1）由式(1-29)知，一级反应的动力学计算式为 $kt=\ln\frac{c_{A0}}{c_{Af}}=\ln\frac{1}{1-x_{Af}}$，则：$x_{Af}=1-e^{-kt}$

对①溶液：$x_{Af1}=1-e^{-0.0806\times 20}=1-0.199=0.801=80.1\%$

对②溶液：$x_{Af1}=1-e^{-0.0806\times 20}=1-0.199=0.801=80.1\%$

结果表明，对一级反应而言，尽管反应物的初始浓度不同，但经历相同的时间后，具有相同的终点转化率，换言之，当反应物的转化率相同时，会需要同样的反应时间。这是因为一级反应的时间只与转化率有关，而与初始浓度无关。

（2）若反应为 2 级反应，由表 1-2 可知 $kt=\left(\frac{1}{c_{Af}}-\frac{1}{c_{A0}}\right)=\frac{1}{c_{A0}}\frac{x_{Af}}{1-x_{Af}}$。则：$t=\frac{1}{k}\frac{1}{c_{A0}}\frac{x_{Af}}{1-x_{Af}}$

对①溶液：
$$t=\frac{1}{0.0806}\times\frac{1}{0.1}\times\frac{0.801}{1-0.801}=499.4(min)$$

对②溶液：
$$t=\frac{1}{0.0806}\times\frac{1}{0.5}\times\frac{0.801}{1-0.801}=99.8(min)$$

结果表明：（1）当反应物初始浓度相同时，达到相同的转化率二级反应需要的时间比一级反应要长，这是因为当反应后期转化率较高时浓度较低，二级反应对浓度的变化比较敏感，到后期反应速率极慢，大部分时间会用于反应末期。（2）同样是二级反应，当反应物初始浓度增加时，达到相同的转化率，反应时间会缩短，这是因为反应物浓度增加，反应速率也会加快，也就是说二级反应的时间与初始浓度有关。

工业生产中除了简单反应外还有一些常见的复杂反应，比如可逆反应、平行反应、连串反应等。这类反应的动力学方程同样也可以用简单反应的方法来表示。但是，若考察某一组分的反应速率时，则必须将各个反应速率进行综合。例如基元反应：$\begin{matrix}A\xrightarrow{k_1}B\\A\xrightarrow{k_2}C\end{matrix}$，$(-r_A)=(-r_A)_1+(-r_A)_2=k_1c_A+k_2c_A$，其他类型复杂反应也应按照同样原则进行表示。

四、时间参数

在设计和分析反应器时，经常涉及反应时间、停留时间、空间时间和空间速度等概念，在这里有必要阐述一下。

1. 反应持续时间 t

反应持续时间也叫反应时间，主要用于间歇反应器。指反应物料进行反应达到所要求的转化率所需要的时间。其中不包括装料、卸料、升温等非生产时间。

2. 停留时间 t 和平均停留时间 $\bar{t}$

停留时间又称接触时间，主要用于连续流动反应器，指流体微元从进入反应器到离开反应器所经历的时间。在反应器中，由于流动状况和化学反应的不同，同时进入反应器的流体微元并不能同时离开反应器，导致流体微元在反应器内的停留时间各不相同，存在一个分布，称停留时间分布。各流体微元从反应器入口到出口所经历的平均时间称为平均停留时间。即：

$$\bar{t}=\int_0^{V_R}\frac{V_R}{V} \tag{1-30}$$

式中　V_R——反应器的有效体积；

V——反应过程中流体特征体积流率。

3. 空间时间 τ

定义为反应器的有效容积 V_R 与流体特征体积流率 V 之比值。

$$\tau=\frac{V_R}{V} \tag{1-31}$$

式中，V 为特征体积流率，即在反应器入口温度和入口压力下的体积流率。

空间时间（简称空时）是一个人为规定的参数，可以作为过程的自变量。用空间时间可以方便地表示连续流动反应器的基本设计方程。空间时间表示处理在进口条件下一个反应器体积的流体所需要的时间。空间时间小，表示该反应器所能处理的物料量越大，空时大则相反。如 $\tau=1\text{min}$ 表示每 1min 可处理与反应器有效容积相等的物料量，反映了连续流动反应器的生产强度。空间时间不是停留时间，也不是反应时间，只有在当反应过程中物料的体积不发生变化时，空间时间与停留时间或反应时间在数值上是相等的，也就是说只有在恒容均相反应过程中，它们的值才是相等的。

4. 空间速度

空间速度简称空速，定义为单位有效反应器容积所能处理的反应混合物料的标准体积流率。

$$s_v=\frac{\overline{V}_{0N}}{V_R} \tag{1-32}$$

其中 $\overline{V}_{0N}$ 表示反应器入口物料在标准状况下的体积流率。对液体通常是指 25℃下测量的体积流率；对气体是指在 0℃、0.1013MPa 下测量的体积流率。空速越大，反应器的生产能力越大。对气固相催化反应，空速的定义是指单位催化剂体积（或催化剂质量）所能处理的反应混合物料的标准体积流率，因此有质量空速和体积空速之分。质量空速是基于单位催化剂质量计算的，而体积空速是在单位催化剂的堆体积的基础上计算的。在实际应用中，许多时候会认为空时和空速是互为倒数的，这是不对的。在计算时，这两个概念中所用到的体积流率是指不同状态下的，空速是指反应器入口物料在标准状况下的体积流率，而空时是指反应器入口操作条件下的体积流率。

$$\tau=\frac{1}{s_v}\frac{p}{p_0}\frac{T_0}{T}$$

式中　p_0，T_0——标准状态；

p，T——反应器入口的操作状态。

需要注意的是，对于气固相的催化反应，空间速度的定义稍有不同，其定义为在单位时间内通过单位催化剂床层体积的标准体积流率。

$$s_v=\frac{\overline{V}_{0N}}{V_{cat}} \tag{1-33}$$

任务三 反应器内流体流动分析

在工业反应器中，物料流体的流动是复杂的，而反应器的计算是和流体的流动特征有密切关系的。所谓流体的流动特征主要是指反应器内流体的流动状态和混合情况，它们随反应器的几何结构（包括内部构件）和几何尺寸不同发生变化，不同的反应器物料之间的混合状态是不一样的。正是由于反应流体在反应器内流动的复杂性导致反应器内不仅存在流体流速的分布，更重要的是还存在浓度和温度的分布。若相互混合的物料是在相同的时间进入反应器的，具有相同的反应程度，混合后的物料必然与混合前的物料完全相同。这种发生在停留时间相同的物料之间的均匀化过程，称之为简单混合。如果发生混合前的物料在反应器内停留时间不同，反应程度就不同，组成也不会相同。混合之后的物料组成与混合前必然不同，反应速率也会随之发生变化，这种发生在停留时间不同的物料之间的均匀化过程，称之为返混。返混现象会导致反应器内反应物料处于不同的温度和浓度下进行反应，影响反应速率和反应选择性，使反应结果发生变化。因此，为合理地进行反应器的设计计算，反应器内的流体流动的研究是必不可少的。

一、流体流动的描述

化学反应进行的完全程度与反应物料在反应器内的停留时间的长短有关，因此研究反应物料在反应器内的停留时间问题具有十分重要的意义。停留时间通常是指流体从进入反应系统开始到离开反应系统为止，在反应系统内停留的时间。一般情况下，由于流体流动的复杂性，同时进入反应系统的流体不一定能够同时离开反应器，存在一个停留时间分布。流体在反应系统内的停留时间分布是一个随机过程，因此可以按照概率论进行描述。

（一）停留时间分布

在一个稳定的连续流动系统中，在某一瞬间同时进入系统一定量流体，其中各流体粒子将经历不同的停留时间后依次从反应系统中流出。这时我们可以用两种概率分布规律即停留时间分布函数 $F(t)$ 和停留时间分布密度函数 $E(t)$ 来定量描述物料在流动系统中的停留时间分布。

1. 停留时间分布密度函数

停留时间分布密度函数是指同时进入反应器的 N 个流体粒子中，停留时间介于 $t \sim t+\mathrm{d}t$ 的流体粒子所占的分率 $\mathrm{d}N/N$ 为 $E(t)\mathrm{d}t$。$E(t)$ 的单位为［时间］$^{-1}$。根据定义则停留时间分布密度函数具有归一性，

$$\int_0^{\infty} E(t)\mathrm{d}t = 1 \tag{1-34}$$

即：

$$\sum \Delta N/N = 1 \tag{1-35}$$

2. 停留时间分布函数

停留时间分布函数是指流过反应器的流体粒子中停留时间小于 t（或停留时间介于 $0 \sim t$ 之间）的流体粒子所占的分率。

$$F(t) = \frac{N_t}{N_{\infty}} \tag{1-36}$$

其中，N_t 表示停留时间小于 t 的流体粒子量，N_{∞} 表示流出的流体粒子总量即流出的

停留时间在 0～∞之间的流体粒子的量。根据定义，可知：

$$F(t)=\int_0^t E(t)\mathrm{d}t \tag{1-37}$$

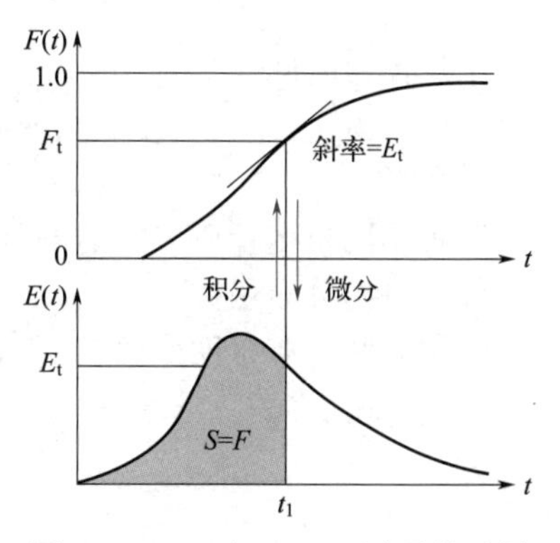

图 1-2 E(t) 和 F(t) 示意及关系图

从图 1-2 不难看出，$F(t)$ 曲线是一条单调递增的函数。当 $t\leqslant 0$ 时，$F(t)=0$；当 $0<t<\infty$时，$0<F(t)<1$；当 $t=\infty$时，$F(t)=1$。总之 $F(t)$ 永远为正值。既然 $F(t)$ 为停留时间小于 t 的流体粒子所占的分率，那么 $1-F(t)$ 则为停留时间大于 t 的流体粒子所占的分率。同时 $F(t)$ 和 $E(t)$ 的关系还可用下式表示：

$$E(t)=\frac{\mathrm{d}F(t)}{\mathrm{d}t} \tag{1-38}$$

由此可知，$E(t)$ 是一个点函数，而 $F(t)$ 是一个累积函数。$F(t)$ 曲线上任一点的斜率即为对应点的 $E(t)$ 值。在 $E(t)$ 曲线上，$0\sim t$ 之间曲线下的面积即为该点对应的 $F(t)$ 值，即对 $E(t)$ 曲线进行积分即可得到对应 $F(t)$ 曲线。因此，两种停留时间分布，只要知道其中一种就可以求出另外一种。

（二）停留时间分布的特征值

为了比较不同的停留时间分布规律，可以采用随机函数的特征值来描述。常用的随机函数特征值有两个即数学期望和方差。

1. 数学期望

数学期望表示随机变量的分布中心，对停留时间分布而言即为平均停留时间。在概率计算中数学期望是指 $E(t)$ 曲线对原点的一次矩。单位为［时间］。

$$\bar{t}=\int_0^{1.0} t\mathrm{d}F(t)=\int_0^{\infty} tE(t)\mathrm{d}t \tag{1-39}$$

2. 方差

方差表示随机变量与其均值的偏差程度，在概率计算中方差是指 $E(t)$ 曲线对平均停留时间的二次矩。单位为［时间］^{2}。

$$\sigma_t^2=\int_0^{\infty}(t-\bar{t})^2E(t)\mathrm{d}t=\int_0^{\infty}t^2E(t)\mathrm{d}t-\bar{t}^2 \tag{1-40}$$

方差越大，则说明对均值的离散程度越大，即分布越宽。对停留时间分布而言是指停留时间长短不一参差不齐的程度越大。方差为零时，说明流体粒子的停留时间都相等而且等于平均停留时间。

（三）用对比时间表示停留时间分布规律

为了消除由于时间单位不同所导致的平均停留时间和方差之值发生变化而带来的不便，常用无量纲对比时间来表示停留时间分布的特征。

无量纲对比时间：

$$\theta=\frac{t}{\bar{t}} \tag{1-41}$$

这样，以对比时间为自变量的停留时间分布规律为：

停留时间分布函数

$$F(\theta)=\frac{N_\theta}{N_\infty} \tag{1-42}$$

停留时间分布密度函数

$$E(\theta)=\frac{\mathrm{d}F(\theta)}{\mathrm{d}\theta} \tag{1-43}$$

平均停留时间　$$\bar{\theta}=\int_0^{1.0}\theta \mathrm{d}F(\theta)=\int_0^{\infty}\theta E(\theta)\mathrm{d}\theta \tag{1-44}$$

方差　$$\sigma_\theta^2=\int_0^{1.0}(\theta-\bar{\theta})^2\mathrm{d}F(\theta)=\int_0^{\infty}(\theta-\bar{\theta})^2E(\theta)\mathrm{d}\theta \tag{1-45}$$

两种不同自变量所表示的停留时间分布规律之间的关系如下：

停留时间分布函数　$F(\theta)=F(t)$

停留时间分布密度函数　$E(\theta)=\bar{t}E(t)$

平均停留时间　$\bar{\theta}=\bar{t}/t=1$

方差　$\sigma_\theta^2=\sigma_t^2/\bar{t}^2$

（四）停留时间分布规律的测定

停留时间分布通常是用实验的方法确定。主要的方法是示踪响应法，即用一定的方法将示踪物加入反应器进口，然后在反应器出口物料中检测示踪物信号，从而得到反应器内物料的停留时间分布规律。根据示踪物加入的方法不同可分为脉冲法、阶跃法及周期输入法。经常使用的是脉冲法和阶跃法。

示踪响应法中示踪剂的选择很重要，对实验的结果有很大的影响。一般示踪剂的选择应满足以下几点要求：示踪剂与原物料是互溶的，但与原物料之间无化学反应发生；示踪剂的加入必须对主流体的流动形态无影响；示踪剂必须是能用简便而又精确的方法加以确定的物质；示踪剂尽量选用无毒、不燃、无腐蚀、价格便宜的物质。

1. 脉冲法

脉冲法是在反应器中流体达到定态流动后，在极短的时间内将示踪物注入进料中，或者将示踪物在瞬间代替原来不含示踪物的进料，然后立刻又恢复原来的进料，即给进料一个示踪物脉冲信号，此时入口示踪物与时间的关系称为激励曲线。与此同时立刻检测分析出口流体中示踪物的变化规律，得到出口示踪物与时间的关系即响应曲线，用以确定流体粒子停留时间的分布。脉冲法测流体粒子停留时间的分布的激励曲线和响应曲线如图 1-3 所示。

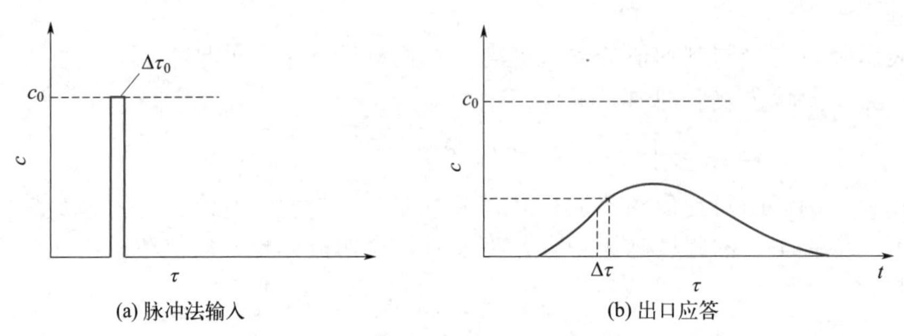

图 1-3　脉冲法测定停留时间分布

从图 1-3 中可以看出：脉冲法测得的停留时间分布代表了流体粒子在反应器中的停留时间分布密度函数即 $E(t)$。脉冲法的主要问题是如何使示踪剂的输入时间缩到最短，以保证脉冲信号的实现。

2. 阶跃法

阶跃法是在反应器中流体达到定态流动后，自某一瞬间起将原来在反应器中流动的流体切换为含有示踪物的流体，使进料中示踪物的浓度有一个阶跃性的突变。同时立刻检测分析出口流体中示踪物的变化规律，用以确定流体粒子停留时间的分布。

从图 1-4 中可以看出：阶跃法测得的停留时间分布代表了流体粒子在反应器中的停留时

间分布函数即 $F(t)$。阶跃法的主要问题是示踪剂的使用量比较大，而实际过程中应用最多的是 $E(t)$ 曲线，阶跃法需要对 $F(t)$ 曲线做微分计算来求得 $E(t)$。

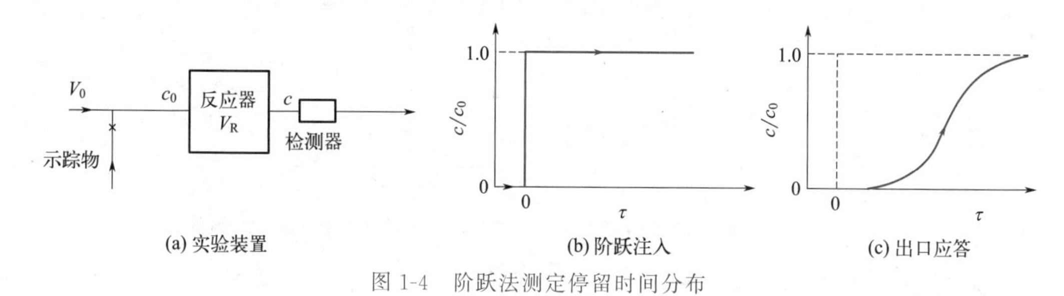

(a) 实验装置　(b) 阶跃注入　(c) 出口应答

图 1-4　阶跃法测定停留时间分布

二、反应器内流体的理想流动模型

由于反应器的型式和结构的不同，导致反应器内的流体流动也有所不同，而流体流动对反应器的计算、选型和优化有很大的影响。因此，把反应器内的流体流动分为两类，一类是理想流动模型，一类是非理想流动模型。无论什么样的流体流动模型都可以用上述的流体流动停留时间的分布来描述。

（一）理想置换流动模型

1. 理想置换流动模型特点

理想置换流动模型也称为平推流或活塞流，如图 1-5 所示。它是在流体在反应器内高速湍流的基础上提出的，认为流体在反应器内平行地像活塞一样向前移动。这是一种返混程度为零的理想流动模型。该模型的主要特点是：由于流体沿同一方向以相同的速度推进，所有流体粒子在反应器内的停留时间相等；在定态下，沿流体流动方向，流体的参数（如温度、浓度、压力等）不断变化，而与流动方向相垂直的径向、所有的参数均相同；一般情况下，长径比较大、流速较快的管式反应器内的流体流动可认为是理想置换流动模型。

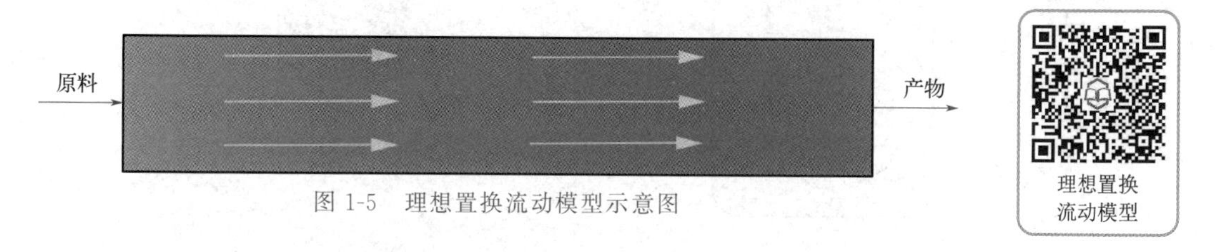

图 1-5　理想置换流动模型示意图

2. 理想置换流动模型的停留时间描述

根据理想置换流动模型的定义，所有流体粒子的停留时间都相等，且等于平均停留时间。所以，无论以何种形式输入的示踪剂都将在 $t=\bar{t}$ 时以同样的形式输出。因此，理想置换流动模型的停留时间分布函数 $F(t)$ 和停留时间分布密度函数 $E(t)$ 如图 1-6 所示。

停留时间分布函数 $F(t)$：

$$\begin{aligned} &F(t)=0 \quad t<\bar{t} &&\qquad F(\theta)=0 \quad \theta<1 \\ &F(t)=1 \quad t\geqslant\bar{t} &\text{或}&\qquad F(\theta)=1 \quad \theta\geqslant 1 \end{aligned} \tag{1-46}$$

停留时间分布密度函数 $E(t)$：

$$\begin{aligned} &E(t)=0 \quad t\neq\bar{t} &&\qquad E(\theta)=0 \quad \theta\neq 1 \\ &E(t)\to\infty \quad t=\bar{t} &\text{或}&\qquad E(\theta)\to\infty \quad \theta=1 \end{aligned} \tag{1-47}$$

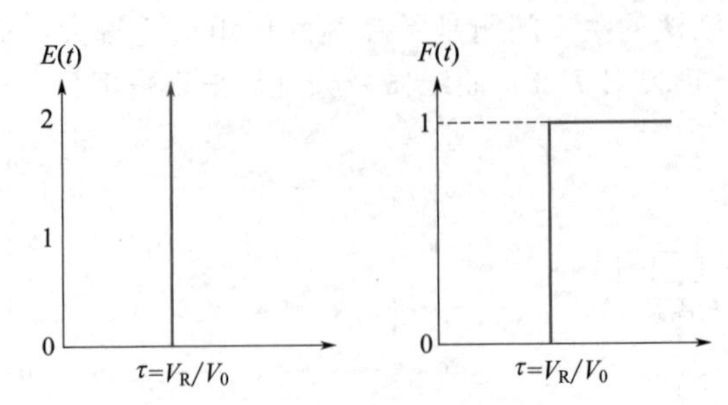

图 1-6　理想置换流动模型停留时间分布函数和停留时间分布密度函数

停留时间分布特征值：

方差　$\sigma_t^2=0$　$\sigma_\theta^2=0$　(1-48)

平均停留时间　$\bar{t}=\tau=V_R/V_0$　$\bar{\theta}=1$　(1-49)

（二）理想混合流动模型

1. 理想混合流动模型特点

理想混合流动模型也可称为全混流模型，如图 1-7 所示。是在反应釜高效搅拌的基础上提出的，认为进入反应器的新鲜流体粒子与存留在反应器内流体粒子能在瞬间混合均匀，是一种返混程度为无穷大的理想流动模型。由于搅拌的作用，使进入反应器的流体粒子部分有可能刚进入反应器就从出口流出，停留时间非常短；也有可能部分流体粒子刚到出口附近又被搅了回来，停留时间很长，造成反应器内流体粒子的停留时间不同，形成返混。由于搅拌的剧烈程度不同，返混的程度也不同。理想混合流动模型认为在反应器中的这种搅拌非常剧烈，导致反应器内不同停留时间的流体粒子达到了完全混合，使反应器内所有流体粒子具有同样的温度、同样的浓度且等于反应器出口的温度和浓度。搅拌十分强烈的连续操作釜式反应器内的流体流动可视为理想混合流动模型。

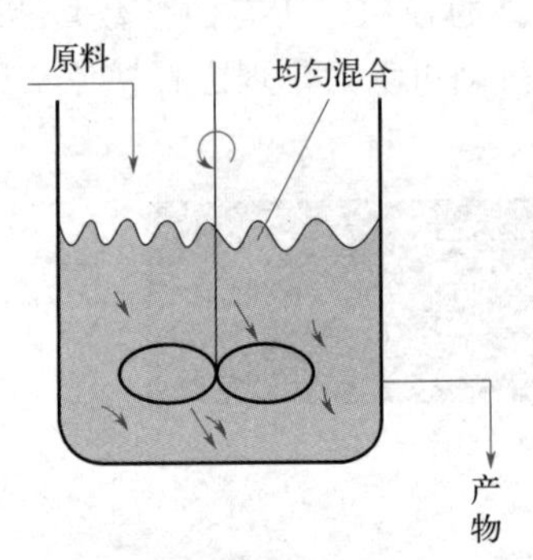

图 1-7　理想混合流动模型示意图

2. 理想混合流动模型的停留时间描述

用阶跃法对理想混合流动模型反应器测定其停留时间分布。设进入反应器的示踪剂的浓度为 c_0，出口处示踪剂的浓度为 c，物料流量为 V，则进入反应器和离开反应器的示踪剂的量分别为 Vc_0 和 Vc，由于反应器内示踪剂的浓度均一且等于出口流中的示踪剂浓度，所以，单位时间内反应器内示踪剂的累积量为 $V_R\frac{dc}{dt}$，对示踪剂作物料衡算：

$$Vc_0-Vc=V_R\frac{dc}{dt}$$

由于 $V_R/V=\tau$，所以　$$\frac{dc}{c_0-c}=\frac{V}{V_R}dt=\frac{1}{\tau}dt=d\theta$$

此即理想混合流动模型的数学表达式，积分的边界条件为：$t=0$，$\theta=0$，$c=0$

$$\int_0^{\tau}\frac{dc}{c_0-c}=\frac{1}{\tau}\int_0^t dt=\int_0^{\tau}d\theta$$

得：
$$\ln\frac{c_0-c}{c_0}=-\frac{t}{\tau}=-\theta$$

根据停留时间分布函数 $F(t)$ 的定义得（见图 1-8）：

$$F(t)=\frac{c}{c_0}=1-e^{-\frac{t}{\tau}}\qquad F(\theta)=\frac{c}{c_0}=1-e^{-\theta}\tag{1-50}$$

停留时间分布密度函数 $E(t)$（如图 1-8）：

$$E(t)=\frac{dF(t)}{dt}=\frac{1}{\tau}e^{-\frac{t}{\tau}}\qquad E(\theta)=\frac{dF(\theta)}{d\theta}=e^{-\theta}\tag{1-51}$$

停留时间分布特征值：

平均停留时间　$$\bar{t}=\tau=V_R/V_0\qquad \bar{\theta}=\int_0^{\infty}\theta e^{-\theta}d\theta=1\tag{1-52}$$

方差　$$\sigma_t^2=\tau^2\qquad \sigma_\theta^2=\int_0^{\infty}\theta^2e^{-\theta}d\theta-1=1\tag{1-53}$$

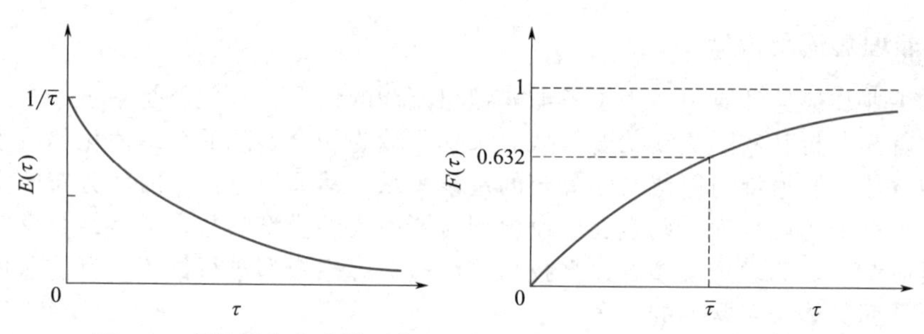

图 1-8　理想混合流动模型停留时间分布函数和停留时间密度函数

从上述两种理想流动模型的停留时间分布规律可以看出：当反应器内流体完全不返混时，$\sigma_\theta^2=0$；当反应器内流体返混程度无穷大时，$\sigma_\theta^2=1$。若反应器处于部分返混时亦即处于非理想流动时，$0<\sigma_\theta^2<1$，即可以用 σ_θ^2 的大小判别反应器内流体流动状况，并确定返混程度的大小。

三、反应器内流体的非理想流动模型

理想流动模型是两种极端状况下的流体流动，返混程度为 0 或充分返混。而实际反应器中的流动过程介于二者之间，即返混程度在 0～∞之间。所有偏离理想流动模型的流动模式均称为非理想流动模型。

（一）非理想流动形成的原因

导致非理想流动的原因有很多，归纳起来主要有以下几类。

（1）滞留区的存在　所谓滞留区是指反应器内流体流动极慢以至几乎不流动的区域，也称死角、死区。由于滞留区的存在，使得部分流体粒子的停留时间极长，在停留时间分布密度函数曲线 $E(t)$ 上出现一很长的拖尾。因此反应器内是否存在滞留区，可通过停留时间分布密度函数曲线来判断。滞留区主要产生于设备的死角中，如设备两端、挡板与设备壁的交接处以及设备设有的其他障碍物处，最易产生死角。若要减少滞留区的存在，主要通过合理的设计来保证。

（2）沟流和短路　在固定床反应器、填料塔以及滴流床反应器中，由于催化剂颗粒或填料装填不匀，造成一低阻力通道，使得部分流体快速从此通道流过从而形成沟流。而短路则是在设备设计不良时产生的现象，流体在设备内的停留时间极短，例如当设备的进出口离得太近时就会出现短路。若流动系统中出现沟流和短路，则在停留时间分布密度函数曲线上存在双峰。

（3）循环流　在实际的釜式反应器、鼓泡塔和流化床中都存在着流体的循环流动。当反应器存在循环流时，停留时间分布密度函数曲线的特征是呈现多峰现象。

（4）流体流速分布不均匀　由于流体在反应器内的径向流速分布不均匀，从而造成流体在反应器内的停留时间不同。当反应器内流体的流速较小时，形成滞流，此时流体在径向方向上的流速呈抛物线分布；当反应器内流体的流速较大时，形成湍流，此时流体在径向方向上的流速分布比较平坦。

（5）扩散　由于分子扩散及涡流扩散的存在而造成了流体粒子之间的混合，使停留时间的分布偏离理想流动状况。

以上是几种常见的形成非理想流动的原因。对于一个流动系统而言，导致非理想流动的原因很多，可能是上述中的一种，也可能是几种，甚至是上述所有因素同时存在，抑或还有其它的原因存在。因此，非理想流动是由多种原因造成的，要具体问题具体分析。

（二）非理想流动模型

在实际工业反应器计算中，为了考虑非理想流动的情况，一般总是基于一个反应过程的初步认识，首先分析其实际流动状况，从而选择一较为切合实际的合理简化的流动模型，并用数学模型方法关联返混与停留时间分布的定量关系，然后通过停留时间分布的实验测定来检验假设的模型的正确程度，确定在假设模型时所引入的模型参数，最后结合反应动力学数据来计算反应结果。非理想模型的建立技巧一般是对理想模型进行修正，目前非理想流动的模型很多，下面具体介绍常见的三种。

1. 轴向扩散模型

由于分子扩散、涡流扩散及流速分布不均匀等原因造成的非理想流动模型可用轴向扩散模型来描述。该类模型主要用于返混程度比较小的管式反应器、固定床反应器和塔式反应器。轴向扩散模型实际上就是在平推流模型上叠加了一个轴向扩散的校正。

它的假设是：①在垂直于流体流动方向的每一截面上，具有均匀的径向流速，径向混合达到最大；②在流体流动方向上（轴向）存在扩散，并以轴向扩散系数 E 来表示，并可用菲克定律来描述；③轴向扩散系数在反应器内是恒定的，不随轴向位置发生变化。

轴向扩散模型中的主要参数是：

$$Pe=\frac{uL}{E}=\frac{\text{主体流动流速}}{\text{轴向扩散速率}} \tag{1-54}$$

Pe 称为贝克来数（Peclet number），表示轴向对流流动与扩散传递的相对大小。反映了流体流动过程中返混程度的大小。Pe 越大，返混程度越小；Pe 越小，返混程度越大。当 $Pe\to 0$ 时，对流流动速率比扩散速率慢得多，可以认为是全混流；当 $Pe\to\infty$ 时，轴向扩散系数接近 0，可以认为是平推流。

用轴向扩散模型对该系统进行示踪剂的物料衡算，可得出停留时间分布的特征值为：

$$\bar{\theta}=1$$

$$\sigma_\theta^2=\frac{2}{Pe}-\frac{2}{Pe^2}(1-e^{-Pe}) \tag{1-55}$$

这样，对实际流动系统作停留时间分布的实验，得到停留时间分布函数和停留时间分布密度函数，并计算出数学期望和方差，根据上式就可得到该系统的轴向扩散模型参数 Pe。

2. 多釜串联模型

多釜串联模型是把实际的工业反应器模拟成由几个容积相等的全混流区串联所组成。主要用于返混较大的釜式反应器、流化床反应器等。

它的假设是：①它是由 N 个体积相等的全混流反应器组成；②从一个全混流反应器到另一个全混流反应器之间的物料不发生任何反应；③认为每个全混流反应器内的反应均为等容过程。

多釜串联模型的主要参数是 N，代表模型中串联的釜数。反映了返混程度的大小。N 越大，返混程度越小；当 N 越小，返混程度越大。当 $N=1$ 表示为全混流；当 $N=\infty$ 表示为平推流；$0<N<\infty$ 时，表示为实际流动反应器。

对该系统进行示踪剂的物料衡算，可得出停留时间分布的特征值为：

$$\bar{\theta}=1 \qquad \sigma_{\theta}^{2}=\frac{1}{N} \tag{1-56}$$

这样，对实际流动系统作停留时间分布的实验，得到停留时间分布函数和停留时间分布密度函数，并计算出数学期望和方差，根据上式就可得到该系统的多釜串联模型参数 N。

3. 离析流模型

假如反应器内的流体粒子之间不存在任何形式的物质交换，或者说它们之间不发生微观混合，那么流体就像一个有边界的个体，从反应器的进口向反应器的出口运动，这样的流动叫作离析流。这样，就可以把实际反应器内的流体设想为许多个停留时间不同的间歇反应器一样进行反应。那么出口处的流体的浓度即为各个停留时间不同的间歇反应器的浓度之和。即：

$$c_{\mathrm{A}}=\int_{0}^{\infty} c_{\mathrm{A}}(t) E(t) \mathrm{d} t \tag{1-57}$$

由于离析流模型是将停留时间分布密度函数直接引入数学模型方程，因此，离析流模型不存在模型参数；如果是对已知停留时间分布做数学模拟，则有模型参数。

（三）非理想流动的改善

在实际流动反应器中，非理想流动是不可避免的。由于非理想流动，导致实际流动反应器中出现返混。返混程度的大小对反应的效果有很大的影响。因为返混改变了反应器内的浓度分布，使反应器进口处反应物的高浓度区消失或下降，导致反应器内反应物的浓度下降。当然，这种浓度分布对反应效果来说是好是坏还不一定，主要取决于化学反应过程对浓度的依赖性。即要考虑到化学反应的动力学特征。

非理想流动的改善实际上就是改善流体在反应器中的停留时间分布，使之接近理想的停留时间分布。降低或提高流体的返混程度，要从反应器的型式、操作方式及流体的性质等方面考虑。因为反应器的型式、大小、有无内部构件和催化剂，操作温度、流量以及流体的黏度、扩散系数等性质，都会不同程度地影响着流体流动状况，导致反应结果不同。

若化学反应希望采取平推流流型，通常可以采取以下措施：①增大流体在设备内的湍流程度，以消除轴向扩散而造成的停留时间分布不均匀的现象。②在反应器内装设填充物，以改变设备内速度分布和浓度分布，从而使停留时间分布趋于均一化。但要注意避免沟流和短路现象的发生。③增加设备级数或在设备内增设挡板。④采用适当的气体分布装置，或调节各组反应管的阻力，使其均匀一致。

若化学反应希望采取全混流流型，则要求反应器内流体的返混程度非常大，物料的混合十分均匀。这可以通过改变釜式反应器的搅拌器的型式或者搅拌器的功率，达到强化流体的混合，避免出现搅拌死区等目的。

【知识拓展】

动力学方程的建立方法

动力学方程表现的是化学反应速率与反应物温度、浓度之间的关系。而建立一个动力学方程，就是要通过实验数据进行回归，得出一个反应速率和影响因素之间的关系式。

对于某些复杂的动力学关系，回归过程是相当繁杂的。首先对未知的化学反应要选择适当的模型骨架，然后在等温条件下由实验确定模型参数的数值，再改变温度确定模型参数与温度的关系。亦可通过正交试验设计，同时改变温度浓度，进行计算机多元非线性回归，完成模型识别和参数估值，得到动力学方程。

对于一些相对简单的动力学关系，如简单级数反应，在等温条件下，回归可以由简单计算手工进行。这种回归，可以由物料在间歇反应器中的浓度与时间的变化关系间接得到，称为积分法。也可以通过在一定温度浓度下求得化学反应速率，直接回归，称为微分法。然后再改变温度，求得反应的活化能和指前因子，进而可得到反应速率常数 k。

1. 积分法

(1) 首先根据对该反应的初步认识，先假设一个不可逆反应动力学方程，如 $(-r_A)=kc_A^n$（实际上就是假设反应级数），经过积分运算后得到 $f(c_A)=kt$ 的关系式。如动力学计算部分得到的：

零级反应 $$f(c_A)=c_{A0}-c_{Af}=kt \tag{1-58}$$

一级反应 $$f(c_A)=\ln\frac{c_{A0}}{c_{Af}}=kt \tag{1-59}$$

二级反应 $$f(c_A)=\frac{1}{c_{Af}}-\frac{1}{c_{A0}}=kt \tag{1-60}$$

从以上可以看出，若在恒温条件下运算的结果与反应时间是呈线性关系的。

(2) 将实验数据中得到的 t_i 下的 c_i 数据代入 $f(c_A)$ 函数中，得到各 t_i 下的 $f(c_i)$ 数据。

(3) 以时间 t 为横坐标，$f(c_A)$ 为纵坐标，将 (2) 中得到的 $t_i-f(c_i)$ 数据进行绘制，如图 1-9 所示。如果得到过原点的直线，则表明所假设的动力学方程式是可取的（即假设的反应级数正确），此时直线的斜率即为反应速率常数 k。若不是直线，则需要重新假设另一个动力学方程（反应级数），再重复上述步骤，直到得到直线为止。

如果简单级数反应都假设完了（通常是零级、一级和二级），都没有得到直线，则说明这个反应不是整数级的简单级数反应，不适宜单用积分法进行动力学数据处理。

为了求取活化能 E，可再选取若干个温度，做同样的实验，得到各温度下等温、恒容均相反应的实验数据，并据此求出相应的 k 值。

由式(1-25) 和式(1-26)，$$k=k_0\exp\left(-\frac{E}{RT}\right)$$

$$\ln k=\ln k_0-\frac{E}{RT}=\ln k_0-\frac{E}{R}\left(\frac{1}{T}\right)$$

可以 $\ln k$ 对 $\frac{1}{T}$ 作图，将得到如图 1-10 所示的一条直线，其斜率为 $-\frac{E}{R}$，可求得活化能 E。

可将 n 次实验所求得的多个 k 代入式(1-25) 中求得 n 个 k_0，取平均值作为最后结果。

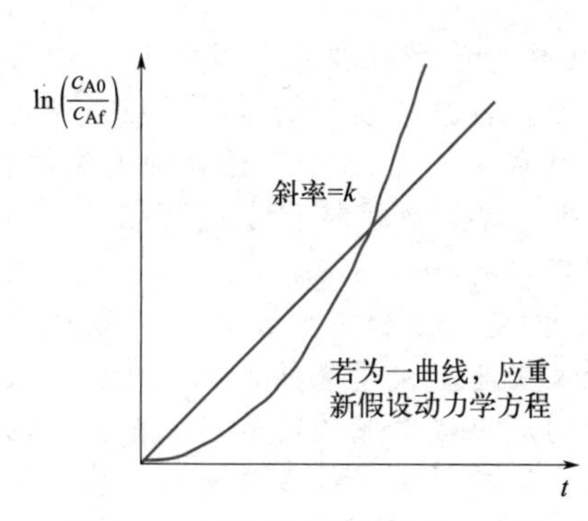

图 1-9　一级不可逆反应的 c-t 图

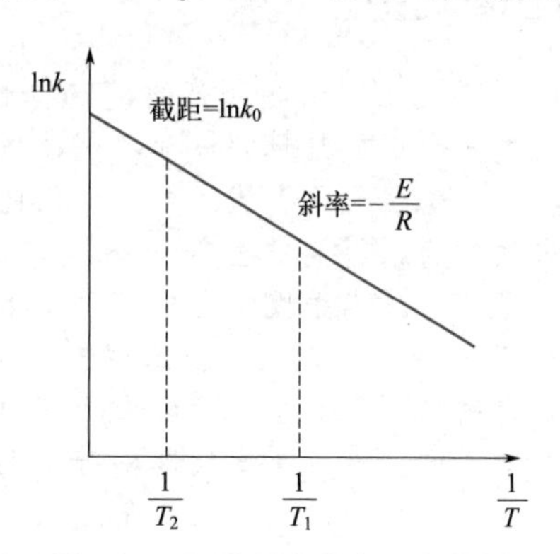

图 1-10　阿伦尼乌斯方程的绘制

2. 微分法

微分法是根据不同实验条件下在间歇反应器中测得的数据 c_A-t 直接进行处理得到动力学关系的方法。在等温下进行实验，得到反应器中不同时间反应物浓度的数据，将这组数据以时间 t 为横坐标，反应物浓度 c_A 为纵坐标直接作图。将图上的实验点连成光滑曲线（要求反映动力学规律，而不必通过每个点)，用测量各点斜率的方法进行数值或图解微分，得到若干组不同 t 时刻的反应速率$\left(-\frac{\mathrm{d}c_A}{\mathrm{d}t}\right)$数据。再将不可逆反应速率方程$-\frac{\mathrm{d}c_A}{\mathrm{d}t}=kc_A^n$ 线性化，两边取对数得：

$$\ln\left(-\frac{\mathrm{d}c_A}{\mathrm{d}t}\right)=\ln k+n\ln c_A \tag{1-61}$$

以 $\ln c_A$ 为横坐标，$\ln\left(-\frac{\mathrm{d}c_A}{\mathrm{d}t}\right)$为纵坐标将实验数据绘图，所得直线的斜率为反应级数 n，截距为 $\ln k$，以此求得 n 和 k 值。

当反应速率仅是一个反应物浓度的函数时，采用上述方法是有效的。然而，用过量法也可以判定反应速率（$-r_A$）与其他反应物浓度的关系。如下反应：$A+B\longrightarrow P$，相应的动力学方程式：

$$(-r_A)=kc_A^a c_B^b \tag{1-62}$$

式中的 k、a、b 都是未知的。首先让反应在 B 大大过量的情况下进行，反应过程中 c_B 基本保持不变，则：

$$(-r_A)=k'c_A^a \tag{1-63}$$

$$k'=kc_B^b\approx kc_{B0}^b \tag{1-64}$$

在确定 a 和 k'后，让反应在 A 大大过量的情况下进行，这时动力学方程可表示为：

$$(-r_A)=k''c_B^b \tag{1-65}$$

$$k''=kc_A^a\approx kc_{A0}^a \tag{1-66}$$

可以确定 b 和 k''，结合 c_{A0}、c_{B0} 可以求得 k。

微分法的优点在于可以得到非整数的反应级数，缺点在于微分作图时可能出现的人为误差比较大。

【分析讨论】

1. 生产过程中考虑到产物的选择性等问题，原料的单程转化率往往很低，如果直接进行后处理会造成原料的浪费，因此多采用循环操作，将原料重新输送进反应系统，这样就存在一个全程转化率的问题，也因此全程转化率往往是一个工艺过程更加关注的指标。如果未反应的原料能够全部分离进入循环进入系统的话，全程转化率是可以实现100%的，但是分离技术手段在大规模化工生产时是很难实现的。

2. 反应级数可以反映出浓度对反应速率的影响程度，比较一级反应和二级反应，可以分析讨论一下，对于二级反应而言随着浓度降低反应速率快速降低，特别是进入反应末期，浓度很低，反应速度极慢，若是实现一个很低的反应浓度或较高的转化率付出的时间代价是很大的，所以从工程的角度来看对某个反应来说希望反应级数尽量低一些。

3. 反应速率是依照物质的量变化定义的，但反应速率在过程中又受体系中反应物浓度的影响。由化学反应造成的反应物浓度的变化当然会影响反应速率，然而在反应过程中通过某些物理过程，如膜分离、精馏等同样可以改变反应物浓度，也会对反应速率产生影响。那么是不是就有一种方法来弥补由反应造成的浓度降低而使得速率变慢这个过程呢？

这就提出了一种强化反应的可能性，即在反应发生的同时利用分离手段将产物或其它不参与反应但影响反应物浓度的组分从体系中分离出去以保持反应物的较高浓度水平，提高反应速率（针对正级数反应而言）。

4. 本章讨论了理想流动模型和非理想流动模型，实际上理想模型在工业生产上并不真实存在，是为了计算方便而构建的，对某些反应器而言真实模型和理想模型可以实现特性相近。对于理想混合流动模型，理想化过程实际上忽略了搅拌混合实现物料均匀化的时效。理想置换流动模型忽略了反应器内流体流速分布不同和近壁处的层流边界。

【工业文化】

工匠精神

工匠精神是工匠对自己生产的产品精雕细琢，精益求精，追求完美和极致的精神理念。工匠精神是工业文化中“工业精神”的一种重要表现形式，其内涵主要体现在：一是精益求精，注重细节，追求完美和极致；二是严谨，一丝不苟，不投机取巧；三是耐心，专注，坚持；四是专业，敬业。

工匠精神古已有之。中国历来崇尚和尊重技术人才，很多书中描述和记载的那些“艺不压身”“一技之长”等情景和相对应的人物，都是对一个人在某一行业的高超“技艺”的赞颂。从古今中外的描述中，可以从三方面理解工匠精神。

一是工匠精神内化于“德”。工匠精神以追求至善至美为价值导向，在工匠逐渐走向工业化的过程中，追求着工艺的完美。由于传统文化中对“德”的追求，美以善为基本标准。工匠精神之“德”亦在于尊师重道的师道精神，无论是传统的师徒模式或学徒模式，还是现代以高校、企业、研究机构为主要工业技术研究主体，都强调着对知识技术的关注和对技术人员的推崇。

二是工匠精神凝结于“技”。工匠精神以“德”为风骨，以“技”为筋骨，追求着技术水平的保证和提升。首先，工匠精神包含在制造中坚持一丝不苟的精神，必须确保每个部件的质量；其次，它强调在创造中的精益求精。在长期的技术实践经验和对技术方法的思考的基础上，对之前的技艺进行改良式的创造，以得到“青出于蓝而胜于蓝”的成效；再次，知行合一的实践精神。工匠操持技术、制作器物和传授技艺，既包括对知识技能的掌握，也包括从技能到实践的转化。

三是工匠精神外化为“物”。工匠精神不是理论的空话，其贯彻在工匠们精益求精的生产过程中，凝结在巧夺天工的精美产品上。浸润着工匠精神的工业产品，是物质价值的载体，更蕴含着技术和精神的传承。

党的二十大提出人才强国战略，完善人才战略布局，加快建设国家战略人才力量，努力培养造就更多大师、战略科学家、一流科技领军人才和创新团队、青年科技人才、卓越工程师、大国工匠、高技能人才。我国历来崇尚和尊重技术人才，强调对知识技术的关注和对技术人员的推崇，工匠精神中蕴含着技术和精神的传承，作为化学工业这个传统行业，如果人人具备了工匠精神那么我国的工业水平将会迈上一个更高的台阶。

【本章小结】

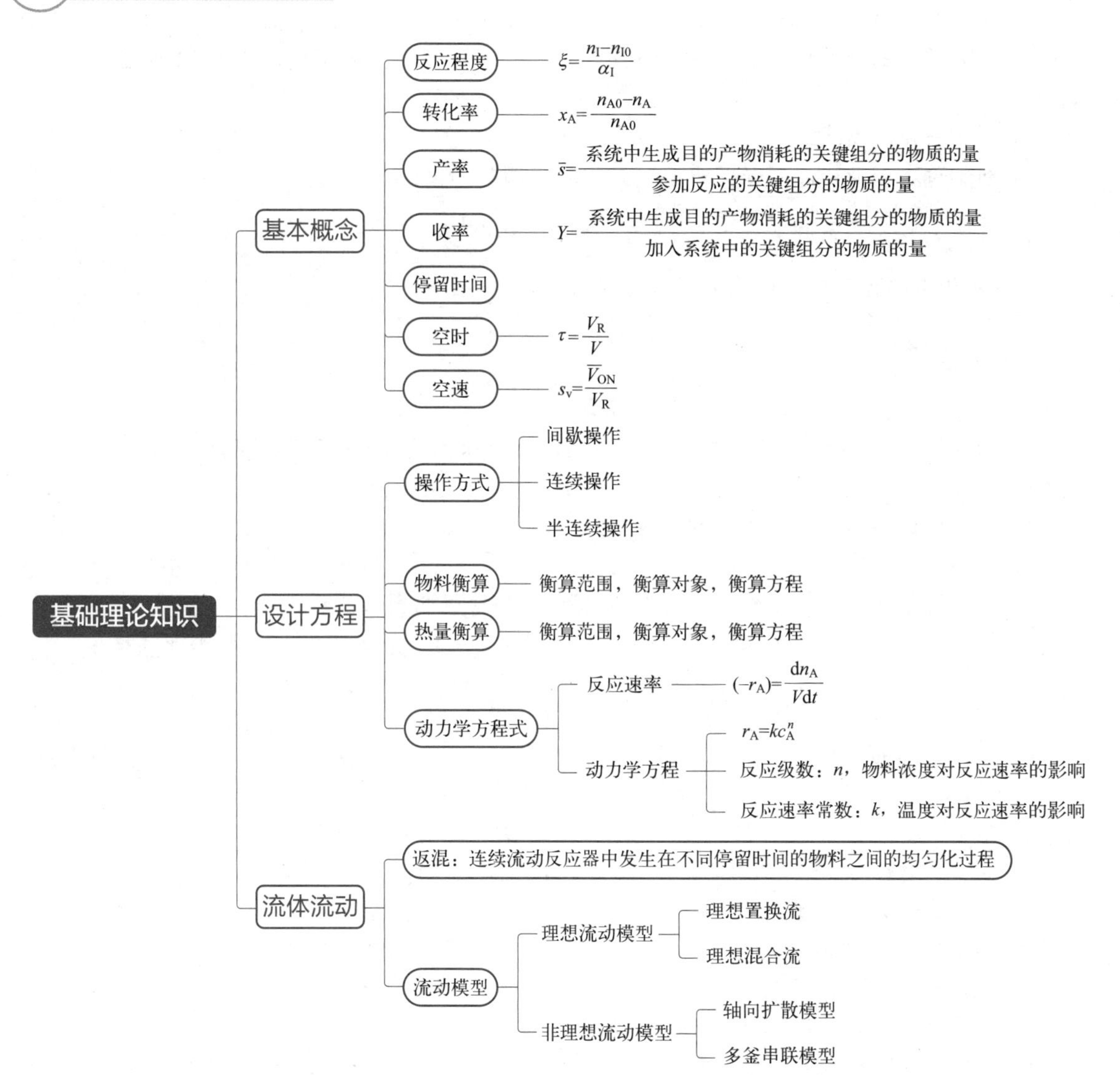

【自测习题】

（一）填空题

1. 物料衡算必须选择__________和__________作为衡算范围。在所选范围内物料的__________和__________是均一的。

2. 按操作方式分类可将反应器分为__________、__________、__________操作。

3. 按相态分类可将反应器分为________和__________两种，其实质是按________分类。

4. 已知基元反应：$A+2B \rightleftharpoons C$，$A+C \rightleftharpoons D$，求（$-r_A$）=__________，（$-r_B$）=__________，$r_C$=__________，$r_D$=__________。

5. 反应 $3A \rightarrow P$，已知速率常数 $K=0.15\text{mol}/(\text{m}^3 \cdot \text{s})$，则反应级数 n=__________。

6. 基元反应的级数即为化学反应式的________，对非基元反应的级数通过______确定。

7. 反应活化能 E 越________，反应速率对温度越敏感。

8. 对于特定的活化能，温度越低对反应速率的影响越________。

9. 在________条件下 $(-r_A)=-\dfrac{dc_A}{dt}$。

10. 理想置换流动模型中当 $t=\bar{t}$ 时，$E(t)$=________，方差 σ_θ^2=________。

（二）选择题

1. $(-r_A)=kc_A^n$ 中，式中的负号意味着________。

A. 反应速率常数为负值　　B. 反应速率随浓度的下降而减小

C. 公式表示的是 A 的消耗速率　　D. dc_A/dt 为正值

2. 下列单位不属于反应速率的是________。

A. $\text{mol}/(\text{g}\cdot\text{s})$　　B. m^3/s　　C. $\text{mol}/(\text{m}^2\cdot\text{s})$　　D. $\text{mol}/(\text{m}^3\cdot\text{s})$

3. 不可逆基元反应的方程式为 $A \longrightarrow R+S$，则反应速率表达式为________。

A. $-r_A=kc_A^2$　　B. $-r_A=kc_A$　　C. $-r_A=kc_Rc_S$　　D. 不能确定

4. 反应 $A \longrightarrow B+C$，$k=2.50\text{s}^{-1}$，则反应级数为________。

A. 0　　B. 1　　C. 2　　D. 3

5. 比较下面四个活化能，当反应活化能为________，反应温度降低 10℃时，其速率常数变化最大？

A. $E=50\text{kJ/mol}$　　B. $E=250\text{kJ/mol}$

C. $E=170\text{kJ/mol}$　　D. $E=320\text{kJ/mol}$

6. 从反应动力学角度考虑，升高温度使________。

A. 反应速率常数值增大　　B. 反应速率常数值减小

D. 反应速率常数值不变　　D. 副反应速率常数值减小

7. 对于反应 $aA+bB \longrightarrow pP+sS$，则 r_P=________$(-r_A)$

A. $\dfrac{p}{|a|}$　　B. $\dfrac{p}{a}$　　C. $\dfrac{a}{p}$　　D. $\dfrac{|a|}{p}$

8. 已知某复杂反应过程的收率为78%，全程转化率为94%，则选择性为________。

A. 83%　　B. 73%　　C. 16%　　D. 100%

9. 在间歇反应器中进行等温一级反应 $A \longrightarrow B$，$(-r_A)=0.01c_A^2 mol/(L \cdot s)$，当 $c_{A0}=1mol/L$ 时，求反应至 $c_A=0.01mol/L$ 时，所需反应时间 $t=$________。

A. 400s　　B. 460s　　C. 500s　　D. 560s

10. 在全混流反应器中，反应器的有效容积与进料流体的体积流速之比为________。

A. 空时 τ　　B. 反应时间 t　　C. 停留时间 t　　D. 平均停留时间 $\bar{t}$

（三）判断题

1. 按照反应器的结构形式，可把反应器分成釜式、管式、塔式、固定床和流化床。

2. 釜式反应器、管式反应器、流化床反应器都可用于均相反应过程。

3. 反应程度 ξ 是描述反应进行程度的物理量。当组分I为反应物时则 $\xi>0$；而当组分I为产物时则 $\xi<0$。

4. 化学反应速率是单位时间内单位反应混合物体积中反应物的反应量或产物的生成量。若有一反应 $aA+bB \longrightarrow cC$，则反应物的反应速率 $r_A<0$、$r_B<0$ 而产物的反应速率 $r_C>0$。

5. 反应速率常数与温度无关，只与浓度有关。

6. 反应过程的整体速率由最快的那一步决定。

7. 对于零级反应，增加反应物的浓度可提高化学反应速率。

8. 若一个化学反应是一级反应，则该反应的速率与反应物浓度的一次方成正比。

9. 对于一个可逆放热反应，升高温度有利于正反应的进行。

10. 在化工生产过程中，转化率越大说明反应效果越好。

（四）计算题

1. 在一套乙烯液相氧化制乙醛的装置中，通入反应器的乙烯量为7000kg/h，得到产品乙醛的量为4400kg/h，尾气中乙烯的量为2500kg/h。求原料乙烯的转化率和产品乙醛的收率。

2. 现有如下基元反应，请写出各组分的反应速率与浓度之间的关系。

(1) $\begin{cases} A+B \rightleftharpoons C \\ 2B+C \rightleftharpoons D \\ C+D \rightarrow E \end{cases}$　　(2) $\begin{cases} A+2B \rightleftharpoons C \\ 2A+C \rightleftharpoons D \end{cases}$

3. 三级气相反应 $2NO+O_2 \longrightarrow 2NO_2$。在30℃及 1×10^5 Pa下，已知反应的速率常数 $k_c=2.654\times10^4 L^2/(mol^2 \cdot s)$，如以 $-r_A=k_p P_A^2 P_B$ 表示，反应的速率常数 k_p 应为何值？

4. 在等温下进行液相反应 $A+B \longrightarrow C+D$。反应的初始条件为 $c_{A0}=c_{B0}=3mol/L$。在该条件下的动力学方程式为：$(-r_A)=0.8c_A^{1.5}c_B^{0.5} mol/(L \cdot min)$，求当反应时间为4min时，组分A的转化率。

5. 某二级液相不可逆反应在初始浓度为 $5kmol/m^3$ 时，反应到某一浓度需要285s，初始浓度为 $1kmol/m^3$，反应到同一浓度需要283s，那么，从初始浓度 $5kmol/m^3$ 反应到 $1kmol/m^3$ 需要多长时间？

6. 有一反应在间歇反应器中进行，经过8min后，反应物转化掉80%，经过18min后，转化掉90%，求此反应的动力学方程式。

7. 在银催化剂上进行的甲醇氧化为甲醛的反应。

$$2CH_3OH+O_2 \longrightarrow 2HCHO+2H_2O$$
$$2CH_3OH+3O_2 \longrightarrow 2CO_2+4H_2O$$

进入反应器的原料中，甲醇：空气：水蒸气=2：4：1.3（摩尔比），反应后甲醇的转化率为72%，甲醛的收率为69.2%。试计算反应器出口的气体组成。

8. A和B在水溶液中进行反应，在25℃下测得如下数据，试确定该反应的反应级数和反应速率常数。

时间/s	116.8	319.8	490.2	913.8	1188	∞
$c_A/(kmol/m^3)$	99.0	90.6	83.0	70.6	65.3	42.4
$c_B/(kmol/m^3)$	56.6	48.2	40.6	28.2	22.9	0

【主要符号】

ξ——反应程度

x_A——转化率

A——关键组分

n_A——A组分物质的量

Y——收率

S——产率，选择性

r——反应速率

$(-r_A)$——A消耗速率

r_R——R的生成速率

n——总反应级数

k_c——以反应物浓度表示的反应速率常数

k_p——以反应物压力表示的反应速率常数

k——速率常数，默认以浓度表示

c_{A0}——反应物A的初始浓度

c_{Af}——反应物A的终点浓度

x_{Af}——反应物A的终点转化率

V_0——初始状态下反应原料的体积流率，m^3/h

V_{0N}——标准状态下反应原料的体积流率，m^3/h

E——反应活化能，kJ/kmol

T——反应温度，K

S_v——空速

τ——空时

$E(t)$，$E(\theta)$——分别为以t和θ为时标的停留时间分布密度函数

$F(t)$，$F(\theta)$——分别为以t和θ为时标的停留时间分布函数

N_t——停留时间小于t的流体粒子量

N_∞——流出的流体粒子总量

θ——平均停留时间

项目二

釜式反应器

釜式反应器又称为反应釜，是各类反应器中应用范围比较广泛的一类反应器，主要用于液-液均相反应，同时也可用于气-液、液-液非均相反应。操作方式非常灵活，可根据生产的不同要求采用间歇操作、连续操作及半间歇半连续的操作方式。釜式反应器的主要特点是：适用的温度和压力范围宽；操作弹性大；适应性强。工业生产上硝化、磺化和聚合多用此类反应器。通常情况下，釜式反应器的操作条件都是比较缓和的。

【生产应用案例】

构建发展新格局　彰显国企新担当——“大国重器”再一次走出国门

自改革开放以来，国内包括反应釜在内的传统制造业屡创新高，不断刷新中国制造业的产值。目前，化工生产对反应釜的设计和发展趋势是大容积化、搅拌器改进、自动化和连续化以及节能减排。在当今能源变革的大时代，动力电池用镍将随着新能源车终端需求的爆发及高镍化的逐步推进迎来爆发式增长。

在全球陆镍资源中，约有60%是以红土镍矿形式存在。红土镍矿得益于其储量相对丰富，开采难度小等因素已逐渐成为镍资源的主要供给形式。红土镍矿开发镍资源项目的核心在于冶炼工艺的选择，其定义了整个项目的技术与经济指标。冶炼工艺的选择主要依据矿石类型、可选用的成熟的工艺路线、金属价格和能源价格等。不同的红土镍矿资源，由于性质不同，尤其是镍、镁及铁含量不同，适用于不同的冶炼工艺。目前工业生产中用于处理红土镍矿的主要冶炼工艺有3种：(1) 火法熔炼生产镍铁或镍冰铜；(2) 还原焙烧氨浸生产镍产品（称CARON工艺）；(3) 采用全湿法酸浸工艺生产金属镍或含镍中间产品，主要包括高压酸浸（HPAL）、常压酸浸（AL）、强化高压酸浸（EHPAL）、堆浸等。其中高压酸浸工艺由于能耗低、碳排放量少、有价金属综合利用率高等特点，是国外处理高铁低镍品位红土镍矿资源的主要技术。采用该技术提炼的镍资源作为电池级硫酸镍的重要原料供给，将在未来新能源时代下的镍产业链中扮演重要角色。

高压酸浸工艺始于20世纪50年代，最早应用于古巴的Moa冶炼厂。该工艺一般以稀硫酸为浸出液，在240～270℃、4～5MPa（40～50个标准大气压）的高温高压环境下，调整工艺参数，使镍、钴进入浸出液，大部分的铁、硅进入残渣，并经过后续中和除杂沉淀得到MHP（氢氧化镍钴）或MSP（硫化镍钴）。HPAL工艺经过多年发展在工艺设计上取得较大改进，目前全流程镍、钴的回收率可达96%。随着大型高压反应釜制造工艺的逐步成熟，装备水平的不断提高，高压酸浸工艺的优势将愈发明显，经历几代的发展，从资本投入、建设周期、爬坡周期来看均有大幅改善。高压酸浸工艺是未来红土镍矿湿法冶金工艺发展的主要方向。典型的红土镍矿 HPAL 工艺一般包括以下几个过程：原料准备、高压酸浸、中和及逆流洗涤、产品生产等。由于产品方案选择不同，产品生产工艺流程也不一样。

高压酸浸工艺技术的红土镍矿项目涉及的关键工艺技术参数包括：温度、压力、液位等。高压釜的浸出温度通常控制在 245～270℃，高压釜内的工作压力通常控制在 4.1～5.6MPa，此外高压釜的设计还包括规格大小、内部物流方案、材料选择、搅拌系统、密封液系统、管口设计等。该工艺的核心设备是（特大型）高压反应釜。图 2-1 为卧式高压反应釜。

图 2-1　卧式高压反应釜

该（特大型）高压反应釜是一种卧式多室磁力反应釜，是一种间歇运行多室反应的化学反应设备。其与反应介质接触的零部件可采用各种型号的不锈钢及钛、镍等有色金属制成，具有良好的耐腐蚀性能。该反应釜采用静密封结构，搅拌器与电机间采用磁力搅拌系统连接，具有良好的密封与搅拌效果。在制造工艺允许的条件下，反应釜应具有大容积，但设备资金投入大。配有的控制仪可根据设定温度调整加热器工作时间，达到自动恒温的目的。同理，根据搅拌负荷的需要，调节搅拌电动机的变频器达到调节搅拌转速的目的。其主要技术参数包括：(1) 容积；(2) 最高工作压力；(3) 最高工作温度；(4) 搅拌转速，可变频调速，推进式搅拌是最佳搅拌方式；(5) 加热方式：油浴、水浴、蒸气、熔盐等。广泛用于石油、化工、医药、农药、矿山冶金、建材等行业，是进行耐腐蚀、高温、高压反应、加压浸出、矿浆加热、萃取工艺的理想设备。因此，卧式高压反应釜是高压酸浸法处理含镍红土矿最佳的选择。

2022 年 02 月 25 日，由中国二十冶承建的印尼华飞镍钴湿法冶炼项目一标段工程在印度尼西亚（印尼）北马鲁古省纬达贝工业园区举行开工仪式。该项目是中国二十冶在印尼继华越 6 万吨镍湿法项目之后，承接的第二个湿法冶炼项目，是印尼资源与中国技术的完美融合。该项目采用当今国际上最先进的高压酸浸工艺，即从红土矿中提炼出氢氧化镍钴，具有低成本、绿色环保等多重优势，投产达产后可年产 12 万吨氢氧化镍钴，将对全球镍生产行业格局、镍消费领域产生划时代意义的影响。

“大国重器”再一次走出国门，陕西有色金属集团旗下的宝色股份承接的世界级高端特材装备之一的华友钴业-华飞镍钴（印尼）湿法项目核心设备卧式高压反应釜，已于 2022 年 8 月份顺利装船并发运至客户现场。该设备直径 5.9m、长度近 45m，材质 SB265 Gr.2/SA516 Gr.70，单台运输重量近 1200t，在设备规格、单台运输重量、技术和质量要求、制造难度等方面创造了又一个行业奇迹。

【学习目标】

知识目标

（1）掌握釜式反应器的基本结构，包括搅拌器、换热装置和密封装置等。

（2）掌握釜式反应器设计计算的基本过程。

（3）了解釜式反应器稳定操作的重要性和分析方法。

（4）掌握釜式反应器故障分析的相关知识。

（5）掌握职业资格相关的理论知识。

技能目标

（1）能够根据生产任务选择反应器的类型，计算完成生产任务所需要反应器的体积。

（2）能够分析间歇釜式反应器仿真操作过程中的控制要点。

（3）能够进行釜式反应器的现场实际操作，如安装、调试和基本操作。

（4）能够进行釜式反应器相关事故的判断和处理。

素质目标

（1）具备化工职业相关资格的基本素质。

（2）具备团结协作、安全意识和责任意识。

（3）具备爱国情怀和奉献精神。

任务一 釜式反应器基本结构分析

釜式反应器从外形上来看是一高径比接近于一的圆筒形反应器，主要包括反应器筒体、各种接管、搅拌装置、密封装置和换热装置等。

一、釜式反应器的基本结构

釜式反应器的基本结构如图 2-2 所示。釜式反应器壳体及搅拌器所用材料，一般为碳钢，根据特殊需要，可在与反应物料接触部分衬有不锈钢、铅、橡胶、玻璃钢或搪瓷，个别情况也有衬贵重金属如银等。有时根据反应要求，反应器壳体也可直接用铜、不锈钢制造。

釜式反应器的筒体通常为一圆柱形壳体，它提供反应所需的空间。传热装置的作用是满足反应所需的温度条件；搅拌装置包括搅拌器、搅拌轴等，是实现搅拌的工作部件；传动装置包括电动机、减速器、联轴器及机架等附件，它能提供搅拌的动力；密封装置是保证在工作时能形成密封条件，阻止反应器内介质向外泄漏的部件。

釜式反应器的筒体皆为圆筒形。底、盖常用的形状有平面形、碟形、椭圆形和球形，也有的釜底为锥形。平面形结构简单容易制造，一般在釜体直径小、常压（或压力不大）条件下操作时采用；碟形和椭圆形应用较多，多用于高压反应器。当反应后的物料需用分层法使其分离时可用锥形底。

反应釜的顶盖也叫上封头，为满足拆卸方便以便于维护检修一般做成可拆式，即通过法兰将顶盖与筒体相连接。在反应釜的顶盖上通常开有工艺接管、人孔、手孔、视镜等。此外，反应釜的传动装置也大多直接支承在顶盖上，所以，反应釜的顶盖必须有足够的强度和刚度。

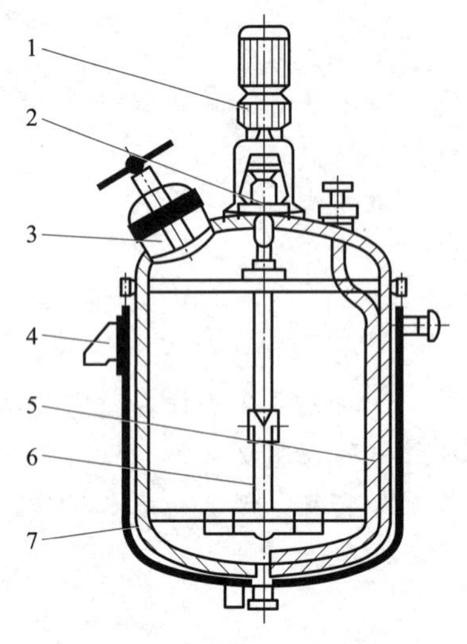

图 2-2　釜式反应器结构图

1—传导装置；2—轴封；3—人孔；4—支座；
5—压出管；6—搅拌轴；7—夹套

工艺接管口主要用于进、出物料及安装温度、压力的测定装置。进料管或加料管应做成不使料液的液沫溅到釜壁上的形状，以避免由于料液沿反应釜内壁向下流动而引起釜壁局部腐蚀。出料管根据工艺过程可分为上出料管和下出料管两种。下部出料主要适用于黏性大或含有固体颗粒的介质；而当物料需要输送到较高位置或密闭输送时，必须装设压料管，使物料从上部排出。

手孔或人孔的安设是为了检查内部空间以及安装和拆卸设备内部构件。手孔的直径一般为 0.15～0.20m，它的结构一般是在封头上接一短管，并盖以盲板。当釜体直径比较大时，可以根据需要开设人孔，人孔的形状有圆形和椭圆形两种，圆形人孔直径一般为 0.40m，椭圆形人孔的尺寸应不小于 0.40m×0.30m。

釜式反应器的视镜主要是为了观察反应器内物料的混合情况及反应情况，其结构应满足具有比较宽阔的视察范围。

釜式反应器的所有人孔、手孔、视镜和工艺接管口，除出料管口外，一般均开在顶盖上。

二、釜式反应器的搅拌装置

釜式反应器的搅拌装置主要包括搅拌器、搅拌轴、支承结构以及挡板、导流筒等部件，是釜式反应器的关键部件。反应器内设置搅拌装置的根本目的在于使物料借助搅拌器的搅拌，达到充分混合，增强物料分子碰撞，强化反应器内物料的传质传热。因此，合理选择搅拌装置是提高釜式反应器生产能力的重要手段。

（一）搅拌器的类型

工业上常用的搅拌器类型有桨式、框式、锚式、旋桨式、涡轮式和螺带式等，见图 2-3。

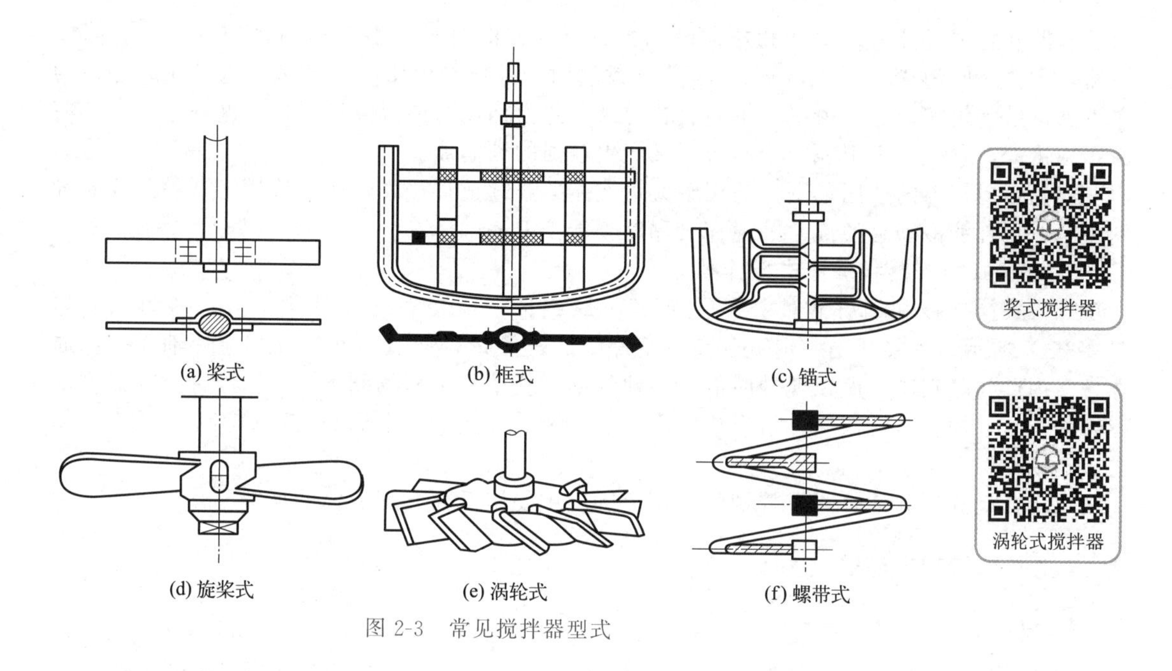

图 2-3　常见搅拌器型式

1. 桨式搅拌器

桨式搅拌器一般由扁钢或角钢加工制成，也可由合金钢或有色金属等制造。结构简单由两块平桨叶组成，按桨叶的安装方式分为平直叶和折叶式两种，如图 2-3(a) 所示。搅拌器直径一般是釜内径的 0.35～0.8 倍，转速一般为 20～80r/min。平直叶桨式搅拌器的叶片与旋转方向垂直，在低速运转时，产生的主要是切线流；转速高时以径向流为主。对于折叶桨式搅拌器，由于叶片与旋转方向有一定的角度，因此除了径向流外还会产生轴向流，宏观混合效果较好。

桨式搅拌器的适用范围：可以在较宽的黏度范围内适用，黏度高的可达 100Pa・s，可用于黏度小于 2Pa・s 的液体的搅拌。当液层较高时，常装多层桨叶，而且相邻两层桨叶交错 90°安装。

2. 锚式搅拌器和框式搅拌器

锚式搅拌器是由垂直桨叶和形状与底封头形状相同的水平桨叶组成。若在锚式搅拌器的桨叶上加固横梁即为框式搅拌器。结构示意如图 2-3(b)，(c) 所示。锚式搅拌器和框式搅拌器的直径是釜内径的 0.7～0.9 倍，常用转速为 50～70r/min。锚式搅拌器的循环速度及剪切作用都较小，主要产生切线流。当物料黏度高时，可产生一定的径向流和轴向流。

锚式和框式搅拌器的适用范围：常用于传热、晶析操作和高黏度液体、高浓度於浆和沉降性於浆的搅拌。

3. 旋桨式搅拌器

旋桨式搅拌器又名推进式搅拌器，它的形状与船舶用螺旋桨相似。桨叶上表面为螺旋面，叶片数一般为三个，如图 2-3(d) 所示。旋桨式搅拌器的直径一般是釜内径的 0.2～0.5 倍。转速一般为 100～500r/min。旋桨式搅拌器由于转轴的高速旋转，桨叶将液体搅动使之沿器壁和中心流动，在上下之间形成激烈的循环运动，产生很强的轴向流。

旋桨式搅拌器的适用范围：主要适用于低黏度（黏度小于 2Pa・s）液体的搅拌。

4. 涡轮式搅拌器

涡轮式搅拌器的结构与离心泵的翼轮相似，轮叶上的叶片有平直形、弯曲形等。涡轮式搅拌器的类型按照有无圆盘可分为圆盘涡轮搅拌器和开启涡轮搅拌器两种，如图 2-3(e) 所示；按照叶轮也可分为平直叶和弯曲叶两种。搅拌器的直径一般是釜内径的 0.2～0.5 倍，转速较大，一般为 300～600r/min。当涡轮旋转时，液体经由中心沿轴被吸入，在离心力的作用下，沿叶轮间通道，由中心甩向涡轮边缘，并沿切线方向以高速甩出。循环速度高，剪切作用也大，它既产生很强的径向流，又产生较强的轴向流。

涡轮式搅拌器的适用范围：适用于大量液体的连续搅拌操作，主要应用于低黏度或中等黏度液体（乳浊液和悬浊液）的搅拌（黏度小于 50Pa·s）。

5. 螺带式搅拌器和螺杆式搅拌器

螺带式搅拌器和螺杆式搅拌器主要是由螺旋带、轴套和支撑杆所组成，结构示意如图 2-3(f) 所示。其桨叶是一定宽度和一定螺距的螺旋带，通过横向拉杆与搅拌轴连接。通常与釜内壁间隙很小，所以搅拌时能不断地将粘于釜壁的沉积物刮下来。这两种搅拌器主要产生轴向流，加上导流筒后，可形成筒内外的上下循环流动。它们的转速都较低，通常不超过 50r/min。

螺带式搅拌器和螺杆式搅拌器的适用范围：主要用于高黏度液体的搅拌。

（二）挡板和导流筒

1. 挡板

挡板一般是指固定在反应釜内壁上的长条形板。挡板宽度与筒体内径之比为 $\frac{1}{12}$～$\frac{1}{10}$，挡板的数目视釜径而定，当反应釜直径小于 1m 时，可安装 2～4 块；当反应釜直径大于 1m 时，可安装 4～6 块，一般为 4 块板。挡板的安装方式见图 2-4。一般情况下，挡板的上边缘可与静止的液面平齐，下边缘可至釜底；当流体黏度小时，挡板可紧贴内壁安装；当流体黏度较大或含有固体颗粒时，挡板应与壁面保持一定距离，也可将挡板倾斜一定角度安装；若物料黏度高且使用浆式搅拌器，还可装横向挡板。反应釜内安装挡板后，做圆周运动的液体碰到挡板后改变方向，或顺着挡板作轴向运动或垂直于挡板作径向运动。因此，挡板可把切线流转变为轴向流和径向流，增大了液体的湍动程度，从而改善了搅拌效果。当然并不是所有的反应釜均安装挡板装置，在低速搅拌高黏度液体的锚式和框式搅拌器的反应釜内安装挡板就是毫无意义的，因为在层流状态下，挡板不影响流体的流动。

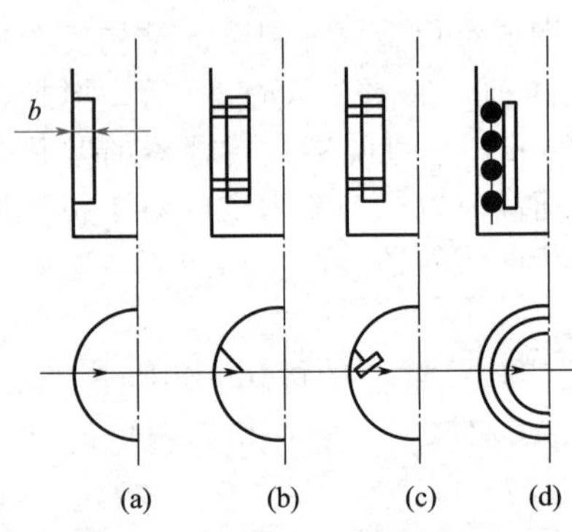

图 2-4 挡板型式及安装方式

2. 导流筒

导流筒是一个圆筒，搅拌操作中若需要控制流体的流型，就要用导流筒。导流筒一般安装在搅拌器的外面，主要是用于旋桨式和涡轮式搅拌器。对于涡轮式搅拌器，导流筒安置在叶轮的上方，使叶轮上方的轴向流得到加强。而对于螺旋桨推进式搅拌器，导流筒安置在叶轮的外面，以便旋桨式搅拌器所产生的轴向流得到进一步加强。总之，导流筒的作用主要是使从搅拌器排出的液体在导流筒内部和外部形成上下循环的流动，以增加流体的湍动程度，减少短路机会，增加循环流量和控制流型。

工业上搅拌器的选型主要根据流体的流动状态、流体性质、搅拌目的、搅拌容量及各种搅拌器的性能特征来进行。一般情况下，流体的黏度对搅拌的影响较大，所以，可根据液体黏度来选型。

（1）对于低黏度液体，应选用小直径、高转速搅拌器，如旋桨式、涡轮式；对于高黏度液体，应选用大直径、低转速搅拌器，如锚式、框式和桨式。另外，搅拌目的和工艺过程对搅拌的要求也是选型的关键。

(2) 对于低黏度均相液体混合，要求大的循环流量，因此主要选择旋桨式搅拌器。对于非均相液液分散过程，要求液体涡流湍动剧烈和较大的循环流量，应优先选择涡轮式搅拌器。

(3) 对于固体悬浮操作，必须让固体颗粒均匀悬浮于液体之中，当固液密度差小，固体颗粒不易沉降的固体悬浮，应优先选择旋桨式搅拌器。当固液密度差大，固体颗粒沉降速度大时，应选用开启式涡轮搅拌器。

(4) 对于结晶过程，往往需要控制晶体的形状和大小，需要有较大的循环流量，所以应选择涡轮式搅拌器和桨式搅拌器。

(5) 对于以传热为主的搅拌操作，控制因素为总体循环流量和换热面上的高速流动。因此可选用涡轮式搅拌器。当反应过程需要更大的搅拌强度或需使被搅拌液体作上下翻腾运动时，可在反应器内装设挡板和导流筒。

三、釜式反应器的传热装置

反应器的传热装置是反应过程中用来加热或冷却反应物料，维持反应温度条件的装置。化学反应需要维持在一定的温度下进行，而且在反应过程中常伴随着热效应的产生（放热或吸热），为了维持最佳的反应温度条件，反应器需要配有传热装置进行换热来保证反应过程的进行。良好的传热装置是维持化学反应顺利进行的重要保证。反应釜的传热装置主要有夹套式、蛇管式、外部循环式等（见图 2-5）。

釜式反应器夹套式换热原理

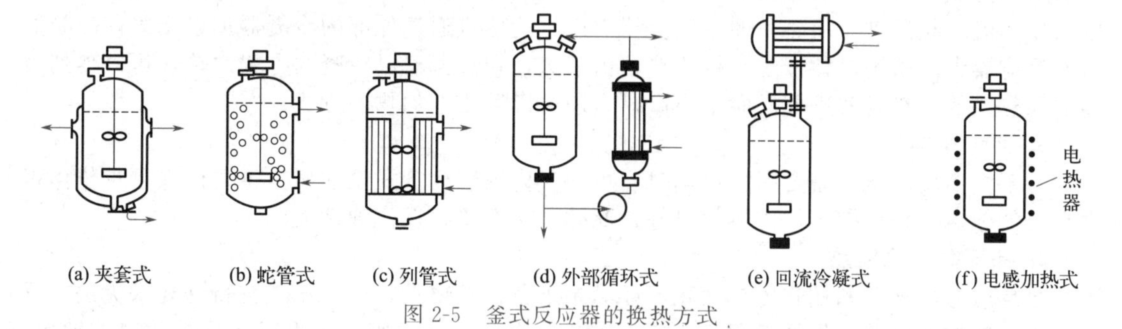

图 2-5 釜式反应器的换热方式

1. 夹套式换热

夹套式换热是反应釜最常用的传热装置。由圆柱形壳体和底封头组成，通过焊接将夹套连接在内筒上。它是一个套在反应器筒体外面能形成密封空间的容器，夹套上设有蒸汽、冷却水或其它加热、冷却介质的进出口，既简单又方便。当需要加热反应物料时，夹套内通蒸汽，进口管靠近夹套上端，冷凝液从底部排出，根据反应釜的温度不同，常用的加热介质有水蒸气、高压汽水混合物、有机载热体等；当需要冷却反应物料时，夹套内通冷凝水，进口管设在底部，使冷凝水下进上出。夹套内通蒸汽时，其蒸汽压力一般不超过 0.6MPa，当反应器的直径大或者加热蒸汽压力较高时，夹套必须采取加强措施。夹套与反应釜内壁的间距视反应釜直径的大小采用不同的数值，一般取 25～100mm。夹套的高度取决于传热面积，而传热面积由工艺要求确定。但必须注意夹套高度一般应高于料液的高度，比釜内液面高出 50～100mm，以保证充分传热。

夹套式换热一般适用于传热面积较小且传热介质压力较低的情况。

2. 蛇管式换热

当工艺过程中需要较大的传热面积，单靠夹套传热不能满足要求时，或者是反应器内壁衬有橡胶、瓷砖等非金属材料不宜使用夹套式换热时，可采用蛇管、插入套管、列管式换热器等传热。

工业上常用的蛇管有两种：水平式蛇管和直立式蛇管如图 2-6 所示。排列紧密的水平式蛇管能同时起到导流筒的作用，排列紧密的直立式蛇管同时可以起到挡板的作用，它们对于改善流体的流动状况和搅拌效果起积极的作用。

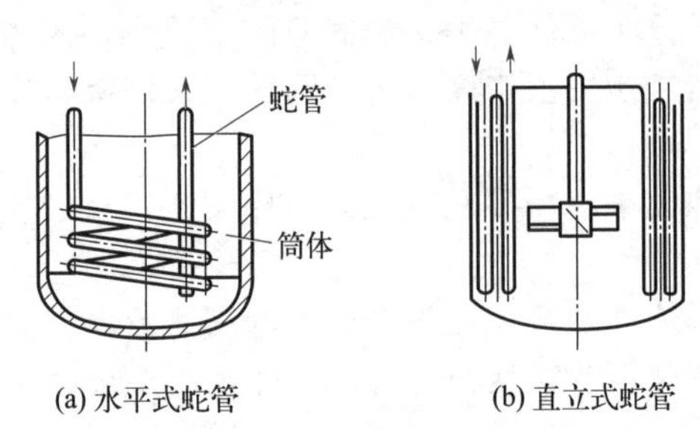

图 2-6　蛇管式换热

蛇管一般置于釜内，浸没在反应物料中，热量能够充分利用，且由于蛇管内传热介质流速高，它的传热系数比夹套大很多。但对于含有固体颗粒的物料及黏稠的物料，容易引起物料堆积和挂料，同时还可能因冷凝液积聚而导致传热效果降低。蛇管结构复杂，检修困难。一般蛇管的进出口最好设在上封头处，以使结构简单，装卸方便。

插入式传热构件也是目前反应釜中使用较多的传热装置，工业上常用的几种插入式传热构件有垂直管、指型管和 D 型管。这些插入式结构适用于反应物料容易在传热壁上结垢的场合，检修、除垢都比较方便。对于大型反应釜，需高速传热时，可在釜内安装列管式换热器。

除了采用夹套和蛇管等内插传热构件使反应物料在反应器内进行换热之外，还可以采用各种型式的换热器使反应物料在反应器外进行换热，即将反应器内的物料移出反应器经过外部换热器换热后再循环回反应器中。另外当反应在沸腾温度下进行且反应热效应很大时，可以采用回流冷凝法进行换热，即使反应器内产生的蒸汽通过外部的冷凝器加以冷凝，冷凝液返回反应器中。采用这种方法进行传热，由于蒸汽在冷凝器以冷凝的方式散热，可以得到很高的传热系数。有时若进行反应釜小试时，还可以采用电加热的方式。

3. 列管式换热

对于大型反应釜，需要高速传热时，可在釜内安装列管式换热器。主要优点是单位体积内具有的传热面积比较大，传热效果好，此外结构简单，操作弹性大。

4. 外部循环式换热

当反应器的夹套和蛇管传热面积不能满足工艺传热要求，或由于工艺特殊要求无法在反应器内安装蛇管而夹套传热面积不能满足工艺要求时，可以通过泵将反应器内的料液抽出，经过外部换热器换热后再循环回反应器中。

5. 回流冷凝式换热

当反应在沸腾温度下进行且反应热效应较大时，可以采用回流冷凝式进行换热。即使反应器内产生的蒸汽通过外部的冷凝器加以冷凝，冷凝液返回反应器内进行料液降温。采用这种方法进行传热，由于蒸汽在冷凝器中以冷凝的方式散热，可以得到很高的传热系数，传热效果较好。

四、釜式反应器的传动装置及密封

（一）传动装置

釜式反应器的传动装置，通常设置在反应釜顶部，采用立式布置。传动装置一般包括电动机、减速器、联轴器及搅拌轴等，如图 2-7 所示。传动装置的工作原理是电动机经减速器将转速减至按工艺要求的搅拌转速下，再通过联轴器带动搅拌轴旋转。

反应釜的传动装置是通过机架安装在釜体顶盖上。一般在封头上焊一底座，整个传动装置连机座及轴封都一起安装在这个底座上，便于装卸和检修。

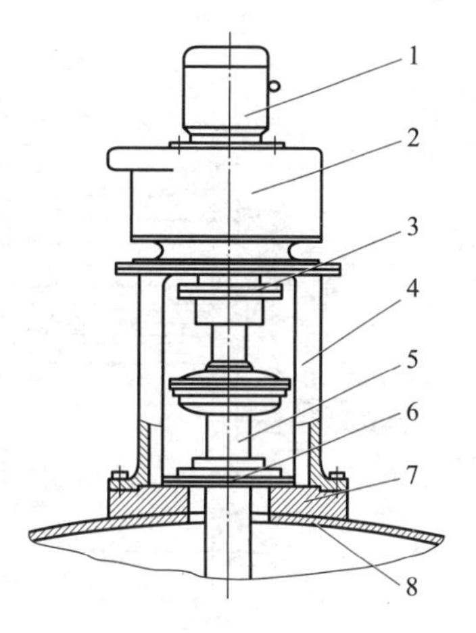

图 2-7　釜式反应器的传动装置

1—电动机；2—减速器；3—联轴器；4—支架；5—搅拌轴；6—轴封装置；7—凸缘；8—顶盖

（二）密封装置

反应釜的密封装置除了各种接管的静密封外，主要考虑静止的搅拌釜封头和转动的搅拌轴之间设有密封装置，也称动密封或轴封。对轴封的基本要求是：结构简单、密封可靠、维修装拆方便、使用寿命长。反应釜常用的轴封装置有机械密封和填料密封两种。

1. 机械密封

机械密封是用垂直于轴的平面来密封转轴的装置。它是由动环、静环、弹簧加荷装置和辅助密封圈等四部分组成，结构如图 2-8 所示。工作时，由于弹簧力的作用使动环紧紧压在静环上，当轴转动时，弹簧加荷装置和动环等零件随轴一起旋转，而静环则固定在座架上静止不动，动环与静环相接触的环形密封端面阻止了物料的泄漏。

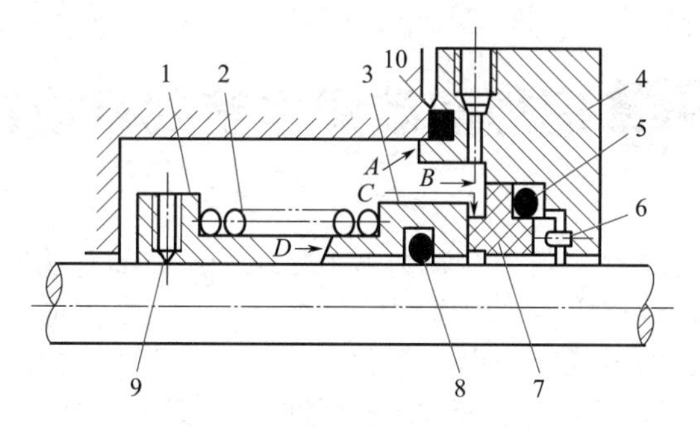

图 2-8　机械密封装置

1—弹簧座；2—弹簧；3—动环；4—静环座；5—静环密封圈；6—防转销；7—静环；8—动环密封圈；9—紧定螺钉；10—静环座密封圈

动环和静环是机械密封中最重要的元件。由于工作时，动环和静环产生相对运动的滑动摩擦，所有动静环材质要选择耐磨性、减摩性和导热性好的材料，同时，为保证密封效果，动环和静环的接触端面加工精度要求也很高。弹簧加荷装置是由弹簧、弹簧座、弹簧压板等组成。它的作用主要是弹簧通过压缩变形产生压紧力，使动环和静环两端面在不同的工况下都能保持紧密接触。密封元件是通过在压力作用下自身变形来形成密封条件的。

机械密封结构复杂，但与填料密封相比，具有功耗小、泄漏率低、密封性能可靠、使用寿命长等特性。

2. 填料密封

填料密封由填料、填料箱体、衬套、压盖、压紧螺栓、油杯等组成。结构如图 2-9 所示。填料箱本体是固定在反应釜顶盖的底座上。旋紧螺栓时，在压盖压力的作用下，装在搅拌轴和填料箱本体之间的填料被压缩，以至于填料（一般为石棉织物，并含有石墨和黄油作润滑剂）发生变形，紧贴在轴的表面上，阻塞了物料泄漏的通道，从而起到密封的作用。

填料是填料密封的主要元件，对密封效果起着至关重要的作用。因此填料必须要具有足

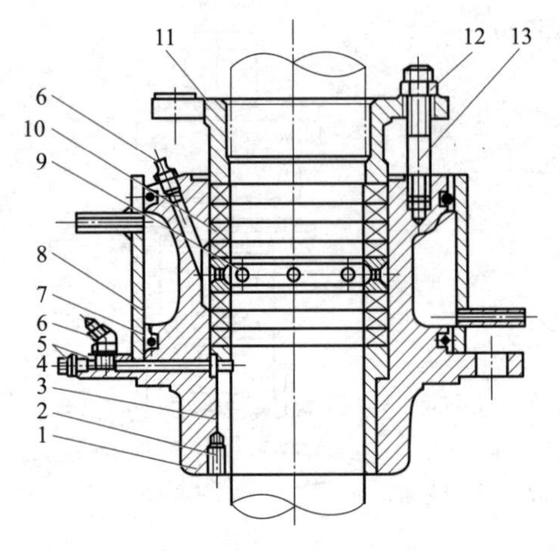

图 2-9 带夹套铸铁填料箱

1—本体；2—螺钉；3—衬套；4—螺塞；5—油圈；6—油杯；7—O形密封圈；8—水夹套；9—油杯；10—填料；11—压盖；12—螺母；13—双头螺栓

够的塑性，在压紧力的作用下能够产生较大的变形；同时还必须具有足够的弹性，吸振性能好以及较好的耐介质及润滑剂浸泡、耐腐蚀性能等。填料的选择应根据介质的特性、工艺条件、搅拌轴的轴径等选择。一般情况下，对于低压、无毒、非易燃易爆介质，可选用石棉绳；对于压力较高且有毒、易燃易爆介质，可选用油浸石墨石棉或橡胶石棉；若操作条件为高温高压，则可选铅、紫铜、铝、不锈钢等。油杯是为了在填料密封中适时加油以确保搅拌轴和填料之间的润滑所设置的。

填料密封是通过压盖施加压紧力使填料变形来获得的。压紧力过大，将使填料过紧地压在转动轴上，会加速轴与填料间的磨损，导致间隙增大反而使密封快速失效；压紧力过小，填料不能紧贴转动轴，就会产生较大的间隙泄漏。所以，工程上从延长密封寿命考虑，允许有一定的泄漏量，一般为 150～450mL/h。泄漏量和压紧程度通过调整压盖的压紧力来实现。并规定更换填料的周期，以确保密封的效果。

任务二 理想间歇操作釜式反应器设计

理想间歇操作釜式反应器，英文名称为 batch reactor，简称为 BR。是指所有的反应物料在操作前一次性加入，待反应达到要求的转化率后，一次性排出反应物料，而在反应进行过程中既不加料也不出料的釜式反应器。在化工生产中广泛用于液相反应，在液-固相反应和气-液相反应中亦可采用。间歇操作釜式反应器的结构简单，加工方便，传质效率高，温度分布均匀，由于是分批装料和卸料、操作灵活性大，适用于多品种、小批量的化学品生产。因此在精细化学品、高分子聚合物和生物化工产品的生产中使用较多。

一、反应器特征及基本方程

1. 反应器特征

间歇操作釜式反应器若搅拌非常充分，则可认为是理想流动反应器，即反应器内的流体流动符合全混流理想流动模型。因此，间歇操作釜式反应器具有以下特征：

（1）由于剧烈搅拌、混合，反应器内的有效空间中各位置的物料具有相同的温度、浓度；

（2）由于是一次性加料和出料，反应过程中没有加料和出料，所有物料在反应器中的停留时间相同，不存在不同停留时间物料的混合，即不存在返混现象，返混程度为零；

（3）反应器的出料组成与反应器内物料的最终组成相同；

（4）间歇操作存在辅助生产时间。一个完整的生产周期包括反应时间、加料时间、出料时间、清洗时间、加热（或冷却）时间等。

由于间歇操作反应过程中的操作条件随着反应时间发生变化，因此，反应器内的浓度是处处相等、而时时却不相等，是一个非稳态过程。

2. 基本方程

间歇操作釜式反应器的计算主要包括反应时间和反应器的体积。

反应器计算的基本方程是物料衡算式。根据间歇操作釜式反应器的特点，反应器内各处的组成是均一的，因此，衡算范围可选为单位时间、整个反应器的体积，选择反应物 A 作衡算对象进行物料衡算：

微元时间内进入微元体积关键组分量	+	微元时间内离开微元体积关键组分量	−	微元时间微元体积内转化掉关键组分量	=	微元时间微元体积内关键组分的累积量
0		0		$(-r_A)V_R\mathrm{d}t$		$\mathrm{d}n_A$

即

$$0+0-(-r_A)\mathrm{d}tV_R=\mathrm{d}n_A \tag{2-1}$$

其中，$(-r_A)$ 为化学反应速率，$\mathrm{kmol/(m^3 \cdot h)}$；$V_R$ 为反应器的有效体积，$\mathrm{m^3}$；n_A 为当转化率为 x_A 时反应器内 A 的物质的量，kmol；t 反应时间，h 或 min。

以 n_{A0} 表示反应器 A 最初的量，若用转化率来表示反应进行的程度：

$$n_A=n_{A0}(1-x_A) \qquad \mathrm{d}n_A=-n_{A0}\mathrm{d}x_A$$

则式(2-1) 即为：

$$\mathrm{d}t=\frac{n_{A0}\mathrm{d}x_A}{(-r_A)V_R} \tag{2-2}$$

二、反应时间计算

间歇操作釜式反应器的生产时间包括两部分：反应时间和辅助生产时间。反应时间是指装料完毕后算起到达反应所要求的转化率时所需的时间；辅助生产时间是指反应物料的加料时间、出料时间、清洗时间等，一般情况下，辅助时间由经验确定。反应时间可由式(2-2)计算，式(2-2) 积分得：

$$t=n_{A0}\int_0^{x_{Af}}\frac{\mathrm{d}x_A}{(-r_A)V_R} \tag{2-3}$$

式中，n_{A0} 为反应开始时 A 的物质的量，kmol；x_{Af} 为最终转化率。

式(2-3) 为间歇釜式反应器设计计算的通式。它表达了在一定操作条件下达到要求的转化率 x_{Af} 时所需要的反应时间 t。此式适用于任何间歇反应过程，均相或非均相，恒温或非恒温。但对于非恒温过程需结合反应器的热量衡算求解。

1. 恒温过程计算

釜式反应器多数进行的是液相反应，而液相反应，反应前后物料的密度变化很小，因此，一般情况下，多数液相反应都可看作是恒容反应。而在反应过程中，若反应温度不发生变化，则可以看作是恒温反应，这样速率常数 k 值就不随反应发生变化，在反应过程中可看成是常数。

因此，对于恒温恒容反应：

$$t=c_{A0}\int_0^{x_{Af}}\frac{\mathrm{d}x_A}{(-r_A)} \tag{2-4a}$$

若用浓度来表示，对于恒容过程：

$$c_A=c_{A0}(1-x_A) \qquad \mathrm{d}c_A=-c_{A0}\mathrm{d}x_A$$

则反应时间为：

$$t=-\int_{c_{A0}}^{c_{Af}}\frac{\mathrm{d}c_A}{(-r_A)} \tag{2-4b}$$

式中，c_{A0} 为 A 组分的初始浓度；c_{Af} 为 A 组分的终点浓度。

从式(2-4) 可以看出，间歇操作釜式反应器内为达到一定的转化率所需要的反应时间，只是动力学方程式的直接积分，也就是说只取决于动力学因素，而与反应器的大小无关，与反应器及物料的投入量无关。反应器的大小是由物料的处理量决定的。由此可见，上述计算反应时间公式，既适用于小型设备，又可用于大型设备。所以，由实验室数据设计生产规模的间歇反应器时，只要保证两者的反应条件相同，便可达到同样的反应效果。

但应注意，要使两个规模不同的间歇反应器具有完全相同的反应条件并非易事。以等温间歇反应器为例，实验室用的小反应器要做到等温操作比较容易，而大型反应器就很难做到；又如实验室反应器通过搅拌可使反应物料混合均匀，浓度均一，而大型反应器要做到这一点就比较困难。因此，生产规模的间歇反应器其反应效果与实验室反应器相比，或多或少总是会有些差异。

在间歇反应过程中，无论是液相还是气相反应，绝大多数是恒容反应。因为在间歇反应过程中不断改变反应体积在技术上有难度且没有实际意义。间歇过程通常不用于气相反应，这是由于气体的密度比较低，单位反应体积的反应物比较少，反应结束后物料不易排出等，从生产的经济性考虑不宜采用，工业上鲜有气相间歇反应器的实例。

对于某一反应，若知道反应动力学的函数表达式时，就可以把表达式代入式(2-4) 进行计算。

例如：一级反应　　$(-r_A)=kc_A=kc_{A0}(1-x_A)$

代入式(2-4)，则　　$t=\frac{1}{k}\ln\frac{1}{1-x_{Af}}=\frac{1}{k}\ln\frac{c_{A0}}{c_{Af}}$

二级反应　　$(-r_A)=kc_A^2=kc_{A0}^2(1-x_A)^2$

则反应时间为　　$t=\frac{1}{k}\left(\frac{1}{c_{Af}}-\frac{1}{c_{A0}}\right)=\frac{1}{kc_{A0}}\frac{x_{Af}}{1-x_{Af}}$

若反应的反应动力学表达式相当复杂或不能用函数表达式表示时，则可以用图解法计算。如图 2-10 所示。

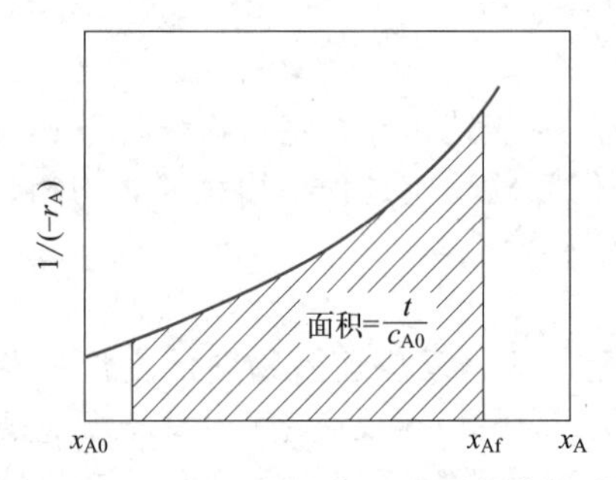

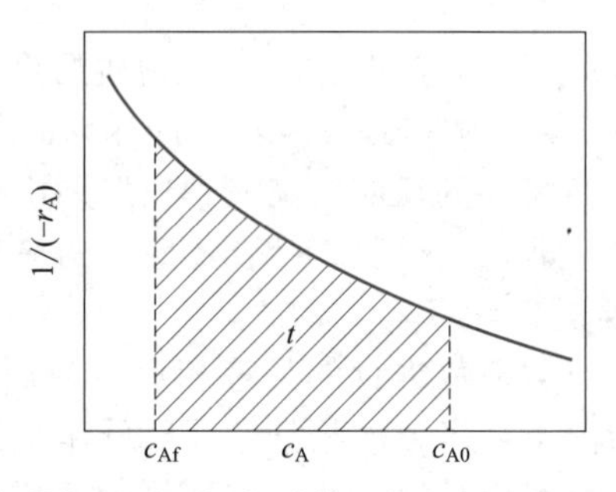

图 2-10　间歇操作釜式反应器恒温过程图解计算

【例 2-1】 在间歇操作釜式反应器中进行己二酸（A）和己二醇（B）以等摩尔比缩聚反应生产醇酸树脂。反应温度 70℃，催化剂为 H_2SO_4。实验测得动力学方程式为：$(-r_A)=kc_A^2$[kmol/(L·min)]。其中，速率常数 $k=1.97$L/(kmol·min)，反应物的初始浓度 $c_{A0}=0.004$kmol/L。若每天处理 2400kg 己二酸，求转化率分别为 0.5、0.6、0.8、0.9 时所需反应时间。

解： 该反应为恒温恒容二级反应。

达到一定的转化率所需的时间为：

$$t=\frac{1}{kc_{A0}}\frac{x_{Af}}{1-x_{Af}}$$

BR计算例题

当 $x_{Af}=0.5$ 时：

$$t=\frac{1}{1.97\times0.004}\times\frac{0.5}{(1-0.5)}=126.9(\text{min})=2.12(\text{h})$$

$x_{Af}=0.6$ 时：

$$t=\frac{1}{1.97\times0.004}\times\frac{0.6}{(1-0.6)}=190.4(\text{min})=3.17(\text{h})$$

同理：当 $x_{Af}=0.8$ 时，$t=8.5\text{h}$；当 $x_{Af}=0.9$ 时，$t=19.0\text{h}$

从上述结果可以看出：随着转化率的增加，反应所需的时间急剧增加。但在高转化率的条件下，若要再增加转化率，所花的时间太多，没有任何意义。因此在确定反应的最终转化率时，需要考虑这一点。

2. 非恒温过程计算

在计算过程中，涉及速率常数 k，而速率常数 k 的大小与温度有一定的关系。反应过程中，由于存在热效应问题，即便是采取了换热措施，也未必能够保证反应是在恒温下进行。而实际生产过程中并不一定要求反应必须在恒温下进行，更多的情况是要求反应在一定的温度序列下进行，以保证反应产物的分布为最佳。因此，需要知道反应过程中温度的变化规律，这需要通过热量衡算来计算。

对于间歇操作釜式反应器，热量衡算的范围与物料衡算的范围相同，仍为单位时间、整个反应器的体积。基准温度为 0℃，对反应器内所有物料进行衡算。

单位时间内进入反应器的物料带入的热量：0

单位时间内离开反应器的物料带出的热量：0

单位时间反应器内的物料发生反应的热效应热量：$(-\Delta H_r)(-r_A)V_R\,dt$

单位时间反应器内的物料和外界交换的热量：$KA(T_w-T)$

单位时间内反应器内累积的热量：$m_t c_{pt}\,dT$

根据热量衡算基本方程式得：

$$KA(T_w-T)+V_R(-r_A)(-\Delta H_r)=m_t c_{pt}\frac{dT}{dt} \tag{2-5}$$

其中，$(-\Delta H_r)$ 为反应过程热效应，J/mol；$(-r_A)$ 为化学反应速率，kmol/(m^3 · s)；K 传热系数 kW/(m^2 · K)；A 传热面积，m^2；T_w 换热介质的温度，K；T 反应物料的温度，K；m_t 反应物料的总质量，kg；c_{pt} 反应物料的平均比热容，kJ/(kg · K)。

式(2-5) 即为间歇操作釜式反应器反应温度 T 随反应时间 t 的变化规律。在计算过程中，由于速率常数 k 既是温度的函数，同时又是浓度或转化率的函数，因此需要将物料衡算式与热量衡算式联立求解。

$$KA(T_w-T)+(-\Delta H_r)n_{A0}\frac{dx_A}{dt}=m_t c_{pt}\frac{dT}{dt} \tag{2-6}$$

积分得：

$$\int_0^t KA(T_w-T)dt+(-\Delta H_r)n_{A0}(x_A-x_{A0})=m_t c_{pt}(T-T_0) \tag{2-7}$$

式中，T_0 为反应物料的初始温度，x_{A0} 反应物料的初始转化率。该式说明对一定的反应系统而言，温度与转化率的关系取决于系统与换热介质的换热速率。

若反应过程采用绝热操作，即反应过程中与外界无热量交换，热量衡算式中与外界交换的热量为 0，即：

$$(T-T_0)=\frac{(-\Delta H_r)n_{A0}}{m_t c_{pt}}(x_A-x_{A0}) \tag{2-8}$$

该式称为绝热方程式。定义 $\lambda=(-\Delta H_r)n_{A0}/m_t c_{pt}$，称为绝热温变。其物理意义是当反应系统中的组分A全部转化时，系统温度的变化值。一般情况下（$-\Delta H_r$）和 c_{pt} 在反应过程中的变化可忽略不计，因此 λ 可看成常数，式(2-8)为线性关系，即：

$$(T-T_0)=\lambda(x_A-x_{A0}) \tag{2-9}$$

三、反应器体积计算

间歇操作釜式反应器的总体积应包括反应器的有效体积、分离空间、辅助部件占有的体积。在计算过程中反应器的有效体积由计算而得，而分离空间、辅助部件占有的体积则根据具体的反应情况而定。

1. 反应器的有效体积 V_R

$$V_R=V_0(t+t') \tag{2-10}$$

式中　V_0——每小时处理的物料体积，m^3/h；

t——达到要求的转化率所需要的反应时间，h；

t'——辅助时间，h。

2. 反应器的体积 V

在间歇操作釜式反应器中，由于要考虑到反应物料的性质，反应釜物料上部的空间大小，反应釜内是否装有蛇管换热器、搅拌器的类型等因素，因此，实际反应器的体积不能仅以生产任务来确定，还需要考虑装填系数。

$$V=\frac{V_R}{\varphi} \tag{2-11}$$

式中，φ 表示装填系数，是一经验值，根据具体情况而定，可参考表2-1。

表2-1　常见反应过程的装填系数

条件	装填系数范围
不带搅拌或搅拌缓慢的反应釜	0.8～0.85
带搅拌的反应釜(不沸腾、不起泡沫)	0.7～0.85
沸腾操作或起泡沫	0.4～0.6
贮槽或计量槽	0.85～0.9

如果物料的处理量很大，需要采用多釜并联操作时，反应釜的台数 m 为：

$$m=\frac{V}{V'}\beta \tag{2-12}$$

式中　V'——每台反应釜的体积；

β——反应器生产能力的后备系数（=1～1.5）。

3. 反应釜的结构尺寸

当反应器体积一定时，若直径过大，将使水平搅拌发生困难；若高度过大，会使垂直搅拌发生困难，同时还增加夹套的换热面积。因此，一般反应釜的高度和直径之比 $\frac{H}{D}=1.2$ 左右，釜盖与釜底采用椭圆形封头，如图2-11所示。

反应釜的实际体积包括圆筒部分和底封头，封头部分体积取经验式 $V'=0.131D^3$，曲面高度 $H'=\frac{1}{4}D$，不包括直边高度（25～50mm）的体积在内。通过工艺计算确定反应器的体积后，可按下式求得直径和高度：

$$V=\frac{\pi}{4}D^2H''+0.131D^3 \tag{2-13}$$

所求得的圆筒高度及直径需要圆整，并检验填料系数是否合适。

确定了反应釜的主要尺寸后，其壁厚、法兰尺寸以及手孔、视镜、工艺接管口等均可按工艺条件在国家或行业标准中选择。

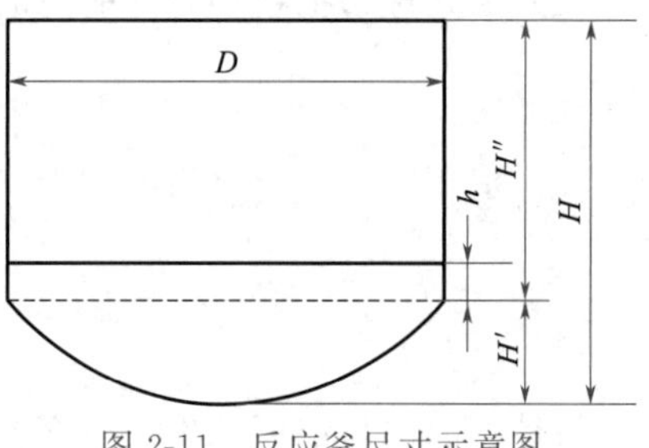

图 2-11　反应釜尺寸示意图

【例 2-2】 在例 2-1 中，若每批操作的辅助生产时间为 1h，反应器的装填系数为 0.75，求当转化率为 80%时，反应器的体积。

解： 已二酸的分子量为 146，每小时已二酸的进料量为：

$$F_{A0}=\frac{2400}{24\times146}=0.685(\text{kmol/h})$$

处理的物料的体积：

$$V_0=\frac{F_{A0}}{c_{A0}}=\frac{0.685}{0.004}=171.25(\text{L/h})$$

当 $x_{Af}=0.8$ 时，反应时间 $t=8.5\text{h}$

反应器的体积：$V_R=V_0(t+t')=171.25\times(8.5+1)=1627(\text{L})=1.63(\text{m}^3)$

反应器的实际体积：$V=\frac{V_R}{\varphi}=\frac{1.63}{0.75}=2.17(\text{m}^3)$

四、间歇反应器校核计算

反应器的校核计算指的是在已有给定反应器的前提下（已知反应器大小），验证该反应器能否完成生产任务。间歇反应器的校核一般有以下两种方法。

1. 核算产量或物料处理量

已知间歇反应器大小 V，以及原料组成 c_{A0}，产品组成 c_{Af}，反应动力学方程 $(-r_A)$，辅助生产时间 t' 及装填系数 φ，求能否满足处理量或产量的要求。步骤如下：

(1) 由已知的 c_{A0}、c_{Af} 计算相应的 x_{Af}

若恒容过程　$c_{Af}=c_{A0}(1-x_{Af})$

(2) 求反应时间 t

$$t=c_{A0}\int_0^{x_{Af}}\frac{dx_A}{(-r_A)}$$

(3) 求单位时间处理的体积流量 V_0

由 $V_R=V_0(t+t')$ 和装填系数 φ 可得 $V_0=\frac{V\varphi}{t+t'}$

(4) 核算物料处理量 F_{A0}　$F_{A0}=c_{A0}V_0$，与生产任务进行比较，看是否满足要求。

2. 核算出口组成或转化率

已知反应器大小 V、c_{A0}、$(-r_A)$、t'、F_{A0}、φ 时，求出口组成 c_{Af} 是否满足生产要求。步骤如下：

(1) 求单位时间处理的体积流量 V_0

$$V_0=\frac{F_{A0}}{c_{A0}}$$

（2）求处理每批物料允许的总时间 t_t

$$t_t=\frac{V\varphi}{V_0}$$

（3）求相应的反应时间 t

$$t=t_t-t'$$

（4）求 c_{Af}

$$t=-\int_{c_{A0}}^{c_{Af}}\frac{dc_A}{(-r_A)}$$

将计算的出口浓度与生产任务的要求比较，若计算的出口浓度小于生产任务要求的数据，则可认为该反应器能满足生产任务要求。

任务三　理想连续操作釜式反应器设计

理想连续操作釜式反应器，也可称为全混流反应器，英文名称为 continuous stirred-tank reactor，简称 CSTR。在反应过程中反应物料连续加入反应器，同时在反应器出口连续不断地引出反应产物的釜式反应器，即采用连续操作方式的釜式反应器。由于是连续操作，不存在间歇生产中的辅助生产时间问题，是一稳态操作过程。因此，容易实现自动控制，操作简单，节省人力，产品质量稳定，可用于产量大的产品生产。且由于釜式反应器的物料容量大，当进料条件发生一定程度的波动时，不会引起釜内反应条件的明显变化，稳定性较好，操作安全。

一、反应器特征及基本方程

1. 反应器特征

CSTR 由于高效搅拌可认为是理想流动反应器，反应器内的流体流动符合全混流理想流动模型，具有典型的全混流模型的特征：

（1）由于连续操作，具有强烈的搅拌作用，物料在反应器内充分返混，返混程度为无穷大；

（2）反应器内物料混合均匀，各处参数均一；

（3）出口物料组成与反应器内的物料组成相同，即在连续操作釜式反应器中，反应物的浓度处于出口状态的低浓度；

（4）反应过程中连续进料与出料，是一定常态过程。

在反应过程中，操作条件的变化规律见图 2-12。与间歇操作釜式反应器不同的是：由于连续操作釜式反应器的操作方式是连续的，因此，反应器内的物料浓度不仅处处相等，而且时时也相等。

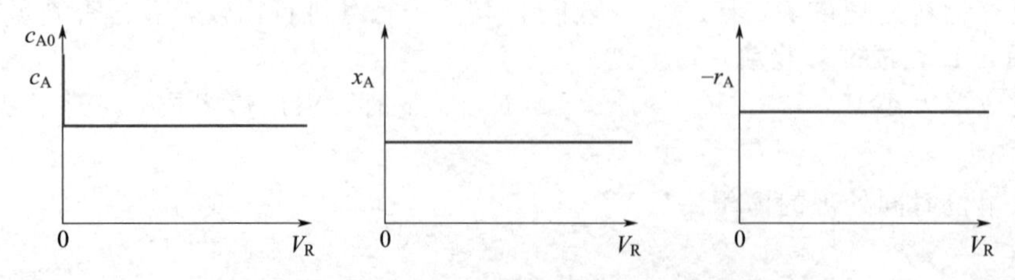

图 2-12　连续操作釜式反应器操作条件变化图

2. 基本方程

反应器计算的基本方程是物料衡算式。根据连续操作釜式反应器的特点，反应器内各处的组成是均一的，因此，衡算范围可选为单位时间、整个反应器的体积，选择反应物 A 作衡算对象进行物料衡算：

微元时间内进入微元体积关键组分量		微元时间内离开微元体积关键组分量		微元时间微元体积内转化掉关键组分量		微元时间微元体积内关键组分的累积量
$F_{A0}dt$	+	$F_A dt$	−	$(-r_A)V_R dt$	=	0

即：

$$F_{A0}dt - F_A dt - (-r_A)V_R dt = 0 \tag{2-14}$$

式中，$(-r_A)$ 为化学反应速率，$kmol/(m^3 \cdot h)$；V_R 是反应器的有效体积，m^3；F_{A0} 进料中反应物 A 的摩尔流量，kmol/h；F_A 出料中反应物 A 的摩尔流量，kmol/h。

若用转化率来表示反应进行的程度：$F_A = F_{A0}(1-x_{Af})$

则式(2-14) 即为：

$$V_R = F_{A0}\frac{x_{Af}}{(-r_A)} \tag{2-15}$$

由于液相反应一般情况下都可以看成是恒容反应，因此式(2-15) 也可用浓度表示：

$$V_R = c_{A0}V_0\frac{x_{Af}}{(-r_A)} = V_0\frac{c_{A0}-c_{Af}}{(-r_A)} \tag{2-16}$$

式中，V_0 表示反应釜进口物料的体积流量，m^3/h。在计算时必须注意，公式中反应速率必须是以出口时的温度和浓度计算。

反应过程的空时：

$$\tau = \frac{V_R}{V_0} = c_{A0}\frac{x_{Af}}{(-r_A)} = \frac{c_{A0}-c_{Af}}{(-r_A)} \tag{2-17}$$

因为在连续操作釜式反应器中主要是进行液相反应，而液相反应一般都可以看成是恒容反应，所以该釜式反应器平均停留时间与空时相等。

$$\bar{t} = \tau$$

二、单一连续操作釜式反应器

反应过程中使用一个连续操作釜式反应器来完成生产任务，则反应器的体积和空时的计算可按式(2-16) 和式(2-17) 来计算。

若知道反应动力学的函数表达式时，就可以把表达式代入上两式进行计算。

例如：一级反应　$(-r_A) = kc_A = kc_{A0}(1-x_A)$

代入式(2-16) 和式(2-17)，则 $V_R = \frac{V_0}{k}\frac{x_{Af}}{1-x_A} = \frac{V_0}{k}\frac{c_{A0}-c_{Af}}{c_A}$

$$\tau = \frac{V_R}{V_0} = \frac{1}{k}\frac{x_{Af}}{1-x_{Af}} = \frac{1}{k}\frac{c_{A0}-c_{Af}}{c_A}$$

二级反应　$(-r_A) = kc_A^2 = kc_{A0}^2(1-x_A)^2$

则

$$V_R = \frac{V_0}{kc_{A0}}\frac{x_{Af}}{(1-x_{Af})^2} = \frac{V_0}{k}\frac{c_{A0}-c_{Af}}{c_{Af}^2}$$

$$\tau = \frac{V_R}{V_0} = \frac{1}{kc_{A0}}\frac{x_{Af}}{(1-x_{Af})^2} = \frac{1}{k}\frac{c_{A0}-c_{Af}}{c_{Af}^2}$$

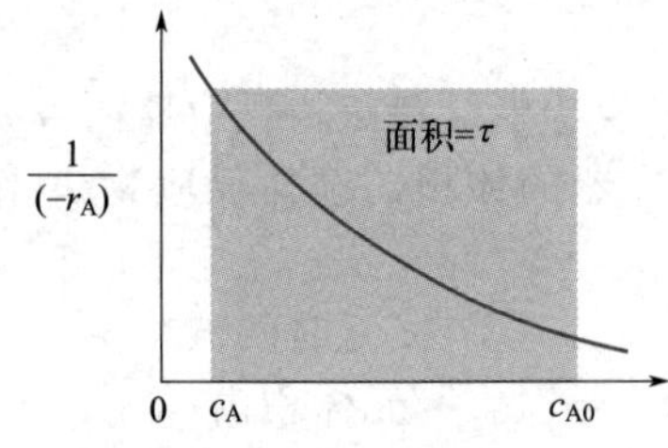

图 2-13 CSTR 图解法计算示意图

若反应的动力学表达式相当复杂或不能用函数表达式表示时，则可以用图解法计算。如图 2-13 所示。图中曲线为反应器内所进行的化学反应的动力学曲线，对于单一连续操作釜式反应器而言，完成一定的生成任务所需要的空时就等于图中所示矩形的面积。值得注意的是，由于全混流反应器是在出口浓度下进行工作的，因此，所对应的反应速率值一定是出口浓度时的反应速率。

【例 2-3】 用一搅拌良好的釜式反应器连续生产醇酸树脂，反应条件同例 2-1，试计算当反应转化率为 80%时反应器的体积和空时。

解： 反应釜的空时为：

$$\tau=\frac{1}{kc_{A0}}\frac{x_{Af}}{(1-x_{Af})^2}=\frac{1}{1.97\times0.004}\times\frac{0.8}{(1-0.8)^2}=2538(\text{min})=42.3(\text{h})$$

反应釜的初始体积流量为：

$$V_0=\frac{F_{A0}}{c_{A0}}=\frac{2400}{24\times146\times0.004}=171(\text{L/h})=2.85(\text{L/min})$$

反应釜的有效体积为：

$$V_R=V_0\tau=2.85\times2538=7233(\text{L})=7.23(\text{m}^3)$$

通过例 2-1 和例 2-3 的计算结果可以看出：完成相同的生产任务，连续操作釜式反应器的生产时间比间歇操作釜式反应器的生产时间要长。主要原因是连续操作釜式反应器内的化学反应是在出口处的低浓度下进行的，反应速率较慢，因此时间比较长，相应的体积也大些。

【例 2-4】 分解反应 $\begin{matrix}A\longrightarrow R(\text{目的产物}),r_R=c_A^2[\text{mol/(L·min)}]\\ A\longrightarrow S(\text{副产物}),r_S=2c_A[\text{mol/(L·min)}]\end{matrix}$ 在一搅拌良好的釜式反应器进行。其中 $c_{A0}=4.0\text{mol/L}$，$c_{R0}=c_{S0}=0$，物料的体积流量为 5.0L/min，试求当反应物 A 的转化率为 80%时，反应器的体积。

解： 反应釜的空时为：

$$\tau=\frac{V_R}{V_0}=C_{A0}\frac{x_{Af}}{(-r_A)}=\frac{c_{A0}-c_{Af}}{(-r_A)}$$

该分解反应为复杂反应，反应物 A 的动力学方程式为：$(-r_A)=c_A^2+2c_A$

而 $$c_{Af}=c_{A0}(1-x_{Af})=4\times(1-0.8)=0.8(\text{mol/L})$$

所以： $$\tau=\frac{V_R}{V_0}=c_{A0}\frac{x_{Af}}{(-r_A)}=\frac{c_{A0}-c_{Af}}{c_A^2+2c_{Af}}=\frac{4-0.2}{0.2^2+2\times0.2}=8.6(\text{min})$$

反应釜的有效体积为：

$$V_R=V_0\tau=5.0\times8.6=43.18(\text{L})$$

由此可见，不论在反应器内进行的是什么类型的反应，简单反应也好，复杂反应也好，连续操作釜式反应器空时的计算公式都是相同的，只是公式中的动力学方程式的表达方式不同而已。

三、多个理想连续釜式反应器的串联

由于单个连续操作釜式反应器内反应物的工作浓度较低，使得反应速率降低。为了解决反应釜内反应物浓度低而导致反应速率下降的问题，可以采用多个反应釜串联操作。即由一个釜所完成的生产任务现在用几个釜串联完成。

从图 2-14 可以看出，串联操作中，反应物的浓度只有在最后一个釜时与单釜操作时的浓度相同，处于最低的出口浓度，其它各釜的浓度均比单釜操作时的浓度高。这就使得多釜串联操作的总体工作浓度大于单釜操作的浓度，反应速率也比单釜快。因此多个串联的连续釜式反应器生产能力要大于单个连续釜式反应器的生产能力。需要注意的是，对于多个串联操作的釜式反应器，每一个釜式反应器内的浓度是均一的，等于该釜出口浓度，而各釜之间的浓度是不相同的。

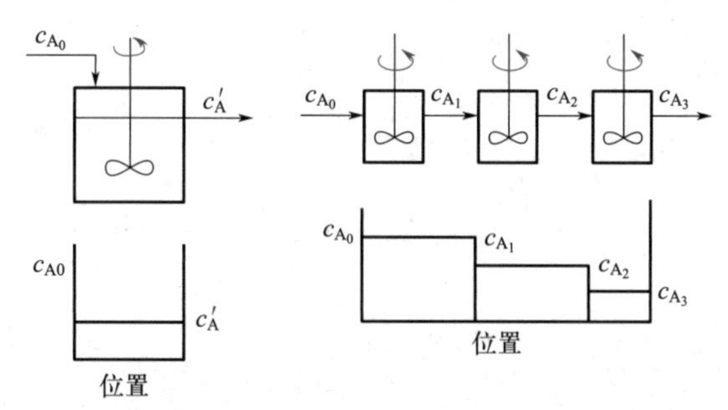

图 2-14 单釜和多釜连续操作充分搅拌釜式反应器浓度变化图

假设串联操作的釜式反应器均为搅拌良好的连续操作釜式反应器，且各釜之间不存在混合，每一个反应釜都是在定态的等温条件下反应，反应过程中物料的体积不发生变化。

根据图 2-15 所示，对其中任一釜进行物料衡算如下：

$$F_{A(i-1)}\mathrm{d}t - F_{Ai}\mathrm{d}t - (-r_A)_i V_{Ri}\mathrm{d}t = 0$$

整理得：

$$V_{Ri} = \frac{F_{A(i-1)} - F_{Ai}}{(-r_A)_i}$$

若用转化率来表示：

$$F_{Ai} = F_{A0}(1 - x_{Ai})$$

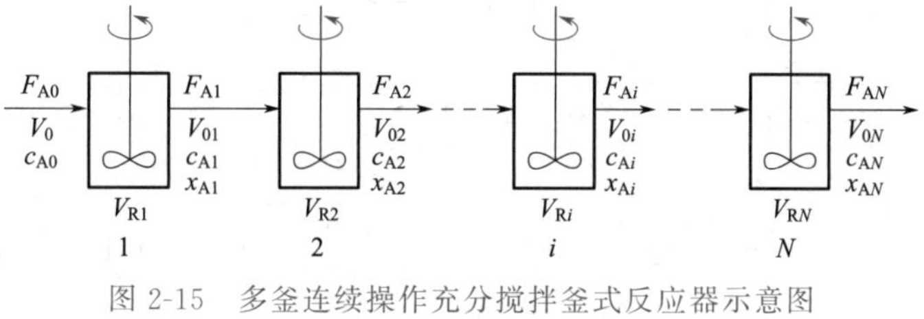

图 2-15 多釜连续操作充分搅拌釜式反应器示意图

则：

$$V_{Ri} = F_{A0}\frac{[x_{Ai} - x_{A(i-1)}]}{(-r_A)_i} = c_{A0}V_0\frac{[x_{Ai} - x_{A(i-1)}]}{(-r_A)_i} \tag{2-18}$$

空时为：

$$\tau_i = \frac{V_{Ri}}{V_0} = c_{A0}\frac{x_{Ai} - x_{A(i-1)}}{(-r_A)_i} = \frac{c_{A(i-1)} - c_{Ai}}{(-r_A)_i} \tag{2-19}$$

式中 V_{Ri}——第 i 釜的有效体积，m^3；

τ_i——第 i 釜的空时或平均停留时间，h；

x_{Ai}——经过第 i 釜后反应物料达到的转化率；

$x_{A(i-1)}$——经过第 $i-1$ 釜后反应物料达到的转化率；

c_{Ai}——第 i 釜内反应物料的浓度，$kmol/m^3$；

$c_{A(i-1)}$——第 $i-1$ 釜内反应物料的浓度，$kmol/m^3$；

F_{Ai}——第 i 釜内反应物料的摩尔流量，kmol/h；

$F_{A(i-1)}$——第 i 釜内反应物料的摩尔流量，kmol/h。

串联操作釜式反应器的总体积和空时为：

$$V_R=\sum V_{Ri} \qquad \tau=\sum \tau_i \tag{2-20}$$

1. 解析法

当反应的动力学方程式可以用函数表达式表示时，根据串联操作釜式反应器的特征，前一釜反应物的出口浓度是后一釜反应物的入口浓度，利用式(2-18）或式(2-19）逐釜依次计算，直到达到要求的转化率。

例：一级不可逆反应　$(-r_A)=kc_A=kc_{A0}(1-x_A)$

则第一釜的体积为　$V_{R1}=\dfrac{V_0}{k_1}\dfrac{x_{A1}-x_{A0}}{1-x_{A1}}$

则第二釜的体积为　$V_{R2}=\dfrac{V_0}{k_2}\dfrac{x_{A2}-x_{A1}}{1-x_{A2}}$

⋮　　　⋮

⋮　　　⋮

则第 N 釜的体积为　$V_{RN}=\dfrac{V_0}{k_N}\dfrac{x_{AN}-x_{A(N-1)}}{1-x_{AN}}$

【例 2-5】 用两个搅拌良好的连续操作釜式反应器串联生产醇酸树脂，要求经过第一釜操作后转化率达到50%，反应条件同例 2-1，试计算当反应最终转化率达到80%时反应器的体积。

解： 根据例 2-1 知　$V_0=2.85L/min$

n-CSTR计算例题

根据式(2-19）则第一釜的空时为：

$$\tau_1=\frac{c_{A0}(x_{A1}-x_{A0})}{(-r_A)_1}=\frac{c_{A0}(x_{A1}-x_{A0})}{kc_{A0}^2(1-x_{A1})^2}$$

$$=\frac{(0.5-0)}{1.97\times0.004\times(1-0.5)^2}=253.81(min)$$

第二釜的空时为：

$$\tau_2=\frac{c_{A0}(x_{A2}-x_{A1})}{kc_{A0}^2(1-x_{A2})^2}=\frac{(0.8-0.5)}{1.97\times0.004\times(1-0.8)^2}=951.78(min)$$

$$\tau=\tau_1+\tau_2=253.81+951.78=1205.59(min)=20.09(h)$$

反应的总体积为：$V_R=V_0\tau=2.85\times1205.59=3436(L)=3.436(m^3)$

通过例 2-3 和例 2-5 的计算结果可以看出：完成相同的生产任务，多个连续操作釜式反应器串联所需的空时和反应体积均比单个连续操作釜式反应器所需的数值要小。主要原因就是因为多个连续操作釜式反应器的串联操作改变了反应过程中反应物的浓度变化。串联的釜数越多，则浓度的改变越大，所需的空时越小，反应器的体积也越小。一般情况下，釜数不宜太多，否则会造成设备投资或操作费用的增加大于反应总体积减小的费用。

【例 2-6】 有一不可逆一级连串反应 $A \xrightarrow{k_1} P \xrightarrow{k_2} S$，$k_1=0.15\text{min}^{-1}$，$k_2=0.05\text{min}^{-1}$，进料流量为 $0.5\text{m}^3/\text{min}$，$c_{A0}=0.73\text{mol/m}^3$，$c_{P0}=c_{S0}=0$。

试求：(1) 当采用一个 $V_R=1\text{m}^3$ 的 CSTR，出口各组分的浓度；

(2) 当采用两个 $V_R=1\text{m}^3$ 的 CSTR 串联，出口各组分的浓度。

解：此为一复杂反应体系，反应中不同组分的动力学方程式为：

$$(-r_A)=0.15c_A \qquad r_P=0.15c_A+0.05c_P \qquad r_S=0.05c_P$$

(1) 当采用一个 $V_R=1\text{m}^3$ 的 CSTR 时：$\tau=V_R/V_0=1/0.5=2$

对组分 A 做物料衡算得：$c_{A0}V_0-c_{Af}V_0-(-r_A)V_R=0$

把组分 A 动力学方程式代入得：$c_{Af}=\dfrac{c_{A0}}{1+k_1\tau}=\dfrac{0.73}{1+0.15\times 2}=0.56(\text{mol/m}^3)$

同理对组分 P 做物料衡算得：$c_{P0}V_0-c_{Pf}V_0+r_PV_R=0$

代入 P 组分的动力学方程式得：$c_{Pf}=\dfrac{k_1\tau c_{Af}}{1+k_2\tau}=\dfrac{0.15\times 2\times 0.56}{1+0.05\times 2}=0.15(\text{mol/m}^3)$

因为：

$$c_{A0}+c_{P0}+c_{S0}=c_{Af}+c_{Pf}+c_{Sf}$$

所以：

$$c_{Sf}=0.73-0.56-0.15=0.02(\text{mol/m}^3)$$

(2) 当采用两个 $V_R=1\text{m}^3$ 的 CSTR 时：$\tau_1=\tau_2=V_R/V_0=1/0.5=2$

所以第一釜的出口浓度与 (1) 中的出口浓度相同，即：

$$c_{A1}=0.56\text{mol/m}^3；\ c_{P1}=0.15\text{mol/m}^3；\ c_{S1}=0.02\text{mol/m}^3$$

第二釜：对组分 A：$c_{A1}V_0-c_{A2}V_0-(-r_A)V_R=0$

$$c_{A2}=\frac{c_{A1}}{1+k_1\tau_2}=\frac{0.56}{1+0.15\times 2}=0.43(\text{mol/m}^3)$$

对组分 P：$c_{P1}V_0-c_{P2}V_0+r_PV_R=0$

$$c_{P2}=\frac{c_{P1}+k_1\tau c_A}{1+k_2\tau_2}=\frac{0.15+0.15\times 2\times 0.56}{1+0.05\times 2}=0.29(\text{mol/m}^3)$$

同理：$c_{S2}=0.73-0.43-0.29=0.01(\text{mol/m}^3)$

从该题可以看出：反应器的物料衡算是针对反应体系中的某一物质，这个物质不仅仅是指反应物，对于体系中的任何物质而言均可以。

2. 图解法

当反应的动力学表达式相当复杂或不能用函数表达式表示时，用解析法计算是比较麻烦的。此时用图解法则较为方便。

式(2-19) 可变形为：

$$(-r_A)_i=-\frac{c_{Ai}}{\tau_i}+\frac{c_{A(i-1)}}{\tau_i} \tag{2-21}$$

此式表示第 i 釜进出口浓度与反应速率是一线性关系，如图 2-16 所示。直线的斜率是 $-\dfrac{1}{\tau_i}$，截距为$\dfrac{c_{A(i-1)}}{\tau_i}$。同时，该釜的出口浓度不仅要满足直线方程式(2-21)，而且还要满足动力学方程式。将这两个方程式同时在 $(-r_A)_i$-c_{Ai} 的图上绘出，则两线交点的横坐标就是该釜的出口浓度。

作图步骤：首先绘出根据动力学方程式或实验数据给出的在操作温度下的动力学关系曲线（如图 2-16 中的曲线 OA），然后在横坐标上找到 c_{A0} 点，根据同一温度下多釜串联中的某一釜物料衡算式(2-21) 画出该釜的操作线，并与动力学曲线 OA 交于 A_1 点（如图 2-16

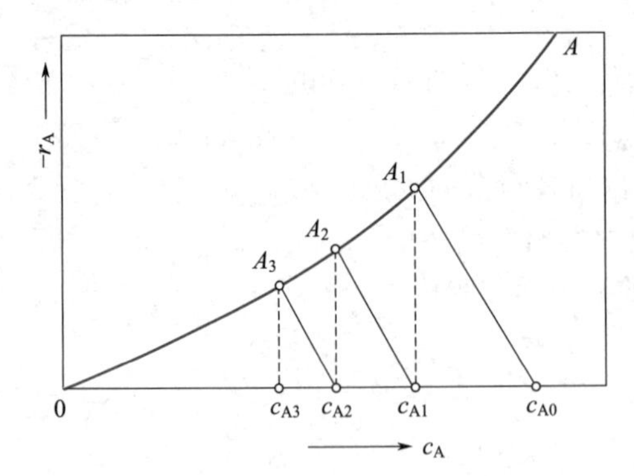

图 2-16 多釜连续操作反应器图解法

中的直线 $c_{A0}A_1$)。交点所对应的坐标值，即为多釜串联中该釜内的化学反应速率和出口浓度。若各釜的反应温度和反应体积均相同，则以 A_1 点的横坐标作操作线的平行线，与动力学曲线相交。不断重复上述步骤，直到最后一釜的浓度等于或略小于给定的出口浓度，则平行线的根数即为连续串联操作所需要的釜数。

用图解法计算时要注意：

(1) 如果串联的各釜式反应器操作温度不同，就需要给出各釜不同的操作温度下的动力学曲线，并分别与相对应的操作线相交得出交点，同时满足各釜动力学方程式和物料衡算式的要求；

(2) 如果串联的各釜式反应器的有效体积不同，则物料通过各釜的平均停留时间也不同，即各釜的操作线的斜率$\left(-\dfrac{V_0}{V_{Ri}}\right)$不同，此时各釜的操作线就不平行，就需要以各釜的操作线与对应的动力学曲线相交，计算各釜的出口浓度和串联的釜数。

应该指出，上述图解法只在动力学方程式仅用一种反应物浓度的函数关系表达式时方可适用。对于连串、平行等复杂反应，图解法就不适用了。

3. 连续串联操作釜式反应器最优化

在连续串联操作釜式反应器的计算中有一个问题需要解决，即当物料的处理量、初始浓度 c_{A0} 和最终转化率 x_{AN} 已知时，如何来确定反应器的釜数和各釜的体积或各釜的转化率。它们之间有一定的关系，需要综合考虑多种因素来确定。这就是连续串联操作釜式反应器最优化的问题。

如果用解析法计算，则根据式(2-20) 写出反应器体积计算公式，并把式(2-18) 代入式(2-20)，然后对该式求导让其等于 0，求出所需变量。下面以一级反应动力学说明。

N 个连续串联操作釜式反应器进行一级不可逆反应，各釜的温度相同，则体积为：

$$V_R=\Sigma V_{Ri}=\frac{V_0}{k}\left[\frac{x_{A1}-x_{A0}}{1-x_{A1}}+\frac{x_{A2}-x_{A1}}{1-x_{A1}}+\cdots+\frac{x_{AN}-x_{A(N-1)}}{1-x_{A1}}\right]$$

上式对转化率求偏导数得：

$$\frac{\partial V_R}{\partial x_{Ai}}=\frac{V_0}{k}\left[\frac{1-x_{A(i-1)}}{(1-x_{Ai})^2}-\frac{1}{1-x_{A(i+1)}}\right]\quad(i=1,2,\cdots,N-1)$$

若使反应体积最小，则$\partial V_R/\partial x_{Ai}=0$

$$\frac{1-x_{A(i-1)}}{(1-x_{Ai})^2}=\frac{1}{1-x_{A(i+1)}}\quad 或\quad \frac{1-x_{A(i-1)}}{1-x_{Ai}}=\frac{1-x_{Ai}}{1-x_{A(i+1)}}$$

化简可得：$\dfrac{V_0}{k}\dfrac{[x_{Ai}-x_{A(i-1)}]}{(1-x_{Ai})}=\dfrac{V_0}{k}\dfrac{[x_{A(i+1)}-x_{Ai}]}{[1-x_{A(i+1)}]}$ 即：$V_{Ri}=V_{R(i+1)}$

说明对于一级不可逆反应，采用连续串联操作釜式反应器时，要保证总反应体积最小，必要的条件是串联的各釜的体积应相等。

如果用图解法计算，已知处理量 V_0、初始浓度 c_{A0} 和最终转化率 x_{AN}，要求确定串联连续操作釜式反应器的釜数和各釜的有效体积，也可以在绘有动力学曲线的 $(-r_A)-c_A$ 图上进行试算。若各釜的有效体积相同时，根据操作线方程，假设不同的 V_{Ri}，就可以在 c_A 和 c_{AN} 之间做出多组具有不同斜率、不同段数的平行直线，表示釜数 N 和各釜有效体积

V_{Ri} 值的不同组合关系。通过技术经济比较，确定其中一组为所求的解。若串联的釜数已经选定，仅需在图上调整平行线的斜率，使之同时满足 c_{A0}、c_{AN} 和 N，然后由平行线的斜率即可求出反应器的有效体积。

四、连续操作釜式反应器的热稳定性

对化学反应速率快、反应热效应大、温度敏感性强的化学反应过程，必须认真考虑反应的可操作性。否则，反应器不仅不能正常运转，而且会导致反应温度剧烈波动，甚至失去控制，烧坏催化剂或发生冲料、爆炸等危险，给生产造成严重危害。在化工生产中要重点控制温度指标，以达到安全生产的目的。

影响反应器可操作性的主要因素是热稳定性和参数敏感性。

热稳定性是指反应器本身对热的扰动有无自行恢复平衡的能力。当反应过程的放热或移热因素发生某些变化时，过程的温度等因素将产生一系列的波动，在干扰因素消除后，如果反应过程能恢复到原来的平衡状态，称为热稳定性的，否则称为热不稳定性的。参数敏感性是指反应过程中各有关参数（流量、进口温度、冷却剂温度等）发生微小变化时，反应器内的温度将会有多大的变化。如果反应器参数的敏感性过高，那么对参数的调节就会有过高的精度要求，使反应器的操作变得十分困难。

1. 连续操作釜式反应器的热量衡算式

连续操作釜式反应器的热量衡算示意图如图 2-17 所示。衡算范围为单位时间、整个反应器的体积。基准温度为 0℃，反应过程为恒温恒容，则单位时间反应器内，

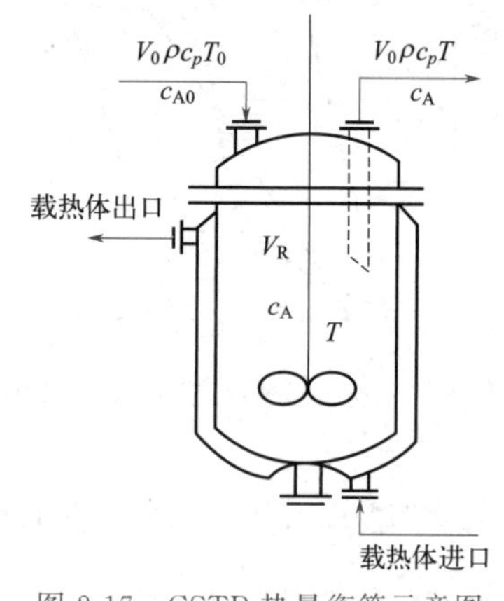

图 2-17 CSTR 热量衡算示意图

进入的物料带入的热量：$V_0\rho c_pT_0$

离开的物料带出的热量：$V_0\rho c_pT$

发生反应放出的热量：$(-\Delta H_r)(-r_A)V_R$

和外界交换的热量：$KA(T-T_w)$

累积的热量：0

根据热量衡算基本方程式得：

$$V_0\rho c_p(T-T_0)+KA(T-T_w)=V_R(-r_A)(-\Delta H_r) \tag{2-22}$$

式中 $(-\Delta H_r)$——反应过程热效应，kJ/kmol；

$(-r_A)$——化学反应速率，kmol/(m^3·h)；

K——传热系数，kW/(m^2·K)；

A——传热面积，m^2；

T_w，T，T_0——分别为换热介质的温度、反应温度、进料温度，K；

ρ——反应物料的平均密度，kg/m^3；

c_p——反应物料的平均比热容，kJ/(kg·K)；

V_0——进料的体积流量，m^3/h。

式(2-22) 为连续操作釜式反应器的热量衡算式。通过该式可计算反应在一定的温度下进行时，达到规定的转化率所需移出（放热反应）或提供（吸热反应）的热量，从而确定换热介质用量。

2. 连续操作釜式反应器的热稳定性的判断

从式(2-22) 可以看出：

放热速率：
$$Q_R=V_R(-r_A)(-\Delta H_r) \tag{2-23}$$

Q_R 为放热速率（kJ/h），放热速率和反应的动力学形式有关。假设反应器内进行的是恒容一级不可逆放热反应，其反应速率为 $(-r_A)=kc_A$，根据式(2-19) 知反应物 A 的物料衡算为：

$$c_A=c_{A0}/(1+k\tau)$$

代入式(2-23) 得：

$$Q_R=\frac{V_0c_{A0}(-\Delta H_r)k\tau}{1+k\tau}$$

将速率常数 k 的表达式代入上式得：

$$Q_R=\frac{V_0c_{A0}(-\Delta H_r)k_0\tau\exp\left(-\frac{E}{RT}\right)}{1+k_0\tau\exp\left(-\frac{E}{RT}\right)} \tag{2-24}$$

式(2-24) 为放热速率与温度的表达式。它是一条 S 形曲线，称为反应放热曲线，见图 2-18。

移热速率为：

$$Q_c=V_0\rho c_p(T-T_0)+KA(T-T_w) \tag{2-25}$$

Q_c 为移热速率（kJ/h），式(2-25) 表示移热速率与温度的关系，是一直线关系。由于参数值的不同直线有不同的斜率和截距，如图 2-18 所示。

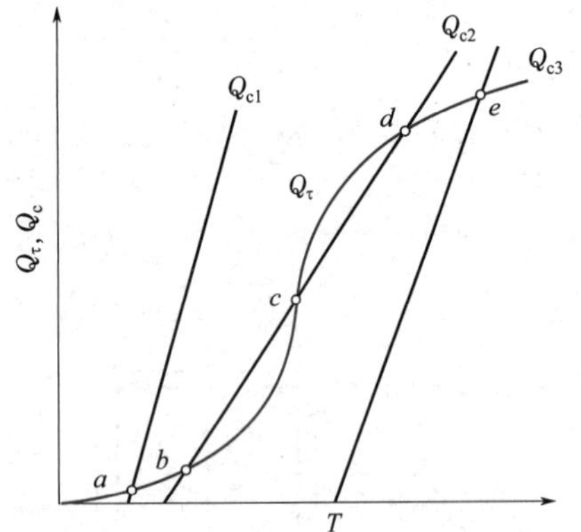

图 2-18　连续釜式反应器热稳定性示意图

由图 2-18 可以看出：放热曲线与移热直线的交点有三个，这三个交点均满足 $Q_c=Q_R$。即放热速率与移热速率相等，称为定常状态点。当反应过程中某些因素发生变化或受到干扰，反应釜的温度将升高或降低，操作点则偏离定常状态点。对于操作点 b（或 d），如果反应釜的温度升高，则出现 $\frac{dQ_c}{dT}>\frac{dQ_R}{dT}$，即移热速率大于放热速率，导致反应釜的温度下降，操作点恢复到 b 点（或 d 点）。反之，如果反应釜温度下降，则 $\frac{dQ_c}{dT}<\frac{dQ_R}{dT}$，即移热速率小于放热速率，导致反应釜的温度升高，操作点恢复到 b 点（或 d 点）。故操作点 b 和 d 为热稳定点。而在 c 点进行操作时，外界稍有波动，如反应釜温度升高，则出现 $\frac{dQ_c}{dT}<\frac{dQ_R}{dT}$，即移热速率小于放热速率，将使反应釜温度继续升高至 d 点为止；反之则由于 $\frac{dQ_c}{dT}>\frac{dQ_R}{dT}$ 使釜温下降到 b 点为止。但在 a 点温度略有升降，系统均不能恢复到原来的热平衡状态。故此，点 a 为热不稳定点。

综上所述，定常状态稳定操作点必须具备两个条件，即

$$Q_c=Q_R \qquad 和 \qquad \frac{dQ_c}{dT}>\frac{dQ_R}{dT}$$

通常，反应釜操作既要维持其操作的稳定性，又希望在适宜的温度下加快反应速度、提高设备生产能力。如在 b 点操作，虽满足热稳定条件，但反应温度偏低，反应速率慢，这是工业上不希望的。因此将操作点控制在 d 点为宜。

3. 操作参数对热稳定性的影响

改变连续操作釜式反应器的某些操作参数，如进料流量 V_0、进料温度 T_0、冷却介质温度 T_C，间壁冷却器冷却面积 A 与传热系数 K 等都会对热稳定性产生不同的影响。

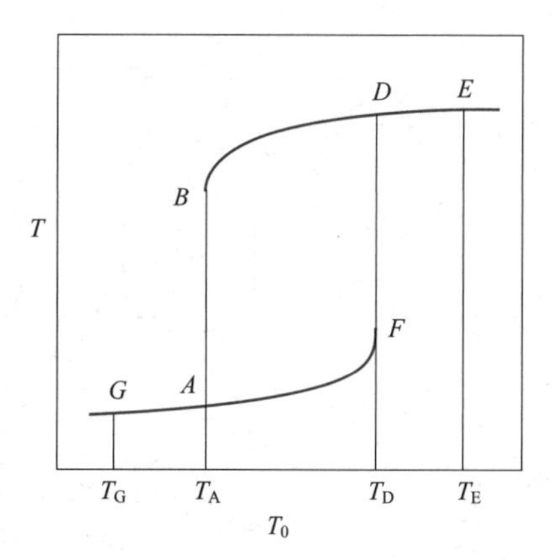

图 2-19　理想连续操作釜式反应器着火点和熄火点

若其他参数不变，而逐渐改变进料温度 T_0，则放热速率线不变，而移热速率线平行移动。若进料温度从 T_G 慢慢增加至 T_E 时，所对应的移热速率线分别与放热速率线相交，交点温度即定态温度如图 2-19 中的 $GAFDE$ 所示。值得注意的是：曲线在 F 点是不连续的。即在 F 点时，若温度稍有一点增加，则定态温度点突然升高到 D 点，继续提高进料温度时，则不会发生定态温度的突变。因此，F 点也叫着火点。若进料温度从 T_E 慢慢降低至 T_G 时，定态温度则沿 $EDFAG$ 曲线下降，这条曲线也出现一个间断点 B。即在 B 点时，若温度稍有一点降低，则定态温度突然下降到 A 点，继续降低进料温度时，则不会再发生定态温度的突变。所以也把 B 点叫作熄火点。着火点和熄火点对于反应的开车和停车是非常有用的。但由于在 B 点和 F 点之间反应器内出现的是一种非连续性的温度突变，不可能获得稳定操作点。因此，B 点和 F 点分别是低温操作和高温操作的两个界限。

若其他参数不变，仅改变进料流量 V_0，也即改变 F_{A0}。由放热速率计算式可得到不同的S形放热曲线，同时从移热速率计算式得到相应的不同斜率的移热直线。同样也可以出现着火现象和熄火现象，只是此时的现象是由流量发生变化造成的。例如在操作中，如果由于物料流量过大，而导致发生熄火现象，此时就可以一面提高进料的温度，一面减小流量，使系统重新点燃。

从以上分析我们也可以发现，在操作时定态温度点不止一个，可能同时存在几个点。定态温度点数目的多少，取决于所进行的化学反应的特性和反应器的操作条件，如进料温度、进料流量、反应器和外界的换热情况等。一般情况下，只有放热反应才会出现多定态点的问题，而吸热反应由于换热介质的温度高于反应温度，所以它的定态点只有一个。

任务四　半间歇操作釜式反应器设计

半间歇操作釜式反应器具有间歇操作和连续操作的某些特征，又称半连续操作，但生产过程还是间歇的。对于要求一种反应物的浓度高而另一种反应物的浓度低的化学反应，常采用半间歇操作。

某些强烈放热反应除了通过冷却介质移走热量外，采用半间歇操作可以调节加料速度来控制所要求的反应温度。为了提高某些可逆反应的产品收率，办法之一是不断移走产物，打破反应的平衡，与此同时还可提高反应过程的速率。例如将反应与精馏结合进行，即所谓的反应精馏就是应用了这一基本道理。由于半间歇操作所具有的特殊功能，所以广泛用于精细化工生产，如硝化、磺化、氯化、氧化、酰化及重氮化等许多单元反应中都可以采用半间歇操作形式。

一、半间歇操作常见类型

下面介绍几种半间歇操作形式的主要特点，以便计算、选用和操作反应器时参考。以反应物 A、B，产物 R 为例，图 2-20(a)～(d) 是常用的几种半间歇操作形式。

图 2-20(a)：将反应物 B 一次性投入反应器中，反应物 A 在反应过程中连续加入，生成

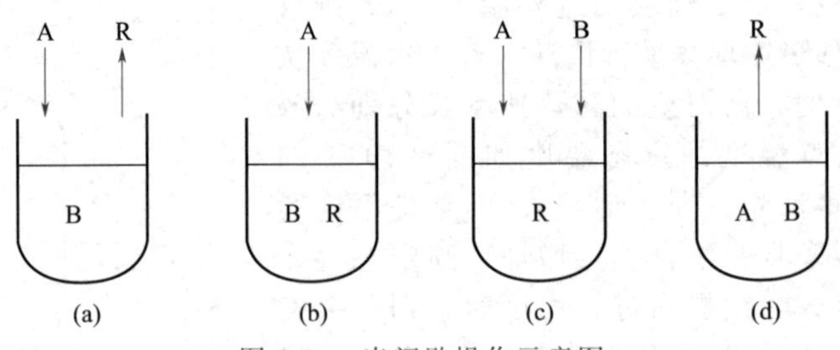

图 2-20　半间歇操作示意图

的产物 R 连续排出，反应达到终点后一次性出料。此种操作主要适用于以下几种情况：①可以在沸腾温度下进行的强烈放热反应，用汽化潜热带走大量反应热；②要求严格控制反应物 A 的浓度；③B 浓度高、A 和 R 浓度低对反应有利的场合；④可逆反应。

图 2-20(b)：反应物 B 一次性投入反应器，反应物 A 在反应过程中连续加入反应过程中不出料，反应结束后一次出料。主要适用于以下情况：①要求严格控制反应器内 A 的浓度，防止因 A 过量而使副反应增加的情况；②保持在较低温度下进行的放热反应；③A 浓度低、B 浓度高对反应有利的情况。

图 2-20(c)：反应物 A 和反应物 B 同时连续加入反应器，反应过程不出料，反应结束一次性出料。这种操作可以严格控制反应物 A、B 的加料比例，而且可以保持 A、B 在较低浓度下进行，适合于 A、B 浓度较低对反应有利的情况。

图 2-20(d)：将反应物 A、B 一次性按比例加入反应器，反应过程中不断移出产物 R。这种操作方式既能满足 A、B 的浓度比例要求，又能保持 A、B 在反应过程中的高浓度，对可逆反应和连串反应比较适合。

二、半间歇操作设计基本方程

半间歇操作和间歇操作的共同点是反应系统的组成随时间变化。半间歇操作生产过程比较简单，但是反应器计算比较复杂。以下只介绍一种情况，即液相恒温反应 $A+B \longrightarrow R$，按图 2-20(b) 形式进行操作的反应器有效体积和转化率的计算方法。

由于半间歇操作反应系统参数随时间变化，因此必须以时间作为自变量。选择反应物 A 为衡算对象，根据物料衡算基本方程：

微元时间内 进入微元体积 的反应物 A	+	微元时间内 离开微元体积 的反应物 A	−	微元时间微元 体积内转化掉 反应物 A	=	微元时间微 元体积内 A 的累积量
$V_0 c_{A0} dt$		0		$(-r_A)V_R dt$		$d(V_R c_A)$

$$V_0 c_{A0} dt - 0 - (-r_A)V_R dt = d(V_R c_A) \tag{2-26}$$

式中，V_R 为反应釜瞬时物料体积。$V_R = V_1 + V_0 t$，其中，V_1 为先加入反应器的原料 B 的体积，V_0 为组分 A 的加料体积流量；c_A 为反应釜内 A 的瞬时浓度。

$$\begin{aligned} d(V_R c_A) &= dn_A = d[(n_{A1} + V_0 c_{A0} t)(1 - x_A)] \\ &= (1 - x_A)V_0 c_{A0} dt - (n_{A1} + V_0 c_{A0} t) dx_A \end{aligned} \tag{2-27}$$

将式(2-27) 代入式(2-26)，得

$$(n_{A1} + V_0 c_{A0} t) dx_A = [(-r_A)V_R - V_0 c_{A0} x_A] dt \tag{2-28}$$

由式(2-28) 即可计算 x_A 和 t 之间的关系。式中$(-r_A) = f(x_A)$和 $V_R = f(t)$比较复杂时难以求解解析解，可写成差分形式，用数值法求解。式(2-28) 写成差分式为

$$(n_{A1} + V_0 c_{A0} t)\Delta x_A = \{[(-r_A)V_R]_{平均} - V_0 c_{A0} x_A\}\Delta t \tag{2-29}$$

若 $n_{A1}=0$，则式(2-28) 可变为

$$V_0 c_{A0} d(x_A t)=(-r_A)V_R dt \tag{2-30}$$

写成差分式为

$$V_0 c_{A0} \Delta(x_A t)=[(-r_A)V_R]_{平均} \Delta t \tag{2-31}$$

任务五 釜式反应器仿真操作

间歇反应在助剂、制药、染料等行业的生产过程中很常见。本工艺过程的产品（2-巯基苯并噻唑）就是橡胶制品硫化促进剂 DM（2,2′-二硫代苯并噻唑）的中间产品，它本身也是硫化促进剂，但活性不如 DM。

（一）生产原理

本装置的缩合反应包括备料工序和缩合工序。考虑到突出重点，将备料工序略去。则缩合工序共有三种原料，多硫化钠（Na_2S_n）、邻硝基氯苯（$C_6H_4ClNO_2$）及二硫化碳（CS_2）。

反应原理：

主反应 $2C_6H_4ClNO_2+Na_2S_n \longrightarrow C_{12}H_8N_2S_2O_4+2NaCl+(n-2)S\downarrow$

$C_{12}H_8N_2S_2O_4+2CS_2+2H_2O+3Na_2S_n \longrightarrow 2C_7H_4NS_2Na+2H_2S\uparrow+2Na_2S_2O_3+(3n-4)S\downarrow$

副反应 $C_6H_4ClNO_2+Na_2S_n+H_2O \longrightarrow C_6H_6NCl+Na_2S_2O_3+S\downarrow$

（二）工艺流程

工艺流程如图 2-21、图 2-22 所示。来自备料工序的 CS_2、$C_6H_4ClNO_2$、Na_2S_n 分别注入计量罐及沉淀罐中，经计量沉淀后利用位差及离心泵压入反应釜中，釜温由夹套中的蒸

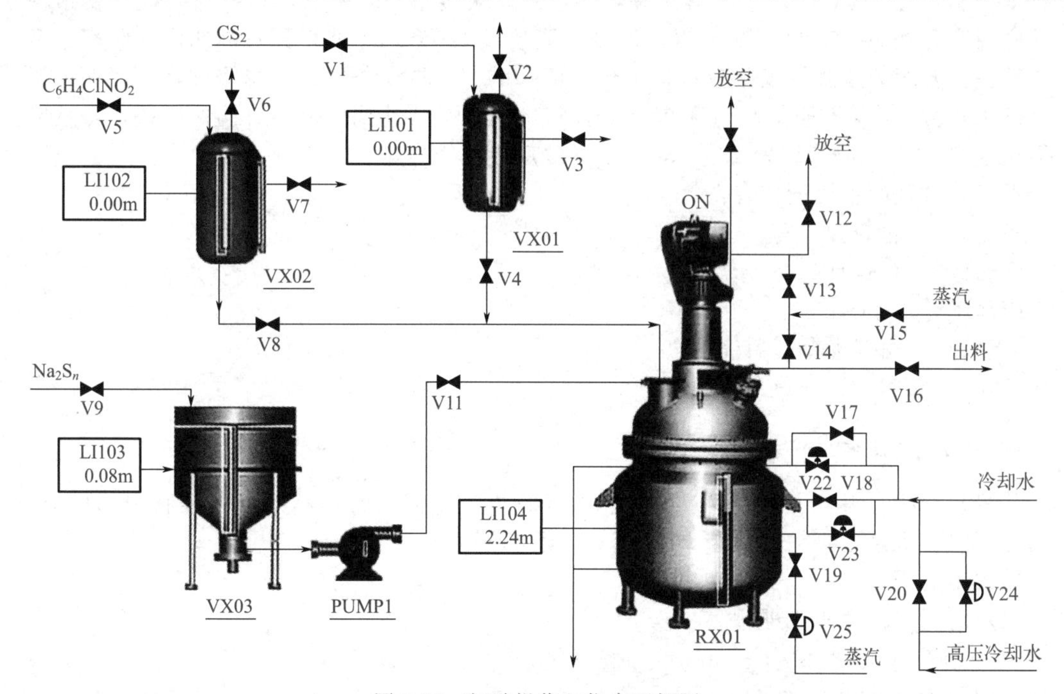

图 2-21 间歇操作釜仿真现场图

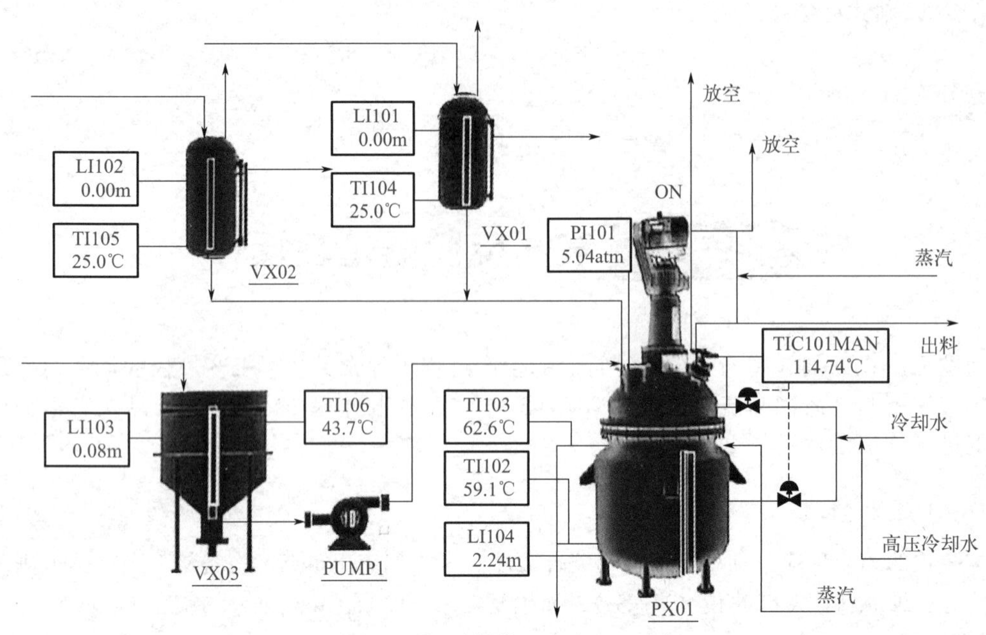

图 2-22 间歇操作釜仿真 DCS 图

汽、冷却水及蛇管中的冷却水控制，设有分程控制 TIC101（只控制冷却水），通过控制反应釜温来控制主反应及副反应速度，来获得较高的收率及确保反应过程安全。

在该生产工艺过程中，主反应的活化能要比副反应的活化能高，因此升高温度有利于主反应的进行。即高温时主反应的速率大于副反应的速率，有利于反应收率的增加。当反应温度为 90℃的时候，主反应和副反应的速度是比较接近的，因此，反应时应尽快使反应升温至 90℃，同时要尽量延长反应温度在 90℃以上的时间，以获得更多的主反应产物。但是反应温度不能超过 130℃，否则会引起爆炸导致系统联锁停车。所以，在操作时，既要很快地将反应温度升到 90℃，同时又要保证温度不能超过 130℃，才能得到较高的产品收率。需要注意的是：温度的控制是该反应过程中操作成功的一个重要条件。升温缓慢，可以保证温度不超过 130℃，但却不能很快达到 90℃，反应的收率无法达到要求；升温速度快，虽然能保证很快达到 90℃，但却容易超过 130℃，导致反应联锁停车。

本工艺过程的主要设备有：

R01　　间歇反应釜
VX01　　CS_2 计量罐
PUMP1　　离心泵
VX02　　邻硝基氯苯计量罐
VX03　　Na_2S_n 沉淀罐

（三）冷态开车与控制

装置开工状态为各计量罐、反应釜、沉淀罐处于常温、常压状态，各种物料均已备好，大部分阀门、机泵处于关停状态（除蒸汽联锁阀外）。

1. 备料过程

（1）向沉淀罐 VX03 进料（Na_2S_n）。

① 开阀门 V9，开度约为 50%，向罐 VX03 充液。

② 当 VX03 液位接近 3.60m 时，关小 V9，至 3.60m 时关闭 V9。

③ 静置 4min（实际 4h）备用。
（2）向计量罐 VX01 进料（CS_2）。
① 开放空阀门 V2。
② 开溢流阀门 V3。
③ 开进料阀 V1，开度约为 50%，向罐 VX01 充液。液位接近 1.4m 时，可关小 V1。
④ 溢流标志变绿后，迅速关闭 V1。
⑤ 待溢流标志再度变红后，可关闭溢流阀 V3。
（3）向计量罐 VX02 进料（邻硝基氯苯）。
① 开放空阀门 V6。
② 开溢流阀门 V7。
③ 开进料阀 V5，开度约为 50%，向罐 VX02 充液。液位接近 1.2m 时，可关小 V5。
④ 溢流标志变绿后，迅速关闭 V5。
⑤ 待溢流标志再度变红后，可关闭溢流阀 V7。
注意：计量罐 VX01、VX02 的液位是靠溢流装置控制的，没有液位控制阀。

2. 进料

（1）微开放空阀 V12，准备进料。
（2）从 VX03 向反应器 RX01 进料（Na_2S_n）。
① 打开泵前阀 V10，向进料泵 PUMP1 中充液。
② 打开进料泵 PUMP1。
③ 打开泵后阀 V11，向 RX01 进料。
④ 至液位小于 0.1m 时停止进料。关泵后阀 V11。
⑤ 关泵 PUMP1。
⑥ 关泵前阀 V10。
（3）从 VX01 向反应器 RX01 进料（CS_2）。
① 检查放空阀 V2 开放。
② 打开进料阀 V4 向 RX01 进料。
③ 待进料完毕后关闭 V4。
（4）从 VX02 向反应器 RX01 进料（邻硝基氯苯）。
① 检查放空阀 V6 开放。
② 打开进料阀 V8 向 RX01 中进料。
③ 待进料完毕后关闭 V8。
（5）进料完毕后关闭放空阀 V12。
注意：操作时 VX01、VX02、VX03 可以同时向反应器进料。

3. 开车

（1）检查放空阀 V12、进料阀 V4、V8、V11 是否关闭。打开联锁控制。
（2）开启反应釜搅拌器 M1。
（3）适当打开夹套蒸汽加热阀 V19，观察反应釜内温度和压力上升情况，保持适当的升温速度。
（4）控制反应温度直至反应结束。

4. 反应过程控制

（1）当温度升至 55～65℃时关闭 V19，停止通蒸汽加热。
（2）当温度升至 70～80℃时微开 TIC101（冷却水阀 V22、V23），控制升温速度。
（3）当温度升至 110℃以上时，是反应剧烈的阶段。应小心加以控制，防止超温。当温度难以控制时，打开高压水阀 V20。并可关闭搅拌器 M1 以使反应降速。当压力过高时，可微开放空阀 V12 以降低釜压，但放空会使 CS_2 损失，污染大气。

（4）反应温度大于 128℃时，相当于压力超过 8atm（1atm＝101325Pa），已处于事故状态，如联锁开关处于“on”的状态，联锁起动（开高压冷却水阀，关搅拌器，关加热蒸汽阀）。

（5）压力超过 15atm（相当于温度大于 160℃），反应釜安全阀发生作用。

5. 正常工艺过程控制

熟悉工艺流程，维护各工艺参数稳定；密切注意各工艺参数的变化情况，发生突发事故时，应先分析事故原因，并做及时正确的处理。

（1）反应中要求的工艺参数

① 反应釜中压力不大于 8atm。

② 冷却水出口温度不能小于 60℃，如小于 60℃则易使硫在反应釜壁和蛇管表面发生结晶，导致传热效果下降。

（2）主要工艺生产指标的调整方法

① 温度调节：操作过程中以温度为主要调节对象，以压力为辅助调节对象。升温慢会引起副反应速度大于主反应速度的时间长，因而造成反应的产率低。升温快则容易反应失控。

② 压力调节：压力调节主要是通过调节温度实现的，但在超温的时候可以微开放空阀，使压力降低，以达到安全生产的目的。

③ 收率：由于在 90℃以下时，副反应速度大于正反应速度，因此在安全的前提下快速升温是收率高的保证。

（四）正常停车

在冷却水量很小的情况下，反应釜的温度下降仍较快，则说明反应接近尾声，可以进行停车出料操作了。

（1）打开放空阀 V12 5～10s，放掉釜内残存的可燃气体。关闭 V12。

（2）向釜内通增压蒸汽。

① 打开蒸汽总阀 V15。

② 打开蒸汽加压阀 V13 给釜内升压，使釜压高于 4atm。

③ 打开蒸汽预热阀 V14 片刻。

④ 打开出料阀门 V16 出料。

⑤ 出料完毕后保持开 V16 约 10s 进行吹扫。

⑥ 关闭出料阀 V16（尽快关闭，必须在 1min 内关闭）。

⑦ 关闭蒸汽阀 V15。

（五）异常事故与处理

事故原因	现象	处理方法
反应釜超温(超压)	温度大于 128℃(气压大于 8atm)	(1)开大冷却水,打开高压冷却水阀 V20 (2)关闭搅拌器 M1,使反应速度下降 (3)如果气压超过 12atm,打开放空阀 V12
搅拌器坏	反应速度逐渐下降为低值,产物浓度变化缓慢	停止操作,出料维修

续表

事故原因	现象	处理方法
测温电阻连线断	温度显示为零	改用显示压力对反应进行调节(调节冷却水用量) 升温至压力为 0.3～0.75atm 就停止加热 升温至压力为 1.0～1.6atm 开始通冷却水 压力为 3.5～4atm 以上为反应剧烈阶段 反应压力大于 7atm,相当于温度大于 128℃处于故障状态 反应压力大于 10atm,反应器联锁起动。反应压力大于 15atm,反应器安全阀起动(以上压力为表压)
蛇管冷却水阀 V22 卡	开大冷却水阀对控制反应釜温度无作用,且出口温度稳步上升	开冷却水旁路阀 V17 调节
出料管硫黄结晶,堵住出料管	出料时,釜压较高,但釜内液位下降很慢	开出料预热蒸汽阀 V14 吹扫 5min 以上(仿真中采用) 拆下出料管用火烧化硫黄,或更换管段及阀门

分析与思考

1. 该工艺过程是如何进行卸料的?
2. 反应釜的温度是如何控制的?
3. 思考该工艺过程的换热方案。
4. 分析在操作过程中如果出现压力突然下降的原因，如何处理?
5. 怎样操作才能达到高收率?

任务六　釜式反应器实操训练

脂肪醇聚氧乙烯醚非离子表面活性剂的合成

脂肪醇聚氧乙烯醚是一种非离子表面活性剂，它由脂肪醇和环氧乙烷在碱性催化剂作用下反应制得。脂肪醇的碳原子数一般为 8～18。这类产品可根据不同的需求，加成 1～30mol 环氧乙烷。由于脂肪醇聚氧乙烯醚具有洗涤、乳化、分散、润湿等性能，且易生物降解对硬水不敏感，故广泛应用于洗涤剂、造纸、纺织、印染、金属加工和化妆品等行业，被誉为继烷基苯磺酸盐、直链烷基苯磺酸盐之后发展起来的第三代表面活性剂。

(一) 实训目的

① 了解非离子表面活性剂脂肪醇聚氧乙烯醚的制备工艺及方法。
② 了解表面活性剂的表面张力、起泡力、润湿力、浊点的测定方法。
③ 了解不同环氧乙烷加成数对表面活性的影响。

(二) 实训原理

脂肪醇在碱性催化剂 NaOH 的作用下与环氧乙烷反应，生成聚氧乙烯脂肪醇醚。反应式如下：

$$R—OH + \underset{\diagdown O \diagup}{CH_2—CH_2} \longrightarrow R—O—CH_2—CH_2—OH$$

$$R—O—CH_2—CH_2—OH + \underset{\diagdown O \diagup}{CH_2—CH_2} \longrightarrow R\text{+}O—CH_2CH_2\text{+}_2OH$$

$$\vdots \qquad\qquad\qquad\qquad \vdots$$

$$R\text{+}OCH_2CH_2\text{+}_nOH + \underset{\diagdown O \diagup}{CH_2—CH_2} \longrightarrow R\text{+}OCH_2CH_2\text{+}_{n+1}OH$$

该反应是一连串反应，最终产物为一系列环氧乙烷加成数不同的混合物。由于该化合物具有亲油的 R 基团和亲水的（OCH_2CH_2）$_n$ 基团，故同时具有亲水亲油性，可用作洗涤剂、乳化剂、起泡剂等。

操作条件：实验时，反应压力为 0.4～0.6MPa，温度为 120～140℃，催化剂用量为醇质量的 0.1%～0.5%。

试剂：氢氧化钠（分析纯）；环氧乙烷（工业纯）；正辛醇（分析纯）；月桂醇（分析纯）。

（三）实训装置

釜式反应是化工反应工艺过程中较重要的单元操作，在化工生产中也是不可缺少的工艺过程。该釜式反应装置可用于液-液相，液-固相，气-液相低压及高压下间歇反应。其特点是适用性较强，操作弹性大，连续操作时温度、浓度容易控制，产品质量均一。由于釜内带有冷却盘管，该装置还适用于强放热的常压和加压反应。可用于苯的硝化，氯乙烯聚合、加氢、缩合、酯化等反应。本装置可在常压或加压条件下操作。

实训装置流程图：如图 2-23 所示。

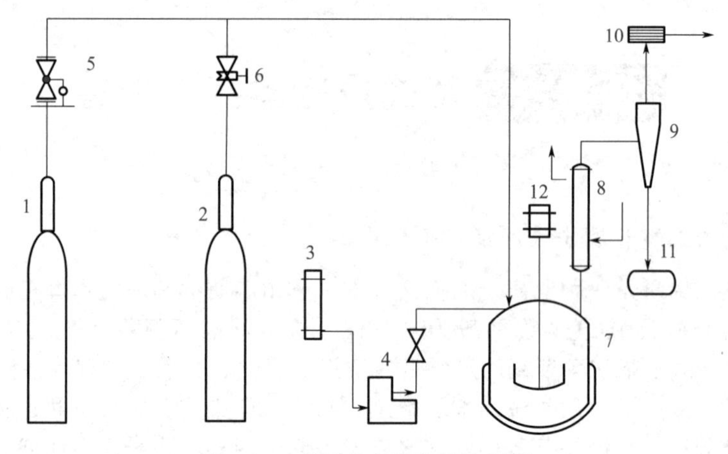

图 2-23 高压釜实训装置流程图

1—氮气钢瓶；2—氢气钢瓶；3—原料罐；4—原料泵；5—氮气减压阀；6—背压阀；7—高压釜；8—回流冷凝器；9—气液分离器；10—阻火器；11—储罐；12—搅拌器

该反应装置的技术指标主要有：最高使用压力 10MPa；最高使用温度 300℃；搅拌速度 0～15r/min；柱塞泵 0.5L/h；容积为 1L；质量流量 0～500mL/h；电源 AC220V，50Hz，功率 1.5kW。

该反应装置的配置有：高压釜，单气体质量流量计，单液体加料泵（柱塞泵），减压阀，单背压阀（控制系统压力），高压气液分离器，精密温度控制仪，大型仪表柜与操作台，计算机温度数据采集与控制软件。

该反应装置可进行的反应过程：汽液、液液、液固相反应，如：加氢，烃化，芳构化，氨化，氧化，硝化，磺化，酯化等。

（四）实训操作

1. 安装与调试

用扳手将高压釜的紧固螺帽松开卸下来，旋转手柄将釜盖提升起来。擦拭釜内壁，加入一定量液体（也可在试漏后进行）。再扭紧釜盖螺帽，拧紧过程中保证所有螺丝扭矩相同，再将所有连接处拧紧。在进气口用氮气加压至使用压力，关闭阀门，30min 内不下降为合格。如釜压下降要用肥皂水涂拭每个接口处查漏，直至不下降为止方可进行实验。

将各部分的控温、测温热电偶放入相应位置的孔内。同时进行电路检查。主要检查操作台面板各电路接头，检查各接线端子与线上标记是否吻合；仪表柜内接线有无脱落，电源的相、零、地线位置是否正确。无误后进行通气升温操作。

2. 加料

向反应器内加入 200mL 醇和 0.2～1g 氢氧化钠，用 N_2 吹扫 20min。

进行间歇反应时，要打开釜的加料口（加料口是与进气口连接在一起，要卸下接头将入口露出来），加入反应原料，根据实验条件确定加入反应器内原料的数量，然后拧紧接头通入少许气体。

3. 升温

给反应器升温，用程序升温仪来控制升温速度。当温度升到 120～140℃时，调节 N_2 分压为 0.2～0.3MPa，并加入环氧乙烷至压力 0.4～0.6MPa。

操作时首先合上总电源开关。然后开启反应釜加热器控温开关，仪表盘显示窗显示釜温度、搅拌器转速、时间，调节各旋钮达到操作要求。同时在通气升温时要将气体排出口的 2 个阀门打开，并给直形冷凝器通水。如果不用通气升温，可不进行该操作。在升温操作时须注意以下问题：

① 控温操作必须给定好温度和 OPH 参数，OPH 一般控制在 30～50。

② 因高压釜实验有一定危险，升温过程中压力要逐渐升高，必须仔细观察釜内压力变化，决不允许升温后离开现场，在通气升温时要不断地调节进气压力和出口调节阀的开启度。

③ 当塔内压力不足时，可通过尾气调节阀维持釜内压力。过高时要放空部分气体。

④ 电源必须是带有火线、零线、地线三相电，有良好的接地性能。

4. 停止操作

当反应掉 15～30g 环氧乙烷时，停止加入环氧乙烷，继续反应 30min，然后将产物冷却并称量产品的质量。

停止操作时，首先关闭加热开关，然后轻轻打开排液阀门（釜的前下方），有反应液体流出。需要冷却时要排压后卸螺帽，将釜盖升起，通冷却水可急速降温。由于釜保温较好，釜降温过程较慢，故停车后开釜盖降温是较好的方法。卸压后打开釜底部的阀门排料，该阀门用于洗釜和常压反应排料。

5. 故障处理

反应过程中若压力突然下降，则说明系统存在大的漏点，此时应停止操作，检查系统，查找漏点。若操作中有强烈的响声，则说明电磁搅拌器发生问题。

（五）实训数据处理

将制备的不同环氧乙烷加成数的产物配成 0.1%溶液，测定其表面张力、起泡力、润湿力和浊点，观察环氧乙烷加成数对表面活性的影响。

（1）将不同反应温度与对应的速度作图，用环氧乙烷反应量表示反应速度，观察温度对反应速度的影响。

（2）将不同反应压力下的反应速度对时间作图，观察不同反应压力对速度的影响。

（3）产物中环氧乙烷（EO）含量用下式求出：

$$x_{EO}=\frac{\text{环氧乙烷质量}}{\text{原料醇质量}+\text{环氧乙烷质量}}\times 100\%$$

脂肪醇聚氧乙烯醚的平均EO（环氧乙烷）加成数由下式求出：

$$\nu=\frac{x_{EO}\times M_A}{(1-x_{EO})\times M_{EO}}$$

式中　M_A——原料醇摩尔质量，kg/kmol；

M_{EO}——环氧乙烷摩尔质量，kg/kmol；

x_{EO}——产物中环氧乙烷质量含量；

ν——产物中EO平均加成数。

（六）常见故障及维护

1. 釜式反应器故障及处理

序号	故障现象	故障原因	处理方法
1	壳体损坏（腐蚀、裂纹、透孔）	①受介质腐蚀（点蚀、晶间腐蚀） ②热应力影响产生裂纹或碱脆 ③受损变薄或均匀腐蚀	①用耐蚀材料衬里的壳体需重新修衬或局部补焊 ②焊接后要消除应力，产生裂纹要进行修补 ③超过设计最低的允许厚度需更换本体
2	超温超压	①仪表失灵，控制不严格 ②误操作；原料配比不当；产生剧热反应 ③因传热或搅拌性能不佳，发生副反应 ④进气阀失灵，进气压力过大、压力高	①检查、修复自控系统，严格执行操作规程 ②根据操作法紧急放压，按规定定量、定时投料，严防误操作 ③增加传热面积或清除结垢，改善传热效果；修复搅拌器，提高搅拌效率 ④关总气阀，切断气源，修理阀门
3	密封泄漏	填料密封 ①搅拌轴在填料处磨损或腐蚀，造成间隙过大 ②油环位置不当或油路堵塞，不能形成油封 ③压盖没压紧，填料质量差或使用过久 ④填料箱腐蚀（机械密封） ⑤动静环端面变形、碰伤 ⑥端面比压过大，摩擦产生热导致变形 ⑦密封圈选材不对，压紧力不够，或V形密封圈装反，失去密封性 ⑧轴线与静环端面垂直度误差过大 ⑨操作压力、温度不稳，硬颗粒进入摩擦副 ⑩轴窜量超过指标 ⑪镶装或粘接动、静环的镶缝泄漏	①更换或修补搅拌轴，并在机床上加工，保证表面粗糙度 ②调整油环位置，清洗油路 ③压紧填料或更换填料 ④修补或更换 ⑤更换摩擦副或重新研磨 ⑥调整比压要合适，开大冷却系统，及时带走热量 ⑦密封圈选材、安装要合理，要有足够的压紧力 ⑧停车，重新找正，保证垂直度误差小于0.5mm ⑨严格控制工艺指标，颗粒及结晶物不能进入摩擦副 ⑩调整、检修，使轴的窜量达到标准 ⑪改进安装工艺，或过盈量要适当，或黏结剂要好用，粘接牢固
4	釜内有异常杂音	①搅拌器摩擦釜内附件（蛇管、温度计管等）或刮壁 ②搅拌器松脱 ③衬里鼓包，与搅拌器撞击 ④搅拌器轴弯曲或轴承损坏	①停车检修找正，使搅拌器与附件有一定间距 ②停车检查，紧固螺栓 ③修鼓包或更换衬里 ④检修或更换轴及轴承

续表

序号	故障现象	故障原因	处理方法
5	电动机电流超过额定值	①轴承损坏 ②釜内温度低，物料黏稠 ③主轴转数较快 ④搅拌器直径过大	①更换轴承 ②按操作规程调整温度，物料黏度不能过大 ③控制主轴转数在一定的范围内 ④适当调整检修

2. 釜式反应器维护要点

（1）反应釜在运行中，严格执行操作规程，禁止超温、超压。

（2）按工艺指标控制夹套（或蛇管）及反应器的温度。

（3）避免温差应力与内压应力叠加，使设备产生应变。

（4）要严格控制配料比，防止剧烈反应。

（5）要注意反应釜有无异常振动和声响，如发现故障，应检查修理并及时消除。

【能力提升】

釜式反应器设计案例分析

某化工厂拟设计一台间歇釜生产乙酸丁酯，计划年产量720t。

设计条件：（1）原料采用乙酸和丁醇

$$CH_3COOH(A)+C_4H_9OH(B)\longrightarrow CH_3COOC_4H_9(R)+H_2O(S)$$

（2）反应条件恒温，373K，少量硫酸作催化剂，转化率50%；

（3）动力学方程：$(-r_A)=kc_A^2$，速率常数 $k=0.0174m^3/(kmol\cdot min)$；

（4）进料摩尔比：乙酸∶丁醇＝1∶4.97，原料液密度 $\rho=750kg/m^3$（假设反应前后不变）；

（5）一年工作时间按300d，辅助时间为0.5h；

（6）反应器装填系数为0.7。

设计要求：（1）确定反应器体积大小；（2）初步确定反应器结构尺寸。

解：（1）物料基本计算　乙酸丁酯分子量116，乙酸分子量60，丁醇分子量74。

每小时乙酸丁酯产量：$F_R=\dfrac{720000}{300\times24\times116}=0.862(kmol/h)$

每小时乙酸用量：$F_{A0}=\dfrac{0.862}{0.5}=1.724(kmol/h)$

$$m_{A0}=1.724\times60=103(kg/h)$$

每小时处理原料体积：$V_0=(103+1.724\times4.97\times74)\dfrac{1}{750}=0.982(m^3/h)$

乙酸初始浓度：$c_{A0}=\dfrac{F_{A0}}{V_0}=\dfrac{1.724}{0.982}=1.76(kmol/m^3)$

（2）计算反应器体积　将动力学方程式代入计算方程，计算反应时间：

$$t=\frac{1}{kc_{A0}}\frac{x_{Af}}{1-x_{Af}}=\frac{1}{0.0174\times1.76}\times\frac{0.5}{1-0.5}=32.7(min)=0.55(h)$$

反应器有效体积：

$$V_R=V_0(t+t')=0.982\times(0.55+0.5)=1.03(m^3)$$

反应器体积：

$$V=\frac{V_R}{\varphi}=\frac{1.03}{0.7}=1.47(m^3)$$

（3）确定反应器结构尺寸　按搅拌釜高和直径比为 1.2∶1，即 $H''=1.2D$，采用椭圆封头。

$$V=\frac{\pi}{4}D^2H''+0.131D^3=\frac{\pi}{4}D^2\times1.2D+0.131D^3=1.47$$

$$D=1.11m$$

$$H''=1.33m$$

经圆整反应器内径为 1.1m，直筒高度 H''为 1.4m。核算反应器体积为 $1.503m^3$，满足反应要求。其他反应器材质、壁厚、封头等其他要求可按照标准进行选择。

【知识拓展】

釜式反应器操作危险因素分析及处理

化工企业有若干个主要生产车间和多个辅助车间，对于精细化工或者医药类企业生产车间多采用釜式反应器，因此一套生产工艺往往拥有反应釜和精馏塔若干台套。从整体上看，设备多，贮罐多，管网纵横密布；从结构上看，整个生产系统是由若干个生产单元组合而成。每个生产单元又是以一台或多台反应釜、冷凝器与精馏塔组合而成。

以液相放热反应为例，分析生产过程反应釜单元可能产生的危险有害因素，从安全操作的角度制定相应的安全防范措施及突发事件的应急措施。

（一）主要危险有害因素分析

1. 投料失误

进料速度过快、进料配比失控或进料顺序错误，均有可能产生快速放热反应，如果冷却不能同步，形成热量积聚，造成物料局部受热分解，形成物料快速反应并产生大量危害气体发生爆炸事故。

2. 管道泄漏

进料时，对于常压反应，如果放空管未打开，此时用泵向釜内输送液体物料时，釜内易形成正压，易引起物料管连接处崩裂，物料外泄造成人身伤害的灼伤事故。卸料时，如果釜内物料在没有冷却到规定温度时（一般要求是 50℃以下）卸料，较高温度的物料容易变质且易引起物料溅落而烫伤操作人员。

3. 升温过快

釜内物料由于加热速度过快，冷却速率低，冷凝效果差，均有可能引起物料沸腾，形成气液相混合体，产生压力，从放空管、气相管等薄弱环节和安全阀、爆破片等卸压系统实施卸压冲料。如果冲料不能达到快速卸压的效果，则可能引起釜体爆炸事故的发生。

4. 维修动火

在釜内物料反应过程中如果在没有采取有效防范措施的情况下实施电焊、气割维修作业，或紧固螺栓、铁器撞击敲打产生火花，一旦遇到易燃易爆的泄漏物料就可能引起火灾爆炸事故。

（二）安全技术对策措施

1. 加热控制措施

对于反应温度在100℃以下的物料加热系统，可采用蒸汽和热水分段加热，在保证物料不因局部过热出现变质的情况下，先用蒸汽中速加热到60℃左右，以提高生产效率，再用100℃沸腾水循环传热，缓慢升温到工艺规定的温度并保温反应。这样分段加热在提高生产效率的同时又可以防止物料局部高温受热分解或剧烈汽化，进而形成气液相混合体而冲料爆炸，还可以促使物料均衡反应提高收率，降低消耗成本。

2. 联锁冷却措施

对于放热反应，反应初期阶段需要加热，但反应过程又会放热，因此必须快速有效转移多余的热量。正常使用的反应釜冷却系统主要是夹套冷却和盘管冷却，使用的冷却液主要是循环水和冷冻液。冷冻液冷却速度快但成本高。在生产过程中出现不正常反应的情况下，特别是温度和压力急剧上升的时候，操作人员会为了自己的人身安全而快速撤离操作现场，不能有效切断加热源，不能有效开启冷却系统。为此应该在操作岗位以外的远距离场所设置紧急开启冷却联锁系统。最好能靠近车间蒸汽分汽缸的蒸汽阀门，在关闭蒸汽阀门和切断搅拌电源的同时开启冷却联锁系统，实施断热、断电、停搅拌、快速冷却降温的措施，将事故控制在初期阶段，防止事故的进一步扩大。

3. 联锁泄爆措施

为了在釜内物料温度失控产生气体形成压力的情况下，能够及时卸压，对于常压反应设备也应该根据反应的具体情况安装紧急卸压设施。在釜的顶部要安装安全阀，对可能具有比较剧烈反应的过程安装爆破片。爆破片的连接管出口必须伸到室外安全地点或抽风管口，不能直接指向道路或操作平台，以防物料喷溅伤人。有滴加反应过程的应该严格控制滴加速度。

4. 密闭输送防静电措施

对物料输送管道系统应根据物料特性选择钢管或塑料管（原则规定不能使用塑料管，但特殊情况除外）。不管是何种管道均应用法兰或螺栓连接牢固，以防脱落泄漏物料。不能使用橡皮套连接塑料管输送有机溶剂。对钢管的法兰部分要做好静电跨接，一对法兰上如果有六只螺栓（含六只）可不要静电跨接，四只以下（含四只）均要静电跨接（为了对称，正常没有五只，如果有五只也需跨接）。静电跨接线要使用4mm^{2}的铜芯电线。塑料管在输送有机溶剂或易产生静电的其他物料时应该做好静电连接，连接方法是在管道内部设置细铜线。具体方法主要是在金属管出口处焊接一颗小钢钉并适度向管内倾斜，细铜线必须缠绕在小钢钉上并紧固，从塑料管内通过另一个端口出来并在管口缠绕紧固。只有这样才能保证静电流产生回路并及时将静电转入接地系统。

（三）突发事件紧急处置措施

1. 温度压力快速上升

反应过程中温度、压力快速上升无法控制时要迅速关闭所有物料进口阀；立即停止搅拌；迅速关闭蒸汽（或热水）加热阀，开启冷却水（或冷冻水）冷却阀；迅速开启放空阀；在无放空阀及温度压力仍无法控制时，迅速开启设备底部放料阀弃料；在上述处理无效果，且底部放料阀弃料无法短时间完成时，迅速通知岗位人员撤离现场。

2. 有毒有害物大量泄漏

有毒物质大量泄漏时要立即通知周围人员迅速往上风向撤离该现场；迅速佩戴正压式呼

吸器关闭有毒有害物泄漏阀门；在无法关闭有毒有害物阀门时再迅速通知下风向（或四周）单位及人员撤离或做好防范工作，并根据物质特性喷洒处理剂进行吸收、稀释等处理。最后将泄漏物收容，作适当处理。

3. 易燃易爆物大量泄漏

易燃易爆物质泄漏时要迅速佩戴正压式呼吸器关闭易燃易爆物泄漏阀门；在无法关闭易燃易爆物泄漏阀门时再迅速通知周围（尤其是下风向）人员停止明火、易产生火花的生产和作业，并迅速停止周围的其他生产或作业，同时在可能的情况下，将易燃易爆泄漏物移至安全区域处理。在气体泄漏物已经燃烧的情况下不能急于关闭阀门，要注意观察防止回火和气体浓度达到爆炸极限引起爆炸。

4. 人员中毒

工作人员发生中毒时要立即查明中毒原因，有效地进行处理；由吸入引起中毒时，迅速将中毒人员移至上风向的新鲜空气处。中毒严重时迅速送往医院抢救；由食入引起中毒时，饮足量温水，催吐，或给饮牛奶或蛋清解毒，或服其他药物导泄；由皮肤引起中毒时，立即脱去污染的衣着，用大量流动清水冲洗，就医；当中毒者停止呼吸时，迅速进行人工呼吸；当中毒者心脏停止跳动，迅速进行人工按压心脏起跳；当人员身体皮肤被大面积灼伤时，立即用大量清水洗净被烧伤面，冲洗时间在十五分钟左右，同时注意不能受凉冻伤致病，更换无污染的衣物后迅速送往医院就医。

安全生产重于泰山，每一个化工人不仅要掌握职业岗位相关的安全知识，还要能够辨识安全风险，最终掌握事故的应急处置手段。

【分析讨论】

1. 本章讨论的 BR、CSTR 和 n-CSTR 均为理想反应器，在工业生产中并不真实存在，只是为了计算方便而构建的与其特性相近的真实反应器的理想化模型。

对于间歇釜式反应器，理想化过程忽略了以下两点：①加料、卸料，升温、降温过程所需的时间及其在此期间可能发生的反应；②反应热效应引发的温度分布的不均匀及其由此引起的反应速率、反应物组成的不均匀。

对于全混流反应器，理想化过程忽略了搅拌混合达到物料均匀化的时效。

2. 在间歇反应器中进行的只能是恒容反应，即使是反应前后分子数不同的气相反应。对于在间歇反应器中进行的反应前后分子数不同的气相反应，反应器压力会随反应的进行发生变化，在理想气体状态方程的适用范围内，这种压力的变化对反应进程一般不会产生影响，但压力的改变可以显示出反应进行的程度。

3. 关于初始浓度 c_{A0}，对间歇反应器，是已经装入反应器中，在反应开始前一刻的物料浓度；对连续流动反应器，是反应器进口处在反应器进口温度、压力条件下的物料浓度。

4. 本章间歇反应器进行计算的都是单一反应，如果进行复杂反应，计算式有什么不同？

【工业文化】

中国石油的“三老四严”与劳动精神

“三老四严”是中国石油职工在会战实践中形成的作风。“三老”：当老实人、说老实话、办老实事。“四严”：严格的要求、严密的组织、严肃的态度、严明的纪律。

石油精神是中国精神的重要组成部分，是攻坚克难、夺取胜利的宝贵财富，它既是石油工业永葆青春活力的秘诀，也是石油精神的精髓。在新时代同样要大力弘扬石油精神，培养具有锐意进取、真抓实干的自觉，勇于担当负责，积极主动作为，始终保持一种敢做善成的勇气，吃苦在前，实干在前，百折不挠，勇往直前，在艰苦环境中经风雨见世面，磨砺为人民服务的真本领。

石油精神与劳动精神相辅相成，在长期劳动实践中，我们培育形成了爱岗敬业、争创一流、艰苦奋斗、勇于创新、淡泊名利、甘于奉献的劳模精神，崇尚劳动、热爱劳动、辛勤劳动、诚实劳动的劳动精神，执着专注、精益求精、一丝不苟、追求卓越的工匠精神。劳模精神、劳动精神、工匠精神是以爱国主义为核心的民族精神和以改革创新为核心的时代精神的生动体现，是鼓舞全党全国各族人民风雨无阻、勇敢前进的强大精神动力。

【本章小结】

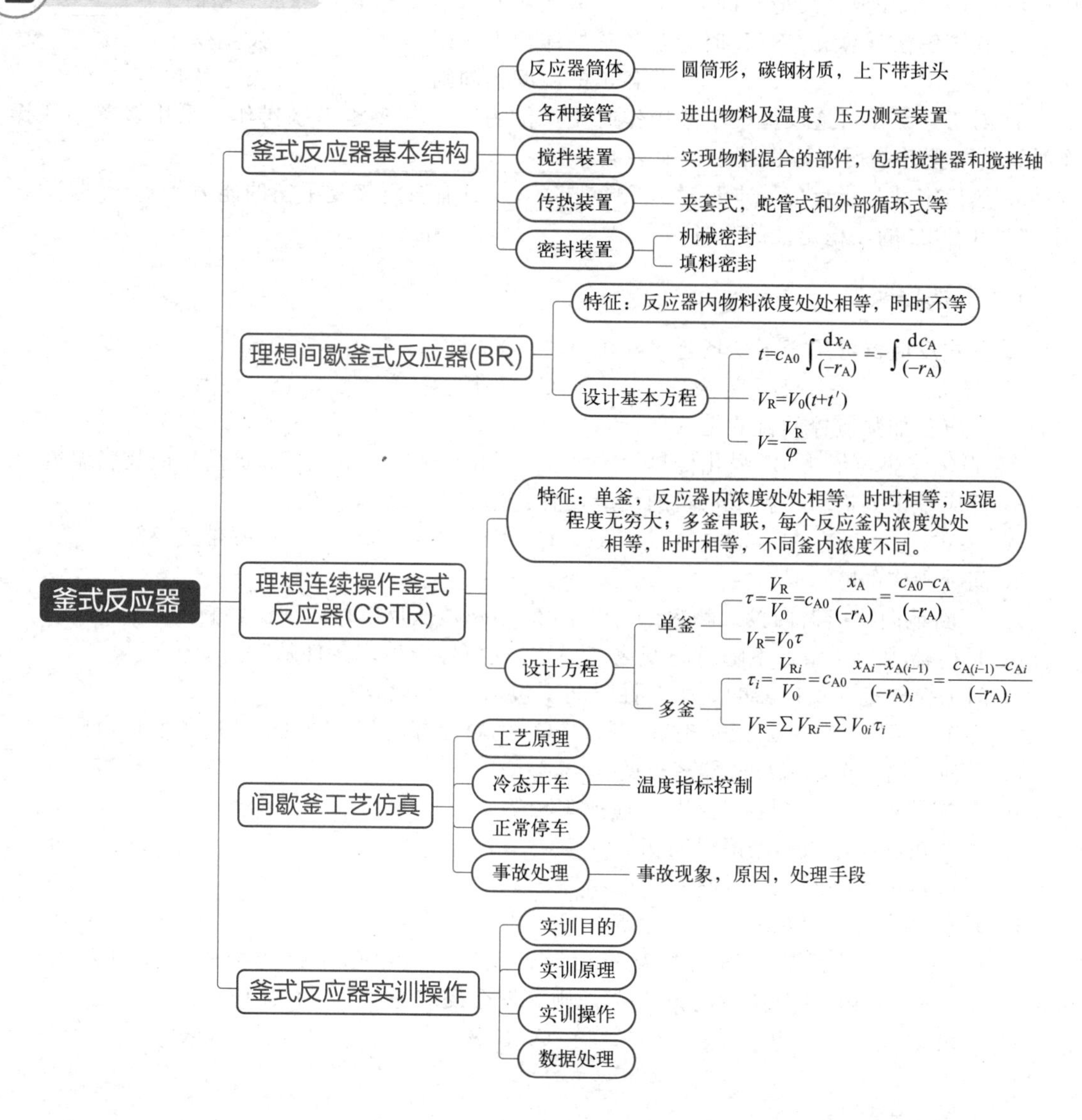

【自测习题】

（一）填空题

1. 釜式反应器中的搅拌器具有加强____________，强化釜内物料____________和____________的作用。

2. 反应釜的密封装置主要考虑________和________的轴封。常用的轴封装置主要有________和________两种。

3. 间歇操作釜式反应器的非生产时间主要包括______、______、______等。

4. 间歇釜式反应器有效体积不但与________有关，还与________有关。

5. 在间歇反应器的热量衡算式中，单位时间化学反应放出的热量为________，若反应为绝热反应，则热量衡算式中____________=0。

6. 某一级不可逆反应 A $\longrightarrow$R，其速率常数 $k=0.8s^{-1}$，要求转化率 $x_{Af}=0.998$，若该反应在 BR 中完成，反应时间 $t=$______；若该反应在 CSTR 中完成，空时 $\tau=$______。

7. 在图解法计算 n-CSTR 时，若各釜的体积不同则________发生变化；
若各釜的温度不同则________发生变化。

8. 对于一级不可逆反应，单釜操作时生产能力______多釜串联操作。采用多釜串联操作时，若要使总的反应体积最小，则必须____________。

9. 热稳定性是指反应器本身对________具有自行恢复平衡的能力。

10. CSTR 的热稳定性的条件是________和________。

（二）选择题

1. 釜式反应器可用于不少场合，除了（　　）反应。
A. 气-液　B. 液-液　C. 液-固　D. 气-固

2. 反应釜加强搅拌的目的是（　　）。
A. 强化传热与传质　B. 强化传热　C. 强化传质　D. 提高反应物料温度

3. 反应釜中如进行易粘壁物料的反应，宜选用（　　）搅拌器。
A. 桨式　B. 锚式　C. 涡轮式　D. 螺带式

4. 间歇操作的特点是（　　）。
A. 不断地向反应器内投入物料　B. 不断地从反应器内取出物料
C. 反应器内生产条件不随时间变化　D. 反应器内生产条件随时间变化

5. 间歇操作釜式反应器的非生产性时间不包括下列哪一项______。
A. 加料时间　B. 反应时间　C. 物料冷却时间　D. 清洗釜所用时间

6. 下列不属于全混流反应器特点的是______。
A. 反应器内某一时刻各处物料反应速率相等
B. 物料在反应器内的停留时间相等
C. 反应器内某一时刻各处物料浓度相等
D. 反应器内各个时刻反应速率相等

7. 在 BR 中，进行某一均相等温液相聚合反应。测得单体的初始浓度分别为 0.04、0.8mol/L，在 34min 内单体均消失 20%。则该聚合反应为（　　）反应。
A. 0 级　B. 1 级　C. 2 级　D. 0.5 级

（三）判断题

1. 对于反应釜内的高黏度的物料，可选择涡轮式搅拌器。
2. 釜式反应器的所有人孔、手孔、视镜和工艺接管口，一般均开在顶盖上。
3. 间歇操作釜式反应器与连续操作釜式反应器都不存在返混与停留时间分布问题。
4. 对于绝热反应，热量衡算式中 $KA(T-T_w)=0$ 是由于 $(T-T_w)=0$。
5. 连续操作釜式反应器串联的釜数越多，反应器的返混程度就越大。
6. 对于单个的 CSTR 在入口浓度为 c_{A0}，出口浓度为 c_{Af} 时所需要的空间时间小于 5-CSTR 串联所需总的空间时间。
7. 连续操作釜式反应器中各处的反应速率相同、也不随时间变化。
8. 间歇操作釜式反应器中各处的反应速率相同、也不随时间变化。
9. 只要 $Q_R=Q_C$ 的操作点，即可作为连续操作釜式反应器中的操作点。
10. 在间歇釜式反应器中进行二级不可逆反应，反应时间为 $t=\frac{1}{k}\ln\frac{1}{1-x_A}$，有效体积为 $V_R=V_0(t+t')$。

（四）思考题

1. 在同样的操作条件下，完成相同生产任务时，为什么多釜串联操作釜式反应器的生产能力大于单釜操作反应器？
2. 釜式反应器的搅拌器的作用是什么？如何选择？
3. 如何用图解法定性分析 BR、CSTR、n-CSTR 生产能力的大小？
4. 釜式反应器的传热方式有哪些，如何选择？
5. 如何判定连续操作釜式反应器的热稳定点？
6. 釜式反应器的操作主要控制哪些因素？如何控制？
7. 多釜串联反应器如何进行最优化选择？
8. 推导多釜串联反应器中进行一级不可逆反应时达到最优体积的条件。
9. 间歇操作釜式反应器如何控制换热介质的温度来保证等温反应的进行？
10. 分析 BR、CSTR、n-CSTR 内浓度的变化规律。

（五）计算题

1. 在间歇反应器中进行液相反应 $A+B\longrightarrow P$，已知反应速率常数 $k=6.15L/(mol\cdot h)$，$c_{A0}=0.307mol/L$，当 $\frac{c_{B0}}{c_{A0}}=1$ 和 5 时，试计算转化率分别为 0.5、0.9 和 0.99 时所需反应时间。

2. 实验室内用一烧瓶进行某一级不可逆液相均相间歇反应，反应 2h 后转化率达到 96%。若选用一个连续釜进行放大反应，其他工艺条件不变，平均停留时间为 2h，试计算该反应的最终出口转化率。

3. 某液相反应 $A\longrightarrow P$，实验测得的浓度-反应速率数据如下：

c_A/(mol/L)	0.1	0.2	0.4	0.6	0.8	1.0	1.2	1.4	1.6
$(-r_A)$/[mol/(L·min)]	0.625	1	2	2.5	1.5	1.25	0.8	0.7	0.65

（1）若反应在 CSTR 中进行，进料体积流量为 120L/min，进口浓度 $c_{A0}=2mol/L$，当

出口浓度 c_{Af} 分别为 0.66mol/L、0.8mol/L、1mol/L 时，求所需反应器体积，并讨论计算结果。

（2）若反应器体积为 300L，进料流量为 100L/min，$c_{A0}=8$mol/L，求反应物 A 的出口浓度。

（3）若要求转化率 $x_{Af}=0.8$，反应器体积为 $V_R=250$L，$c_{A0}=10$mol/L，求进料体积流量。

4. 乙酸酐水解生产乙酸，$(CH_3CO)_2O+H_2O \longrightarrow 2CH_3COOH$，反应动力学方程式为 $(-r_A)=kc_A$，当反应温度 $T=288$K，速率常数 $k=0.0806\text{min}^{-1}$ 时，若采用两台体积相等的 CSTR 串联操作，每天处理量为 14.4m^3，要求最终转化率 $x_A=90\%$，求每台 CSTR 的体积。

5. 在绝热间歇操作釜式反应器中进行下列反应 $A+B \longrightarrow R$，其动力学方程式为：$(-r_A)=1.1\times10^{14}\exp\left(-\dfrac{11000}{T}\right)c_Ac_B[\text{kmol}/(\text{m}^3\cdot\text{h})]$。该反应的热效应为 −4000kJ/kmol，组分 A 和 B 的初始浓度均等于 0.04kmol/m^3，反应混合物的平均热容 4.102kJ/(mol·K)，反应开始时混合物的温度为 50℃。试求当反应物 A 的转化率为 80%时所需的反应时间和此时的反应温度。

6. 在一连续操作釜式反应器中进行一可逆反应 $A \rightleftharpoons P$。其中速率常数 $k_1=10\text{h}^{-1}$、$k_2=2\text{h}^{-1}$，反应物料中不含 B 组分。进料的体积流量 $V_0=10\text{m}^3/\text{h}$，当反应的转化率为 60%时，反应器的有效体积是多少？

7. 等温下在间歇反应器中进行一级不可逆液相分解反应 $A \longrightarrow B+C$，在 5min 内有 50%的 A 分解，要达到分解率为 75%，问需多少反应时间？若反应为 2 级，则需多少反应时间？

8. 某一级不可逆液相反应在等温条件下进行，其反应速率方程式为 $(-r_A)=kc_A$。已知 293K 时反应速率常数为 10h^{-1}，反应物 A 的初浓度 $c_{A0}=0.2\text{kmol/m}^3$，加料速率 V_0 为 $2\text{m}^3/\text{h}$，问当最终转化率为 75%时，采用下列不同反应器的体积为多少？

（1）单个连续操作釜式反应器。

（2）间歇操作釜式反应器，其中非生产时间为 0.75h。

（3）2 个连续操作釜式反应器串联，其中第一釜的转化率为 50%。

（4）2 个体积相等的连续操作釜式反应器串联。

9. 有一反应在理想间歇釜式反应器中进行，经 8min 后反应物转化掉 80%，经 18min 后转化率为 90%，求此反应的动力学表达式。

10. 液相一级不可逆反应 $A \longrightarrow B+C$ 于常温下在一个 2m^3 的全混流反应器中进行等温反应。进口反应物浓度为 1kmol/m^3，体积流量为 $1\text{m}^3/\text{h}$，出口转化率为 80%。因后续工段设备故障，出口物料中断，操作人员紧急停止反应器进料，半个小时后故障排除，生产恢复。试计算生产恢复时反应器内物料的转化率为多少。

Σ【主要符号】

A——传热面积，m^2

D——反应器直径，m

E——反应活化能，kJ/kmol

F_A——出口物料中 A 的摩尔流量或反应组分 A 进入微元体积的流量，kmol/h

F_{A0}——进口物料中A的摩尔流量，kmol/h

F_{Ai}，$F_{A(i-1)}$——第i釜及第$i-1$釜内反应物料的摩尔流量，mol/s

H——反应器高度，m

$(-\Delta H_A)$——以反应组分A为基准的反应热，kJ/kmol

K——传热系数，kW/(m^2·K)

Q_ζ——反应总的放热速率，kJ/h

Q_c——移热速率，kJ/h

T——反应温度，K

T_w——传热介质温度，K

T_0——进料温度，K

V——反应器体积，m^3

V_0——物料进口处体积流量或A的加料体积流量，m^3/h

V_R——反应器有效体积，m^3

V_{Ri}——第i釜的有效体积，m^3

V'——每台反应釜的体积

c_A——原料A浓度，kmol/m^3

c_{A0}——原料A初始浓度，kmol/m^3

c_{Ai}——第i釜内反应物料A的浓度，kmol/m^3

$c_{A(i-1)}$——第$i-1$釜内反应物料A的浓度，kmol/m^3

c_p——液体的比定压热容，kJ/(kg·K)

c_{pt}——物料的平均比热容，kJ/(kg·K)

m——反应釜数量

$(-r_A)$——组分A的反应速率，kmol/(m^3·h)

$(-r_A)_i$——第i釜内组分A的反应速率，kmol/(m^3·h)

t——达到要求的转化率所需要的反应时间，h

x_{A0}——组分A的初始转化率

x_A——组分A的最终转化率

x_{Ai}——第i釜内反应物料A的转化率

$x_{A(i-1)}$——第$i-1$釜内反应物料A的转化率

τ——物料的停留时间或空时，h

$\bar{\tau}$——物料在釜式反应器中的平均停留时间，h

β——后备系数

φ——装料系数

λ——液体热导率，W/(m·K)

ρ——物料密度，kg/m^3

$\overline{\tau_i}$——物料在第i釜中的平均停留时间，h

t'——辅助时间，h

项目三 管式反应器

管式反应器是化工生产中应用较多的一种连续操作反应器。管式反应器的主要特点是：比表面积大，容积小，返混少，且能承受较高的压力，反应操作易于控制；但反应器的压降较大，动力消耗大。管式反应器一般可用于气相、均液相、非均液相、气液相、气固相、固相等反应过程。例如，由轻油裂解生产乙烯的裂解炉，便属于管式反应器；又如广泛用于气固相催化反应的固定床反应器，也可以看作是管式反应器，只不过管内装填了催化剂，所以这里所说的管式反应器是广义的。管式反应器多用于连续操作，少数采用半连续操作，采用间歇操作的比较少见。本项目只讨论管内无催化剂且连续操作的情况，目的在于提供此类反应器设计和分析的基本方法。

【生产应用案例】

工业生产中，使用管式反应器的生产装置并不是很多，但烃类热裂解反应则是一个典型的管式反应器操作。下面以裂解炉为例简要介绍一下管式反应器的操作。

乙烯是石油化学工业一种最重要的化学产品，主要靠裂解反应得到。在乙烯生产过程中，裂解单元是乙烯生产装置的主要组成部分之一。所谓裂解是指烃类在高温下，发生碳链断裂或脱氢反应，生成烯烃和其他产物的过程。该反应是强吸热反应。生产中的主要副反应是二次反应即烃生炭和结焦反应。为避免副反应的发生，提高乙烯的收率，乙烯生产的操作条件采用高温、短停留时间和低烃分压，要求装置能够在短时间内提供大量的热量。

（一）工艺流程

裂解工艺流程包括原料供给和预热系统、裂解和高压水蒸气系统、急冷油和燃料油系统、急冷水和稀释水蒸气系统。图 3-1 所示是轻柴油裂解工艺流程。

1. 原料油供给和预热系统

原料油从贮罐（1）经换热器（3）和（4）与过热的急冷水和急冷油热交换后进入裂解炉的预热段。原料油供给必须保持连续、稳定，否则直接影响裂解操作的稳定性，甚至有损毁炉管的危险。因此原料油泵须有备用泵及自动切换装置。

2. 裂解和高压蒸汽系统

预热过的原料油进入对流段初步预热后与稀释蒸汽混合，再进入裂解炉的第二预热段预热到一定温度，然后进入裂解炉辐射段（5）进行裂解。炉管出口的高温裂解气迅速进入急冷换热器（6）中，使裂解反应很快终止。

急冷换热器的给水先在对流段预热并局部汽化后送入高压汽包（7），靠自然对流流入急

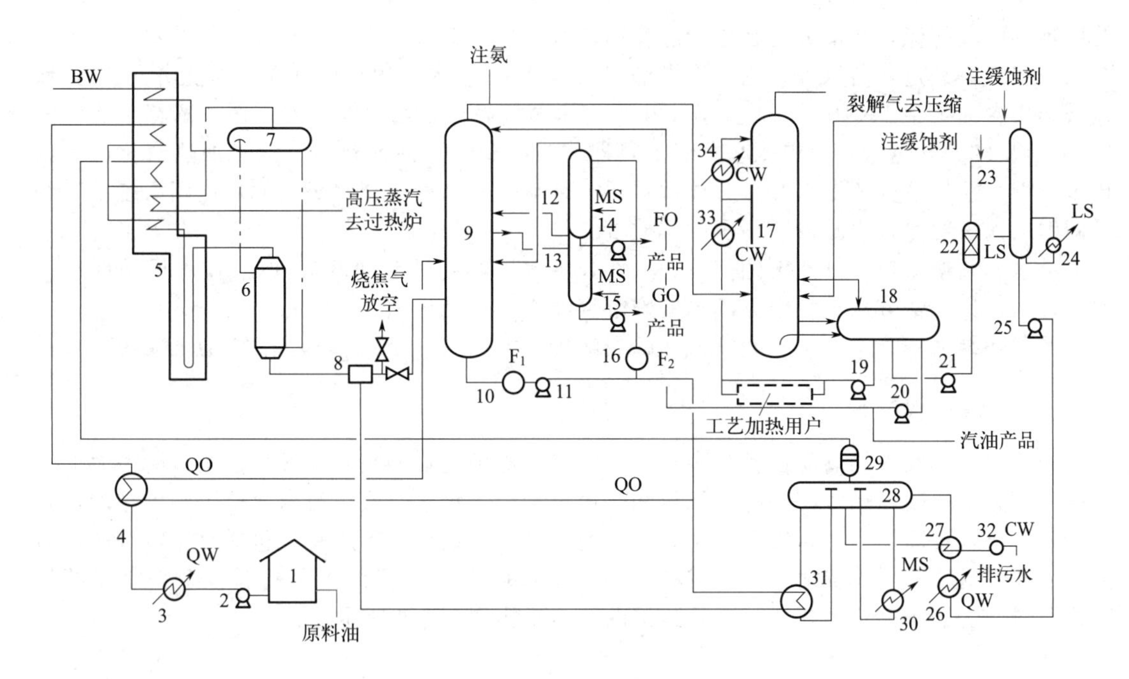

图 3-1 裂解工艺流程

1—原料油贮罐；2—原料油泵；3,4—原料油预热器；5—裂解炉；6—急冷换热器；7—气包；8—急冷器；9—油洗塔；10—急冷油过滤器；11—急冷油循环泵；12—燃料油汽提塔；13—裂解轻柴油汽提塔；14—燃料油输送泵；15—裂解轻柴油输送泵；16—燃料油过滤器；17—水洗塔；18—油水分离器；19—急冷水循环泵；20—汽油回流泵；21—工艺水泵；22—工艺水过滤器；23—工艺水汽提塔；24—再沸器；25—稀释蒸汽发生器给水泵；26,27—预热器；28—稀释蒸汽发生器汽包；29—分离器；30—中压蒸汽加热器；31—急冷油换热器；32—排污水冷却器；33,34—急冷水冷却器；QW—急冷水；CW—冷却水；MS—中压水蒸气；LS—低压水蒸气；QO—急冷油；BW—锅炉给水；GO—轻柴油；FO—燃料油；F_1,F_2—焦粒

冷换热器（6）中，产生 11MPa 的高压水蒸气，从汽包送出的高压水蒸气进入裂解炉预热段过热，过热至 470℃后供压缩机的蒸汽透平使用。

3. 急冷油和燃料油系统

从急冷换热器（6）出来的裂解气再去油急冷器（8）中用急冷油直接喷淋冷却，然后与急冷油一起进入油洗塔（9），塔顶出来的气体为氢、气态烃和裂解汽油以及稀释水蒸气和酸性气体。

裂解轻柴油从油洗塔（9）的侧线采出，经汽提塔（13）汽提其中的轻组分后，作为裂解轻柴油产品。裂解轻柴油含有大量的烷基萘，是制萘的好原料，常称为制萘馏分。塔釜采出重质燃料油。自油洗塔釜采出的重质燃料油，一部分经汽提塔（12）汽提出其中的轻组分后，作为重质燃料油产品送出，大部分则作为循环急冷油使用。循环急冷油分两股进行冷却，一股用来预热原料轻柴油之后，返回油洗塔作为塔的中段回流，另一股用来发生低压稀释蒸汽（31），急冷油本身被冷却后循环送至急冷器作为急冷介质，对裂解气进行冷却。

4. 急冷水和稀释水蒸气系统

裂解气在油洗塔（9）中脱除重质燃料油和裂解轻柴油后，由塔顶采出进入水洗塔（17），此塔的塔顶和中段用急冷水喷淋，使裂解气冷却，其中一部分的稀释水蒸气和裂解汽油就冷凝下来。冷凝下来的油水混合物由塔釜引至油水分离器（18），分离出的水一部分供工艺加热用，冷却后的水再经急冷水换热器（33）和（34）冷却后，分别作为水洗塔（17）

的塔顶和中段回流，此部分的水称为急冷循环水，另一部分相当于稀释水蒸气的水量，由工艺水泵（21）经过滤器（22）送入汽提塔（23），将工艺水中的轻烃汽提回水洗塔（17），保证塔釜中含油少于 1×10^{-4}。此工艺水由稀释水蒸气发生器给水泵（25）送入稀释水蒸气发生器汽包（28），再分别由中压水蒸气加热器（30）和急冷油换热器（31）加热汽化产生稀释水蒸气，经气液分离器（29）分离后再送入裂解炉。这种稀释水蒸气循环使用系统，节约了新鲜的锅炉给水，也减少了污水的排放量。

油水分离槽（18）分离出的汽油，一部分由泵（20）送至油洗塔（9）作为塔顶回流而循环使用，另一部分从裂解中分离出的裂解汽油作为产品送出。

经脱除绝大部分水蒸气和裂解汽油的裂解气，温度约为 40℃送至裂解气压缩系统。

（二）管式裂解炉

管式炉裂解技术的反应设备是裂解炉，它既是乙烯装置的核心，又是挖掘节能潜力的关键设备。为了提高乙烯收率和降低原料和能量消耗，多年来管式炉技术取得了较大进展，并不断开发出各种新炉型。尽管管式炉有不同型式，但从结构上看，总是包括对流段（或称对流室）和辐射段（或称辐射室）组成的炉体、炉体内适当布置的由耐高温合金钢制成的炉管、燃料燃烧器等三个主要部分。管式炉的基本结构如图 3-2 所示。

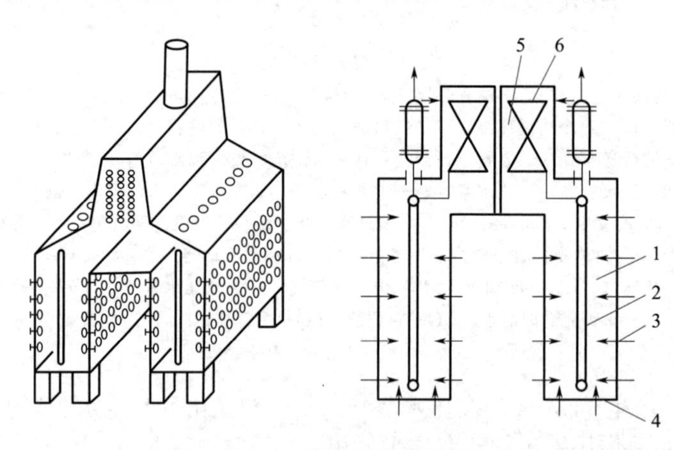

图 3-2　裂解炉基本结构

1—辐射段；2—垂直辐射管；3—侧壁燃烧器；4—底部燃烧器；5—对流段；6—对流管

1. 炉体

由两部分组成，即对流段和辐射段。对流段内设有数组水平放置的换热管用来预热原料、工艺稀释水蒸气、急冷锅炉进水和过热的高压蒸汽等；辐射段由耐火砖（里层）和隔热砖（外层）砌成，在辐射段炉墙或底部的一定部位安装有一定数量的燃烧器，所以辐射段又称为燃烧室或炉膛，裂解炉管垂直放置在辐射室中央。为放置炉管，还有一些附件如管架、吊钩等。

2. 炉管

炉管前一部分安置在对流段的称为**对流管**，对流管内物料被管外的高温烟道气以对流方式进行加热并气化，达到裂解反应温度后进入辐射管，故对流管又称为**预热管**。炉管后一部分安置在辐射段的称为**辐射管**，通过燃料燃烧的高温火焰、产生的烟道气、炉墙辐射将热量经辐射管管壁传给物料，裂解反应在该管内进行，故辐射管又称为**反应管**。

在管式炉运行时，裂解原料的流向是先进入对流管，再进入辐射管，反应后的裂解产物离开裂解炉经急冷段进行急冷。燃料在燃烧器燃烧后，则先在辐射段生成高温烟道气并向辐射管提供大部分反应所需热量。然后，烟道气再进入对流段，把余热提供给刚进入对流管内的物料，然后经烟道从烟囱排放。烟道气和物料是逆向流动的，这样热量利用更为合理。

3. 燃烧器

燃烧器又称为烧嘴，它是管式炉的重要部件之一。管式炉所需的热量是通过燃料在燃烧器中燃烧得到的。性能优良的烧嘴不仅对炉子的热效率、炉管热强度和加热均匀性起着十分重要的作用，而且使炉体外形尺寸缩小、结构紧凑、燃料消耗低、烟气中 NO_x 等有害气体含量低。烧嘴因其所安装的位置不同分为底部烧嘴和侧壁烧嘴。管式裂解炉的烧嘴设置方式可分为三种：一是全部由底部烧嘴供热；二是全部由侧壁烧嘴供热；三是由底部和侧壁烧嘴联合供热。按所用燃料不同，又分为气体燃烧器、液体（油）燃烧器和气油联合燃烧器。

管式裂解炉在生产过程中主要是由辐射段的管内实现裂解反应。反应过程中最重要的就是裂解温度的控制，而升温过程控制又是重中之重。从点火升温到达到裂解温度中间要经过几次温度调整控制，且最终反应温度较高。

从上述案例可以看出管式反应器在高温的反应过程中可以发挥出较好的操作优势。因此在工业生产中许多对温度和压力较高的反应过程往往通过管式反应器来完成。

【学习目标】

知识目标

（1）熟悉管式反应器的基本结构、分类和换热装置。

（2）掌握管式反应器设计计算的基本过程。

（3）掌握管式反应器选型及优化的基本指标和方法。

（4）掌握管式反应器故障分析的相关知识。

（5）掌握职业资格管式反应器相关的理论知识。

技能目标

（1）能够分析管式反应器仿真操作过程中的控制要点。

（2）能够进行管式反应器的现场实际操作，如安装、调试和基本操作。

（3）能够进行管式反应器相关事故的判断和处理。

（4）能够根据生产任务选择反应器的类型，并进行优化条件的选择和操作。

素质目标

（1）具备化工职业相关资格的基本素质。

（2）具备稳定操作、风险意识、责任意识和质量意识。

（3）具备绿色生产、环保意识和节能降耗生产理念。

任务一　管式反应器的结构及传热方式分析

在化工生产中，常常把反应器长度远大于其直径即高径比大于 100 的一类反应器，统称为管式反应器。

一、管式反应器的基本结构

常用的管式反应器有以下几种类型。

1. 水平管式反应器

图 3-3 给出的是进行气相或均液相反应常用的一种管式反应器，由无缝管与 U 形管连接而成。这种结构易于加工制造和检修。

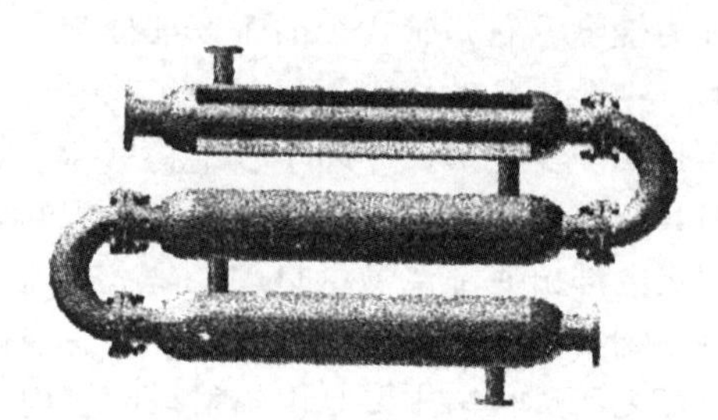

图 3-3　水平管式反应器

2. 立管式反应器

图 3-4 给出几种立管式反应器。图 3-4(a) 为单程式立管式反应器，图 3-4(b) 为中心插入管式立管式反应器。图 3-4(c) 为夹套式立管式反应器，其特点是将一束立管安装在一个加热套筒内，以节省地面。立管式反应器被应用于液相氨化反应、液相加氢反应、液相氧化反应等工艺中。

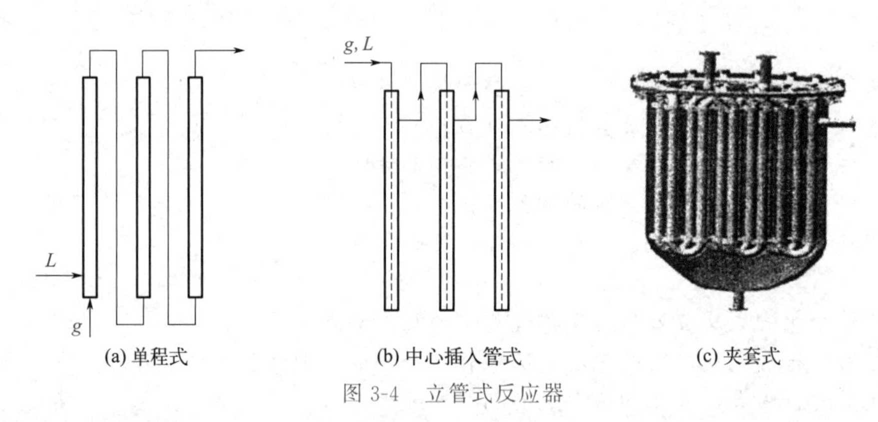

图 3-4　立管式反应器

3. 盘管式反应器

将管式反应器做成盘管的形式，设备紧凑，节省空间，但检修和清洗管道比较麻烦。图 3-5 所示的反应器由许多水平盘管上下重叠串联而成。每一个盘管是由许多半径不同的半圆形管子相连接成螺旋形式，螺旋中央留出 ϕ400mm 的空间，便于安装和检修。

4. U 形管式反应器

U 形管式反应器的管内设有挡板或搅拌装置，以强化传热与传质过程。U 形管的直径大，物料停留时间增长，可以应用于反应速率较慢的反应。例如带多孔挡板的 U 形管式反应器，被应用于己内酰胺的聚合反应。带搅拌装置的 U 形管式反应器适用于非均液相物料或液固相悬浮物料，如甲苯的连续硝化、蒽醌的连续磺化等反应。图 3-6 是内部设有搅拌和电阻加热装置的 U 形管式反应器。

5. 多管式反应器

通常按管式反应器管道的连接方式不同，把多管式反应器分为多管串联管式反应器和多管并联管式反应器。多管串联结构的管式反应器如图 3-7 所示，一般用于气相反应和气液相反应，例如烃类裂解反应和乙烯液相氧化制乙醛反应。多管并联结构的管式反应器如图 3-8 所示，一般用于气固相反应，例如气相氯化氢和乙炔在多管并联装有固相催化剂中反应制氯乙烯，气相氮和氢混合物在多管并联装有固相铁催化剂中合成氨。

图 3-5　盘管式反应器

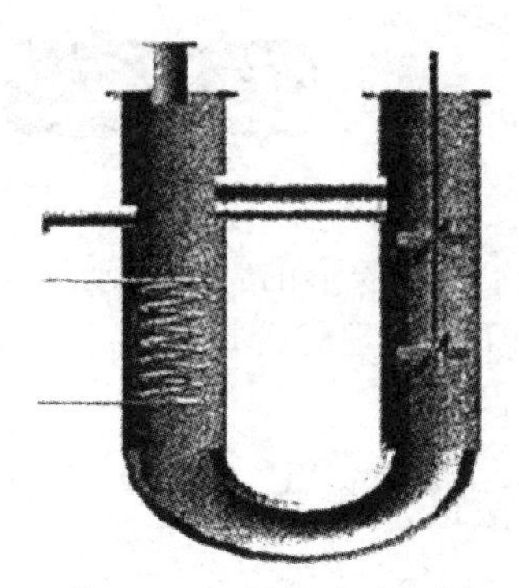
图 3-6　U 形管式反应器

图 3-7　多管串联结构的管式反应器（乙烯裂解炉炉管串联）

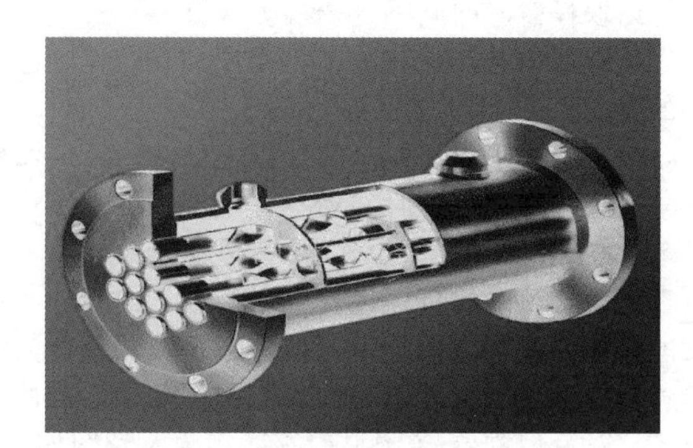
图 3-8　多管并联结构的管式反应器

二、管式反应器的传热装置

管式反应器的加热或冷却可采用以下几种方式。

1. 套管传热

套管一般由钢板焊接而成，它是套在反应器筒体外面能够形成密封空间的容器，套管内通入载热体进行传热。如图 3-3、图 3-4(a)、图 3-4(b) 等所示反应器，均可用套管传热结构。

2. 套筒传热

把一系列管束构成的管式反应器放置于套筒内进行传热，如图 3-4(c)、图 3-5 所示。反应器可置于套筒内进行换热。

3. 短路电流加热

将低电压的交流电直接通到管壁上，利用短路电流产生的热量进行高温加热。这种加热方法升温快、加热温度高、便于实现遥控和自控。短路电流加热已应用于邻硝基氯苯的氨化等管式反应器上。

4. 烟道气加热

当反应的温度要求较高时，一般利用煤气、天然气、石油加工废气或燃料油等燃烧时产生的高温烟道气作为热源通过辐射传热直接加热管式反应器，可达到生产过程中需要的数百度的高温。此法在石油化工中应用较多，如裂解生产乙烯、乙苯脱氢生产苯乙烯。

任务二 管式反应器设计

生产实际中，细长形的管式流动反应器可近似地看成理想置换反应器或者理想平推流反应器，简称 PFR。对理想管式流动反应器建立物料衡算式，可以得到理想管式流动反应器的基础设计方程式。

一、反应器特征及基本方程

1. 反应器特征

物料在管式流动反应器内进行理想置换流动时，具有如下特点：

（1）物料流动处于稳定状态，反应器内各点物料浓度、温度和反应速度均不随时间而变，故可以取任意时间间隔进行衡算。

（2）反应器内各点物料浓度、温度和反应速度沿流动方向而发生改变。而在与流动方向相垂直的方向上混合均匀。

（3）稳定状态下，微元时间、微元体积内反应物的积累量为零。

（4）反应物料的停留时间相等，返混程度为零。

2. 基本方程

对理想管式流动反应器进行物料衡算。由于连续操作，反应器内流体的流动处于稳定状态，没有反应物积累。由于沿流体流动方向物料的浓度、温度和反应速率不断地变化，而反应器内各点的浓度、反应速率都不随时间变化。因此，选单位体积为衡算范围，根据物料衡算的通式，对反应物 A 作物料衡算，衡算示意图如图 3-9。

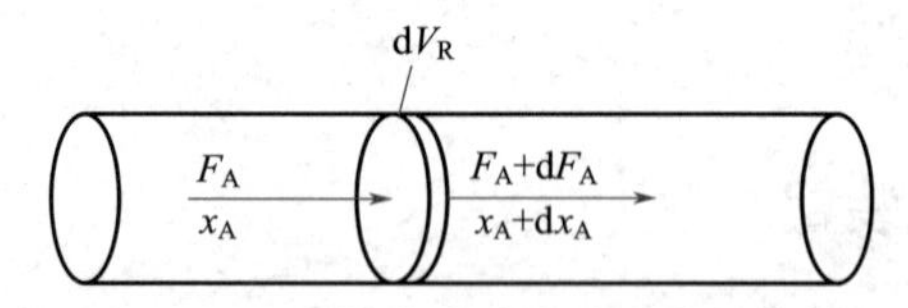

图 3-9 理想管式流动反应器物料衡算

$$F_A d\tau - (F_A + dF_A)d\tau - (-r_A)dV_R d\tau = 0$$

$$dF_A + (-r_A)dV_R = 0$$

因为：$F_A = F_{A0}(1-x_A)$，所以：$dF_A = -F_{A0}dx_A$

代入得：

$$(-r_A)dV_R = F_{A0}dx_A \tag{3-1}$$

式中 F_{A0}——反应组分 A 进入反应器的流量，kmol/h；

F_A——反应器出口反应组分 A 的流量，kmol/h。

式(3-1) 即为理想管式流动反应器的基础计算方程式。将其积分，可以用来求取反应器的有效体积和空间时间。

$$V_R = F_{A0}\int_0^{x_{Af}} \frac{dx_A}{(-r_A)} = V_0 c_{A0}\int_0^{x_{Af}} \frac{dx_A}{(-r_A)} \tag{3-2}$$

得：

$$\tau = \frac{V_R}{V_0} = c_{A0}\int_0^{x_{Af}} \frac{dx_A}{(-r_A)} \tag{3-3}$$

式中 τ——管式流动反应器的空间时间，h；

V_0——物料进口处的体积流量，m^3/h。

管式流动反应器可用于液相反应和气相反应，当用于液相反应和反应前后物质的量无改变的气相反应时，反应前后物料的密度变化不大，可视为恒容过程；当用于反应前后物质的量发生改变的气相反应时，就必须考虑物料密度的变化，按变容过程处理。温度也有类似情况，如反应过程中利用适当的调节手段能使温度维持基本不变，则为等温操作，否则即为非等温操作。等温恒容过程计算比较简单，但在实际过程中必须考虑变容和非等温情况，因此，需要对各种情况进行分别讨论。

二、等温恒容管式反应器的计算

管式反应器在等温恒容过程操作时，根据基础计算方程式结合等温恒容条件，就可以计算出达到一定转化率所需要的反应体积或空间时间。

1. 一级不可逆反应，其动力学方程式为 $(-r_A)=kc_A$，等温条件下 k 为常数

在恒容情况下 $c_A=c_{A0}(1-x_A)$

代入式(3-3)，得：$\tau=\dfrac{V_R}{V_0}=c_{A0}\displaystyle\int_0^{x_{Af}}\dfrac{dx_A}{kc_{A0}(1-x_A)}$

$$\tau=\frac{V_R}{V_0}=\frac{1}{k}\ln\frac{1}{1-x_{Af}} \tag{3-4a}$$

或：

$$V_R=V_0\tau=\frac{V_0}{k}\ln\frac{1}{1-x_{Af}} \tag{3-4b}$$

2. 二级不可逆反应，其动力学方程式为 $(-r_A)=kc_A^2=kc_{A0}^2(1-x_A)^2$

代入式(3-3)，得：$\tau=\dfrac{V_R}{V_0}=c_{A0}\displaystyle\int_0^{x_{Af}}\dfrac{dx_{Af}}{kc_{A0}^2(1-x_A)^2}$

$$\tau=\frac{V_R}{V_0}=\frac{x_{Af}}{kc_{A0}(1-x_{Af})} \tag{3-5a}$$

或：

$$V_R=V_0\tau=\frac{V_0x_{Af}}{kc_{A0}(1-x_{Af})} \tag{3-5b}$$

若反应的反应动力学表达式相当复杂或不能用函数表达式表示时，则可以用图解法计算。如图 3-10 所示。

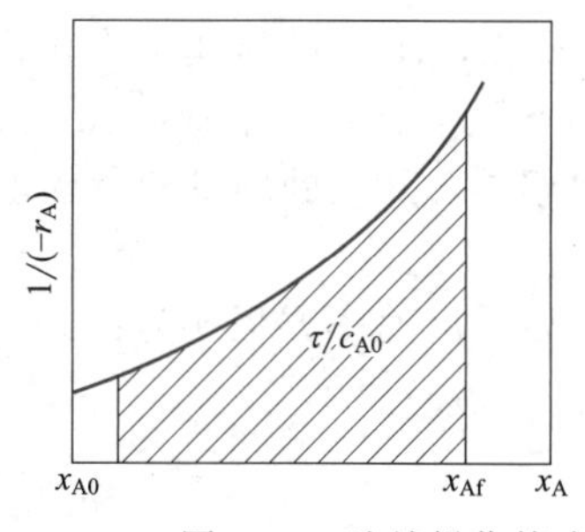

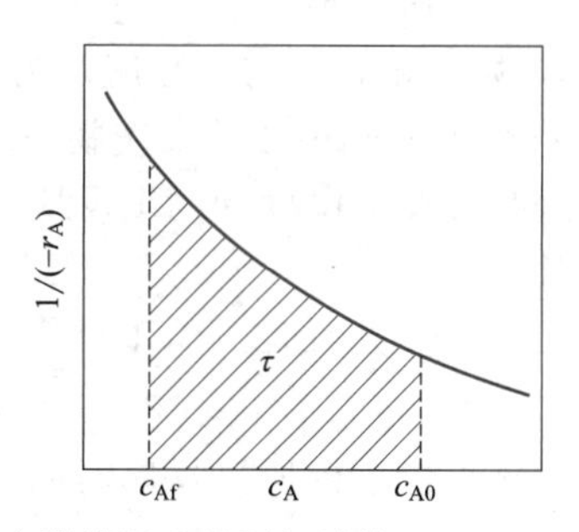

图 3-10　连续操作管式反应器等温过程图解计算

将物料在管式流动反应器的空间时间与在间歇操作釜式反应器的反应时间的计算式相比，可以看出在等温恒容过程时完全相同。也就是说，在相同的条件下，同一反应达到相同的转化率时，在两种反应器中的时间值相等。这是因为在这两种反应器内，反应物浓度经历了相同的变化过程，只是在间歇操作釜式反应器内浓度随时间变化，在管式流动反应器内浓度随位置变化而已。这也说明，仅就反应过程而言，两种反应器具有相同的效率，只因间歇操作釜式反应器存在非生产时间，即辅助时间，故生产能力低于管式流动反应器。

【例 3-1】 某工厂用连续操作管式反应器生产醇酸树脂，条件同例 2-1、例 2-2，试计算转化率为 80%时所需空间时间和反应器体积。(已知己二酸分子量 $M=146$)

解： 采用 PFR，对于二级反应

空间时间 $\tau=\dfrac{V_R}{V_0}=\dfrac{x_{Af}}{kc_{A0}(1-x_{Af})}=\dfrac{0.8}{1.97\times0.004\times(1-0.8)}$
$=507.61(\text{min})=8.5(\text{h})$

物料的处理量：$V_0=\dfrac{F_{A0}}{c_{A0}}=\dfrac{2400/(24\times146)}{4}=0.171(\text{m}^3/\text{h})$

反应器体积：$V_R=V_0\tau=0.171\times8.5=1.45(\text{m}^3)$

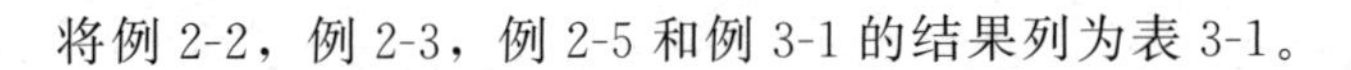

将例 2-2，例 2-3，例 2-5 和例 3-1 的结果列为表 3-1。

表 3-1　各种反应器的有效体积

反应转化率	反应器有效体积/m^3			
	间歇釜式反应器(BR)	连续釜式反应器(CSTR)	多釜串联(2-CSTR)	连续管式反应器(PFR)
$x_A=0.8$	1.63	7.23	3.436	1.45

从表中数据可以发现，同样实现 80%的转化率，间歇反应器体积与 PFR 的体积大小不同，这是因为间歇反应器本身的装填系数和工作过程中的辅助时间，造成间歇反应器体积比 PFR 体积大，如果不考虑这些因素反应器体积则完全相同。而 CSTR 所需的体积比二者的体积大得多，这是因为 CSTR 由于返混的影响使得反应在低浓度下进行，所以反应速率较慢。而 2-CSTR 则由于提高了整体反应浓度使得反应速率提高，因此体积小于 CSTR，但是大于 PFR。

【例 3-2】 在容积为 2.5m^3 的理想间歇反应器中进行均相反应 $A+B\longrightarrow S$，反应等温下操作，实验测得反应速率方程式为 $(-r_A)=kc_Ac_B[\text{mol}/(\text{L}\cdot\text{s})]$，$k=2.78\times10^{-3}\text{L}/(\text{mol}\cdot\text{s})$，当反应物 A 和 B 的初始浓度均为 4mol/L，而 A 的转化率为 0.8 时，该间歇反应器平均每分钟可处理 0.684kmol 的反应物 A。若将反应移到一个管内径为 125mm 的理想管式反应器中等温进行，反应温度和间歇反应器内相同，并且处理量和所要求转化率相等，求所需反应器的管长。

解： 由于 $c_{A0}=c_{B0}$，并且是等摩尔反应，所以反应速率方程式为：

$$(-r_A)=kc_Ac_B=kc_A^2$$

反应在理想间歇反应器内所需反应时间为：

$$\tau=\frac{x_{Af}}{kc_{A0}(1-x_{Af})}=\frac{0.8}{2.78\times10^{-3}\times4\times(1-0.8)}=360(\text{s})=6(\text{min})$$

此反应时间应等于理想管式反应器中的空间时间，即 $\tau=\dfrac{V_R}{V_0}=6\text{min}$

由题意可知 $F_{A0}=V_0c_{A0}=0.684\text{kmol/min}$

$$V_0=\frac{F_{A0}}{c_{A0}}=\frac{0.684\times10^3}{4}=171(\text{L/min})$$

$$V_R = V_0 \tau = 171 \times 6 = 1026(\text{L})$$

$$L = \frac{4V_R}{\pi d^2} = \frac{4 \times 1026 \times 10^{-3}}{3.14 \times (125 \times 10^{-3})^2} = 83.6(\text{m})$$

三、等温变容管式反应器的计算

对于气相反应体系，如果反应过程中气体的总物质的量发生变化，系统的温度与压力变化对气体的体积影响较大，所以气相反应常常是变容过程。由于反应速率与反应物的浓度是相关的，物料体积变化必然带来浓度的变化，从而引起反应速率的变化。

为了表征由于反应物系体积变化给反应速率带来的影响，引入两个参数，膨胀因子和膨胀率。

对于：

$$a\text{A} + b\text{B} \longrightarrow r\text{R} + s\text{S}$$

定义膨胀因子：

$$\delta_A = \frac{\sum \alpha_I}{(-\alpha_A)} \tag{3-6}$$

即关键组分 A 的膨胀因子等于反应计量系数的代数和除以 A 组分计量系数的相反数。

它的物理意义是指关键组分 A 消耗了 1mol 时，引起整个体系物质的量的变化。当$\delta_A > 0$时，是体积增大的反应；当 $\delta_A < 0$ 时，是体积减小的反应；均为变容反应。当 $\delta_A = 0$ 时，是体积不变的反应，即恒容反应。

省略推导过程，反应前后的体积关系如下：

$$V = V_0(1 + y_{A0}\delta_A x_A) \tag{3-7}$$

反应过程中某一时刻的浓度与转化率则存在如下关系。

$$c_A = \frac{n_A}{V} = c_{A0}\frac{(1 - x_A)}{(1 + y_{A0}\delta_A x_A)} \tag{3-8}$$

式中　V_0——初始状态下反应体系的总体积；

c_{A0}——反应物 A 的初始浓度；

V——末了状态下反应体系的总体积；

c_A——反应物 A 的末了浓度；

y_{A0}——反应物 A 初始状态下的摩尔分率。

膨胀因子是由反应式决定的，一旦反应式确定，膨胀因子就是一个定值，与其他因素一概无关。但是，物系体积随转化率的变化不仅仅是膨胀因子的函数，也与其他因素，如惰性物质的存在等有关，因此引入第二个参数，膨胀率。

定义膨胀率

$$\varepsilon_A = \frac{V_{x_A=1} - V_{x_A=0}}{V_{x_A=0}} \tag{3-9}$$

即 A 组分的膨胀率等于物系中 A 组分完全转化所引起的体积变化除以物系的初始体积。

将式(3-9) 进行变形，反应前后的体积关系可以写成

$$V = V_0(1 + \varepsilon_A x_A) \tag{3-10}$$

对照式(3-7) 和式(3-10) 可以发现，膨胀率和膨胀因子之间的关系式为

$$\varepsilon_A = y_{A0}\delta_A \tag{3-11}$$

从上式也可以看出，体积变化不仅和反应式有关，也与物系中 A 的进料量有关系。

A 组分浓度的变化关系为：

$$c_A = \frac{n_A}{V} = c_{A0}\frac{(1 - x_A)}{(1 + \varepsilon_A x_A)} \tag{3-12}$$

对于变容反应体系，反应前和反应后的物料其他参数存在如下关系：

$$F_t = F_0 (1 + y_{A0}\delta_A x_A) \tag{3-13}$$

$$p_A = p_{A0}\frac{1 - x_A}{1 + y_{A0}\delta_A x_A} \tag{3-14}$$

$$y_A = y_{A0}\frac{1 - x_A}{1 + y_{A0}\delta_A x_A} \tag{3-15}$$

$$(-r_A) = -\frac{1}{V}\frac{\mathrm{d}n_A}{\mathrm{d}t} = \frac{c_{A0}}{1 + y_{A0}\delta_A x_A}\frac{\mathrm{d}x_A}{\mathrm{d}t} \tag{3-16}$$

式中　F_0——总进料的摩尔流量，kmol/h；

F_t——在操作压力为 p、温度为 t、转化率为 x_A 时总物料的摩尔流量，kmol/h；

y_{A0}——进料中反应物 A 占总物料的摩尔分率（$y_{A0} = F_{A0}/F_0$）；

y_A——在操作压力为 p、温度为 t、转化率为 x_A 时反应物 A 占总物料的摩尔分率。

这样，对于等温变容过程而言，若为一级不可逆反应，则达到一定的转化率所需空时为：

$$\tau = \frac{V_R}{V_0} = c_{A0}\int \frac{\mathrm{d}x_A}{(-r_A)} = \int_0^{x_{Af}} \frac{1 + y_{A0}\delta_A x_A}{k(1 - x_A)}\mathrm{d}x_A$$

若为二级不可逆反应则为：

$$\tau = \frac{V_R}{V_0} = c_{A0}\int \frac{\mathrm{d}x_A}{(-r_A)} = \int_0^{x_{Af}} \frac{(1 + y_{A0}\delta_A x_A)^2}{kc_{A0}(1 - x_A)^2}\mathrm{d}x_A$$

常见反应的计算式也可参考表 3-2。

表 3-2　等温变容管式反应器计算式

化学反应	动力学方程式	计算式
A ⟶ P(零级)	$(-r_A) = k$	$\frac{V_R}{F_{A0}} = \frac{x_{Af}}{k}$
A ⟶ P(一级)	$(-r_A) = kc_A$	$\frac{V_R}{F_{A0}} = \frac{-(1+\delta_A y_{A0})\ln(1-x_{Af}) - \delta_A y_{A0} x_{Af}}{kc_{A0}}$
2A ⟶ P A+B ⟶ P ($c_{A0} = c_{B0}$) (二级)	$(-r_A) = kc_A^2$	$\frac{V_R}{F_{A0}} = \frac{1}{kc_{A0}^2}[2\delta_A y_{A0}(1+\delta_A y_{A0})\ln(1-x_A) + \delta_A^2 y_A^2 x_A + (1+\delta_A y_A)^2 \frac{x_A}{1-x_A}]$

【例 3-3】　在一管径为 12.6cm 的管式反应器中进行气体 A 的热分解反应：A ⟶ R+S，该反应为等温恒压反应。$(-r_A) = kc_A$，其中 $k = 7.80\times10^9\exp\left(-\frac{19220}{T}\right)$，原料为纯气体，反应压力为 5atm，反应温度为 500℃，要求 A 的转化率为 90%，原料气体的处理流量为 1.55kmol/h，试求所需反应器的长度和空间时间。

解：因为进料是纯组分 A：　$y_{A0} = 1.0$，$F_0 = F_A$

膨胀因子：

$$\delta_A = \frac{2-1}{1} = 1$$

则：

$$c_A = c_{A0}\frac{1 - x_A}{1 + y_{A0}\delta_A x_A} = c_{A0}\frac{1 - x_A}{1 + x_A}$$

反应气体可以近似看成理想气体：$PV_0 = F_0 RT$

反应气体入口体积流量：

$$V_0=\frac{F_0RT}{P}=\frac{1.55\times8.314\times(500+273)}{5\times1.0133\times10^2}=19.66(\mathrm{m^3/h})$$

空间时间：$\tau=c_{A0}\int_0^{x_{Af}}\frac{dx_A}{(-r_A)}=c_{A0}\int_0^{x_{Af}}\frac{dx_A}{kc_A}=c_{A0}\int_0^{x_{Af}}\frac{dx_A}{kc_{A0}\frac{1-x_A}{1+x_A}}$

$$=\frac{1}{k}\int_0^{x_{Af}}\frac{(1+x_A)dx_A}{1-x_A}=\frac{1}{k}\left(2\ln\frac{1}{1-x_{Af}}-x_{Af}\right)$$

$$=\frac{1}{7.80\times10^9\exp\left(-\frac{19220}{500+273}\right)}\left(2\ln\frac{1}{1-0.9}-0.9\right)=0.0083(\mathrm{h})$$

所需反应器体积　$V_R=V_0\tau=19.66\times0.0083=0.1632(\mathrm{m^3})$

所需反应器长度　$L=\frac{4V_R}{\pi d_t^2}=\frac{4\times0.1632}{3.14\times0.126^2}=13.1(\mathrm{m})$

【例 3-4】 在理想连续操作管式反应器中，于 923K 等温等压下进行丁烯脱氢反应以生成丁二烯。方程式为 $C_4H_8(A)\longrightarrow C_4H_6+H_2$，反应速率方程为$(-r_A)=kp_A[\mathrm{kmol/(m^3\cdot h)}]$，其中 $k=1.079\times10^{-4}\mathrm{kmol/(h\cdot m^3\cdot Pa)}$。原料气为丁烯与水蒸气混合物，丁烯的摩尔分数为 10%。若要求丁烯的转化率为 35%，空间时间为多少？

解：反应为变容过程

膨胀因子

$$\delta_A=\frac{2-1}{1}=1$$

$$c_A=c_{A0}\frac{1-x_A}{1+y_{A0}\delta_Ax_A}=c_{A0}\frac{1-x_A}{1+0.1x_A}$$

由理想气体状态方程得：

$$p_A=c_ART=c_{A0}RT\frac{1-x_A}{1+0.1x_A}$$

$$\tau=\frac{V_R}{V_0}=c_{A0}\int_0^{x_{Af}}\frac{dx_A}{(-r_A)}=c_{A0}\int_0^{0.35}\frac{dx_A}{kp_A}$$

$$=\frac{1}{kRT}\int_0^{0.35}\frac{(1+0.1x_A)dx_A}{1-x_A}$$

$$=\frac{1}{kRT}\int_0^{0.35}\left[\frac{1.1}{1-x_A}-0.1\right]dx_A$$

$$=\frac{1}{kRT}\left[1.1\ln\frac{1}{1-x_A}-0.1x_A\right]_0^{0.35}$$

代入数据得：

$$\tau=\frac{1}{1.079\times10^{-4}\times8.314\times10^3\times923}\left[1.1\ln\frac{1}{1-0.35}-0.1\times0.35\right]$$
$$=5.3\times10^{-4}(\mathrm{h})=1.908(\mathrm{s})$$

任务三 循环反应器设计

工业上有些反应过程，如合成氨、合成甲醇以及乙烯水合生产乙醇等，由于化学平衡的限制以致单程转化率不高，为了提高原料的利用率，通常将反应器流出的物料进行产物分离后再循环至反应器的入口，与新鲜原料一道进入反应器再进行反应，这类反应器叫作循环反应器。这也符合化工生产中绿色、低碳和可持续发展的理念。循环反应器的工作示意图见图 3-11。

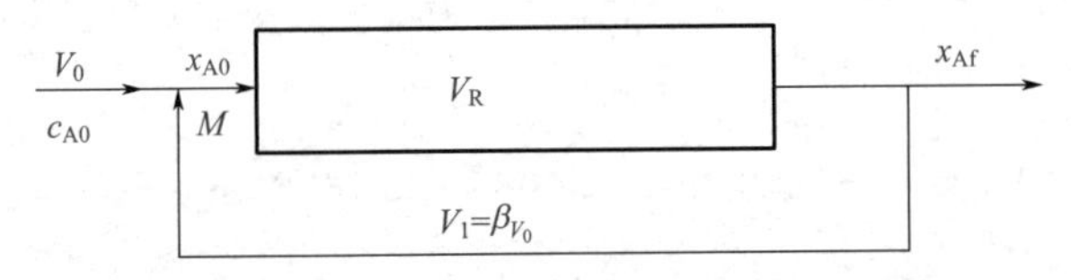

图 3-11 循环反应器示意图

循环反应器基本假设：①反应器内为平推流；②管线内不发生化学反应；③整个体系处于定常态操作。反应器内流体既然假设为平推流，则该反应器可以按照管式反应器进行计算，即式(3-2) 或式(3-3)，但是首先需要解决两个问题，一是反应器的物料处理量，二是反应器的入口转化率 x_{A0}，这是不同于普通管式反应器的。如果物料没有发生循环，那么反应器原料的处理量也是反应器的物料处理量，反应器的入口转化率 x_{A0} 由原料组成决定。循环反应器的物料处理量与新鲜原料的进料量（V_0）有关，也与物料的循环量（V_1）有关。设物料循环量 V_1 与新鲜原料量 V_0 之比为 β，β 称为循环比。需要注意一点，循环物料的转化率也是 x_{Af}。

则

$$V_1=\beta V_0$$

因此，反应器入口物料处理量为

$$V_0+V_1=(1+\beta)V_0 \tag{3-17}$$

对图中 M 点做物料衡算，得：

$$V_0c_{A0}+\beta V_0c_{A0}(1-x_{Af})=(1+\beta)V_0c_{A0}(1-x_{A0}) \tag{3-18}$$

对式(3-18) 进行整理，则

$$x_{A0}=\frac{\beta x_{Af}}{1+\beta} \tag{3-19}$$

式(3-2) 中的 V_0 为反应器的物料处理量，对于循环反应器则应以式(3-17) 来代替，与式(3-19) 一起代入式(3-2)，即可得到循环反应器的反应体积计算式

$$V_R=(1+\beta)V_0c_{A0}\int_{\frac{\beta x_{Af}}{1+\beta}}^{x_{Af}}\frac{dx_A}{(-r_A)} \tag{3-20}$$

$$\tau=\frac{V_R}{V_0}=(1+\beta)c_{A0}\int_{\frac{\beta x_{Af}}{1+\beta}}^{x_{Af}}\frac{dx_A}{(-r_A)} \tag{3-21}$$

(1) 当循环比 β 为 0 时，由式(3-19) 可知 $x_{A0}=0$，式(3-20)、式(3-21) 还原为式(3-2)、式(3-3)，此时反应器即为普通管式反应器；

(2) 当 $\beta\to\infty$时，由式(3-19) 可知 $x_{A0}\to x_{Af}$，此时相当于在恒定转化率 x_{Af} 下操作的釜式反应器，式(3-20)、式(3-21) 还原为式(2-16)、式(2-17)。

(3) $0<\beta<\infty$时，此时为非理想反应器。

实际上，只要循环比足够大，譬如：$\beta=25$ 时，即可认为是等浓度操作。大循环比操作的反应器在实验室中研究化学反应动力学非常重要，因为这可使动力学数据的处理大为简化，且可使反应器保持较好的等温状态。

任务四　反应器选型及优化

为使工业反应过程能获得最大的经济效益，在实际过程开发工作中既要以化学反应动力学特性和反应器特性作为开发工作的依据，同时还得结合原料、产品、能量的价格、设备和操作费用、生产规模、“三废”处理等因素综合地进行方案的优化选择。

从工程角度看，优化就是如何进行反应器型式、操作方式和操作条件的选择并从工程上予以实施，以实现温度和浓度的优化条件，提高反应过程的速率和选择性。反应器的型式包括管式和釜式反应器及返混特性；操作条件包括物料的初始浓度、转化率、反应温度或温度分布；操作方式则包括间歇操作、连续操作、半连续操作以及加料方式的分批或分段加料等。

对某个具体反应，选择反应器型式、操作条件和操作方式主要考虑化学反应本身的特性及反应器的特性，最终选择的依据取决于所有过程的经济性。过程的经济性主要受两个因素影响：一是反应器的大小；二是产物分布问题。也可转化为两个指标，生产能力和选择性。对于简单反应，产物是确定的，没有产物分布，不存在选择性的问题，只需要进行生产能力（反应器大小）的比较；对于复杂反应，不仅要考虑反应器的大小，还要考虑反应的选择性。副产物的多少，直接影响到原料的消耗量、分离流程的选择和分离设备的大小，因此反应的选择性往往是复杂反应的主要矛盾。

一、简单反应反应器选型

对于简单反应，只需要考虑反应器的大小，也就是比较不同反应器的生产能力。

反应器的生产能力，即单位时间、单位体积反应器所能得到的产物量。换言之，生产能力的比较也就是指得到同等产物量时，所需反应器体积大小的比较；或者说是在不同型式而体积相同的反应器中所能达到的转化率的大小。前面已讨论了三种基本连续反应器类型：连续操作釜式反应器、多釜串联釜式反应器和连续操作管式流动反应器。在三种不同类型连续反应器中进行简单反应时表现出不同的结果。对同一正级数的简单反应，在相同操作条件下，为达到相同转化率，连续操作管式流动反应器所需有效体积为最小，而连续操作釜式反应器所需有效体积为最大。这可以通过反应器计算的图解法明显看出。

图 3-12 表示完成同样的生产任务不同反应器所需要的空时。对于连续操作釜式反应器而言［图 3-12(b)］为矩形的面积；对于连续操作管式反应器而言［图 3-12(a)］为曲线下的面积；对串联的连续操作釜式反应器而言［图 3-12(c)］为几个矩形面积之和。由此可知：生产能力的大小为：PFR＞n-CSTR＞CSTR。这是由于在上述反应器内浓度的变化不同所造成的。在 CSTR 反应器中，反应物的浓度是不变的，而且是等于出口浓度 c_A；而在 PFR 中，反应物的浓度随着反应器的轴向位置逐渐由 c_{A0} 降至 c_A；在 n-CSTR 中，每个釜反应物的浓度等于其出口浓度，但只有最后一个釜的浓度等于最终的出口浓度 c_A。由于浓度的这种变化规律导致反应速率的变化，最终使得生产能力大小具有上述规律。

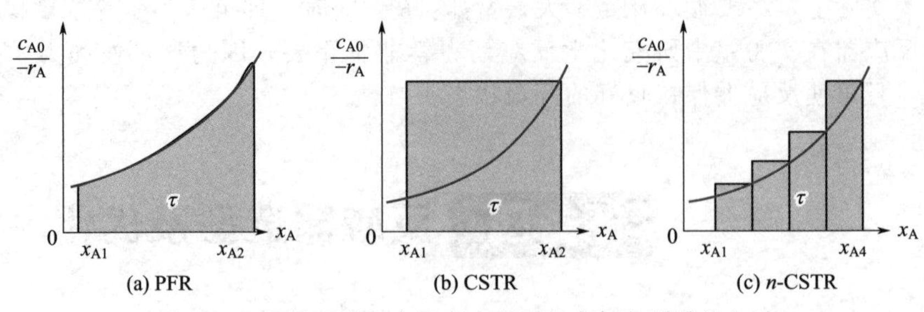

图 3-12 不同型式反应器完成相同生产任务所需的空时

值得注意的是：间歇操作釜式反应器与连续操作管式反应器的空时均为曲线下的面积，这是因为在这两个反应器内均没有返混，反应物的浓度变化规律是相同的，都是逐渐下降，只是一个是随反应器位置变，一个是随反应时间变。但两个反应器的生产能力是不同的，原因是间歇操作釜式反应器存在非生产时间，因此它的生产能力较连续操作管式反应器低。

这些只是通过反应的特性进行的定性比较，要说明问题，必须进行定量分析。下面我们引入容积效率对反应器的选择做定量说明。

在等温等容过程中，相同产量、相同转化率、相同初始浓度和温度下，所需理想管式流动反应器体积 $(V_R)_P$ 和理想连续釜式反应器有效体积 $(V_R)_S$ 之比称为容积效率 η，即：

$$\eta=\frac{(V_R)_P}{(V_R)_S} \tag{3-22}$$

容积效率 η 的影响因素主要是转化率和反应级数，这里只讨论等温恒容过程。

（一）单个反应器

对于管式流动反应器：$\tau_P=\dfrac{(V_R)_P}{V_0}=c_{A0}\displaystyle\int_0^{x_A}\frac{dx_A}{(-r_A)}$

对于连续操作釜式反应器：$\tau_S=\dfrac{(V_R)_S}{V_0}=\dfrac{c_{A0}x_A}{(-r_A)}$

1. 零级反应

$$(-r_A)=k$$

管式流动反应器：
$$\tau_P=\frac{(V_R)_P}{V_0}=\frac{c_{A0}x_{Af}}{k}$$

连续操作釜式反应器：
$$\tau_S=\frac{(V_R)_S}{V_0}=\frac{c_{A0}x_{Af}}{k}$$

所以：
$$\eta_0=\frac{(V_R)_P}{(V_R)_S}=1 \tag{3-23}$$

零级反应与浓度无关，所以物料的流动形式不影响反应器体积的大小。

2. 一级反应

$$(-r_A)=kc_A$$

管式流动反应器：
$$\tau_P=\frac{(V_R)_P}{V_0}=\frac{1}{k}\ln\frac{1}{1-x_{Af}}$$

连续操作釜式反应器：
$$\tau_S=\frac{(V_R)_S}{V_0}=\frac{x_{Af}}{k(1-x_{Af})}$$

所以：
$$\eta_1=\frac{(V_R)_P}{(V_R)_S}=\frac{1-x_{Af}}{x_{Af}}\ln\frac{1}{1-x_{Af}} \tag{3-24}$$

3. 二级反应

$$(-r_A)=kc_A^2$$

管式流动反应器：
$$\tau_P=\frac{(V_R)_P}{V_0}=\frac{x_{Af}}{kc_{A0}(1-x_{Af})}$$

连续操作釜式反应器：
$$\tau_S=\frac{(V_R)_S}{V_0}=\frac{x_{Af}}{kc_{A0}(1-x_{Af})^2}$$

所以：
$$\eta_2=\frac{(V_R)_P}{(V_R)_S}=1-x_{Af} \tag{3-25}$$

由式(3-23)～式(3-25) 作图得图 3-13。

从图中可以看出：

(1) 对单一正级数反应，在相同工艺条件下，达到相同的转化率，管式反应器所需的体积都小于釜式反应器。换句话说，若反应体积相同，则管式反应器得到的出口转化率高于釜式反应器。

(2) 当转化率趋于 0 时，η 趋于 1，即管式反应器与釜式反应器体积比趋于 1，而随着转化率的增加，η 越来越小，即两者体积相差越来越大，说明过程要求的转化率越高，连续操作釜式反应器的返混影响越大。

(3) 当转化率一定时，随着反应级数 n 的增加，η 越来越小，即两者体积相差越来越大。

从图中可以看出：反应级数愈高，容积效率愈低。转化率愈高，容积效率愈低。故对于反应级数较高、转化率要求较高的反应，选用管式流动反应器为宜。如果条件限制只能选用釜式结构，则应选择多釜串联操作。

（二）多釜串联操作釜式反应器

以一级反应为例：

容积效率
$$\eta=\ln\left(\frac{1}{1-x_{Af}}\right)\Big/\left\{N\left[\left(\frac{1}{1-x_{Af}}\right)^{1/N}-1\right]\right\} \tag{3-26}$$

将式(3-26) 作成图（图 3-14）。由图 3-14 可以看出：当串联操作段数 $N=\infty$时，$\eta=1$，此时 n-CSTR 相当于理想连续操作管式流动反应器；当 $N=1$ 时，η 最小，此时 n-CSTR 相当于连续操作釜式反应器。随着 N 增大，η 也增大，但增大的速度逐渐缓慢，因此通常取串联的釜数为 4 或者小于 4。

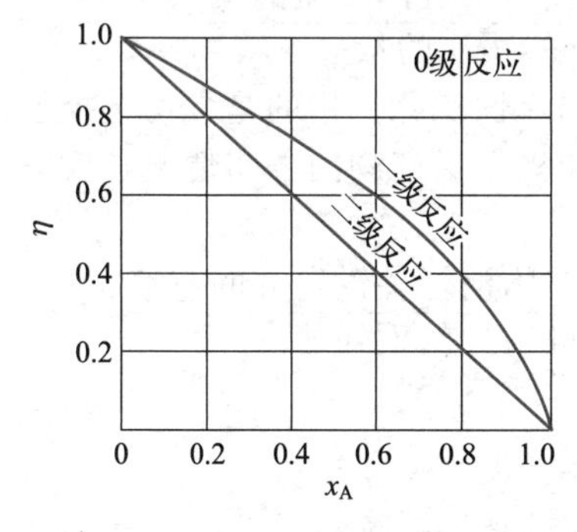

图 3-13　单个反应器容积效率

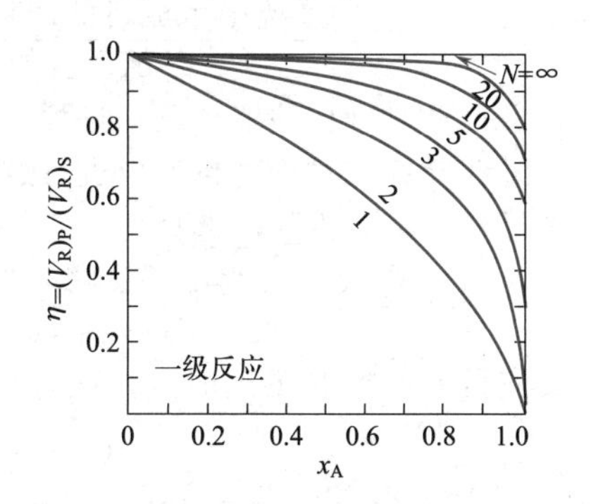

图 3-14　多段串联釜一级反应容积效率

二、复杂反应反应器选型

实际的反应物系多发生复杂反应。复杂反应的物系种类很多，其基本反应是平行反应、连串反应和可逆反应，可逆反应从动力学角度也可按单一反应进行处理，后面会进行单独介绍。对于复杂反应，在选择反应器型式和操作方法时必须考虑反应的选择性问题。

（一）平行反应

一般情况下，在平行反应生成的多个产物中，只有一个是目的产物，而其余则为不希望产生的副产物。在工业生产上，总是希望在一定的反应器和工艺条件下得到最大的目的产物量。接下来主要讨论等温恒容的基元反应过程。

1. 反应为一种反应物，反应后生成两种产物

$$A \xrightarrow{k_1} R \quad \text{主反应}$$

$$A \xrightarrow{k_2} S \quad \text{副反应}$$

产物 R、S 的生成速率：

$$r_R = \frac{dc_R}{dt} = k_1 c_A^{a_1}$$

$$r_S = \frac{dc_S}{dt} = k_2 c_A^{a_2}$$

主反应中 A 的消耗速率：

$$(-r_A)_1 = k_1 c_A^{a_1}$$

副反应中 A 的消耗速率：

$$(-r_A)_2 = k_2 c_A^{a_2}$$

反应物 A 的消耗速率：

$$(-r_A) = -\frac{dc_A}{dt} = (-r_A)_1 + (-r_A)_2 = k_1 c_A^{a_1} + k_2 c_A^{a_2}$$

从上述动力学方程式可以看出：随着反应的进行，反应物 A 的浓度逐渐下降，而主产物 R 和副产物 S 的浓度均是逐渐增加。这种反应过程，流体在反应器内的流动状况不但影响反应器的大小，而且还会影响产物分布。为了使得反应过程中能够得到较多的主产物 R，需要对反应进行分析，选择不同的反应器型式和操作方式，主要选择指标为目的产物的选择性。

根据项目一中选择性的定义式(1-12)：

$$\overline{S} = \frac{\text{系统中生成目的产物消耗的关键组分的物质的量}}{\text{参加反应的关键组分的物质的量}}$$

上述定义是针对进行的整个反应过程，所以该选择性实际上指的是平均选择性。

（1）瞬时选择性　对于平行反应进行过程中，如果衡量产物的分布情况，就需要用到某一时刻的选择性，定义为瞬时选择性。

$$S = \frac{\text{在反应过程中某一瞬时生成目的产物消耗关键组分的速率}}{\text{在反应过程中同一瞬时关键组分的消耗速率}} \tag{3-27}$$

上述平行反应目的产物 R 的瞬时选择性为：

$$S_R = \frac{(-r_A)_1}{(-r_A)} = \frac{k_1 c_A^{a_1}}{k_1 c_A^{a_1} + k_2 c_A^{a_2}} \tag{3-28}$$

从上式可以看出，瞬时选择性是反应速率的函数，因而也是浓度和温度的函数，因此它和平均选择性的关系受反应器型式(流体流动）的影响。

① 对于管式反应器（PFR）和间歇操作釜式反应器（BR)，生成目的产物 R 时，A 的消耗量为：

$$(n_{A0}-n_A)\overline{S_R}=\int_{n_{A0}}^{n_A}(-S_R)dn_A$$

即：

$$\overline{S_R}=\frac{1}{(n_{A0}-n_A)}\int_{n_A}^{n_{A0}}S_R dn_A \quad (3-29)$$

对于恒容体系：

$$\overline{S_R}=\frac{1}{(c_{A0}-c_{Af})}\int_{c_{Af}}^{c_{A0}}S_R dc_A \quad (3-30)$$

② 对于连续操作釜式反应器，由于釜内浓度是均匀的且等于出口浓度，故 A 的瞬时选择性等于平均选择性，即：

$$\overline{S_R}=S_R \quad (3-31)$$

对于恒容过程，对任一型式反应器，目的产物 R 的出口浓度为：

$$c_R=\overline{S_R}(c_{A0}-c_{Af}) \quad (3-32)$$

(2) 反应器选型及操作　对于复杂反应过程，在反应器选型过程中也会用到选择性的概念，对于上述平行反应，目的产物 R 的选择性：

$$S_R=\frac{(-r_A)_1}{(-r_A)}=\frac{k_1c_A^{a_1}}{k_1c_A^{a_1}+k_2c_A^{a_2}}=\frac{1}{1+\frac{k_2}{k_1}c_A^{a_2-a_1}} \quad (3-33)$$

想要得到较多的产物 R，就需要增大反应的选择性，由式(3-33）可见，影响上述平行反应目的产物选择性的因素有两个：速率常数和反应物浓度 c_A。当反应在一定的反应体系和温度下，k_1、k_2、a_1、a_2 均为常数，因此只要调节 c_A，就可以得到较大的 S_R。

接下来，分析如何从浓度的角度进行反应器选型。

① 当 $a_1>a_2$ 时，即主反应级数大于副反应级数时，提高反应物浓度 c_A，S_R 增大。因为在管式流动反应器内反应物的浓度较连续操作釜式反应器为高，故适宜于采用管式流动反应器，其次则采用间歇操作釜式反应器或连续操作多釜串联反应器。

② 当 $a_1<a_2$ 时，即主反应级数小于副反应级数时，降低反应物浓度 c_A，S_R 增大。为此，适宜于采用连续操作釜式反应器。但在完成相同生产任务时，所需釜式反应器体积较大。故需权衡利弊，再作选择。

③ 当 $a_1=a_2$ 时，即主副反应级数相等时，$S_R=\frac{1}{1+\frac{k_2}{k_1}}=$常数，这种情况下反应的选择性与反应物浓度无关，反应器的选型应考虑其他因素。

由上述分析可以知道，对平行反应而言，提高反应物浓度有利于反应级数较高的反应，降低反应物浓度有利于反应级数较低的反应。

除了选择反应器型式外，还可以采用适当的条件以提高反应的选择性。如果主反应的级数高，可以采用浓度较高的原料或者对气相反应增加压力等办法，以提高反应器内反应物的浓度。反之则降低反应物的浓度，以达到提高反应选择性的目的。

此外，还可以通过改变反应体系的温度来改变速率常数的比值，从式(3-33）分析可知，

S_R 与$\frac{k_1}{k_2}$的比值是正相关，提高$\frac{k_1}{k_2}$比值可以提高反应的选择性。

$$\frac{k_1}{k_2}=\frac{k_{01}\exp(-E_1/RT)}{k_{02}\exp(-E_2/RT)}=\frac{k_{01}}{k_{02}}\exp[-(E_1-E_2)/RT]$$

当主反应的活化能大于副反应的，即 $E_1>E_2$ 时，提高温度有利于提高$\frac{k_1}{k_2}$，即有利于提高反应的选择性。当主反应的活化能小于副反应，即 $E_1<E_2$ 时，降低温度有利于提高反应的选择性。

总之，提高温度有利于活化能高的反应，降低温度有利于活化能低的反应。若主反应活化能大，则应升高温度；若主反应活化能小，则应降低温度。

另外，更有效的方法就是开发或选择具有高选择性的催化剂。

【例 3-5】 分解反应 $\left.\begin{array}{l}A\longrightarrow R(\text{目的产物}),r_R=c_A^2[\text{mol/(L·min)}]\\A\longrightarrow S(\text{副产物}),r_S=2c_A[\text{mol/(L·min)}]\end{array}\right]$ 在连续流动的管式反应器进行。其中 $c_{A0}=4.0\text{mol/L}$，$c_{R0}=c_{S0}=0$，物料的体积流量为 5.0L/min，求转化率为 80%时，反应器的体积为多少？目的产物 R 的出口处瞬时选择性为多少？

解：反应器的空时为：

$$\tau=\frac{V_R}{V_0}=-\int_{c_{A0}}^{c_{Af}}\frac{dc_A}{(-r_A)}$$

该分解反应为复杂反应，反应物 A 的动力学方程式为：$(-r_A)=c_A^2+2c_A$

所以：$\tau=\frac{V_R}{V_0}=-\int_{c_{A0}}^{c_{Af}}\frac{dc_A}{(-r_A)}=-\int_{c_{A0}}^{c_{Af}}\frac{dc_A}{c_A^2+2c_A}=\frac{1}{2}\ln\frac{c_{A0}}{c_{Af}}+\frac{1}{2}\ln\frac{2+c_{Af}}{2+c_{A0}}$

而：

$$c_{Af}=c_{A0}(1-x_{Af})=4\times(1-0.8)=0.8(\text{mol/L})$$

$$\tau=\frac{1}{2}\ln\frac{4}{0.8}+\frac{1}{2}\ln\frac{2+0.8}{2+4}=0.4(\text{min})$$

反应器的有效体积为：$V_R=V_0\tau=5.0\times0.4=2.0(\text{L})$

产物 R 出口处的瞬时选择性：

$$S_R=\frac{(-r_A)_1}{(-r_A)}=\frac{c_{Af}^2}{c_{Af}^2+2c_{Af}}=\frac{0.8^2}{0.8^2+2\times0.8}=28.6\%$$

2. 反应为两种反应物生成两种产物

$$A+B\xrightarrow{k_1}R\quad\text{主反应}$$

$$A+B\xrightarrow{k_2}S\quad\text{副反应}$$

它们的动力学方程分别为：

$$(-r_A)_1=r_R=\frac{dc_R}{dt}=k_1c_A^{a_1}c_B^{b_1}$$

$$(-r_A)_2=r_S=\frac{dc_S}{dt}=k_2c_A^{a_2}c_B^{b_2}$$

$$(-r_A)=-\frac{dc_A}{dt}=k_1c_A^{a_1}c_B^{b_1}+k_2c_A^{a_2}c_B^{b_2}$$

目的产物 R 的选择性：

$$S_R=\frac{(-r_A)_1}{(-r_A)}=\frac{k_1c_A^{a_1}c_B^{b_1}}{k_1c_A^{a_1}c_B^{b_1}+k_2c_A^{a_2}c_B^{b_2}}=\frac{1}{1+\frac{k_2}{k_1}c_A^{a_2-a_1}c_B^{b_2-b_1}} \tag{3-34}$$

提高目的产物 R 的选择性，即应设法提高 S_R，分析方法和上面相同，结果见表 3-3。

表 3-3　平行反应不同反应动力学的反应器型式和操作方式

动力学特征	控制浓度要求	适宜的反应器型式和操作方式
$a_1>a_2$ $b_1>b_2$	c_A 高，c_B 高	管式流动反应器、间歇操作釜式反应器、连续操作多釜串联反应器
$a_1<a_2$ $b_1<b_2$	c_A 低，c_B 低	单段连续操作釜式反应器
$a_1>a_2$ $b_1<b_2$	c_A 高，c_B 低	管式流动反应器，沿管长分几处连续加入 B 连续操作多釜串联反应器，A 在第一釜连续加入，B 分别在各段连续加入 半间歇操作釜式反应器，A 一次性加入，B 连续加入
$a_1<a_2$ $b_1>b_2$	c_A 低，c_B 高	管式流动反应器，沿管长分几处连续加入 A 连续操作多釜串联反应器，B 在第一釜连续加入，A 分别在各段连续加入 半间歇操作釜式反应器，B 一次性加入，A 连续加入

【例 3-6】 平行反应 $\begin{array}{l}A+B\xrightarrow{k_1}P\text{（主反应）}\ r_P=k_1c_A^{0.5}c_B^{1.5}\\ A+B\xrightarrow{k_2}R\text{（副反应）}\ r_R=k_2c_A^{1.4}c_B^{0.8}\end{array}$；已知主反应活化能 E_1 大于副反应活化能 E_2，若要提高主反应的选择性，试定性确定合适的温度及最佳的反应器型式和操作方式。

解：根据选择性的定义、目的产物 P 的选择性：

$$S_P=\frac{1}{1+\frac{k_2}{k_1}c_A^{1.4-0.5}c_B^{0.8-1.5}}=\frac{1}{1+c_A^{0.9}c_B^{-0.7}}$$

要提高主反应的选择性，则要提高 $\frac{k_1}{k_2}$ 的比值，且要求反应物 A 的浓度 c_A 低而反应物 B 的浓度 c_B 高。由于 $E_1>E_2$，若要提高 $\frac{k_1}{k_2}$ 的比值则应选择在高温下进行操作。高温操作最好选择管式反应器。若选择管式反应器，为满足对反应物浓度的要求，反应物 B 从管式反应器的入口加入，而反应物 A 则需要沿着管长分几处分别连续加入。

【例 3-7】 分解反应 $\begin{array}{l}A\longrightarrow R\text{（主反应）},\ r_R=k_1c_A\\ A\longrightarrow S\text{（副反应）},\ r_S=k_2c_A^2\end{array}$；其中 $k_1=1h^{-1}$，$k_2=1.5m^3/(kmol\cdot h)$，$c_{A0}=5kmol/m^3$，$c_{R0}=c_{S0}=0$，体积流量为 $5m^3/h$，求转化率为 90%时：

（1）连续操作釜式反应器出口目的产物 R 的浓度及所需全混流反应器的体积。

（2）若采用管式反应器，其出口 c_R 为多少？所需反应器体积为多少？

解：（1）连续操作釜式反应器　对于连续操作釜式反应器，平均选择性等于瞬间选择性

$$\overline{S}_R = S_R = \frac{r_R}{(-r_A)} = \frac{k_1 c_A}{k_1 c_A + k_2 c_A^2}$$

$$= \frac{1 \times 5(1-0.9)}{1 \times 5(1-0.9) + 1.5 \times [5(1-0.9)]^2} = 57.1\%$$

$$c_R = \overline{S}_R (c_{A0} - c_{Af}) = 0.571(5-0.5) = 2.57(\text{kmol/m}^3)$$

$$V_R = V_0 \frac{c_{A0} - c_{Af}}{(-r_A)} = \frac{5 \times 4.5}{1 \times 0.5 + 1.5 \times 0.5^2} = 25.7(\text{m}^3)$$

（2）管式反应器

$$\overline{S}_R = \frac{1}{(c_{A0} - c_{Af})} \int_{c_{Af}}^{c_{A0}} S_R \mathrm{d}c_A$$

$$c_R = \overline{S}_R (c_{A0} - c_{Af})$$

所以

$$c_R = \int_{c_{Af}}^{c_{A0}} S_R \mathrm{d}c_A$$

$$c_R = \int_{c_{Af}}^{c_{A0}} \left(\frac{k_1 c_A}{k_1 c_A + k_2 c_A^2} \right) \mathrm{d}c_A = \int_{c_{Af}}^{c_{A0}} \left(\frac{1}{1 + \frac{k_2}{k_1} c_A} \right) \mathrm{d}c_A = \int_{c_{Af}}^{c_{A0}} \left(\frac{1}{1 + 1.5 c_A} \right) \mathrm{d}c_A$$

$$= \frac{1}{1.5} \ln \left(\frac{1 + 1.5 c_{A0}}{1 + 1.5 c_{Af}} \right) = \frac{1}{1.5} \ln \left(\frac{1 + 1.5 \times 5}{1 + 1.5 \times 0.5} \right) = 1.05(\text{kmol/m}^3)$$

$$\overline{S}_R = \frac{c_R}{c_{A0} - c_{Af}} = \frac{1.05}{5 - 0.5} = 23.3\%$$

$$\frac{V_R}{V_0} = \int_{c_{Af}}^{c_{A0}} \frac{\mathrm{d}c_A}{-r_A} = \int_{c_{Af}}^{c_{A0}} \frac{\mathrm{d}c_A}{c_A (1 + 1.5 c_A)}$$

$$V_R = V_0 \left(\ln \frac{c_{A0}}{c_{Af}} + \ln \frac{1 + 1.5 c_{Af}}{1 + 1.5 c_{A0}} \right) = 3.61\text{m}^3$$

（二）连串反应

连串反应更为复杂，在此只讨论一级等温恒容反应。

$$\mathrm{A} \xrightarrow{k_1} \mathrm{R} \xrightarrow{k_2} \mathrm{S} \tag{3-35}$$

动力学方程分别为：

$$(-r_A) = -\frac{\mathrm{d}c_A}{\mathrm{d}t} = k_1 c_A$$

$$r_R = \frac{\mathrm{d}c_R}{\mathrm{d}t} = k_1 c_A - k_2 c_R$$

$$r_S = \frac{\mathrm{d}c_S}{\mathrm{d}t} = k_2 c_R$$

从上述动力学方程式可以看出：随着反应的进行，反应物 A 的浓度逐渐下降，而产物 R 的浓度变化是先增加，然后再下降，存在一极值。产物 S 的浓度则是逐渐增加的。

当目的产物为 R 时反应的选择性：

$$S_R = \frac{r_R}{(-r_A)} = \frac{k_1 c_A - k_2 c_R}{k_1 c_A} = 1 - \frac{k_2 c_R}{k_1 c_A} \tag{3-36}$$

由式(3-36) 可知：当 k_1，k_2 一定时，为使选择性 S_R 提高，应使 c_A 高 c_R 低，适宜采用连续操作管式反应器、间歇操作釜式反应器和连续多釜串联反应器。同时，反应物料的停留时间要短，防止生成的产物 R 继续反应变成副产物 S。一般情况下，连串反应主要讨论的是目的产物为 R 的反应。若目的产物为 S 时，无需选择反应器，只要反应时间无限长，即原料全部变成产物 S。

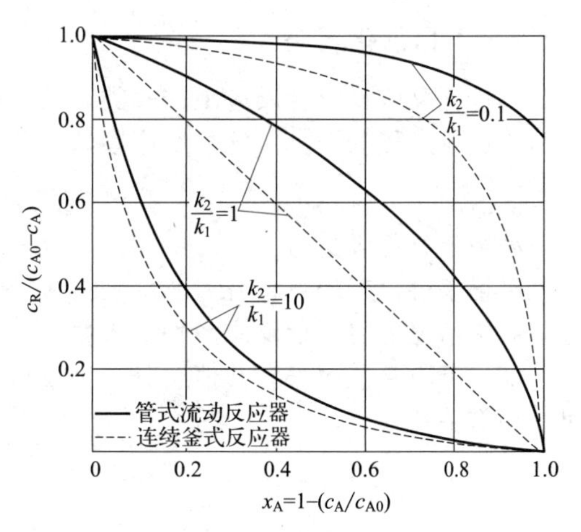

图 3-15 管式流动反应器和连续釜式反应器选择性比较

图 3-15 表示一级不可逆连串反应在管式流动反应器和连续釜式反应器选择性的比较。

由图 3-15 可以看出：

① 不论反应过程的转化率为多少，理想连续操作管式流动反应器的选择性始终要高于连续操作釜式反应器。

② 随着反应转化率的增大，连串反应的选择性反而下降。

③ 选择性的大小与速率常数比值$\frac{k_2}{k_1}$密切相关。当转化率一定时，$\frac{k_2}{k_1}$比值越大，则选择性越小；同时$\frac{k_2}{k_1}$比值越大反应的选择性随转化率的增加而下降的趋势越严重。因此当反应的 $k_1<k_2$ 时只能在较低的转化率下操作；而当 $k_1>k_2$ 时，则可在较高的反应转化率下操作。但应注意连串反应的特点：R 生成量具有一极大值。因此在操作时就存在一最佳操作点，操作条件应选择在最佳操作点或接近最佳操作点附近工作。

根据以上分析可以知道，连串反应转化率的控制十分重要，不能盲目追求反应的高转化率。在工业生产上经常使反应在低转化率下操作，以获得较高的选择性。而把未反应的原料经分离后返回反应器循环使用。此时应以反应分离系统的优化经济目标来确定最适宜的反应转化率。

【例 3-8】 等温一级不可逆连串反应 $A \longrightarrow P \longrightarrow S$ 在一连续操作釜式反应器中进行，反应釜的有效体积 $2m^3$，进料体积流量为 $1m^3/min$，反应物 A 的初始浓度为 $2mol/m^3$，反应速率常数 $k_1=0.5min^{-1}$，$k_2=0.25min^{-1}$。求产物 P 的选择性。

解： 当 $V_R=2m^3$ 时：$\tau=\frac{V_R}{V_0}=\frac{2}{2}=1(min)$

反应物 A 的浓度 c_{Af}：

对组分 A 做物料衡算 $c_{A0}V_0-c_{Af}V_0-(-r_A)V_R=0$

得：
$$c_{Af}=\frac{c_{A0}}{1+k_1\tau}=\frac{2}{1+0.5\times1}=1.33(mol/m^3)$$

同理，产物 P 的浓度：

对组分 P 做物料衡算 $c_{P0}V_0-c_{Pf}V_0+r_PV_R=0$

得：
$$c_{Pf}=\frac{k_1\tau c_A}{1+k_2\tau}=\frac{0.5\times1\times1.33}{1+0.25\times1}=0.53(mol/m^3)$$

所以产物 P 的选择性为：

$$S_P=\frac{r_P}{(-r_A)}=\frac{k_1c_{Af}-k_2c_{Pf}}{k_1c_{Af}}=\frac{0.5\times1.33-0.25\times0.53}{0.5\times1.33}=0.81$$

（三）自催化反应

自催化反应是复合反应中的一类。其主要特点是反应产物能对该反应过程起催化作用，加速该反应过程的进行。这类反应频繁出现在生化反应过程中。

$$A+P \xrightarrow{k} P+P$$

动力学方程表达为

$$(-r_A)=kc_Ac_P \tag{3-37}$$

严格来讲，对于自催化反应，如果原料中不存在产物时，反应速率为0，反应不能进行。通常情况下将少量反应产物加入原料中。

如果反应系统中没有其他组分，则反应物A和产物P的总量维持不变，因而对任一瞬间，均有关系

$$c_{A0}+c_{P0}=c_A+c_P=c_0=\text{常数} \tag{3-38}$$

$$c_P=c_{A0}+c_{P0}-c_A \tag{3-39}$$

动力学方程为

$$(-r_A)=kc_A(c_{A0}+c_{P0}-c_A)=kc_A(c_0-c_A) \tag{3-40}$$

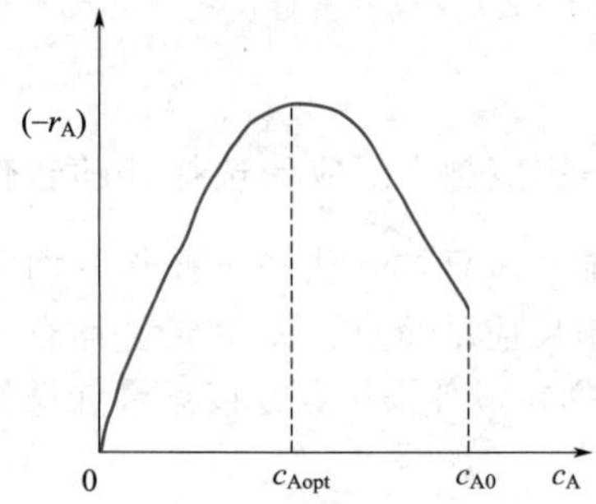

在反应初期尽管反应物的浓度较高，但产物浓度很低，所以总反应速率不大。随着反应的进行，产物浓度不断增加，反应物浓度虽然降低，但其值仍然较高。因此，反应速率将是增加的。当反应进行到某一时刻，反应物浓度的降低对反应速率的影响超过了产物浓度增加对反应速率的影响，反应速率开始下降。由此可见，自催化反应过程的基本特征是存在一个最大反应速率，如图3-16所示。自催化反应虽然有其独特的反应速率特征，但是在反应器中的反应结果仍然可以利用简单反应的处理方法进行计算。

图3-16　自催化反应速率与浓度的关系曲线

根据求极值原理　令　$\dfrac{d(-r_A)}{dc_A}=0$

即可求出反应速率最大时的 c_A 值为

$$c_{Aopt}=\frac{c_0}{2}=\frac{c_{A0}+c_{P0}}{2} \tag{3-41}$$

根据自催化反应存在最大反应速率特征，在反应器选型中，根据不同转化率的要求，选用不同的反应器及其组合型式，以减小反应器体积，采用图解法比较直观。

1. 管式反应器（PFR）和连续操作釜式反应器（CSTR）

① 低转化率的自催化反应，如图3-17(c) 所示，CSTR优于PFR；

② 转化率足够高时，如图3-17(a) 所示，用PFR是较适宜的。

若处于中间转化率时［图3-17(b)］，则需要根据相关数据进行计算进而选择适宜的反应器。但应注意，自催化反应要求进料中必须保证有一些产物，否则平推流反应器是不适宜

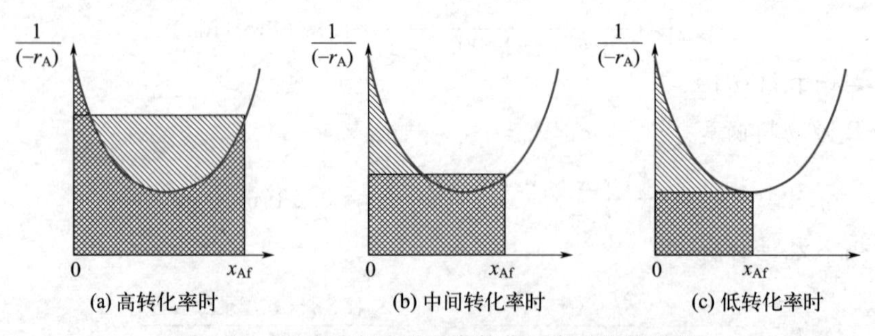

图3-17　两种反应器用于自催化反应时性能比较

的，此时应采用循环反应器。

2. 循环反应器

根据自催化反应的特征，在反应的初始阶段有一个速率由低到高的启动过程，产物的存在有利于这个过程，因此适当的返混是有利的，在工程上也可以采用循环反应器，为达到指定转化率，必有一个最适宜的循环比。

前面已经推导出循环反应器的设计基础方程式为：

$$V_R=(1+\beta)V_0c_{A0}\int_{\frac{\beta x_{Af}}{1+\beta}}^{x_{Af}}\frac{dx_A}{(-r_A)}$$

当$\beta=0$，为管式反应器，流动模型为平推流。当$\beta\to\infty$，为连续釜式反应器，流动模型为全混流。通过调节循环比β，可以改变反应器流动性能，对于一定的反应，可以使得反应器体积最小，这时的循环比称为最佳循环比。

可由：

$$\frac{d\left(\frac{V_R}{V_0c_{A0}}\right)}{d\beta}=0$$

得到：

$$\left(\frac{1}{-r_A}\right)_{x_{A1}}=\frac{\int_{x_{A1}}^{x_{Af}}\frac{dx_A}{(-r_A)}}{x_{Af}-x_{A1}} \tag{3-42}$$

它表示最佳循环比应使反应器进口物料的反应速率的倒数等于反应器内反应速率倒数的平均值。如图 3-18 所示。图中 KL 代表反应器进口的$\frac{1}{-r_A}$值，PQ 代表整个反应器的平均$\frac{1}{-r_A}$值。

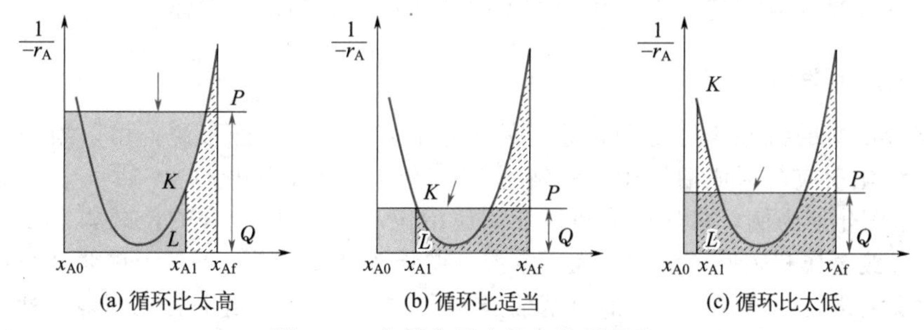

图 3-18　自催化反应适合的循环比

3. 组合反应器

为了使反应器组的总体积最小，设计这样一组反应器，在这组反应器中，反应大部分控制在最高速率点或接近最高速率点处进行。为此，可使用一个全混釜式(CSTR) 反应器，它不必经过较低反应速率的中间组成，而直接在最高速率组成下操作，为使反应进行得完全，即达到较高的转化率，再用一个平推流反应器 (PFR) 完成最终反应。如图 3-19(a) 所示。

仅就反应器体积最小考虑，最优组合是全混流反应器 (CSTR) 串联分离装置，即在最高速率下操作的全混流反应器 (CSTR) 流出的反应物料，经过一个分离器后，将产物分离，反应物返回反应器，如图 3-19(b) 所示。由于未反应物分离返回所需要的全混流反应器比 3-19(a) 所示的要大些，如果分离装置的投资和运行费用都比反应器低得多，这种组合是有意义的。

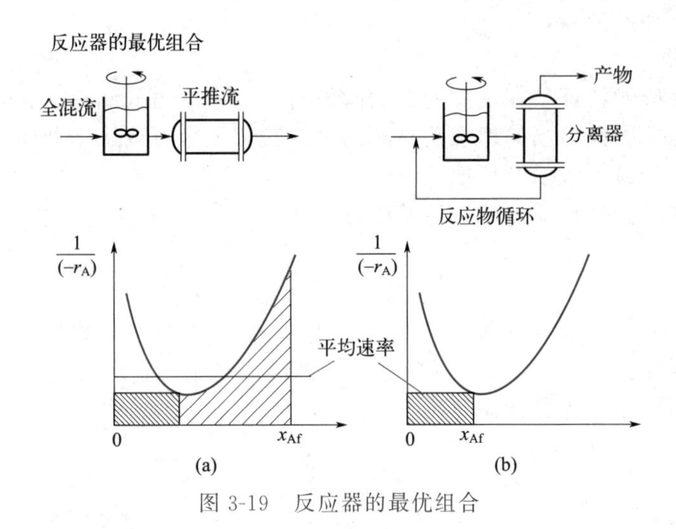

图 3-19 反应器的最优组合

常见的复杂反应类型还有可逆反应，根据动力学特征，从反应器选型的角度仍然选择管式平推流反应器可以提供较高的反应速率，但是还要考虑到化学平衡以及可逆吸热和可逆放热两种类型，这里暂不做介绍。

任务五 管式反应器仿真操作

以聚丙烯环管反应器的仿真操作为例说明管式反应器的仿真操作。

（一）生产原理

丙烯聚合反应的机理相当复杂，甚至无法完全搞清楚。一般来说，可以划分为四个基本反应步骤：活化反应；形成活性中心；链引发；链增长及链终止。

以 $TiCl_3$ 催化剂为例，首先单体与过渡金属配位，形成 Ti 配合物，减弱了 Ti—C 键，然后单体插入过渡金属和碳原子之间。随后空位与增长链交换位置，下一个单体又在空位上继续插入。如此反复进行，丙烯分子上的甲基就依次照一定方向在主链上有规则地排列，即发生阴离子配位定向聚合，形成等规或间规 PP。对于等规 PP 来说，每个单体单元等规插入的立构化学反应是由催化剂中心的构型控制的，间规单体插入的立构化学反应则是由链终端控制的。

丙烯配位聚合反应机理由链引发、链增长、链终止等基元反应组成。链终止的方式有以下几种：瞬时裂解终止（自终止）、向单体转移终止、向助引发剂 AlR_3 转移终止、氢解终止。氢解终止是工业常用的方法，不但可以获得饱和聚丙烯产物，还可以调节产物的相对分子量。

聚丙烯通过催化剂的引发，在一定温度和压力下烯烃单体聚合成聚烯烃，聚合后的烯烃的浆液经蒸汽加热后，高压闪蒸，分离出的烯烃经烯烃回收系统回收循环使用，聚合物粉末部分送入下一工段。

（二）工艺流程

如图 3-20 所示，来自界区的烯烃在液位阀控制下进入 D201 烯烃原料罐，经烯烃回收单元回收的烯烃也送入 D201，混合后的烯烃经进料泵 P200A/B 送进反应器系统。为了保证 D201 压力稳定，通过改变经过烯烃蒸发器 E201 的烯烃量来控制 D201 的压力。

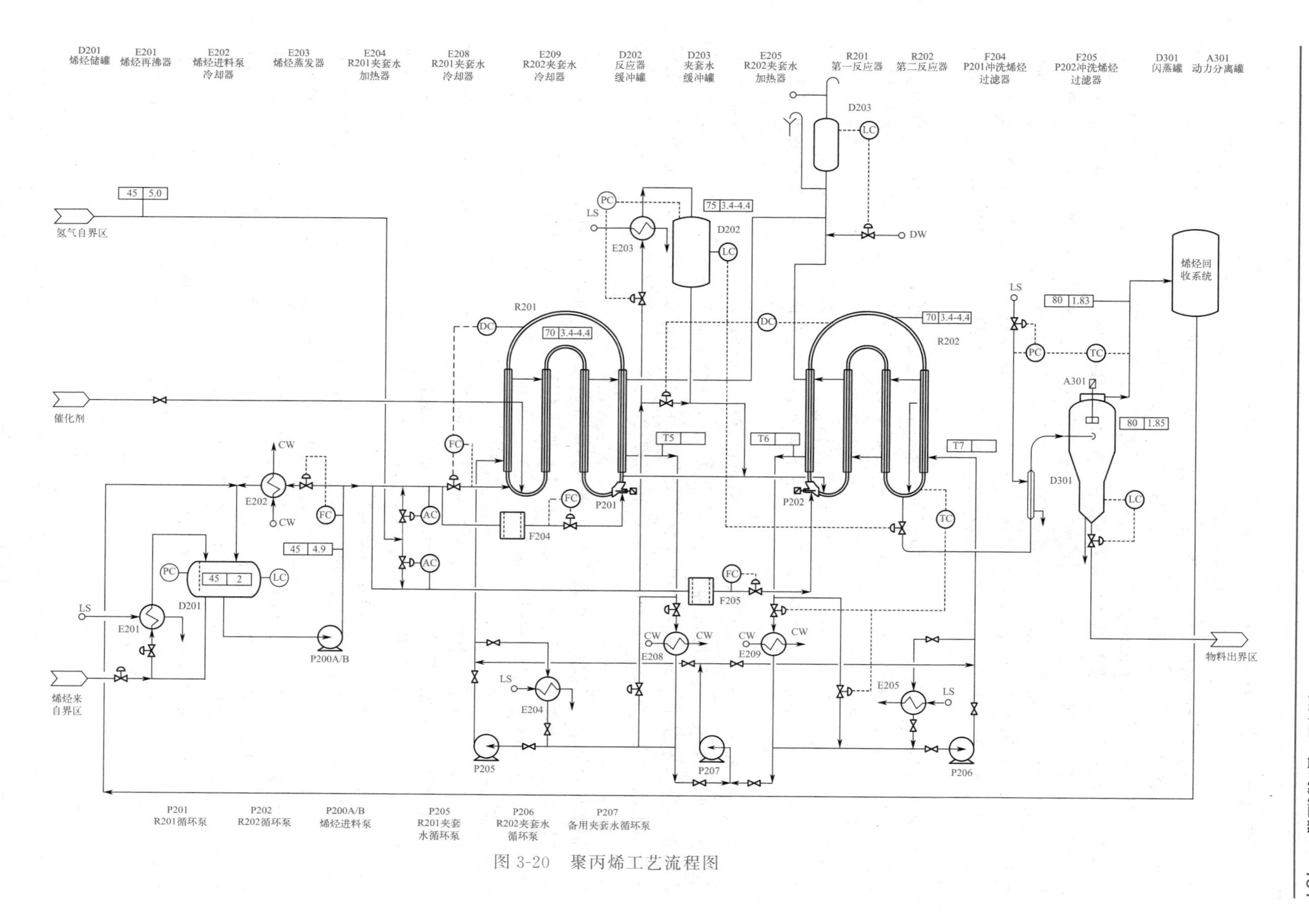

图 3-20 聚丙烯工艺流程图

来自 P200A/B 的烯烃进入反应系统，反应系统主要由两个串联的环管反应器 R201 和 R202 组成。来自界区的催化剂在流量控制下，进入第一个环管反应器 R201。来自界区的氢气在流量控制下，分两路分别进入 R201 和 R202。烯烃在催化剂作用下发生聚合反应，其中聚合反应条件如下：反应温度 70℃，反应压力 3.4～3.5MPa。

两个环管反应器内浆液的温度是通过反应器夹套中闭路循环的脱盐水系统来控制的。反应器冷却系统包括板式换热器 E208 和 E209，循环泵 P205 和 P206，整个系统与氮封下的 D203 相连。若夹套水需要冷却，则使水进入板式换热器 E208/E209，通过 E208/E209 冷却，降低夹套水的温度，以进一步降低环管反应温度，从而除去反应中所产生的热量。在装置开停车期间，为了维持环管温度恒定在 70℃，夹套水须通过 E204/E205 用蒸汽加热。夹套的第一次注水和补充水用脱盐水或蒸汽冷凝水。D203 上的两个液位开关控制夹套水的补充。

反应压力是在一定的进出物料的情况下，通过反应器缓冲罐 D202 来控制的，因为该罐是与聚合反应器相连通的容器；而 D202 的压力是通过 E203 加热蒸发烯烃得到的，烯烃蒸发量越大，压力就越高。通过聚合反应，环管反应器中的浆液浓度维持在 50%左右（浆液密度 $560kg/m^3$），未反应的液态烯烃用作输送流体。两个反应器配有循环泵 P201 和 P202，通过循环泵将环管中的物料连续循环。循环泵对保持反应器内均匀的温度和密度是很重要的。

烯烃由 P200A/B 送入 R201，其流量是通过环管反应器内的浆液密度来串级控制的，亦即环管中的浆液浓度是通过调节到反应器的烯烃进料量来控制的。环管反应器中的聚合物浆液连续不断地送到聚合物闪蒸及烯烃回收单元，以把物料中未反应的烯烃单体蒸发分离出来。从环管反应器来的浆液的排料是在反应器平衡罐 D202 的液位控制下进行的。

催化剂的供给对反应速度以及生成的聚烯烃量有非常重要的影响，在生产中一定要按要求控制平稳，催化剂的中断会使反应停止。H_2 加入环管反应器以控制聚合物的熔融指数，根据操作条件如密度、烯烃流量、聚烯烃产率等改变 H_2 的补充量，若 H_2 中断，需终止环管反应器内的反应。

环管反应器设置了一个使反应器内催化剂失活的系统，当反应必须立即停止时，把含有 2%一氧化碳的氮气加进环管反应器中以使催化剂失去活性。

第二环管反应器 R202 排出的聚合物浆液进入闪蒸罐 D301，烯烃单体与聚合物在此分离，单体经烯烃回收系统回收后返回到 D201。

闪蒸操作是从环管反应器排料阀出口处开始进行的，聚合物浆液自 R202 经闪蒸管线流到 D301，其压力由 3.4～3.5MPa（表压）降到 1.8MPa（表压），使烯烃汽化。为了确保烯烃完全汽化和过热，在 R202 和 D301 之间设置了闪蒸线，在闪蒸线外部设置蒸汽夹套，通过 D301 气相温度控制器串级设定通入夹套的蒸汽压力。如果 D301 出现故障，R202 排出的物料可通过 D301 前的二通阀切送至排放系统而不进 D301。

聚合物和汽化烯烃进入 D301，聚合物落到 D301 底部，并在料位控制下送至下一工序，气相烯烃则从 D301 顶部送至烯烃回收系统。在 D301 顶部有一个特殊设计的动力分离器，它能将气相烯烃中夹带的聚合物粉末进一步分离回到 D301。

（三）冷态开车

图 3-21 和图 3-22 分别是聚丙烯生产工艺过程中环管反应器 R201 和 R202 的 DCS 图。开工前必须全面大检查、有问题的处理完毕，设备处于良好的备用状态，排放系统及火炬系统应为正常，机、电、仪正常。

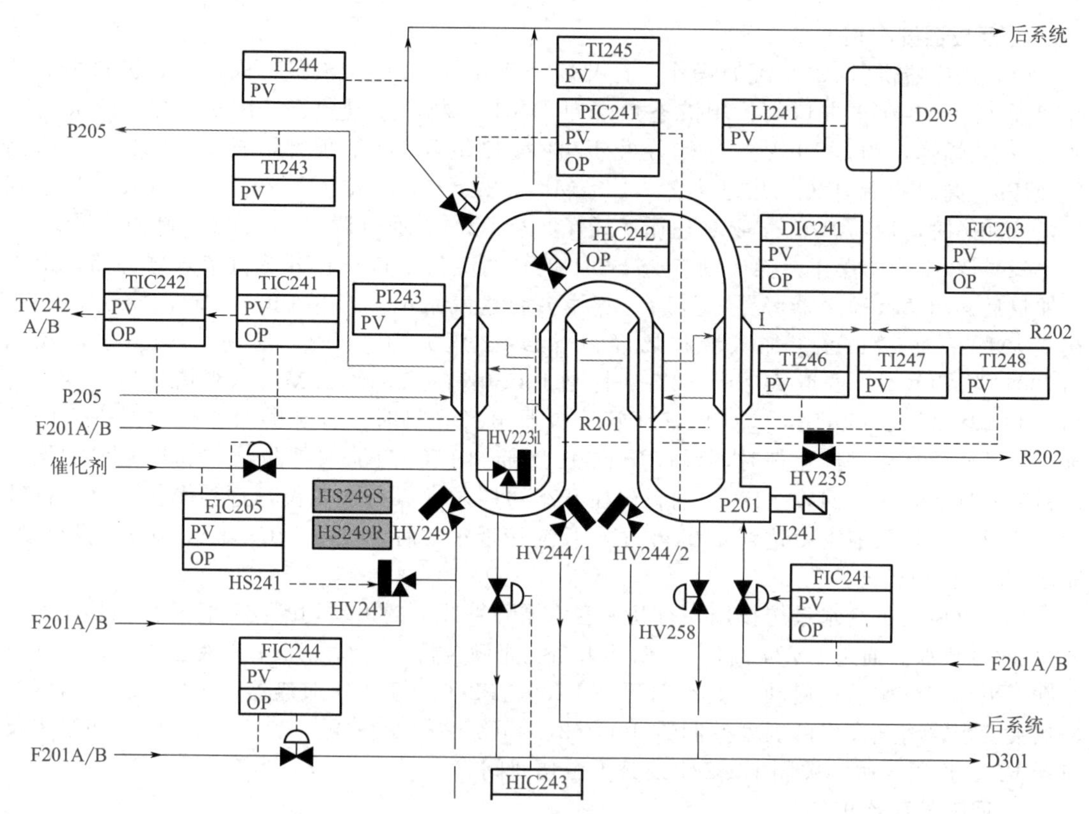

图 3-21　环管反应器 R201 的 DCS 图

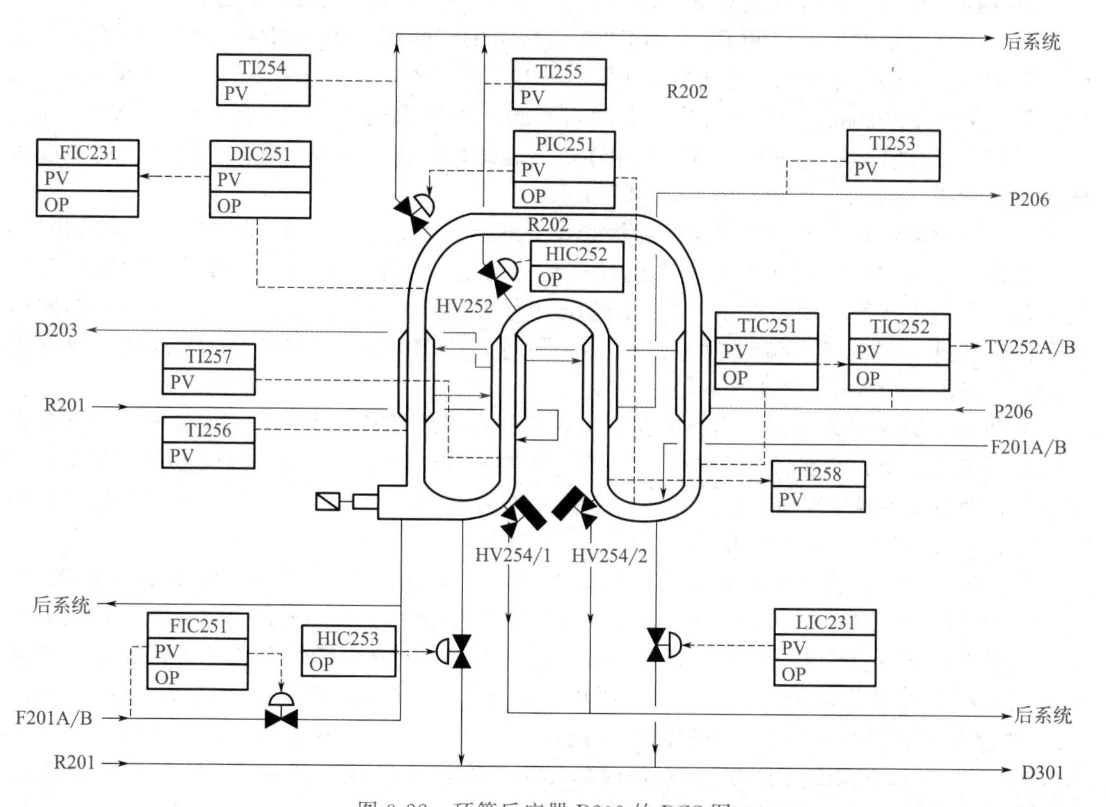

图 3-22　环管反应器 R202 的 DCS 图

1. 反应器开车前准备

(1) 反应器供料D201罐的操作。打开烯烃蒸发器E201蒸汽进口阀；打开进料泵循环冷却器E202冷却水进口阀；用液态烯烃对D201装料，手动打开FIC201阀，开50%～100%接收烯烃，调节PIC201使烯烃经E201缓慢供到D201顶部，直至D201压力达到1.5MPa。同时控制PIC201为1.7～1.85MPa，LIC201液位0～70%。当LIC201达到40%～50%时，启动P200A或B送循环烯烃回至D201，通过调节FIC202控制回流量。

(2) D301罐的操作：操作前检查D301伴管通蒸汽。首先打开蒸汽疏水器旁路，待管子加热后关闭蒸汽疏水器旁路，打通闪蒸线夹套蒸汽系统。打开PIC301阀，控制PIC301在0.2MPa；通过FC224加入液相烯烃。当D301压力为5MPa，启动A301。手动控制PIC301，使TIC301温度为70～80℃。控制PIC302在1.8～1.9MPa；视情况投自动。将FIC244调整到4200kg/h，这可保证环管反应器出料受阻时，有足够的冲洗烯烃进入闪蒸罐。当开始向环管进催化剂时，要打开D301底部阀LIC301以便不断出空初期生成的聚合物粉料，排放到界区回收。D301的料位在开车初期通常保持在零位，这种操作一直要持续到环管反应器的浆液密度达到450kg/m^3。反应接近正常后，控制LIC301到50%，投自动，完成D301的料位建立。

(3) 反应器夹套水系统投用。打开夹套水循环管线上的手动切断阀。打开换热器E208、E209的冷却水。通过LV241将夹套循环水系统充满脱盐水，待LI241有液位时，则夹套已充满。夹套充满水后，启动夹套水循环泵P205、P206。打开到加热器E204、E205的蒸汽加热夹套水，将夹套水的温度控制器TIC242、TIC252控制在40～50℃，将D202和第二反应器R202连通。手动关闭LIC231及其下游切断阀。

2. 反应器系统开车

开车前必须进行聚合反应器R201、R202串联，并与平衡罐D202连通。

(1) 建立烯烃循环，打开E203到D201管线上的切断阀。用气相烯烃给D202充压，同时打开D202至R201、R202的气相充压管线。当D202和R201、R202的压力升至1.0MPa以上后，关闭E201和D202之间管线上的切断阀。当压力达到1.5～1.8MPa（表压）时，检查泄漏。给环管反应器R201、R202中注入液态烯烃。建立烯烃循环，使烯烃经过冲洗管线至闪蒸管线、D301、烯烃回收系统回到D201。

(2) 反应器进料。把到反应器的烯烃管线上的所有的流量控制器都置于手动关闭状态。打开到反应器去的烯烃管线上的所有流量控制器的上、下游切断阀，并确认旁通阀是关闭的。确认夹套水冷却温度40℃；PIC231的压力为2.5MPa左右。通过各反应器的控制阀向环管反应器进烯烃，最大流量为量程80%。同时调节PIC231使D202的压力逐渐增加到3.4～3.6MPa。控制LIC231在40%～60%。

当环管充满液相烯烃，压力将上升，检查环管各腿顶部的液相烯烃充满情况。打开环管反应器顶部放空阀，开度为10%～15%，观察相应的下游温度指示器，当温度急剧降至零度以下时，表明这条腿已充满了液相烯烃。控制到R201的烯烃流量（FIC203）为1000kg/h，到R202的烯烃流量（FIC231）为5500kg/h。

(3) 准备反应。检查并调整好环管反应器循环泵P201、P202，然后启动循环泵P201、P202。将FIC232控制在200kg/h，开始向闪蒸管线通冲洗烯烃。以4～6℃每5分钟的升温速度缓慢提高环管反应器R201、R202温度至70℃（由于液相烯烃受热膨胀，致使烯烃从环管反应器中排出并回收到D201中，所以，在环管反应器充满液相烯烃而未升温之前，D201的液位要保持在30%）。同时调整各反应器的进料量至正常流量，使得烯烃系统建立大循环（D201-R201-R202-D301-烯烃回收单元-D201），并将反应器的压力、温度调整至正常，D202的压力、液位调整至正常。为进催化剂做好准备。

（4）反应开始。打开催化剂进料阀，开始加入催化剂，为防止反应急剧加速，要逐步增加催化剂量，使环管反应器中的浆液密度逐步上升到550～565kg/m^3。为防止密度超过设定值，堵塞管线，当浆液密度达到设定值且操作平稳，将每个反应器进料烯烃量与该反应器密度控制投串级，即用DIC241串级控制FIC203、DIC251串级控制FIC231。DIC241与FIC203投串级后，控制正常生产要求，调节催化剂量至正常。在调整催化剂的同时，控制正常生产要求，调节进入两个反应器的氢气量至正常。

主催化剂进环管反应器后，烯烃开始反应，并释放热量，反应速度愈快，释放的热量就愈多。随着反应的进行，要及时减少夹套水加热器的蒸汽量，以使环管反应器的温度保持在70℃；随反应的加速，很快就需要完全关闭蒸汽，并且启用E208和E209。

从R201到R202的排料共有两种形式：桥连接和带连接，分别采用两根不同的管线。正常生产采用桥连接，带连接是桥连接的备用。

（四）正常工况维持

熟悉工艺流程，维护各工艺参数稳定；密切注意各工艺参数的变化情况，发生突发事故时，应先分析事故原因，并做及时正确的处理。

聚丙烯环管反应器正常操作时的控制指标：

仪表位号	名称	单位	正常值
AIC201	进R201烯烃中氢气		876×10^{-6}
AIC202	进R202烯烃中氢气		780×10^{-6}
FIC201C	去R201的氢气流量	kg/h	1.17
FIC202C	去R202的氢气流量	kg/h	0.584
FIC203	去R201的烯烃流量	kg/h	27235
FIC205	催化剂的流量	kg/h	34.1
LIC201	D201液位	%	80
PIC201	D201压力	MPa	2
TIC201	D201的温度	℃	45
FIC231	去R202的烯烃流量	kg/h	17000
LIC231	D202液位	%	70
PIC231	D202压力	MPa	3.8
DIC241	R201浆液密度	kg/m^3	560
PIC241	R201压力	MPa(表压)	3.8
TIC241	R201温度	℃	70
TIC242	R201夹套水温	℃	55
DIC251	R202浆液密度	kg/m^3	560
PIC251	R202压力	MPa	3.5
TIC251	R202温度	℃	70
TIC252	R202夹套水温	℃	55

（五）正常停车

1. 环管反应器的停车

（1）降温降压、停止反应　停主催化剂的加入，关闭催化剂FIC205阀门。解除DIC241与FIC203串级及DIC251与FIC231串级，逐渐将FIC203减至18000kg/h，逐渐将FIC231减至7000kg/h。当密度到450kg/m^3时，停止H_2进料FIC201C和FIC202C。注意：FIC203、FIC231在减量的过程中，适当提高FIC244流量不低于8000kg/h。

当E208、E209完全旁通时，则启用反应器夹套水加热器E204、E205来加热夹套水，打开E204、E205蒸汽线上的手阀，通过控制调节控制阀HV272、HV273来维持环管温度在70℃。

继续稀释环管，直至密度达到此温度下的烯烃密度。将环管内的浆液经HV301向D301排放。当浆液密度降至414kg/m^3时，如需要停P201、P202，关FIC203、FIC231、FIC241、FIC251及FIC232。环管中的物料排至D301，烯烃气经烯烃回收系统后送D201。

（2）反应器排料　当环管反应器腿中的液位低于夹套时，用来自E203的烯烃蒸汽从反应器顶部排气口对环管加压。排空环管底部烯烃的操作如下：

关反应器顶部排放管线上的手动切断阀，开充烯烃蒸汽截止阀。打开每个环管顶部自动阀（PIC241、HV242、PIC251、HV252）以平衡D202气相和环管顶部压力。通过PIC231控制D202的压力为3.4MPa。将环管夹套水温度保持在70℃，以免烯烃蒸汽冷凝。可通过HV301切向排放系统。环管和D202的液体倒空后，手动关闭PIC231，使带压烯烃排向D301，使之尽可能回收，最后剩余气排火炬。当环管中的压力降到1MPa时，切断夹套水加热器E204、E205的蒸汽。设定TIC242和TIC252为40℃，将夹套水冷却至40℃，停水循环泵P205、P206（或P2074）。

2. D201罐的停车

一旦供给工艺区的烯烃停止，D201将进行自身循环，此时烯烃进料系统就可安全停车。

将LIC201置于手动，并处于关闭状态。手动关闭FIC201使D201的压力处于较低状态。如需倒空D201内的烯烃，缓慢打开P200A/B出口管线上后系统的烯烃截止阀。

3. D301的停车

保持D301出口气相流量控制器（PIC302）设定值不变，它控制着D301进料管线的液相冲洗烯烃量。当聚合物流量降低时，继续保持D301料位的自动控制，直到出料阀的开度≤10%，则LIC301打手动，并且逐渐把聚合物的料位降为零。当环管中浆液密度达到450kg/m^3时，将HV301转换至低压排放，把剩余的聚合物排至后系统。当聚合物的流量为零时（即环管密度降至400kg/m^3），且D301无料积存，手动关闭LIC301。

（六）紧急停车

当反应系统发生紧急情况时，环管反应器必须立即停车。此时应立即将反应阻聚剂CO直接注入环管中以使催化剂失活。CO几乎能立即终止聚合反应。CO的注入方式是直接向R201、R202各支管上部注入，浓度为2%。

操作步骤：关闭催化剂进料阀FIC205，分别打开至R201、R202的CO钢瓶的手动截止阀。关闭通往火炬的排气阀HV261和HV265。打开CO总管上的阀门HV262和HV264。当终止反应后，关闭反应器底部CO注入阀（HV262、HV264），同时关闭CO总管上通往排放系统的排气阀（HV261、HV265）。

注意：一旦一氧化碳已被加入环管反应器中，并使催化剂失活，从而停止了环管反应器内的聚合反应。下一步要采取的措施要由具体情况而定。

① 如果是原料中断，则需要将聚合物及单体排料切至后系统。

② 除非反应器中的密度降低到 414kg/m^3，否则不得中断反应器循环泵的烯烃冲洗。如果循环泵必须停掉的话，那么环管反应器的密度必须从 550kg/m^3 降低到小于 414kg/m^3，当达到这一浓度时，反应器循环泵可安全停车，到环管的所有烯烃也可完全停掉。

③ 如果环管反应器循环泵由于某一循环泵的机械或电力故障导致停车，那么反应器的浆液密度不可能在停泵之前稀释到 414kg/m^3。在这种情况下，环管反应器内物料不能循环，则必须将阻聚剂直接加到环管中去。

（七）事故处理

事故原因	事故现象	处理方法
蒸汽停	PIC301 压力为 0 D301 温度降低	终止反应 按正常停车步骤停车
冷却水停	TIC242 温度升高 TIC252 温度升高	按紧急停车步骤处理
烯烃原料中断	FIC201 流量为 0	按正常停车步骤停车
桥连接阀门故障	R201 反应器压力增加 R202 反应器压力降低 反应温度降低	(1)快速恢复带连接阀 (2)调节反应器压力 (3)调节反应器温度直到各仪表恢复到正常数据
P205 泵故障	(1)去 R201 的冷却水中断 (2)R201 反应温度上升 (3)DIC241 密度下降	(1)快速启动备用泵 P207 (2)调整反应器温度直到各仪表恢复到正常数据
氢气进料故障	(1)FIC202 流量为 0 (2)FIC201 流量为 0	观察反应,按正常停车步骤停车
P201 机械故障停	(1)R201 反应温度下降 (2)R201 浆液密度急速下降 (3)R201 反应压力下降	按紧急停车步骤处理

分析与思考

1. 如何控制环管反应器的温度？
2. 反应过程中使用的阻聚剂是什么，何时使用？
3. 如何建立烯烃系统的循环过程？
4. 聚合物的密度如何控制？
5. 怎样操作才能使烯烃原料罐 D201 的压力稳定？

任务六　管式反应器实操训练

（一）实训目的

(1) 掌握管式反应器操作。

(2) 了解裂解的基本原理和影响反应的各种因素，找出最佳操作条件。

（二）实训原理

乙烯生产主要是采用石油烃裂解法。所谓裂解是指以石油烃为原料，利用烃类在高温下不稳定、易分解、断链的原理，在隔绝空气和高温（600℃以上）条件下，使原料发生深度分解等多种化学转化的过程。裂解工艺条件要求苛刻，一般都要求在高温、低分压、短停留下操作。为了满足此条件，裂解时除了向裂解系统加入原料外，还需向系统加入水蒸气，以降低烃分压。裂解反应进行时除了发生一次反应（生成目的产物的反应）外，同时还发生二次反应（消耗目的产物的反应）。二次反应不但会降低目的产物的收率，而且导致反应系统结焦，因此，石油烃裂解时，每隔一段时间要对系统进行清焦。清焦分为停炉（停车，系统降温后人工清焦）清焦和不停炉（停止供料，不停水蒸气，或向系统加入空气）清焦法两种，目前也采用向系统加入抑制剂（抑制焦炭生成的物质）的办法清焦。影响裂解反应的因素除了裂解温度、压力和停留时间外，原料组成对裂解反应的影响也很大，不同的原料，所需裂解条件不同，得到的裂解产物组成也不相同。

通过运行常压裂解实训装置可以加深学生对石油烃裂解相关理论知识的理解，学会裂解过程控制，裂解条件选择，裂解产物分析，了解裂解反应结焦的原因和不同原料的产物分布情况等。烃类裂解主要是烷烃、环烷烃，在高温下进行开环断裂成小分子的烯烃和烷烃的过程。实验室反应工艺过程是把热裂解放在空管的反应器内进行，由于该反应是强烈的吸热反应，在实验装置上使用电加热系统，并有精密温度控制装置控制反应温度，以达到良好反应目的。通常在实验室选择正己烷、环己烷和正庚烷，或煤油、轻柴油做原料进行热裂解反应。

裂解反应主要可分为两类，即一次反应和二次反应。二次反应主要指烯烃的分解、芳烃的生成以及从芳烃变成焦炭的反应。

（1）一次反应是发生断链，生成低碳烷烃和烯烃。

如：$C_{m+n}H_{2(m+n)+2} \longrightarrow C_mH_{2m} + C_nH_{2n+2}$

（2）二次反应主要为生炭和结焦的反应。

如：$C_mH_{2m} \longrightarrow mC + mH_2$

此外还有分子脱氢生成炔烃和二烯烃、低分子烯烃发生热裂解或甲烷和芳烃脱氢缩合成稠环芳烃及焦炭等。

裂解反应的基本原理是自由基链式反应机理。即在高温下使烃类产生断链引发出自由基，再进行链增长，最后链终止，结果产生大量乙烯、丙烯，同时还有氢、甲烷、乙烷、丙烷、丁烯、丁二烯等。

（三）实训装置

实验室管式炉裂解装置，是测定石油烃类裂解反应和其他有机物裂解反应过程的有效工具，能根据实验结果找出最适宜的操作条件，给工业操作提供可靠的参考数据，同时为放大提供必要的参数。该装置为一空管，内部插入热电偶套管，能测定床内任意位置的温度，结构简单，流程紧凑，能更换不同管径的反应器，反应操作灵活，性能可靠。

1. 技术指标

（1）最大使用压力 0.2MPa；热电偶套管 ϕ3mm，热电偶 ϕ1.0mm，K 型。

（2）反应加热炉直径 16mm，高 750mm，四段加热，各段加热功率 1.0kW，最高使用温度 800℃。

（3）混合器加热炉直径 12mm，长 280mm，加热功率 0.8kW。

（4）气液分离器内径 12mm，长度 180mm。

(5) 湿式流量计：2L。

2. 实训流程

如图 3-23 所示。

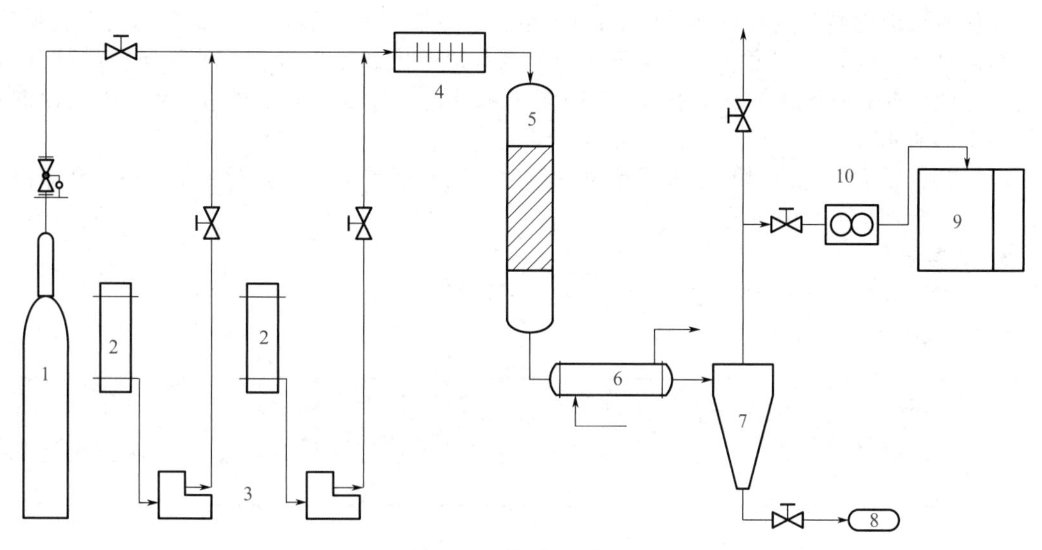

图 3-23 裂解装置流程图

1—氮气钢瓶；2—原料罐；3—原料泵；4—预热器；5—裂解炉；6—冷凝器；
7—气液分离器；8—液相组分储罐；9—色谱仪；10—湿式流量计

3. 实训设备

裂解反应装置一套；氮气（N_2）钢瓶一个；气相色谱仪一台；色谱工作站一套；减压阀一个；定量柱塞泵（或电磁泵）两台。

4. 化学试剂

环己烷、煤油、石脑油等。

（四）实训操作

1. 装置的安装与试漏

将三通阀放在进气位置，进入空气或氮气，卡死出口，冲压至 0.05MPa，5min 不下降为合格。否则要用毛刷蘸肥皂水在各接点处涂拭，找出漏点，重新处理后再次试漏直至合格为止。打开卡死的管路，可进行实验。注意：在试漏前，首先确定反应介质是气体还是液体或两者皆有。如果仅仅是气体就要封死液体进口接口。不然，在操作中有可能会从液体加料泵管线部位发生漏气。

2. 加料反应与升温

进料后观察预热温度和拉动反应器热电偶，找到最高温度点，稳定后再按等距离拉动热电偶，并记录各位置温度数据。

本装置为四段加热控制温度，温度控制仪的参数较多，不能任意改变，因此在控制方法上必须详细阅读控温仪表说明书后才能进行。控温对各段加热影响较大，应该较好地配合才能得到所需温度。各段加热电流设定不应很大，一般在 1.5A 左右。最佳操作方法是观察加热炉控制温度和反应器内部温度的关系，其在反应前后微有差异，主要表现在预热器的温度变化，因为预热器是靠管内测温的温度去控制加热，当加料时该温度有下降的趋势，但能自动调节到所给定的温度范围内。

升温速度取决于给定电流的大小，一般情况下，给定电流不要过大，防止出现过快加热的现象。如果加热过快，由于炉丝热量不能快速传给反应管，易造成炉丝烧毁现象。控制上端温度偏高一些，预热的加热电流设定在0.308A为宜。

操作时反应温度测定靠拉动反应器内的热电偶（按一定距离拉），并在显示仪表上观察，放至温度最高点处，待温度升至一定值时，开泵并以一定的速度进水，温度还要继续升高，到达反应温度时打开裂解原料进料泵。在运行过程中，温度要不断地进行调整。在升温的同时给冷却器通水。

当反应正常后，记录时间与湿式流量计读数，同时记录进出反应器的压力值。在分离器底部放出水与油，并计算质量。

3. 数据记录

（1）以不同的裂解原料在相同的裂解温度下进行裂解反应。

数据记录如下：560℃

裂解原料	油加入量		焦油量/g	裂解气量		备注
	体积/mL	质量/g		体积/mL	质量/g	

实验时可选取几组不同的温度。

（2）以相同的裂解原料在不同的裂解温度下进行裂解反应。

数据记录如下：石脑油

反应温度/℃	油加入量		焦油量/g	裂解气量		备注
	体积/mL	质量/g		体积/mL	质量/g	

实验时可选取几组不同的裂解原料。

（3）以相同的裂解原料相同的裂解温度在不同的烃分压下进行裂解反应。

数据记录如下：石脑油、760℃

稀释剂加入量/g	油加入量		焦油量/g	裂解气量		备注
	体积/mL	质量/g		体积/mL	质量/g	

实验时可分别用水蒸气和氮气作稀释剂。

4. 停车

（1）停止进料，在操作条件不变的情况下，只进水不进料，进行烧焦处理。

（2）将电流给定旋钮回至零（或关闭控温温度表），一段时间后停止进水。

（3）当反应器测温温度降至300℃以下后，冷却器停水。

（4）实验结束后要用氮气吹扫和置换反应产物。

5. 注意事项

（1）一定要熟悉仪器的使用方法。为防止乱动仪表参数，参数调好后可将参数设定值（Loc）改为新值，即锁住各参数。

（2）升温操作一定要有耐心，不能忽高忽低乱改乱动控温设置。

（3）流量的调节要随时观察及时调节，否则温度容易发生波动，造成反应过程中温度的稳定性下降。

（4）不使用时，应将湿式流量计的水放干净。应将装置放在干燥通风的地方。如果再次使用，一定在低电流（或温度）下通电加热一段时间以除去加热炉保温材料吸附的水分。

（5）每次实验后一定要将分离器的液体放净。

6. 故障处理

（1）开启电源开关指示灯不亮，并且没有交流接触器吸合声，则保险坏或电源没有接好。

（2）开启仪表各开关时指示灯不亮，并且没有继电器吸合声，则分保险坏或接线有脱落的地方。

（3）开启电源开关有强烈的交流震动声，则是接触器接触不良，应反复按动开关可消除。

（4）仪表正常但电流表没有指示，可能保险断开或固态变压继电器有问题。

（五）实训数据处理

（1）记录升温过程反应器加热炉各段的温度及反应器的测温温度。

（2）记录加料量和加水（进料时开始）量及产气量（湿式流量计的流量）。

（3）裂解气质量的计算。

（4）裂解气（乙烯计）收率的计算。

（5）几个主要工艺指标计算。

① 根据所给已知条件预算出进料油和水的速度（mL/min），而且应在实验前算出来。

② 计算裂解气的质量　　$G=V\rho$

式中　V——在标准状况下干裂解气体积，L；

ρ——在标准状况下干裂解气的密度，g/L。

$$V=\frac{V_s K_1 (P_0-P_s)}{1.033\times 273.2}(273.2+t)$$

式中　V_s——实验测到的气体的体积，L；

K_1——湿式气体流量计校正系数；

P_0——当天室内大气压力，kg/cm^2；

P_s——实验时湿式气体流量计温度 t_0 下水饱和蒸气压，kg/cm^2。

③ 计算裂解气，焦油的收率以及原料油损失率。

④ 计算当量停留时间：　$\theta=\frac{V_{反}}{V_{物}}=\frac{L_e S}{1000V_{物}}$

式中　L_e——反应管当量长度（由计算机算出），cm；

$V_{反}$——反应床的容积，L；

$V_{物}$——反应床内物料的体积流量，L/s；

S——反应管横截面积，cm^2。

由于反应床内物料的体积流量是变化的，一般 $V_{物}$ 是取进口的平均值：

$$V_{物}=\left(\frac{G_1}{M_1}+\frac{G_2}{M_2}+\frac{G_3}{M_3}+\frac{2G_4}{M_4}\right)\frac{22.4T_e}{2.232\tau}$$

式中 G_1，G_2，G_3，G_4——分别为原料油、焦油、裂解气及水的质量，g；

M_1，M_2，M_3，M_4——分别为原料油、焦油、裂解气及水的分子量；

τ——裂解实验所用的时间，s；

T_e——裂解温度，取其中三点最高温度平均值，K。

(6) 裂解气体的分析。气相色谱法：有许多色谱柱可以用，其中之一是在氧化铝单体载体上加载1.5%阿皮松，可分析$C_{1\sim4}$的含量。条件是在室温下用热导检测器，柱长为4m，柱径Φ3mm。

（六）实训结果与讨论

(1) 裂解原料对裂解产物的影响。

(2) 裂解温度对裂解产物的影响。

(3) 造成裂解系统压力变化的原因。

(4) 不同的原料适宜的裂解温度。

(5) 操作时如何判断反应炉管双向结焦。

【能力提升】

管式反应器设计案例分析

设计工业规模的管式反应器，由纯乙烷进料裂解生产乙烯，计划年产量14万吨。

设计条件：

(1) 原料为纯乙烷，$C_2H_6 \rightarrow C_2H_4 + H_2$，反应为一级不可逆反应；

(2) 反应条件等温1100K，恒压600kPa，转化率80%；

(3) 反应活化能为343.7kJ/mol，1000K时，速率常数$k=0.0725s^{-1}$；

(4) 一年工作时间按300天。

解：对于纯乙烷裂解反应，使A为乙烷，B为乙烯，C为氢气

$$C_2H_6 \rightarrow C_2H_4 + H_2$$
$$(A) \rightarrow (B) + (C)$$

1. 物料计算

(1) 反应得到的乙烯的流量

$$F_B = \frac{14\times10^7}{300\times24\times3600\times28} = 0.193(\text{kmol/s})$$

(2) 进料乙烷的流量

$$F_{A0} = \frac{F_B}{x_{Af}} = \frac{0.193}{0.8} = 0.241(\text{kmol/s})$$

(3) 进口气体认为是理想气体，则

$$PV_0 = F_{A0}RT$$

进口体积流量

$$V_0 = \frac{F_{A0}RT}{p_0} = \frac{0.241\times10^3\times8.314\times1100}{600\times10^3} = 3.67(\text{m}^3/\text{s})$$

(4) 计算1100K时反应速率常数

$$k = k_0 e^{-\frac{E}{RT}}$$

$$\frac{k_{1100\text{K}}}{k_{1000\text{K}}}=\frac{k_0 e^{-\frac{E}{1100R}}}{k_0 e^{-\frac{E}{1000R}}}=e^{\frac{E}{R}\times\frac{1100-1000}{1100\times1000}}$$

$$k_{1100\text{K}}=0.0725e^{\frac{343.7\times10^3}{8.314}\times\frac{1100-1000}{1100\times1000}}=3.11(\text{s}^{-1})$$

2. 反应器体积计算

(1) 由于反应是变容反应，需要计算膨胀因子和膨胀率

膨胀因子：$\delta_A=\frac{1+1-1}{1}=1$

膨胀率：$\varepsilon_A=y_{A0}\delta_A=1\times1=1$

(2) 空时计算

$$\tau=\frac{V_R}{V_0}=c_{A0}\int_0^{x_A}\frac{dx_A}{-r_A}$$

$$=c_{A0}\int_0^{x_A}\frac{dx_A}{kc_A}=c_{A0}\int_0^{0.8}\frac{dx_A}{kc_{A0}\left(\frac{1-x_A}{1+\varepsilon_A x_A}\right)}$$

$$=\int_0^{0.8}\frac{dx_A}{k\left(\frac{1-x_A}{1+x_A}\right)}=\frac{1}{3.11}\int_0^{0.8}\frac{1+x_A}{1-x_A}dx_A$$

$$=\frac{1}{3.11}[-x_A-2\ln(1-x_A)]\Big|_0^{0.8}=0.78\text{s}$$

(3) 反应器体积计算

$$V_R=V_0\tau=3.67\times0.78=2.86(\text{m}^3)$$

3. 管径和管长的确定

反应体积 V_R 确定后，便可进行管径和管长的设计，由 $V_R=\frac{\pi d^2}{4}L$ 可知，d、L 可有多解，但是对于 PFR 来说要是管内流体 $Re>10^4$，满足充分湍流。通常有以下几种算法。

(1) 先规定流体流速 u，据此确定管长，再计算管径，最后检验 Re 是否大于 10^4。

$$L=u\tau,\quad d=\left(\frac{4V_R}{\pi L}\right)^{1/2}$$

$$Re=\frac{du\rho}{\mu}\quad（需要气体的黏度、密度等数据）$$

(2) 根据标准管材规格确定管径，再计算管长，最后检验 Re 是否大于 10^4。

$$L=\frac{4V_R}{\pi d^2}$$

$$Re=\frac{du\rho}{\mu}$$

假如上例中选择内径为 0.05m 的反应管，则 $L=\frac{4V_R}{\pi d^2}=\frac{4\times2.86}{3.14\times0.05^2}=1457.33$ (m)

若单段管长为 12m，则所需管数 $n=\frac{1457.33}{12}=121.44\approx122$

【知识拓展】

非等温管式反应器的计算

当反应过程的热效应较大，而反应热量不能及时传递时，反应器内温度就会发生变化。此外，对于可逆放热反应，为了使反应达到最大的反应速度，也经常人为地调节反应器内的温度分布，使之接近最适宜温度分布。因此许多管式反应器是在非等温条件下操作的。

管式流动反应器内的非等温操作可分为绝热式和换热式两种。当反应的热效应不大、反应的选择性受温度影响较小时，可采用没有换热措施的绝热操作，以简化设备。此时只要将反应物加热到要求的温度送入反应器即可。如反应放热，放出的热量靠反应后物料温度的升高带走；如反应吸热，则随反应进行，物料温度逐渐降低。若反应热效应较大，必须采用换热式操作，通过载热体及时移走或供给反应热。

当进行非等温理想管式流动反应器计算时，须对反应体系列出热量衡算式，然后与物料衡算式、反应动力学方程式联立计算出反应器内沿管长方向温度和转化率的分布，并求得为达到一定转化率所需要的反应器体积。

对于变温管式反应器，根据热量衡算通式可得：

$$F_t'\overline{M'C_p'}(T'-T_b)d\tau - F_t\overline{MC_p}(T-T_b)d\tau + (-r_A)dV_R(-\Delta H_r)_{A,T}d\tau - KdA(T-T_s)d\tau = 0 \tag{3-43}$$

式中 F_t',F_t——进入、离开微元体积的总物料流量，kmol/h；

$\overline{M'}$,$\overline{M}$——进入、离开微元体积的物料的平均摩尔质量，kg/kmol；

T',T——进入、离开微元体积的物料的温度，K；

T_b——选定的基准温度，K；

$\overline{C_p'}$,$\overline{C_p}$——进入、离开微元体积的物料在 T_b-T' 和 T_b-T 温度范围内的平均等压热容，kJ/(kg·K)；

$(-\Delta H_r)_{A,T}$——以反应物 A 计算的反应热，kJ/kmol；

K——物料至载热体总传热系数，kJ/(m^2·K·h)；

dA——微元体积的传热面积，m^2；

T_s——载热体平均温度，K。

把管式反应器的物料衡算式 $(-r_A)\,dV_R=F_{A0}dx_A$，代入式(3-43) 则得：

$$F_t'\overline{M'C_p'}(T'-T_b)d\tau - F_t\overline{MC_p}(T-T_b)d\tau + F_{A0}dx_A(-\Delta H_r)_{A,T}d\tau - KdA(T-T_s)d\tau = 0 \tag{3-44}$$

在衡算体积 dV_R 内，$T-T'=dT$，$F_t'\overline{M'C_p'}$ 与 $F_t\overline{MC_p}$ 之间差别很小，则式(3-44) 可简化为

$$F_t\overline{MC_p}dT = F_{A0}dx_A(-\Delta H_r)_{A,T} - KdA(T-T_s) \tag{3-45}$$

根据过程的焓变取决于过程初始和终了状态，而与过程途径无关的特点，可将绝热过程简化为：在进口温度 T_0 下进行等温反应，使转化率从 $x_{A0}\rightarrow x_A$，然后是转化率为 x_A 的物料由温度 T_0 升至 T。这样在计算时：$(-\Delta H_r)_{A,T}$ 应该取 T_0 时的值，而 F_t、$\overline{M}$ 则按出口物料组成计算，$\overline{C_p}$ 为 T_0 至 T 范围内的平均值。

（一）绝热管式流动反应器

绝热管式流动反应器由于是绝热操作，也就是说与外界没有热交换。因此热量衡算式中传递给环境或载热体的热量为零。即：$K\mathrm{d}A(T-T_s)=0$

所以式(3-45)为：$F_t\overline{MC}_p\mathrm{d}T=F_{A0}\mathrm{d}x_A(-\Delta H_r)_{A,T}=0$

积分得：

$$\int_{T_0}^{T}\mathrm{d}T=\frac{F_{A0}(-\Delta H_r)_{A,T_0}}{F_t\overline{MC}_p}\int_{x_{A0}}^{x_{Af}}\mathrm{d}x_A$$

$$T-T_0=\frac{F_{A0}(-\Delta H_r)_{A,T_0}}{F_t\overline{MC}_p}(x_{Af}-x_{A0}) \tag{3-46}$$

式(3-46)即为绝热管式反应器内温度和转化率之间的关系式，结合前述管式反应器基础方程式和反应动力学方程，便可计算出绝热管式流动反应器为达到一定转化率所需要的体积。

若反应过程物质的量不发生改变，$F_t=F_0$，并仍取 $T_b=T_0$，则式(3-46)变为：

$$T-T_0=\frac{y_{A0}(-\Delta H_r)_{A,T_0}}{\overline{MC}_p}(x_{Af}-x_{A0}) \tag{3-47}$$

令：

$$\lambda=\frac{y_{A0}(-\Delta H_r)_{A,T_0}}{\overline{MC}_p} \tag{3-48}$$

则：

$$T-T_0=\lambda(x_{Af}-x_{A0}) \tag{3-49}$$

式(3-49)即为绝热过程中温度和转化率的关系。由式(3-49)可以看出：绝热过程中温度和转化率呈线性关系。当 $x_{A0}=0$，而 $x_{Af}=1$ 时，$T-T_0=\lambda$，所以 λ 的含义为反应物 A 转化率达 100%时，反应体系升高或降低的温度，简称绝热升温或绝热降温。它是体系温度可能上升或下降的极限。根据式(3-49)以转化率 x_A 对温度 T 作图可得一条直线，直线的斜率为$\frac{1}{\lambda}$。当 $\lambda=0$ 时，为等温反应；当 $\lambda>0$ 时，为放热反应，即随着反应的进行，温度会越来越高；当 $\lambda<0$ 时，为吸热反应，即反应温度随着转化率的增加而下降。所以，对于绝热管式反应器，一般情况下，选择较高的进料温度对反应是有利的。但对于可逆放热反应则不然，因为可逆放热反应存在一最佳温度曲线。当反应温度低于最佳温度时，反应速率随着温度的增加而增加，当反应温度高于最佳温度时，反应速率随着温度的增加而降低。因此对于可逆放热反应来说，存在一最佳的进料温度。

从式(3-49)还可以看出，它与项目一中间歇操作釜式反应器和连续操作釜式反应器的绝热方程式的表达形式是完全一样的，均反映了绝热过程中温度与转化率之间的关系。但在本质上仍然是有区别的。对于管式反应器，它反映的是在不同轴向位置上温度与转化率之间的关系；对于间歇操作釜式反应器，则反映的是不同时间下反应物料的转化率与温度的关系；而连续操作釜式反应器无论与外界是否存在热交换，均为等温反应，所以，式(3-49)反映的是绝热条件下与连续操作釜式反应器出口转化率相对应的操作温度。

（二）非绝热、非等温管式反应器

非绝热、非等温管式反应器的热量衡算式为

$$F_t\overline{MC}_p\mathrm{d}T=F_{A0}\mathrm{d}x_A(-\Delta H_r)_{A,T_0}-K\mathrm{d}A(T-T_s) \tag{3-50}$$

式中，微元体积 $dV_R=\frac{\pi}{4}d_t^2dl$；微元面积 $dA=\pi d_t dl$；d_t 表示反应器的直径；dl 表示反应器的微元长度，m。

由式(3-50) 则得：

$$F_t\overline{MC}_p dT=(-r_A)\frac{\pi}{4}d_t^2dl(-\Delta H_r)_{A,T_0}-K(T-T_s)\pi d_t dl \tag{3-51}$$

根据上述热量衡算式，结合前述管式反应器基础方程式和反应动力学方程式，便可计算出非绝热管式流动反应器为达到一定转化率所需要的体积。只是该过程的计算比较复杂，一般需要用辛普森法则进行数值积分。

【分析讨论】

1. 管式反应器在进行设计计算时认为是理想置换流即平推流，实际是忽略了或者说是理想化了管内流体流速分布不同、在近壁处的层流边界层。

2. 关于初始浓度，管式反应器中计算时指的是物料反应器进口处的温度、压力条件下的物料浓度。

3. 管式反应器的时间计算公式与间歇釜相同，但间歇釜计算的是反应时间，而管式反应器计算的是空间时间。只有当恒容过程时空间时间才等于反应时间，也等于平均停留时间。可以分析一下变容条件下空时和平均停留时间的关系。

4. 无数个 CSTR 串联相当于一个 PFR，实际上对管式反应器进行物料衡算时选择的一个流体微元就相当于一个全混流反应器即 CSTR，所以无穷多个这样的微元串联起来就相当于一个 PFR，刚好符合第一章介绍的多釜串联模型中的 N 趋于无穷大时相当于平推流。

5. 反应器选型和优化时一般要考虑生产能力和选择性，尽可能具有最优的经济效益，但是有时候也要考虑到企业的实际情况。比如，场地、现有的设备和可以提供的操作条件等因素，所以有时候选择的反应器和操作条件不一定是最优解。

【工业文化】

“双碳”目标与中国化工绿色发展

2020 年 9 月 22 日，中国国家主席习近平在第七十五届联合国大会一般性辩论上宣布：“中国将提高国家自主贡献力度，采取更加有力的政策和措施，二氧化碳排放力争于 2030 年前达到峰值，努力争取 2060 年前实现碳中和”。中国碳达峰碳中和目标（以下简称“双碳”目标）的提出，在国际国内社会引发关注。

什么是碳达峰碳中和？通俗来讲，碳达峰指二氧化碳排放量在某一年达到了最大值，之后进入下降阶段；碳中和则指一段时间内，特定组织或整个社会活动产生的二氧化碳，通过植树造林、海洋吸收、工程封存等自然、人为手段被吸收和抵消掉，实现人类活动二氧化碳相对“零排放”。

碳中和是未来中国化工行业一个比较确定性的发展趋势，在碳达峰及碳中和的“双碳”发展趋势下，中国化工行业将会迎来巨大的转变。

在碳中和大趋势下，中国能源结构、产业结构、消费结构将会发生重大区域性结构转变，促使能源结构逐步由高碳向低碳甚至无碳转变。为了实现碳中和，中国在未来30年内将会始终坚持清洁能源、绿色能源的发展思路，其中太阳能将会是能源行业的主要能源结构，其次是风能、潮汐能等清洁能源。另外，氢能及其他能源结构将会成为辅助，而化石能源消费占比将会逐渐降低，直至与清洁能源达到平衡，进而实现碳中和大趋势。煤炭、石油、天然气、可再生能源与核能，是我国现阶段使用最多的五大能源。在“双碳”目标指引下的能源革命，意味着要将传统的化石能源为主的能源体系转变为以可再生能源为主导、多能互补的能源体系，进而促进我国能源及相关工业升级。未来的煤化工行业，将会是高效化煤炭转化、低碳化生产运行行业，其中煤改气有望是重要的发展方向。在碳中和大趋势下，煤化工行业的转变，将会是化工行业中重点转变方向，也将是改革较为深入的产业。

“双碳”目标的实现是一个循序渐进的过程，也是一项涉及全社会的系统性工程。积极推动技术创新，充分调动科技、产业、金融等要素，通过全社会的齐心协力，我们一定能够推动能源变革、实现“双碳”目标，将绿色发展之路走得更远更好。

【本章小结】

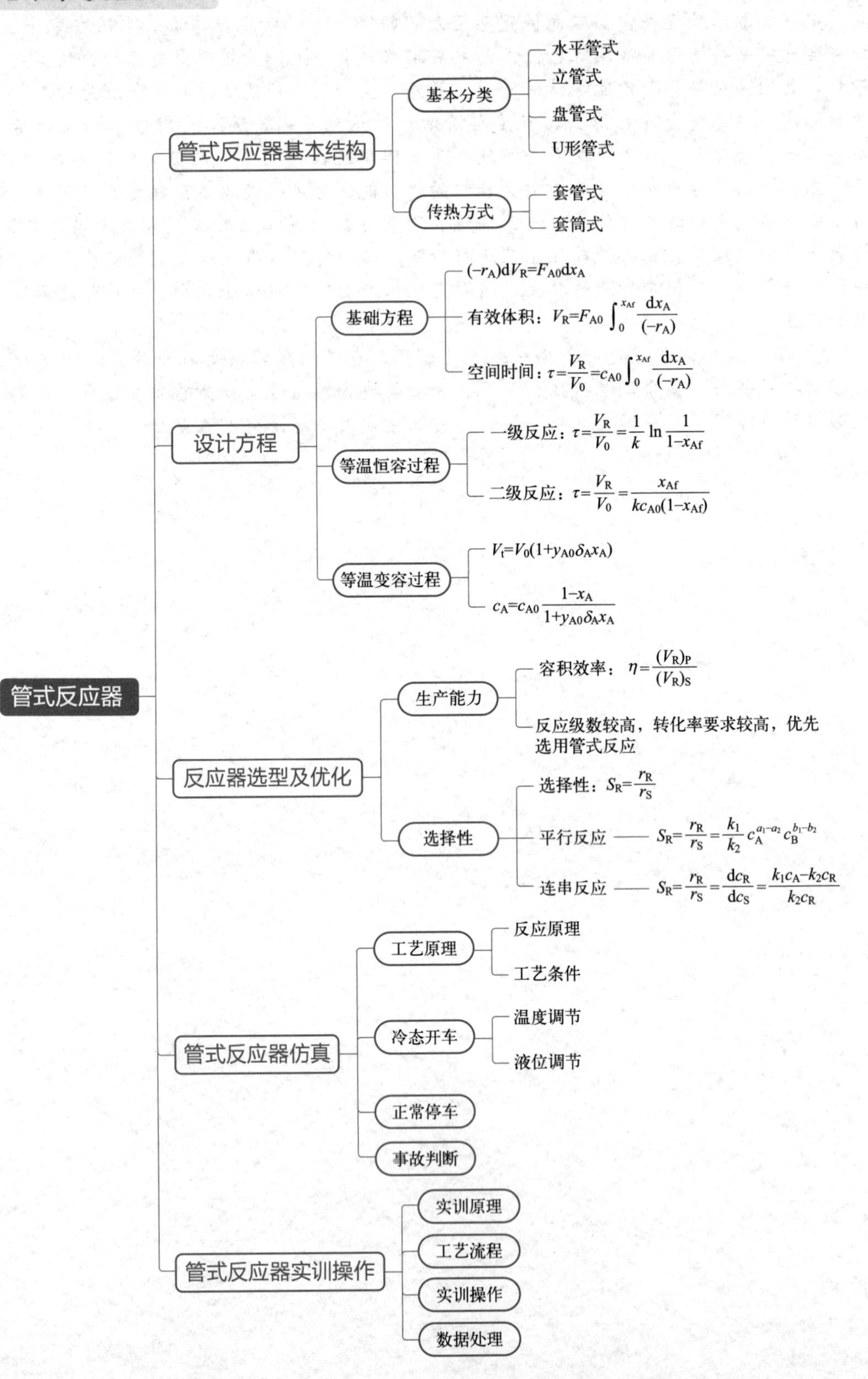

管式反应器
管式反应器基本结构
基本分类
水平管式
立管式
盘管式
U形管式
传热方式
套管式
套筒式
设计方程
基础方程
$(-r_A)dV_R=F_{A0}dx_A$
有效体积：$V_R=F_{A0}\int_0^{x_{Af}}\frac{dx_A}{(-r_A)}$
空间时间：$\tau=\frac{V_R}{V_0}=c_{A0}\int_0^{x_{Af}}\frac{dx_A}{(-r_A)}$
等温恒容过程
一级反应：$\tau=\frac{V_R}{V_0}=\frac{1}{k}\ln\frac{1}{1-x_{Af}}$
二级反应：$\tau=\frac{V_R}{V_0}=\frac{x_{Af}}{kc_{A0}(1-x_{Af})}$
等温变容过程
$V_t=V_0(1+y_{A0}\delta_A x_A)$
$c_A=c_{A0}\frac{1-x_A}{1+y_{A0}\delta_A x_A}$
反应器选型及优化
生产能力
容积效率：$\eta=\frac{(V_R)_P}{(V_R)_S}$
反应级数较高，转化率要求较高，优先选用管式反应
选择性
选择性：$S_R=\frac{r_R}{r_S}$
平行反应 —— $S_R=\frac{r_R}{r_S}=\frac{k_1}{k_2}c_A^{a_1-a_2}c_B^{b_1-b_2}$
连串反应 —— $S_R=\frac{r_R}{r_S}=\frac{dc_R}{dc_S}=\frac{k_1c_A-k_2c_R}{k_2c_R}$
管式反应器仿真
工艺原理
反应原理
工艺条件
冷态开车
温度调节
液位调节
正常停车
事故判断
管式反应器实训操作
实训原理
工艺流程
实训操作
数据处理

【自测习题】

（一）填空题

1. 对于气相反应 $2A+B \rightarrow 3R+S$，则膨胀因子 $\delta_A=$________，如果原料中只含有 A 和 B，且进料中摩尔比等于化学计量系数之比，则 $y_{A0}=$________。

2. 在同样流量与转化率下________之比成为容积效率。当转化率一定时，反应级数________，则容积效率越小。

3. 有一平行反应 $\begin{matrix} A \rightarrow P\text{（主）} \\ A \rightarrow S\text{（副）} \end{matrix}$。主副反应均为一级不可逆反应，若主反应活化能大于副反应活化能，则选择性 S_P 仅是________的函数，与________无关。

4. 同一反应等温等容进料相同，达到同一转化率，在反应阶段，间歇操作釜式反应器与理想连续管式反应器的生产能力________。

5. 对一特定的化学反应，要选择操作方式和反应器型式，必须深入分析________和特性，并进行________和________比较。

6. 当循环比 $\beta=$________时，循环反应器可按照管式反应器进行计算；当循环比 $\beta=$________时，循环反应器可按照连续操作釜式反应器进行计算。

7. 当反应过程要求的转化率越高，则返混的影响越________，容积效率越________。

8. 对于 $A \xrightarrow{k_1} R \xrightarrow{k_2} S$ 反应体系，当转化率一定时，$\frac{k_2}{k_1}$ 比值越大，则选择性越________，若要提高反应的选择性，应在转化率较________下工作。

9. 自催化反应的基本特征是________________________________。

10. 相同条件下，平推流反应器中反应物浓度 c_A ________全混流反应器浓度。

（二）选择题

1. 下列不属于平推流反应器特点的是________。

A. 某一时刻反应器轴向上反应速率相等
B. 物料在反应器内的停留时间相等
C. 反应器径向上物料浓度相等
D. 反应器内不存在返混现象

2. 对于反应级数 $n>0$ 的不可逆气相等温反应，为降低反应器体积，应选用________。

A. 平推流反应器　　B. 全混流反应器
C. 平推流串接全混流反应器　　D. 全混流串接平推流反应器

3. 对于反应级数 $n<0$ 的不可逆等温反应，为降低反应器容积，应选用________。

A. 平推流反应器　　B. 全混流反应器
C. 平推流串接全混流反应器　　D. 全混流串接平推流反应器

4. 对反应级数大于零的单一反应，对同一转化率，其反应级数越小，平推流反应器与全混流反应器的体积比________。

A. 不变　　B. 越大　　C. 越小　　D. 不一定

5. 对反应级数大于零的单一反应，随着转化率的增加，所需平推流反应器与全混流反应器的体积比________。

A. 不变　　B. 增加　　C. 减小　　D. 不一定

6. 在活塞流反应器中进行等温、恒容的一级不可逆反应，纯反应物进料，出口转化率可达到96%，现保持反应条件不变，但将该反应改在具有相同体积的全混流反应器中，所能达到的转化率为________。

A. 0.85　　B. 0.76　　C. 0.91　　D. 0.68

7. 下列反应器中，________的返混程度最大。

A. 平推流反应器　　B. 全混流反应器

C. 间歇反应器　　D. 固定床反应器

8. 对于一个等温变容过程，末态下的浓度 c_A 可以表示为（　　）。

A. $c_A = c_{A0}(1 - x_A)$　　B. $c_A = c_{A0}\dfrac{1+x_A}{1-\varepsilon_A x_A}$

C. $c_A = c_{A0}(1 - \varepsilon_A x_A)$　　D. $c_A = c_{A0}\dfrac{1-x_A}{1+\varepsilon_A x_A}$

（三）判断题

1. PFR、CSTR、6-CSTR 三种反应器相比，其返混程度的大小顺序为 PFR>CSTR>6-CSTR。

2. 对于（$-r_A$）与 c_A 呈单调上升的情况，应首先选用理想连续操作管式流动反应器。

3. 对同一个单一的正级数反应，在相同的工艺条件下，若反应器体积相同，则连续操作釜式反应器达到的转化率最高；而理想连续操作管式流动反应器达到的转化率最低。

4. 在 PFR 内反应物的浓度始终高于 CSTR 中的反应物浓度，所以，无论在反应器内进行何种反应，PFR 的生产能力始终大于 CSTR。

5. 在复杂反应体系中，升高温度有利于主反应的进行。

6. 全混流反应器串联，串联的级数越多，越接近于平推流。

7. 除零级反应外，相同条件下，CSTR 比 PFR 的反应体积大。

8. 理想平推流反应器与理想全混流反应器均不存在返混。

9. 自催化反应速率随着反应物浓度的降低反应速率越来越慢。

10. 对于平行反应，提高反应物浓度，有利于级数高的反应，降低反应物浓度有利于级数低的反应。

（四）思考题

1. PFR、CSTR、n-CSTR 反应器内浓度是如何变化的？

2. 试定性分析 PFR、CSTR、n-CSTR 生产能力的大小。

3. 对于复杂反应体系，如何选择反应器的型式和操作方式？

4. 非等温、非绝热理想连续操作管式流动反应器如何计算反应器的体积？

5. 反应器的容积效率如何定义，它与反应级数、转化率和串联的釜数有何关系？

6. 叙述理想连续操作管式流动反应器的流动特征。

7. 分析一级不可逆连串反应选择性的特征。

8. 绝热温变的物理意义是什么，如何计算？

9. 管式反应器的换热方式有哪些，如何选择？

10. 有一平行反应 $\begin{matrix} A \xrightarrow{k_1} P\text{（主）} & r_P = k_1 c_A^{1.5} \\ A \xrightarrow{k_2} R\text{（副）} & r_R = k_2 c_A^{0.8} \end{matrix}$；已知 $E_1 > E_2$，若要提高主反应的选择性，试定性确定合适的温度及最佳的反应器型式。

（五）计算题

1. 在管式反应器中进行等温等容一级液相反应，出口转化率为 90%，现将该反应转入全混流反应器中进行，若其他操作条件不变，求该反应在全混流反应器出口的转化率。

2. 丙烷热裂解制取乙烯的反应方程式可以表示为：$C_3H_8 \rightarrow C_2H_4 + CH_4$，忽略其他副反应，实验测定在 772℃进行等温反应时动力学方程式可表示为：$(-r_A) = kc_A$，其中，$k = 0.4h^{-1}$，c_A 为丙烷浓度。若系统保持恒压操作，压力为 1atm，原料处理流量为 800L/h，当丙烷转化率为 0.5 时，求所需的反应器体积。

3. 某一级等温恒容不可逆反应，其反应速率方程式为 $(-r_A) = kc_A$。已知 293K 时反应速度常数为 $10h^{-1}$，反应物 A 的初浓度 $c_{A0} = 0.2kmol/m^3$，加料速率 V_0 为 $2m^3/h$，问最终转化率为 60%时下列反应器的体积为多少。(1) 单个 PFR；(2) 两个体积相同的 CSTR 串联。

4. 均相气相反应 $A \rightarrow 3R$，其动力学方程为 $(-r_A) = kc_A$，该过程在 185℃，400kPa 下在一管式反应器中进行，其中 $k = 0.02s^{-1}$，进料量为 30kmol/h，原料 A 中含有 50%的惰性气体，为使反应器出口转化率达到 80%，该反应器的体积应为多少？

5. 反应 $A + B \rightarrow R + S$，已知 $V_R = 1L$，物料进料速率 $V_0 = 0.5L/min$，$c_{A0} = c_{B0} = 0.005mol/L$。动力学方程式为 $(-r_A) = kc_Ac_B$，其中 $k = 100L/(mol \cdot min)$。求：

(1) 反应在平推流反应器中进行时出口转化率为多少？

(2) 欲用全混流反应器得到相同的出口转化率，反应体积应多大？

(3) 若全混流反应器体积 $V_R = 1L$，可达到的转化率为多少？

6. 平行液相反应 $\begin{cases} A \rightarrow P \\ A \rightarrow R \\ A \rightarrow S \end{cases}$ 动力学方程式为：$\begin{cases} r_P = 1 \\ r_R = 2c_A \\ r_S = c_A^2 \end{cases}$ 已知：$c_{A0} = 2kmol/m^3$，$c_{Af} = 0.2kmol/m^3$。试求在下列反应器进行上述反应时反应器的空时：

(1) 理想连续操作管式反应器；

(2) 连续操作釜式反应器；

(3) 二釜串联的反应器，$c_{A1} = 1kmol/m^3$。

7. 乙醛在 518℃下气相常压分解：$CH_3CHO \rightarrow CH_4 + CO$。该反应在一直径 3.3cm 长为 80cm 的理想连续操作管式反应器内进行，原料气的空速为 $s_v = 8.0h^{-1}$，反应达到的转化率为 35%，其反应速率常数为 $0.33L/(mol \cdot s)$。试求：该反应的空时及反应物料的停留时间。

8. 有一分解反应 $\begin{cases} A \rightarrow R(\text{目的产物}), r_R = c_A^2 [mol/(L \cdot min)] \\ A \rightarrow S(\text{副产物}), r_S = 2c_A [mol/(L \cdot min)] \end{cases}$，其中 $c_{A0} = 4.0mol/L$，$c_{R0} = c_{S0} = 0$，物料的体积流量为 5.0L/min，当转化率为 80%时，说明应选择哪种型式的反应器，并计算所选定反应器的容积及产物 R 的出口浓度。

9. 一等温二级不可逆反应 $(-r_A) = kc_A^2$，已知 293K 时，$k = 10m^3/kmol \cdot h$，反应物 A 的初始浓度 $c_{A0} = 0.2kmol/m^3$，进料体积流量 $V_0 = 2m^3/h$，试计算下列理想反应器组合方案的出口转化率。

(1) 两个有效体积均为 $2m^3$ 的 PFR+CSTR；

(2) 两个有效体积均为 $2m^3$ 的 CSTR 串联；

(3) 两个有效体积均为 $2m^3$ 的 CSTR+PFR。

10. 自催化反应 A+P→P+P 是一个等温恒容反应过程，动力学方程为 $(-r_A)=kc_Ac_P$

已知：$k=10^{-3}m^3/(kmol\cdot s)$，进料流量 $V_0=0.002m^3/s$，$c_{A0}=2kmol/m^3$，$c_{P0}=0$，转化率 $x_{Af}=0.98$，试计算下列反应器的体积。

(1) 全混流反应器 (CSTR)；

(2) 两个等体积的全混流反应器串联；

(3) 平推流反应器 (PFR)；

(4) 循环比 $\beta=1$ 的循环反应器。

【主要符号】

F_{A0}——反应组分 A 进入反应器的流量，kmol/h

F_A——反应组分 A 进入微元体积的流量，kmol/h

V_0——物料进口处的体积流量，m^3/h

V_R——反应器的有效体积，m^3

τ——空间时间，h

x_A——反应物 A 的转化率

r_A——反应物 A 的化学反应速度，$kmol/(m^3\cdot h)$

F_0——总进料摩尔流量，kmol/h

F_t——反应系统在操作压力为 p、温度为 T、反应物转化率为 x_A 时总物料摩尔流量，kmol/h

δ_A——A 组分的膨胀因子

ε_A——A 组分的膨胀率

y_{A0}——进料中反应物 A 的摩尔分率 $(y_{A0}=F_{A0}/F_t)$

y_A——反应系统在操作压力为 p、温度为 T、反应物转化率为 x_A 时反应物 A 的摩尔分率

V_t——反应系统在操作压力为 p、温度为 T、反应物转化率为 x_A 时物料总体积流量，m^3/h

β——循环比

η——容积效率

S_R——复杂反应系统目的产物 R 的瞬时选择性

F'_t,F_t——进入、离开微元体积的总物料流量，kmol/h

$\overline{M'},\overline{M}$——进入、离开微元体积的物料的平均分子量

$\overline{C'_p}$、$\overline{C_p}$——进入、离开微元体积的物料在 T_b-T' 和 T_b-T 温度范围内的平均等压热容，$kJ/(kg\cdot K)$

T',T——进入、离开微元体积的物料的温度，K

T_b——选定的基准温度，K

$(-\Delta_rH)_{A,T}$——以反应物 A 计算的反应热，kJ/kmol

K——物料至载热体总传热系数，$kJ/(m^2\cdot K\cdot h)$

dA——微元体积的传热面积，m^2

T_t——载热体平均温度，K

$\overline{\tau}$——物料平均停留时间，h

项目四

固定床反应器

流体通过由不动的固体颗粒构成的床层进行化学反应的设备称为固定床反应器，其中流体以气体为主，固体颗粒以催化剂为主。石油加工工业中的裂化、重整、异构化、加氢精制等；无机化学工业中的合成氨、硫酸、天然气转化等；有机化学工业中环氧乙烷、苯乙烯、环己烷、氯乙烯及丙烯腈等过程用的都是固定床反应器。

【生产应用案例】

合成气生产甲醇，是目前化工生产尤其是煤化工生产过程中甲醇产品的一条重要生产路线，工业上合成甲醇的工艺有高压法、中压法和低压法。

（一）工艺流程

低压法合成工艺是指采用低温、低压和高活性铜基催化剂，在5MPa左右压力下，由合成气合成甲醇的工艺，核心设备为甲醇合成塔，是一种典型的换热式固定床反应器。工艺流程如图4-1所示。

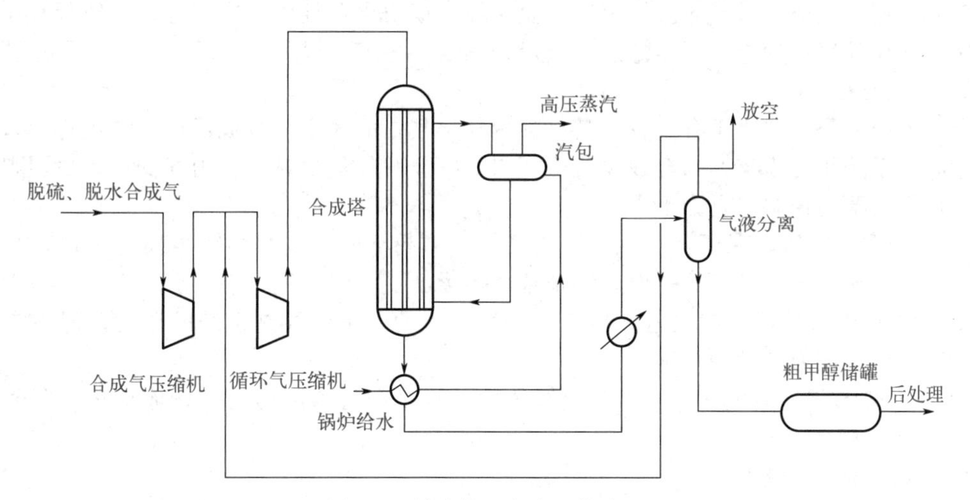

图4-1 甲醇等温合成工艺流程

经天然气部分氧化反应生成的合成气，经废热锅炉和加热器换热后，进入脱硫器，脱硫后的合成气经水冷却和汽液分离器分离除去冷凝水后进入合成气三段离心式压缩机，压缩至稍低于5MPa。从压缩机第三段出来的气体不经冷却，与分离器出来的循环气混合后，在循环气压缩机中压缩到稍高于5MPa的压力，进入合成塔反应器，在催化剂床层中进行合成反应。该反应催化剂为铜基催化剂，操作压力为5MPa，操作温度为513～543K。合成塔顶尾气经转化后CO_2含量稍高，送入CO_2吸收塔用K_2CO_3溶液吸收部分CO_2，使合成气中CO_2保持在适宜值。从反应器出来的粗甲醇中甲醇含量约80%，其余大部分是水及二甲醚，同时还含有部分称为轻馏分的可溶性气体，冷凝换热后经气液分离器分离后，送入粗甲醇储罐。

（二）合成反应器

低压等温合成甲醇系统，采用的是换热式固定床反应器，该反应器类似于列管式换热器。催化剂填装于列管中，壳程走冷却水（锅炉给水），反应热由管外锅炉给水带走，同时产生高压蒸汽。通过对蒸汽压力的调节，可以方便地控制反应器内反应温度，使其沿管长几乎不变，避免了催化剂的过热，延长了催化剂的使用寿命。为了维护合成塔的操作，在操作中需注意以下操作条件的控制。

1. 温度控制

等温合成反应器内催化剂层一般不设温度测量装置，催化剂层温度由合成塔出口气体温度进行判断。影响合成塔出口气体温度的因素主要有汽包压力、入塔气量、入塔气体成分、系统负荷等。主要调节手段有以下三种：

① 调节外送蒸汽量。即开大外送蒸汽阀门，送出蒸汽量增大，汽包压力降低，合成塔内水的沸腾温度降低，移出热量增加，催化剂层温度下降，使合成塔出口气体温度下降，反之，合成塔出口气体温度上升。这种方法适用于正常情况下对温度的小幅度调节。

② 调节循环量。在新鲜气量一定的情况下，增大循环气量，则入塔气量随之增加，气体带出的热量增加，催化剂层温度下降，使合成塔出口气体温度下降，反之，合成塔出口气体温度上升。这种方法适用于对温度的较大幅度调节。

③ 调节入塔气中一氧化碳、二氧化碳和惰性气体的含量。适当提高入塔气中一氧化碳含量或者二氧化碳含量和惰性气体含量，将加剧合成反应，增加反应放出的热量，提高催化剂层温度，使合成塔出口气体温度上升，反之，合成塔出口气体温度下降。一般只有在调节汽包压力和循环气量的方法用尽之后，方可采用这种调节手段。

2. 压力控制

合成系统的压力取决于合成反应的好坏及新鲜气量的大小。合成反应正常进行，新鲜气量适量时，系统压力稳定。当合成反应进行得好，新鲜气量少时，压力降低；反之，则压力升高。压力调节的控制要点如下：

① 严禁系统超压，保证安全生产，当系统压力超标时，应立即减少新鲜气量，必要时加大吹除气量或打开吹除气放空阀，卸掉部分压力。

② 正常操作条件下，应根据循环气中惰性气体的含量来控制系统的压力，但不宜控制过高，以便留有压力波动的余地。

③ 压力的调节应缓慢进行，以避免系统内的设备和管道因压力突变而损坏，调节速度一般应小于0.1MPa/min。

3. 入塔气体成分控制

（1）氢碳比　入塔气中氢碳比主要取决于新鲜气中的氢碳比。新鲜气中正常氢碳比应为2.05～2.15，当氢碳比过高（大于2.15）或过低（小于2.0）时，都不利于甲醇的合成反应，应与变换岗位联系，要求尽快调整，同时应调整汽包压力或循环气量，以防止合成塔出口气体温度（即催化剂层温度）波动。

（2）惰性气体含量　入塔气中惰性气体含量取决于吹除气量，在催化剂活性好、合成反应正常、系统压力稳定时，可适当减少吹除气量，维持较高的惰性气体含量，以减少原料气的消耗。反之，应增加吹除气量，降低惰性气体含量，维持系统压力不超标。

（3）硫化物含量　在发现硫化物含量大幅度超过指标时，应立即减少或切断新鲜气，以免催化剂中毒，并通知脱硫工序采取措施，提高脱硫效率，降低原料气硫含量。

（三）催化剂使用维护

列管式固定床反应器催化剂的使用维护都对反应器的操作有很大的影响。

在生产期间严格控制气体中有毒气体含量。要严格控制催化剂层温度，要求不产生大幅度的波动。一般规定：正常操作温度波动范围小于5℃，波动速度每小时小于8～10℃，热点温度（催化反应中催化剂达到的最高温度）波动小于±5℃。

在停产期间对催化剂的维护主要是如何保护催化剂。反应温度正常，但压力超过额定指标的短期停产，在切断气源前，应先将催化剂层稍稍降温后停车，特别是甲醇合成塔，以免循环压缩机停车过快而使催化剂层温度在短期内升高，使催化剂过热。合成塔不检修，但需卸压以便修理系统中其他设备（如管道或阀门）时的短期停用，塔内通纯氮，保持正压以保护催化剂，即当催化剂温度至100℃左右时，关进出口阀，由塔前压力表接管处通入纯氮，使塔内维持正压20～40mmHg（1mmHg＝133.322Pa），以免空气进塔烧坏催化剂。合成塔进行检修而内件不吊出的短期停塔，用纯氮保护催化剂，即在催化剂层降温后，以纯氮置换塔内反应气体。合格后，由塔底副线通入纯氮，当顶盖卸掉后应不断有氮气逸出，或将氮气管插入中心管内，以免空气进塔烧坏催化剂，检修后不开车前，要将已进入空气的管道和设备以氮气置换，使氧含量降至安全范围内，以免这部分空气进入塔内。

【学习目标】

知识目标

（1）了解并掌握固定床反应器的分类及基本结构。

（2）了解并掌握固定床内催化剂的基本特征及床层特性、床内流体流动特征。

（3）了解气固相催化反应历程并会分析床层内传质和传热过程。

（4）了解固定床反应器计算的两种方法。

（5）掌握固定床反应器的开、停车要点及反应操作条件的控制。

技能目标

（1）能说出固定床反应器各部件的名称及作用。

（2）能够根据生产任务进行固定床反应器结构尺寸的计算。

（3）能够完成固定床反应器的冷态开车、正常停车和事故处理仿真操作。

（4）能够完成固定床反应器的开车、正常停车和事故处理实训操作。

素质目标

（1）培养探索未知、追求真理的责任感和使命感。

（2）培养学生综合分析问题和解决问题的能力。

（3）培养较好的专业思维能力和良好的职业习性。

（4）提高对化工行业的认同感和自豪感。

任务一 固定床反应器的结构分析

随着石油化工生产的迅猛发展，尤其是精细化学品的生产过程对反应设备、操作条件、工艺参数的控制等要求越来越高，为此研究开发了很多结构型式的固定床反应器，以适应不同的传热要求和传热方式。其中最常见的有绝热式固定床反应器、列管式固定床反应器、自热式固定床反应器及径向反应器几种形式。

一、绝热式固定床反应器

在反应过程中不与外界进行热量交换的反应器称为绝热式固定床反应器，又分为单段绝热式和多段绝热式。

1. 单段绝热式反应器

单段绝热式固定床反应器一般为高径比不大的圆筒体，在圆筒体下部装有栅板，催化剂均匀堆积在栅板上，内部无任何换热装置。其特点是反应器结构简单，造价便宜，反应器体积利用率较高。适用于反应热效应较小、反应温度允许波动范围较宽、单程转化率较低的反应过程。见图 4-2。

对于热效应较大的反应只要反应温度不很敏感或是反应速度非常快时，有时也使用这种类型的反应器。例如甲醇在银或铜的催化剂上用空气氧化制甲醛时，反应热很大，但反应速度很快，催化剂层较薄，如图 4-3 所示。此薄层为绝热床层，下面为列管式换热器。

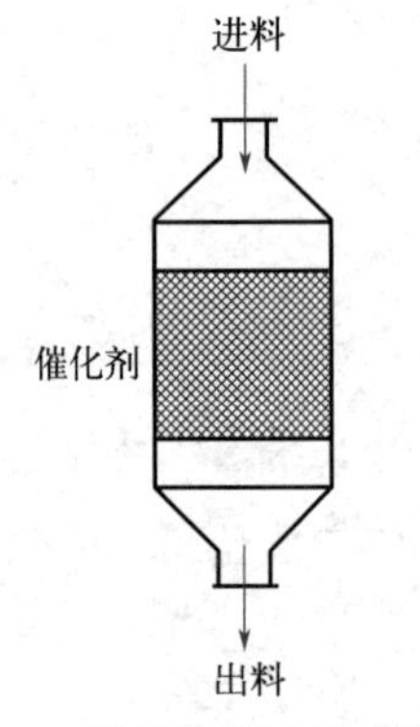

图 4-2 圆筒绝热式反应器

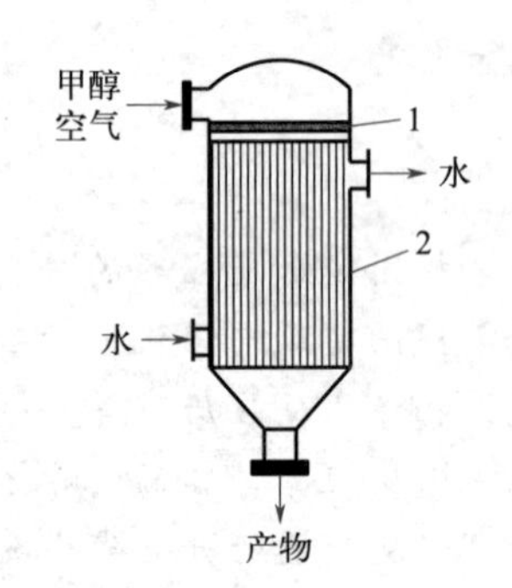

图 4-3 甲醇氧化用的薄层反应器

1—催化剂（层高约 20cm）；2—冷却器

单段绝热式反应器的缺点是换热仅仅依靠床壁，换热面积很小，当反应的热效应较大，反应速度又较慢时，其绝热升温必将使反应器内温度的变化超出允许范围，在这种情况下，应采用多段绝热式反应器。

2. 多段绝热式反应器

多段绝热式反应器是在段间进行反应物料的换热，以调节整个生产过程的反应温度。多段绝热式反应器又分为中间换热式和冷激式。

中间换热式又称为中间间接换热式，冷、热流体是通过段间的换热器管壁进行热量的交换。其作用是将上一段的反应气体冷却至适宜温度后再进入下一段反应，反应气体冷却所放出的热量可用于对未反应的原料气体预热或通入外来换热介质移走。而换热设备可以放在反应器外，如图 4-4(a)、(b)，也可放在反应器内，如图 4-4(c)。

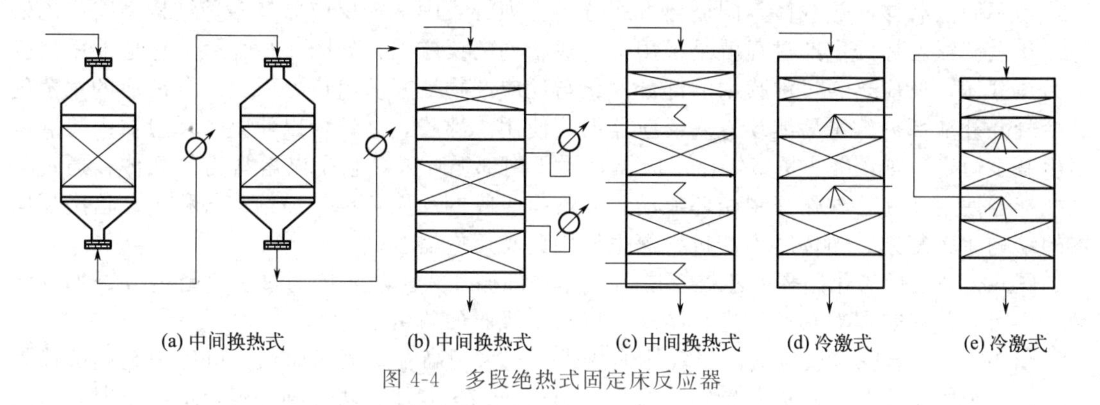

图 4-4　多段绝热式固定床反应器

冷激式多段绝热反应器又称为直接换热式反应器，它与中间换热式不同，是采用冷激气体直接与反应器内的气体混合，达到降低反应温度的目的，如图 4-4(d)、(e)。根据使用冷激的气体不同，又可分为原料气冷激式反应器和非原料气冷激式反应器。如在环己醇脱氢制环己酮生产过程中，反应过程对换热要求并不高，可以采用段间设换热装置的多段绝热式固定床反应器；而在一氧化碳和氢合成甲醇的生产过程中，也是采用多段绝热式固定床反应器，只需在段间通原料气进行冷激，以控制整个反应过程的温度。

二、列管式固定床反应器

列管式固定床反应器，通常是在管内充填催化剂，管间通热载体，气体原料自上而下通过催化剂床层进行反应，反应热通过管壁与管外的热载体进行热交换。这种反应器既适用于放热反应，也适用于吸热反应。如图 4-5、图 4-6 所示。

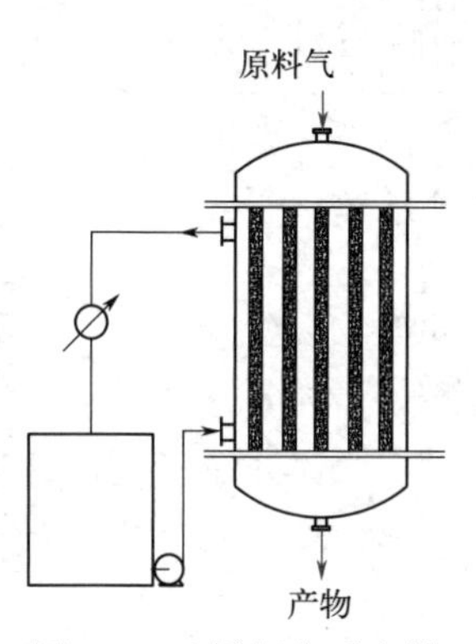

图 4-5　乙烯氧化反应器

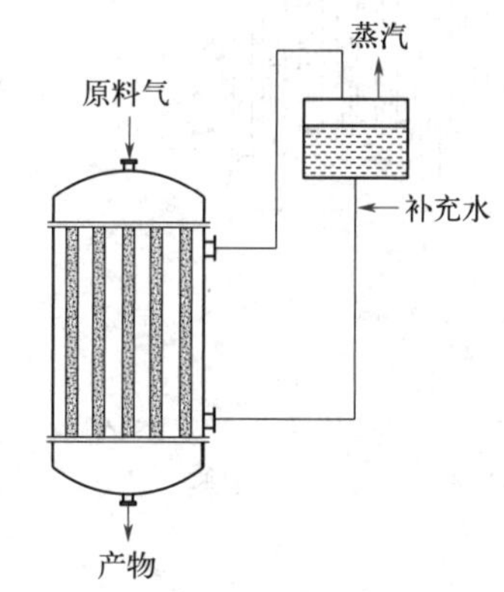

图 4-6　乙炔法合成氯乙烯反应器

在列管式固定床反应器中，热载体可通过管壁将反应热移走，以维持反应在适宜的温度下进行。热载体可根据反应温度范围、热效应大小、操作状况以及过程对温度波动的敏感性等来确定，它在反应条件下应具有较好的热稳定性和较大的热容，不生成沉积物，对设备无腐蚀，能长期使用，价廉易得等。常用的热载体主要有：水、加压水（373～573K）、导生液（联苯二苯醚混合物，473～623K）、熔盐（如硝酸钠、硝酸钾和亚硝酸钠混合物，573～773K）、烟道气（873～973K）等。另外，热载体温度与反应温度相差不宜太大，以免造成近壁处的催化剂过冷或过热。过冷的催化剂有可能达不到“活性温度”，不能发挥催化作用，过热的催化剂极有可能失活。热载体在管外通常采用强制循环的形式，以增强传热效果。

按不同热载体和热载体不同循环方式分类，列管式固定床反应器有多种结构型式。乙炔与氯化氢制氯乙烯的生产过程就是采用沸腾式结构的反应器，如图 4-6 所示，它是采用沸腾水为热载体，反应热通过沸腾水的部分气化与反应产物一起从出口处引出，分离后的水蒸气经冷凝并补加部分软水后继续进入反应器循环使用。沸腾式循环可以使整个反应器内热载体温度基本恒定。如图 4-7 是萘氧化反应器，属于内部循环式。它是以熔盐为热载体，通过桨式搅拌器使熔盐在管外作强制循环流动，而熔盐吸收的反应热再传递给空气移走。这类反应器的结构比较复杂，丙烯腈生产过程等也使用此类反应器。

图 4-5 是乙烯氧化制环氧乙烷反应器，属外部循环式。热载体通过泵进行内外部循环流动，再由外部换热器对热载体进行冷却，以移走吸收的热量。

图 4-8 是乙苯脱氢反应器，属气体换热式。它采用高温烟道气加热，可省去金属圆筒外壳，直接把管子安装在耐火砖砌的环壁中。当用液态热载体无法达到高温反应要求时，可用流动性好的烟道气或其它惰性气体作为热载体。

列管式固定床反应器换热效果较好，催化剂床层的温度较易控制，特别适用于以中间产物为目的产物的强放热复合反应。同时，反应器内物料流动近似于理想置换模型也更有利于提高目的产物的生成，抑制副反应的发生。

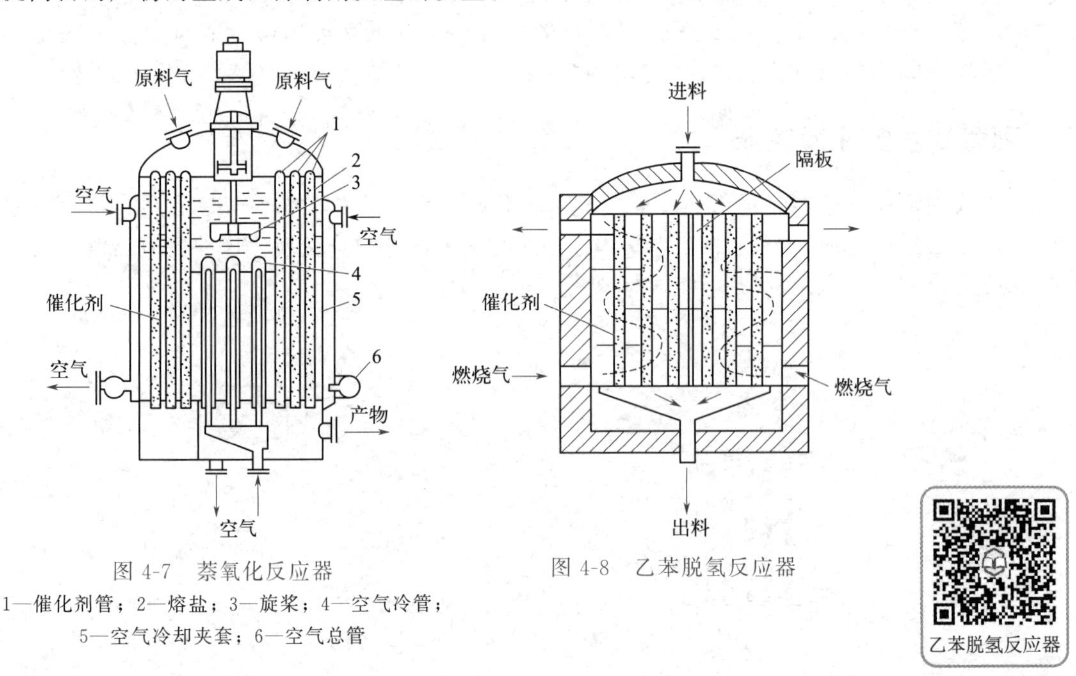

图 4-7 萘氧化反应器

1—催化剂管；2—熔盐；3—旋桨；4—空气冷管；5—空气冷却夹套；6—空气总管

图 4-8 乙苯脱氢反应器

三、自热式固定床反应器

在固定床反应器中，换热介质为原料气，并通过管壁与反应物料进行换热以维持反应温度的反应器，称为自身换热式(或称自热式）反应器。自身换热式固定床反应器通常只适用于热效应不大的放热反应以及高压反应过程（见图 4-9)，如合成氨和甲醇的生产过程。这种反应器的结构型式集反应与换热于一体，利用反应热对原料进行预热，实现了热量自给，从而使设备更紧凑高效、热量利用率高、易实现自动控制。若反应放出的热量较大，只靠反应管的传热面积不能维持床层温度时，工业上常在催化剂层内插入各种各样的冷却管（如热管），从而增大了传热面积，并可使催化剂层温度分布接近于较理想的状况。

四、径向反应器

径向反应器是为提高催化剂利用率、减少床层压降而设计的。它可采用细粒催化剂，催化剂呈圆环柱状堆积在床层中，反应气体从床层中心管进入后沿径向通过催化剂床层，由于气体流程缩短，流道截面积增大，虽使用较细颗粒催化剂而压降却不大，因此节省了动力，但在此类反应器中，气体分布的均匀性却是很重要的。径向反应器适用于反应速度与催化剂表面积成正比的反应，细粒催化剂的使用可以提高反应速度和反应器生产能力，如图 4-10 所示。

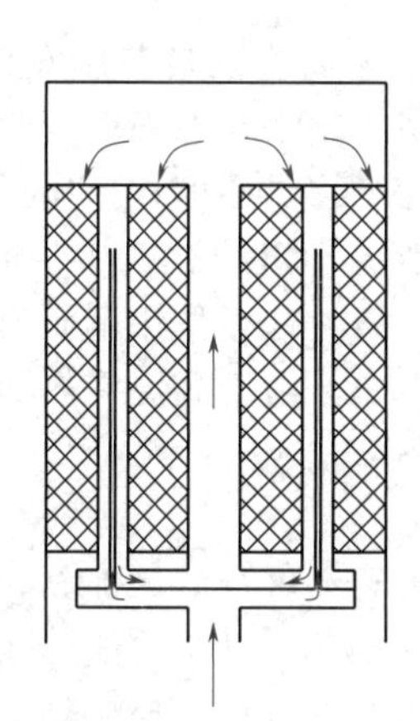

图 4-9　自热式固定床反应器结构示意图（双套管）

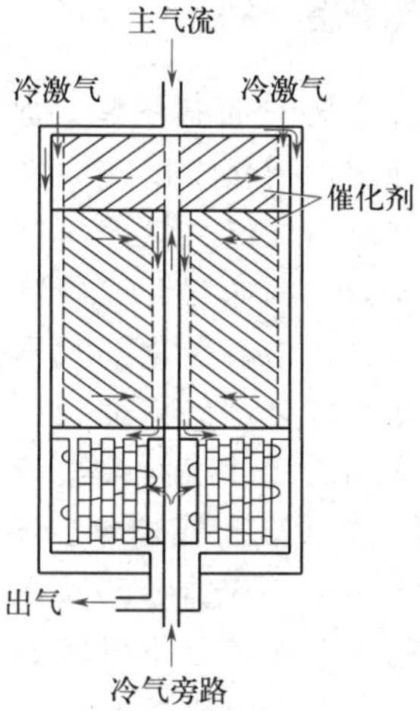

主气流
冷激气
冷激气
催化剂
出气
冷气旁路

图 4-10　径向固定床催化反应器示意图

正是由于径向反应器的这些突出优点，从而引起了国内外科研机构的高度重视，纷纷加大了研究与开发的力度，变传统的轴向流为径向流反应器和改进现有的径向反应器结构，使之既满足了工艺要求，又提高了反应效率，这已成为目前固定床反应器研究开发的重点。如近期开发成功的乙苯负压脱氢制苯乙烯的径向负压反应器，既保持了径向反应器所具有的低阻力特点，又能满足乙苯脱氢负压反应的工艺要求。径向反应器最主要的难题是需要解决气体分布均匀性问题，避免出现因各处反应物料停留时间不同而造成返混、降低反应转化率和选择性。

固定床反应器的优点是：①返混小，流体同催化剂可进行有效接触，当反应伴有串联副反应时可得较高选择性；②催化剂机械损耗小；③结构简单。

固定床反应器的缺点是：①传热差，反应放热量很大时，即使是列管式反应器也可能出现飞温（反应温度失去控制，急剧上升，超过允许范围）；②操作过程中催化剂不能更换。

任务二　学习固体催化剂基础知识

在固定床反应器中至少存在两相，流体和固体颗粒。固体颗粒主要是催化剂，流体通过催化剂床层进行反应，因此，催化剂的性质对反应具有很大的影响。

许多化学反应虽然在热力学上有很大的能动性，但从动力学角度考虑，反应速率非常慢，没有任何工业价值。为了提高这类反应的速率，可在反应过程中添加新的物质，通过改变化学反应的历程，达到反应速率的提高。例如合成氨的生产，在400℃时，几乎察觉不到 N_2 和 H_2 的反应，当给系统中加入 Fe 后，在同样的温度下，发现 N_2 和 H_2 以很显著的速率进行反应，但是反应前后 Fe 的质和量维持不变，这种新加入的物质就称为催化剂。

有催化剂存在的反应称为催化反应过程。当催化剂与原料形成的混合物是同一相时，该反应过程称为均相催化反应过程；若催化剂与原料不是同一相态，则该反应过程称为非均相催化反应过程。如原料为气相，而催化剂为固相时，该反应过程为气固相催化反应过程。在工业生产上气固相催化反应被广泛使用，采用固定床反应器的尤其广泛。

一、催化剂的性能特征

1. 催化剂能够改变反应历程，加快化学反应速率，但它本身在反应前后没有变化

由于催化剂在参与化学反应的中间过程后又恢复到原来的化学状态而循环起作用，所以一定量的催化剂可以促进大量反应物进行反应，生成大量的产物。亦即在反应过程中，催化剂的用量是很少的。例如氨合成用熔铁催化剂，1t 催化剂能生产出约 2×10^4 t 氨。但应该注意，在实际反应过程中，催化剂并不能无限制地循环使用，因为催化作用不仅与催化剂的化学组成有关，亦与催化剂的物理状态有关。例如在使用过程中，由于高温受热而导致反应物的结焦使得催化剂的活性表面被覆盖，致使催化剂的活性下降。

2. 催化剂只能改变反应速率，不能改变反应的趋向性

如果某种化学反应在给定的操作条件下在热力学上是属于不可行的，那么，选择催化剂来提高该反应的反应速率是不可能的。因为催化剂只能加速热力学上可能进行的化学反应，而不能加速热力学上无法进行的反应。这就说明对在热力学上不可行的反应是没必要为它白白浪费人力和物力去寻找高效催化剂。因此，在开发一种新的化学反应催化剂时，首先要对该反应系统进行热力学分析，看它在该条件下是否属于热力学上可行的反应。

3. 催化剂只能改变化学反应的速率，而不能改变化学平衡的状态

对于可逆反应，化学平衡常数：$\ln k_p=-\dfrac{\Delta G^0}{RT}$。即在一定外界条件下某化学反应产物的最高平衡浓度，受热力学变量的限制。而催化剂尽管参加了化学反应，但其质和量在反应过程中是不发生变化的。因此，催化反应和非催化反应的自由焓变化值是相同的。换言之，催化剂只能改变达到（或接近）这一极限值所需要的时间，而不能改变这一极限值的大小。

由于催化剂不改变化学平衡状态，意味着其既能加速正反应，也能同样程度地加速逆反应，这样才能使其化学平衡常数保持不变。因此某催化剂如果是某可逆反应正反应的催化剂，必然也是其逆反应的催化剂。例如合成甲醇反应 $CO+2H_2 \rightarrow CH_3OH$，而该反应需要在高压下进行，因此甲醇合成反应催化剂的筛选就可以利用在常压下进行的甲醇分解反应来初步选择。

4. 催化剂对反应具有选择性

催化剂对反应类型、反应方向和产物的结构具有选择性。可以在反应体系中有选择地加快某一反应的速率而不加速另一反应。例如在乙炔加氢反应系统，可以利用催化剂的选择性来加速乙炔加氢生成乙烯的反应，而不加速乙炔加氢生成乙烷的反应。例如，以一氧化碳和氢为原料，能够合成甲醇、甲烷、烃类混合物、乙二醇及固体石蜡等，而催化剂可以有选择加速其中一个反应。因此，有目的地选择某一催化剂，可以使合成反应按照所希望的方向进行，这称为催化剂的选择性。催化剂选择关系的研究，是催化研究中的主要课题，常常要付出巨大的劳动才能创立高效率的工业催化过程。正是由于这种选择关系，使人们有可能对复杂的反应系统从动力学上加以控制，使之按照要求向特定反应方向进行，生产特定的产物。

二、固体催化剂组成

固体催化剂通常不是单一的物质，而是由多种物质组成，绝大多数工业催化剂是由活性组分、助催化剂、载体所组成。一个好的催化剂必须具有适宜的活性、高选择性、高强度和长寿命等特点。

1. 活性组分

它是催化剂的主要成分，是起催化作用的根本性物质。没有它，就不存在催化作用。活性组分有时由一种物质组成，如乙烯氧化制环氧乙烷的银催化剂，活性组分就是银单一物质；有时则由多种物质组成，如丙烯氨氧化制丙烯腈用的钼-铋催化剂，活性组分就是由氧化钼和氧化铋两种物质组合而成。

2. 助催化剂（促进剂）

一些本身对某一反应没有活性或活性很小，但于催化剂之中添加少量（一般小于催化剂总量的10%）却能使催化剂具有所期望的活性、选择性或稳定性的物质称为助催化剂。例如，加氢脱硫反应所用的$CoO\text{-}MoO_3$催化剂中，钴即为助催化剂。助催化剂可分为结构型助催化剂和调变型助催化剂两类。结构型助催化剂是通过一些高熔点难还原的氧化物增加活性组分的表面积，提高活性组分的热稳定性。调变型助催化剂则可以调节和改变活性组分本身。

3. 载体

载体是固体催化剂特有的组分。它可以提高活性组分的分散度，使之具有较大的比表面积，载体也可以对活性组分起支撑作用和分散作用，使催化剂具有适宜的形状和粒度，并且提高催化剂的耐热性和机械强度，因此载体有时又称为催化活性组分的分散剂、黏合物或支撑体。它与助催化剂的不同之处在于，载体在催化剂中的含量远大于助催化剂。

载体的种类很多，可以是天然的，也可以是人工合成的。为了使用上的方便，可将载体分为低比表面，表面积$<1m^2/g$，如磨砂玻璃、金属、碳化硅等；高比表面，表面积$>100m^2/g$，如活性炭、硅胶等；中等比表面，$1m^2/g<$表面积$<100m^2/g$，如石棉、硅藻土等三类。

4. 抑制剂

大部分的催化剂是由活性组分、助催化剂和载体三大部分构成，但有的催化剂中会加入少量的抑制剂。所谓的抑制剂是指如果在活性组分中添加少量的物质，便能使活性组分的催化活性适当调低，甚至在必要时大幅度地下降，则这种少量物质称为抑制剂。抑制剂的作用，正好与助催化剂相反。一些催化剂配方中添加抑制剂，是为了使工业催化剂的诸性能达到均衡匹配，整体优化。有时，过高的活性反而有害，会因反应器不能及时移出热量而导致“飞温”，或者导致副反应加剧，选择性下降，甚至引起催化剂积炭失活。

三、催化剂的物理结构

催化剂的物理结构对催化剂的性质有重要的影响。催化剂一般是做成多孔形的球形结构。也可以是圆柱形（包括拉西环及多孔球形）、锭形、条形、蜂窝形等。催化剂的物理结构的特征值主要有以下几方面。

1. 比表面积

单位质量催化剂所具有的表面积，记为S_g，单位为m^2/g。常用的多孔形催化剂，其比表面积比较大。一般情况下，催化剂的比表面积必须在 $5\sim1000m^2/g$ 才能产生较好的催化效果。

2. 孔容积

孔容积又称为孔体积，简称孔容。指单位催化剂中内部微孔所占有的体积，记为 V_g，单位为 mL/g。多孔形催化剂的孔容多数在 0.1～1.0mL/g 范围内。孔容积的测量可以用氦汞法。即先测量试样粒子所取代的氦体积，该体积表示固体物质所占的体积；然后将氦除去，再测试样粒子所取代的汞的体积，因为常压下汞能进入微孔，故该体积为固体物质和微孔的总体积。两者之差即为试样中的孔体积。

3. 孔径分布

多孔形催化剂的孔径大小为 $10^{-10}\sim10^{-6}$m 级。细孔型多数在十埃至数百埃（1Å=0.1nm）范围，而粗孔型则为几微米至 100 微米以上。除极少数例外（如分子筛），催化剂中的孔径都是不均匀的。为了表达孔径大小的分布，可以用多种不同的指标。例如在不同孔径范围内的孔所占孔容的分率，或不同孔径范围内的孔隙所提供的表面积分率。平均孔径为一设想值，即设想孔径一致时，为了提供实际催化剂所具有的孔容和比表面积，孔的半径应为多少。最或然孔径值，即为在实际催化剂的孔径分布中，概率最大的孔径值。

4. 催化剂密度及孔隙率

（1）真密度（骨架密度、固体密度） 指催化剂颗粒中固体实体单位体积（不包括孔体积）的质量，记为 ρ_s，单位为 g/cm^3。

（2）表观密度（假密度、颗粒密度） 包括催化剂颗粒中的孔隙容积时，该颗粒的密度，记为 ρ_p，单位为 g/cm^3。

（3）孔隙率 孔隙率是指催化剂颗粒孔隙体积与催化剂颗粒总体积之比，当催化剂的质量为 m_p 时，

$$\varepsilon_p=\frac{V_{孔}}{V_{颗粒}}=\frac{m_pV_g}{m_pV_g+m_p/\rho_s}=\frac{V_g\rho_s}{1+V_g\rho_s}=\frac{V_g}{1/\rho_p}$$

四、工业催化剂性能指标

催化剂性能指标

一种良好的催化剂不仅能选择地催化所要求的反应，同时还必须具有一定的机械强度，有适当的形状，以使流体阻力减小并能均匀地通过，在长期使用后（包括开停车）仍能保持其活性和机械性能。即必须具备适宜活性，高选择性，合理的流体流动性质及长寿命这 4 个条件。

1. 活性

催化剂的活性是指催化剂改变反应速率的能力，即加快反应速率的程度。它反映了催化剂在一定工艺条件下催化性能的化学本性，还取决于催化剂的物理结构等性质。活性可以用下面几种方法表示。

（1）比活性。非均相催化反应是在催化剂表面上进行的。在大多数情况下，催化剂的表面积愈大，催化活性愈高，因此可用单位表面积上的反应速率即比活性，来表示活性的大小。

（2）转化率。是在一定反应时间、反应温度和反应物料配比的条件下进行反应的某一反应物转化的分率。转化率高则催化活性高，转化率低则催化活性低。此种表示方法比较直观，但不够确切。

（3）空时收率。是指单位时间内，单位催化剂（单位体积或单位质量）上生成目的产物的数量，常表示为：目的产物量（kg）/催化剂量（m^3/h 或 kg/h）。这个量直接给出生产能

力，生产和设计部门使用最为方便。在生产过程中，以催化剂的空时收率来衡量催化剂的生产能力，也是工业生产中经验计算反应器的重要依据。

2. 选择性

是指催化剂促使反应向所要求的方向进行而得到目的产物的能力。它是催化剂的又一个重要指标。催化剂具有特殊的选择性，说明不同类型的化学反应需要不同的催化剂；同样的反应物，选用不同的催化剂，则获得不同的产物。选择性可由式(1-12）计算。

3. 使用寿命

催化剂的寿命是指催化剂在反应条件下从开始使用到经过再生仍然不能使用的使用时间。或者是指具有活性的使用时间，或活性下降经再生而又恢复的累计使用时间。它也是催化剂的一个重要指标。催化剂寿命愈长，使用价值愈大。所以高活性、高选择性的催化剂还需要有长的使用寿命。

催化剂的活性随使用时间而变化。各类催化剂都有它自己的“寿命曲线”，即活性随时间变化的曲线，一般分为三个时间段：

（1）成熟期。在一般情况下，当催化剂开始使用时，其活性逐渐有所升高，可以看成是活化过程的延续，直至达到稳定的活性，即催化剂已成熟。

（2）稳定期。催化剂活性在一段时间内基本上保持稳定。这段时间的长短与使用的催化剂种类有关，可以从很短的几分钟到几年，稳定期越长越好。

（3）衰老期。随着反应时间的增长，催化剂的活性要逐渐下降，即开始衰老，直到催化剂的活性降低到不能再使用，此时必须再生，重新使其活化。如果再生无效就要更换新的催化剂。

4. 其它性质

催化剂的性能指标除了催化剂活性、选择性和使用寿命外，还需要考虑有机械强度、热稳定性和抗毒稳定性。

在化工生产过程中，需要有大量原料气通过催化剂层，有时还要在加压下运转。催化剂又需定期更换，在装卸、填装和使用时都要承受碰撞和摩擦。特别在流化床反应器中，对催化剂的机械强度要求高，否则，会造成催化剂的粉碎，增加反应器的阻力降，甚至导致物料将催化剂带走，造成催化剂的损失。更严重的还会堵塞设备和管道，被迫停车甚至造成事故。因此高机械强度是保证催化剂正常使用的必要条件。

另外，工业催化剂还需要热稳定性及抗毒稳定性好。固体催化剂在高温下，较小的晶粒可以重新结晶为较大的晶粒，使孔半径增大，表面积降低，因而导致催化活性降低。所以，制备催化剂时一定要尽量选用耐热性好、导热性能强的载体，以阻止容易烧结的催化活性组分相互接触，防止烧结发生，同时要注意散热，避免催化剂床层过热。催化剂的使用过程中，有少量甚至微量的某些物质存在就会引起催化剂活性显著下降。因此在制备催化剂过程中从各方面都要注意增强催化剂的抗毒能力。

五、固体催化剂的制备

固体催化剂的制备方法很多。由于制备方法的不同。尽管原料与用量完全一样，但所制得的催化剂性能仍可能有很大的差异。因为工业催化剂的制备过程比较复杂，许多微观因素较难控制，而目前的科学水平还不足以说明催化剂的奥秘，导致制备方法在一定程度上还处于半经验的探索阶段。

1. 催化剂的制备方法

目前，工业上使用的固体催化剂的制备方法有：沉淀法、浸渍法、混合法、离子交换法、熔融法等。

（1）沉淀法　沉淀法是制备固体催化剂最常用的方法之一。基本原理是借助沉淀反应，用沉淀剂（如碱类物质）将可溶性的催化剂组分（金属盐类的水溶液）转化为难溶化合物（水合氧化物、碳酸盐的结晶或凝胶），再经分离、洗涤、干燥、焙烧、成型等工序制得成品催化剂。广泛用于制备高含量的非贵金属、金属氧化物、金属盐催化剂或催化剂载体。沉淀法的主要影响因素有溶液的浓度、沉淀的温度、溶液的pH值和加料的顺序等。该法的优点是：有利于杂质的清除；可获得活性组分分散度较高的产品；有利于组分间紧密结合，造成适宜的活性构造；活性组分与载体的结合较紧密，且前者不易流失。

（2）浸渍法　浸渍法是将载体置于含活性组分的溶液中浸泡，再经干燥、焙烧而制得。是负载型催化剂最常用的制备方法。例如用于加氢反应的载于氧化铝上的镍催化剂 Ni/Al_2O_3，其制造方法是将氧化铝粒子浸泡在硝酸镍溶液里，然后倒掉过剩的溶液，在炉内加热使硝酸镍分解成氧化镍。浸渍法的主要影响因素有活性组分与载体用量比、载体浸渍时溶液的浓度、浸渍后干燥速率等。

（3）混合法　混合法是工业上制备多组分固体催化剂时采用的方法。它是将几种组分用机械混合的方法制成多组分催化剂。混合的目的是促进物料间均匀分布，提高分散度。因此，在制备时应尽可能使各组分混合均匀。尽管如此，这种单纯的机械混合，组分间的分散度不及其他方法。为了提高机械强度，在混合过程中一般要加入一定量的黏合剂。

（4）熔融法　熔融法主要是用于制备金属催化剂。如氨合成的熔铁催化剂、Fischer-Tropsch合成催化剂、甲醇氧化的Zn-Ga-Al合成催化剂等。熔融法是在高温条件下进行催化剂组分的熔合，使之成为均匀的混合体、合金固溶体或氧化物固溶体。在熔融温度下金属、金属氧化物都呈流体状态，有利于它们的混合均匀，促使助催化剂组分在活性组分上的分布。熔融法的主要影响因素是温度。

（5）离子交换法　离子交换法是利用载体表面存在着可进行交换的离子，将活性组分通过离子交换（通常是阳离子交换），交换到载体上，然后再经过适当的后处理，如洗涤、干燥、焙烧、还原最后得到金属负载型催化剂。离子交换反应在固体与载体表面的有限的交换基团和具有催化性能的离子之间进行，遵循化学计量关系，一般是可逆过程。该法制得的催化剂分散度好，活性高，尤其适用于制备低含量、高利用率的贵金属催化剂，沸石分子筛、离子交换树脂的改性过程也常采用这种方法。

2. 催化剂的成型

由于反应器的型式和操作条件不同，常需要不同形状的催化剂以符合其流体力学条件。催化剂对流体的阻力是由固体的形状、外表面的粗糙度和床层的空隙率所决定。具有良好流线型固体的阻力较小，一般固定床中球形催化剂的阻力最小，不规则形状者较大。流化床中一般采用细粒或微球形的催化剂。因此为了生产特定形状的催化剂，需要通过成型工序。催化剂的成型方法，通常有破碎成型、挤条成型、压片成型及生产球状成品的成型技术。

（1）破碎　直接将大块的固体破碎成无规则的小块。坚硬的大块物料可选用颚式破碎机，欲进一步破碎则可采用粉碎机。由于用破碎法得到的固体催化剂的形状不规则，粒度不整齐，因此要筛分成不同的品级。破碎物块常有棱角，这些棱角部分易破裂成粉末状物，故通常在破碎后将块状物放在旋转的角磨机内，使颗粒间相互碰撞，磨去棱角。

（2）挤条　此方法一般适用于亲水性强的物质，如氢氧化物等。将湿物料或在粉末物料中加适量的水碾捏成具有可塑性的浆状物料，然后放置在开有小孔的圆筒中，在活塞的推动下，物料呈细条状从小孔中被挤压出来，干燥并硬化。

（3）压片　是常用的成型方法，某些不易挤条成型的物质，可用此法成型。压片就是将粉末状物料注入圆形的空腔中的活塞上施加预定的压力，将其粉压成片。片的尺寸按需要而定。有些物料（例如硅藻土）压片容易，有些物料则需要添加少量塑化剂和润滑剂（例如滑石、石墨、硬脂酸）来帮助。片压成后排出，它的形状和尺寸非常均匀，机械强度大，孔隙率适中。有时在粉末中混入纤维（例如合成纤维），然后再将它烧去以增加片中的大孔；有时在粉末中混入金属以改善片内和片间的导热性能。

（4）造球　催化剂中球状催化剂的应用居多，常用的造球方法有：①滚球法，即将少量的粉末加少量的液体（多数为水）造粒，过筛，取出一定筛分的粒子作种子，放入滚球机中（一个斜立的可旋转的浅盘）。将待成型的粉末物料加入，并不断加入水分，由于水产生的毛细管力使粉末粘附于种子上，因而逐渐长大成为球状物。②流化法，将种子不断地加入流化床层中，在床层底部将含有催化剂组分的浆料与热风一起鼓入。种子在床中处于流化状态，浆料粘附于种子上，同时逐渐干燥。由于粒子之间相互碰撞，使球体颗粒逐渐长大，得到所需要的球状固体催化剂。③油浴法，将可以胶凝的物料滴入（或喷入）一柱形容器中，器内盛油。由于表面张力，物料变为球状，并逐渐固化。成型后的球状产物移出容器外后，即送入老化干燥等工序。

六、催化剂的使用

合理使用催化剂是延长催化剂的寿命的主要手段。尤其是在催化剂的装填储运及开车停车时更要注意，才能保证和提高催化剂的性能。

1. 运输、贮藏与装填

催化剂通常是装桶供应的，由金属桶（如CO变换催化剂）或纤维板桶（如SO_2接触氧化催化剂）包装。用纤维板桶装时，桶内有一塑料袋，以防止催化剂吸收空气中的水分而受潮。装有催化剂桶的运输应尽可能轻轻搬运，并严禁摔、滚、碰、撞击，以防催化剂破碎。

催化剂的贮藏要求防潮、防污染。例如，SO_2接触氧化使用的钒催化剂，在贮藏过程中不与空气接触则可保存数年，性能不发生变化。对于合成氨催化剂，如用金属桶存放时间可达数月，且可置于户外，但要注意防雨防污做好密封工作。如有空气泄漏进入金属桶中，空气中含有水汽和硫化物等会与催化剂发生作用，导致催化剂失效。在贮藏期间如有雨水浸入催化剂表面润湿，这些催化剂就不宜使用。

催化剂的装填是非常重要的工作，填装的好坏对催化剂床层气流的均匀分布以降低床层的阻力从而有效地发挥催化剂的效能有重要的作用。催化剂在装入反应器之前先要过筛，因为运输中所产生的碎末细粉会增加床层阻力，甚至被气流带出反应器阻塞管道阀门。在填装之前要认真检查催化剂支撑篦条或金属支网的状况，若在装填后发现问题就很难处理。

在装填固定床宽床层反应器时，一要避免催化剂从高处落下造成破损；二要保证床层分布均匀。若在填装时造成严重破碎或出现不均匀的情况，导致形成反应器断面各部分颗粒大小不均。小颗粒或粉尘集中的地方空隙率小，阻力大；相反，大颗粒集中的地方空隙率大，阻力小。这样气体必然更多地从空隙率大、阻力小的地方通过，影响了催化剂的利用率。

对于固定床列管式的反应器，有的从管口到管底可高达10m。当催化剂装于管内时，催化剂不能直接从高处落下加到管中，这样不仅会造成催化剂的大量破碎，而且容易形成“桥接”现象，使床层出现空洞，出现沟流不利于催化反应，严重时还会造成管壁过热。因此，填装要特别小心，管内填装的方法由可利用的入口而定，可采用“布袋法”或“多节杆法”。其中尤以布袋法更为普遍。为了检查每根管子的填装量是否一致，催化剂在填装前应先称重。为了防止“桥接”现象，在填装过程中对管子应定时地振动。填装后催化剂的料面应仔细地测量，以确保在操作条件下的全部加热长度均有催化剂。最后，对每根装有催化剂的管子应进行压力降的测定，控制每根管子压力降相对误差在一定的范围内，以保证在生产运行中各根管子气体量分配均匀。

2. 催化剂的活化

催化剂使用之前通常需要活化，一般是升温与还原的过程。该过程实际上是其制备过程的继续，是投入使用前的最后一道工序，也是催化剂形成活性结构的过程。在此过程中，既有化学变化也有物理变化。通过此操作可以除去吸附和沉积的外来杂质，而且可以改变催化剂的性质，使之达到预期的要求。例如，一些金属氧化物（如 CuO、NiO、CoO 等）在氢或其他还原性气体作用下还原成金属时，表面积将大大增加，而催化活性和表面状态也与还原条件有关，用 CO 还原时还可能析炭。因此，升温还原的好坏将直接影响到催化剂的使用性能。催化剂的活化方法主要有适度加热驱除易除去的外来物质，小心燃烧驱除水分，用氢气、硫化氢、一氧化碳等作还原剂。

催化剂的还原必须到达一定的温度后才能进行。因此，从室温到还原开始以及开始还原到还原终点，催化剂床层都需逐渐升温，稳定而缓慢地进行，并不断脱除催化剂表面所吸附的水分。对于还原气体也可用水蒸气稀释。还原气的空速也有影响，氢气流量大，可以使还原时生成的水快速从颗粒内部向外扩散，从而提高还原速率，也有利于提高还原度，减少水汽的中毒效应。但提高空速会增加系统带走的热量，特别是对于吸热的还原反应，则增加了加热设备的负荷。因此，还原气的空速要综合考虑确定。

3. 开停车及钝化

催化剂的起始开工是确定催化剂最终性能的关键。因此需要有专门的开工程序。若催化剂为点火开车，则首先用纯氮气或惰性气体置换整个系统，然后用气体循环加热到一定温度，再通入工艺气体（或还原性气体）。对于某些催化剂，还必须通入一定量的蒸汽进行升温还原。当催化剂不是用工艺气体还原时，则在还原后期逐步加入工艺气体。如果是停车后再开车，催化剂只是表面钝化，就可用工艺气直接进行升温开车，不需要进行长时间的还原处理。

反应器的停车也需要特别地小心。不同的工艺过程对停车的要求也不同。临时性的短期停车，只需关闭催化反应器的进出口阀门，保持催化剂床层的温度，维持系统正压即可。当短时间停车检修时，为了防止空气漏入引起已还原催化剂的剧烈氧化，可用纯氮气充满床层，保护催化剂不与空气接触。若系统停车时间较长，生产使用的催化剂又是具有活性的金属或低价金属氧化物，为防止催化剂与空气中的氧反应，放热烧坏催化剂和反应器，则要对催化剂进行钝化处理。即用含有少量氧的氮气或水蒸气处理，使催化剂缓慢氧化，氮气或水蒸气作为载热体带走热量，逐步降温。操作的关键是通过控制适宜的配氧浓度来控制温度，开始钝化时氧的浓度不能过大，在催化剂无明显升温的情况下再逐步递增氧含量。若是更换催化剂的停车，则应包括催化剂的降温、氧化和卸出几个步骤。

4. 催化剂失活与再生

所有催化剂的活性都是随着使用时间的延长而不断下降，在使用过程中缓慢地失活是正常的、允许的，但是催化剂活性的迅速下降将会导致工艺过程在经济上失去价值。失活的原因是各种各样的，主要是玷污、烧结、积炭和中毒等。

玷污是指催化剂表面渐渐沉积铁锈、粉尘、水垢等非活性物质而导致活性下降，高温下有机化合物反应生成的沉淀物称为结焦或积炭。它的影响与玷污相近。烧结是指催化剂在高温下，较小的晶粒可以重新结晶为较大的晶粒，使孔半径增大，表面积降低，因而导致催化活性降低；中毒是指原料中极微量的杂质比反应物能够更强烈地吸附在催化剂活性中心上，导致催化剂活性的迅速下降的现象。催化剂的毒物通常可分为化学型毒物和选择型毒物两大类。积炭是催化剂在使用过程中，逐渐在表面上沉积一层炭质化合物，减少了可利用的表面积，引起催化活性的衰退，故积炭也可看作是副产物的毒化作用。

催化剂活性下降后，需要通过适当的处理使其活性得到恢复，这个过程叫再生。再生是延长催化剂的寿命、降低生产成本的一种重要的手段。催化剂的失活可分为暂时性失活和永久性失活。对于暂时性失活，可以通过再生的方法使其恢复活性。而永久性失活则是无法通过再生操作恢复活性的。工业上常用的再生方法有蒸汽处理、空气处理、用酸或碱溶液处理和通入氢气或不含毒物的还原性气体处理。

任务三 固定床反应器工作过程分析

反应物在通过固定床层时完成催化反应过程，实际上催化反应过程和传质传热是同时发生的，因此有必要对固定床反应器内的反应过程进行分析。

一、固体催化剂床层参数

在固定床反应器中，流体是从颗粒间缝隙通过，并不断与颗粒碰撞发生转向流动，其流体流动状况直接影响到传热与传质过程。因此，了解与流动有关的催化剂床层的性质是非常重要的。

（一）催化剂颗粒直径与形状系数

为了便于催化剂生产以及床层操作，催化剂的形状有多种，如球形、圆柱形、环状、片状、无定形等，其中以球形与圆柱形更为常见。球形颗粒可直接用直径来表示其大小；而非球形颗粒，常用与球形颗粒作对比所得到的相当直径来表示其大小。颗粒的形状是用形状系数来表示。

1. 体积相当直径

体积相当直径 d_V 是采用体积相同的球形颗粒直径来表示非球形颗粒直径，即

$$d_V=\left(6\,\frac{V_P}{\pi}\right)^{1/3}=1.241V_P^{1/3} \tag{4-1}$$

式中 d_V——体积相当直径，m；

V_P——非球形颗粒的体积，m^3。

2. 面积相当直径

面积相当直径 d_a 是采用外表面积相同的球形颗粒直径来表示非球形颗粒直径，即

$$d_a=(A_P/\pi)^{1/2}=0.564A_P^{1/2} \tag{4-2}$$

式中 d_a——面积相当直径，m；

A_P——非球形颗粒的外表面积，m^2。

3. 比表面相当直径

比表面相当直径 d_S 是采用比表面积相同的球形颗粒直径来表示非球形颗粒直径。非球形颗粒直径比表面积为

$$S_V=\frac{A_P}{V_P}$$

式中 S_V——非球形颗粒的比表面积，m^2/m^3。

则

$$S_V=\frac{6}{d_S}$$

$$d_S=\frac{6}{S_V}=\frac{6V_P}{A_P} \tag{4-3}$$

式中 d_S——比表面相当直径，m。

对于固定床反应器，在研究流体力学时，常用体积相当直径；而在研究传热传质时，常用面积相当直径。

4. 平均直径

当床层是由大小不一的催化剂颗粒构成时，整个床层催化剂颗粒的平均直径 d_P 可用调和平均法计算得到，即

$$\frac{1}{d_P}=\sum_{i=1}^{n}\frac{x_i}{d_i} \tag{4-4}$$

式中 d_P——平均直径，m；

x_i——各种筛分粒径所占的质量分数；

d_i——质量分数为 x_i 的筛分颗粒的平均粒径，m。

而各筛分颗粒的平均粒径 d_i 取上、下筛目尺寸的几何平均值，即

$$d_i=\sqrt{d'_i d''_i}$$

式中 d'_i，d''_i——同一筛分颗粒上、下筛目尺寸，m。

标准筛的部分规格见表 4-1。

表 4-1 标准筛的部分规格

目数	20	40	60	80	100	120	140
孔径/(10^{-3}m)	0.920	0.442	0.272	0.196	0.152	0.121	0.105

5. 形状系数 φ_S

催化剂的形状系数 φ_S 是用球形颗粒的外表面积与体积相同的非球形外表面积之比表示。

$$\varphi_S=\frac{A_a}{A_p} \tag{4-5}$$

式中 A_a——同体积的球形颗粒外表面积，m^2。

形状系数 φ_S 反映了非球形颗粒与球形颗粒的差异程度。对球形颗粒来说，$\varphi_S=1$；对非球形颗粒，$\varphi_S<1$，如表 4-2 所示。

表 4-2 不同粒子的形状系数

物料	形状	φ_S	物料	形状	φ_S
鞍形填料	—	0.3	砂各种形状平均	—	0.75
拉西环	—	0.3	硬砂	尖角状	0.65
烟(道)尘	球状	0.89	硬砂	尖片状	0.43
	聚集状	0.55	砂	圆形	0.83
天然煤粉	大约 10mm	0.65	砂	有角状	0.73
粉碎煤粉	—	0.75	碎玻璃屑	尖角状	0.65

三种相当直径之间的关系可以通过形状系数来关联，即：

$$d_S=\varphi_S d_V=\varphi_S^{3/2} d_a \tag{4-6}$$

【例 4-1】 某圆柱形催化剂，直径 $d=5\text{mm}$，高 $h=10\text{mm}$，求该催化剂的相当直径 d_v，d_a，d_S 及形状系数 φ_S。

解： 圆柱体催化剂的体积为 $V_P=\frac{\pi}{4}d^2h$，面积为 $A_P=2\pi r(h+r)$，则体积相当直径为

$$d_a=\left(\frac{A_P}{\pi}\right)^{1/2}=\left[\frac{2\pi r(h+r)}{\pi}\right]^{\frac{1}{2}}$$

$$=\left[2\times\frac{5}{2}\times\left(10+\frac{5}{2}\right)\right]^{\frac{1}{2}}=7.91(\text{mm})$$

比表面相当直径为：$d_S=6\dfrac{V_P}{A_P}=\left[\dfrac{6\times\frac{\pi}{4}d^2h}{2\pi r(h+r)}\right]=\dfrac{6\times\frac{1}{4}\times5^2\times10}{2\times\frac{5}{2}\times\left(10+\frac{5}{2}\right)}=6(\text{mm})$

形状系数为

$$\varphi_S=\frac{d_S}{d_V}=\frac{6}{7.91}=0.759$$

（二）床层空隙率

床层空隙率是指颗粒间的自由体积与整个床层体积之比，可用下式计算：

$$\varepsilon=\frac{\text{空隙体积}}{\text{床层体积}}=1-\frac{\text{颗粒体积}}{\text{床层体积}}=1-\frac{V_P}{V_B}=1-\frac{\rho_B}{\rho_P} \tag{4-7}$$

式中　ε——空隙率；

ρ_P——催化剂床层颗粒密度，kg/m^3；

ρ_B——催化剂床层堆积密度，kg/m^3。

床层空隙率是催化剂床层的一个重要参数，它与颗粒大小、形状、充填方式、表面粗糙度、粒径分布等有关，对床层流体流动、传热、传质影响较大，也是影响床层压力降的主要因素。

实验结果表明，空隙率在床层径向上分布是不均匀的。空隙率在贴壁处达到最大，在离壁（1～2）d_P 处也具有较高的值，而床层中部空隙率较小。器壁对空隙率分布的影响以及由此造成的对流体流动、传热、传质的影响称为壁效应。壁效应是床层固有的现象，也是一个不利的因素，需要采取其它措施来降低它对反应结果的影响。如降低颗粒直径与床层管径（d_P/D）比值，能提高床层径向空隙率的均匀性，气流沿径向的分布也就更均匀，通常要求管径 $D>8d_P$ 以上。

（三）固定床的当量直径

固定床的当量直径就是 4 倍的水力半径，即

$$d_e=4R_H=4\,\frac{\text{流道有效截面积}}{\text{流道润湿周边长}}=\frac{4\varepsilon}{S_e}$$

$$S_e=\frac{(1-\varepsilon)A_P}{V_P}=\frac{6(1-\varepsilon)}{d_S}$$

则：
$$d_e = 4R_H = \frac{4\varepsilon}{S_e} = \frac{2}{3}\frac{\varepsilon}{1-\varepsilon}d_S \tag{4-8}$$

式中 d_e——当量直径，m；

R_H——水力半径，m；

S_e——床层比表面，m^2/m^3。

【例 4-2】 固定床反应器输送气体反应物的风机，其气流通道为矩形，边长分别为 a 和 b，求其当量直径 d_e。

解： 将数据直接代入到上式，可计算出当量直径为

$$d_e = 4\times\frac{ab}{2(a+b)} = \frac{2ab}{a+b}$$

二、流体在固定床中的流动特性

1. 流动特性

流体在固定床层中的流动较在空管中流动要复杂得多。在固定床中，流体在颗粒间的空隙中流动，流动通道是弯曲、变径、相互交错的，流体撞击颗粒后分流、混合、改变流向，增加了流体的扰动程度，因此较空管更容易形成湍流。

为了更好地研究流体在床层内的流动特性，通常需要从径向混合和轴向混合两个方面来考虑。径向混合可以简单地理解为由于流体在流动过程中不断撞击颗粒，使得流体发生分流、变向造成的；而轴向混合可简单地理解为由于流体在轴向通道不断缩小与扩大，造成流体的流速变化而引起的混合。这样，我们就把床层内流体的流动分成两部分：一部分是流体以平均流速沿轴向作理想置换流动；另一部分为流体的径向和轴向的混合扩散，包括层流时的分子扩散和湍流时的涡流扩散。而床层内流体的混合程度可通过在轴向置换流基础上叠加相应的混合扩散来表示，并根据此流动机理推导出该模型的数学表达式。

2. 气体的分布

在气固相固定床反应器中，流体在径向上的分布是不均匀的，主要原因如下：

(1) 由于空隙率分布不均匀，造成气流分布也不均匀。

(2) 流体流速的不均匀分布，造成物料在床层内停留时间不同。

(3) 较大气速的气流进入反应器之初，具有相当大动能直接冲入床层，造成气流分布不均匀。

(4) 催化剂颗粒在堆积过程中产生的沟流、短路等现象，破坏正常操作，最终影响到反应结果。

因此，提高床层内气体流速分布的均匀性对降低返混，提高反应器生产能力和反应选择性具有重要意义。提高气体分布的均匀性，原则上有以下方法：

(1) 催化剂大小要均一，充填时注意保持各个部位密度均匀，保证催化剂床层各个部位阻力相同；

(2) 消除气流初始动能，使气流均匀流入反应器床层。在反应器的气流入口处设附加导流装置，如装设分布头、扩散锥或填入环形、栅板形、球形等惰性填料，如图 4-11 所示。或增设环形进料管或多口螺旋形进料装置等，如图 4-12 所示。

另外，还可采用适当的流向，利用自然对流来调整各处气流运动的推动力或采用改变管排列形式的方法，使气流分布更合理。

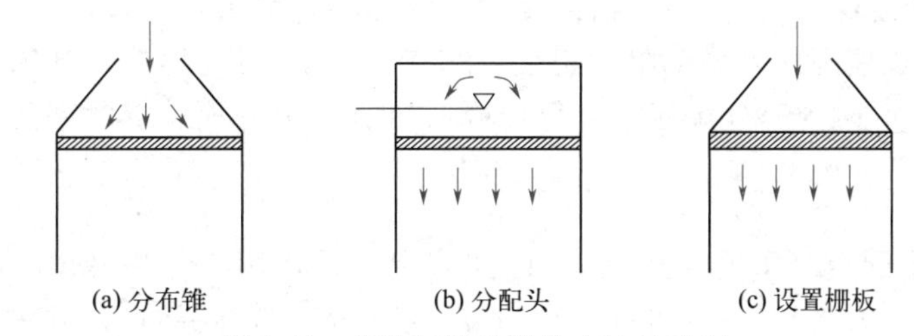

图 4-11　消除初始动能的方法示意图

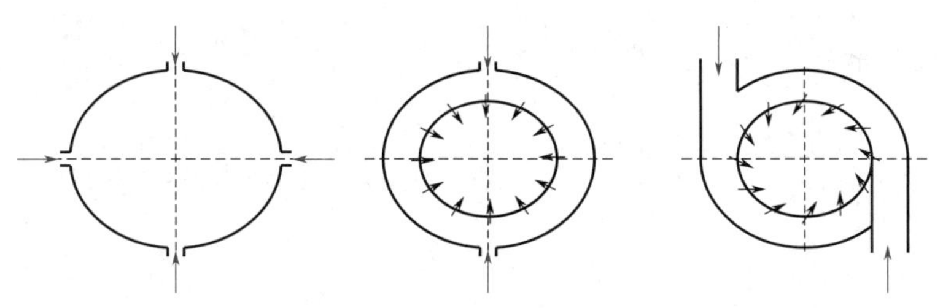

图 4-12　附加导流装置示意图

3. 床层压降

床层压降是固定床反应器设计的重要参数，要求床层压降不超过床内压力的 15%。

流体通过床层所产生的压降，主要来源于流体与颗粒表面间的摩擦阻力和流体在通道内的收缩、扩大与撞击颗粒、变向分流等引起的局部阻力。计算流体流过固定床压力降的方法很多，但基本上都是利用流体在空管中流动的压力降计算公式经修正而成，最常用的是 Ergun 公式。

流体在空圆管中等温流动时的压力降

$$\Delta p = f\frac{L}{d_t}\frac{\rho_f u_0^2}{2}$$

式中　Δp——压降，Pa；

L——管长，m；

d_t——管内径，m；

ρ_f——流体密度，kg/m^3；

u_0——流体平均流速，m/s；

f——空管的摩擦阻力系数。

对于固定床，流体在固定床中的流动的长度为 L'，床层长度的修改系数为 f_L，即 $L' = f_L L$，气体在空隙中的流速 u，即 $u = u_0/\varepsilon$，床层相当直径为 d_e，即 $d_e = \frac{2}{3}\left(\frac{\varepsilon}{1-\varepsilon}\right)d_S$。

经整理后得

$$\Delta p = f_m \frac{\rho_f u_0^2}{d_S}\frac{L(1-\varepsilon)}{\varepsilon^3} \tag{4-9}$$

通过实验测定得到修正摩擦阻力系数 f_m

$$f_m = \frac{150}{Re_M} + 1.75 \tag{4-10}$$

式中　Re_M——修正的雷诺数。

$$Re_M = \frac{d_S \rho_f u_0}{\mu_f}\left(\frac{1}{1-\varepsilon}\right) = \frac{d_S G}{\mu_f}\left(\frac{1}{1-\varepsilon}\right) \tag{4-11}$$

从式(4-10)可以看出，f_m 中包括两项。由于第一项的 Re_M 中包含有黏度项，代表摩擦阻力损失，而第二项则代表局部阻力损失。当 $Re_M<10$ 时为层流，计算压降时可省去第二项；当 $Re_M>1000$ 时为充分湍流，计算压降时可省去第一项。空隙率是影响压降的重要因素。

【例 4-3】 求固定床床层压降 Δp。已知固定床是选用 230 根 ϕ46mm×3mm 的反应管，催化剂充填高度 $L=3.6$m，颗粒直径为 $d_S=5$mm，流体黏度 $\mu=0.0483$kg/(m·h)，流体的密度 $\rho_f=1.031$kg/m^3，床层空隙率 $\varepsilon=0.35$，质量流量 $G=488.7$kg/h。试计算固定床床层的压降。

解： 管内流体的气速

$$u_0=\frac{G}{\frac{\pi}{4}d_t^2\times n\times\rho_f}=\frac{488.7}{0.785\times(0.046-0.003\times2)^2\times230\times3600\times1.031}$$

$$=0.456(\text{m/s})$$

雷诺数：

$$Re_M=\frac{d_S\rho_f u_0}{\mu_f}\left(\frac{1}{1-\varepsilon}\right)=\frac{d_S G}{\mu_f}\left(\frac{1}{1-\varepsilon}\right)=\frac{0.005\times0.456\times1.031\times3600}{0.0483}\left(\frac{1}{1-0.35}\right)$$

$$=269.5$$

摩擦阻力系数：$f_m=\dfrac{150}{Re_M}+1.75=\dfrac{150}{269.5}+1.75=2.31$

床层压降：$\Delta p=f_m\dfrac{\rho_f u_0^2}{d_S}\dfrac{L(1-\varepsilon)}{\varepsilon^3}$

$$\Delta p=f_m\frac{\rho_f u_0^2}{d_S}\frac{L(1-\varepsilon)}{\varepsilon^3}=2.31\times\frac{1.031\times(0.456)^2\times3.6\times(1-0.35)}{0.005\times(0.35)^3}$$

$$=5405.6(\text{Pa})$$

三、气固相催化反应过程

任何化学反应过程的进行，都要求各反应物彼此接触才能进行。气固相催化反应是一非均相反应，不论是在固定床反应器还是在流化床反应器内进行，反应都必然发生在气固相接触的相界面上。因此要求提供比较大的相接触面积来保证传质过程的进行。所以，气固相催化反应采用的催化剂一般都是多孔形结构，其内部表面积极大，化学反应主要在这些表面上进行。

1. 气固相催化反应

下面以在多孔催化剂上进行不可逆反应 A(g)→R(g)为例，阐明气固相催化反应过程。

图 4-13 为描述各过程进行步骤的示意图。当流体通过固体颗粒时，流体在颗粒表面形成一层相对静止的层流边界层（称为气膜），欲使流体主体中的反应物 A 到达固体表面，必须穿过边界层。该气膜层是气相主体与催化剂颗粒外表面间传递作用的阻力所在。固体催化剂是一多孔形结构，颗粒内部是纵横交错的孔道，这些孔道为催化剂提供了大量的表面积。因此，流体中的反应物还需通过孔道从颗

粒的外表面向内表面迁移，从而形成催化剂内部不同深度处气体浓度的不同。反应在催化剂的表面上进行。产物 R 沿着与反应物相反的方向从催化剂的表面向流体主体迁移。

气固相催化反应的具体步骤可以概括如下：

① 反应组分 A 从流体主体向固体催化剂外表面传递（外扩散过程）。

② 反应组分 A 从催化剂外表面向催化剂内表面传递（内扩散过程）。

③ 反应组分 A 在催化剂表面的活性中心吸附（吸附过程）。

④ 在催化剂表面上进行化学反应 A(g)→R(g)（表面反应过程）。

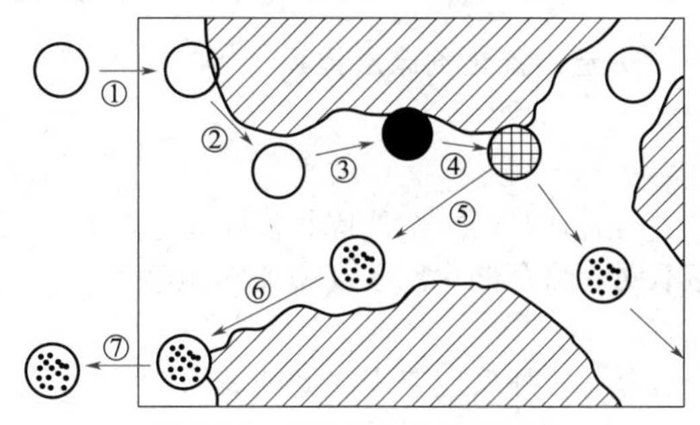

图 4-13 气固相催化反应过程

⑤ 反应产物 R 在催化剂表面上脱附（脱附过程）。

⑥ 反应产物 R 从催化剂内表面向催化剂外表面传递（内扩散过程）。

⑦ 反应产物 R 从催化剂外表面向流体主体传递（外扩散过程）。

2. 反应过程的控制步骤

在上述①～⑦步骤中，第①和第⑦步是气相主体通过气膜与颗粒外表面进行物质传递的过程，称为外扩散过程；第②和第⑥步骤是流体通过颗粒内部的孔道从外表面向内表面的传质，称为内扩散过程；第③和第④步是在颗粒表面上进行化学吸附和化学脱附的过程；第⑤步是在颗粒表面上进行的表面反应动力学过程。通常把③④⑤总称为表面反应过程。

由此可见，气固相催化反应过程是个多步骤过程。在这些步骤中，内扩散和表面反应是发生于催化剂颗粒内部，且两者是同时进行的。表面反应过程的三步吸附-反应-脱附则是串联进行的。而外扩散和内扩散及表面反应是属于串联过程。由于扩散的影响，流体主体、催化剂外表面、催化剂颗粒中心反应物的浓度存在下列关系：$c_{AG}>c_{AS}>c_{AC}>c_{Ae}$，其中 c_{Ae} 为反应物 A 的平衡浓度。因此多孔固体催化剂上进行的气固相催化反应过程不仅存在表面化学反应过程，还同时存在气固两相之间的质量传递和固相内的质量传递过程。所以，气固相催化反应过程的动力学比较复杂。

对于多步骤的反应过程，需要选择控制步骤。所谓控制步骤是指对反应动力学起关键作用的那一步。即如果过程中某一步骤的速率与其他各步的速率相比要慢得多，以致整个反应速率取决于这一步的速率，该步骤就称为速率控制步骤。当反应过程达到定态时，各步骤的速率应该相等，且反应过程的速率等于控制步骤的速率。这一点对于分析和解决实际问题非常重要。

3. 气固相反应速率表达式

前面基础知识部分已经介绍过，对于均相反应过程在描述反应速率时，反应体系通常取反应混合物总体积，反应速率表示为下式。

$$(-r_A)=-\frac{1}{V}\frac{dn_A}{dt}$$

对于气固相催化反应过程，由于反应是发生在催化剂表面，故所取单位反应体系有所不同，一般来说有下列几种。

1. 选用催化剂体积

$$(-r_A)'=-\frac{1}{V_{cat}}\frac{dn_A}{dt} \tag{4-12}$$

2. 选用催化剂质量，则：

$$(-r_A)''=-\frac{1}{w_{cat}}\frac{dn_A}{dt} \tag{4-13}$$

3. 选用催化剂床层体积，则：

$$(-r_A)'''=-\frac{1}{V_{床层}}\frac{dn_A}{dt} \tag{4-14}$$

因此，对同一个气固相催化反应过程，反应体系选择不同，反应速率的数值大小和单位都不同。综合催化剂密度相关知识，可知：

$$w_{cat}=\rho_P V_P=\rho_B V_B \tag{4-15}$$

上述三种反应速率之间的关系为：

$$(-r_A)'=\rho_B(-r_A)''=\frac{\rho_P}{\rho_B}(-r_A)''' \tag{4-16}$$

四、固定床反应器中的传质

在固定床反应器中，反应过程即为催化反应的全过程。而固定床床层是由许多固体颗粒所组成的。就床层整体而言，传质过程除了外扩散和内扩散外，还要考虑床层内流体的混合扩散即轴向扩散和径向扩散。

工业催化固定床反应器床层的轴向扩散过程一般情况下影响不显著，可以用活塞流模型来处理。但由于在反应器内存在固体颗粒，对于流体的轴向扩散会带来一定的影响。颗粒的粒度分布影响较大。因此在描述轴向扩散的影响时，催化剂颗粒的直径分布是一很重要的指标。通常由于大部分固定床反应器床层高度与颗粒直径的比值远大于 50，因此，轴向扩散的影响可以忽略不计。但对于床层很薄的反应器，轴向扩散的影响是不可以忽略的。

流体在固定床反应器中的流动是通过床层中催化剂的颗粒空隙进行的。由于床层空隙率的分布不均匀，使得流体在流动时撞击催化剂固体颗粒而产生了分散，或为躲开固体颗粒而改变流向，造成了在床层径向上存在浓度差和温度差，形成径向扩散过程。同样，当床层直径与催化剂颗粒直径的比值很大时，径向扩散可以忽略。但一般情况下，要想通过改变床层直径与催化剂颗粒直径的比值使径向浓度分布均匀是十分困难的。

要改善固定床反应器的传质状况，提高反应收率，除了改变床层内流体的混合扩散即改变催化剂的粒度分布、床层空隙率的分布，提高流体流动的线速度消除外扩散的影响外，主要是考虑如何消除或减小内扩散对反应的影响。如采用小颗粒的催化剂、改变催化剂颗粒的孔径结构、把活性组分喷涂在催化剂的外层上等。

五、固定床反应器中的传热

1. 固定床传热过程的分析

在固定床反应器中，反应以及反应过程所伴随的热效应是发生在催化剂内表面。因此，整个固定床的传热包括颗粒内传热、颗粒与流体间的传热以及床层与器壁间的传热，传热性能的好坏直接影响到床层温度分布，进而影响反应速度与产物组成。

现在以换热式固定床反应器中进行放热反应为例，讨论床层温度分布的主要特征：①在床层中心处即 $r=0$，温度 T_0 达最高；②在近壁处即 $r\leqslant R$，T_R 很低；③在管壁处即 $r=R$，T_W 最低。由于床层壁面处存在“壁效应”，较大的空隙率增加了边界层气膜的传热阻力，所以近壁处的温度 T_R 与管壁温度 T_W 相差也大。

由于床层内反应放出的热量绝大部分是通过器壁带走，床层的热量主要是以径向的形式从床层中部传递到器壁、再由器壁传给管外换热介质移走。仍以放热反应为例，进一步分析床层内的传热方式：①流体间辐射和导热；②颗粒接触处导热；③颗粒表面流体膜内的导热；④颗粒间的辐射传热；⑤颗粒内部的导热；⑥流体内的对流和混合扩散传热。

因此，床层内的传热过程既包括气体或固体颗粒中的传热，同时也包括气固相界面的传热，这样就使得床层的传热过程变得很复杂。在工程计算中，为了很方便地计算得到床层的温度分布，常将床层进行简化处理。一般情况下，可以把催化剂颗粒看成是等温体，忽略颗粒内部、颗粒在流体间和床层径向传热阻力，床层的传热阻力全部集中在管壁处。经这样处理后，固定床反应器床层的传热过程的计算就可简化成床层与器壁之间的传热计算。

2. 床层对壁总传热系数

若床层是一个平均温度为 T_m 的等温体，则传热速度方程为

$$dQ=\alpha_T(T_m-T_W)dF \tag{4-17}$$

式中　Q——传热速率，J/s；

α_t——床层对器壁总传热系数，J/(m^2·s·K)；

F——换热面积，m^2；

T_m——床层平均温度，K；

T_W——器壁温度，K。

床层对壁总传热系数 α_t 可以通过简便的实验关联式计算得到，如利瓦（Leva）提出的准数方程。

床层被加热时：

$$\frac{\alpha_t d_t}{\lambda_f}=0.813\left(\frac{d_P G}{\mu}\right)^{0.9}\exp\left(-6\frac{d_P}{d_t}\right) \tag{4-18}$$

床层被冷却时：

$$\frac{\alpha_t d_t}{\lambda_f}=3.5\left(\frac{d_P G}{\mu}\right)^{0.7}\exp\left(-4.6\frac{d_P}{d_t}\right) \tag{4-19}$$

式中　μ_f——流体黏度，N·s/m^2；

λ_f——流体热导率，J/(m·s·K)；

Re——雷诺数$\left(Re=\frac{d_P G}{\mu}\right)$；

G——气体质量流速，kg/(m^2·h)。

通过上式可计算出床层对壁总传热系数 α_t，最后根据反应放热速度和传热速度方程很容易确定床层所需的换热面积。

【例 4-4】 乙苯脱氢生产苯乙烯系吸热反应过程，采用列管式固定床反应器，列管尺寸为 Φ76mm×4mm，管数为 90 根，催化剂粒径 d_P 为 8.51mm，气体热导率为 8.956×10^{-5}kJ/(m·s·K)，黏度为 0.0315×10^{-3}kg/(m·s)，密度为 0.53kg/m^3，气体质量流速为 1.167kg/(m^2·s)。试计算床层对壁总传热系数。

解：（1）求雷诺数

$$Re=\frac{d_P G}{\mu}=\frac{0.00851\times1.167}{0.0315\times10^{-3}}=315.3$$

（2）求床层对壁总传热系数

因为是吸热反应需要加热床层，故按式(4-18) 计算

$$\frac{\alpha_t d_t}{\lambda_f}=0.813\left(\frac{d_P G}{\mu}\right)^{0.9}\exp\left(-6\frac{d_P}{d_t}\right)$$

$$\alpha_t=0.813\times(315.3)^{0.9}\exp\left(-6\times\frac{0.00851}{0.068}\right)\times\frac{8.956\times10^{-5}}{0.068}=8.963\times10^{-2}[\mathrm{kJ/(m^2\cdot s\cdot K)}]$$

任务四　学习气固相催化反应动力学

对于气固相催化反应而言，它是一个多步骤的反应过程，在确定动力学方程式时需要选择控制步骤。由于生产过程的不同，气固相催化反应的控制步骤主要有以下三种可能性。

（1）外扩散做控制步骤　即内扩散过程的阻力很小，表面反应过程的速率很快。反应过程的速率取决于外扩散的速率。浓度变化为：$c_{AG}\gg c_{AS}\approx c_{AC}\approx c_{Ae}$

（2）内扩散做控制步骤　即反应过程的传质阻力主要存在于催化剂的内部孔道，表面反应过程的速率和外扩散的速率很快。浓度变化为：$c_{AG}\approx c_{AS}\gg c_{AC}\approx c_{Ae}$

（3）表面反应做控制步骤　即传质过程的阻力可以忽略，反应速率主要取决于表面反应过程，通常称为动力学控制。浓度变化为：$c_{AG}\approx c_{AS}\approx c_{AC}\gg c_{Ae}$

因此，气固相催化反应过程的动力学就比较复杂，不仅仅是由化学反应决定的。传质过程的影响也不能忽略。

一、气固相催化反应的本征动力学

气固相催化反应的本征动力学是指表面反应做控制步骤时的动力学。表面反应过程是由反应组分在催化剂表面的活性中心吸附、吸附的物质在催化剂表面上进行化学反应、反应产物在催化剂表面上脱附三步组成的。因此，气固相催化反应的本征动力学存在三种情况：吸附做控制步骤的动力学；化学反应做控制步骤的动力学；脱附做控制步骤的动力学。而在上述过程中，催化剂对反应物的吸附是进行气固相催化反应的基础。所以，首先要介绍有关吸附的知识。

（一）吸附等温方程

催化作用的部分奥秘无疑是化学吸附现象。化学吸附被认为是由于电子的共用或转移而发生相互作用的分子与固体间电子重排。这样，气体分子与固体之间相互作用力具有化学键的特性，与固体物质和气体分子间仅借助于范德瓦耳斯力的物理吸附明显不同。由于化学吸附在吸附过程中有电子的转移和重排，因而化学吸附是具有选择性的。一般情况下，物理吸附在低温下进行，是多层吸附，吸附热较小。而化学吸附在高温下进行，且属于单分子层吸附，吸附热较大。吸附速率随温度的升高而增加。所以，化学吸附是气固相催化反应的重要特征。

1. 理想吸附等温方程

理想吸附等温方程是利用朗缪尔（Langmuir）模型得出的。朗缪尔（Langmuir）模型的基本假设是：催化剂表面各处的吸附能力是均匀的，各吸附位具有相同的能量；每个吸附中心只能吸附一个分子（单分子层吸附）；吸附的分子间不发生相互作用，也不影响分子的吸附作用；吸附活化能与脱附活化能与表面吸附程度无关。

催化剂上能够吸附气相分子的原子称为活性中心，用符号“σ”表示。由于气体分子的运动，不断地与催化剂表面碰撞，具有足够能量的分子被催化剂上的活性中心吸附。同时被吸附的分子也可以发生脱附，形成一种动态平衡。

若气相中 A 组分在活性中心上的吸附用如下吸附式表示

$$A+\sigma \rightleftharpoons A\sigma$$

对于吸附过程，吸附速率可以写成

$$r_a=k_a p_A \theta_V=k_{a0}\exp(-E_a/RT)p_A\theta_V \tag{4-20}$$

式中　r_a——吸附速率，Pa/h；

E_a——吸附活化能，kJ/kmol；

p_A——A 组分在气相中的分压，Pa；

θ_V——空位率；

k_a——吸附速率常数，h^{-1}；

k_{a0}——吸附指前因子，h^{-1}。

对于脱附过程，脱附速率可以写成

$$r_d=k_d\theta_A=k_{d0}\exp(-E_d/RT)\theta_A \tag{4-21}$$

式中　r_d——脱附速率，Pa/h；

E_d——脱附活化能，kJ/kmol；

θ_A——组分 A 的覆盖率；

k_d——脱附速率常数，h^{-1}；

k_{d0}——脱附指前因子，h^{-1}。

其中，组分 A 的覆盖率 θ_A 为固体催化剂表面被 A 组分覆盖的活性中心数与总的活性中心数之比值，即：

$$\theta_A=\frac{\text{被 A 组分覆盖的活性中心数}}{\text{总的活性中心数}}$$

空位率 θ_V 为固体催化剂表面未被气相分子覆盖的活性中心数与总的活性中心数之比值，即：

$$\theta_V=\frac{\text{未覆盖的活性中心数}}{\text{总的活性中心数}}$$

由于化学吸附是单分子层吸附，则有

$$\theta_V+\theta_A=1 \tag{4-22}$$

吸附过程的净速率（r）为吸附速率与脱附速率之差：$r=r_a-r_d$

当吸附过程达到平衡时，即吸附速率与脱附速率相等，此时：$r=0$

得：

$$k_a p_A\theta_V=k_d\theta_A$$

将式(4-22) 代入上式，则得：

$$\theta_A=\frac{K_A p_A}{1+K_A p_A} \tag{4-23}$$

其中：

$$K_A=\frac{k_a}{k_d}=\frac{k_{a0}}{k_{d0}}\exp\left(\frac{E_d-E_a}{RT}\right)=\frac{k_{a0}}{k_{d0}}\exp\left(\frac{q}{RT}\right) \tag{4-24}$$

q 表示吸附热，是脱附活化能与吸附活化能之差。由于气固相催化反应的类型是各种各样的，在反应过程中，也可能出现不同情况下的吸附，式(4-23) 仅表示单分子吸附的特征。

若组分 A 在吸附过程时发生解离，如：$N_2=2N$

则：

$$A_2+2\sigma \rightleftharpoons 2A\sigma$$

吸附方程和脱附方程分别为：

$$r_a=k_a p_A\theta_V^2 \quad r_d=k_d\theta_A^2$$

平衡时：

$$k_a p_A(1-\theta_A)^2=k_d\theta_A^2$$

得吸附方程为：

$$\theta_A=\frac{\sqrt{K_A p_A}}{1+\sqrt{K_A p_A}} \tag{4-25}$$

若吸附过程不仅吸附A分子，同时还吸附B分子，则：

$$A+\sigma \rightleftharpoons A\sigma \qquad B+\sigma \rightleftharpoons B\sigma$$

组分A的吸附方程和脱附方程分别为：

$$r_{aA}=k_{aA}p_A\theta_V \qquad r_{dA}=k_{dA}\theta_A$$

平衡时：

$$k_{aA}p_A\theta_V=k_{dA}\theta_A$$

对于B组分同样也存在上述吸附平衡式：

$$k_{aB}p_B\theta_V=k_{dB}\theta_B$$

由于A、B组分同时被吸附，则存在：$\theta_V+\theta_A+\theta_B=1$

得吸附方程为：

$$\theta_A=\frac{K_A p_A}{1+K_A p_A+K_B p_B} \tag{4-26}$$

$$\theta_B=\frac{K_B p_B}{1+K_A p_A+K_B p_B} \tag{4-27}$$

若有 n 个不同的分子同时被吸附，则 i 组分的吸附方程为：

$$\theta_i=\frac{K_i p_i}{1+\sum_{i=1}^{n}K_i p_i} \tag{4-28}$$

空位率：

$$\theta_V=\frac{1}{1+\sum_{i=1}^{n}K_i p_i} \tag{4-29}$$

2. 真实吸附等温方程

实践证明，催化剂的表面是不均匀的，吸附能量也是有强有弱，同时被吸附的分子之间互相产生作用。这样，就导致吸附过程的能量是随催化剂表面覆盖度发生变化的，不符合理想吸附过程。

(1) 焦姆金吸附模型　该模型认为，吸附活化能 E_a 与脱附活化能 E_d 与覆盖度的关系如下：

$$E_a=E_a^0+\alpha\theta \qquad E_d=E_d^0-\beta\theta$$

吸附热：

$$q=E_d-E_a=(E_d^0-E_a^0)-(\alpha+\beta)\theta=q^0-(\alpha+\beta)\theta \tag{4-30}$$

此时，吸附和脱附速率方程为：

$$r_a=k_a p_A\exp(-\alpha\theta_A/RT)$$

$$r_d=k_d\exp(-\beta\theta_A/RT)$$

吸附达到平衡时，$r=r_a-r_d$

则：

$$\theta_A=\frac{RT}{\alpha+\beta}\ln(K_A p_A) \tag{4-31}$$

其中：$K_A=k_a/k_d$，式(4-31) 为焦姆金吸附等温式，主要适用于中等覆盖度的情况。

(2) 弗罗因德利希（Freundlich）吸附模型　该模型认为，吸附活化能 E_a 与脱附活化能 E_d 与覆盖度的关系如下：

$$E_a=E_a^0+\mu\ln\theta \qquad E_d=E_d^0-\gamma\ln\theta$$

吸附热为：

$$q=E_d-E_a=(E_d^0-E_a^0)-(\gamma+\mu)\ln\theta=q^0-(\gamma+\mu)\ln\theta$$

推导得吸附方程式为：

$$\theta_A = K_A p_A^{(\mu+\gamma)/RT} = K_A p_A^{1/L} \tag{4-32}$$

式中，L 为常数，$1/L = \dfrac{\mu+\gamma}{RT}$。

（二）双曲线型本征动力学方程

在推导动力学方程时，若认为吸附和脱附过程符合理想过程，则动力学方程为双曲线型；吸附和脱附过程若按真实过程，则动力学方程为幂级数型。我们只讨论双曲线型本征动力学方程。

由于表面反应过程是由吸附-反应-脱附三步串联进行的。因此，本征动力学方程的推导方法可按如下步骤进行：

① 先假设反应机理，确定反应所经历的步骤；

② 在吸附-反应-脱附三个步骤中必然存在一控制步骤；

③ 本征反应速率即为该控制步骤的速率，其余各步则认为达到平衡。

④ 利用各平衡式和$\sum\theta_i + \theta_V = 1$ 将速率方程中的表面浓度变换成气相组分分压，得到用气相组分分压表示的动力学方程式。

对某一化学反应：$A \rightleftharpoons R$

假设该反应的机理如下：A 的吸附 $A + \sigma \rightleftharpoons A\sigma$

表面化学反应：$A\sigma \rightleftharpoons R\sigma$

R 的脱附：$R\sigma \rightleftharpoons R + \sigma$

此时各步骤的速率方程为：吸附速率方程 $r_A = k_{aA} p_A \theta_V - k_{dA} \theta_A$

表面化学反应 $r_S = k_S \theta_A - k'_S \theta_R$

脱附速率方程 $r_R = k_{dR} \theta_R - k_{aR} p_R \theta_V$

且各覆盖度之间存在：$\theta_A + \theta_R + \theta_V = 1$

1. 化学反应做控制步骤

反应速率：

$$r = r_S = k_S \theta_A - k'_S \theta_R \tag{4-33}$$

其余各步达到平衡，即：

$$k_{aA} p_A \theta_V = k_{dA} \theta_A$$

$$k_{dR} \theta_R = k_{aR} p_R \theta_V$$

$K_A = \dfrac{k_{aA}}{k_{dA}}$为 A 的吸附平衡常数，$K_S = \dfrac{k_S}{k'_S}$为反应平衡常数，$K_R = \dfrac{k_{aR}}{k_{dR}}$为 R 的吸附平衡常数，得：

$$\theta_A = \frac{K_A p_A}{1 + K_A p_A + K_R p_R} \qquad \theta_R = \frac{K_R p_R}{1 + K_A p_A + K_R p_R}$$

代入式(4-33) 得：

$$r = k_S \frac{K_A p_A - (K_R/K_S) p_R}{1 + K_A p_A + K_R p_R}$$

2. 吸附为控制步骤

反应速率：

$$r = r_A = k_{aA} p_A \theta_V - k_{dA} \theta_A \tag{4-34}$$

其余各步达到平衡，即：

$$k_S \theta_A = k'_S \theta_R \qquad k_{dR} \theta_R = k_{aR} p_R \theta_V$$

得：$\theta_V = \dfrac{1}{(1/K_S + 1)\ K_R p_R + 1}$　　$\theta_A = \dfrac{(K_R/K_S)\ p_R}{(1/K_S + 1)\ K_R p_R + 1}$

代入式(4-34) 得：

$$r=r_A=k_A\frac{p_A-\dfrac{K_R}{K_SK_A}p_R}{(1/K_S+1)K_Rp_R+1} \tag{4-35}$$

3. 脱附为控制步骤

反应速率：
$$r=r_R=k_{dR}\theta_R-k_{aR}p_R\theta_V \tag{4-36}$$

其余各步达到平衡，即：

$$k_S\theta_A=k'_S\theta_R \qquad k_{aA}p_A\theta_V=k_{dA}\theta_A$$

得：
$$\theta_V=\frac{1}{1+K_Ap_A+K_SK_Ap_A} \qquad \theta_A=\frac{K_SK_Ap_A}{1+K_Ap_A+K_SK_Ap_A}$$

代入式(4-36)得：

$$r=r_R=k_R\frac{K_SK_Ap_A-\dfrac{p_R}{K_R}}{1+K_Ap_A(1+K_S)} \tag{4-37}$$

因此，表面化学反应速率的推导方法可简化如下：先假设反应机理；确定反应控制步骤，反应速率即为该步的速率；其它非控制步骤的速率达到平衡；将速率方程中的表面浓度换算成气相组分的分压即可。对于不同的反应机理和控制步骤，推导的方法是相同的。表4-3为不同的反应机理和其相应的本征动力学方程。

表 4-3 若干气固相催化反应机理和其相应的本征动力学方程

化学式	机理及控制步骤	相应的反应速率方程
$A \rightleftharpoons R$	$A+\sigma=A\sigma$	$r=\dfrac{k(p_A-p_R/K)}{1+K_Rp_R(1+K_S)}$
	$A\sigma=R\sigma$	$r=\dfrac{k(p_A-p_R/K)}{1+K_Ap_A+K_Rp_R}$
	$R\sigma=R+\sigma$	$r=\dfrac{k(p_A-p_R/K)}{1+K_Ap_A(1+K_S)}$
$A \rightleftharpoons R$	$2A+\sigma=A_2\sigma$	$r=\dfrac{k(p_A^2-p_R^2/K^2)}{1+k_Rp_R+k'_Rp_R^2}$
	$A_2\sigma+\sigma=2A\sigma$	$r=\dfrac{k(p_A^2-p_R^2/K^2)}{(1+k_Rp_R+k_Ap_A^2)^2}$
	$A\sigma=R\sigma$	$r=\dfrac{k(p_A-p_R/K)}{1+K_Ap_A^2+K'_Ap_A+K_Rp_R}$
	$R\sigma=R+\sigma$	$r=\dfrac{k(p_A-p_R/K)}{1+K_Ap_A^2+K'_Ap_A}$
$A+B \rightleftharpoons R+S$	$A+\sigma=A\sigma$	$r=\dfrac{k(p_A-p_Rp_S/Kp_B)}{1+K_{RS}p_Sp_R/p_B+K_Bp_B+K_Rp_R+K_Sp_S}$
	$B+\sigma=B\sigma$	$r=\dfrac{k(p_B-p_Rp_S/Kp_A)}{1+K_{RS}p_Sp_R/p_A+K_Ap_A+K_Rp_R+K_Sp_S}$
	$A\sigma+B\sigma=R\sigma+S\sigma$	$r=\dfrac{k(p_Ap_B-p_Rp_S/K)}{(1+K_Ap_A+K_Bp_B+K_Rp_R+K_Sp_S)^2}$

续表

化学式	机理及控制步骤	相应的反应速率方程
$A+B \rightleftharpoons R+S$	$R\sigma = R+\sigma$	$r=\frac{k(p_A p_B/p_S - p_R/K)}{1+K_{AB}p_A p_B/p_S + K_A p_A + K_B p_B + K_S p_S}$
	$S\sigma = S+\sigma$	$r=\frac{k(p_A p_B/p_R - p_S/K)}{1+K_{AB}p_A p_B/p_R + K_A p_A + K_B p_B + K_R p_R}$
$A+B \rightleftharpoons R+S$	$A+2\sigma = 2A_{1/2}\sigma$	$r=\frac{k[p_A - p_R p_S/(K p_B)]}{(1+\sqrt{K_{RS}p_S p_B/p_B}+K_B p_B + K_R p_R + K_S p_S)^2}$
	$B+\sigma = B\sigma$	$r=\frac{k[p_B - p_R p_S/(K p_A)]}{1+\sqrt{K_A p_A}+K_{RS}p_S p_R/p_A + K_R p_R + K_S p_S}$
	$2A_{1/2}\sigma + B\sigma = R\sigma + S\sigma + \sigma$	$r=\frac{k(p_A p_B - p_R p_S/K)}{(1+\sqrt{K_A p_A}+K_B p_B + K_R p_R + K_S p_S)^3}$
	$R\sigma = R+\sigma$	$r=\frac{k(p_A p_B/p_S - p_R/K)}{1+\sqrt{K_A p_A}+K_{AB}p_A p_B/p_S + K_B p_B + K_S p_S}$
	$S\sigma = S+\sigma$	$r=\frac{k(p_A p_B/p_R - p_S/K)}{1+\sqrt{K_A p_A}+K_{AB}p_A p_B/p_R + K_B p_B + K_R p_R}$

二、气固相催化反应内扩散控制的宏观动力学

气固相催化反应过程的动力学方程式不能仅仅考虑本征动力学，因为在反应器床层内的催化剂中，由于受内、外扩散的影响，颗粒内各处的温度和浓度不同，导致反应速率在床层内各处均不同。即传质过程对气固相催化反应动力学的影响是不能忽略的。考虑了传质过程的动力学方程为宏观动力学，它是以催化剂颗粒体积为基准的平均反应速率。

$$(-R_A) = \frac{\int_0^{V_S}(-r_A)\mathrm{d}V_S}{\int_0^{V_S}\mathrm{d}V_S} \tag{4-38}$$

式中　$(-R_A)$——A组分的宏观反应速率；

$(-r_A)$——A组分的本征反应速率；

V_S——催化剂颗粒的体积。

内扩散是指反应物从催化剂的外表面向催化剂的内表面的扩散。由于内扩散的影响，使催化反应的动力学发生了变化。这种影响可以用效率因子来表示。

$$\eta = \frac{\text{有内扩散影响的宏观动力学方程}}{\text{本征动力学方程}} \tag{4-39}$$

效率因子表示了内扩散对反应的影响程度。η越小表示内扩散的影响越严重。而效率因子与由于催化剂的内扩散所造成的颗粒内的温度和浓度分布有很大的关系。

（一）催化剂颗粒内气体扩散

催化剂颗粒是一多孔性的物质，流体要通过催化剂的孔道进行扩散传质。由于孔道的大小、结构均不相同，导致扩散的机理也不同。不论是何种扩散，扩散速率方程均可用菲克(Fick)定律来描述：

$$\frac{dn_A}{S dt}=-D_A\frac{dc_A}{dz}=-\frac{p}{RT}D_A\frac{dy_A}{dz} \tag{4-40}$$

式中 n_A——A组分的物质的量，mol；

c_A——A组分在气相中的浓度，mol/cm^3；

z——沿扩散方向的距离，cm；

S——扩散通道截面积，cm^2；

D_A——A组分的扩散系数，cm^2/s。

当扩散机理不同时，扩散速率中的扩散系数是不同的。

1. 单一孔道的扩散

根据孔半径和分子运动平均自由程的相对大小的不同，孔扩散可分为以下几种类型：

分子扩散：当 $\lambda/2r_a \leqslant 10^{-2}$ 时，孔道内的扩散属于分子扩散。扩散过程的阻力主要是由分子之间相互碰撞造成的，与孔半径没有关系。两组分扩散的分子扩散系数 D_{AB} 可从有关手册中查阅，缺乏实验数据时，也可进行实验测定，或用经验公式估算。下面介绍一常用的经验公式

$$D_{AB}=0.436\times\frac{T^{1.5}(1/M_A+1/M_B)^{0.5}}{p(V_A^{1/3}+V_B^{1/3})} \tag{4-41}$$

式中 D_{AB}——A组分在B组分中的扩散系数，cm^2/s；

T——系统的温度，K；

p——系统的总压，kPa；

V_A，V_B——A、B组分的分子扩散体积，cm^3/mol；

M_A，M_B——A、B组分的相对分子质量扩散体积。

若扩散过程是多分子扩散，则分子扩散系数可选择其它的经验公式计算。一般情况下，当孔径比较大时，认为孔道内的扩散属于分子扩散。

克努森扩散：当 $\lambda/2r_a \geqslant 10$ 时，孔道内的扩散属于克努森扩散。扩散过程的阻力主要是由气体分子与孔壁碰撞造成的，与分子之间的相互碰撞没有太大的关系。因此，克努森扩散系数 D_K 与孔半径有关，与系统中共存的其它气体无关。

$$D_K=4850d_0\sqrt{T/M} \tag{4-42}$$

式中 D_K——克努森扩散系数，cm^2/s；

T——系统的温度，K；

M——扩散物系的相对分子质量；

d_0——孔道的直径，cm。

一般情况下，当孔径比较小时，认为孔道内的扩散属于克努森扩散。

综合扩散：当 $10^{-2}<\lambda/2r_a<10$ 时，则上述两种扩散都同时存在，即分子与分子之间的碰撞和分子与孔壁之间的碰撞均不能忽略。此时扩散系数为：

$$D=\frac{1}{1/D_K+(1-\alpha y_A)/D_{AB}} \tag{4-43}$$

式中 D——综合扩散系数，cm^2/s；

y_A——气相中A组分的摩尔分数；

α——扩散通量系数（$\alpha=1+N_B/N_A$）。

其中 N_A、N_B 为A、B组分的扩散通量，$mol/(m^2 \cdot s)$。若为定态下等摩尔组分逆向扩散，则：$N_A=-N_B$，式(4-43) 变为：

$$D=\frac{1}{1/D_K+1/D_{AB}} \tag{4-44}$$

2. 多孔颗粒中的扩散

工业上所使用的催化剂，孔隙结构错综复杂。孔道间会有相互交叉，孔径大小不一，各孔道的形状和每根孔道的不同部位的截面积也不相同。导致在催化剂颗粒中的扩散距离与在圆柱形孔道中的扩散距离有所不同。因此需加一校正因子 τ，也叫曲折因子。该值一般由实验确定，通常取 3～7。

由于扩散速率是以催化剂的外表面积来计算，因此扩散时的孔截面积和催化剂的孔隙率有关。催化剂的有效扩散系数为：

$$D_e = D\frac{\varepsilon_p}{\tau} \tag{4-45}$$

式中 D_e——有效扩散系数，cm^2/s；

τ——曲折因子；

ε_p——催化剂的孔隙率。

【例 4-5】 镍催化剂在 200℃时进行苯加氢反应，若催化剂微孔的平均孔径 $d_0=5\times10^{-9}m$，催化剂的孔隙率 $\varepsilon_p=0.43$，曲折因子 $\tau=4$，求系统总压为 3039.3kPa 时，氢在催化剂内的有效扩散系数 D_e。

解： 为计算方便，用 A 表示氢气，用 B 表示苯。

查手册可得：氢气的分子量 $M_A=2$，分子扩散体积 $V_A=7.07cm^3/mol$

苯的分子量 $M_B=78$，分子扩散体积 $V_B=90.68cm^3/mol$

氢气在苯中的分子扩散系数为：

$$D_{AB}=0.436\times\frac{T^{1.5}(1/M_A+1/M_B)^{0.5}}{p(V_A^{1/3}+V_B^{1/3})}$$

$$=0.436\times\frac{(273+200)^{1.5}(1/2+1/78)^{0.5}}{3039.3\times(7.07^{1/3}+90.68^{1/3})}=0.02571(cm^2/s)$$

氢气在催化剂孔内的克努森扩散系数为：

$$D_K=4850d_0\sqrt{T/M}=4850\times(5\times10^{-7})\sqrt{473/2}=0.0373(cm^2/s)$$

综合扩散系数：

$$D=\frac{1}{1/D_K+1/D_{AB}}=\frac{1}{(1/0.0373)+(1/0.02571)}=0.01522(cm^2/s)$$

有效扩散系数：

$$D_e=D\frac{\varepsilon_p}{\tau}=0.01522\times\frac{0.43}{4}=0.001636(cm^2/s)$$

（二）催化剂颗粒内浓度分布

由于内扩散的影响，导致多孔催化剂内组分的浓度分布是不均匀的。对于反应物而言，从催化剂的外表面到内表面浓度逐渐下降，而对于产物来说正好相反。而浓度对反应速率的影响是不可忽略的。

下面以等温球形催化剂上进行一级不可逆反应为例。

如图 4-14 所示，设球形催化剂的半径为 R，衡算范围选该催化剂上半径为 r、厚度为 dr 的单位体积壳层，对反应组分 A 作物料衡算。单位时间单位体积

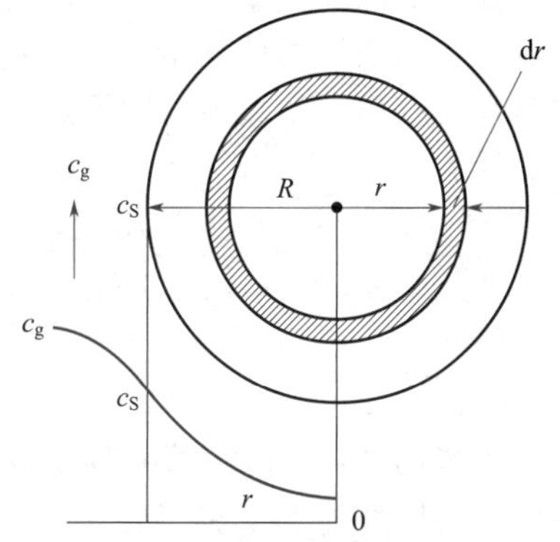

图 4-14 球形催化剂颗粒内浓度分布

进入的组分 A 量：

$$D_e \times 4\pi (r+dr)^2 \frac{d}{dr}\left(c_A + \frac{dc_A}{dr}dr\right)$$

离开的组分 A 量：

$$D_e \times 4\pi r^2 \frac{dc_A}{dr}$$

参加反应的组分 A 量：

$$(4\pi r^2 dr)(-r_A)$$

积累的组分 A 量：0

根据物料衡算公式得：

$$\frac{d^2 c_A}{dz^2} + \frac{2}{z}\frac{dc_A}{dz} = \frac{R^2}{D_e}(-r_A) \tag{4-46}$$

式中，$z=r/R$，一级反应动力学方程式 $(-r_A)=k_v c_A$，其中 k_v 是以催化剂颗粒体积为基准的反应速率常数。该式为二阶微分方程。边界条件：

$$r=0, z=0, \frac{dc_A}{dz}=0; \qquad r=R, z=1, c_A=c_{AS}$$

定义一新物理量蒂勒（Thiele）模数 φ_s：$\varphi_s = \frac{R}{3}\sqrt{\frac{k_v}{D_e}}$

则式(4-46) 为：

$$\frac{d^2 c_A}{dz^2} + \frac{2}{z}\frac{dc_A}{dz} = (3\varphi_s)^2 c_A$$

代入边界条件解该二阶齐次常微分方程得：

$$c_A = \frac{c_{AS}}{z} \cdot \frac{\sinh(3\varphi_s z)}{\sinh(3\varphi_s)} \tag{4-47}$$

此式即为在球形催化剂上进行等温一级不可逆反应时催化剂内浓度的变化关系。从上式可以看出催化剂内部任意位置的浓度和蒂勒模数 φ_s 有一定的关系，无论 φ_s 为何值，反应物的浓度 c_A 从催化剂的外表面到催化剂的内表面都是逐渐减小的。但 φ_s 值不同，其降低的程度亦不同。φ_s 越大，反应物的浓度变化越剧烈，φ_s 越小，浓度变化越平坦。这是因为 φ_s 增大则意味着颗粒的半径 R 增加，有效扩散系数 D_e 减小而反应速率常数 k_v 增加，这样，不仅增加了反应物向颗粒中心扩散过程中反应物的消耗量，同时又减小了单位时间内反应物向颗粒中心的扩散量，导致反应物的浓度迅速下降。而浓度的变化则是由于反应物的内扩散以及在内表面发生的化学反应综合作用的结果。由此可见蒂勒模数的大小反映了反应过程受化学反应及内扩散影响的程度。蒂勒模数的物理意义可以通过其定义的变形式来表述。

即：

$$\varphi_s^2 = \frac{R^2 k_v}{9D_e} = \frac{1}{3}\frac{(4/3)\pi R^3 k_v c_{AS}}{4\pi R^2 (c_{AS}/R) D_e} = \frac{V_S(-r_A)_S}{S_S D_e \frac{c_{AS}}{V_S/S_S}} = \left(\frac{V_S}{S_S}\right)^2 \frac{(-r_A)_s}{D_e c_{AS}} = \frac{\text{表面反应速率}}{\text{内扩散速率}} \tag{4-48}$$

由式(4-48) 可知蒂勒模数表示表面反应速率与内扩散速率的相对大小。若蒂勒模数 φ_s 越大，说明此过程中表面反应速率大而内扩散速率小，即内扩散的阻力比较大。由此内扩散过程对反应的影响比较严重；反之则说明内扩散对反应的影响较小。

（三）等温反应的宏观动力学方程式

根据式(4-38)可知：

$$(-R_A)=\frac{\int_0^{V_S}(-r_A)\mathrm{d}V_S}{\int_0^{V_S}\mathrm{d}V_S}$$

对于球形催化剂而言：$\int_0^{V_S}\mathrm{d}V_S=V_S=\frac{4}{3}\pi R^3$，而 $\mathrm{d}V_S=4\pi r^2\mathrm{d}r$

把式(4-47)代入上式得：

$$(-R_A)=\frac{1}{\frac{4}{3}\pi R^3}\int_0^R \frac{kc_{AS}}{r/R}\frac{\sinh(3\varphi_s r/R)}{\sinh(3\varphi_s)}4\pi r^2\mathrm{d}r$$

即：

$$(-R_A)=\frac{1}{\varphi_s}\left[\frac{1}{\tanh(3\varphi_s)}-\frac{1}{3\varphi_s}\right]kc_{AS} \tag{4-49}$$

另外宏观动力学方程式还可以通过效率因子来表示，根据效率因子的定义可知：

$$(-R_A)=\eta(-r_A)_s$$

$(-r_A)_s$ 表示无内扩散影响时的动力学方程式。若催化剂内扩散的影响可以忽略，则意味着催化剂颗粒内的浓度和外表面的浓度相同，即：$(-r_A)_s=kc_{AS}$

效率因子即为：

$$\eta=\frac{1}{\varphi_s}\left[\frac{1}{\tanh(3\varphi_s)}-\frac{1}{3\varphi_s}\right] \tag{4-50}$$

由此可见，蒂勒模数对效率因子有很大的影响。我们知道，效率因子值的大小反映了内扩散对反应的影响程度。而蒂勒模数越大，则表示内扩散的速率大于表面化学反应的速率，宏观反应速率受内扩散的影响越严重，因而效率因子值降低。蒂勒模数对效率因子的影响见图 4-15。从图中可以看出：当 $\varphi_s>9$ 时，内扩散的影响相当严重，此时，$\eta=1/\varphi_s$。当蒂勒模数减小时，内扩散的影响逐渐降低，当 $\varphi_s<0.3$ 时，$\eta=1$。此时可以忽略内扩散的影响。为了提高气固相催化反应的速率，强化反应器的生产强度，一般是采取提高催化剂的效率因子的方法。效率因子的提高可以通过减小催化剂的蒂勒模数，如减小催化剂的颗粒尺寸，增大催化剂的孔容和孔半径，或者提高催化剂内的有效扩散系数 D_e 等手段来实现。

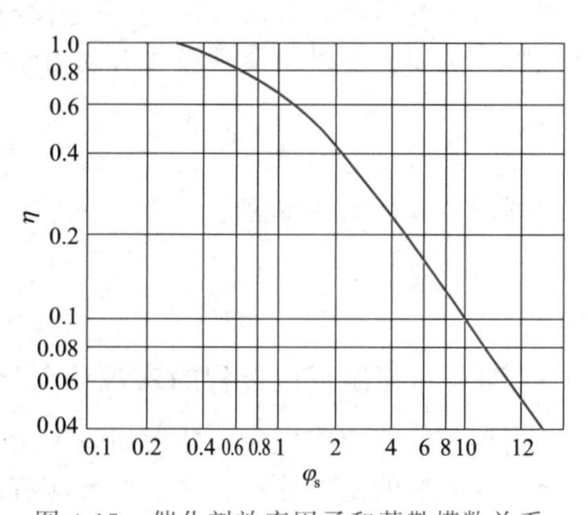

图 4-15　催化剂效率因子和蒂勒模数关系

【例 4-6】 在一直径为 0.3cm，密度为 0.8g/cm^3 的球形催化剂上进行一级不可逆反应。在温度为 520℃常压时的反应动力学方程式为 $(-r_A)''=7.99\times10^{-7}P_A$ {mol/[s·g(催化剂)]}，气体在催化剂内的有效扩散系数为 $7.82\times10^{-4}\mathrm{cm^2/s}$。试计算等温催化反应的效率因子。

解： 计算以浓度为变量、以催化剂颗粒体积为基准的速率常数

$$(-r_A)_V=(-r_A)''\rho_P=\rho_P k_p RTc_A$$

$$k_v = 7.99\times10^{-7}\times0.8\times8314\times(520+273)=4.21(s^{-1})$$

蒂勒模数：

$$\varphi_s = \frac{R}{3}\sqrt{\frac{k_v}{D_e}} = \frac{0.15}{3}\sqrt{\frac{4.21}{7.82\times10^{-4}}} = 3.67$$

效率因子：

$$\eta = \frac{1}{\varphi_s}\left[\frac{1}{\tanh(3\varphi_s)} - \frac{1}{3\varphi_s}\right] = \frac{1}{3.67}\left[\frac{1}{\tanh(3\times3.67)} - \frac{1}{3\times3.67}\right] = 0.262$$

对于其它形状的催化剂来说，推导过程与球形催化剂是一样的。都是在该催化剂上选取一单位体积对反应组分 A 作物料衡算，得到催化剂颗粒内的浓度分布关系；根据浓度分布求得颗粒内的平均反应速率；由内扩散效率因子的定义计算其值。

值得注意的是，不同形状的催化剂，蒂勒模数 φ_s 的表示形式是不一样的。对于半径为 R 的无限长圆柱形催化剂，蒂勒（Thiele）模数 $\varphi_s=(R/3)\sqrt{k_v/D_e}$。而对于半径远远大于其厚度的圆形薄片催化剂，蒂勒模数 $\varphi_s=(L/2)\sqrt{k_v/D_e}$。其中 L 为圆形薄片催化剂的厚度。这样为了统一，任意形状催化剂的蒂勒模数均可以用一通式表示：

$$\varphi_s = \frac{V_S}{S_S}\sqrt{\frac{k_v}{D_e}} \tag{4-51}$$

式中，V_S：催化剂颗粒的体积；S_S：催化剂颗粒的外表面积。不同形状的催化剂其效率因子与蒂勒模数关系的表达式也是不同的。但是通过计算发现，它们之间的关系基本相近。因此，用球形催化剂效率因子的公式来计算其它任意形状催化剂的效率因子，不会出现很大的误差。

对于在球形催化剂颗粒上进行的等温非一级反应，其本征动力学方程$(-r_A)=k_v c_A^n$，这样，对于物料衡算式(4-46) 来说是没有解析解的。为了计算方便，可以进行简化得到一近似解。例如：可以用泰勒级数对动力学方程式进行处理，并令蒂勒模数

$$\varphi_s = \frac{R}{3}\sqrt{\frac{k_v}{D_e} n c_{AS}^{n-1}}$$

则同样可得到效率因子：

$$\eta = \frac{1}{\varphi_s}\left[\frac{1}{\tanh(3\varphi_s)} - \frac{1}{3\varphi_s}\right]$$

（四）非等温反应过程的宏观动力学方程

当催化反应速率较快，热效应较大时，催化剂不能看成是等温的。此时在催化剂颗粒内部会存在明显的温度分布。这会对反应有很大的影响，尤其是对放热反应而言。因此催化剂内部温度的分布也是讨论反应宏观动力学方程必不可少的。

仍以球形催化剂为例，如图 4-14 所示，设球形催化剂的半径为 R，衡算范围选该催化剂上半径为 r、厚度为 dr 的单位体积壳层，对系统做热量衡算。定常态时，在该衡算范围内，参加反应的反应物的量就等于扩散进去的反应物的量，反应过程所放出（吸收）的热量等于催化剂热传导的热量。即：

$$(-\Delta H)\int_0^{V_S}(-r_A)\mathrm{d}V_S = \left[4\pi r^2 D_e\left(\frac{\mathrm{d}c_A}{\mathrm{d}r}\right)_r\right](-\Delta H) = 4\pi r^2\lambda_e\frac{\mathrm{d}T}{\mathrm{d}r}$$

整理得：

$$\mathrm{d}T = \frac{(-\Delta H)D_e}{\lambda_e}\mathrm{d}c_A \tag{4-52}$$

该式为一阶微分方程。其中 λ_e 为固体催化剂的热导率。边界条件：$r=R$，$T=T_S$，

$c_A = c_{AS}$，解此微分方程得：

$$T - T_S = \frac{(-\Delta H)D_e}{\lambda_e}(c_{AS} - c_A) \tag{4-53}$$

此式即为催化剂颗粒内温度与浓度的关系。当反应物的浓度 $c_A = 0$ 时，即处于催化剂颗粒中心位置，此时的温差为最大。

$$(T - T_S)_{max} = \frac{(-\Delta H)D_e c_{AS}}{\lambda_e} \tag{4-54}$$

该值对催化反应来说很重要，一般要求该值小于催化剂的允许温度，否则可能会导致催化剂的失活。

把式(4-47) 代入式(4-53) 可得：

$$T - T_S = \frac{(-\Delta H)D_e}{\lambda_e} c_{AS} \left[1 - \frac{\sinh(3\varphi_s z)}{z\sinh(3\varphi_s)}\right] \tag{4-55}$$

此即为在催化剂内部任意位置处温度与浓度的关系。若要求非等温时宏观动力学方程，需式(4-38)、式(4-46) 和 (4-53) 联立求解。一般情况下没有解析解。

【例 4-7】 在【例 4-6】中，若该反应的热效应 $(-\Delta H) = 2135 J/mol$，催化剂的有效热导率 $\lambda_e = 3.6 \times 10^{-6} J/(cm \cdot s \cdot K)$，试计算催化剂中心处的温度值。

解：原料在气相主体中的浓度

$$c_{AS} = \frac{p_A}{RT} = \frac{101.33}{8314 \times (273 + 520)} = 1.53 \times 10^{-5} (mol/cm^3)$$

催化剂中心处的温度值：

$$(T - T_S)_{max} = \frac{(-\Delta H)D_e c_{AS}}{\lambda_e} = \frac{2135 \times 7.82 \times 10^{-4} \times 1.53 \times 10^{-5}}{3.6 \times 10^{-6}} = 7.095$$

$$T = (273 + 520) + 7.095 = 800.1(K) = 527.1(℃)$$

三、气固相催化反应外扩散控制的宏观动力学

外扩散是指反应物从流体主体向催化剂的外表面扩散的过程。由于外扩散的影响，导致催化反应的动力学发生了变化。这种影响也可以用效率因子来表示。

$$\eta = \frac{\text{有外扩散影响的宏观动力学方程}}{\text{本征动力学方程}}$$

同样，效率因子也表示了外扩散对反应的影响程度。η 越小表示外扩散的影响越严重。一般情况下，颗粒外表面上的反应物的浓度总是低于气相主体的浓度，因而效率因子值是小于 1 的。效率因子值的大小与流体和催化剂外表面的扩散及所造成的温度和浓度分布有很大的关系。

1. 流体与催化剂外表面的扩散过程

由于在催化剂的外表面上存在一层流边界层，使得气相主体反应物的浓度与催化剂外表面反应物的浓度有所不同。因此存在一外扩散过程，该扩散过程的阻力主要存在于层流层。扩散方程可用下式表示：

$$\frac{dn_A}{dt} = k_G S_e (c_{AG} - c_{AS}) \tag{4-56}$$

式中 dn_A/dt——单位时间内传递 A 物质的物质的量，mol/s；

k_G——气相传质系数，cm/s；

S_e——催化剂颗粒的外表面积，cm^2；

c_{AG}，c_{AS}——气相主体与催化剂外表面反应物的浓度，mol/cm^3。

同时，在外扩散过程中，也会存在气相主体温度与催化剂外表面的温度的不同，这样，外扩散过程中的传热方程可用下式表示：

$$\frac{dQ}{dt}=\alpha_G S_e(T_S-T_G) \tag{4-57}$$

式中 dQ/dt——单位时间内传递的热量，J/s；

α_G——流体与催化剂颗粒外表面的传热系数，$J/(m^2 \cdot h \cdot K)$；

T_G，T_S——气相主体与催化剂外表面的温度，K。

外扩散过程中的气相传质系数 k_G 和流体与催化剂颗粒外表面的传热系数 α_G 可以用传质 J 因子和传热 J 因子计算。

传质 J 因子：

$$J_D=\frac{k_G\rho_g}{G}(Sc)^{2/3}$$

传热 J 因子：

$$J_H=\left(\frac{\alpha_G}{Gc_p}\right)Pr^{2/3}$$

式中 J_D，J_H——分别为传质 J 因子和传热 J 因子；

G——气体质量流速，$g/(cm^2 \cdot s)$；

Sc，Pr——分别为施密特数 $Sc=\mu_G/\rho_G D$ 和普朗特数 $Pr=c_p\mu_g/\lambda$。

传质 J 因子和传热 J 因子是雷诺数 Re 的函数，可以通过雷诺数进行计算。

当 $0.3<Re<300$ 时：$J_D=2.10Re^{-0.51}$ $\quad J_H=2.26Re^{-0.51}$

当 $300<Re<6000$ 时：$J_D=1.19Re^{-0.41}$ $\quad J_H=1.28Re^{-0.41}$

而雷诺数的大小与流体的流动特性和物理性质及反应床层都有一定的关系。一般情况下，在固定床反应器中，雷诺数可用下式计算：

$$Re=\frac{d_p G}{\mu_g(1-\varepsilon)} \tag{4-58}$$

式中，d_p 为催化剂颗粒外表面积相当直径，cm；ε 床层空隙率。

【例 4-8】 苯加氢反应在 1013.3kPa，温度 220℃下进行。气体的质量流速 $G=3000kg/(m^2 \cdot h)$，平均分子量 $M=14.4$。采用直径 $d_s=0.83cm$ 的球形催化剂。催化剂的颗粒密度 $\rho_p=0.9g \cdot cm^3$，床层堆积密度 $\rho_B=0.6g/cm^3$，试计算该反应过程的传质系数。已知气体黏度 $\mu=1.4\times10^{-4}g/(cm \cdot s)$，扩散系数 $D=0.267cm^2/s$。

解：床层空隙率 $\varepsilon_B=1-\dfrac{\rho_B}{\rho_P}=1-\dfrac{0.6}{0.9}=0.33$

雷诺数

$$Re=\frac{d_p G}{\mu_g(1-\varepsilon_B)}=\frac{0.83\times3000\times1000/(3600\times10000)}{1.4\times10^{-4}\times(1-0.33)}=737.38$$

传质 J 因子：由于 $300<Re=737.38<6000$

$$J_D=1.19Re^{-0.41}=1.19\times(737.38)^{-0.41}=0.0794$$

气体密度：

$$\rho_g=\frac{pM}{RT}=\frac{1013.3\times14.4}{8314\times(220+273)}=3.56\times10^{-3}(g/cm^3)$$

传质系数：

$$k_G = \frac{J_D G}{\rho_g}\left(\frac{\mu_g}{\rho_g D}\right)^{-2/3}$$

$$= \frac{0.0794\times3000\times1000}{3.56\times10^{-3}\times3600\times10000}\left(\frac{1.4\times10^{-4}}{3.56\times10^{-3}\times0.267}\right)^{-2/3} = 6.413(\mathrm{cm/s})$$

2. 流体与催化剂外表面的浓度分布和温度分布

在定常态下，单位时间内，反应组分从流体主体扩散到催化剂外表面的量等于该组分在催化剂内反应掉的量，则：

$$\frac{\mathrm{d}n_A}{\mathrm{d}t} = k_G S_e (c_{AG} - c_{AS}) = k_v c_{AG}^n \tag{4-59}$$

通过上式可得流体主体反应物的浓度与催化剂颗粒外表面反应物的浓度的关系。当反应级数不同时，关系也不同。若反应为一级不可逆反应则 $n=1$，则可得：

$$c_{AS} = c_{AG}/(1+Da)$$

若为二级反应，则：$c_{AS} = \dfrac{\sqrt{1+4Dac_{AG}}-1}{2Da}$

式中，$Da = k_v / k_G S_e$ 称为达姆科勒（Damkohler）数，是化学反应速率与外扩散速率的比值。该值反映了外扩散对反应的影响。该值越大，说明外扩散的阻力越大，外扩散对反应过程的影响越大。反之，则影响较小。当 $Da \to 0$ 时，可以忽略外扩散的影响。不论本征动力学的形式如何，我们都可以通过式(4-59) 得到流体主体反应物的浓度与催化剂颗粒外表面反应物的浓度之间的函数表达式，只是函数表达式的形式不同。

同样，在定常态下，单位时间内传递的热量应该等于单位时间内反应所放出的热量。

$$(-R_A)(-\Delta H) = \alpha_G S_e (T_S - T_G) \tag{4-60}$$

把式(4-59) 代入式(4-60) 得：

$$T_S - T_G = \frac{k_G}{\alpha_G}(-\Delta H)(c_{AG} - c_{AS}) \tag{4-61}$$

该式为催化剂表面温度与浓度的关联式，当流体主体温度、浓度以及催化剂外表面的浓度已知时，通过上式即可求出催化剂表面的温度。

式(4-61) 还可以进行简化处理：对于多数气体可认为 $Pr/Sc \approx 1$，因此 $J_H \approx J_D$，

可得：

$$T_S - T_G = \frac{(-\Delta H)}{\rho_g c_p}(c_{AG} - c_{AS}) \tag{4-62}$$

由此可见，催化剂外表面与流体主体的温差与浓度差成线性关系。对于热效应不大的反应，如果浓度差较大，则需要考虑温差的问题；若浓度差较小，则不需要考虑温差的问题。而对于热效应较大的反应，无论吸热反应还是放热反应，浓度差是大还是小，都需要考虑温差的问题。只是对于放热反应，更需要注意温差的问题，否则会导致催化剂烧结。

【例 4-9】 试计算例 4-8 中催化剂外表面的浓度及温度。已知：原料气中苯的摩尔分率为 0.1。动力学方程式为 $(-r_A)'' = 7.99\times10^{-7} P_A$ {mol/[s·g(催化剂)]}，气体的比定压热容 $c_p = 49\mathrm{J/(mol\cdot K)}$，反应热效应 $(-\Delta H) = 2.135\times10^5\mathrm{J/mol}$。

解：气相主体中 A 的浓度 c_{AG}：

$$c_{AG} = \frac{p_A}{RT} = \frac{1013.3\times0.1}{8314\times(273+220)} = 2.472\times10^{-2}(\mathrm{mol\cdot L})$$

反应速率常数 k_v

$$k_v=\rho_p k_p RT=7.99\times10^{-7}\times0.9\times8314\times(220+273)=2.95(s^{-1})$$

达姆科勒（Damkohler）数：

$$Da=\frac{k_v}{k_G S_e}=\frac{k_v V_S}{k_G S_S}=\frac{2.95\times\left(\frac{4}{3}\times3.14\times0.415^3\right)}{6.397\times4\times3.14\times0.415^2}=0.0638$$

因为是一级反应，所以催化剂外表面的浓度 c_{AS}

$$c_{AS}=\frac{c_{AG}}{(1+Da)}=\frac{2.472\times10^{-2}}{(1+0.0638)}=2.32\times10^{-2}(mol/L)$$

催化剂外表面的温度：

$$T_S-T_G=\frac{(-\Delta H)}{\rho_g c_p}(c_{AG}-c_{AS})=\frac{2.135\times10^5}{3.56\times10^{-3}\times49}\times(2.472-2.45)\times10^{-5}=0.27$$

$$T_S=220+0.27=220.27(℃)$$

3. 宏观动力学方程

根据外扩散效率因子的定义，外扩散做控制步骤的动力学方程可用下式表示：

$$(-R_A)=\eta\cdot(-r_A)_G$$

即只要求出效率因子，就可得到动力学方程。

$$\eta=\frac{(-R_A)}{(-r_A)_G}=\frac{k_v c_{AS}}{k_v c_{AG}}=\frac{c_{AS}}{c_{AG}} \tag{4-63}$$

把催化剂外表面和流体主体的浓度关系式代入上式，即可求得效率因子值。由于反应级数不同，浓度关系式也不同，因此效率因子的值也不同。

一级反应：

$$c_{AS}=\frac{c_{AG}}{(1+Da)}$$

$$\eta=\frac{1}{(1+Da)}$$

二级反应：

$$\eta=\frac{1}{4Da^2}(\sqrt{1+4Da}-1)^2$$

达姆科勒（Damkohler）数越大，效率因子值越小。即外扩散效率因子总是随达姆科勒数的增加而下降。反应级数越高，η 随 Da 增加而下降得越明显。无论反应级数等于几，当 Da 趋近于零时，η 总是趋近于 1。这说明，反应级数越高，越需要采取措施降低外扩散阻力，以提高外扩散效率因子。

任务五 固定床反应器设计计算

固定床反应器的主要计算任务包括催化剂用量、床层高度和直径、床层压力降和传热面积等。固定床反应器的设计，应满足尽可能大的生产强度，即单位床层的生产能力大；尽可能小的床层阻力；床层温度分布合理，结构简单，操作稳定性好，运行可靠，维修方便。

固定床反应器的工艺计算，主要有经验法和数学模型法。气固相催化反应固定床反应器的计算通常包括下述三种情况：

① 为了完成一定生产任务，对反应器进行工艺设计。即已知原料气进反应器时的各项

参数（温度、压力、流量及组成），并确定了反应器出口气体的组成（或转化率）时，通过计算求出反应器的直径，催化剂床层高度以及有关工艺参数。

② 对已有的反应器（已知其直径和催化剂层高度），在规定了原料气各项参数后，计算该反应器能否实现工艺指标（即反应器出口气体是否符合要求）。

③ 对已有的反应器，为满足生产所需要的产品要求，计算反应器的最大生产能力（即反应器可以处理的最大原料量）。

上述三种任务中，第一种为设计任务，后两种为反应器校核。尽管要求不同，但计算原理和方法是相同的。

一、经验法

经验法的设计依据主要来自实验室、中间试验装置或工厂实际生产装置的数据。对中间试验和实验室研究阶段提供的主要工艺参数如温度、压力、转化率、选择性、催化剂空时收率、催化剂负荷和催化剂用量等进行分析，找出其变化规律，从而可预测出工业化生产装置工艺参数和催化剂用量等。

（一）催化剂用量的计算

固定床催化剂用量计算例题

经验法比较简单，常取实验或实际生产中催化剂或床层的重要操作参数作为设计依据直接计算得到。

1. 空间速度

指单位时间内通过单位体积催化剂的原料在标准状况下的体积流量，单位 s^{-1}。它是衡量固定床反应器生产能力的一个重要指标，与项目一中的一致。

$$s_V=\frac{\overline{V}_{0N}}{V_R} \tag{1-32}$$

2. 空间时间（接触时间）

与项目一中所介绍的空间时间有所不同。它是指在规定的反应条件下，气体反应物通过催化剂床层中自由空间所需要的时间，单位是 s。接触时间越短，表示同体积的催化剂在相同时间内处理的原料越多，是表示催化剂处理能力的参数之一。

$$\tau=\frac{V_R\varepsilon}{V_0} \tag{4-64}$$

式中 ε——固定床反应器的床层空隙率。

3. 空时收率

指反应物通过催化剂床层时，在单位时间内单位质量（或体积）催化剂所获得的目的产物量。它是反映催化剂选择性和生产能力的一个重要指标。

$$S_W=\frac{W_G}{W_S} \tag{4-65}$$

式中 S_W——催化剂的空时收率，kg/(kg·h) 或 $kg/(m^3·h)$；

W_G——目的产物的质量，kg；

W_S——催化剂的用量，kg 或 m^3。

4. 催化剂负荷

指在单位时间内单位质量（体积）催化剂由于反应而消耗的原料质量。这是反映催化剂生产能力的重要指标。

$$S_G=\frac{W_W}{W_S} \tag{4-66}$$

式中 S_G——催化剂负荷，kg/(kg·s) 或 kg/(m^3·s)；

W_W——原料质量流量，kg/s；

W_S——催化剂用量，kg 或 m^3。

5. 床层线速度与空床速度

床层的线速度是指在规定条件下，气体通过催化剂床层自由截面积的流速。

$$u=\frac{V_0}{A_R\varepsilon} \tag{4-67}$$

而空床速度是在规定条件下，气体通过空床层截面积的流速。

$$u_0=\frac{V_0}{A_R} \tag{4-68}$$

式中 u——床层的线速度，m/s；

u_0——空床速度，m/s；

A_R——催化剂床层面积，m^2。

注意：设计的反应器要与提供数据的装置具有相同的操作条件，如催化剂、反应物、压力、温度等，但通常不可能完全满足，只能估算。

（二）固定床反应器结构尺寸的计算

催化剂的用量确定后，催化剂床层的有效体积也就确定了。很明显，床层高度变高，即床层截面积将变小，操作气速、流体阻力（动力）将增大；反之，床层高度降低必然引起截面积（直径）增大，对传热不利或易产生短路等现象。因此，床层的高度与直径通过操作流速、压力降（即动力消耗）、传热、床层均匀性等影响因素进行综合评价来确定。

通常，床层的高度或直径的计算是根据固定床反应器某一重要操作参数范围或经验选取，然后校验其它操作参数是否合理，如床层压力降不超过总压力的15%。床层高度与直径的计算步骤为：

（1）根据经验选取气体空床速度 u_0。

（2）床层的截面积为

$$A_R=\frac{V_0}{u_0} \tag{4-69}$$

式中 A_R——反应器的截面积，m^2。

（3）校验床层阻力降 Δp。根据压力降计算公式校验床层压力降。若压力降低于总压力的15%，则选取的空床速度 u_0 有效，上述计算成立。

（4）确定床层的结构尺寸。

催化剂床层高度：

$$H=\frac{V_R}{A_R}=u_0\frac{V_R}{V_0} \tag{4-70}$$

式中 V_R——催化剂床层体积，m^3；

A_R——催化剂床层截面积，m^2。

如果采用绝热反应器，可求出内径 D：

$$D=\left(\frac{4A_R}{\pi}\right)^{1/2} \tag{4-71}$$

当选用列管式反应器，床层管内径取 d_t，外径为 d_0，则列管数 n 为

$$n=\frac{A_R}{\frac{\pi}{4}d_t^2}=\frac{V_R}{\frac{\pi}{4}d_t^2 H} \tag{4-72}$$

对于壳管式反应器（壳程装催化剂），其截面积 A_R 为

$$A_R=\frac{\pi}{4}D^2-n\frac{\pi}{4}d_0^2$$

也可采用正三角形排列总面积的计算方法，再求出反应器的直径，即

$$A_R=Nt^2\sin60°$$

$$D=\left(\frac{4A_R}{\pi}\right)^{1/2}+2E \tag{4-73}$$

式中　A_R——正三角形排列总面积，m^2；

t——管心距，m；

E——最外端管心与反应器器壁距离，m；

N——圆整后的实际管数。

（三）催化剂床层传热面积的计算

催化剂床层所需的传热面积可参照列管式换热器的计算方法确定，计算公式为

$$A=\frac{Q}{K\Delta t_m} \tag{4-74}$$

式中　Q——经热量衡算确定的传热速度，J/s；

Δt_m——进出口两端温度差的对数平均值，K；

K——传热系数，$J/(m^2 \cdot s \cdot K)$。

传热系数从有关手册中查取或用公式计算。

二、数学模型法

气固相反应器是应用最广的工业反应器，其中的固定床反应器也是模型化研究比较成熟的一类反应器。反应器的模型化是指通过数学模型的建立和求解去预测和模拟反应器的实际操作状况。反应器的数学模型通常是指利用物料衡算和能量衡算将反应动力学模型和描述反应器传递过程（流动、传热、传质）的模型结合起来的一组数学方程，通过这组方程的求解能获得反应器在一定操作条件下的反应结果。但有时把由实验室或工业反应器操作数据直接关联得到的描述反应器操作条件和反应结果之间关系的经验关联式也归入反应器数学模型的范畴。

（一）数学模型方法的特征

数学模型方法成为化学反应工程基本研究方法的一个重要原因是：由于化学反应与传质、传热过程的耦合，反应过程通常表现出很强的非线性，使其与单纯的传递过程有显著差异。由于强非线性，反应过程常呈现一些非寻常的属性，如反应器的不稳定性和参数的敏感性等。对这类强非线性过程，经验的变量关联往往不足以揭示其某些重要特征，而利用数学模型进行模拟分析，则往往能收到事半功倍的效果。所以数学模型方法是一种较适宜的选择。但在实践中发现数学模型方法也有下述一些明显的局限性，如：

（1）由于实际过程的复杂性，对其作透彻的了解十分困难，即使能透彻了解，也往往难以进行如实的描述，因此必须作出不同程度的简化，从而导致不同程度的失真。

（2）模型中通常包含一些需由实验确定的模型参数。由于各种因素的影响，参数往往存在不确定性，而不易准确测定；或即使能测得一定过程条件下的参数值，但随着条件变化，参数值也会变化。

（3）模型方法以单因素研究为主，而实际过程往往受多因素影响。

提出数学模型方法的初衷是定量地描述反应过程，以便用于反应器的设计和操作模拟分析。但由于上述局限性，在反应器开发中模型方法往往需与实验工作紧密配合，相互补充。因而特别需要强调模型实用化的技巧。例如可以通过计算机模拟计算考察过程对模型参数的敏感性，如果模拟计算的结果表明某一参数在一定范围内对过程不产生敏感影响，则该参数不需精确测定，甚至作粗略估计即满足应用需要。这种模拟实验显然可以大大减少实验工作量。

（二）数学模型方法的工作步骤

数学模型方法的工作步骤大致如下：

（1）通过实验和其他途径深入认识实际过程，把握过程的物理实质和影响因素，并尽可能区分其主次。

（2）根据研究的目的，对实际过程作出不同程度的简化，提出便于进行数学描述的物理模型。

（3）对物理模型进行数学描述，建立模型方程（组）。

（4）通过实验测定和参数估值确定模型方程中所含模型参数的数值。

（5）进行模拟计算，将计算结果与实验结果比较。如有需要，对模型和参数进行修正，并重复上述步骤。

在模型研究中的一个重要观念是过程分解。对于建立反应器模型，分解主要是将过程区分为化学反应部分和物理传递部分。前者指反应动力学，是化学反应本征决定的。后者指纯属物理过程的流动、传质和传热，由化学反应以外的因素决定。一个完整的反应器模型通常要考虑这两方面的因素，在分别研究后进行综合。

模型研究的另一个重要观念是过程的简化。模型立足于对过程的简化，只有简化才使模型建立成为可能。但简化程度应适应模型研究的目的。对于一个有限的应用目标，显然没有必要建立十分周全的模型。因而应该强调模型的周全程度与应用目标的一致，并不是对过程的描述愈细致愈好。也就是说，不必要的细致描述，并不是一个成功的模型应具有的。

（三）建立反应器数学模型的方法

如前所述，建立反应器数学模型的基本方法是把反应器中进行的过程分解为化学反应过程和物理传递过程，分别建立反应动力学模型和反应器传递模型，然后通过物料衡算和能量衡算把它们综合起来，建立反应器数学模型。虽然这类模型也建立在对实际过程作不同程度简化的基础上，但多少考虑了实际过程的物理本质，因而称为机理性模型。但在某些情况下，或者由于过程的复杂性，难以建立基于反应动力学和反应器传递过程的机理模型，或者由于过程的特殊性，没有必要分别建立动力学模型和传递模型，也可采用将反应器的输入变量和输出变量直接关联的方法来建立反应器的“黑箱”模型。

1. 机理性模型

通过反应动力学方程和反应器传递模型的综合建立反应器数学模型时，根据反应器中物料聚集状态（即微观混合程度）的不同，需采用不同的描述方法。对微观完全混合的反应系统（如气相和互溶液相反应系统），应采用以反应器或反应器中的某一微元体积作为描述对象的方法；对微观完全离析的反应系统（如固相加工过程），应采用以反应物料为描述对象的方法；对微观部分混合的反应系统（如气液或液液反应系统中的分散相），可采用微元总体特性衡算模型进行描述。

2. 经验关联模型

经验关联模型系以整个反应器为对象，将反应结果（如转化率、选择性、产物分布）与反应器的结构参数和操作条件用数学方程式或图表直接进行关联。在这种模型中，既没有哪怕是形式最简单的动力学方程，也不涉及沿反应器长度的复杂的积分运算。在集总动力学模型出现以前，这种方法曾被广泛用于进行烃类热裂解、催化裂化等复杂反应的反应器的模型化，利用中试装置或工业装置数据回归的模型去指导这些反应器的操作优化。

经验模型的主要缺点是不涉及任何有关化学反应和传递过程的机理，因此只有在回归模型所用的实验数据范围内才能可靠地使用，而将它外推应用于原实验范围之外时，往往会有很大的风险。

近 30 年来，反应动力学的理论研究和实验测定技术都有了长足的进步，在许多原先为经验模型一统天下的领域里，以反应动力学方程为基础的反应器模型的应用日见普遍。但由于经验模型具有在原实验数据范围内可靠预测和计算简便的优点，在某些应用场合中仍有其存在的价值。

综上所述，离开具体的研究对象和研究任务去比较两类反应器数学模型的优劣是没有意义的，重要的是根据对象和任务的特殊性去选择合适的模型化方法。

三、固定床反应器一维拟均相模型

对固定床反应器，已提出了从比较简单到相当复杂的多种数学模型，用于固定床反应器的设计及其定态和非定态特性的研究。模型方程均按定态、单一反应（$A \rightarrow B$）、气相密度为常数的条件写出，大体上可区分为六种模型，并已获普遍认可。下面仅介绍其中的拟均相基本模型，并对其特性和应用作简要说明，固定床反应器的其他数学模型及求解方法可查阅相关资料。

拟均相基本模型也称为拟均相一维活塞流模型，是最简单、最常用的固定床反应器模型。“拟均相”指将实际上为非均相反应系统简化为均相系统处理，即认为流体相和固体相之间不存在浓度差和温度差。

本模型适用于：

① 化学反应是过程的速率控制步骤，流固相间和固相内部的传递阻力均很小，流体相、固体外表面和固体内部的浓度、温度可以认为接近相等；

② 流固相间和（或）固相内部存在传递阻力，但这种浓度差和温度差对反应速率的影响已被包括在表观动力学模型中。

“一维”的含义是只在流动方向上存在浓度梯度和温度梯度而垂直于流动方向的同一截面上各点的浓度和温度都相等。“活塞流”的含义则是在流动方向上质量传递和能量传递的唯一机理是主体流动本身不存在任何形式的返混。

在上述条件下，轴向流动固定床反应器的数学模型可参照均相活塞流模型写出以下基本方程：

物料衡算方程
$$-u\frac{dc_A}{dz}=\rho_B(-r_A) \tag{4-75}$$

管内热量衡算方程
$$u\rho_g c_p\frac{dT}{dz}=\rho_B(-r_A)(-\Delta H)-\frac{4K}{d_t}(T-T_c) \tag{4-76}$$

管外热量衡算方程
$$u_c\rho_c c_{pc}\frac{dT_c}{dz}=\frac{4K}{d_t}(T-T_0) \tag{4-77}$$

流动阻力方程
$$-\frac{dp}{dz}=f_k\frac{\rho_g u^2}{d_p} \tag{4-78}$$

式中 u——线速度，m/s；

u_c——管外载热体线速度，m/s；

ρ_B——催化剂床层密度，kg/m³；

ρ_g，ρ_c——反应物流和管外载热体密度，kg/m³；

c_p，c_{pc}——反应物流和载热体比定压热容，kJ/(kg·K)；

T_c——载热体温度，K；

K——传热系数，kJ/(m²·s·K)；

d_t——反应管直径，m；

d_p——固体颗粒直径，m；

f_k——动阻力系数。

对绝热反应器，式(4-76) 最后一项为零。绝热反应器模型方程的边界条件为：

$$z=0\text{ 处},c_A=c_{A0},T=T_0,p=p_0$$

对反应物流和载热体并流的列管式反应器，模型方程的边界条件为：

$$z=0\text{ 处},c_A=c_{A0},T=T_0,T_c=T_{c0},p=p_0$$

对这两种情况，模型方程的求解均属常微分方程的初值问题。对反应物流和载热体逆流的列管式反应器，模型方程的边界条件为：

$$z=0\text{ 处},c_A=c_{A0},T=T_0,p=p_0$$
$$z=L\text{ 处},T_c=T_{c0}$$

任务六 固定床反应器仿真操作

（一）生产原理

本仿真单元操作训练选用的是一种对外换热式气-固相催化反应器，热载体是丁烷。该固定床反应器取材于乙烯装置中催化加氢脱除乙炔（碳二加氢）工段。在乙烯装置中，液态烃热裂解得到的裂解气中含乙炔 $1\times10^{-3}\sim5\times10^{-3}$，为了获得聚合级的乙烯、丙烯，须将乙炔脱除至要求指标。催化选择加氢是最主要的方法之一。

在加氢催化剂存在下，碳二馏分中的乙炔加氢为乙烯，可发生如下反应：

主反应：　$C_2H_2+H_2\rightarrow C_2H_4+174.3kJ/mol$

副反应：　$C_2H_2+2H_2\rightarrow C_2H_6+311.0kJ/mol$

$C_2H_4+H_2\rightarrow C_2H_6+136.7kJ/mol$

$mC_2H_4+nC_2H_2\rightarrow$低聚物（绿油）

高温时，还可能发生裂解反应：

$$C_2H_2\rightarrow 2C+H_2+227.8kJ/mol$$

从生产的要求考虑，希望反应系统中最好只发生乙炔加氢生成乙烯的反应，这样既能脱除原料中的乙炔，又增产了乙烯。而乙炔加氢生成乙烷的反应是乙炔一直加氢到乙烷，虽然可以脱除乙炔，但对乙烯的增产没有贡献。因此用此法脱除乙炔不如乙炔加氢生成乙烯的方式好。同时不希望发生其它的副反应。所以乙炔加氢反应要求催化剂对乙炔加氢的选择性要好。影响催化剂反应性能的主要因素有反应温度，原料中炔烃、双烯烃的含量，氢炔比，空速，一氧化碳、二氧化碳、硫等杂质的浓度。

1. 反应温度

反应温度对催化剂加氢性能影响较大，碳二加氢反应均是较强的放热反应，高温不仅有利于副反应的发生，而且对安全生产造成威胁。一般地，提高反应温度，催化剂活性提高，但选择性降低。采用钯型催化剂时，反应温度为 30～120℃。本装置反应温度由壳侧冷剂（热载体）控制在 44℃左右。

2. 炔烃浓度

炔烃浓度对催化剂反应性能有着重要影响。加氢原料所含炔烃、双烯烃浓度高，反应放热量大，若不能及时移走热量，使得催化剂床层温度较高，加剧副反应的进行，导致目的产品乙烯的加氢损失，并造成催化剂的表面结焦的不良后果。

3. 氢炔比

乙炔加氢反应的理论氢炔比为 1.0，如氢炔比小于 1.0，说明乙炔未能脱除。当氢炔比超过 1.0 时，就意味着除了满足乙炔加氢生成乙烯需要的氢气外，有过剩的氢气出现，反应的选择性就下降了。一般采用的氢炔比为 1.2～2.5。本装置中控制碳二馏分的流量是 56186.8t/h，氢气的流量是 200t/h。

4. 一氧化碳

一氧化碳会使加氢催化剂中毒，影响催化剂的活性。在加氢原料中一氧化碳的含量有一定的限制，如碳二加氢所用的富氢中一氧化碳含量应小于 5×10^{-6}。

（二）工艺流程

工艺流程如图 4-16 和图 4-17 所示。

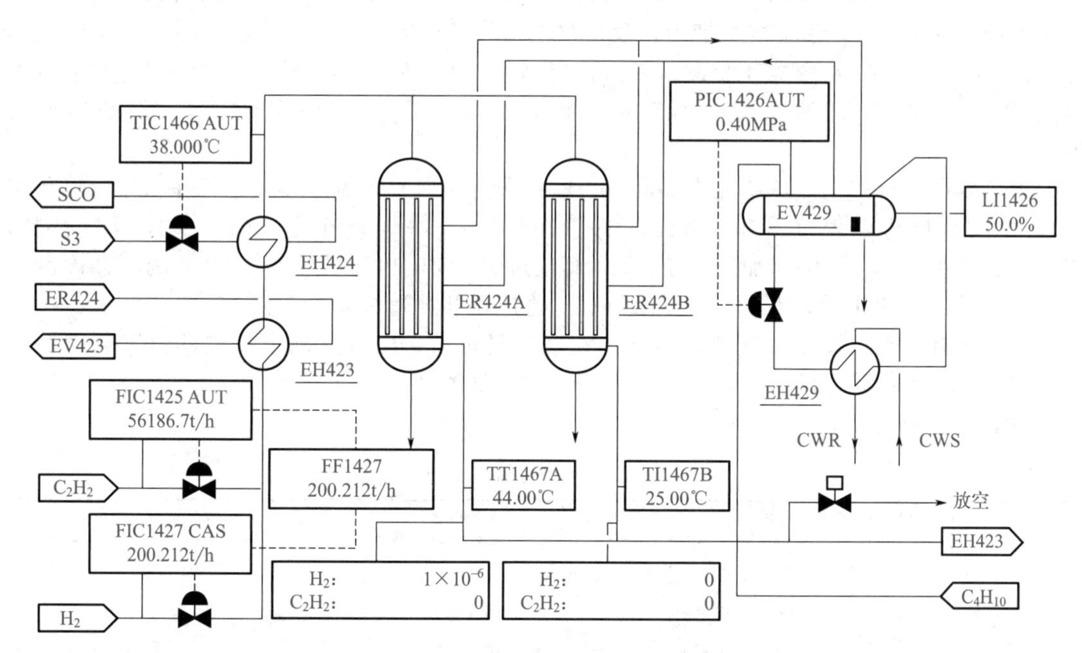

图 4-16 固定床单元 DCS 流程图

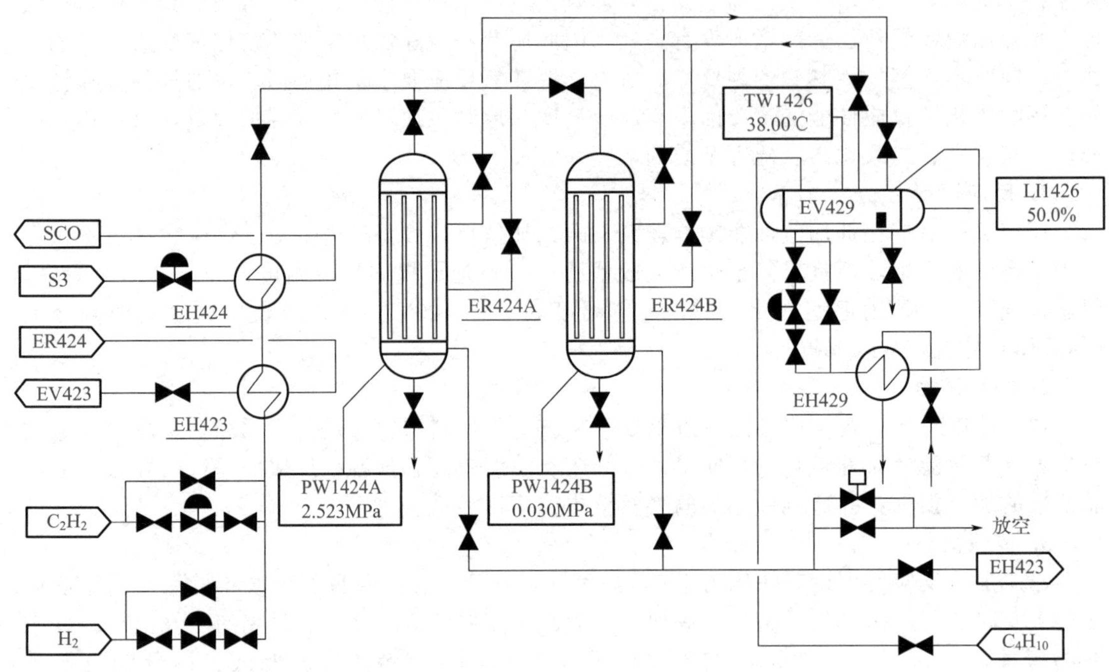

图 4-17 固定床单元现场图

反应原料有两股：一股为－15℃左右的碳二馏分，进料由流量控制器 FIC1425 控制；另一股为 10℃左右的 H_2 和 CH_4 的混合气（富氢），进料量由控制器 FIC1427 来控制，两股原料按一定比例在管线中混合，经原料气/反应气换热器（EH423）预热，再在原料预热器（EH424）中用加热蒸汽（S3）预热至 38℃，进入固定床反应器（ER424A/B），预热温度由温度控制器 TIC1466 通过调节预热器 EH424 加热蒸汽（S3）的流量来控制。

ER424A/B 中的反应原料在 2.523MPa、44℃的条件下反应，反应所放出的热量由反应器壳侧循环的加压 C_4 冷剂蒸发带走，反应气送 EH423 冷却后，去系统外的下一工序进一步净化。C_4 蒸汽在水冷器 EH429 中由冷却水冷凝，而 C_4 冷剂的压力由压力控制器 PIC1426 通过调节 C_4 蒸汽冷凝回流量来控制在 0.4MPa，从而保证了 C_4 冷剂的温度为 38℃。

为了生产运行安全，该单元有一联锁，联锁源为：(1) 现场手动紧急停车（紧急停车按钮）； (2) 反应器温度高报（TI1467A/B＞66℃）。联锁动作是：(1) 关闭氢气进料，FIC1427 设手动；(2) 关闭加热器 EH424 蒸汽进料，TIC1466 设手动；(3) 闪蒸器冷凝回流控制 PIC1426 设手动，开度 100%；(4) 自动打开电磁阀 XV1426。

该联锁有一复位按钮。联锁发生后，在联锁复位前，应首先确定反应器温度已降回正常，同时处于手动状态的各控制点的设定应设成最低值。

主要设备如表 4-4 所示。

表 4-4 主要设备一览表

设备位号	设备名称	设备位号	设备名称
EH423	原料气/反应气换热器	EV429	C_4 闪蒸罐
EH424	原料气预热器	ER424A	碳二加氢固定床反应器
EH429	C_4 蒸汽冷凝器	ER424B	碳二加氢固定床反应器(备用)

（三）冷态开车与控制

本单元所用原料均为易燃易爆气体，操作中必须严格按照生产规程进行。出现事故时，要先冷静分析问题，正确作出判断，根据具体情况制定处理方案。

确认所有调节器设置为手动，调节阀、现场阀处于关闭状态。装置的开工状态为反应器和闪蒸罐都处于已进行过氮气冲压置换后，保压在 0.03MPa 状态，可以直接进行反应气体冲压置换。

1. EV429 闪蒸罐充丁烷

（1）确认 EV429 压力为 0.03MPa。

（2）打开 EV429 回流阀 PV1426 的前后阀 VV1429、VV1430。

（3）调节 PV1426 阀开度为 50%。

（4）EH429 通冷却水，打开 KXV1430，开度为 50%。

（5）打开 EV429 的丁烷进料阀门 KXV1420，开度为 5%。

（6）当 EV429 液位到达 50%时，关进料阀 KXV1420。

2. ER424A 反应器充丁烷

（1）确认事项

① 反应器 0.03MPa 保压。

② EV429 液位到达 50%。

（2）充丁烷。打开丁烷冷剂进 ER424A 壳层的阀门 KXV1422、KXV1423、KXV1425、KXV1427，开度为 50%，有液体流过，充液结束。

3. ER424A 启动

（1）启动前准备工作

① ER424A 壳层有液体流过。

② 打开 S3 蒸汽进料控制 TIC1466，开度为 30%。

③ 调节 PIC1426 设定，压力控制在 0.4MPa，投自动。

④ 乙炔原料进料控制 FIC1425 设手动，开度为 0%。

（2）ER424A 充压，反应气体置换

① 打开 FV1425 前后阀 VV1425、VV1426 和 KXV1411、KXV1412，开度约为 50%。

② 打开 EH423 的进出口阀 KXV1408、KXV1418，开度为 50%。

③ 微开 ER424A 出料阀 KXV1413，开度为 5%，碳二馏分进料控制 FIC425（手动），慢慢增加进料，提高反应器压力，充压至 2.523MPa。

④ 慢开 ER424A 出料阀 KXV1413，充压至压力平衡，进料阀应为 50%，出料阀开度稍低于 50%（49.8%）。

⑤ 乙炔原料进料控制 FIC1425 设自动，设定值 56186.8t/h。

（3）ER424A 配氢，调整丁烷冷剂压力

① 稳定反应器入口温度在 38.0℃，使 ER424A 升温。

② 当反应器温度接近 38.0℃（超过 35.0℃），准备配氢，打开 FV1427 的前后阀 VV1427、VV1428，开度为 50%。

③ 氢气进料控制 FIC1427 设自动，流量设定在 80t/h。

④ 观察反应器温度变化，当氢气量稳定后，FIC1427 设手动。

⑤ 稳定 2min 后，缓慢增加氢气量，注意观察反应器温度变化。

⑥ 氢气流量控制阀开度每次增加不超过 5%。

⑦ 氢气量最终加至 200t/h 左右，此时 $H_2/C_2=2.0$，FIC1427 投串级。

⑧ 控制反应器温度 44.0℃左右。

（四）正常运行控制

熟悉工艺流程，维护各工艺参数稳定；密切注意各工艺参数的变化情况，发生突发事故时，应先分析事故原因，并做及时正确的处理。

1. 反应器进出物流的组成和流量

固定床反应器正常运行时反应器进出物流的组成和流量如表 4-5 所示。

表 4-5　固定床反应器正常运行时反应器进出物流的组成和流量

物流号	1号		2号		3号		4号	
物流名称	C_2H_2 混合前		H_2 混合前		混合原料(ER424 入)		ER424 出料	
成分	kg/h	%(质量)	kg/h	%(质量)	kg/h	%(质量)	kg/h	%(质量)
H_2	0.00	0.00	147.89	73.88	147.89	0.26	0.00	0.00
CH_4	6.41	0.0114	52.28	26.12	58.69	0.10	58.69	0.1041
C_2H_4	47374	84.3161	0.0007	0.00	47374	84.02	47374	84.02
C_2H_6	7531.8	13.405	0.00	0.00	7832	13.36	8640.9	15.32
C_2H_2	961.29	1.711	0.00	0.00	961.3	0.70	0.00	0.00
CO_2	14.16	0.0252	0.00	0.00	14.16	0.00	14.16	0.025
C_3H_6	292.17	0.52	0.00	0.00	292.17	0.00	292.2	0.52
C_3H_8	5.79	0.0103	0.00	0.00	5.79	0.00	5.79	0.01
C_3H_4	0.83	0.00	0.00	0.00	0.83	0.00	0.83	0.00
$>C_4$	0.002	0.00	0.00	0.00	0.002	0.00	0.002	0.00
TOTAL	56186.45	99.999	200.17	100.00	56686.83	99.996	56386.57	99.999

2. ER424A 与 ER424B 间切换

(1) 关闭氢气进料；

(2) ER424A 温度下降低于 38.0℃后，打开 C_4 冷剂进 ER424B 的阀 KXV1424、KXV1426，关闭 C_4 冷剂进 ER424A 的阀 KXV1423、KXV1425；

(3) 开 C_2H_2 进 ER424B 的阀 KXV1415，微开 KXV1416，关 C_2H_2 进 ER424A 的阀 KXV1412。

3. ER424B 的操作

ER424B 的操作与 ER424A 操作相同。

（五）正常停车

1. 关闭氢气进料，关 VV1427、VV1428、FIC1427 设自动，设定值为 0%；
2. 关闭加热器 EH424 蒸汽进料，TIC1466 设手动，开度为 0%；
3. 闪蒸器冷凝回流控制 PIC1426 设手动，开度为 100%；
4. 逐渐减少乙炔进料，开大 EH429 冷却水进料；
5. 逐渐降低反应器温度、压力，至常温、常压；
6. 逐渐降低闪蒸器温度、压力，至常温、常压。

（六）异常事故与处理

事故处理如表 4-6 所示。

表 4-6　事故处理

事故名称	主要现象	处理方法
氢气进料阀卡住	氢气量无法自动调节	1. 降低 EH429 冷却水量 2. 用旁通阀 KXV1404 手动调节氢气量
预热器 EH424 阀卡住	换热器出口温度超高	1. 增加 EH429 冷却水量 2. 减少配氢量
闪蒸罐压力调节阀卡住	闪蒸罐温度、压力超高	1. 增加 EH429 冷却水量 2. 用旁通阀 KXV1434 手动调节
反应器漏气	反应器压力迅速降低	停工
EH429 冷却水进口阀卡住	闪蒸罐压力、温度超高	停工
反应器超温	反应器温度超高，会引发乙烯聚合的副反应	增加 EH429 冷却水量

分析与思考

1. 反应过程中的氢炔比如何控制？
2. 叙述加氢脱炔过程中反应温度的控制方案。
3. 该过程中 C_4 冷剂的作用是什么？
4. ER424A 与 ER424B 何时切换，如何切换？

任务七　固定床反应器实操训练

乙苯脱氢制苯乙烯在工业生产中均采用固定床催化剂脱氢生产方法，其脱氢反应主要发生在烷基部分，所以它的催化剂与烷烃脱氢催化剂相似，这类催化剂的主要类型有氧化锌、氧化镁和氧化铁系等几种。目前，工业生产中多选用铁系催化剂。

（一）实训目的

（1）掌握气-固相催化剂脱氢的反应原理及固定床反应器的实验操作技术。
（2）掌握原料配比对脱氢收率的影响及最佳操作条件选择。
（3）学会仪器、仪表的使用、保护和对产品的分析及数据处理。
（4）掌握催化剂性能的检测方法。

（二）实训原理

1. 乙苯脱氢的主反应和副反应

乙苯在催化剂的作用下进行烷基脱氢制苯乙烯，主要发生下列反应：

主反应：

$$C_6H_5\text{-}C_2H_5 \longrightarrow C_6H_5\text{-}CH{=}CH_2 + H_2$$

主要副反应：

$$C_6H_5\text{-}CH_2CH_3 + H_2 \longrightarrow C_6H_5\text{-}CH_3 + CH_4 \qquad C_6H_5\text{-}CH_2CH_3 \longrightarrow C_6H_6 + C_2H_4$$

$$C_6H_5CH_2CH_3 + H_2 \longrightarrow C_6H_6 + C_2H_6 \qquad C_6H_5CH_2CH_3 \longrightarrow 8C + 5H_2$$

2. 工艺条件

反应温度为550～650℃；反应压力为常压；水蒸气∶乙苯＝1.2～2.6∶1（质量比）；催化剂：氧化铁系。

（三）实训装置

本装置是用于气-固相催化反应与分离的模拟实验专用设备。装置由反应系统和精制分离系统组成，前者全部为不锈钢材料；后者为玻璃填料塔。

反应系统中的固定床反应器为凹凸面法兰连接、中间加柔性石墨垫及螺帽拧紧密封，加热采用管式加热炉，为三段电加热，自动控温。反应器可从炉中拉出，能方便地装填催化剂。管路部分采用卡套式和硅橡胶密封垫连接方式，流程布局合理。控温采用智能化精度较高的温度控制仪表。仪表测温与控温可任意选用各种类型温度传感器，使用时极其方便，本装置采用带补偿导线的K型热电偶。反应产物经直管冷凝器进入气液分离器，液体进入带有冷却水的油水分离器，油层排出后进入第一级精馏塔，脱出未反应的原料，釜液进入第二精馏塔，最后在二塔顶部馏出纯度较高的产品。反应系统的设备结构为两大部分：第一部分为温度自动测量显示及控制仪表组成的仪表柜，其中电路选用了固态继电器的电子控制单元。结构紧凑，性能可靠，操作简便。第二部分为流程设备，由控制吹扫气流量的不锈钢调节阀门、转子流量计、湿式流量计、预热器、反应器、气液分离器、油水分离器、双柱塞加料泵等组成的操作流程。

1. 技术指标

反应器：ϕ50mm×3.5mm，长0.8m。

预热器：ϕ12mm×2mm，长250mm。

反应炉：ϕ300mm，长700mm，三段加热，上、下段功率均为1.5kW，中段2kW，最高温度600℃。

预热炉：加热功率0.8kW，最高温度400℃。

气液分离器：ϕ50mm，长170mm。

精馏塔1：塔径15mm，塔高1400mm，5个侧线口，两段加热保温，功率300W。

塔釜：250mL，加热功率200～300W。

预热器：加热功率70W。

精馏塔2：塔径15mm，塔高1200mm，一段加热保温，功率300W。

塔釜：250mL，加热功率200W。

回流比控制器：0～99秒可调，数码显示。

2. 工艺流程

工艺流程如图4-18所示。

（四）实训操作

1. 反应系统的操作

（1）催化剂的填装。拆开反应器下部与炉体接口，将反应器从炉上方提出，卸出原装填物，用丙酮或乙醇清洗干净后吹干，连接好下口接头，插入测温套管及催化剂支撑管和不锈钢支撑网，放少许耐高温硅酸铝棉或加入少量粗粒惰性物体。注意：装催化剂要将套管放在反应器中心位置。最后将上部接头的测温套管安装好，拧紧小螺帽，使测温管不会移动，再卸开下部接头后，放在炉内，连接好上下口接头，插入测温热电偶。

（2）检查电路与测温热电偶线路是否位置与标识相符，无误后可进行系统试漏（注意：第一次全流程管路试漏，此后仅对反应器进行试漏即可）。

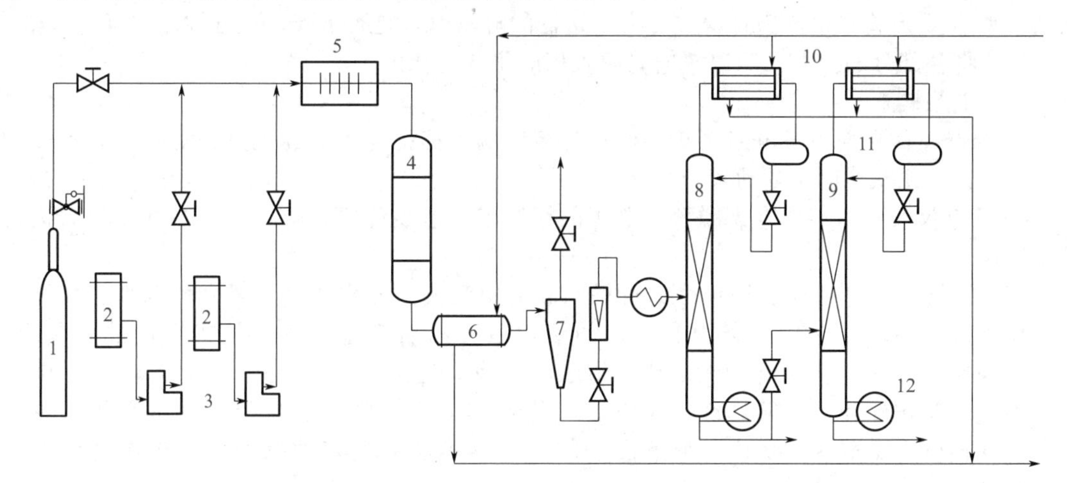

图 4-18 乙苯脱氢装置工艺流程图

1—氮气钢瓶；2—原料罐；3—计量泵；4—反应器；5—预热器；6，10—冷凝器；7—气液分离器；8—脱乙苯塔；9—苯乙烯提纯塔；11—塔顶回流罐；12—塔底再沸器

（3）气密性检验。充氮后，压力至 0.1MPa，保持数分钟，如果压力计指针不下降为合格，可开始升温操作，如果有下降时，可通过涂拭肥皂水检查各处有气泡否。如有漏点，用扳手拧紧后再试，直至压力不下降为准。

（4）开车

① 将冷凝器、气液分离器通冷却水。

② 先通氮气升温，升温时要将仪表参数 OPH 控制在 20，此时加热仅以最大加热电流值的 20%进行，电流值不大，以后可提高该给定值，但不能超过 50，以防止过度加热，而热量不能及时传给反应器造成炉丝烧毁。（控温仪表的使用应仔细阅读 AI 人工智能工业调节器的使用说明书，没有阅读该使用说明书的人，不能随意改动仪表的参数，否则仪表不能正常进行温度控制。）

③ 当温度达到 200℃时可开启加料泵，进入一定量的水。达到反应温度后维持一段时间，再进乙苯（或根据催化剂的性能要求进行升温操作）。

④ 测定温度与流量。反应器控温是依靠插在电炉中的热电偶传感器传导电压信号而进行的。这时因它在加热区内，温度要比反应器内温度高许多，调整温度给定值，则可达到床内反应温度要求，经过数次测试即可找到最佳温度给定值。如不理想，可先进行仪表自整定操作，还不理想，再检查热电偶插入位置是否合适。

⑤ 液体泵的使用。泵使用前要在齿轮槽内注入机油，仔细地连接好泵的加料管和进料管，计量管内注满液体，将出口管降低一定高度，打开计量管旋塞，让液体从出口流出，这就排除了泵头中的气体。使用中通过计时和读出液面刻度随时调节泵的流量。

2. 分离系统的操作

（1）塔的安装。在塔的各个接口处，凡是有磨口的地方都要涂以活塞油脂，并小心地安装在一起，另外，若用带有翻边法兰的接口时，要将各塔节连接处放好垫片，轻轻对正，小心地拧紧带螺纹的压帽（不要用力过猛以防损坏），这时要上好支撑卡子螺丝，调整塔体使整体垂直，此后调节升降台距离，使加热包与塔釜接触良好（注意，不能让塔釜受压）以后再连接好塔头（注意，不要固定过紧使它们相互受力），最后接好塔头冷却水出入口胶管（操作时先通水）。

（2）将真空系统连接好，关闭进料阀门，开真空泵使塔内有一定真空度，关闭真空系统阀门，观察U形管水银压力计（或压力变送器的显示值）是否下降，五分钟内不降为合格。

（3）将各部分的控温、测温热电偶放入相应位置的孔内。

（4）电路检查

① 插好操作台面板各电路接头，检查各接线端子标记与线上标记是否吻合（设备安装时已接好，若无意外请勿乱动）。

② 检查仪表柜内接线有无脱落。电源的相、零、地线位置是否正确，检查无误后进行升温操作。

（5）加料。未进行连续操作之前可做间歇的精馏方法操作。这时要靠较低真空度将反应液体吸入精馏塔1釜中，釜内有一定的液位后开始启动釜加热系统，当正常反应后，靠调节阀控制进入量（在转子流量计有指示时，找到进出塔的平衡值，并维持它），操作前要加入几粒陶瓷环，以防暴沸，还要加入阻聚剂（苯醌类）。精馏塔2的进料要靠更高的真空度将塔1釜液吸入塔内。调解两塔的真空度可达到稳定的操作，在操作过程中要仔细控制才行。

（6）升温。首先开启总电源开关，开启测温开关，温度显示仪表有数值出现。此时开启釜热控温开关，仪表有显示。给定OPH参数在20。温度控制的数值给定要按仪表的∧、∨键，在仪表的下部显示出设定值。温度控制仪的使用详见说明书（AI人工智能工业调节器说明书），不允许不了解使用方法就进行操作。当给定值和参数值都给定后控制效果不佳时，可将控温仪表参数CTRL改为2再次进行自整定。自整定需要一定时间，温度经过上升、下降、再上升、再下降类似位式调节，很快就达到稳定值。

升温操作注意事项：

① 釜热控温仪表的给定温度要高于沸点温度50～80℃，使加热有足够的温差以进行传热。其值可根据实验要求取舍，边升温边调整，当很长时间还没有蒸汽上升到塔头内时，说明加热温度不够高，还需提高。此温度过低蒸发量少，没有馏出物；温度过高蒸发量大，易造成液泛。

② 还要再次检查是否给塔头通入冷却水，此操作必须在升温前进行，不能在塔顶有蒸汽出现时再通水，这样会造成塔头炸裂。当釜已经开始沸腾时，打开上、下段保温电源，顺时针方向调节保温电流给定旋钮，使电流维持在0.2～0.3A（注意：不能过大，过大会造成过热，使加热膜受到损坏。另外，还会造成因塔壁过热而变成加热器，回流液体不能与上升蒸气进行气液相平衡的物质传递，反而会降低塔分离效率）。

③ 升温后观察塔釜和塔顶温度变化，当塔顶出现气体并在塔头内冷凝时，进行全回流一段时间后可开始出料。

④ 用回流比操作时，应开启回流比控制器给定比例（通电时间与停电时间的比值，通常是以秒计），此比例即采出量与回流量之比。

⑤ 与反应器连接后的操作要比单塔连续精馏复杂得多，要在反应系统运行一段时间，当油水分离器内有一定液面后才能进料。同时不仅要控制好两塔的真空度和加料量，而且更要控制好两釜液体的采出量，以保持釜的液位在一定的位置上。回流比的确定要以流出物的分析结果来决定，当塔底和塔顶的温度不再变化时，认为已达到稳定，可取样分析，并收集之。

3. 停止操作

当操作结束时，先关闭塔壁保温电源并将电位器旋至0点处。（注意：一定要进行这一操作，否则下次开车会发生突然有大电流输入造成危险!）无蒸汽上升时停止通冷却水。关闭真空泵。

对反应部分要停止加反应物料，通水或通氮气吹扫，降温至200℃后再停车。

（五）实训数据处理

1. 容量分析法

苯乙烯含量的测定是取2mL液体（油层）产品样，放入250mL锥形瓶中，然后向样品中加入过量的溴试剂，同时剧烈摇动，直到溶液在10min内黄色不褪。多余的溴与KI（加入1g）反应为 $Br_2 + 2KI \rightarrow 2KBr + I_2$，在暗处放置10～15min，生成的 I_2 用浓度为0.1mol/L的 $Na_2S_2O_3$ 标准溶液滴定，在接近终点时，加入淀粉指示剂滴定至蓝色消失。然后作一空白实验，记录消耗的 $Na_2S_2O_3$ 溶液的用量（毫升）。

实验所需试剂：浓度为0.1mol/L $Na_2S_2O_3$ 标准溶液；淀粉溶液指示剂。溴试剂：把化学纯（CP）甲醇100份和预先在130℃下干燥过的KBr13～14份混合，过滤后每1L溶液加 Br_2 18～20g；将产品分析结果列于表4-7中。

表4-7 产品分析记录

取样量	$V_{空白}$/mL	$V_{实验}$/mL

2. 色谱分析法惠普色谱工作站

色谱分析操作条件：色谱柱型号为6201；柱直径3mm，长1～2m，柱前压力0.1MPa，柱温度150℃。电流100～150mA，载气用氢气，检测器为热导检测器。

3. 实验数据

（1）实验数据记录列于表4-8～表4-10中。

表4-8 升温过程记录

时间									
上段控温									
中段控温									
下段控温									
反应测温									
现象									

表4-9 反应过程记录

时间/min	反应温度/℃	加料量		产品量		备注
		乙苯/mL	水/mL	油层/mL	水层/mL	

表 4-10 分离过程记录

设备	塔顶温度/℃	塔顶真空度/Pa	塔釜温度/℃	塔釜真空度/Pa	釜残液量/mL	塔顶馏分量/mL
塔一						
塔二						

（2）实验数据处理

乙苯转化率 X $X=\dfrac{\text{反应掉的乙苯量}}{\text{加入反应器的乙苯量}}$

苯乙烯的收率 Y $Y=\dfrac{\text{生成苯乙烯所消耗的乙苯量}}{\text{加入反应器的乙苯量}}$

催化剂的选择性 S $S=\dfrac{\text{生成苯乙烯所消耗的乙苯量}}{\text{反应掉的乙苯量}}$

（3）结果分析与讨论

（六）异常事故与处理

（1）开启电源开关指示灯不亮，并且没有交流接触器吸合声，则保险坏或电源线没有接好。

（2）开启仪表等各开关时指示灯不亮，并且没有继电器吸合声，则分保险坏，或接线有脱落的地方。

（3）控温仪表、显示仪表出现四位数字，则表明热电偶有断路现象。

（4）仪表正常但电流表无指示，可能保险坏或固态变压器，固态继电器发生问题。

（5）仪表显示温度为负值，热电偶接线反相。

（6）开电源后接触器有嗡嗡交流响声，有杂质落入，反复启动可消除。

（7）真空度下降或尾气无流量指示，塔或反应系统漏气或加料泵漏液。

思考题：

① 乙苯脱氢过程中为什么要加入水蒸气？实训反应时为什么没有加入？

② 为什么对反应液进行减压分离？

③ 实训装置和工业生产装置有哪些主要区别？

④ 如何进行产品储存？

【能力提升】

固定床反应器设计案例分析

【例 4-10】 已知：进出反应器气体流量为 $6990m^3/h$ 和 $7230m^3/h$。操作条件：反应器进出口温度分别为 230℃、243℃，反应压力 25kPa（表压），要求空速不大于 $800h^{-1}$，床层压降不大于 1kPa。根据已知条件试确定该固定床反应器的直径和高度。

气体性质：进口 $\rho_1=1.061kg/m^3$，$\mu_1=2.48\times10^{-5}Pa\cdot s$；出口 $\rho_2=1.019kg/m^3$，$\mu_2=2.52\times10^{-5}Pa\cdot s$。

固体催化剂：催化剂为球状颗粒，平均体积为 $V_p=58mm^3$，床层堆积密度 $\rho_B=670kg/m^3$，床层孔隙率 $\varepsilon=0.34$。

解：(1) 确定催化剂用量

流体平均流量 $Q=\frac{Q_1+Q_2}{2}=\frac{6990+7230}{2}=7110\text{m}^3/\text{h}$

根据反应空速求得，催化剂用量 $V_R=Q/V_0=7110/800=8.89\text{m}^3$

(2) 确定催化剂床层规格

催化剂体积相当直径 $d_v=\left(\frac{6V_p}{\pi}\right)^{1/3}=\left(\frac{6\times 58}{\pi}\right)^{1/3}=4.803\text{mm}$

根据表 4-2，形状系数取 0.89，则催化剂比表面积相当直径

$$d_s=\varphi_s d_v=4.803\times 0.89\text{mm}=4.274\text{mm}$$

因系统压力比较低，要求压降很小，可选用卧式反应器（气体上进下出，如图 4-19）。为有利于气体分布，选择较小的长径比即选择 2，根据催化剂用量，可初选直径 $\Phi=1.6\text{m}$，直边长 $L=3.2\text{m}$ 进行核算。

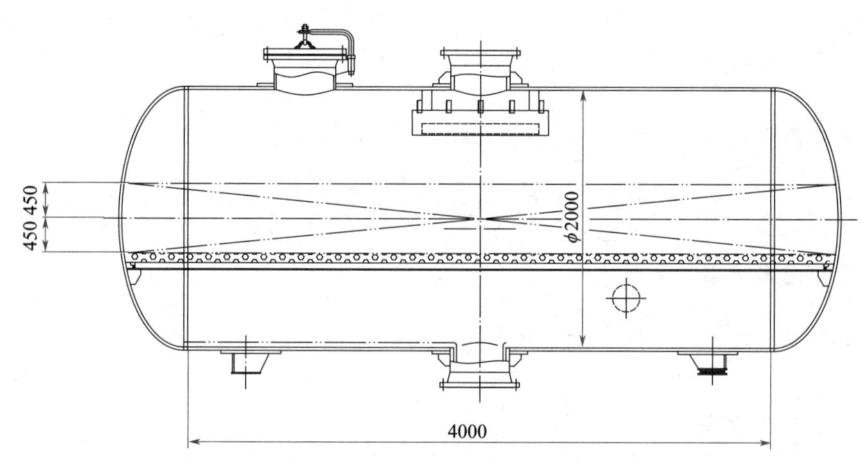

图 4-19　设计案例选用的卧式反应器

可得，气体经过反应器流通截面积约为 $S_1\approx\left(L+\frac{\phi}{4}\times 2\right)\phi=(3.2+1.6/4\times 2)\times 1.6=6.4\text{m}^2$

催化剂床层高度 $H=V_R/S_1=1.39\text{m}$，圆整至 1.4m。

流体平均速度 $u_m=(Q/3600)/S_1=0.308\text{m/s}$

进出反应器平均密度 $\rho=\frac{\rho_1+\rho_2}{2}=\frac{1.061+1.019}{2}=1.04(\text{kg/m}^3)$

进出反应器平均黏度 $\mu=\frac{\mu_1+\mu_2}{2}=\frac{2.48\times 10^{-5}+2.52\times 10^{-5}}{2}=2.50\times 10^{-5}(\text{Pa}\cdot\text{s})$

等效雷诺数 $Re_M=\frac{d_s\rho u_m}{\mu(1-\varepsilon)}=\frac{4.274\times 10^{-3}\times 1.040\times 0.308}{2.50\times 10^{-5}\times(1-0.34)}=82.97$

(3) 核算固定床床层压力降

阻力系数　$f=\frac{150}{Re_M}+1.75=\frac{150}{82.97}+1.75=3.558$

固定床床层压力降 $\Delta p=f\times\frac{H}{d_s}\times\frac{\rho u_m^2(1-\varepsilon)}{\varepsilon^3}$

$$=3.558\times\frac{1.4}{4.274\times10^{-3}}\times\frac{1.04\times0.308^2\times(1-0.34)}{0.34^3}$$

$$=1931\text{Pa}=1.931\text{kPa}>1\text{kPa}$$

所选压力大于设计要求压力降，需适当调整反应器规格重新核算。

(4) 重复步骤 (2)、步骤 (3)，重新核算反应器规格。因压降过大，需适当加大反应器规格，选直径为 $\Phi=2\text{m}$，直边长为 $L=4\text{m}$ 进行核算。可得，气体经过反应器流通截面积约为 $S_2\approx\left(L+\frac{\phi}{4}\times2\right)\phi=(4+2/4\times2)\times2=10(\text{m}^2)$

催化剂床层高度 $H=V_R/S_2=0.889\text{m}$，圆整至 0.9m。

流体平均速度 $u_m=(Q/3600)/S_2=0.197(\text{m/s})$

进出反应器平均密度 $\rho=\frac{\rho_1+\rho_2}{2}=1.04\text{kg/m}^3$

进出反应器平均黏度 $\mu=\frac{\mu_1+\mu_2}{2}=2.50\times10^{-5}\text{Pa}\cdot\text{s}$

等效雷诺数 $Re_M=\frac{d_s\rho u_m}{\mu(1-\varepsilon)}=\frac{4.274\times10^{-3}\times1.040\times0.197}{2.50\times10^{-5}\times(1-0.34)}=53.1$

(5) 核算固定床层压力降

阻力系数 $f=\frac{150}{Re_M}+1.75=\frac{150}{53.1}+1.75=4.57$

固定床床层压力降 $\Delta p=f\times\frac{H}{d_s}\times\frac{\rho u_m^2(1-\varepsilon)}{\varepsilon^3}$

$$=4.57\times\frac{0.9}{4.274\times10^{-3}}\times\frac{1.04\times0.197^2\times(1-0.34)}{0.34^3}$$

$$=652\text{Pa}=0.652\text{kPa}<1\text{kPa}$$

所选压力降小于设计要求压力降，设计满足要求。所以可选用直径为 $\Phi=2\text{m}$，直边长 $L=4\text{m}$ 反应器，催化剂床层高度为 0.9m。

【知识拓展】

固定床反应器的参数敏感性

在反应操作过程中，当反应系统中某一个参数的微小变化引起其他参数发生了重大变化，这种现象则称为参数的灵敏性。例如在图 4-20 所表示的非恒温非绝热固定床反应器中，当冷却剂温度（壁温）稍微提高，催化床层的最高温度（或称热点）有很大提高，即热点温度对冷却剂温度很敏感。在这里，首先讨论绝热反应器的灵敏性问题，然后再定性说明非恒温非绝热反应器的灵敏性问题。

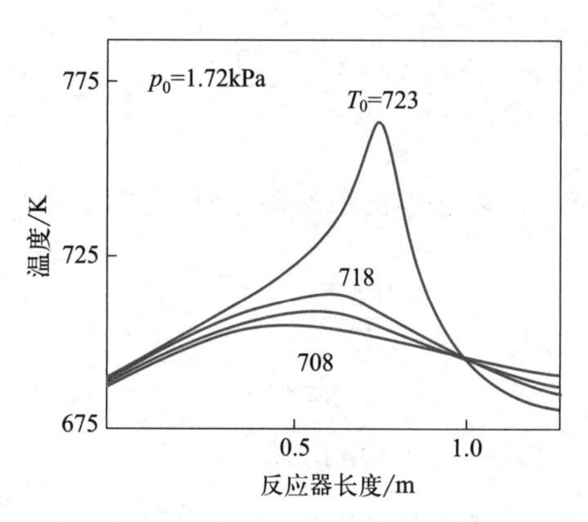

图 4-20 非恒温非绝热固定床反应器温度对进口温度的敏感性

（一）绝热式反应器的参数灵敏性

绝热式固定床反应器的返混很小，不存在反应器整体的热稳定性。它与壁面之间无热量传递，因此，也可忽略径向温度差。对放热反应过程，沿床层轴向温度始终是递增的，故不存在热点温度。反应器各处状态仅取决于进口条件。绝热固定床反应器床内参数的灵敏性是一个重要的问题。

假设绝热式固定床反应器径向温度均一，对该类反应器的讨论，可采用一维拟均相理想流动模型。

物料衡算为
$$\frac{\mathrm{d}x_A}{\mathrm{d}L}=\frac{(-R_A)(1-\varepsilon)}{\mu_0 c_{A0}} \tag{4-79}$$

热量衡算为
$$\frac{\mathrm{d}T}{\mathrm{d}L}=\frac{(1-\varepsilon)(-R_A)}{\mu_0 c_p \rho_g}(-\Delta H_r) \tag{4-80}$$

两式相除得
$$\frac{\mathrm{d}T}{\mathrm{d}x_A}=\frac{(-\Delta H_r)c_{A0}}{\rho_g c_p}=\Delta T_{ab} \tag{4-81}$$

式中 ΔT_{ab}——绝热温升，K。

下面分别讨论进口温度、浓度的改变对过程的影响。

1. 进口温度对床层参数的影响

假设流体进口温度为 T_0，出口温度为 T，若进口温度有 $\mathrm{d}T_0$ 的变化，则出口气体温度也将出现 $\mathrm{d}T$ 的变化。$\mathrm{d}T/\mathrm{d}T_0$ 称为温度灵敏度。若反应动力学方程为

$$(-r_A)=k_0\exp\left(-\frac{E}{RT}\right)f(c_A)$$

$$=k_0\exp\left(-\frac{E}{RT_0}\right)\exp(\delta)=k(T_0)\exp(\delta) \tag{4-82}$$

其中：$\delta=\frac{E}{RT_0^2}\Delta T$，$\delta$ 称为灵敏性指数。将式(4-81)、式(4-80)、式(4-79) 联立求解，

其中将反应物浓度近似看成常数可得床层轴向温度的表达式，并对 T_0 求导得：

$$2\frac{RT_0}{E}(1-e^{-\delta})+e^{-\delta}\left[\frac{d(\Delta T)}{dT_0}-2\frac{\Delta T}{T_0}\right]=1-e^{-\delta} \tag{4-83}$$

通常$\frac{E}{T_0R}\geqslant 2$，且$\frac{\Delta T}{T_0}$值也较小，将上述两项忽略不计，式(4-83) 可简化为

$$\frac{d(\Delta T)}{dT_0}=e^{\delta}-1$$

由此可得

$$\frac{dT}{dT_0}=e^{\delta} \tag{4-84}$$

对于绝热式固定床反应器，可根据工艺条件、操作特性及控制调节能力等确定一个合理的灵敏度（dT/dT_0），由此可计算出反应器允许的进出口流体温度差值

$$T-T_0=\frac{RT_0^2}{E}\ln\frac{dT}{dT_0} \tag{4-85}$$

2. 进口气体浓度对床层参数的影响

根据热平衡方程与物料衡算方程联立可得

$$\frac{dT}{dx_A}=\Delta T_{ab}=\frac{(-\Delta H_r)c_{A0}}{\rho_g c_p} \tag{4-81}$$

或

$$\Delta x_A=\frac{\Delta T}{\Delta T_{ab}}=\frac{\rho c_p\Delta T}{(-\Delta H_r)c_{A0}} \tag{4-86}$$

由于反应器的灵敏度决定了流体进、出口的温差值，希望通过绝热反应器获得较高转化率只能从降低绝热温升着手。对于已确定的反应过程，反应热是恒定的，定压热容变化也不大，故最好的办法是在原料气中掺入惰性气体（不参与反应的气体），这样可以降低反应物的浓度，从而降低了绝热温升值，达到提高反应转化率的目的。工业上通常采用水蒸气作为稀释剂，出口气体经冷却冷凝便可除去水分。

（二）非恒温非绝热反应器的灵敏性

前面已提到，稍微提高非恒温非绝热固定床反应器的冷却剂温度，催化剂床层的最高温度（或称为热点）就有很大提高，即热点温度对冷却剂的温度很敏感。非恒温非绝热固定床反应器还有许多其他的参数敏感性，如入口温度和浓度。Froment 曾计算过理想的单向非恒温非绝热固定床反应器在单级反应器壁温恒定，流体密度恒定，流体和固体间无温差和压差情况下的敏感性。

反应温度 T 对进口温度 T_0 的敏感性（设 T_0 等于器壁温度 T_W）示于图 4-20 中，可以看到，当温度从 708K 到 718K 时，热点看不出有什么大的提高。但是只要将温度再提高 5K，就会形成 723K 的热点峰值。图 4-21 中表示了反应温度 T 对分压 p 的敏感性。从图中可看到，在 p 值低时，几乎没有什么热点。当 p 上升超过 0.016atm 时，温度开始超过 650K。在 $p=1.8$kPa 时，在反应器长度为 0.7m 处产生热点，温度约 680K。敏感性在这里形成峰值。p 值只需再增加 10.02kPa，热点就增加了 37K。当最后 p 达到 1.9kPa 时，温度就会失去控制。

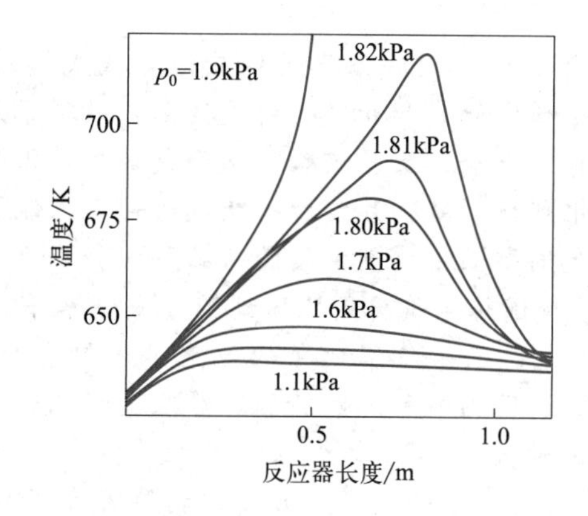

图 4-21　非恒温非绝热固定床反应器温度对反应物分压的敏感性

【分析讨论】

1. 径向反应器适用于反应速度与催化剂表面积成正比的反应，细粒催化剂的使用可以提高反应速度和反应器生产能力，因此可以提高催化剂利用率、减少床层压降。变传统的轴向流为径向流反应器和改进现有的径向反应器结构是目前固定床反应器研究开发的重点，这既能满足工艺要求，又能提高反应效率。

径向反应器最主要的难题是需要解决气体分布均匀性问题，避免出现因各处反应物料停留时间不同而造成返混、降低反应转化率和选择性。

2. 许多化学反应虽然在热力学上有很大的能动性，但从动力学角度考虑，反应速率非常慢，没有任何工业价值。为了提高这类反应的速率，可在反应过程中添加催化剂，通过改变化学反应的历程，达到反应速率的提高。因此，催化剂的性质对反应具有很大的影响。

固定床中使用的固体催化剂的制备方法很多。但由于制备方法的不同，所制得的催化剂性能可能有很大的差异。因为工业催化剂的制备过程比较复杂，许多微观因素较难控制，而目前的科学水平还不足以说明催化剂的奥秘，导致制备方法在一定程度上还处于半经验的探索阶段。

3. 在设计固定床反应器时，首先必须研究所有的参数的敏感性，最好的方法是进行模拟分析并建立模型，必须通过合理控制各种参数努力使这些敏感性减到最小，还必须利用适当的过程控制手段防止温度失控。这是与反应器安全是密切相关的。

【工业文化】

闵恩泽：用创新“催化”精彩人生

闵恩泽（1924—2016），石油化工催化剂专家，中国炼油催化应用科学的奠基者，被誉为“中国催化剂之父”，石油化工技术自主创新的先行者，绿色化学的开拓者。

1948 年，闵恩泽去美国俄亥俄州立大学留学，他第一次看到催化裂化装置，看到那黑褐色的原油神奇地变成清亮透明的汽油，当时他除了惊奇，只有感慨：中国何时能建成这样的装置?!

1960 年，苏联减少并停止对我国的催化剂供应，直接威胁到航空汽油的生产。闵恩泽临危受命，组织开展催化剂的研究和开发。由于技术、经验等方面的不足，他和同事们在几间非常简陋的平房里冒着危险，反复试验，终于成功生产出我国的高质量小球硅铝催化剂，使我国石油炼制催化剂领域从一片空白一跃成为世界上能生产各种炼油催化剂的少数几个国家之一，奠定了我国炼油催化剂发展的基础。

20 世纪 80 年代，尽管我国炼制催化剂已达到国际先进水平，闵恩泽仍不知疲倦推进催化剂创新工作。到 90 年代，已是花甲之年的他又转入绿色化学领域，指导开发成功“钛硅分子筛环己酮氨肟化”“己内酰胺加氢精制”等绿色新工艺过程，从源头根治环境污染，开启了我国的绿色化工时代。

进入 21 世纪，他把目光转向生物质能源开发，指导开发成功“近临界醇解”生物柴油清洁生产新工艺，利用油料作物发展生物柴油，以降低我国对进口石油的依赖，还可以减少二氧化碳排放、保护环境，使我国在这一领域后来居上。

【本章小结】

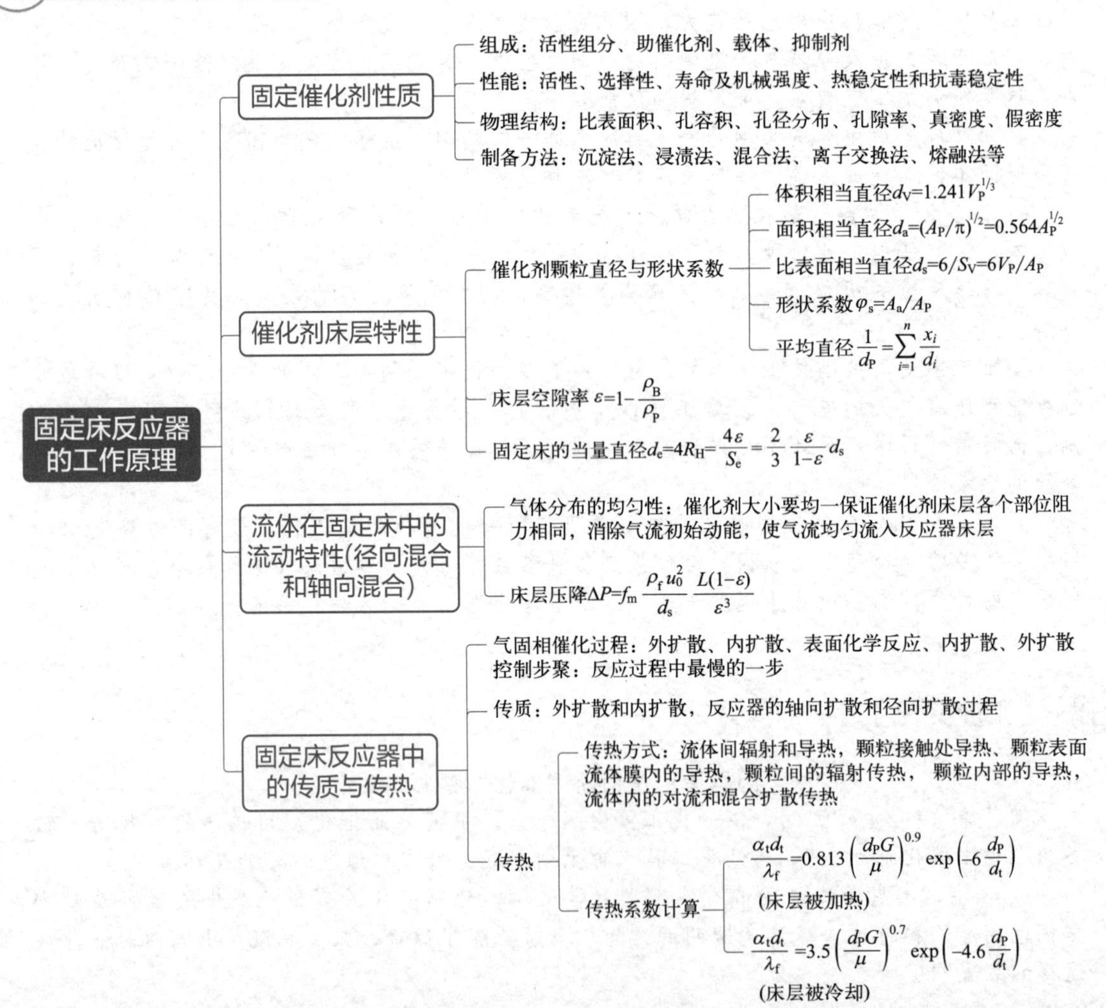

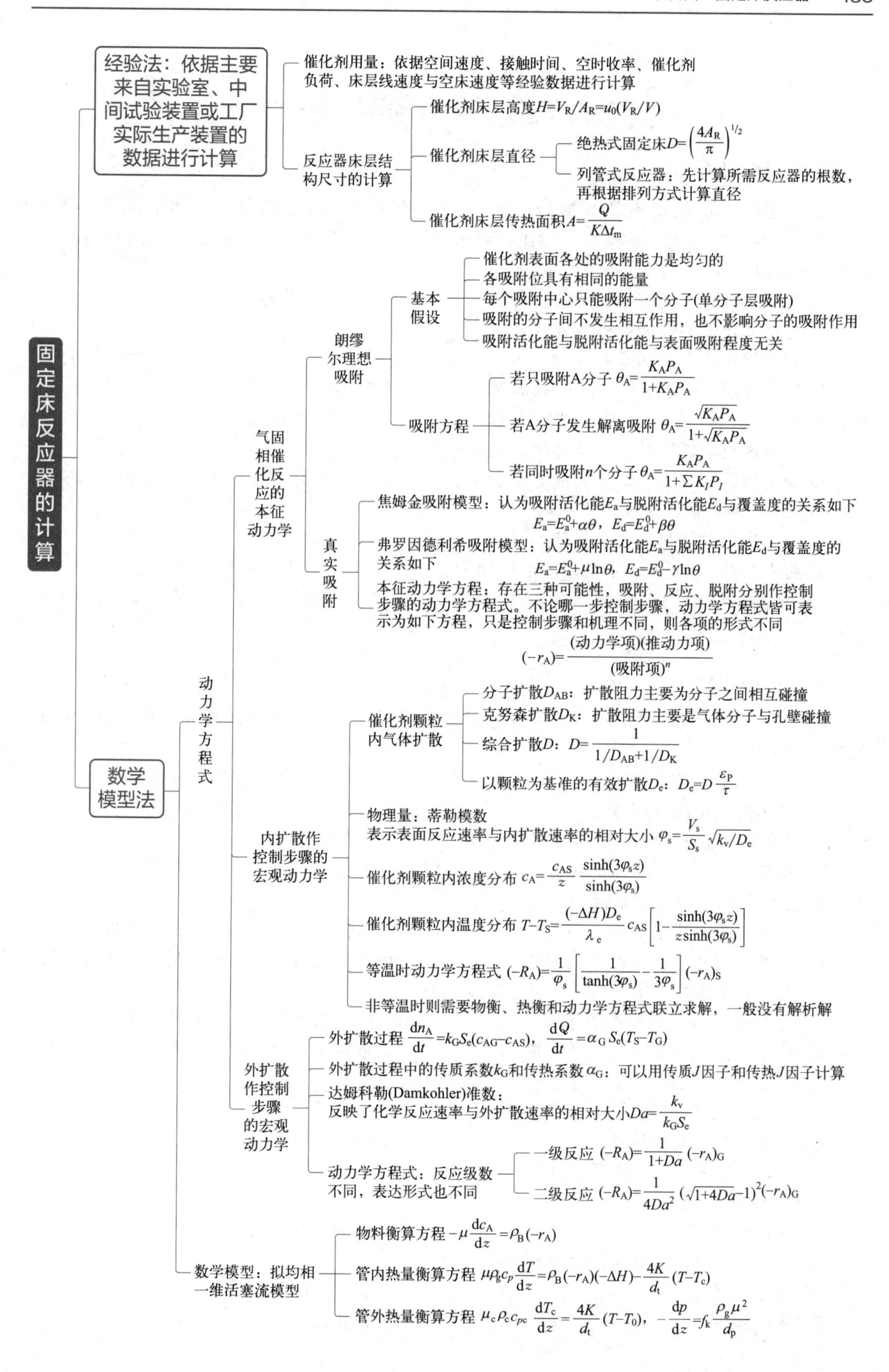

固定床反应器的计算
经验法：依据主要来自实验室、中间试验装置或工厂实际生产装置的数据进行计算
催化剂用量：依据空间速度、接触时间、空时收率、催化剂负荷、床层线速度与空床速度等经验数据进行计算
反应器床层结构尺寸的计算
催化剂床层高度$H=V_R/A_R=u_0(V_R/V)$
催化剂床层直径
绝热式固定床$D=\left(\frac{4A_R}{\pi}\right)^{1/2}$
列管式反应器：先计算所需反应器的根数，再根据排列方式计算直径
催化剂床层传热面积$A=\frac{Q}{K\Delta t_m}$
数学模型法
动力学方程式
气固相催化反应的本征动力学
朗缪尔理想吸附
基本假设
催化剂表面各处的吸附能力是均匀的
各吸附位具有相同的能量
每个吸附中心只能吸附一个分子(单分子层吸附)
吸附的分子间不发生相互作用，也不影响分子的吸附作用
吸附活化能与脱附活化能与表面吸附程度无关
吸附方程
若只吸附A分子 $\theta_A=\frac{K_AP_A}{1+K_AP_A}$
若A分子发生解离吸附 $\theta_A=\frac{\sqrt{K_AP_A}}{1+\sqrt{K_AP_A}}$
若同时吸附n个分子 $\theta_A=\frac{K_AP_A}{1+\sum K_IP_I}$
真实吸附
焦姆金吸附模型：认为吸附活化能E_a与脱附活化能E_d与覆盖度的关系如下
$E_a=E_a^0+\alpha\theta$，$E_d=E_d^0+\beta\theta$
弗罗因德利希吸附模型：认为吸附活化能E_a与脱附活化能E_d与覆盖度的关系如下
$E_a=E_a^0+\mu\ln\theta$，$E_d=E_d^0-\gamma\ln\theta$
本征动力学方程：存在三种可能性，吸附、反应、脱附分别作控制步骤的动力学方程式。不论哪一步控制步骤，动力学方程式皆可表示为如下方程，只是控制步骤和机理不同，则各项的形式不同
$(-r_A)=\frac{(动力学项)(推动力项)}{(吸附项)^n}$
内扩散作控制步骤的宏观动力学
催化剂颗粒内气体扩散
分子扩散D_{AB}：扩散阻力主要为分子之间相互碰撞
克努森扩散D_K：扩散阻力主要是气体分子与孔壁碰撞
综合扩散D：$D=\frac{1}{1/D_{AB}+1/D_K}$
以颗粒为基准的有效扩散D_e：$D_e=D\frac{\varepsilon_P}{\tau}$
物理量：蒂勒模数
表示表面反应速率与内扩散速率的相对大小 $\varphi_s=\frac{V_s}{S_s}\sqrt{k_v/D_e}$
催化剂颗粒内浓度分布 $c_A=\frac{c_{AS}}{z}\frac{\sinh(3\varphi_s z)}{\sinh(3\varphi_s)}$
催化剂颗粒内温度分布 $T-T_S=\frac{(-\Delta H)D_e}{\lambda_e}c_{AS}\left[1-\frac{\sinh(3\varphi_s z)}{z\sinh(3\varphi_s)}\right]$
等温时动力学方程式 $(-R_A)=\frac{1}{\varphi_s}\left[\frac{1}{\tanh(3\varphi_s)}-\frac{1}{3\varphi_s}\right](-r_A)_S$
非等温时则需要物衡、热衡和动力学方程式联立求解，一般没有解析解
外扩散作控制步骤的宏观动力学
外扩散过程 $\frac{dn_A}{dt}=k_GS_e(c_{AG}-c_{AS})$，$\frac{dQ}{dt}=\alpha_G S_e(T_S-T_G)$
外扩散过程中的传质系数k_G和传热系数α_G：可以用传质J因子和传热J因子计算
达姆科勒(Damkohler)准数：
反映了化学反应速率与外扩散速率的相对大小$Da=\frac{k_v}{k_GS_e}$
动力学方程式：反应级数不同，表达形式也不同
一级反应 $(-R_A)=\frac{1}{1+Da}(-r_A)_G$
二级反应 $(-R_A)=\frac{1}{4Da^2}(\sqrt{1+4Da}-1)^2(-r_A)_G$
数学模型：拟均相一维活塞流模型
物料衡算方程 $-\mu\frac{dc_A}{dz}=\rho_B(-r_A)$
管内热量衡算方程 $\mu\rho_g c_p\frac{dT}{dz}=\rho_B(-r_A)(-\Delta H)-\frac{4K}{d_t}(T-T_c)$
管外热量衡算方程 $\mu_c\rho_c c_{pc}\frac{dT_c}{dz}=\frac{4K}{d_t}(T-T_0)$，$-\frac{dp}{dz}=f_k\frac{\rho_g\mu^2}{d_p}$

【自测习题】

（一）填空题

1. 固定床中催化剂不易磨损是一大优点，但更主要的是床层内流体的流动接近于________，因此与返混式的反应器相比，可用较少量的催化剂和较小的反应器容积来获得较大的生产能力。

2. 绝热式固定床反应器的型式主要有________和________两种。

3. 衡量催化剂的性能指标主要有________、寿命和________。

4. 固体催化剂失活的原因有：________、烧结、________、________和经由气相损失。

5. 某固定床反应器所采用的催化剂颗粒的堆积密度为 $810kg/m^3$，真密度为 $2000kg/m^3$，颗粒密度为 $1200kg/m^3$，该床层的空隙率为________，催化剂的孔隙率为________。

6. 固定床反应器器壁使床层空隙率在径向分布________处最大，________处最小。

7. 固定床的________定义为水力半径 R_H 的四倍，而水力半径可由床层空隙率及单位床层体积中颗粒的润湿表面积来求得。

8. 固定床中的传热实质上包括了________、________以及________几个方面。

9. 蒂勒模数 φ_s 愈大，则粒内的浓度梯度就______，φ_s 愈小，内外浓度愈近于______。

10. 消除内扩散对反应的影响的方法是________，消除外扩散对反应的影响的方法是________。

（二）选择题

1. 当化学反应的热效应较小，反应过程对温度要求较宽，反应过程要求单程转化率较低时，可采用________。

A. 自热式固定床反应器　　B. 单段绝热式固定床反应器
C. 换热式固定床反应器　　D. 多段绝热式固定床反应器

2. 乙苯脱氢制苯乙烯、氨合成等都采用________反应器。

A. 固定床　　B. 流化床　　C. 釜式　　D. 鼓泡式

3. 催化剂的主要评价指标是________。

A. 活性、选择性、状态、价格　　B. 活性、选择性、寿命、稳定性
C. 活性、选择性、环保性、密度　　D. 活性、选择性、环保性、表面光洁度

4. 关于催化剂的描述下列哪一种是错误的？________

A. 催化剂能改变化学反应速率　　B. 催化剂能加快逆反应的速率
C. 催化剂能改变化学反应的平衡　　D. 催化剂对反应过程具有一定的选择性

5. 催化剂之所以能增加反应速率，其根本原因是________。

A. 改变了反应历程，降低了活化能　　B. 增加了活化能
C. 改变了反应物的性质　　D. 以上都不对

6. 下列不能表示催化剂颗粒直径的是________。

A. 体积相当直径　　B. 面积相当直径
C. 长度相当直径　　D. 比表面相当直径

7. 在气固相催化反应的动力学控制中不包括________。

A. 表面吸附　　B. 表面反应
C. 表面脱附　　D. 内扩散

8. 气固相催化反应过程不属于扩散过程的步骤是________。

A. 反应物分子从气相主体向固体催化剂外表面传递

B. 反应物分子从固体催化剂外表面向催化剂内表面传递

C. 反应物分子在催化剂表面上进行化学反应

D. 反应物分子从催化剂内表面向外表面传递

9. 以下有关空间速度的说法，不正确的是________。

A. 空速越大，单位时间单位体积催化剂处理的原料气量就越大

B. 空速增加，原料气与催化剂的接触时间缩短，转化率下降

C. 空速减小，原料气与催化剂的接触时间增加，主反应的选择性提高

D. 空速的大小影响反应的选择性与转化率

10. 固体催化剂颗粒内气体扩散的类型不包括________。

A. 分子扩散　　B. 克努森扩散　　C. 综合扩散　　D. 菲克扩散

（三）判断题

1. 分子扩散阻力由气体分子间碰撞引起，克努森扩散阻力由气体分子与孔壁碰撞引起。（　　）
2. “飞温”可使床层内催化剂的活性和选择性、使用寿命等性能受到严重的危害。（　　）
3. 内扩散效率因子越大，说明反应过程中内扩散的影响越小。（　　）
4. 催化剂的有效系数是球形颗粒的外表面与体积相同的非球形颗粒的外表面之比。（　　）
5. 消除气流初动能和使催化剂床层各部位阻力相同能使气体分布均匀。（　　）
6. 气固相催化反应宏观反应速度的控制步骤是反应过程中速度最快的那一步。（　　）
7. 达姆科勒（Damkohler）数，是化学反应速率与内扩散速率的比值。（　　）
8. 增加床层管径与颗粒直径比可降低壁效应，提高床层径向空隙率的均匀性。（　　）
9. 径向固定床反应器可采用细粒催化剂的原因是该反应器的压降较小。（　　）
10. 表面反应速率越大蒂勒模数越小，内扩散速率越大蒂勒模数越大。（　　）

（四）思考题

1. 叙述催化剂颗粒内气体的扩散过程。
2. 固定床反应器分为几种类型？其结构有何特点？
3. 如何根据化学反应热效应的情况选择不同型式的固定床反应器？
4. 固定床催化反应器床层空隙率的大小与哪些因素有关？
5. 何谓催化剂的有效系数？如何利用其判断反应过程属于哪种控制步骤？
6. 原料进口初始动能会给生产带来什么危害，采取什么措施可以消除？
7. 请解释空间速度、空时收率和催化剂负荷，并说明三者的区别。
8. 固定床反应器的温度如何分布，如何控制径向温度的分布？
9. 何为固定床反应器的参数敏感性？
10. Langmuir 型等温吸附的基本假定是什么？

（五）计算题

1. 某公司利用固定床反应器二段加氢制备 C_9 石油树脂，反应器内催化剂颗粒粒度分布如下：

催化剂颗粒直径 d_{pi}/mm	3.42	2.35	1.84
催化剂质量分率 x_i/%	5.4	20.7	73.9

试计算催化剂颗粒的平均直径。

2. 在固定床反应器中进行乙烯氧化生成环氧乙烷时，所用银催化剂的球型颗粒直径为6.35mm，空隙率为0.6，床层高度为7.7m，反应气体的质量流速为18.25kg/(m^2·s)，黏度为2.43×10^{-5}kg/(m·s)，密度为15.4kg/m^3，试求固定床床层的压力降是多少。

3. 某常压反应在一直径d_s=0.43cm的球形催化剂进行，反应温度为220℃。气体的质量流速G=2000kg/(m^2·h)，平均分子量24。催化剂的颗粒密度ρ_p=0.89g/cm^3，床层堆积密度ρ_B=0.64g/cm^3，试计算该反应过程的传质系数。已知气体黏度μ=1.4×10^{-4}g/(cm·s)，扩散系数D=0.267cm^2/s。

4. 某固定床反应器内进行一氧化反应，其床层直径为101.6mm，催化剂颗粒直径为3.6mm，流体热导率为5.225×10^{-5}kJ/(m·s·K)，流体密度为5.3kg/m^3，黏度3.4×10^{-5}Pa·s，质量流速2.65kg/(m^2·s)。试求床层对壁的总传热系数。

5. 催化反应A══B，A、B为均匀吸附，反应机理为：

(1) A+σ══Aσ

(2) Aσ══Bσ

(3) Bσ══B+σ

其中A分子吸附(1)和表面反应(2)两步都影响反应速率，而B脱附很快达到平衡。试推导动力学方程式。

6. 某一级不可逆催化反应在球形催化剂上进行，已知D_e=10^{-3}cm^2/s，反应速率常数k=0.1s^{-1}，若要消除内扩散影响，试估算球形催化剂的最大直径。

7. 在一直径为6mm的球形催化剂上进行甲烷氧化反应。当反应在0.1013MPa、450℃等温下进行时，反应速率常数为10s^{-1}，试计算内扩散有效因子。若其它条件不变，改用4mm的球形催化剂，则有效因子是多少？若用直径和高度均等于6mm的圆柱形催化剂，有效因子为多少？已知：催化剂的曲折因子等于3.8，孔隙率为0.37，孔内扩散属于分子扩散。

8. 有一年产为5000t的乙苯脱氢制苯乙烯的装置，是一列管式固定床反应器。化学反应方程式如下：

乙苯⟶苯乙烯+氢　　(主反应)

乙苯⟶甲苯+甲烷　　(副反应)

年生产时间8300h，原料气体是乙苯和水蒸气的混合物，其质量比为1∶1.5，乙苯的总转化率为40%，苯乙烯的选择性为96%，空速为4830h^{-1}，催化剂密度为1520kg/m^3，生产苯乙烯的损失率为1.5%，试求床层催化剂的质量。

9. 在直径为0.5m^{3}固定床反应器中进行等温一级不可逆气-固相催化反应A→P。原料气的流量为0.5m^3/s，假定反应物在反应器中呈活塞流，反应温度下的本征反应速率常数为2.0×10^{-3}m^3/s，内扩散有效扩散系数为1.0×10^{-6}m^2/s，催化剂的颗粒密度为1.8×10^{3}kg/m^3。若采用Φ5mm的球形催化剂，催化剂床层高度为3.0m，堆积密度为1.0×10^{3}kg/m^3，计算：反应器出口处的A转化率。

10. 某固定床反应器中，原料流量为200kmol/h，采用空速为0.15s^{-1}，气体的线速为0.15m/s，床层空隙率为0.42，操作压力1.013MPa，操作温度180℃。求：(1) 催化剂体积；(2) 床层直径；(3) 床层高度。

A_a——与非球形颗粒等体积的球形颗粒外表面积，m^2

A_R——催化剂床层截面积或正三角形排列总面积，m^2

A_P——非球形颗粒的外表面积，m^2

C_{AC}——组分 A 在催化剂内表面中心的浓度

C_{AG}——组分 A 在气相主体的浓度

C_{AS}——组分 A 在催化剂外表面的浓度

c_p——比定压热容，kJ/(kg·K)

D——综合扩散系数，cm^2/s

Da——达姆科勒（Damkohler）数，$Da=k_v/(k_G S_e)$

D_{AB}——A 组分在 B 组分中的扩散系数，cm^2/s

D_e——有效扩散系数

D_K——克努森扩散系数，cm^2/s

d_a——面积相当直径，m

d_e——固定床当量直径，m

d_0——孔道的直径，m

d_P——颗粒的平均直径，m

d_V——体积相当直径，m

d_S——比表面相当直径，m

d_t——反应管内径，m

E_a——吸附活化能，kJ/kmol

E_d——脱附活化能，kJ/kmol

E_a^0——覆盖率等于零时的吸附活化能，kJ/kmol

E_d^0——覆盖率等于零时的脱附活化能，kJ/kmol

F——换热面积，m^2

G——质量流速，$kg/(m^2 \cdot h)$

ΔH——反应热，kJ/kmol

J_D,J_H——分别为传质因子和传热因子

k_a——吸附速率常数，h^{-1}

k_d——脱附速率常数，h^{-1}

N_A——A 组分的扩散通量，$mol/(m^2 \cdot s)$

p_A,p_B——组分 A、B 在气相中的分压，Pa

Q——传热速率，J/s

R——球形催化剂的颗粒半径，mm

$(-R_A)$——A 组分的宏观反应速率

Re——雷诺数

Re_m——修正的雷诺数

R_H——水力半径，m

S_e——床层比表面积，m^2/m^3

S_g——单位质量催化剂所具有的表面积，m^2/g

S_G——催化剂负荷，kg/(kg·s) 或 $kg/(m^3 \cdot s)$

S_S——催化剂颗粒的外表面积

S_V——非球形颗粒的比表面积，m^2/m^3

S_W——空时收率，kg/(kg·h) 或 kg/(m^3·h)
Δt_m——载热体进出口两端温度的对数平均值，K
T_G,T_S——组分 A 在气相主体及催化剂外表面的温度
u——线速度，m/s
u_0——流体平均流速或空床速度，m/s
V_0——气体体积流量（实际），m^3/h
V_{0N}——原料气标准体积流量，m^3/h
V_g——孔容积，mL/g
V_P——非球形颗粒的体积，m^3
V_R——催化剂床层体积，m^3
V_S——催化剂颗粒体积，m^3
W_G——目的产物的质量，kg
W_S——催化剂用量，kg 或 m^3
x_i——质量分数
α_t——床层对器壁总传热系数，J/(m^2·s·K)
β——焦姆金吸附常数
ε——床层空隙率
ε_P——催化剂孔隙率，m^3/m^3
η——气固相催化反应中的催化剂效率因子
λ——热导率，J/(m^2·s·K)
ρ_B——催化剂床层堆积密度，kg/m^3
μ_f——流体黏度，N·s·m^{-2}
ρ_f——流体密度，kg/m^3
ρ_P——催化剂表观密度，kg/m^3
ρ_S——催化剂真密度，g/cm^3
τ——曲折因子或空间时间
φ_S——形状系数
φ_s——蒂勒模数

项目五
流化床反应器

将固体流态化技术用于化工生产是化工技术发展中的一项重要成就，这就是流化床反应器。流化床反应器是工业上应用较广泛的一类反应器，适用于催化或非催化的气固、液固等反应系统。本书以气固流化床为例进行讨论。目前，化学工业广泛使用固体流态化技术进行固体的物理加工、颗粒输送、催化和非催化化学加工，使用流化床反应器进行硫铁矿沸腾焙烧、石油催化裂化等生产过程。

【生产应用案例】

原油经过常减压蒸馏可以得到汽油、煤油及柴油等轻质油品，但收率只有10%～40%，而且某些轻质油品的质量也不高，例如直馏汽油的马达法辛烷值一般只有40～60。随着工业的发展，内燃机不断改进，对轻质油品的用量和质量提出了更高的要求。这种供需矛盾促使炼油工业向原油二次加工方向发展，不断提高原油的加工深度，获得产量更大、品质更高的轻质油品。而催化裂化是炼油工业中最重要的一种二次加工过程，在炼油工业中占有重要的地位。催化裂化的原料有馏分油和渣油两大类，在470～510℃、0.1～0.3MPa，催化剂的存在下，发生以裂解反应为主的一系列化学反应，转化成轻质油、气体及焦炭等产品。催化裂化装置一般由反应再生系统、分馏系统、吸收稳定系统及再生烟气能量回收系统组成。工艺流程如图5-1所示。反应再生系统是核心，采用的即为流化床反应器，如图5-2所示。

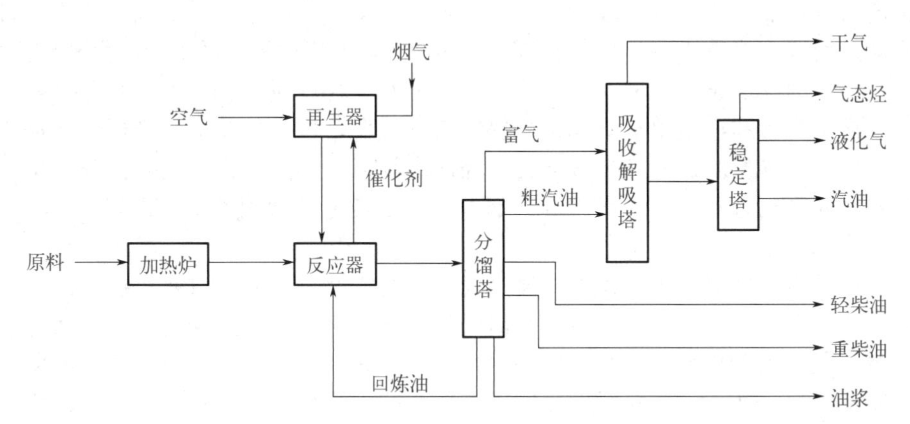

图5-1 催化裂化装置工艺流程图

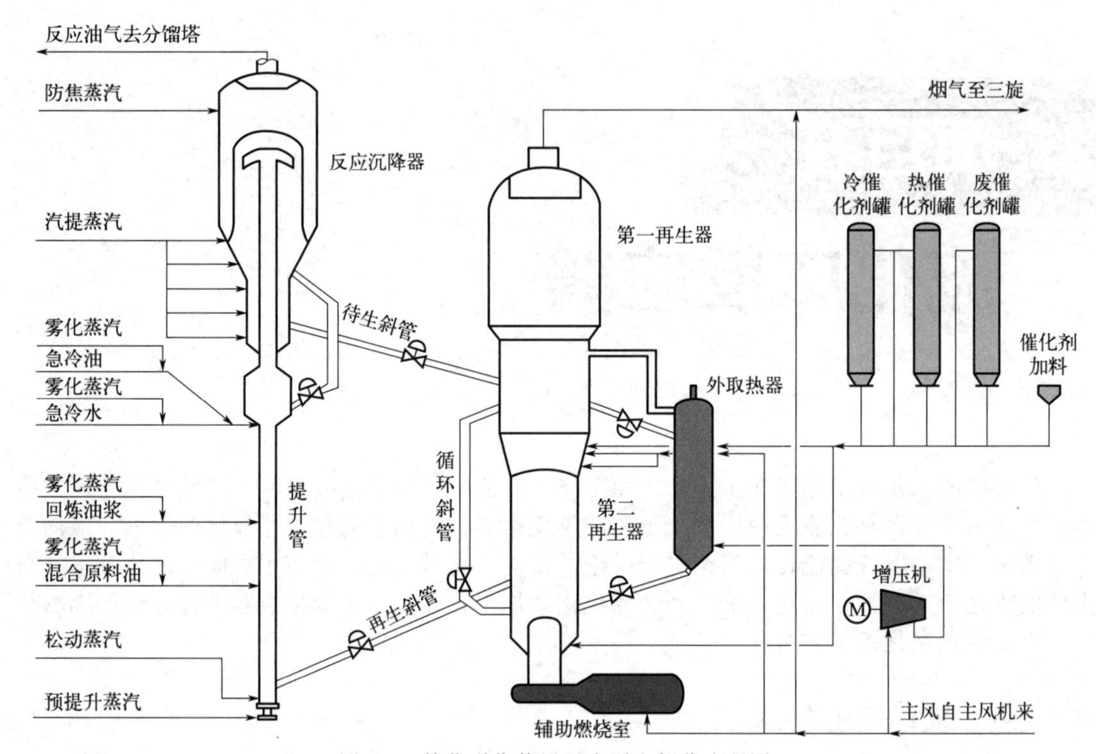

图 5-2　催化裂化装置反应再生部分流程图

（一）工艺流程

新鲜原料（以馏分油为例）换热后与回炼油分别经两加热炉预热至 300～380℃由喷嘴喷入提升管反应器底部（油浆不进加热炉直接进提升管）与高温再生催化剂相遇，立即汽化反应，油气与雾化蒸汽及预提升蒸汽一起以 7～8m/s 的入口线速度携带催化剂沿提升管向上流动，在 470～510℃的反应温度下停留 2～4s，以 13～20m/s 的高线速度通过提升管出口，经快速分离器进入沉降器，携带少量催化剂的油气与蒸汽的混合气经两级旋风分离器，进入集气室，通过沉降器顶部出口进入分馏系统。

经快速分离器分出的催化剂，自沉降器下部进入汽提段，经旋风分离器回收的催化剂通过料腿也流入汽提段。进入汽提段的待生催化剂用水蒸气吹脱吸附的油气，经待生斜管、待生单动滑阀以切线方式进入再生器，在 650～690℃的温度下进行再生。再生器维持 0.15～0.25MPa（表）的顶部压力，床层线速为 1～1.2m/s。含碳量降到 0.2%以下的再生催化剂经淹流管、再生斜管和再生单动滑阀进入提升管反应器，构成催化剂的循环。烧焦产生的再生烟气，经再生器稀相段进入旋风分离器。经两级旋风分离除去携带的大部分催化剂，烟气通过集气室（或集气管）和双动滑阀排入烟囱（或去能量回收系统）。回收的催化剂经料腿返回床层。

再生烧焦所需空气由主风机供给，通过辅助燃烧室及分布板（或管）进入再生器。在生产过程中催化剂会有损失，为了维持系统内的催化剂藏量，需要定期地或经常地向系统补充新鲜催化剂。即使是催化剂损失很低的装置，由于催化剂老化减活或受重金属污染，也需要放出一些废催化剂，补充一些新鲜催化剂以维持系统内平衡催化剂的活性。为此装置内应设有两个催化剂贮罐，一个是供加料用的新鲜催化剂贮罐，一个是供卸料用的热平衡催化剂贮罐。

（二）反应部分特点

（1）在提升管下端设置预提升段，提升介质可用蒸汽或干气（可混用），主要目的是将再生器来的催化剂提升和加速，使其径向分布均匀，为催化剂和原料充分接触和反应提供较为理想的环境；

（2）设置多层进料喷嘴，根据原料油、回炼油、油浆的量和质的不同，选择适宜的喷嘴形式和喷入位置，对改善雾化状况、提高目的产品收率十分重要；

（3）设置提升管温度控制系统，依靠调节催化剂循环量、原料预热温度或进料量使提升管中部多点温度可控，也可辅以提升管底部注入汽油，顶部注入终止剂（汽油或水）控制提升管出口温度和反应时间；

（4）提升管出口安装油气快速分离装置，主要目的是使反应后的催化剂与油气尽快分离，减少二次反应；

（5）设置汽提段，沉降器旋风分离器回收下来的催化剂，经汽提段用蒸汽将夹带的烃类置换后进入再生器；

（6）设置金属钝化剂注入设施，根据原料中重金属种类和数量，选择适宜的钝化剂，防止催化剂中毒。

（三）再生部分特点

（1）设置有辅助燃烧室，开工时加热主风，用于再生器升温。

（2）再生器内设有主风分布器，用于再生器内合理布风，保证流化和再生效果。

（3）再生器设有旋风分离器，用于气固分离，防止大量跑损催化剂。

（4）设有内外取热器，用于移出烧焦过程的过剩热量，控制再生温度。

（5）设有催化剂加入和卸出设施，以便开、停工和控制适宜的平衡活性。

（6）有的装置还设有CO助燃剂加入系统，使焦炭燃烧生成CO的化学热在再生器内得到很好的利用，实现完全再生，防止尾燃，降低装置能耗。

通过上述案例可以发现，流化床反应器在工作过程中也是有固体催化剂参与的，且固体催化剂是处于流化状态。因此本项目的工作任务是首先要了解掌握流化床反应器的基本结构和部件；要能够确定流化床内催化剂颗粒形成流化态的条件要求；学会流化床反应器的尺寸计算。

【学习目标】

知识目标

（1）熟悉流化床反应器的分类及结构。

（2）掌握固体流态化特点，熟悉流化床反应器中的不正常现象。

（3）掌握流化床反应器流化速度的确定原则。

（4）了解根据生产任务进行流化床反应器设计计算的基本过程。

技能目标

（1）能够根据生产任务选择反应器的类型，计算完成生产任务所需要反应器的体积，确定所选择反应器的结构尺寸。

（2）能协助完成流化床反应器的开车、停车操作。

（3）能发现流化床反应器的异常现象，判断原因并进行故障处理。

素质目标

(1) 强化安全生产意识。

(2) 养成工程思维方式。

(3) 进一步提升与人交流沟通能力和团队协作能力。

任务一 流化床反应器结构分析

流化床反应器是固定床反应器的进一步发展。流化床又称为沸腾床，其结构如图 5-9 所示。流化床与固定床的主要区别是参与化学反应或作为催化剂的固体颗粒物料在反应过程中处于激烈的运动状态，这使得流化床反应器具有以下特点。

1. 流化床反应器的优点

(1) 由于可采用细粉颗粒，并在悬浮状态下与流体接触，流固相界面积大（可高达 $3280\sim16400m^2/m^3$），有利于非均相反应的进行，提高了催化剂的利用率。

(2) 由于颗粒在床内混合激烈，使颗粒在全床内的温度和浓度均匀一致，床层与内浸换热器表面间的传热系数很高 [$200\sim400W/(m^2\cdot K)$]，全床热容量大，热稳定性高，这对于某些强放热而对温度又很敏感的反应过程是十分重要的，因此被应用于氧化、裂解、焙烧以及干燥等过程。

(3) 流体与颗粒之间传热、传质速率也较其他接触方式为高。

(4) 流化床的颗粒群有类似流体的性质，可以大量地从装置中引入、移出，并可以实现在两个流化床之间大量循环，这使得一些反应-再生、吸热-放热、正反应-逆反应等反应耦合过程和反应-分离耦合过程得以实现，使得易失活催化剂能够在工程中使用。

(5) 由于流-固体系中空隙率的变化可以引起颗粒曳力系数的大幅度变化，这样可在很宽的范围内形成较浓密的床层。所以流态化技术的操作弹性范围宽，单位设备生产能力大，设备结构简单、造价低，符合现代化大生产的需要。

2. 流化床反应器的缺点

(1) 气体流动状态与活塞流偏离较大，气流与床层颗粒发生返混，以致在床层轴向没有温度差及浓度差，加之气体可能以大气泡状态通过床层，使气固接触不良，使反应的转化率降低，因此流化床一般达不到固定床的转化率。

(2) 催化剂颗粒间相互剧烈碰撞，造成催化剂的破碎，增加了催化剂的损失和除尘的困难。同时由于固体颗粒的磨蚀作用，导致管子和容器的磨损严重。

所以，流化床反应器比较适用于下列过程：热效应很大的放热或吸热过程；要求有均一的催化剂温度和需要精确控制温度的反应；催化剂寿命比较短，操作较短时间就需要换（或活化）的反应；有爆炸危险的反应，某些能够比较安全地在高浓度下操作的氧化反应，可以提高生产能力，减少分离和精制的负担。另外，流化床反应器一般不适用要求高转化率的反应、要求催化剂层有温度分布的反应等情况。

标准流化床

一、流化床反应器基本结构及分类

流化床反应器的结构及特点

1. 按照固体颗粒是否在系统内循环分类

分为非循环操作的流化床（单器）和循环操作的流化床（双器）。单器流化床在工业上应用最为广泛，多用于催化剂使用寿命较长的气固催化反应过程，如丙烯氨化氧化反应器、乙烯氧化反应器和萘氧化制苯酐反应器等，其结构如图 5-3、图 5-4、图 5-5。双器流化床多用于催化剂寿命较短容易再生的气固催化反应过程，典型应用就是本章案例中的催化裂化装置，采用硅铝催化剂完成反应，其结构如图 5-6。催化剂在反应器和再生器间循环同时完成催化反应和再生烧焦的连续操作过程。

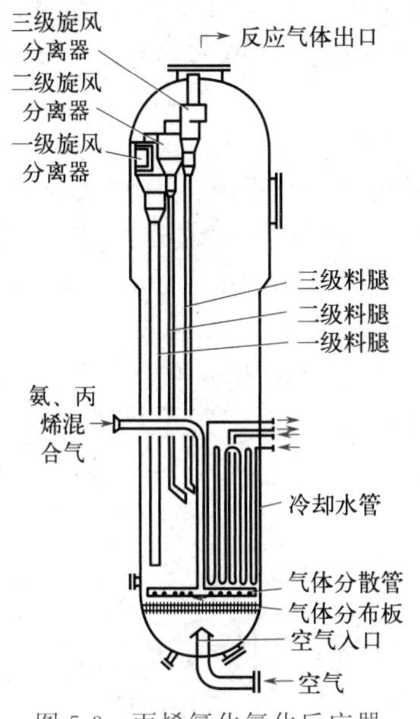

图 5-3　丙烯氨化氧化反应器

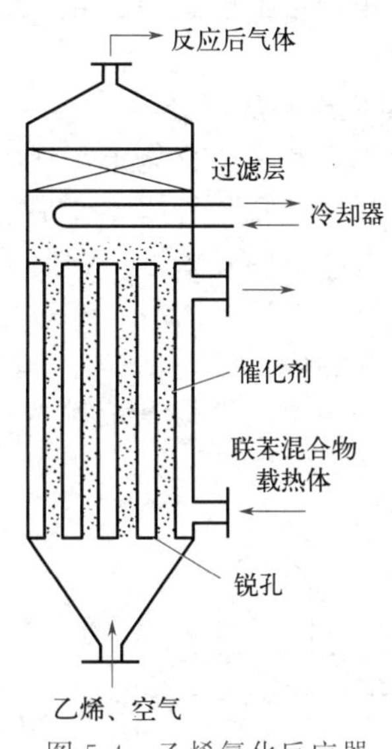

图 5-4　乙烯氧化反应器

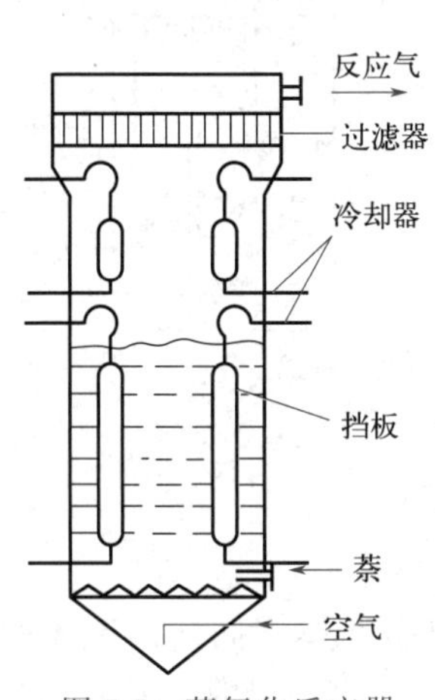

图 5-5　萘氧化反应器

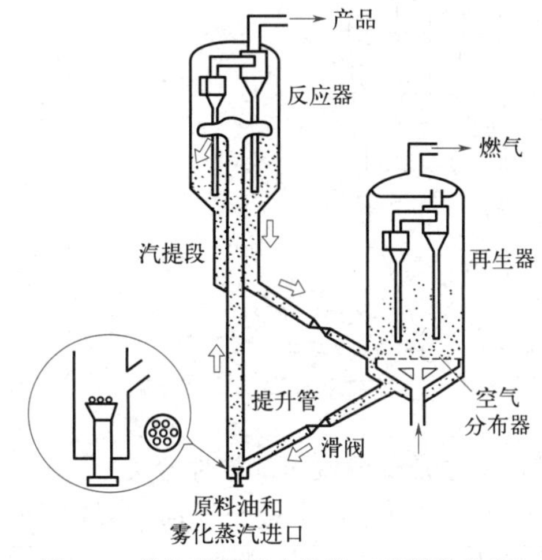

图 5-6　催化裂化反应装置（双器流化床）

2. 按照床层外形分类

分为圆筒形和圆锥形流化床。圆筒形流化床反应器如图 5-3 所示，结构简单，制造容易，设备容积利用率高。圆锥形流化床如图 5-7 所示，结构比较复杂，制造比较困难，设备利用率较低，但因为其截面自下而上逐渐扩大，所以也具有很多优点。

（1）适用于催化剂粒度分布较宽的体系，由于圆锥床底部速度大，可保证较大颗粒的流化，防止了分布板上的阻塞现象，而上部速度低，可减少小颗粒的夹带，也减轻了气固分离设备的负荷。对于低速操作的工艺过程可获得较好的流化质量。

(2) 圆锥形床层底部气体和固体颗粒的剧烈湍动，可使气体分布均匀，因而可大大简化气体分布板的设计。

(3) 圆锥形床层底部气体和固体颗粒的剧烈湍动可强化传热，对于反应速率快和热效应大的反应，可使反应不致过分集中在底部，减少底部过热、堵塞和烧结现象。

(4) 适用于气体体积增大的反应过程，气体在床层中上升，随着静压力的减小，体积会相应增大，采用锥形床选择一定的锥角，可适应这种气体体积增大的特点，使流化更趋于平稳。

3. 按照反应器层数分类

可分为单层和多层流化床。气固催化反应主要采用单层流化床，床中催化剂单层放置，床层温度、粒度分布和气体浓度都趋于均一。当过程对温度和浓度的分布有特别的要求或对热能的回收有较高的要求时，就要采用多层流化床。如图 5-8，用于石灰石焙烧的多层流化床，气流自下而上通过床层，流态化的固体颗粒则沿溢流管从上而下依次流过各层分布板，上部三层为预热段，第一、二、三层温度分别为 500℃、730℃和 850℃。第四层为煅烧室，其中温度高达 1015℃，热量靠喷入的燃料油燃烧提供。底层为空气预热段，也是石灰冷却段，温度约 360℃。

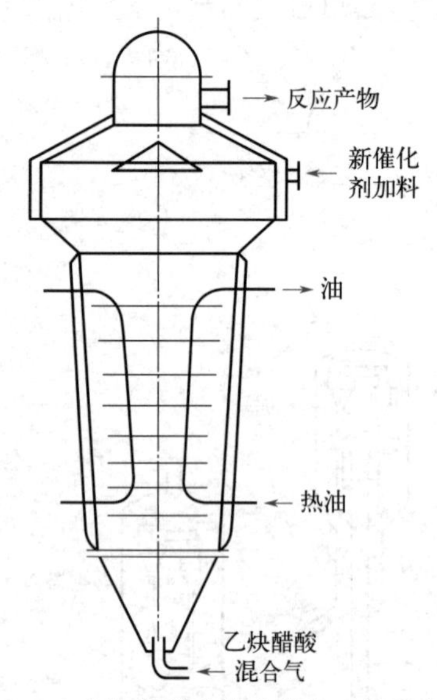

图 5-7 乙炔与醋酸合成醋酸乙烯反应器

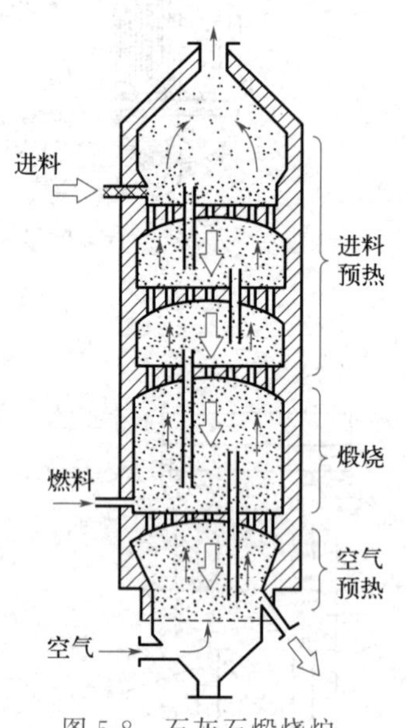

图 5-8 石灰石煅烧炉

4. 按照床层中是否设置内部构件分类

分为自由床和限制床。床中不专门设置内部构件以限制气体和固体的流动的称为自由床，反之则称为限制床。设置内部构件可增进气固接触效率，减少气体返混，改善气体的停留时间分布，提高床层稳定性，从而使高床层和高流速成为可能，许多流化床反应器都采用挡网、挡板等作为内部构件。

5. 按照是否催化反应分类

可分为气固催化流化床反应器和气固非催化反应器两种。反应过程使用催化剂，以一定的流动速度使催化剂颗粒呈悬浮湍动，此类反应的设备为气固相流化床催化反应器。非催化过程不需要使用催化剂，可采用非催化流化床反应器，原料气直接与悬浮湍动的固体原料发生化学反应，矿物加工多为非催化过程，如石灰石焙烧、硫铁矿焙烧等。

尽管流化床反应器的结构型式很多，但无论何种型式，一般都是由壳体、气体分布装置、内部构件（如挡板、挡网等）、换热装置、气固分离装置和固体颗粒加入与卸出装置所组成，如图 5-9 所示。该图为一典型圆筒形壳体的流化床反应器示意图。

（1）壳体　壳体的作用主要是保证流化过程局限在一定的范围内进行，对于存在强烈的吸热或放热的反应过程，保证热量不散失或少散失，一般壳体由三层组成，由内向外，内层为耐火层，通常由耐火砖构成；中间层为保温层，由耐火纤维和矿渣棉等材料构成；最外层为钢壳，有的在钢壳外还设有保温层。耐火层和保温层材料的选择和厚度要根据结构设计和传热计算确定，对于常温过程，一般只有一层钢壳即可。

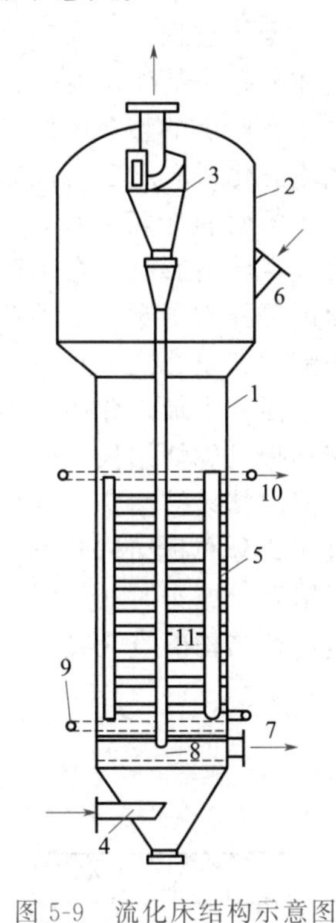

图 5-9　流化床结构示意图

1—壳体；2—扩大段；3—旋风分离器；4—进气口；5—换热管；6—物料入口；7—物料出口；8—气体分布器；9—冷却水进口；10—冷却水出口；11—内部构件

（2）气体分布装置　包括气体预分布器和气体分布板两部分。预分布器由外壳和导向板组成（或其他），是连接鼓风设备和分布板的部件。预分布器的作用是使气体的压力均匀，使气体均匀进入分布板，从而减少气体分布板在均匀分布气体方面的负荷，与分布板相比，预分布器仅仅居于次要地位。常用气体预分布器的结构形式如图 5-10 所示。气体分布板将在下节中作详细介绍。

（3）内部构件　内部构件有水平构件和垂直构件之分，有不同结构形式，挡板和挡网是最常用的形式，主要用来破碎气泡，改善气固接触，减少返混，从而提高反应速率和反应转化率。大多数反应器设置内部构件，对于自由床（流化床燃烧器）则不设内部构件，床内只有换热管或称为水冷壁和管束。

（4）换热装置　流化床反应器的换热装置可以装在床层内即床内换热器，也可以使用夹套式换热器，作用是及时移走或供给热量。

（5）气固分离装置　流化床在运行过程中，由于固体颗粒强烈的扰动，一些细小的颗粒总要随气体溢出流化床外，气固分离装置的作用就是回收这部分细小颗粒使其返回床层，常用的气固分离装置有旋风分离器和内过滤器两种。

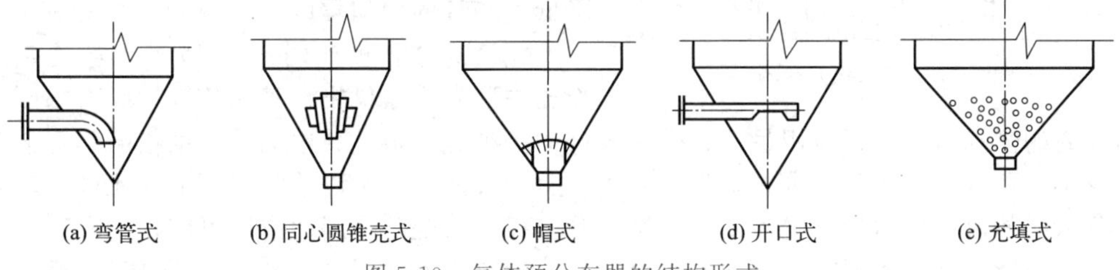

图 5-10　气体预分布器的结构形式

二、气体分布板

流化床的气体分布板是保证流化床具有良好而稳定流态化的至关重要的构件，它应该满足下列基本要求：

（1）具有均匀分布气流的作用，同时其压降要小。这可以通过正确选取分布板的开孔率或分布板压降与床层压降之比，以及选取适当的预分布手段来达到。

(2) 能使流化床有一个良好的起始流态化状态，避免形成“死角”。这可以从气体流出分布板的一瞬间的流型和湍动程度，从结构和操作参数上予以保证。

(3) 操作过程中不易被堵塞和磨蚀。

气体分布板的作用有三：一是支撑床层上的催化剂或其他固体颗粒；二是分流，使气体均匀分布在床层的整个床面上，造成良好的起始流化条件；三是导向，可抑制气固系统恶性的聚式流态化，有利于保证床层稳定。

分布板对整个流化床的直接作用范围仅 0.2～0.3m，然而它对整个床层的流态化状态却具有决定性的影响。在生产过程中常会由于分布板设计不合理，气体分布不均匀，造成沟流和死区等异常现象。工业生产中使用的气体分布板的型式很多，主要有：密孔板，直流式、侧流式和填充式分布板，旋流式喷嘴和分枝式分布器等，而每一种型式又有多种不同的结构。下面分别加以介绍。

密孔板又称烧结板，被认为是气体分布均匀、初生气泡细小、流态化质量最好的一种分布板。但因其易被堵塞，并且堵塞后不易疏通，加上造价较高，所以在工业中较少使用。

直流式分布板结构简单，易于设计制造。但气流方向正对床层，易使床层形成沟流，小孔易于堵塞，停车时又易漏料。所以除特殊情况外，一般不使用直流式分布板。图 5-11 所示的是三种结构的直流式分布板。

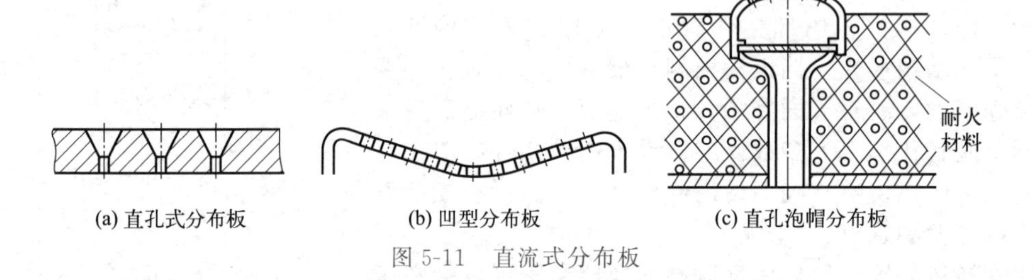

(a) 直孔式分布板　(b) 凹型分布板　(c) 直孔泡帽分布板

图 5-11 直流式分布板

填充式分布板是在多孔板（或栅板）和金属丝网上间隔地铺上卵石、石英砂、卵石，再用金属丝网压紧，如图 5-12 所示。其结构简单，制造容易，并能达到均匀布气的要求，流态化质量较好。但在操作过程中，固体颗粒一旦进入填充层就很难被吹出，容易造成烧结。另外经过长期使用后，填充层常有松动，造成移位，降低了布气的均匀程度。

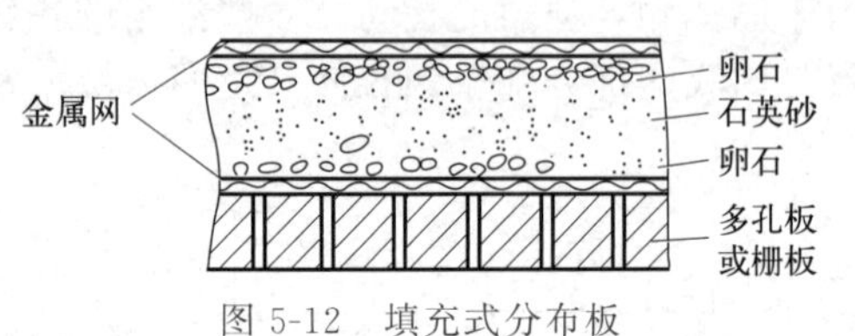

图 5-12 填充式分布板

侧流式分布板如图 5-13 所示，它是在分布板孔中装有锥形风帽，气流从锥帽底部的侧缝或锥帽四周的侧孔流出，是应用最广、效果较好的一种分布板。其中侧缝式锥帽因其不会在顶部形成小的死区，气体紧贴分布板板面吹出，适当气速下也可以消除板面上的死区，从而大大改善床层的流态化质量，避免发生烧结和分布板磨蚀现象，因此应用更广。

无分布板的旋流式喷嘴，如图 5-14 所示。气体通过六个方向上倾斜 10°的喷嘴喷出，托起颗粒，使颗粒激烈搅动。中部的二次空气喷嘴均偏离径向 20°～25°，造成了向上旋转的气流。这种流态化方式一般应用于对气体产品要求不严的粗粒流态化床中。

短管式分布板则是在整个分布板上均匀设置了若干根短管，每根短管下部有一个气体流入的小孔，如图 5-15 所示。孔径为 9～10mm，为管径的 1/3～1/4，开孔率约 0.2%。短管长度约为 200mm。短管及其下部的小孔可以防止气体涡流，有利于均匀布气，使流化床操作稳定。

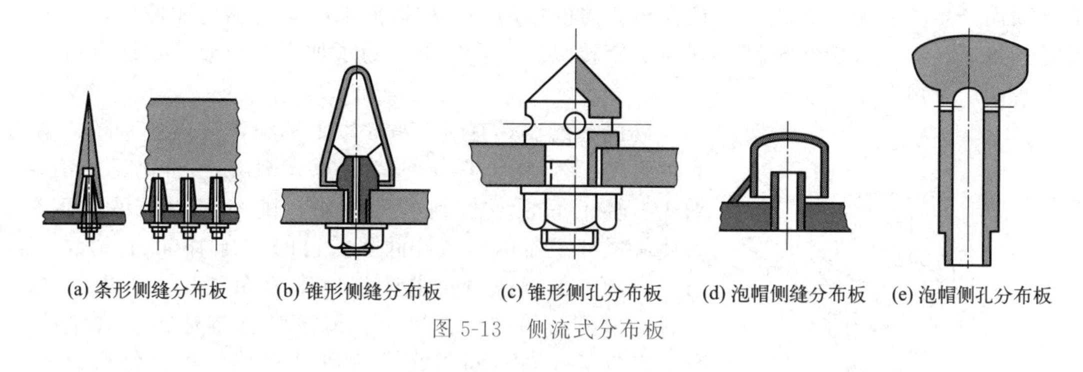

图 5-13　侧流式分布板

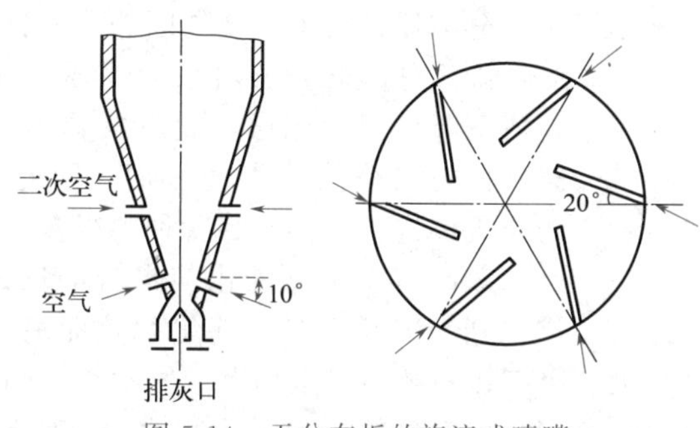

图 5-14　无分布板的旋流式喷嘴

多管式气流分布器是近年来发展起来的一种新型分布器，由一个主管和若干带喷射管的支管组成，如图 5-16 所示。由于气体向下射出，可消除床层死区，也不存在固体泄漏问题，并且可以根据工艺要求设计成均匀布气或非均匀布气的结构。另外分布器本身不同时支撑床层质量，可做成薄型结构。

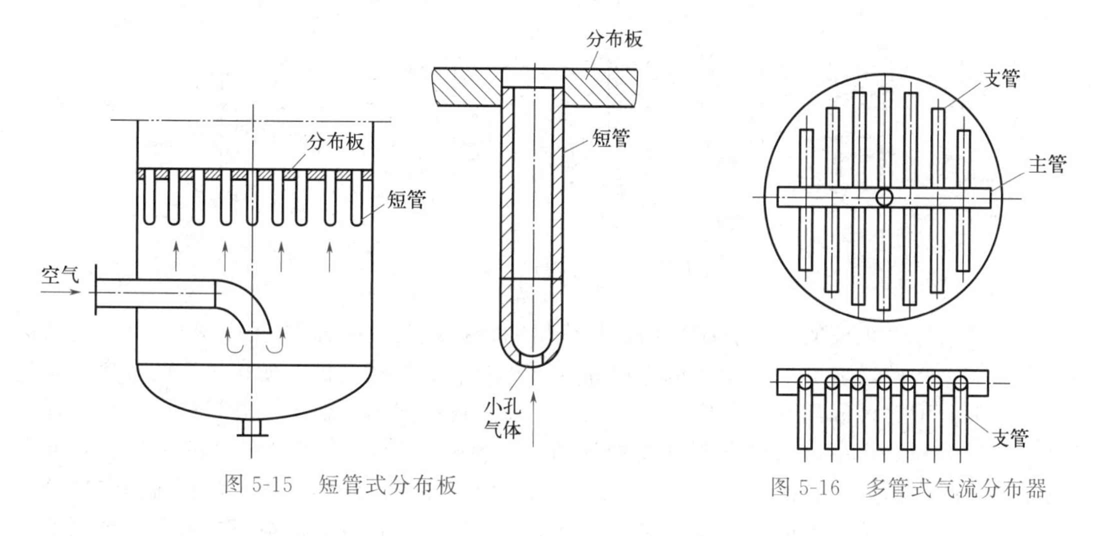

图 5-15　短管式分布板

图 5-16　多管式气流分布器

三、气固分离装置

1. 旋风分离器

旋风分离器是一种靠离心作用把固体颗粒和气体分开的装置，其结构如图 5-17 所示。含有催化剂颗粒的气体，由进气管沿切线方向进入旋风分离器内，围绕中央排气管向下做回旋运动而产生离心力。催化剂颗粒在离心力的作用下，被抛向器壁，与器壁相撞后，借重力沉降到锥底，而气体旋转至锥底则向上旋转经排气管排出。为了加强分离效果，还可再串联一个或两个旋风分离器。

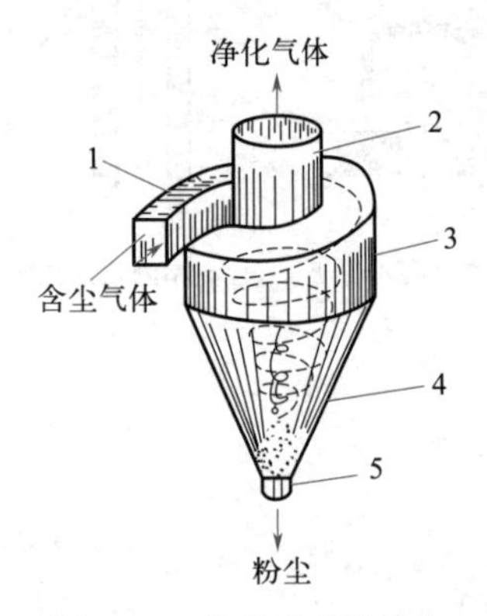

图 5-17 旋风分离器结构
1—进气口；2—排气口；3—圆筒体；4—圆锥体；5—收集口

旋风分离器具有对 10μm 以上的粉体分离效率高、结构简单紧凑、操作维护方便等优点，故在石油化工、冶金、采矿、轻工等领域得到广泛应用，随着工业发展的需要，为使旋风分离器达到高效低阻的目的，自 1886 年 Morse 的第一台圆锥形旋风分离器问世以来百余年里，国内外众多学者对分离器的结构、尺寸、流场特性等进行了大量的研究，出现了许多不同用途的旋风分离器。在流化床中使用旋风分离器是为了实现气固分离的目的。

旋风分离器分离出来的固体催化剂靠自身重力通过料腿或下降管回到床层，此时料腿出料口有时能进气造成短路，使旋风分离器失去作用。因此在料腿中加密封装置，防止气体进入。密封装置种类很多，具体如图 5-18 所示。

双锥堵头是靠催化剂本身的堆积，防止气体窜入，当堆积到一定高度时，催化剂就能沿堵头斜面流出。第一级料腿用双锥堵头密封。第二级和第三级料腿出口常用翼阀密封。翼阀内装有活动挡板，当料腿中积存的催化剂的重力超过翼阀对出料口的压力时，此活动板便打开，催化剂自动下落。料腿中催化剂下落后，活动挡板又恢复原样，密封了料腿的出口。翼阀的动作，在正常情况下是周期性的，时断时续，故又称断续阀。也有的采用在密封头部送入外加的气流，有时甚至在料腿的上、中、下处都装有吹气管和测压口，以掌握料面位置和保证细粒畅通。料腿密封装置是生产中的关键，要经常检修，保持灵活好用。

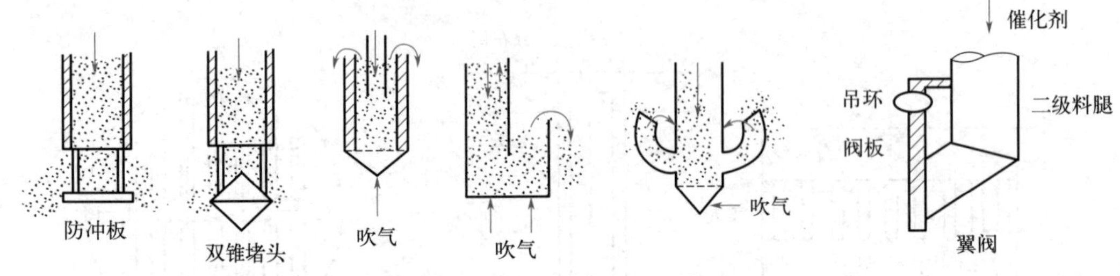

图 5-18 各种密封料腿示意图

在改善锥体、锥底的气固流况方面，最突出的是扩散式分离器（CLK 型）。由于它的倒锥体及锥体下部的反射屏，减少了粉尘返混合灰斗上部的卷吸夹带，使扩散式的分离效率达 90%～95%，但这种分离器的主要缺点是压降较高。再有就是反射型龙卷风分离器，同样也是利用了反射板的作用，减少了底部粉尘的扬吸。另外，1968 年国外研制的一种具有反向碗及水滴体的直筒型旋风子，由于反向碗的屏挡作用，加上水滴体利用了内旋流的二次分离作用，从而增强了抗返混能力。同时国内的时铭显等对导叶式直筒旋风子进行了一系列的研究，为了改善底部气固流况，提出了分离性能较好的排尘底板结构。

2. 内过滤器

内过滤器也是流化床常采用的气固分离装置，近年来，随着细颗粒床的开发和使用，细颗粒的捕集成了设计与操作中的关键。对于有些过程要求带出的固体颗粒很少且颗粒又很细时，多采用内过滤器来分离气体中的颗粒。内过滤器是由多根带有钻孔的金属管（或陶瓷管、金属丝网管）并在其外包覆多层玻璃纤维布构成，金属管分为数组悬挂于反应器扩大段的顶部，如图 5-19 所示。气体从玻璃纤维布的细孔隙中通过，而将绝大部分的固体颗粒过滤下来，从而达到气固分离的目的。

过滤器的结构尺寸，主要是确定过滤面积和过滤管的开孔率，一般按经验选取，对于小型床，过滤面积为床层截面积的 8～10 倍，对大型床取 4～5 倍，金属管开孔率一般取金属管总面积的 30%～40%。

过滤器使用一段时间后，随着滤饼的增厚其压力降也增加，因此必须定期反吹，过滤管分为几组，当一组反吹时其余几组仍在操作以维持反应器正常运转。随着细颗粒催化剂的使用，内过滤器已难以满足要求，有逐步被高效的旋风分离器所取代的趋势。

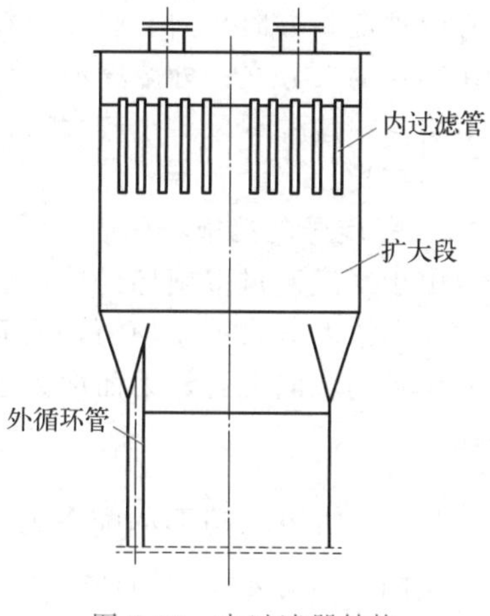

图 5-19　内过滤器结构

四、内部构件

气固相催化反应在流化床中进行，对保持恒温反应、强化传热以及催化剂的连续再生等都具有独特的优点。但由于固体颗粒不断运动，使气体返混，再加上生成的气泡不断长大以及颗粒密集的原因，造成气固接触不良和气体的短路，并且随着设备直径的增大，情况更加恶化，降低了反应的转化率，而这也成为流化床反应器的严重缺点。

为了提高流化床反应器的转化率，提高反应器的生产能力，必须增强气泡和连续相间的气体交换，减少气体返混，使气泡破碎以便增加气固相间接触。实践证明，在床内设置内部构件是目前改善流化床操作的重要方法之一。

内部构件有垂直内部构件（如在床层中均匀配置直立的换热器）和水平内部构件（如栅格、波纹挡板、多孔板或换热管，而最常用的是挡板和挡网）。

（一）斜片挡板的结构与特性

工业上采用的百叶窗式斜片挡板分为单旋导向挡板和多旋导向挡板两种（图 5-20）。在气速较低（＜0.3m/s）的流化床层，采用挡板或挡网的效果差别不大。

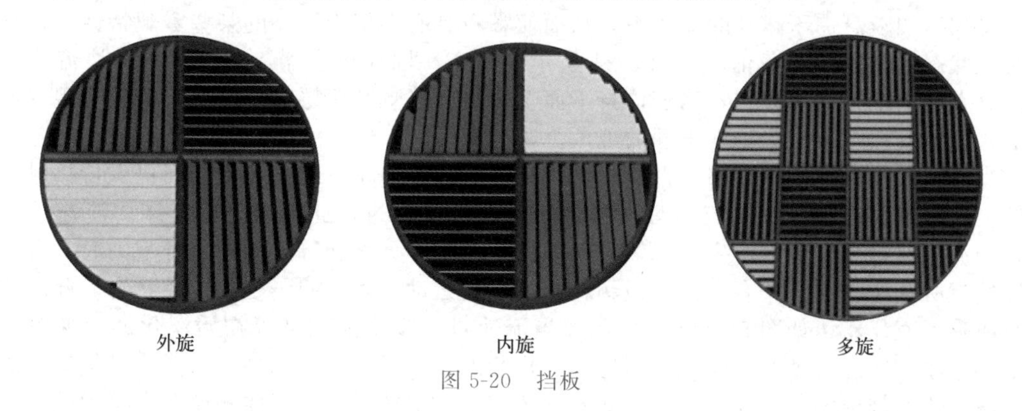

图 5-20　挡板

由于挡板的导向作用使气固两相剧烈搅动，催化剂的磨损较大，故在气速低而催化剂强度不高时，一般多采用挡网，反之则采用挡板。

1. 单旋导向挡板

单旋导向挡板使气流只有一个旋转中心，随着斜片倾斜方向不同，气流分别产生向心和离心两种旋转方向。向心斜片使粒子的分布为床中心稀而近壁处浓。离心斜片使粒子的分布为在半径的二分之一处浓度小，床中心和近壁处浓度大。因此，单旋挡板使粒子在床层中分布不均匀，这种现象对于较大床径更为显著。为解决这一问题，在大直径流化床中都采用多旋导向挡板。

2. 多旋导向挡板

由于气流通过多旋导向挡板后产生几个旋转中心，使气固两相充分接触与混合，并使粒子的径向浓度分布趋于均匀，因而提高了反应转化率。但是，由于多旋导向挡板较大地限制了催化剂的轴向混合，因而增大了床层的轴向温度差。同时，多旋导向挡板结构复杂，加工不便。

（二）挡板、挡网的配置方式

挡网、挡板在床层中的配置方式在工业上有以下几种：向心挡板或离心挡板分别使用；向心挡板和离心挡板交错使用；挡网单独使用；挡板、挡网重叠使用。对于多旋导向挡板，每一组合件同为同旋，但还有左旋、右旋的区别，上下两板的配置方位也有不同。其中以采用单旋导向挡板向心排列的流化床反应器较多。至于哪一种配置方式更好，还需进一步研究。

任务二 流化床反应器工作过程分析

流化床反应器是固体流态化技术在化工生产中应用的一项重要成就，由于流化床具有很高的传热效率，温度分布均匀，气固相有很大的接触面积，因而大大强化了操作，简化了流程。

固体流态化

一、流态化基本概念

（一）流态化现象

将固体颗粒悬浮于运动的流体中，从而使颗粒具有类似于流体的某些宏观特性，这种流固接触状态称为固体流态化，如图 5-21 所示。设有一圆筒形容器，下部装有一块流体分布板，分布板上堆积固体颗粒，当流体自下而上通过固体颗粒床层时，随着流体的表观（或称空塔）流速变化，床层会出现不同的现象。

当流速较低时，如图 5-21(a) 所示，床层固体颗粒静止不动，颗粒之间仍保持接触，床层的空隙率及高度都不变，流体只在颗粒间的缝隙中通过，此时属于固定床。流速继续增大，当流体通过固体颗粒产生的摩擦力与固体颗粒的浮力之和等于颗粒自身重力时，颗粒位置开始有所变化，床层略有膨胀，但颗粒不能自由运动，颗粒间仍处于接触状态，此时称为初始或临界流化床，如图 5-21(b) 所示。当流速进一步增加到高于初始流化的流速时，颗粒全部悬浮在向上流动的流体中，即进入流化状态，如果床层下部进入的流体是气体，流化床阶段气体以鼓泡的方式通过床层；随着气体流速的继续增加，固体颗粒在床层中的运动也越激烈，此时的气固系统具有类似于液体的特性。随着容器形状变化，床层高度发生变化，但有明显的上界面，这时的床层称为流化床，如图 5-21(c) 所示。当气流速度升高到某一极限值时，如图 5-21(d) 所示，流化床上界面消失，颗粒分散悬浮在气流中被气流带走，这种状态称为气流输送或稀相输送床。

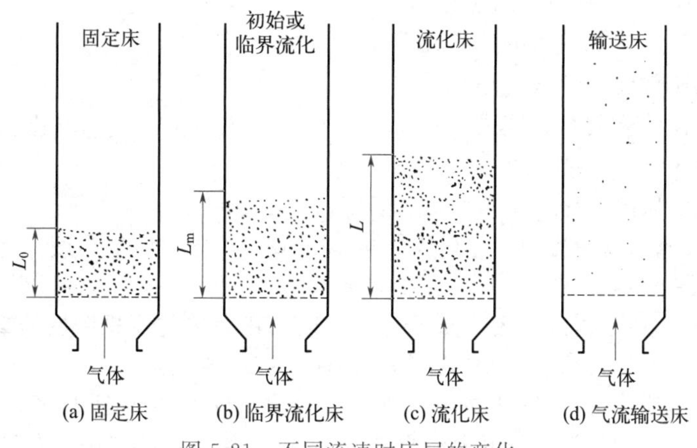

图 5-21　不同流速时床层的变化

在流化床阶段，只要床层有明显的上界面，流化床即称为密相流化床或床层的密相段。对于气固系统，气泡在床层中上升，到达床层表面时破裂，由此造成床层中气固系统激烈地运动很像沸腾的液体，因此流化床又称为沸腾床。当气体通过固体颗粒床层时，随着气速的改变，分别经历固定床、流化床和气流输送三个阶段。这三个阶段具有不同的规律，从不同气速对床层压力降的影响可以明显地看出其中的规律性。

（二）流化床压降

对一个等截面床层，当流体以空床流速 u（或称表观流速）自下而上通过床层时，床层的压力降 ΔP 与流速 u 之间的关系在理想情况下如图 5-22 所示。

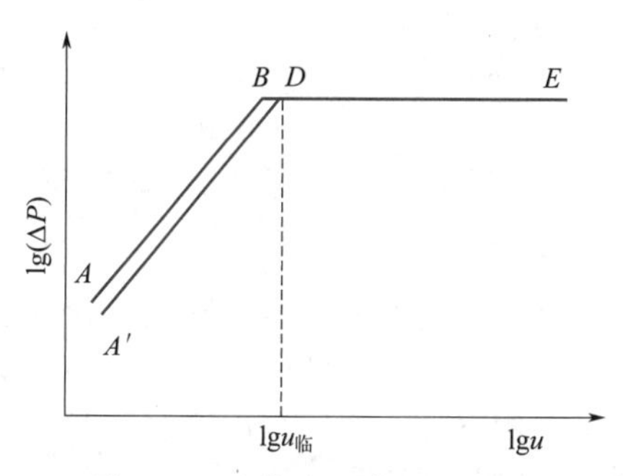

图 5-22　流化床压降-流速关系

固定床阶段，流体流速较低，床层静止不动，气体从颗粒间的缝隙中流过。随着流速的增加，流体通过床层的摩擦阻力也随之增大，即压力降 ΔP 随着流速 u 的增加而增加，如图中的 AB 段。流速增加到 B 点时，床层压力降与单位面积床层质量相等，床层刚好被托起而变松动，颗粒发生振动重新排列，但还不能自由运动，即固体颗粒仍保持接触而没有流化，如图中的 BD 段。流速继续增大超过 D 点时，颗粒开始悬浮在流体中自由运动，床层随流速的增加而不断膨胀，也就是床层空隙率 ε 随之增大，但床层的压力降却保持不变，如图中 DE 段所示。当流速进一步增大到某一数值时，床层上界面消失，颗粒被流体带走而进入流体输送阶段。

床层初始流化状态下，床层的受力情况可以分析如下：

$$重力(向下)=L_{mf}A(1-\varepsilon_{mf})\rho_p g$$

$$浮力(向上)=L_{mf}A(1-\varepsilon_{mf})\rho_f g$$

$$阻力(向上)=A\Delta P$$

开始流化时，向上和向下的力平衡，即：重力＝浮力＋阻力（即气固摩擦力）

$$L_{mf}A(1-\varepsilon_{mf})\rho_p g=L_{mf}A(1-\varepsilon_{mf})\rho_f g+A\Delta P$$

整理后得：

$$\Delta P=L_{mf}(1-\varepsilon_{mf})(\rho_p-\rho_f)g \tag{5-1}$$

式中 L_{mf}——开始流化时的床层高度，m；

ε_{mf}——床层开始流化时的床层空隙率；

A——床层截面积，m^2；

ρ_p——固体催化剂颗粒密度，kg/m^3；

ρ_f——流体密度，kg/m^3；

ΔP——床层压降，Pa。

从临界点以后继续增大流速，空隙率ε也随之增大，导致床层高度L增加，但$L(1-\varepsilon)$却不变。所以，ΔP保持不变。

在气固流化床，密度相差较大，床层压降可以简化为单位面积床层的重量，即：

$$\Delta P = L(1-\varepsilon)\rho_S g = W/A \tag{5-2}$$

对已经流化的床层，如将气速减小，则ΔP将沿ED线返回到D点，固体颗粒开始互相接触而又成为静止的固定床。但继续降低流速，压降不再沿DB、BA线变化，而是沿DA'线下降。原因是床层经过流化后重新落下，空隙率增大，压力降减小。

通过压力降与流速关系图，可以分析实际流化床与理想流化床的差异，了解床层的流化质量。实际流化床的ΔP-u关系较为复杂，图5-23就是某一实际流化床的ΔP-u关系图。

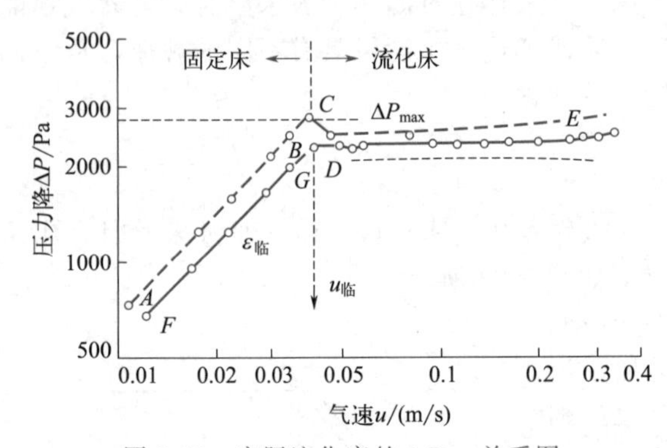

图5-23 实际流化床的ΔP-u关系图

由图中看出，在固定床区域AB与流化床区域DE之间有一个"驼峰"。形成的原因是固定床阶段，颗粒之间由于相互接触，部分颗粒可能有架桥、嵌接等情况，造成开始流化时需要大于理论值的推动力才能使床层松动，即形成较大的压力降。一旦颗粒松动到使颗粒刚能悬浮时，ΔP即下降到水平位置。另外，实际中流体的少量能量消耗于颗粒之间的碰撞和摩擦，使水平线略微向上倾斜。上下两条虚线表示压降的波动范围。

观察流化床的压力降变化可以判断流化质量以及是否发生不正常的流化现象如腾涌、沟流等。正常操作时，压力降的波动幅度一般较小，波动幅度随流速的增加而有所增加。在一定的流速下，如果发现压降突然增加，而后又突然下降，表明床层产生了腾涌现象。这是因为此时形成气栓，压降直线上升，气栓达到表面时料面崩裂，压降突然下降，如此循环下去。这种大幅度的压降波动破坏了床层的均匀性，使气固接触显著恶化，严重影响系统的正常运转。有时压降比正常操作时低，说明气体形成短路，床层产生了沟流现象。

（三）散式流态化和聚式流态化

1. 散式流态化

对于液固系统，当流速高于最小流化速度时，随着流速的增加，得到的是平稳的、逐渐膨胀的床层，固体颗粒均匀地分布于床层各处，床面清晰可辨，略有波动，但相当稳定，床层压降的波动也很小且基本保持不变。即使在流速较大时，也看不到鼓泡或不均匀的现象。这种床层称为散式流化床，或均匀流化床、液体流化床。

2. 聚式流态化

对于气固系统，当气速大于临界流化速度时，有相当一部分气体以气泡形式通过床层，气泡在床层中上升并相互聚并，引起床层的波动，这种波动随流速的增大而增大，同时床面也有相应的波动，波动剧烈时，很难确定其具体位置，这与液固系统中清晰床面大不相同。由于床内存在气泡，气泡向上运动时将部分颗粒夹带至床面，到达床面时气泡发生破裂，这部分颗粒由于自身重力作用又落回床内，整个过程中气泡不断产生和破裂，所以气固流化床的外观与液固系统的外观不同，颗粒不是均匀地分散于床层内，而是程度不同地一团一团聚集在一起作不规则的运动。在固体颗粒粒度比较小时，这种现象更为明显。

（四）不正常流化现象

流化床中常见的不正常流化现象包括沟流、大气泡和腾涌。

1. 沟流

沟流现象的特征是气体通过床层时形成短路，气体通过床层时，其气速超过了临界流化速度，但床层并不流化，而是大量的气体短路通过床层，床层内形成一条狭窄的通道，此时大部分床层则处于静止状态，如图 5-24(a) 所示。沟流有两种情况，(a) 图所示的贯穿沟流和 (b) 图所示的局部沟流。沟流仅发生在局部，称为局部沟流；如果沟流贯穿整个床层，称为贯穿沟流。沟流现象发生时，大部分气体没有与固体颗粒很好接触就通过了床层，这在催化反应时会引起催化反应的转化率降低。由于部分颗粒没有流化或流化不好，造成床层温度不均匀，从而引起催化剂的烧结，降低催化剂的寿命和效率。因为沟流时部分床层为死床，不悬浮在气流中，故在 ΔP-u 图上反映出 ΔP 始终低于理论值 W/A，如图 5-25 所示。

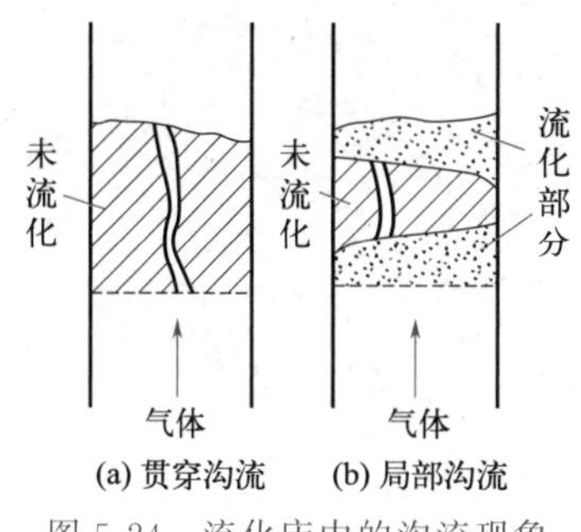

图 5-24 流化床中的沟流现象

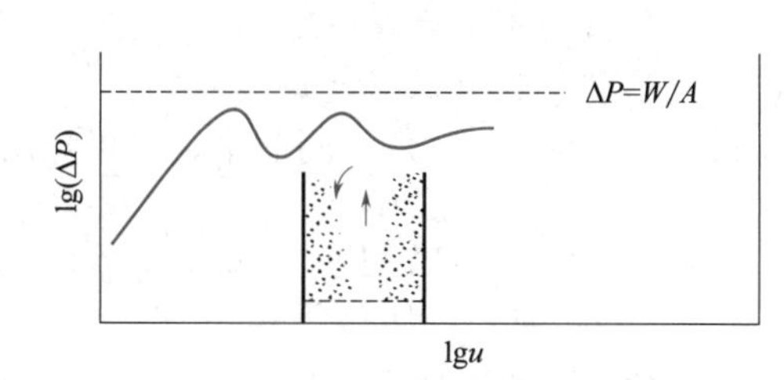

图 5-25 沟流时 ΔP-u 的关系

沟流现象产生的原因主要与颗粒特性和气体分布板的结构有关。下列几种情况尤其容易产生沟流：颗粒的粒度很细（粒径小于 40μm)、密度大且气速很低时；潮湿的物料和易于粘接的物料；气体分布板设计不好，布气不均，通气孔太少或各个风帽阻力大小差别较大。要消除沟流，可适当加大气速、对物料预先进行干燥，另外分布板的合理设计也是十分重要的。还应注意风帽的制造、加工和安装，以免通过风帽的流体阻力相差过大而造成布气不均。

2. 大气泡

流化床中生成的气泡在上升过程中不断汇合长大，直到床面破裂是正常现象。但是如果床层中大气泡很多，由于气泡不断搅动和破裂，床层波动大，操作不稳定，气固间接触不好，就会使气固反应效率降低，这种现象称为大气泡现象，应力求避免。通常床层较高，气速较大时容易产生大气泡现象。在床层内加设内部构件可以避免产生大气泡，促使平稳流化。

3. 腾涌

腾涌现象，就是在大气泡状态下继续增大气速，当气泡直径大到与床径相等时，就会将床层分为几段，变成一段气泡和一段颗粒的相互间隔状态。此时颗粒层被气泡像活塞一样向上推动，达到一定高度后气泡破裂，引起部分颗粒的分散下落。腾涌现象发生时，床层密度不均匀，使气固相的接触不良，严重影响产品的产量和质量，并且器壁磨损加剧，引起设备的振动，容易损坏床内零部件。一般来说，床层越高、容器直径越小、颗粒越大、气速越高，越容易发生腾涌现象。在采用高床层、大颗粒时，可以增设挡板以破坏气泡的长大，避免腾涌现象发生。

（五）流化速度

流化床的操作速度在理论上应该是处于临界流化速度和带出速度之间，因此，应首先确定临界流化速度和带出速度，然后再选取操作速度。

1. 临界流化速度

临界流化速度，也称起始流化速度、最低流化速度，是指颗粒层由固定床转为流化床时流体的表观速度，用 u_{mf} 表示。实际操作速度常取临界流化速度的倍数（又称流化数）来表示。临界流化速度对流化床的研究、计算与操作都是一个重要参数，确定其大小是很有必要的。确定临界流化速度最好是用实验测定，也可用公式计算。

临界点时，床层的压降 ΔP 既符合固定床的规律，同时又符合流化床的规律，即此点固定床的压降等于流化床的压降。均匀粒度颗粒的固定床压降可用 Ergun 方程表示：

$$\frac{\Delta P}{L}=150\frac{(1-\varepsilon_{mf})^2}{\varepsilon_{mf}^3}\frac{\mu_f u_0}{(\phi_s d_P)^2}+1.75\frac{(1-\varepsilon_{mf})}{\varepsilon_{mf}^3}\frac{\rho_f u_0^2}{\phi_s d_P} \tag{5-3}$$

式中 u_0——气体表观速度，m/s；

ϕ_s——形状系数（球形度）。

若将式(5-3) 与式(5-1) 等同起来，可以导出下式：

$$\frac{1.75}{\phi_s\varepsilon_{mf}^3}\left(\frac{d_P u_{mf}\rho_f}{\mu_f}\right)^2+\frac{150(1-\varepsilon_{mf})}{\phi_s^2\varepsilon_{mf}^3}\frac{d_P u_{mf}\rho_f}{\mu_f}=\frac{d_P^3\rho_f(\rho_P-\rho_f)g}{\mu_f^2} \tag{5-4}$$

对于小颗粒，上式左侧第一项可以忽略，故得：

$$u_{mf}=\frac{(\phi_s d_P)^2}{150}\frac{(\rho_P-\rho_f)}{\mu_f}g\frac{\varepsilon_{mf}^3}{1-\varepsilon_{mf}}\quad Re_{mf}<20 \tag{5-5}$$

对于大颗粒，式(5-4) 左侧第二项可忽略，得到：

$$u_{mf}^2=\frac{\phi_s d_P}{1.75}\frac{(\rho_P-\rho_f)}{\rho_f}g\varepsilon_{mf}^3\qquad Re_{mf}>1000 \tag{5-6}$$

如果 ε_{mf} 和（或）ϕ_s 未知，可近似取：

$$\frac{1}{\phi_s\varepsilon_{mf}^3}\approx 14\qquad 及\qquad \frac{1-\varepsilon_{mf}}{\phi_s^2\varepsilon_{mf}^3}\approx 11$$

代入式(5-4) 后即得到全部雷诺数范围的计算式：

$$Re_{mf}=\frac{d_P u_{mf}\rho_f}{\mu_f}=\left[(33.7)^2+0.0408\frac{d_P^3\rho_f(\rho_P-\rho_f)g}{\mu_f^2}\right]^{1/2}-33.7 \tag{5-7}$$

其中

$$\frac{d_P^3\rho_f(\rho_P-\rho_f)g}{\mu_f^2}=Ar$$

对于小颗粒：

$$u_{mf}=\frac{d_P^2(\rho_P-\rho_f)g}{1650\mu_f}\quad Re_{mf}<20 \tag{5-8}$$

对于大颗粒：

$$u_{mf}=\left[\frac{d_P(\rho_P-\rho_f)g}{24.5\rho_f}\right]^{1/2}\quad Re_{mf}>1000 \tag{5-9}$$

用上述各式计算时，应将所得 u_{mf} 值代入 $Re_{mf}=d_P u_{mf}\rho_f/\mu_f$ 中，检验其是否符合规定的范围。如不相符，应重新选择公式计算。

计算临界流化速度的经验或半经验关联式很多，下面再介绍一种便于应用而又较准确的公式(李伐公式)：

$$u_{mf}=0.00923\frac{d_P^{1.82}(\rho_P-\rho_f)^{0.94}}{\mu_f^{0.88}\rho_f^{0.06}} \tag{5-10}$$

式中　u_{mf}——临界流化速度（以空塔计），m/s；

d_P——颗粒的平均直径，m；

μ_f——气体黏度，Pa·s。

此式只适用于$Re_{mf}<10$，即较细的颗粒。如果 $Re_{mf}>10$，则需要再乘以图 5-26 中的校正系数即可得到所要求的临界流化速度。

由式(5-10) 可看出，影响临界流化速度的因素有颗粒直径、颗粒密度、流体黏度等等。实际生产中，流化床内的固体颗粒总是存在一定的粒度分布，形状也各不相同，因此在计算临界流化速度时，要采用当量直径和平均形状系数。此外大而均匀的颗粒在流化时流动性差，容易发生腾涌现象，加剧颗粒、设备和管道的磨损，操作的气速范围也很狭窄，在大颗粒床层中添加适量的细粉有利于改善流化质量，但受细粉回收率的限制而不宜添加过多。

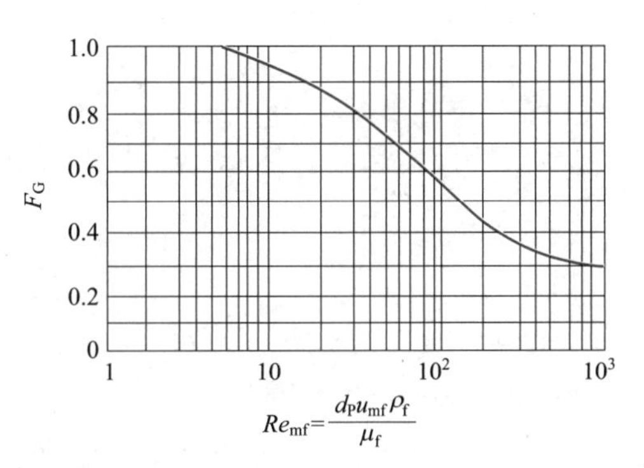

图 5-26　$Re>10$ 时的校正系数

【例 5-1】 某流化床，已知有以下数据：床层空隙率 $\varepsilon_{mf}=0.55$；流化气体为空气$\rho_f=1.2\text{kg/m}^3$，$\mu_f=18\times10^{-6}\text{Pa·s}$；固体颗粒（不规则状的砂）$d_P=160\mu\text{m}$，$\phi_s=0.67$，$\rho_P=2600\text{kg/m}^3$，求临界流化速度 u_{mf}。

解：

解法一　将已知数据代入式(5-5) 得

$$u_{mf}=\frac{(160\times10^{-6})^2\times(2600-1.2)\times9.8}{150\times18\times10^{-6}}\times\frac{0.55^3\times0.67^2}{1-0.55}=0.04(\text{m/s})$$

验算Re_{mf}

$$Re_{mf}=\frac{160\times10^{-6}\times0.04\times1.2}{18\times10^{-6}}=0.43<20$$

因此以上计算是合理的。

解法二　若不知道 ε_{mf} 和 ϕ_s 的情况下，可用式(5-7) 计算

$$Ar=\frac{(160\times10^{-6})^3\times1.2\times(2600-1.2)\times9.8}{(18\times10^{-6})^2}=387$$

$$Re_{mf}=\sqrt{33.7^2+0.0408\times387}-33.7=0.234$$

$$u_{mf}=\frac{0.234\times18\times10^{-6}}{160\times10^{-6}\times1.2}=0.022(m/s)$$

可见两种方法计算结果相差很大。

为了可靠起见，设计中通常不是选用一个而是同时选用几个公式来计算，并将其结果进行分析比较以确定取舍或求其平均值。要得出较精确的 u_{mf}，可以借助试验方法测定或利用专门适用某反应体系的公式加以计算得到。

2. 带出速度

颗粒带出速度 u_t 是流化床中流体速度的上限，也就是气速增大到此值时，流体对粒子的曳力与粒子的重力相等，粒子将被气流带走。此带出速度，或称终端速度，近似等于粒子的自由沉降速度。因此只要求出颗粒的自由沉降速度即可得出带出速度 u_t。颗粒在流体中沉降时，受到重力、流体的浮力和流体与颗粒间摩擦力的作用。此时，重力＝浮力＋摩擦阻力。

对球形颗粒等速沉降时，可得出下式：

$$\frac{\pi}{6}d_P^3\rho_P=C_D\frac{\pi}{4}d_P^2\frac{u_t^2\rho_f}{2g}+\frac{\pi}{6}d_P^3\rho_f \tag{5-11}$$

整理后得：

$$u_t=\left[\frac{4}{3}\frac{d_P(\rho_P-\rho_f)g}{\rho_f C_D}\right]^{1/2} \tag{5-12}$$

式中，C_D 为阻力系数，是 $Re_t=\frac{d_P u_t\rho_f}{\mu_f}$ 的函数。对球形粒子：

当 $Re_t<2$　　$C_D=24/Re_t$

当 $2<Re_t<500$　　$C_D=10/Re_t^{1/2}$

当 $500<Re_t<2\times10^5$　　$C_D=0.43$

分别代入式(5-12) 得：

$$u_t=\frac{d_P^2(\rho_P-\rho_f)g}{18\mu_f}\qquad Re_t<2 \tag{5-13}$$

$$u_t=\left[\frac{4}{225}\frac{(\rho_P-\rho_f)^2g^2}{\rho_f\mu_f}\right]^{1/3}d_P\qquad 2<Re_t<500 \tag{5-14}$$

$$u_t=\left[\frac{3.1d_P(\rho_P-\rho_f)g}{\rho_f}\right]^{1/2}\qquad 500<Re_t<2\times10^5 \tag{5-15}$$

用上列诸式计算的 u_t 也需再代入 Re_t 中以检验其范围是否相符。

对于非球形粒子，C_D 可用其对应的经验公式计算，或者查阅相应的图表。但在查阅中应特别注意适用的范围。

用上面的公式还可以考察对于大、小颗粒流化范围的影响。

如对细粒子：当 $Re_t<2$ 时，用式(5-13) 除以式(5-8)，

$$\frac{u_t}{u_{mf}}=91.6 \tag{5-16}$$

对大颗粒，当 $Re_t>1000$ 时，用式(5-15) 除以式(5-9)，

$$\frac{u_t}{u_{mf}}=8.72 \tag{5-17}$$

可见 u_t/u_{mf} 的范围在 10～90 之间，颗粒越细，比值越大，即表示从能够流化起来到被

带走为止的这一范围就越广，这就说明了为什么在流化床中用细的粒子比较适宜的原因。

【例 5-2】 计算粒径分别为 10μm、100μm、1000μm 的微球形催化剂在下列条件下的带出速度。已知颗粒密度 $\rho_P=2500kg/m^3$，颗粒的球形度 $\phi_s=1$；流体密度 $\rho_f=1.2kg/m^3$，流体黏度 $\mu_f=1.8\times10^{-5}Pa\cdot s$。

解：(1) $d_P=10\mu m=1\times10^{-5}m$

$$u_t=\frac{d_P^2(\rho_P-\rho_f)g}{18\mu_f}=\frac{(1\times10^{-5})^2\times(2500-1.2)\times9.81}{18\times1.8\times10^{-5}}=0.00756(m/s)$$

$$Re_t=\frac{d_P u_t\rho_f}{\mu_f}=\frac{1\times10^{-5}\times0.00756\times1.2}{1.8\times10^{-5}}=0.005<2$$

(2) $d_P=100\mu m=1\times10^{-4}m$

$$u_t=\left[\frac{4}{225}\times\frac{(\rho_P-\rho_f)^2g^2}{\rho_f\mu_f}\right]^{1/3}d_P=\left[\frac{4}{225}\times\frac{(2500-1.2)^2\times9.81^2}{1.2\times1.8\times10^{-5}}\right]^{1/3}\times1\times10^{-4}=0.79(m/s)$$

$$Re_t=\frac{d_P u_t\rho_f}{\mu_f}=\frac{1\times10^{-4}\times0.79\times1.2}{1.8\times10^{-5}}=5.3>2$$

(3) $d_P=1000\mu m=1\times10^{-3}m$

$$u_t=\left[\frac{3.1d_P(\rho_P-\rho_f)g}{\rho_f}\right]^{1/2}=\left[\frac{3.1\times1\times10^{-3}\times(2500-1.2)\times9.81}{1.2}\right]^{1/2}=7.96(m/s)$$

$$Re_t=\frac{d_P u_t\rho_f}{\mu_f}=\frac{1\times10^{-3}\times7.96\times1.2}{1.8\times10^{-5}}=531>500$$

【例 5-3】 计算粒径为 80μm 的球形砂子在 20℃空气中的带出速度。砂子的密度为 $\rho_P=2650kg/m^3$，20℃空气的密度 $\rho_f=1.205kg/m^3$，空气的黏度 $\mu_f=1.85\times10^{-5}Pa\cdot s$。

解：$d_P=80\mu m=8\times10^{-5}m$

先考虑在层流区求带出速度：

$$u_t=\frac{d_P^2(\rho_P-\rho_f)g}{18\mu_f}$$

因空气密度 ρ_f 比颗粒密度 ρ_P 小得多，故 $\rho_P-\rho_f\approx\rho_P$，于是上式可简化为：

$$u_t=\frac{d_P^2\rho_P g}{18\mu_f}=\frac{(8\times10^{-5})^2\times2650\times9.81}{18\times1.85\times10^{-5}}=0.50(m/s)$$

$$Re_t=\frac{d_P u_t\rho_f}{\mu_f}=\frac{8\times10^{-5}\times0.50\times1.205}{1.85\times10^{-5}}=2.605>0.4$$

因 $Re_t>0.4$，故不能用层流区公式求 u_t，改用过渡区公式计算得：

$$u_t=\left[\frac{4}{225}\times\frac{\rho_P^2g^2}{\rho_f\mu_f}\right]^{1/3}d_P=\left[\frac{4}{225}\times\frac{2650^2\times9.81^2}{1.205\times1.85\times10^{-5}}\right]^{1/3}\times(8\times10^{-5})=0.65(m/s)$$

$$Re_t=\frac{d_P u_t\rho_f}{\mu_f}=\frac{8\times10^{-5}\times0.65\times1.205}{1.85\times10^{-5}}=3.39>0.4$$

表明可用过渡区公式求带出速度。

由以上可以看出，应用式(5-13) 至式(5-15) 计算球形颗粒的沉降速度时，需要根据雷诺数的大小来选用计算公式，由于 u_t 尚未知，因此要用试差法计算。

【例 5-4】 萘氧化制苯酐，所用催化剂为微球硅胶钒催化剂，计算催化剂起始流化速度和逸出速度。已知催化剂粒度分布如下：

筛孔尺寸/目	>120	100～120	80～100	60～80	40～60	<40
质量比/%	12	10	13	35	25	5

催化剂颗粒密度 $\rho_p=1120kg/m^3$，气体密度 $\rho=1.10kg/m^3$，气体黏度 $\mu=0.0302mPa\cdot s$。

解：(1) 计算颗粒平均粒径。根据标准筛的规格，筛孔尺寸与直径关系如下：

筛孔尺寸/目	120	100	80	60	40
直径/mm	0.121	0.147	0.175	0.246	0.360

在两个筛孔尺寸间隔内颗粒平均直径可按几何平均值计算，即

$$d_p=\sqrt{d_1 d_2}$$

筛孔尺寸/目	>120	100～120	80～100	60～80	40～60	<40
直径/mm	0.121	0.133	0.163	0.208	0.298	0.360
w_i/d_{pi}	0.99	0.752	0.797	1.680	0.839	0.139

$$d_p=\left(\sum\frac{w_i}{d_{pi}}\right)^{-1}=(0.99+0.752+0.797+1.680+0.839+0.139)^{-1}mm=0.192mm$$

(2) 计算起始流化速度 u_{mf}

$$Re_{mf}=\left[33.7^2+0.0408\frac{d_p^3\rho_f(\rho_p-\rho_f)g}{\mu_f^2}\right]^{1/2}-33.7$$

$$Re_{mf}=\left[1133.67+0.0408\frac{(1.92\times10^{-4})^3\times1.1\times(1120-1.1)\times9.81}{(3.02\times10^{-5})^2}\right]^{1/2}-33.7=0.0568$$

$$u_{mf}=\frac{\mu_f}{d_p\rho_f}Re_{mf}=\frac{3.02\times10^{-5}}{1.92\times10^{-4}\times1.1}\times0.0568=8.11\times10^{-3}(m/s)$$

(3) 计算逸出速度 u_t

设 $Re_t<2$

则

$$u=\frac{d_p^2(\rho_p-\rho_f)g}{18\mu_f}=\frac{(1.21\times10^{-4})^2\times(1120-1.1)\times9.81}{18\times3.02\times10^{-5}}=0.2956(m/s)$$

复核 Re 值

$$Re=\frac{d_p u\rho}{\mu}=\frac{1.21\times10^{-4}\times0.2956\times1.1}{3.02\times10^{-5}}=1.3<2$$

故，假设 $Re_t<2$ 合理。

$$逸出速度\ u_t=0.2956m/s$$

3. 操作速度 u_0 的选择

如上所述，求出了临界流化速度和带出速度，原则上确定了流化床操作速度的范围，其范围较宽，要最终确定操作速度，还必须考虑许多因素，加以综合分析比较，才能得出适当的选择。

通常在有下列情况之一，宜采用较低的操作速度：

颗粒易碎或催化剂价格昂贵；

颗粒粒度筛分的范围宽，或参加反应使粒度逐渐减小；

过程的反应速度很慢，空间速度小；

需要的床层高度很低，颗粒有很好的流化特性；

反应热不大；

粉尘回收系统的效率低或负荷过重等。

而对于下列情况一般则可提高操作速度：

过程反应速度快，空间速度高；

反应热大需要通过受热面移走；

床层基本保持等温状态；

要求颗粒具有高度的活动性如循环流化床等。

综上所述，实际生产中，操作气速是根据具体情况确定的。流化数 u/u_{mf} 一般在 1.5～10 的范围内，也有高达几十甚至几百的，如石油的催化裂化就是如此。另外也有按 $u/u_t=0.1\sim0.4$ 来选取的。通常采用的气速在 0.15～0.5m/s。我国的流化床反应器，通常的操作速度 u_0 为 0.2～1.0m/s。

（六）气泡及其行为

一般情况下，除一部分的气体以临界流化速度流经颗粒之间的空隙外，多余的气体基本上都以气泡状态通过床层，因此人们常把气泡与气泡以外的密相床部分分别称作气泡相和乳化相。气泡在上升途中因聚并和膨胀而增大，同时不断与乳相间进行着质量交换，即将反应组分传递到乳相中去，使在催化剂上进行反应，又将反应生成的产物传到气泡中来，所以气泡不仅是造成床层运动的动力，又是授受物质的储存库，它的行为自然就是影响反应结果的一个决定性因素了。

由于气体上升速度与乳化相速度不同，存在明显的速度差异，气泡在上升过程中必然会夹带气泡周围一定量的乳化相物质。气泡在上升时其尾部形成负压将吸入部分乳化相物质随其上升，这部分称尾涡；气泡上升时气泡外侧一定厚度的乳化相将随气泡一起上升，这部分被称为气泡云。尾涡与气泡云统称为气泡晕，它与原乳化相在运动方式上存在较大差异，因此在计算时作为单独的相予以考虑（图 5-27）。

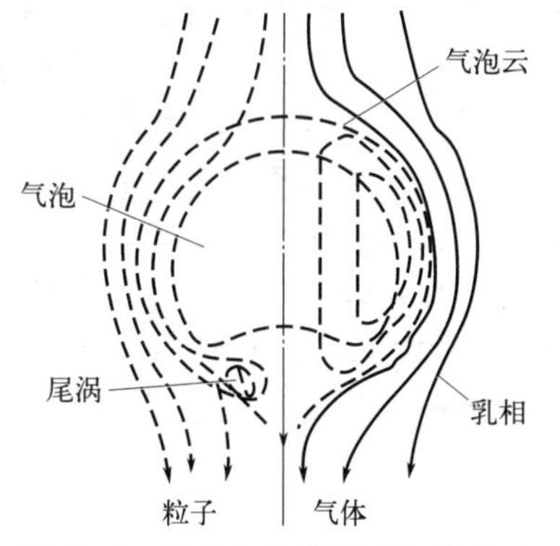

图 5-27 气泡及其周围的流线情况

二、流化床反应器的传质过程

流化床的传质是在流体与颗粒的接触中完成的，从而达到高效的传质和传热的目的，这正是流化床反应器的最突出的优点。因而流化床中的传质及传热也是最重要的问题。传质是以两相间的具体运动为基础的，影响因素众多，情况也十分复杂，目前只能从机理性假设出发，推导出传质系数，但往往只适用于有限的问题，对于实际情况仍靠实验数据及关联式加以解决。

流化床中的传质，一般认为包括颗粒与流体间的、床层与壁或浸泡物体间的传质以及相间传质。以下分别加以介绍。

对于流化床，一般是以整个床中的情况综合来计算的。表 5-1 为根据实验数据关联提出的一些无量纲关联式，在计算时可根据具体情况分别选用。

表 5-1 颗粒与流体间的传质系数

作者	关联式	适用情况
Froessling	$Sh=2+0.6Re^{1/2}Sc^{1/3}$ $Sh=k_d d_P y/D_g$ $Re=d_P\rho u_0/\mu$ $Sc=\mu/\rho D_g$	单颗圆球 y——惰性或非扩散组分的对数平均分率 u_0——相对速度 D_g——气体分子扩散系数
Fan,Yang,Wen	$Sh=2.0+1.5[(1-\varepsilon_f)Re]^{0.5}Sc^{0.33}$	液-固流化床 $5<Re<120,\varepsilon_f\leqslant 0.84$
Kato 等	当 $0.5\leqslant Re(d_P/L')^{0.6}\leqslant 80$ $Sh=0.43[Re(d_P/L')^{0.6}]^{0.97}Sc^{0.33}$ 当 $80\leqslant Re(d_P/L')^{0.6}\leqslant 1000$ $Sh=12.5[Re(d_P/L')^{0.6}]^{0.2}Sc^{0.33}$	气-固流化床 $L'=LX_s$,有效床高 X_s——起传质作用的固体分率(无惰性物质时 $X_s=1$)
Beek	当 $5<Re_P<500$ $\frac{k_d}{u_0}\varepsilon_f Sc^{2/3}=(0.81\pm 0.05)Re_P^{-0.5}$ 当 $50<Re_P<2000$ $\frac{k_d}{u_0}\varepsilon_f Sc^{2/3}=(0.6\pm 0.1)Re_P^{-0.43}$	液固流化床 $100<Sc<1000$ $0.43<\varepsilon_f<0.63$ 气-固及液-固流化床 $0.6<Sc<2000$ $0.43<\varepsilon_f<0.75$
Chu	当 $1<Re_P<30, j_d=5.7(Re_P)^{-0.78}$ 当 $30<Re_P<5000$ $j_d=1.77(Re_P)^{-0.44}$, $j_d=\frac{k_d}{u}Sc^{2/3}$	液-固及气-固流化床

1. 颗粒与流体间的传质

如前所述，气体进入床层后，部分通过乳化相流动，其余则以气泡形式通过床层。乳化相中的气体与颗粒接触良好，而气泡中的气体与颗粒接触较差，原因是气泡中几乎不含颗粒，气体与颗粒接触的主要区域集中在气泡与气泡晕的相界面和尾涡处。无论流化床用作反应器还是传质设备，颗粒与气体间的传质速率都将直接影响整个反应速率或总传质速率。所以，当流化床用作反应器或传质设备时，颗粒与流体间的传质系数 k_G 是一个重要的参数。我们可以通过传质速率来判断整个过程的控制步骤。关于传质系数，文献报道的经验公式很多，只在一定的范围内适用，使用时应注意适用条件。

2. 床层与浸没物体间的传质

此时的传质系数 k_s 的一个通用公式：

$$\frac{k_s}{u_0}\varepsilon_f Sc^{2/3}=C(Re)^{-m} \tag{5-18}$$

其中 $Re=\frac{d_P\rho u}{\mu(1-\varepsilon_f)}$。$\varepsilon_f$ 为床层空隙率。对于液-固流化床，在 $6<Re<200$，$0.45<\varepsilon_f<0.85$ 时，则 $C=1.2\pm0.1$，$m=0.52$；如在 $200<Re<2800$，$0.47<\varepsilon_f<0.9$ 时，则 $C=0.6\pm0.1$，$m=0.375$。对于气-固流化床来说，则有 $C=0.7$，$m=0$（适用范围 $300<Re<12000$，$0.5<\varepsilon_f<0.95$）。

当 $\varepsilon_f=0.6$ 左右时 k_s 的值达到最大，此时的表观气速 u_{max} 可以有如下公式计算：$C_D<10$，$u_{max}/u_{mf}=(5.0\pm0.5)C_D^{0.75}$；$C_D>10$，$u_{max}/u_{mf}=36$；式中 C_D 是单颗粒子的阻力系数，

对于不太细、不太轻的粒子，这一比值（u_{max}/u_{mf}）在3～5。

3. 气泡与乳化相间的传质

由于流化床反应器中的反应实际上是在乳化相中进行的，所以气泡与乳化相间的气体交换作用（也称相间传质）非常重要。相间传质速率与表面反应速率的快慢，对于选择合理的床型和操作参数都直接有关，图5-28是相间交换的示意图，从气泡经气泡晕到乳化相的传递是一个串联过程。以气泡的单位体积为基准，气泡与气泡晕之间的交换系数$(k_{bc})_b$、气泡晕与乳化相之间的交换系数$(k_{ce})_b$以及气泡与乳化相之间的总系数$(k_{be})_b$（均以s^{-1}为单位），气泡在经历dl（时间dτ）的距离内的交换速率（以组分A表示），用单位时间单位气泡体积所传递的组分A的物质的量来表示，即：

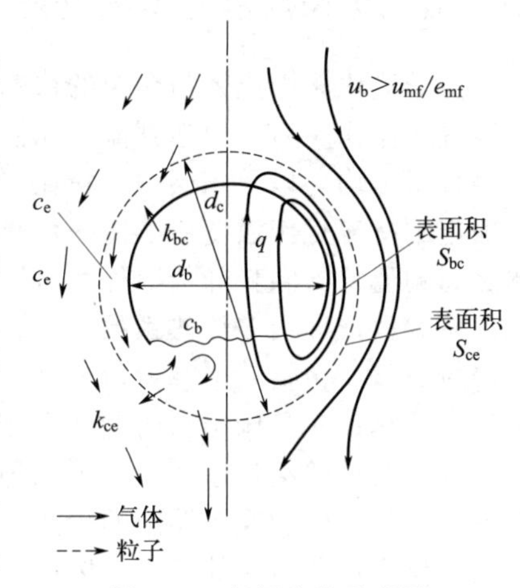

图5-28　相间交换示意图

$$-\frac{1}{V_b}\frac{dN_{Ab}}{d\tau}=-u_b\frac{dc_{Ab}}{dl}=(k_{be})_b(c_{Ab}-c_{Ac})$$

$$=(k_{bc})_b(c_{Ab}-c_{Ac})\approx(k_{ce})_b(c_{Ac}-c_{Ae}) \tag{5-19}$$

式中　N_{Ab}——组分A的物质的量，kmol；

V_b——气泡体积，m^3；

c_{Ab}，c_{Ac}，c_{Ae}——分别为气泡相、气泡晕、乳化相中反应组分A的浓度，$kmol/m^3$。

气体交换系数的含义是在单位时间内以单位气泡体积为基准所交换的气体体积。三者间的关系如下：

$$\frac{1}{(k_{be})_b}\approx\frac{1}{(k_{bc})_b}+\frac{1}{(k_{ce})_b} \tag{5-20}$$

对于一个气泡而言，单位时间内与外界交换的气体体积Q可认为等于穿过气泡的穿流量q及相间扩散量之和，即：

$$Q=q+\pi d_e^2 k_{bc} \tag{5-21}$$

式中$q=0.75u_{mf}\pi d_e^2$，而传质系数k_{bc}(cm/s)可由下式估算：

$$k_{bc}=0.975D^{1/2}(g/d_e)^{1/4} \tag{5-22}$$

式中，D为气体的扩散系数；d_e为气泡当量直径。将q的计算式和式(5-22)代入式(5-21)中可求得：

$$(k_{bc})_b=\frac{Q}{(\pi d_e^3/6)}=4.5\left(\frac{u_{mf}}{d_e}\right)+\left(5.85\frac{D^{1/2}g^{1/4}}{d_e^{5/4}}\right) \tag{5-23}$$

此外，$(k_{ce})_b$可由下式估算：

$$(k_{ce})_b=\frac{k_{ce}S_{bc}(d_c/d_e)^2}{V_b}\approx6.78\left(\frac{D_e\varepsilon_{mf}u_b}{d_e^3}\right)^{1/2} \tag{5-24}$$

式中S_{bc}是气泡与气泡晕的相界面积，单位为cm^2，D_e是气体在乳化相中的扩散系数，单位为cm^2/s。在目前还缺乏实测数据的情况下，可取$D_e=\varepsilon_{mf}D$到D之间的值。

需要指出的是，相关文献介绍的不同相间的交换系数及关联式，是根据不同的物理模型和不同的数据处理方法而得出的，引用时必须注意其适用条件。

三、流化床反应器的传热过程

由于流化床中流体与颗粒的快速循环，流化床具有传热效率高、床层温度均匀的优点。气体进入流化床后很快达到流化床温度，这是因为气固相接触面积大，颗粒循环速度高，颗粒混合得很均匀以及床层中颗粒比热容远比气体比热容高等原因。研究流化床传热主要是为了确定维持流化床温度所必需的传热面积。在一般情况下，自由流化床是等温的，粒子与流体之间的温差（除特殊情况外）可以忽略不计。流化床中传热的理论和实验研究很多，基于机理研究也推导很多传热系数公式，但也只能适用于有限定条件的情况。流化床中的传热，与传质类似，包括三个基本形式：一是颗粒与颗粒之间的传热；二是相间即气体与固体颗粒之间的传热；三是床层与内壁间和床层与浸没于床层中的换热器表面间的传热。在这三个形式中，前两种的给热速度要比第三种大得多，因此要提高整个流化床的传热速率，关键在于提高床层与器壁和换热器间的传热。下面着重讨论床层与器壁和换热器间的传热。流化床大多用于反应热负荷大的反应，床层中的大量热量仅靠器壁来传递是不能满足换热要求的，大多数情况下必须采用内换热器。

可用于流化床的内部换热器种类较多，比较典型的有如下几种（见图 5-29），每种换热器的结构特点不同，表现出的换热性能也有差异。

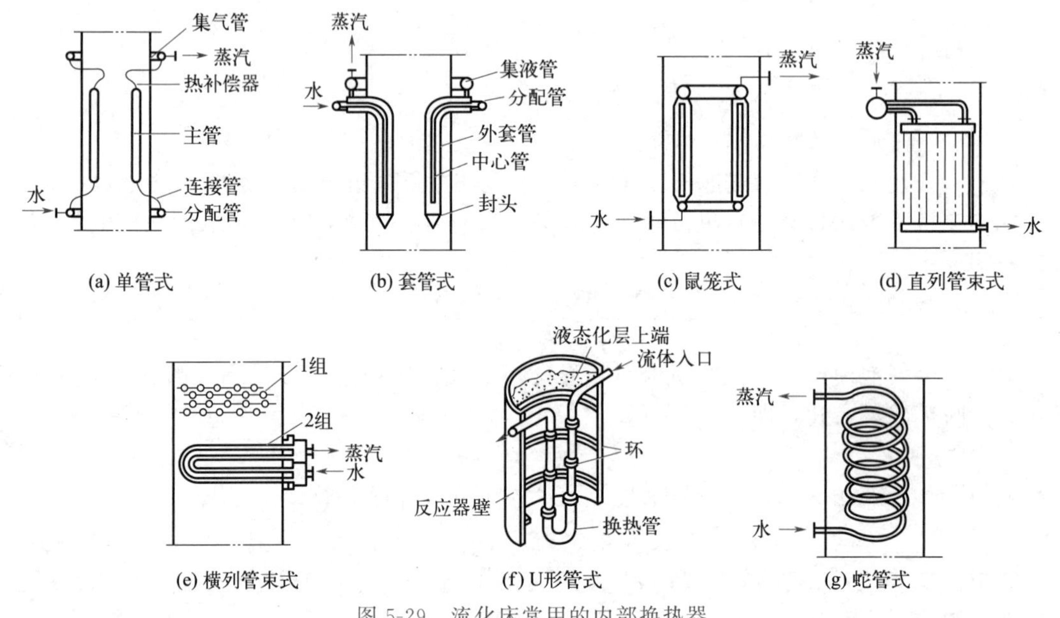

图 5-29　流化床常用的内部换热器

（1）列管式换热器是将换热管垂直放置在床层内密相或床面上稀相的区域中。常用的有单管式和套管式两种，根据传热面积的大小，排成一圈或几圈。

（2）鼠笼式换热器由多根直立支管与汇集横管焊接而成，这种换热器可以安排较大的传热面积，但焊缝较多。

（3）管束式换热器分直列和横列两种，但横列的管束式换热器常用于流化质量要求不高而换热量很大的场合，如沸腾燃烧锅炉等。U 形管式换热器是经常采用的种类，具有结构简单、不易变形和损坏、催化剂寿命长、温度控制十分平稳的优点。

（4）蛇管式换热器也具有结构简单，不存在热补偿问题的优点，但也存在同水平管束式换热器相类似的问题，即换热效果差，传热系数低，对床层流态化过程有干扰。

（一）床层对换热器壁传热系数的影响因素

流化床与换热器壁的传热系数 α_W 比空管及固定床中都要高，下面简要说明床层对换热器壁传热系数的影响因素。

1. 操作速度的影响

如图 5-30 所示。在起始流化速度以上，α_W 随气速的增加而增大到一个极大值，然后下降。极大值的存在可用固体颗粒在流化床中的浓度随流速增加而降低来解释。低速时，床层处于固定床阶段，传热系数随着气速的增大略有增大；当气速超过 u_{mf} 处于流化床操作阶段，气速越大，由于颗粒的运动越激烈，传热系数剧增；但随着气速进一步增大，床层膨胀加大，床层空隙率也相应增加，对床层与换热器的换热不利，所以此时传热系数减小。

2. 颗粒直径的影响

在操作气速接近的情况下，颗粒直径越小，床层与器壁传热系数越大。因为颗粒小，随着颗粒的运动换热表面与颗粒接触的概率就得到了增大。

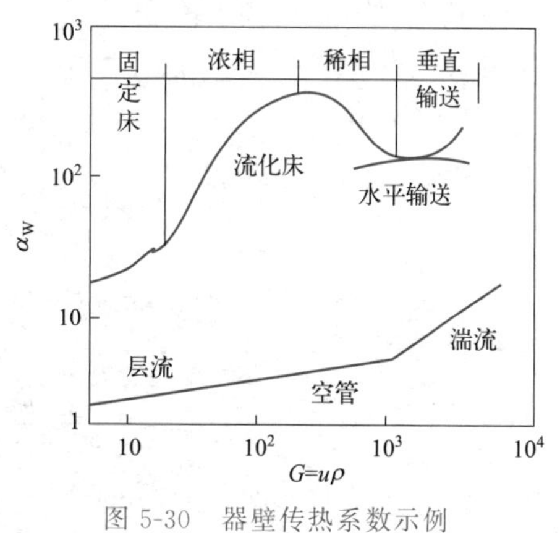

图 5-30　器壁传热系数示例

3. 换热器形状以及挡网、挡板的影响

因为上下排列的水平换热管对颗粒与中部管子的接触起了一定的阻碍作用，所以水平管的传热系数比垂直管的低，这就是流化床中尽可能少用水平管和斜管的主要原因。此外，管束排得过密或有横向挡板的存在，减弱了颗粒的湍动程度，对传热的影响复杂。加设挡网或挡板都会使颗粒的运动受阻而降低最大传热系数。但在气速较大时，挡板床的传热系数比自由床的要大。而分布板的结构如何也直接关系到气泡的大小和数量，因此对传热的影响也是显著的。

（二）流化床层对换热器壁传热系数的计算

流化床与换热表面间的传热是一个复杂过程，传热系数的关联式与流体和颗粒的性质、流动条件、床层与换热面的几何形状等因素有关。目前文献上介绍的流化床换热面的传热系数关联式的局限性很大，遇到实际情况仍需依靠实验数据和关联式来解决。

这里简要介绍流化床层对换热器壁传热系数的计算。

1. 直立换热管

当换热管是直立管时，床层与换热器间的传热系数可按下式计算（适用条件：$Re=\dfrac{d_P u_0 \rho_f}{\mu_f}=0.01\sim100$）：

$$\frac{\alpha_0 d_P}{\lambda_f}=0.00035c_R(1-\varepsilon_f)\left(\frac{c_f\rho_f}{\lambda_f}\right)^{0.43}\left(\frac{d_P u_0\rho_f}{\mu_f}\right)^{0.23}\left(\frac{c_s}{c_f}\right)^{0.8}\left(\frac{\rho_P}{\rho_f}\right)^{0.66} \tag{5-25}$$

式中　c_R——竖管距离床层中心的校正系数，可查图 5-31；

$\dfrac{c_f\rho_f}{\lambda_f}$——有量纲的物性数群，$s/m^2$；

λ_f——流体的热导率，J/(m·s·K)；

c_f——流体的比热容，J/(kg·K)；

c_s——固体颗粒的比热容，J/(kg·K)；

u_0——流化床的空床气速，m/s；

ε_f——流化床的空隙率；

α_0——床层与器壁间的传热系数，W/(m^2·K)。

2. 水平换热管

当 $Re=\frac{d_t u_0 \rho_f}{\mu_f}<2000$ 时，

$$\frac{\alpha_0 d_t}{\lambda_t}=0.66\left(\frac{c_f \mu_f}{\lambda_f}\right)^{0.3}\left[\left(\frac{d_t u_0 \rho_f}{\mu_f}\right)\left(\frac{\rho_P}{\rho_f}\right)\left(\frac{1-\varepsilon_f}{\varepsilon_f}\right)\right]^{0.44} \tag{5-26}$$

其中 d_t 为水平管外径，m；

当 $Re=\frac{d_t u_0 \rho_f}{\mu_f}>2500$ 时，

$$\frac{\alpha_0 d_t}{\lambda_f}=420\left(\frac{c_f \mu_f}{\lambda_f}\right)^{0.3}\left[\left(\frac{d_t u_0 \rho_f}{\mu_f}\right)\left(\frac{\rho_P}{\rho_f}\right)\left(\frac{\mu_f^2}{d_P^3 \rho_P^2 g}\right)\right]^{0.3} \tag{5-27}$$

当 $2000<Re<2500$ 时，取式(5-26) 和式(5-27) 的平均值。

3. 外壁面

$$\psi=\frac{(\alpha_0 d_P/\lambda_f)/[(1-\varepsilon_f)c_s \rho_P/c_f \rho_f]}{1+7.5\exp[-0.44(L_h/D)(c_f/c_s)]} \tag{5-28}$$

式中　L_h——换热面的长度，m；

D——流化床反应器的内径，m；

ψ——管壁传热系数，可查如图 5-32。

从流化床与换热器表面间传热的许多研究结果，可以得出各种参数对传热系数影响的定性规律。颗粒的热导率及床层高度对 α_0 没有多少影响；颗粒的比热容增大，α_0 也增大；粒径增大，α_0 降低；流体的热导率是 α_0 最主要的影响因素，α_0 与 λ^n 成正比，其中 $n=1/2\sim 2/3$；床层直径的影响较难判定；床内管子的管径小时 α_0 大，因为它上面的颗粒群更易于更替下来；管子的位置对 α_0 的影响不太大，主要应根据工艺上的要求而定，但如管束排列过密，则 α_0 降低；对水平管束来说，错列的影响更大些；横向挡板使可能达到的 α_0 的最大值降低而相应的气速却需要提高；分布板的开孔情况影响气泡的数量和尺寸，在气速小于最优值时，增加孔数和孔径将使外壁面的 α_0 值降低。

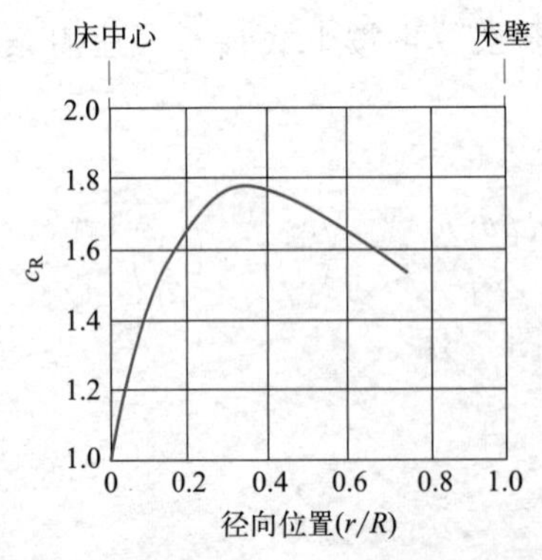

图 5-31　竖管距中心位置的校正系数

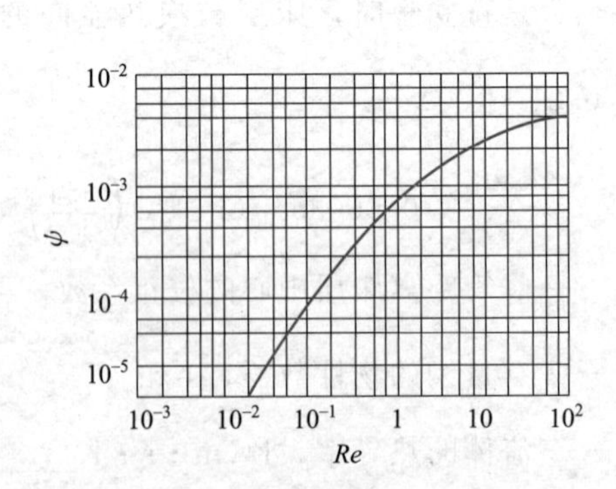

图 5-32　管壁传热系数关联图

【例 5-5】 一流化床内设置了水平管换热器，换热管直径 20mm，计算流化床层对换热管的传热系数。已知条件：$u_{mf}=0.013\text{m/s}$，$u_0=0.26\text{m/s}$，$\varepsilon_{mf}=0.45$，$\varepsilon_f=0.75$；颗粒 $d_p=1.55\times10^{-4}\text{m}$，$\rho_p=1600\text{kg/m}^3$　$c_{ps}=0.629\text{kJ/(kg·K)}$

气体 $\lambda_f=0.175\text{kJ/(m·h·K)}$，$\mu=0.09\text{kg/(m·h)}$，$\rho_g=0.8\text{kg/m}^3$，$c_f=1.13\text{kJ/(kg·K)}$。

解： 首先判断 Re 的范围

$$Re=\frac{d_{t0}\rho_g u_0}{\mu}=\frac{0.02\times0.8\times0.26\times3600}{0.09}=166<2000$$

可采用式(5-26) 计算，将已知条件代入有

$$\frac{\alpha_0 d_t}{\lambda_f}=0.66\times\left(\frac{1.13\times0.09}{0.175}\right)^{0.3}\times\left(166\times\frac{1600}{0.8}\times\frac{1-0.75}{0.75}\right)^{0.44}=92.94$$

$$\therefore \alpha_0=\frac{92.94\times0.175}{0.02}=813.2\text{kJ/(m}^2\text{·h·K)}$$

任务三　流化床反应器设计计算

进行工艺计算或选用流化床反应器时首先是选型，然后是确定床高、床径和内部构件尺寸，并计算压力降等。工业上应用的流化床反应器大多为圆筒形，因为它具有结构简单、制造方便、设备利用率高等优点。除了圆筒形外，还有许多其它结构型式的流化床。具体选型主要根据工艺过程的特点来考虑，包括化学反应的特点、颗粒或催化剂的性能、对产品的要求以及生产规模等。

流化床的床径与床高是工业流化床反应器的两个主要结构尺寸。对于工业中的化学反应，尤其是催化反应所用的流化装置，首先要用实验来确定主要反应的本征速率，然后才可选择反应器，结合传递效应建立数学模型。鉴于模型本身存在不确切性，因此还需要进行中间试验。这里就非催化气固流化床反应器的直径与床高的确定做简要介绍，有关催化流化床可查阅有关资料。

一、流化床反应器内径计算

当生产规模确定后，通过物料衡算得出通过床层的气体体积流量 q_v。根据反应要求的温度、压力和气固物性，确定操作气速 u_0，则有：

$$D_R=\sqrt{\frac{4q_v}{\pi u_0}} \tag{5-29}$$

式中　q_v——操作条件下的气体体积流量，m^3/h；

D_R——反应器直径，m；

u_0——操作空床气速，m/s。

为了尽量减少气体中带出的颗粒，一般流化床反应器上部设置扩大段，扩大段直径由不允许吹出粒子的最小颗粒直径来确定。首先根据物料的物性参数与操作条件计算出此颗粒的自由沉降速度，然后按下式计算出扩大段直径 D_d。

$$D_d=\sqrt{\frac{4q_v}{\pi u_t}} \tag{5-30}$$

式中 D_d——扩大段直径，m；

u_t——按照设计要求带出最小颗粒速度，m/s。

求出直径后，按照设备公称直径标准选择。

二、流化床反应器高度计算

一台完整的流化床反应器高度包括流化床浓相段高度 h_1、稀相段高度 h_2 和锥底高度 h_3。

1. 浓相段高度

对于一定的流化床直径和操作气速，必须有一定的静止床高，称为临界流化床高 L_{mf}。对于生产过程，可根据产量要求算出固体颗粒的进料量 W_s(kg/h)，然后根据要求的接触时间 τ(h)，求出固体物料在反应器内的装载量 M(kg)，继而求出临界流化床时的床高 L_{mf}。即：

$$M=W_s \cdot \tau$$

$$\tau=\frac{\frac{1}{4}\pi D_R^2 \cdot L_{mf} \cdot \rho_{mf}}{W_s}=\frac{\frac{1}{4}\pi D_R^2 \cdot L_{mf} \cdot \rho_P(1-\varepsilon_{mf})}{W_s}$$

$$L_{mf}=\frac{4W_s \cdot \tau}{\pi D_R^2 \cdot \rho_P(1-\varepsilon_{mf})} \tag{5-31}$$

知道了 L_{mf} 后，可根据床层膨胀比 R 求出流化床的床高 h_1。

床层的膨胀比定义为：

$$R=\frac{h_1}{L_{mf}}=\frac{1-\varepsilon_{mf}}{1-\varepsilon_f}=\frac{\rho_{mf}}{\rho_m}$$

其中 ρ_{mf} 和 ρ_m 分别为临界流化状态和实际操作条件下床层的平均密度。

$$\varepsilon_f=\left(\frac{u}{u_t}\right)^{\frac{1}{n}}$$

$$0<Re_{mf}<1\text{ 时，}\quad n=\left(4.35+17.5\frac{d_p}{D_R}\right)Re^{-0.03}$$

$$1<Re_{mf}<200\text{ 时，}\quad n=\left(4.45+18\frac{d_p}{D_R}\right)Re^{-0.1}$$

$$200<Re_{mf}<500\text{ 时，}\quad n=4.45Re^{-0.1}$$

$$500<Re_{mf}\text{ 时，}\quad n=2.39$$

则：

$$h_1=RL_{mf} \tag{5-32}$$

2. 稀相段高度

稀相段包括扩大段和分离段。具有扩大段的流化床反应器，通常将内旋风分离器或过滤管设置在扩大段中，因此这一段的高度须视粉尘回收装置的尺寸以及安装和检修的方便来决定。实际操作中的设备多选取扩大段高度 h_2'' 与反应器直径 D_R 大约相等的办法。有时还可不设扩大段，分离段上方只留有安装旋风分离器的空间。

分离高度 h_2' 的确定。所谓分离高度是指在床层上面空间有这样一段高度，这段高度中，气流内夹带的颗粒浓度随高度而变，而在超过这一高度后，颗粒浓度才趋于一定值而不再减小。即从床层面算起至气流中颗粒夹带量接近正常值处的高度。它是流化床反应器计算中的一个重要参数，所以许多人对此进行了研究。

如 Horio 提出的关联式

$$h_2'/D_R=(2.7D_R^{-0.36}-0.7)\exp(0.74uD_R^{-0.23}) \tag{5-33}$$

谢裕生等提出的关联式

$$h_2'=(63.5/\eta)\sqrt{d_e/g} \tag{5-34}$$

式中，$\eta=4.5\%$；d_e 为气泡当量直径，m。

尽管对 h_2' 的研究很多，但由于实验设备的结构、规模及实验条件的差异，使有些研究结果相差甚远，有些与生产实际也相差甚远，至今尚无公认的可靠方法，一般用经验关联式或关联图获取。

3. 锥底高度

锥底高度 h_3，一般根据锥角计算，锥角可取60°或90°，据式(5-35) 计算：

$$h_3=\frac{D_R}{2\tan\frac{\theta}{2}} \tag{5-35}$$

式中　D_R——反应器直径，m；

　　θ——锥角，(°)。

【例 5-6】 有一流化床催化反应过程，催化剂颗粒 $d_p=1.92\times10^{-4}$m，催化剂颗粒密度 $\rho_p=1120\text{kg/m}^3$，气体密度 $\rho=1.10\text{kg/m}^3$，气体黏度 $\mu=0.0302\text{mPa}\cdot\text{s}$。操作气速取0.12m/s，催化剂装填高度 $L_{mf}=0.2$m，气体流量为 $122\text{m}^3/\text{h}$，若催化剂颗粒带出速度为0.2956m/s，$\varepsilon_{mf}=0.5$，试估算流化床内径以及浓相段、稀相段床高。

解：(1) 计算流化床内径

$$D_R=\sqrt{\frac{4q_v}{\pi u}}=\sqrt{\frac{4\times\frac{122}{3600}}{0.12\pi}}=0.6(\text{m})$$

(2) 计算流化床浓相段床高

$$R=\frac{L_f}{L_{mf}}=\frac{1-\varepsilon_{mf}}{1-\varepsilon_f}$$

$$\varepsilon_f=\left(\frac{u}{u_t}\right)^{1/n}$$

确定雷诺数：

$$Re_{mf}=\frac{1.92\times10^{-4}\times0.12\times1.1}{3.02\times10^{-5}}=0.8392$$

当 $0.2<Re_{mf}<1$ 时，$n=\left(4.35+17.5\dfrac{d_p}{D_R}\right)Re^{-0.03}$

现将数据代入

$$n=\left(4.35+17.5\times\frac{1.92\times10^{-4}}{0.6}\right)\times0.8392^{-0.03}=4.379$$

$$\varepsilon_f=\left(\frac{0.12}{0.2956}\right)^{1/4.379}=0.8139$$

$$R=\frac{1-0.5}{1-0.8139}=2.687$$

$$h_1=RL_{mf}=2.687\times0.2\text{m}=0.5374\text{m}$$

(3) 计算流化床稀相段床高

扩大段高度

$$h_2''=D_R=0.6\text{m}$$

分离段高度

$$h_2' = (2.7D_R^{-0.36} - 0.7)\exp(0.74uD_R^{-0.23})D_R$$
$$= (2.7\times0.6^{-0.36} - 0.7)\exp(0.74\times0.2956\times0.6^{-0.23})\times0.6$$
$$= 1.95(\mathrm{m})$$

稀相段总高度

$$h_2 = h_2' + h_2'' = 1.95 + 0.6 = 2.55(\mathrm{m})$$

三、流化床分布板压降

流化床反应器的压力降主要包括气体分布板压力降、流化床压力降和分离设备压力降。其中流化床压力降的计算已在前面讨论过，此处只简单介绍分布板的压力降计算。

（一）分布板的压力降

设计分布板时，主要是确定分布板的压降和开孔率。流体通过分布板的压降可用床内表观速度的速度头倍数来表示：

$$\Delta P_D = 9.807\times C_D\frac{u^2\rho_f}{2\varphi^2 g} \tag{5-36}$$

式中 ΔP_D——分布板压降，Pa；

φ——开孔率；

C_D——阻力系数，其值在 1.5～2.5 之间，对于锥帽侧缝式分布板，取 2.0。

（二）分布板的临界压力降

分布板通过对流体流过设置一定的阻力或压降，并且这种阻力大于气体流股沿整个床截面重排的阻力，起到破坏流股而均匀分布气体的作用。或者说只有当分布板的阻力大到足以克服聚式流态化原生不稳定性的恶性引发时，分布板才有可能将已经建立的良好起始流态化条件稳定下来。因此在其它条件相同的情况下，增大分布板的压降能起到改善气体分布和增加稳定性的作用。但是压降过大将无谓地消耗动力，这样就引出了分布板临界压降的概念。

临界压降是指分布板能起到均匀布气并具有良好稳定性的最小压降，它与分布板下面的气体引入及分布板上的床层状况有关。应当指出，均匀分布气体和良好稳定性这两点，对分布板临界压降的要求是不一样的。前者是由分布板下面的气体引入状况所决定，后者由流态化床层所决定。分布板均匀分布气体是流化床具有良好稳定性的前提，否则就根本谈不上流化床会有良好的稳定性。但是分布板即使具备了均匀分布气体的条件，流化床也不一定稳定下来。这两者既有联系，又有区别。因此将分布板的临界压降区分为分布气体临界压降和稳定性临界压降两种。在设计计算中，分布板的压降应该大于或等于这两个临界压降。

1. 布气临界压降

上面提到布气临界压降与分布板下的气体流型有关，因此会因预分布器的不同而变化。一般来说，有预分布器时，布气临界压降会适当降低。

王尊孝等测定了直径为 0.5～1.0m 不同开孔率的多孔板（空床层）的径向速度分布，发现多孔板径向速率分布仅与分布板开孔率有关，与气流速度无关。当开孔率小于 1%时，径向速率分布趋于均匀，其布气临界压降 $(\Delta P_D)_{dc}$ 的关联式为：

$$(\Delta P_D)_{dc} = 18000\frac{\rho_f u^2}{2g} \tag{5-37}$$

2. 稳定性临界压降

稳定性临界压降由流化床的状态所决定，随床层的变化而变化。为此，稳定性临界压降通常用床层压降的分率来表示。

郭慕孙将流化床的不稳定性分为原生不稳定性与次生不稳定性。前者与流化床内流体与固体特性有关，后者与设备结构有关，特别与分布板的设计关系很大，并提出了分布板操作稳定与否的一个判别准则，就是分布板压降的大小。郭将分布板分为低压降与高压降分布板，相应这两种分布板的流化床总压降$\sum\Delta P$随流速变化的趋势如图 5-33 所示。图中ABC曲线为低压降分布板的特性，$A'B'C'$曲线为高压降分布板的特性。图 5-34 为低压降分布板的流速分解示意图。图中$\sum\Delta P=\Delta P_D+\Delta P_B$，其中$\Delta P_D$和$\Delta P_B$分别为气体通过分布板和床层的压降。

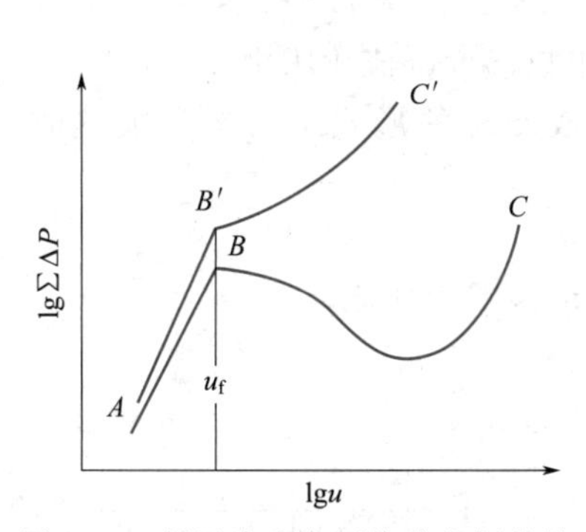

图 5-33 低压降和高压降分布板特性

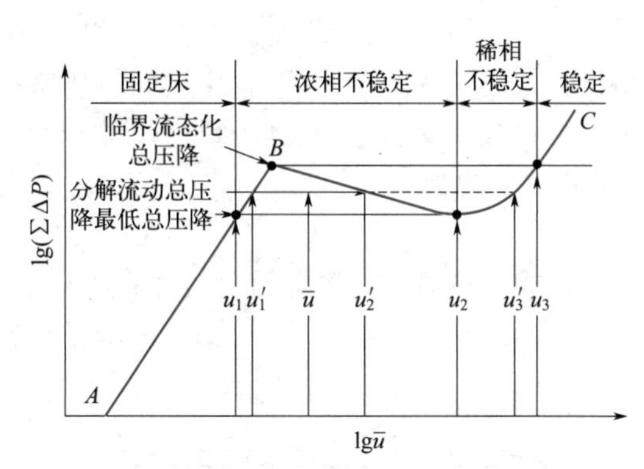

图 5-34 低压降分布板的流速分解示意图

低压降分布板在操作上是不稳定的。从图 5-34 可以看出，当气体以平均速度$\bar{u}>u_{mf}$流过系统时，若分布均匀，则应产生一个总压降$\sum\Delta P$，它沿着图中的曲线ABC变化，但因为分布板的压降低，所以当$\bar{u}>u_1$以后，流体可能分解为二部分流动。一部分以$u_1'<\bar{u}<u$的速度流过固定床部分，其余以$u_2'>\bar{u}>u$的流速流过流化床，二者产生相同的压降$\sum\Delta P_{min}$。换言之，当$\bar{u}>u_1$以后，一条表示等压降的水平线可与曲线有两个对应的流速交点，且分解流动所产生的总压降低于均匀流动的总压降$\sum\Delta P$，所以这样的系统是不稳定的。平均流速超过u_2以后，流速仍可能分解，直至$\bar{u}>u_3$以后，床层才进入稳定流态化。

高压降分布板不会出现不稳定现象，其特性曲线u与$\sum\Delta P$单值对应，系统总压降始终上升，但过分增大分布板的压降是不经济的。

四、流化床反应器内部构件的计算

（一）换热器换热面积的计算

流化床内换热器的传热面积计算与一般的换热器相同，传热过程的计算公式如下：

$$Q=KA\Delta t_m \longrightarrow A=\frac{Q}{K\Delta t_m}$$

$$K=\frac{1}{\dfrac{1}{\alpha_0}+\dfrac{\delta_w}{\lambda_w}+\dfrac{\delta_G}{\lambda_G}+\dfrac{1}{\alpha_i}} \tag{5-38}$$

式中 Q——传热速率，kW/(K·m²·s)；

A——传热面积，m²；

Δt_m——对数平均温差，K；

α_0——床层对管壁的传热系数，kJ/(m²·s·K)；

α_i——管内流体的传热系数，kJ/(m^2·s·K)。

其中，管内流体的传热系数 α_i 可用化学工程的一般方法求得或参考相关工程数据手册，污垢层热阻是指换热器内侧的污垢，由于床层一侧的壁面不断受到固体颗粒的冲刷，因此在此污垢热阻很小，一般不考虑。

流化床中的换热器均安装在远离分布板的床层等温区内，其平均温差在一般情况下可用一般传热计算中常用的对数平均温差，即：

$$\Delta t_m = \frac{\Delta t_1 - \Delta t_2}{\ln\dfrac{\Delta t_1}{\Delta t_2}} = \frac{(T_1 - t_1) - (T_2 - t_2)}{\ln\dfrac{T_1 - t_1}{T_2 - t_2}} = \frac{t_2 - t_1}{\ln\dfrac{T - t_1}{T - t_2}} \tag{5-39}$$

式中，T_1、T_2、t_1、t_2 分别指床层和换热器进出口温度，流化床中 $T_1 = T_2$。

对于列管式或夹套式换热器，管内流体以气化或冷凝的形式进行等温换热时，则有 $t_1 = t_2$，上式可简化为：

$$\Delta t_m = T - t \tag{5-40}$$

对于套管式换热器，其平均温差的计算较复杂，可按下式计算：

$$\Delta t_m = \Delta t_D (t_2 - t_1) \tag{5-41}$$

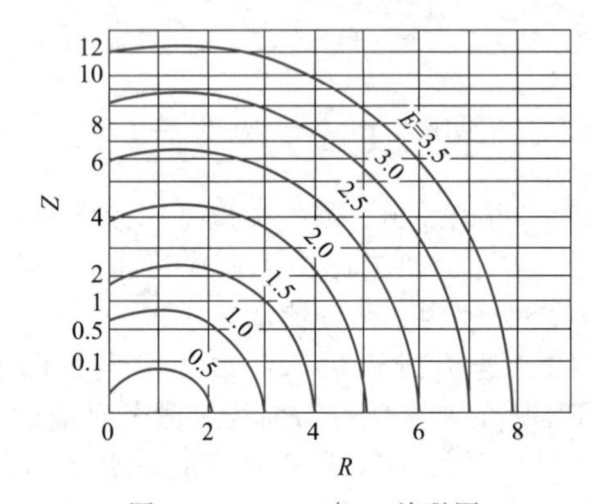

图 5-35 R、Z 与 E 关联图

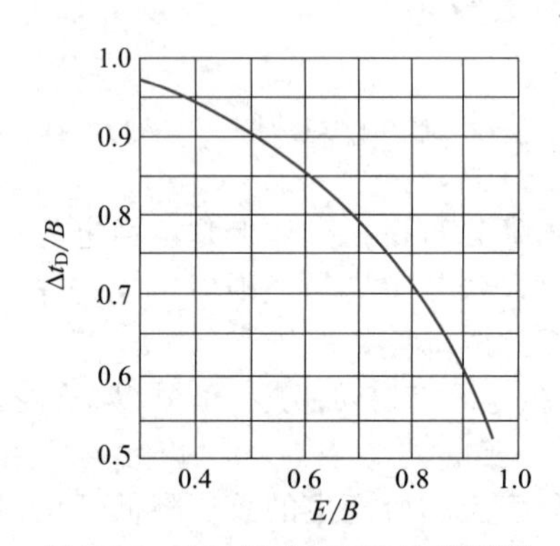

图 5-36 $\Delta t_D/B$ 与 E/B 的关联图

其中，Δt_D 的计算步骤如下：

（1）计算 B 值：$B = \frac{1}{2}\left[\frac{(T_1 + T_2) - (t_1 + t_2)}{t_2 - t_1}\right]$，流化床中 $T_1 = T_2$，所以有

$$B = \frac{1}{2}\left(\frac{2T - t_1 - t_2}{t_2 - t_1}\right); \tag{5-42}$$

（2）计算 R 值：

$$R = \frac{T_2 - T_1}{t_2 - t_1} \tag{5-43}$$

（3）计算 Z 值：

$$Z = \frac{\alpha_i d_i}{\alpha_o d_o} \tag{5-44}$$

（4）由 R、Z 值查图 5-35，查出 E；

（5）由 $\frac{E}{B}$ 值查图 5-36，得到 $\Delta t_D/B$；

（6）计算 Δt_D 的值。

（二）分布板的计算

分布板的作用是保证良好的流态化状态，但必须要对气体产生一定的阻力，只有这个阻力大于气体通过分布板后沿整个床层重新组合的阻力，分布板才能起到均匀布气的作用。而此阻力即分布板的压力降，主要是由开孔率即分布板开孔面积与分布板面积之比来决定的。因此开孔率成为分布板的重要参数。增大分布板压力降或减小开孔率，可改善布气和温度性能的作用，但压力降过大或开孔率过小，将无谓消耗动力，这在技术和经济上是不合理的，因此便有了临界压降和临界开孔率的概念。

分布板临界压降是分布板能起到均匀布气并且具有良好稳定性的最小压力降，对应的开孔率即为临界开孔率。需要指出的是分布板临界压降可分为两种：布气临界压降和稳定性临界压降，第一种是均匀布气所需要的，由气体引入状况决定，而后者是使已建立好的均匀布气得以继续保持所需要的，由流化床层决定。因而与此相对应，临界开孔率有所谓分布板临界开孔率和稳定性临界开孔率的区分。

1. 临界开孔率

在有气体预分布器的情况下，可使得临界开孔率由1%提高到1.6%，而在无气体预分布器时，研究者发现，气体的径向速度分布与气体流速无关而仅与分布板的开孔率有关。当开孔率≤1%时，径向速度分布趋于均匀，因此可以看出，在气体无预分布的情况下，进气管径与床径比在1/4到1/5之间、分布板下面进气箱锥角大约为90°，气流直冲的情况下，分布板的临界开孔率为1%左右。

除此之外，也有研究工作者提出用以下经验公式求得临界开孔率：

$$\alpha_{dc}=0.1\left(\frac{u_0}{u_1}\right)\sqrt{\varepsilon}=0.1\left(\frac{d_1}{d_t}\right)\sqrt{\varepsilon} \tag{5-45}$$

式中　α_{dc}——分布板布气临界开孔率；

u_1——气体在进口管中的速度，m/s；

ε——分布板的阻力系数，一般在1.5～2.5之间；

d_1——气体进口管径，m；

d_t——流化床床径，m。

实验证明，一般实际采用的值要比按上式计算的数值要大一些。

2. 稳定性临界开孔率

稳定性临界压降或稳定性临界开孔率与流化床的状态有关，稳定性临界压降通常可借助床层压降来表示，稳定性临界开孔率是与稳定性临界压降相对应的分布板开孔率。曾有研究机构归纳得到的分布板稳定性临界压降和开孔率的关联式如下：

$$\left(\frac{\Delta p_d}{\Delta p}\right)_{sc}=\frac{1}{2\left(\frac{u_0}{u_{mf}}\right)^2}$$

则

$$\alpha_{sc}=u_0\left(\frac{u_0}{u_{mf}}\right)\sqrt{\frac{\varepsilon\rho_g}{L_{mf}(1-\varepsilon_{mf})\rho_s g}\times\frac{273+t_d}{273+t_f}} \tag{5-46}$$

式中　Δp_d——分布板压降，Pa；

Δp——床层压降，Pa；

$\left(\frac{\Delta p_d}{\Delta p}\right)_{sc}$——分布板稳定性临界压降比；

α_{sc}——分布板稳定性临界开孔率；

t_d——进气口气体温度，℃；

t_f——床层平均温度，℃。

实际采用的分布板的压降或开孔率是由这两种临界压降或开孔率决定的，在布气临界压降和稳定性临界压降中，哪个数值大就取其作为分布板的压降的依据。开孔率恰好相反，哪个数值小，就取其作为决定分布板开孔率的依据。

（三）旋风分离器尺寸的计算

目前，我国化工常用的旋风分离器型号、结构及尺寸参见表 5-2，符号标注如图 5-37。

表 5-2 各自型号旋风分离器结构特性表

序号	型号	进口尺寸			排气管尺寸		器身尺寸		
		h/a	a/D	h_1/D	$A/(h+h_1)$	d_1/D	L_1/D	L_2/D	d_2/D
1	涡旋型	1.15	0.35	0	1.15	0.4	0.9	1.9	0.15～0.25
2	DF 型	3.1	0.27	0.35	0.45	0.575	1.25	2.8	0.23
3	C 型	3.1	0.27	0.735	0.75	0.575	1.8	2.8	0.23
4	C 型	3.0	0.28	0.35	0.83	0.60	1.31	3.16	0.24

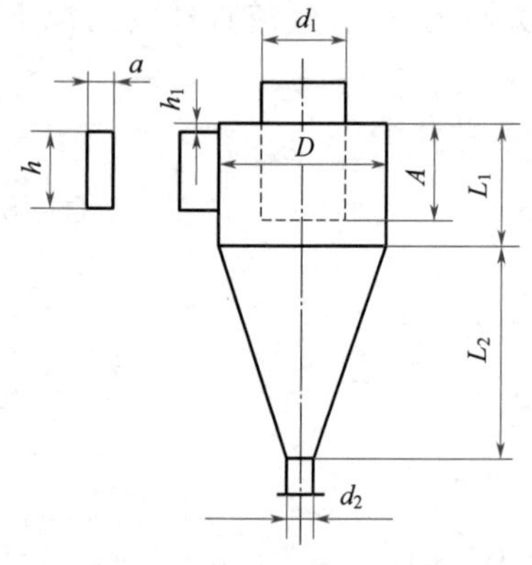

图 5-37 旋风分离器尺寸图

旋风分离器结构尺寸的确定，首先根据生产工艺的要求选择适宜的型号，一般来说，短粗的旋风分离器除尘效率低、流体阻力较小，适用于风量大、阻力低和低净化率的要求，细长的旋风分离器除尘效率高，但阻力大。型号选定后，就可以按照流化床稀相段或扩大段的气体流量选择进口气速 u_g，按下式求得旋风分离器的进口面积：

$$ah=\frac{q_v}{u_g} \tag{5-47}$$

每种型号的旋风分离器的进口高度和宽度都有一定的比例，其他部位的尺寸又与进口高度的宽度呈一定的比例，因此就可以确定出各部分的尺寸了。然后，要校验中央排气口的气速，应该在 3.0～8.0m/s，如果不在此范围，再作适当调整，重新确定结构尺寸，直到满足要求。

五、流化床数学模型

流化床中颗粒与流体的流动是流化床基本的物理现象，也是流化床工艺计算的重要基础。但是作为流化床反应器，工艺计算中最重要的是确定化学反应的转化率和选择性。因此，需要建立合适的数学模型，流化床反应器的数学模型很多，可以归纳为以下几类：两相模型（气相-乳化相、上流相-下流相、气泡相-乳化相）；三相模型（气泡相-上流相-下流相、气泡相-气泡晕-乳化相）；四区模型（气泡区-泡晕区-乳相上流区-乳相下流区），其中研究较多的是两相模型及鼓泡床模型。

1. 两相模型

两相模型的基本思想是把流化床分成气泡相和乳化相，分别研究这两个相中的流动和传递规律，以及流体与颗粒在相间的交换。对于气、乳两相的流动模式则一般认为气相为置换流，而对乳化相则有种种不同的处理，如置换流、全混流、部分返混、环流或对其流动模式不加考虑等。也可根据模型考虑的深度分成三种级别：第Ⅰ级模型指各参数均作为恒值，不随床高而变，也与气泡状况无关；第Ⅱ级模型指各参数均为恒值，不随床高而变，但与气泡大小有关，用一当量气泡直径作为模型的可调参数；第Ⅲ级模型是指各参数均与气泡大小有关，而气泡大小则沿床高而变，一般都是等温的鼓泡床模型，对于更复杂的情况目前能处理的还不多。

图 5-38 是两相模型示意图。建立两相模型有下列几个假设：①气体以 u_0 进入床层后，在乳化相中的速度等于起始流化速度 u_{mf}，而在气泡相中的速度则为 u_0-u_{mf}；②从静止床高度 L_0 增至流化床的高度 L_f，是由于气泡总体积增加的结果；③气泡相中不含颗粒，且呈平推流向上移动，在不含催化剂颗粒的气泡中，不发生催化反应；④乳化相中包含全部催化剂颗粒，化学反应只能在乳化相中进行；⑤乳化相的流动为平推流或全混流，与流化床处于鼓泡床、湍流床或高速流化床等状态有关；⑥乳化相与气泡相间的交换是由于气体的穿流和通过界面的传质。

如图 5-38 所示，设气体进入流化床时的浓度为 c_{A0}，在床层顶部气泡相中的浓度为 $c_{Ab,L}$，在床层顶部乳化相中的浓度为 $c_{Ae,L}$，两者按流量比例汇合成浓度 c_{AL}。

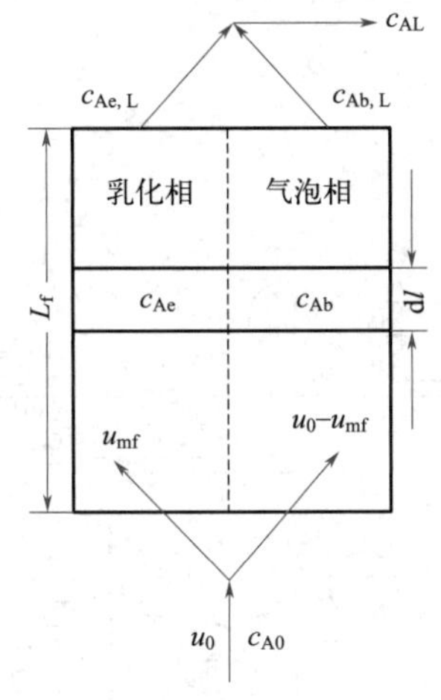

图 5-38　两相模型示意图

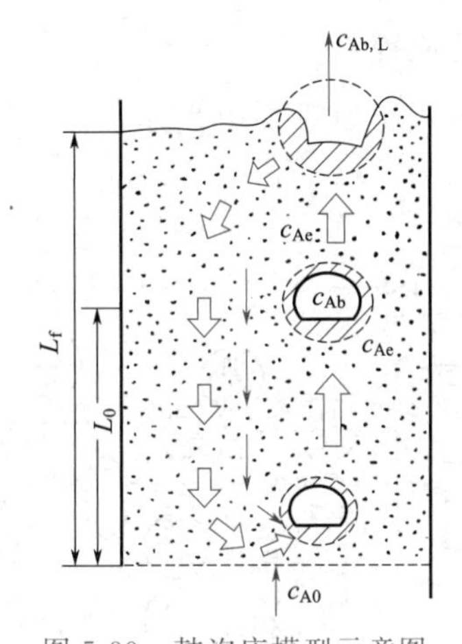

图 5-39　鼓泡床模型示意图

2. 鼓泡床模型

鼓泡床模型的示意图如图 5-39 所示，它用于剧烈鼓泡、充分流化的流化床。床层中腾涌及沟流现象极少出现，相当于 $u/u_{mf}>6\sim11$ 时，乳化相中气体全部下流的情况，工业上的实际操作大多属于这种情况。

鼓泡床模型有下列基本假设：①床层分为气泡区、泡晕及乳化相三个区域，在这些相间产生气体交换，这些气体交换过程是串联的；②乳化相处于临界流化状态，超过起始流化速度所需要的那部分气量以气泡的形式通过床层；③气泡的长大与合并主要发生在分布板附近的区域，因而假设在整个床层内气泡的大小是均匀的，认为气泡尺寸是决定床内情况的一个关键因素。这个气泡尺寸不一定就是实际的尺寸，因而称它为气泡有效直径；④只要气体流速大于起始流化速度的两倍，即 $u>2u_{mf}$，床层鼓泡剧烈的条件便可满足，气泡内基本上不含固体颗粒；⑤乳化相中的气体可能向上流动，也可能向下流动，当 $u/u_{mf}>6\sim11$ 时，乳化相中的气体从上流转为下流，虽然流向有所不同，但这部分的气量与气泡相相比甚小，对转化率的影响可忽略，此时，离开床层的气体组成等于床层顶部处的气体组成，这样不必考虑乳化相中的情况，只需计算气泡中的气体组成便可计算反应的转化率。

任务四　流化床反应器仿真操作

本培训单元以采用 HIMONT 工艺本体聚合生产高抗冲击共聚物的装置（流化床反应器）为例来说明非催化流化床反应器的操作。

（一）生产原理

乙烯，丙烯以及反应混合气在温度为 70°，压力为 1.35MPa 下，通过具有剩余活性的干均聚物（聚丙烯）的引发，在流化床反应器内进行反应，同时加入氢气以改善共聚物的本征黏度，就可生成高抗冲击共聚物。

主要原料：乙烯，丙烯，具有剩余活性的干均聚物（聚丙烯），氢气。

反应方程式：$nC_2H_4 + nC_3H_6 \longrightarrow [C_2H_4—C_3H_6]n$

主产物：高抗冲击共聚物（具有乙烯和丙烯单体的共聚物）。无副产物。

（二）工艺流程

生产工艺流程图如图 5-40 所示。

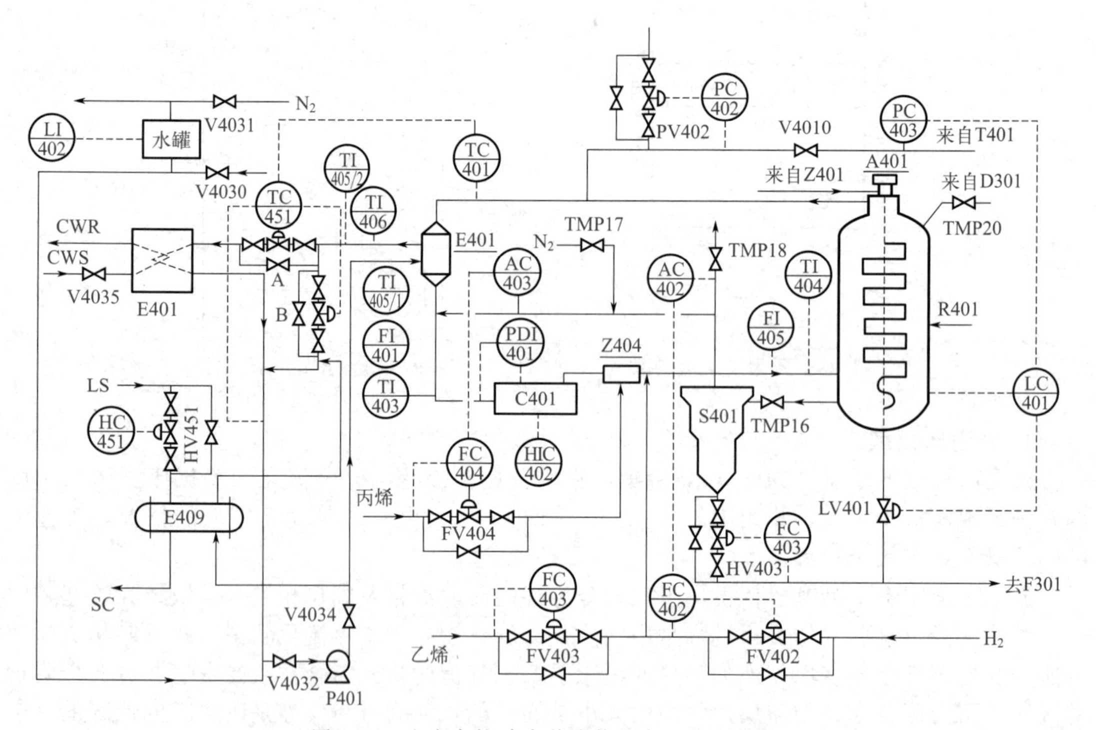

图 5-40　生产高抗冲击共聚物生产工艺流程图

R401—反应器；S401—旋风分离器；P401—泵；E409—夹套式换热器；E401—冷却器；C401—循环压缩机；A401—刮刀

聚合物从顶部进入流化床反应器，落在流化床的床层上。流化气体（反应单体）通过一个特殊设计的栅板进入反应器。由反应器底部出口管路上的控制阀来维持聚合物的料位。聚合物料位决定了停留时间，从而决定了聚合反应的程度，为了避免过度聚合的鳞片状产物堆积在反应器壁上，反应器内配置一转速较慢的刮刀，以使反应器壁保持干净。栅板下部夹带的聚合物细末，用一台小型旋风分离器S401除去，并送到下游的袋式过滤器中。所有未反应的单体循环返回到流化压缩机的吸入口。

来自乙烯汽提塔顶部的回收气相与气相反应器出口的循环单体汇合，而补充的氢气、乙烯和丙烯加入压缩机排出口。

循环气体用工业色谱仪进行分析，调节氢气和丙烯的补充量。然后调节补充的丙烯进料量以保证反应器的进料气体满足工艺要求的组成。

用脱盐水作为冷却介质，用一台立式列管式换热器将聚合反应热撤出。该热交换器位于循环气体压缩机之前。注：共聚物的反应压力约为1.4MPa（表），温度为70℃，注意，该系统压力位于闪蒸罐压力和袋式过滤器压力之间，从而在整个聚合物管路中形成一定压力梯度，以避免容器间物料的返混并使聚合物向前流动。

（三）冷态开车与控制

1. 开车准备

准备工作包括：系统中用氮气充压，循环加热氮气，随后用乙烯对系统进行置换（按照实际正常的操作，用乙烯置换系统要进行两次，考虑到时间关系，只进行一次）。这一过程完成之后，系统将准备开车。

（1）系统氮气充压加热

① 充氮：打开充氮阀，用氮气给反应器系统充压，当系统压力达0.7MPa（表）时，关闭充氮阀。

② 当氮充压至0.1MPa（表）时，按照正确的操作规程，启动C401共聚循环气体压缩机，将导流叶片（HIC402）定在40%。

③ 环管充液：启动压缩机后，开进水阀V4030，给水罐充液，开氮封阀V4031。

④ 当水罐液位大于10%时，开泵P401入口阀V4032，启动泵P401，调节泵出口阀V4034至60%开度。

⑤ 手动开低压蒸汽阀HC451，启动换热器E409，加热循环氮气。

⑥ 打开循环水阀V4035。

⑦ 当循环氮气温度达到70℃时，TC451投自动，调节其设定值，维持氮气温度TC401在70℃左右。

（2）氮气循环

① 当反应系统压力达0.7MPa时，关充氮阀。

② 在不停压缩机的情况下，用PIC402和排放阀给反应系统泄压至0.0MPa（表）。

③ 在充氮泄压操作中，不断调节TC451设定值，维持TC401温度在70℃左右。

（3）乙烯充压

① 当系统压力降至0.0MPa（表）时，关闭排放阀。

② 由FC403开始乙烯进料，乙烯进料量设定在567.0kg/h时投自动调节，乙烯使系统压力充至0.25MPa（表）。

2. 干态运行开车

本规程旨在聚合物进入之前，共聚反应系统具备合适的单体浓度，另外通过该步骤也可以在实际工艺条件下，预先对仪表进行操作和调节。

（1）反应进料

① 当乙烯充压至0.25MPa（表）时，启动氢气的进料阀FC402，氢气进料设定在0.102kg/h，FC402投自动控制。

② 当系统压力升至0.5MPa（表）时，启动丙烯进料阀FC404，丙烯进料设定在

400kg/h，FC404 投自动控制。

③ 打开自乙烯汽提塔来的进料阀 V4010。

④ 当系统压力升至 0.8MPa（表）时，打开旋风分离器 S401 底部阀 HC403 至 20%开度，维持系统压力缓慢上升。

（2）准备接收 D301 来的均聚物

① 当 AC402 和 AC403 平稳后，调节 HC403 开度至 25%。

② 启动共聚反应器的刮刀，准备接收从闪蒸罐（D301）来的均聚物。

3. 共聚反应物的开车

（1）确认系统温度 TC451 维持在 70 度左右。

（2）当系统压力升至 1.2MPa（表）时，开大 HC403 开度在 40%和 LV401 在 10%～15%，以维持流态化。

（3）打开来自 D301 的聚合物进料阀。

（4）停低压加热蒸汽，关闭 HV451。

4. 稳定状态的过渡

（1）反应器的液位

① 随着 R401 料位的增加，系统温度将升高，及时降低 TC451 的设定值，不断取走反应热，维持 TC401 温度在 70℃左右。

② 调节反应系统压力在 1.35MPa（表）时，PC402 自动控制。

③ 当液位达到 60%时，将 LC401 设置投自动。

④ 随系统压力的增加，料位将缓慢下降，PC402 调节阀自动开大，为了维持系统压力在 1.35MPa，缓慢提高 PC402 的设定值至 1.40MPa（表）。

⑤ 当 LC401 在 60%投自动控制后，调节 TC451 的设定值，待 TC401 稳定在 70℃左右时，TC401 与 TC451 串级控制。

（2）反应器压力和气相组成控制

① 压力和组成趋于稳定时，将 LC401 和 PC403 投串级。

② FC404 和 AC403 串级联结。

③ FC402 和 AC402 串级联结。

（四）正常工艺过程控制

熟悉工艺流程，维护各工艺参数稳定；密切注意各工艺参数的变化情况，发现突发事故时，应先分析事故原因，并做及时正确的处理。

正常工况工艺参数如下：

FC402：调节氢气进料量（与 AC402 串级） 正常值：0.35kg/h

FC403：单回路调节乙烯进料量 正常值：567.0kg/h

FC404：调节丙烯进料量（与 AC403 串级） 正常值：400.0kg/h

PC402：单回路调节系统压力 正常值：1.4MPa

PC403：主回路调节系统压力 正常值：1.35MPa

LC401：反应器料位（与 PC403 串级） 正常值：60%

TC401：主回路调节循环气体温度 正常值：70℃

TC451：分程调节取走反应热量（与 TC401 串级） 正常值：50℃

AC402：主回路调节反应产物中 H_2/C_2 之比 正常值：0.18

AC403：主回路调节反应产物中 $C_2/(C_3+C_2)$ 之比 正常值：0.38

（五）正常停车

1. 降反应器料位

（1）关闭催化剂来料阀 TMP20。

（2）手动缓慢调节反应器料位。

2. 关闭乙烯进料，保压

（1）当反应器料位降至 10%，关乙烯进料。

（2）当反应器料位降至 0%，关反应器出口阀。

（3）关旋风分离器 S401 上的出口阀。

3. 关丙烯及氢气进料

（1）手动切断丙烯进料阀。

（2）手动切断氢气进料阀。

（3）排放导压至火炬。

（4）停反应器刮刀 A401。

4. 氮气吹扫

（1）将氮气加入该系统。

（2）当压力达 0.35MPa 时放火炬。

（3）停压缩机 C401。

紧急停车：紧急停车操作规程同正常停车操作规程。

（六）异常事故与处理

序号	常见故障	产生原因	处理方法
1	温度调节器 TC451 急剧上升，而后 TC401 随着升温	泵 P401 停	(1)调节丙烯进料阀 FV404,增加丙烯进料量 (2)调节压力调节器 PC402,维持系统压力 (3)调节乙烯进料阀 FV403,维持 C_2/C_3 比
2	系统压力急剧上升	压缩机 C401 停	(1)关闭催化剂来料阀 TMP20 (2)手动调节 PC402,维持系统压力 (3)手动调节 LC401,维持反应器料位
3	丙烯进料量为 0	丙烯进料阀卡	(1)手动关小乙烯进料量,维持 C_2/C_3 比 (2)关催化剂来料阀 TMP20 (3)手动关小 PV402,维持压力 (4)手动关小 LC401,维持料位
4	乙烯进料量为 0	乙烯进料阀卡	(1)手动关丙烯进料,维持 C_2/C_3 比 (2)手动关小氢气进料,维持 H_2/C_2 比
5	催化剂阀显示关闭状态	催化剂阀关	(1)手动关闭 LV401 (2)手动关小丙烯进料 (3)手动关小乙烯进料 (4)手动调节压力

分析与思考

1. 操作过程中，为什么会出现压缩机喘振现象？
2. 为什么开车前要对系统进行乙烯置换？
3. 气相共聚反应的停留时间是如何控制的？
4. 叙述该单元的换热系统。
5. TC401 的温度为多少？如何控制？

任务五 流化床反应器实操训练

流化床反应器最早用于煤造气，后来在石油加工、矿石焙烧等方面得到广泛应用。按气固物料在反应中所起的作用，可分为催化反应和非催化反应。不论是何种反应，其运行与操作都是通过优化工艺条件，提高转化率和产品质量。

本实训单元以硝基苯还原制苯胺为例讲述流化床催化反应器的实际操作步骤及过程。

（一）实训目的

掌握硝基苯还原制苯胺反应原理。

掌握流化床反应器的实验操作技术。

（二）实训原理

硝基苯还原：$C_6H_5NO_2+3H_2 \longrightarrow C_6H_5NH_2+2H_2O+Q$

催化剂升温活化（催化剂为 $Cu\text{-}SiO_2$）：

$$Cu(OH)_2\text{-}SiO_2 \longrightarrow Cu\text{-}SiO_2+H_2O$$

（三）实训流程

生产工艺流程图如图 5-41 所示。

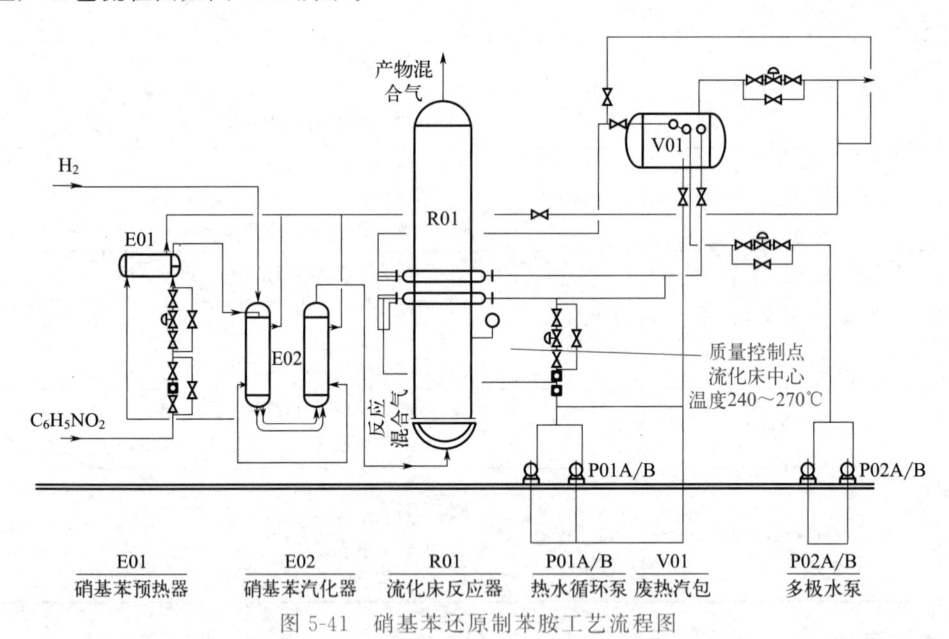

图 5-41 硝基苯还原制苯胺工艺流程图

硝基苯经泵打往预热器 E01，预热至 180℃左右进入汽化器 E02。

新氢气自储罐经中间罐进缓冲罐，与循环氢气混合进入氢气换热器后（回收流化床床顶产物热量），进入汽化器 E02。

汽化器中硝基苯汽化后与氢气混合过热至 180℃后进入流化床 R01 底部。流化床中，硝基苯与氢气在催化剂 $Cu\text{-}SiO_2$ 作用下，反应生成苯胺。反应后的混合气从床顶逸出，经换热器、冷凝器实现气液分离。冷凝液冷却后在苯胺水分离器中进行分离，得到的粗苯胺和废水分别进入粗苯胺罐和苯胺水储罐，供下一工序进一步精制使用。

（四）实训操作

1. 开车前准备

(1) 检查所有设备管线是否处于良好状态。

(2) 检查仪表状态。

(3) 检查硝基苯、氢气、水、电是否准备齐全，准备开车。

2. 置换

(1) 在系统处于冷态由氮气储罐进氮气，慢慢向还原系统通入，在系统压力升到0.05MPa时调节氮气阀。

(2) 按照机泵操作法启动氢压机，工作正常后调节系统压力，待流化床内压力到0.1MPa，打开排气阀，并不断向系统补充氮气，维持系统压力在0.11～0.12MPa。

(3) 经30min后取尾气样分析氮中含氧量≤0.5%为合格，高于此值再继续置换，直到分析合格。

(4) 关闭氮气阀，同时调节排空阀，用氮气调节好系统压力使流化床内部压力控制在0.10～0.12MPa。

3. 升温

(1) 将高压汽接入系统，开启汽化器、过热器加热蒸汽阀，并同时打开疏水阀，开始控制较小开启度，等流化床内无水锤声后，适当开大加热蒸汽阀，提高升温速度，为节省时间，可边置换边升温。

(2) 流化床中心温度升至180℃，缓慢补充氢气，一旦分布板温度开始上升，则活化开始。

(3) 调节氢气量，控制升温速度≤50℃/h。

(4) 维持活化温度在190～220℃，当温度超过200℃时关闭高压蒸汽。当中心温度开始下降时增加氢气量，降至210℃时，开启换热器加热蒸汽阀，尽量在高温时维持不小于8h。

(5) 在活化过程中，如升温速度过快或系统压力下降较快，可适量补充氮气。

4. 硝基苯还原（流化床中心温度≥180℃）

(1) 催化剂活化8h后，准备开车还原，保证开车前流化床温度维持在180℃以上。

(2) 启动硝基苯加料泵，打开预热器疏水和进汽阀，向系统进料，初始投料控制在$1m^3/h$。

(3) 当流化床中心温度达到230℃时开热水循环泵，向流化床列管进水。

(4) 正常开车控制流化床中心温度在235～270℃，系统运行稳定后缓慢提高硝基苯量，提高速度直到可以达到$1.7～1.8m^3/h$。

5. 催化剂再生

若还原终点连续三次分析大于0.01%，即可判断催化剂单程寿命结束，按停车程序停车，停止加料，关闭硝基苯预热器加热阀，打开疏水阀，停止软水、热水输送泵，接入高压汽，维持床内温度≥180℃，对流化床进行吹料。

(1) 高温吹料直至尾气氮气中氢含量≤0.5%为合格，关闭氮气阀并调节放开阀，维持系统压力在0.1～0.12MPa。

(2) 流化床中心温度小于180℃时开大高压蒸汽阀将中心温度升至180℃，准备再生。

(3) 缓慢打开再生口阀门，调节尾气放空阀和循环氢阀，控制流化床升温速度小于

50℃/h。

(4) 当流化床中心温度上升时关小蒸汽阀至全关，调节空气量使中心温度维持在350～360℃，系统压力控制在0.1～0.12MPa。

(5) 若流化床各点温度同时下降，此时开大再生口并调节放空阀控制系统压力稳定，如继续开大再生空气，流化床温度仍继续下降，则判断再生结束，开启氢气循环阀，调节尾气放空控制系统压力，系统自然降温，再生结束，可以进行新的还原。

【能力提升】

流化床反应器设计案例分析

设计一流化床反应器，根据已知条件试确定该反应器的直径和高度，床层压降及换热面积、旋风分离器的结构尺寸。

已知：进出反应器气体流量为0.812和0.847m^3/s，从反应段移出热量为31×10^5kW，α_i=5.815kW/(m^2·K)。操作条件：反应温度743K，压力175kPa，气固接触时间8s。

气体性质：进口$\rho_{f进}$=0.79kg/m^3，$\mu_{f进}$=3.19×10^{-5}Pa·s；出口$\rho_{f出}$=0.98kg/m^3，$\mu_{f出}$=2.46×10^{-5}Pa·s，c_f=1.382kJ/(kg·K)，λ_f=0.05582W/(m·K)。

固体催化剂：平均粒径d_p=0.191mm，$d_{p,min}$=0.114mm，ρ_p=1068kg/m^3，床层堆密度ρ_B=640kg/m^3，c_s=1.047kJ/(kg·K)。

解：根据经验可选用圆筒形流化床反应器，内设锥帽侧缝分布板和百叶窗式挡板，采用套管式冷却器以及两级内旋风分离器。

1. 确定反应器的直径

按经验公式(5-10) 求临界流化速度

$$u_{mf}=0.00923\frac{d_p^{1.82}(\rho_p-\rho_{f进})^{0.94}}{\mu_{f进}^{0.88}\rho_{f进}^{0.06}}=0.00923\times\frac{(1.91\times10^{-4})^{1.82}\times(1068-0.79)^{0.94}}{(3.19\times10^{-5})^{0.88}\times0.79^{0.06}}$$

$$=0.0102(m/s)$$

计算雷诺数：$Re_{mf}=\dfrac{d_p u_{mf}\rho_{f进}}{\mu_{f进}}=\dfrac{0.000191\times0.0102\times0.79}{3.19\times10^{-5}}=0.048<10$

所以不需要校正，按式(5-13) 计算带出速度：

$$u_t'=\frac{d_{p,min}^2(\rho_p-\rho_{f出})}{18\mu_{f出}}=\frac{0.000114^2\times(1068-0.98)\times9.81}{18\times2.46\times10^{-5}}=0.307(m/s)$$

$$Re_t=\frac{d_{p,min}u_t'\rho_{f出}}{\mu_{f出}}=\frac{0.000114\times0.307\times0.98}{2.46\times10^{-5}}=1.39$$

查图5-42有F_D=0.87，则：$u_t=u_t'\times F_D=0.307\times0.87=0.267$(m/s)

根据一般经验可取操作速度u_0=0.8m/s。

由公式(5-29) 简化为标况下公式$D=\sqrt{\dfrac{4q_v}{\pi u_0}}$，计算床层直径：

$D=\sqrt{\dfrac{4\times0.812}{3.14\times0.8}}$=1.14m，取整为$D$=1.2m。

2. 反应器高度的确定

反应器高度可按图5-43所示，分为浓相段h_1、稀相段h_2和锥底高度h_3：

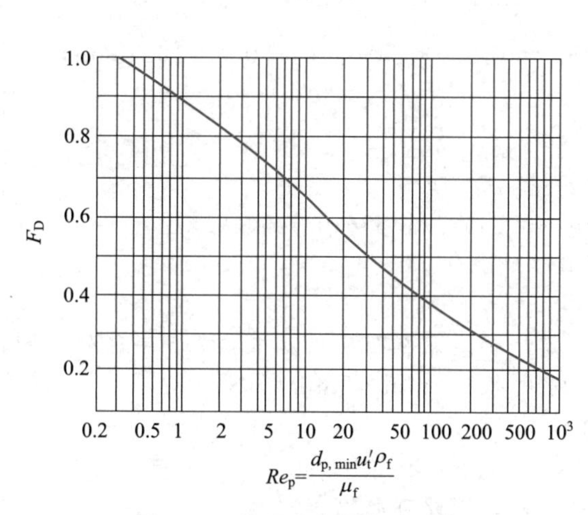

图 5-42　带出速度的校正系数

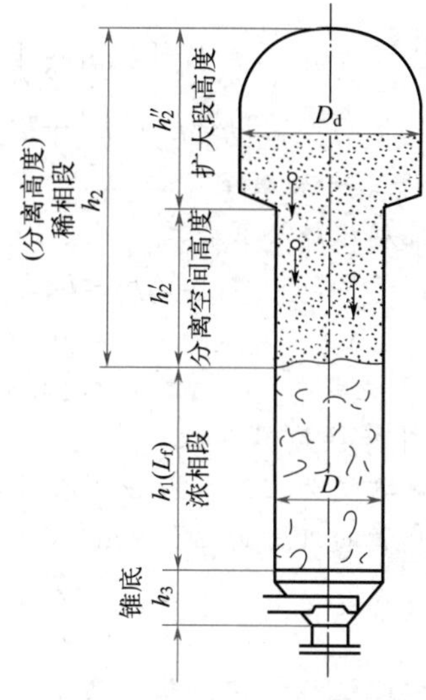

图 5-43　流化床壳体高度分段图

（1）浓相段高度 h_1

按临界空隙率公式求临界空隙率：$\varepsilon_{mf}=1-\frac{\rho_B}{\rho_p}=1-\frac{640}{1068}=0.4$

流化空隙率按经验公式求解：

$$\varepsilon_f=1.7\left[\frac{u_0^3\mu_{f进}\ \rho_{f进}}{d_p^3g^2(\rho_p-\rho_{f进})}\right]^{1/9.3}$$
$$=1.7\left[\frac{0.8^3\times3.19\times10^{-5}\times0.79}{0.000191^3\times9.81^2\times(1068-0.79)^2}\right]^{1/9.3}$$
$$=0.64$$

膨胀比 R：$R=\frac{1-\varepsilon_{mf}}{1-\varepsilon_f}=\frac{1-0.4}{1-0.64}=1.67$

则：$h_1=u_0\tau_cR=0.8\times8\times1.67=10.7$(m)（其中 τ_c 为气固接触时间，s）

（2）求稀相段高度 h_2

稀相段高度 h_2 等于分离段高度 h_2'＋扩大段高度 h_2''。由直径 $D=1.2$m，速度 $u_0=0.8$m/s，查图 5-44 得 $\frac{h_2'}{D}=2.7$。

$$h_2'=2.7\times1.2=3.24(\text{m})$$

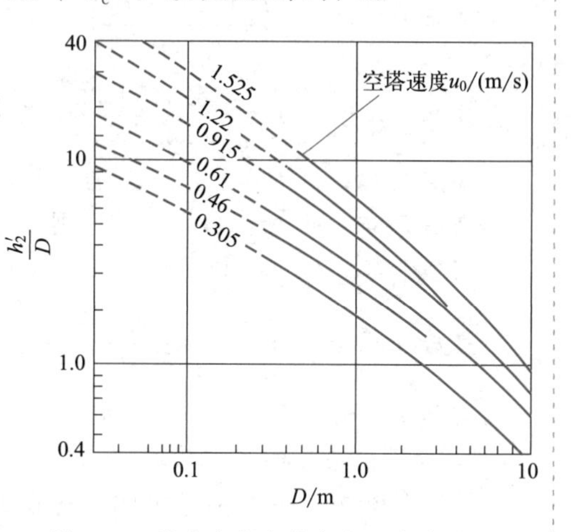

图 5-44　流化床分离段高度经验关联图

由公式求得扩大段直径 $D_d=\sqrt{\frac{4q_{vd}}{\pi u_t}}=\sqrt{\frac{4\times0.847}{3.14\times0.267}}=2.01$(m)

按经验可取扩大段高度：$h_2''=D_d=2.01$(m)

（3）求锥底高度 h_3：一般锥角取 60°或 90°，此处取锥角 $\theta=90°$，

由公式计算 $h_3=D/\left(2\tan\dfrac{\theta}{2}\right)=1.2/(2\tan45^\circ)=0.6(\mathrm{m})$

床层总高度：$H=h_1+h'_2+h''_2+h_3=10.7+3.24+2.01+0.6=16.55(\mathrm{m})$

3. 计算床层压降

由床层压降公式：

$$\begin{aligned}\Delta p&=h_1(1-\varepsilon_f)(\rho_p-\rho_f)g\\&=10.7\times(1-0.64)\times(1068-0.79)\times9.81\\&=40.33(\mathrm{kPa})\end{aligned}$$

4. 计算换热器面积

换热方式为在浓相段设置套管换热器。轴线装在距反应器中心 2/5 半径处（即 $r/R=0.4$），套管的外管为 ϕ76mm×3mm，内管为 ϕ32mm×2mm。

先求传热系数 K：$A=\dfrac{Q}{K\Delta t_m}$

由于此过程的传热阻力集中于气膜一侧，因此可取 $K\approx\alpha'_0$

查图 5-31，当 $r/R=0.4$ 时，$c_R=1.75$，则由公式(5-25) 求 α_0。

$$\alpha_0=0.00035\frac{\lambda_f}{d_p}c_R(1-\varepsilon_f)\left(\frac{c_f\rho_f}{\lambda_f}\right)^{0.43}\left(\frac{d_p u_0\rho_f}{\mu_f}\right)^{0.23}\left(\frac{c_s}{c_f}\right)^{0.8}\left(\frac{\rho_p}{\rho_f}\right)^{0.66}$$

$$\alpha_0=0.00035\times\frac{0.05582\times10^{-3}}{0.000191}\times1.75\times(1-0.64)\times\left(\frac{1.382\times0.79}{0.05582\times10^{-3}}\right)^{0.43}$$

$$\times\left(\frac{1.91\times10^{-4}\times0.8\times0.79}{3.19\times10^{-5}}\right)^{0.23}\times\left(\frac{1.047}{1.382}\right)^{0.8}\times\left(\frac{1068}{0.79}\right)^{0.66}=0.572[\mathrm{kJ/(m^2\cdot s\cdot K)}]$$

为安全计，可不考虑校正系数 c_R，则

$$\alpha'_0=\frac{\alpha_0}{c_R}=\frac{0.572}{1.75}=0.327[\mathrm{kJ/(m^2\cdot s\cdot K)}]$$

再求平均温差 Δt_m，床层内可视为等温 743K。管内为冷水，入口温度 348K，出口温度为 432K，$\Delta t_m=\Delta t_D(t_2-t_1)$

计算 B：$B=\dfrac{1}{2}\left(\dfrac{2T-t_1-t_2}{t_2-t_1}\right)=\dfrac{1}{2}\times\dfrac{2\times743-348-432}{432-348}=4.20$ 同时 $R=0$

计算 Z：$Z=\dfrac{\alpha_i d_i}{\alpha'_0 d_o}=\dfrac{5.815\times32}{0.327\times76}=7.5$

查图 5-35，得 $E=2.75$，$E/B=2.75/4.2=0.66$

查图 5-36 得 $\Delta t_D/B=0.82$，则 $\Delta t_D=0.82\times4.2=3.44$

则 $\Delta t_m=3.44\times(432-348)=289(\mathrm{K})$

最后计算传热面积 $A=\dfrac{Q}{K\Delta t_m}=\dfrac{31\times10^5}{0.327\times289\times3600}=9.1(\mathrm{m^2})$

实际中，为安全起见，可选取 18～20m^2 的换热器。

5. 旋风分离器的尺寸确定

选择 C 型旋风分离器，串联两级置于反应器内使用。

根据给出气体流量 $q_{vd}=0.847\mathrm{m^3/s}$，进口气速一般在 15～25m/s 之间，取一级旋风

分离器的进口气速为16m/s，按式(5-47)求得进口截面积

$$ah=\frac{q_{vd}}{u_g}=\frac{0.847}{16}=0.0529(m^2)$$

由表5-2查得各部分尺寸比例为

$\frac{h}{a}=3.1$，$\frac{a}{D}=0.27$，$\frac{h_1}{D}=0.735$；$\frac{A}{h+h_1}=0.75$，

$\frac{d_1}{D}=0.575$；$\frac{L_1}{D}=1.8$，$\frac{L_2}{D}=2.8$，$\frac{d_2}{D}=0.23$

【知识拓展】

高速流态化技术

流态化最早的应用，是在低速鼓泡流化域中操作，近年来则倾向在越来越高的流速下操作。高速流态化代表近几十年来过程工业发展的最新进展和动向，并作为许多工程技术新的突破点，成为世界各国研究开发的重点技术。其应用举例如下：

1. 气固并流上行提升管催化裂化装置

充分利用了循环流化床返混小和反应与再生分开进行这两大特点，既提高了汽油的收率，又解决了催化剂的连续再生问题。

2. 粉煤的高效清洁燃烧

1975年德国Lurgi公司申请了快速循环流化床锅炉专利，将高速流态化引入煤的燃烧。其优点如下：

(1) 采用了较高的气速，强化了气固接触，煤种的适应性较强，燃烧效率可高达98%。

(2) 在原料煤粉中加入石灰粉，石灰与煤燃烧中生成的SO_2反应生成无水石膏，达到脱除SO_2的目的。这种炉内脱硫的方法费用低、效果好，被称为煤的清洁燃烧。

(3) 空气分段加入，燃烧温度低，有利于NO_x的还原，从而减少了NO_x的排放量。

(4) 部分煤粉在炉外换热器中被冷却，锅炉热负荷容易调节。

快速循环流化床锅炉今后的发展方向是设备的大型化和加压型循环流化床锅炉的开发和完善。

3. 磷石膏热分解技术

硫酸法生产磷肥的过程中生成大量的硫酸钙，既占用了大量土地用来存放，又造成环境污染。1987年，德国Lurgi公司提出了用循环流化床分解磷石膏生产硫酸和水泥新技术。该技术有以下特点：

(1) 由于采用循环流化床分解炉及特殊的物料循环系统，能有效地降低石膏分解温度，精确控制石膏分解。

(2) 将传统工艺中在回转窑中进行的干燥脱水、分解和烧成操作分别放在单独设备中进行，便于分别控制工艺条件，解决了传统工艺中浓度低、不利于合成硫酸的难题。

(3) 生产中产生的余热均被用于原料的预热、脱水和升温，从而大幅度降低了能耗，能耗比传统回转窑法低30%。

循环流化床煅烧石膏新技术使石膏的煅烧分解再利用取得较大的进展。

4. 烃类选择性氧化反应

该过程具有如下特点：

(1) 反应为强放热快速过程，反应仅需数秒，应及时移走热量，这是一个反应-移热的耦合过程；

(2) 反应遵循氧化还原机理，催化剂在反应过程中不断交替地发生着氧化和还原再生两个过程。为了使催化剂具有较高的活性，最好是将反应和再生两个过程分开进行，使催化剂得到充分的再生，即实现反应-再生过程的解耦；

(3) 目的产物是反应的中间生成物，为提高目的产物的选择性，反应器应选用平推流式，应尽量减少反应气体的返混，避免目的产物深度氧化为 CO_2 和 CO。

循环流化床正好满足上述要求，是该类反应的最佳反应器型式。

5. 气固并流下行管反应器

气固并流上行提升管循环流化床虽然具有很大的优越性，但提升管中气体速度、颗粒速度等径向分布不均匀，由于重力等影响使固相仍存在较大的轴向返混。气固并流下行管反应器，减小了气固轴向返混，由于其速度快，接触时间短，故被称为“气固超短接触反应器”。由于气固超短接触在技术思想上采用了顺重力场流态化这一新概念，被誉为“21世纪取代提升管的新型裂解反应器技术”。

【分析讨论】

常见的工业流化床操作流型，根据操作气速的大小，可分为低速流态化和高速流态化两类。低速流态化又分为鼓泡流态化和湍动流态化，高速流态化包含快速流态化和稀相输送。高速流态化按气-固的流动方向，分为气固并流上行快速流态化和气固并流下行快速流态化。与低速流态化相比，高速流态化具有明显不同的操作特性，见表 5-3。

表 5-3 高速流态化与低速流态化床层操作特性的比较

特性	低速流态化	高速流态化		
		气固并流上行	气固并流下行	稀相上行输送
颗粒或粉体的历程	在床内的停留时间为几分钟至几小时。部分颗粒有可能被带到旋风分离器，经料腿返回床层	周期性地在提升管和伴床之间循环，每次循环在提升管中的停留时间为几秒	周期性地在下行管和伴床之间循环，每次循环在下行管中的停留时间为几十毫秒至一秒	多数情况下自下而上一次通过系统
两相流动结构	气体呈鼓泡或气节状通过床层，较高气速下进入湍动流化过渡区	气相转变为连续相，气流将颗粒群大量带出，底部有时为湍动流化区	气相为连续相，颗粒浓度较低，而且很少聚集成颗粒群	颗粒呈单颗粒弥散在气流之中
气速/(m/s)	0.1～1.5	1.5～16	3～16	15～20
颗粒平均直径/mm	0.05～3	0.05～0.5	0.05～0.5	0.02～0.08
空隙率	0.6～0.8	0.85～0.98	0.95～0.99	大于 0.99
气体返混	由于存在乳相和气泡相间的相间交换而部分返混	返混大大减小	轴向返混很小	轴向返混较小
床内颗粒返混	完全返混	返混仍很严重	同上	同上
气固滑脱速度	低	高	较低	低

【工业文化】

智慧化工园区

化工园区是化工企业的主要聚集区，通过化工园区实现对危险源的集中管理和重点防控，符合生产规模化、运营集约化、资源优化配置和提升经济效益的要求。

智慧化工园区系统主要包括智能分析系统和数据管理平台两大板块。智能分析系统包含了不同类型分析仪器及解析软件，可对全园区各关键点有毒有害、可燃及污染气体进行安全检测，也可对装置生产原料或产品进行快速分析检测。检测结果可实时上传至综合数据管理平台，并通过三维地图等展示方式，实时展示安全隐患、污染排放点、碳排放点、人员定位、人员安全状态、原料及产品变化情况等信息，实现园区重点区域环境以及生产原料、产品的实时监测。

智慧化工园区可实现：

（1）对重大危险源进行全维度监测、监控、预警　通过对园区储罐的温度液位压力、罐区内有毒可燃气体、管廊的监测，配合重大危险源视频，通过数采仪采集全部数据传输到园区平台。园区可以实时监测监控重大危险源，提高园区对企业安全生产的日常监管能力。

（2）安全隐患排查和风险分级管控　通过园区双重预防机制数字化监管系统常态化隐患排查治理专项行动，压紧压实企业安全生产主体责任和园区管委会的安全监管主体责任，建立重大危险源监控机制和重大隐患排查治理机制及分级管理制度，有效防范和遏制重特大事故的发生，促进安全生产状况进一步稳定好转。

（3）智能实时监控管廊管线情况＋GIS呈现，避免出现输送泄漏　通过在线监测监控等手段，以园区环境质量、污染源、风险源等为主要监测监控对象进行24小时不间断监测监控，并以GIS渲染、统计图表等方式进行高效直观的展示，从而达到对监测对象多方位多角度的动态监管。

（4）实现大气、水环境的点、面、域多层管控　按照大气四级防控体系要求从“点、面、域、空”四个层次对大气环境质量进行全覆盖立体化监测预警，实现污染溯源（特别是恶臭溯源）和精细化管理。

（5）实现应急资源数据汇聚、融合通信、分级协同指挥　应急指挥系统通过GIS系统对应急物资、特种设备的可视化管理、实时标绘现时态势；共享、调度、调用、路径规划、人员疏散，通过融合通信，协同指挥，为决策人员提供一个便利的、交互式的指挥平台。整合和利用应急救援资源，建立集通信、信息、指挥和调度于一体的应急资源和资产数据库。在突发安全环保事件时，应急指挥人员通过GIS、图表等多种方式展现资源的地点、数量、特征、性能、状态等信息，按照应急预案迅速调集救援资源进行有效的救援。

（6）危化品运输管理　危化品运输车辆全流程数字登记、智能查询、轨迹管理。智慧物流系统使用GPS定位、GIS地理服务、移动智能技术、RFID射频扫描、无线视频传送、一卡通服务等高新技术，对于危化品车辆平台进行严格资质准入管理；园区承运危化品车辆实时监管移动危险源；与企业物流订单集成，掌握化学品物流动态；平台网上交易根据区域系统判定自动配载。

（7）综合安防方面，实现封闭园区安全智能可视化管理　通过人脸识别、智能分析、枪球联动、视频拼接、高空瞭望、电子围栏、多系统联动等新技术应用，对园区关键卡口、厂区周界、建筑物的关键区域（危化品存储、重要设施等）进行全方位管控，实现全态感知，全域监控。端到端数据共享，赋能园区管理层实时、精准发现问题解决问题。

【本章小结】

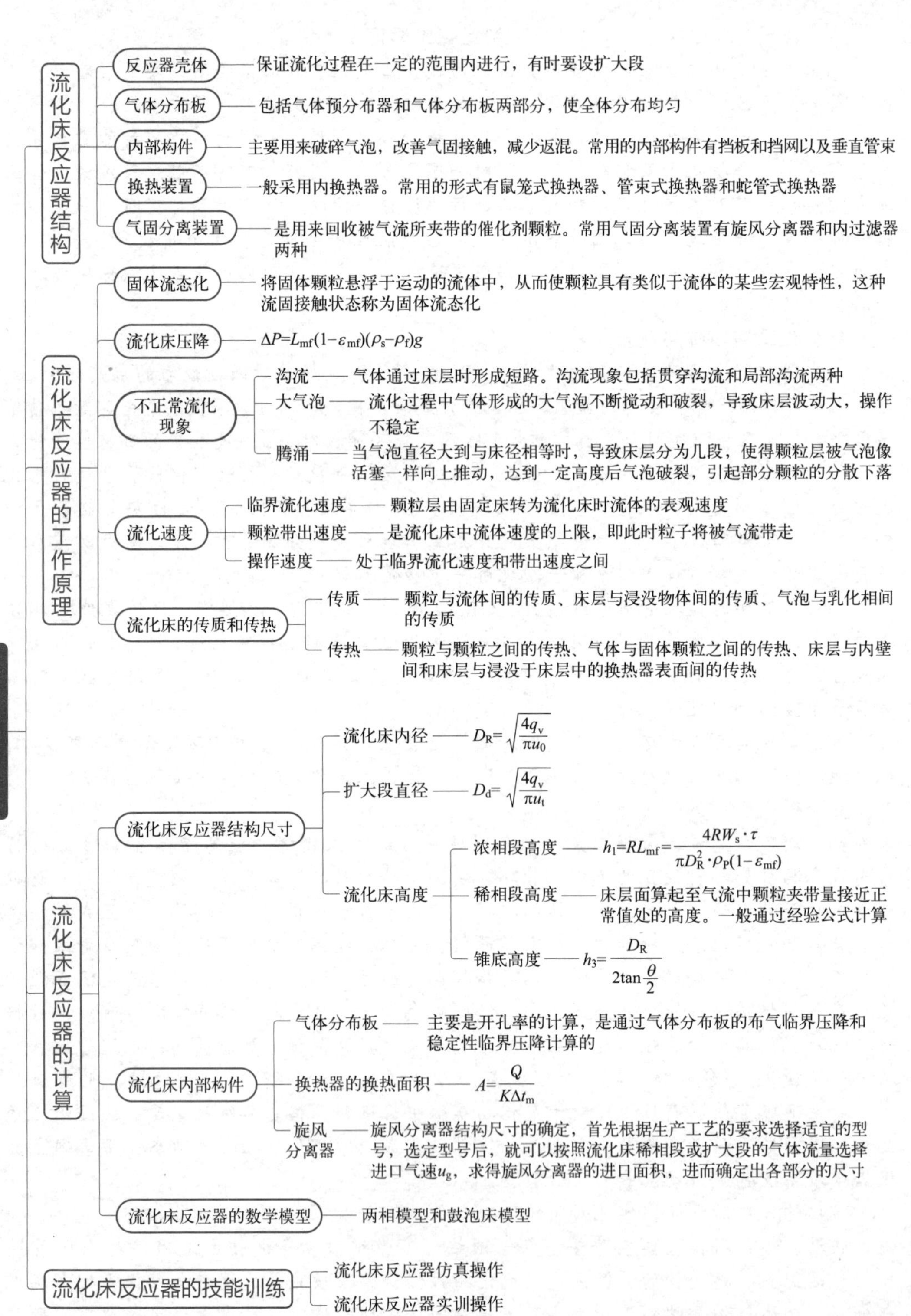
流化床反应器
流化床反应器结构
反应器壳体
保证流化过程在一定的范围内进行，有时要设扩大段
气体分布板
包括气体预分布器和气体分布板两部分，使全体分布均匀
内部构件
主要用来破碎气泡，改善气固接触，减少返混。常用的内部构件有挡板和挡网以及垂直管束
换热装置
一般采用内换热器。常用的形式有鼠笼式换热器、管束式换热器和蛇管式换热器
气固分离装置
是用来回收被气流所夹带的催化剂颗粒。常用气固分离装置有旋风分离器和内过滤器两种
流化床反应器的工作原理
固体流态化
将固体颗粒悬浮于运动的流体中，从而使颗粒具有类似于流体的某些宏观特性，这种流固接触状态称为固体流态化
流化床压降
$\Delta P=L_{mf}(1-\varepsilon_{mf})(\rho_s-\rho_f)g$
不正常流化现象
沟流
气体通过床层时形成短路。沟流现象包括贯穿沟流和局部沟流两种
大气泡
流化过程中气体形成的大气泡不断搅动和破裂，导致床层波动大，操作不稳定
腾涌
当气泡直径大到与床径相等时，导致床层分为几段，使得颗粒层被气泡像活塞一样向上推动，达到一定高度后气泡破裂，引起部分颗粒的分散下落
流化速度
临界流化速度
颗粒层由固定床转为流化床时流体的表观速度
颗粒带出速度
是流化床中流体速度的上限，即此时粒子将被气流带走
操作速度
处于临界流化速度和带出速度之间
流化床的传质和传热
传质
颗粒与流体间的传质、床层与浸没物体间的传质、气泡与乳化相间的传质
传热
颗粒与颗粒之间的传热、气体与固体颗粒之间的传热、床层与内壁间和床层与浸没于床层中的换热器表面间的传热
流化床反应器的计算
流化床反应器结构尺寸
流化床内径
$D_R=\sqrt{\frac{4q_v}{\pi u_0}}$
扩大段直径
$D_d=\sqrt{\frac{4q_v}{\pi u_t}}$
流化床高度
浓相段高度
$h_1=RL_{mf}=\frac{4RW_s\cdot\tau}{\pi D_R^2\cdot\rho_P(1-\varepsilon_{mf})}$
稀相段高度
床层面算起至气流中颗粒夹带量接近正常值处的高度。一般通过经验公式计算
锥底高度
$h_3=\frac{D_R}{2\tan\frac{\theta}{2}}$
流化床内部构件
气体分布板
主要是开孔率的计算，是通过气体分布板的布气临界压降和稳定性临界压降计算的
换热器的换热面积
$A=\frac{Q}{K\Delta t_m}$
旋风分离器
旋风分离器结构尺寸的确定，首先根据生产工艺的要求选择适宜的型号，选定型号后，就可以按照流化床稀相段或扩大段的气体流量选择进口气速u_g，求得旋风分离器的进口面积，进而确定出各部分的尺寸
流化床反应器的数学模型
两相模型和鼓泡床模型
流化床反应器的技能训练
流化床反应器仿真操作
流化床反应器实训操作

【自测习题】

（一）填空题

1. 同样的生产任务和工艺条件，固定床和流化床反应器相比，________反应器返混更严重些。

2. 固定床和流化床反应器相比，相同操作条件下________的传热性能较好一些，温度分布更均匀些。

3. 流化床常出现的异常现象是________、________和________，气速过大可能出现的是________。

4. 流化床操作中发现压降突然增大又突然降低，说明设备中出现了________。

5. 流化床的流化阶段随着气速增大床层空隙率也随之________。

（二）选择题

1. 用于使气体均匀分布，以形成良好的初始流化条件，同时支承固体催化剂颗粒的部件是？（　　）

A. 流化床反应器主体　B. 气体分布装置　C. 内部构件　D. 换热装置

2. 流化床反应器的优点包括哪些方面？（　　）

A. 流固相界面积大，提高了催化剂的利用率，且催化剂再生比较方便

B. 催化剂不易磨损，且可以有效减少固体颗粒的磨蚀作用，降低管子和容器的磨损

C. 热容量大，热稳定性高，有利于强放热反应的等温操作

D. 流体与颗粒之间传热、传质速率也较其它接触方式为高，操作弹性范围宽

3. 气体分布板的作用包括哪些？（　　）

A. 具有均匀分布气流的作用，同时其压降要小

B. 能使流化床反应器有一个良好的起始流态化状态，避免形成“死角”

C. 确保流化床反应器操作过程中不易被堵塞和磨蚀

D. 较大提升了流化床反应器的换热效果

4. 关于散式流化床与聚式流化床的叙述正确的是？（　　）

A. 散式流化床：固体颗粒均匀地分布于床层各处，床面清晰可辨，略有波动，但相当稳定，床层压降的波动也很小且基本保持不变。即使在流速较大时，也看不到鼓泡或不均匀的现象

B. 聚式流化床：气泡在床层中上升并相互聚并，引起床层的波动，这种波动随流速的增大而增大。同时床面也有相应的波动，波动剧烈时，很难确定其具体位置。整个过程中气泡不断产生和破裂，所以气固流化床的外观与液固流化床不同，颗粒不是均匀地分散于床层中，而是程度不同地一团一团聚集在一起作不规则的运动

C. 散式流化和聚式流化之间的主要区别在于颗粒与流体之间的密度差

D. 一般认为液固流化为散式流化，而气固流化为聚式流化

5. 流化床反应器中化学反应一般发生的是（　　）。

A. 气液反应　B. 液固反应　C. 液相反应　D. 气固反应

（三）判断题

1. 由于流化床反应器气固相接触面积大，颗粒循环速度高，颗粒混合得很均匀以及床层中颗粒比热容远比气体比热容高等原因。因此粒子与流体之间的温差，一般情况下，可以

忽略不计。(　　)

2. 流化床反应器内的传质包括颗粒与流体间的传质和气泡与乳化相间的传质。(　　)

3. 流化床反应器所需的换热装置要比固定床中的换热装置大得多。(　　)

4. 流化床反应器操作速度一定要小于流化速度。(　　)

5. 散式流化床多用于气固相反应。(　　)

6. 流态化的流化床阶段随着气速增大床层不断膨胀，但是床层的压降保持不变。(　　)

7. 流化床的异常现象包括沟流和液泛。(　　)

(四) 简答题

1. 举例说明流化床反应器有何优点。

2. 简述流化床反应器的分类。

3. 流化床的结构型式较多，但无论什么型式，除了反应器主体之外一般组成还包括哪几个部分？各有什么作用？

4. 流化床反应器的换热方式有几种？

5. 流化床反应器中，随着流体速度增大，固体流态化的状态变化经过哪 4 个过程？

(五) 计算题

1. 计算粒径为 80×10^{-6}m 的球形颗粒在 20℃空气中的逸出速度，已知颗粒密度 $\rho_p=2650kg/m^3$，20℃空气的密度 $\rho=1.205kg/m^3$，空气此时的黏度为 $\mu=1.85\times10^{-2}mPa\cdot s$。

2. 在流化床反应器中，催化剂的平均粒径为 51×10^{-6}m，颗粒密度 $\rho_p=2500kg/m^3$，静床空隙率为 0.5，起始流化时床层空隙率为 0.6，反应气体的密度为 $1kg/m^3$，黏度为 $4\times10^{-2}mPa\cdot s$。试求初始流化速度、逸出速度、操作气速。

3. 在一直径为 2m，静床高为 0.2m 的流化床中，以操作气速 $u=0.3m/s$ 的空气进行流态化操作，已知数据如下：$d_p=80\times10^{-6}m$，$\rho_p=2200kg/m^3$，$\rho=2kg/m^3$，$\mu=190\times10^{-2}mPa\cdot s$，$\varepsilon_{mf}=0.5$，求床层的浓相段高度及稀相段高度。

Σ【主要符号】

L_{mf}——开始流化时的床层高度，m

ε_f——流化床的空隙率

ε_{mf}——床层开始流化时的床层空隙率

A——床层截面积，m^2

ρ_p——固体催化剂颗粒密度，kg/m^3

ρ_f——流体密度，kg/m^3

ΔP——床层压降，Pa

u_{mf}——临界流化速度，m/s

u_0——气体表观速度，m/s

Φ_s——形状系数（球形度）

d_p——颗粒的平均直径，m

μ_f——气体黏度，$Pa\cdot s$

C_D——阻力系数

u_t——逸出速度，m/s

y——惰性或非扩散组分的对数平均分率

D_g——气体分子扩散系数

X_s——起传质作用的固体分率

N_{Ab}——组分 A 的物质的量，kmol

V_b——气泡体积，m^3

c_{Ab}, c_{Ac}, c_{Ae}——分别为气泡相、气泡晕、乳化相中反应组分 A 的浓度，$kmol/m^3$

D——气体的扩散系数

d_e——气泡当量直径

S_{bc}——气泡与气泡晕的相界面积，cm^2

D_e——气体在乳化相中的扩散系数，cm^2/s

$(k_{bc})_b$——气泡与气泡晕之间的交换系数，s^{-1}

$(k_{ce})_b$——气泡晕与乳化相之间的交换系数，s^{-1}

$(k_{be})_b$——气泡与乳化相之间的总系数，s^{-1}

α_w——流化床与换热器壁的传热系数

c_R——竖管距离床层中心的校正系数

λ_f——流体的热导率，$J/(m \cdot s \cdot K)$

c_f——流体的比热容，$J/(kg \cdot K)$

c_S——固体颗粒的比热容，$J/(kg \cdot K)$

α_0——床层与器壁间的传热系数，$W/(m^2 \cdot K)$

d_t——水平管外径，m

L_h——换热面的长度，m

ψ——管壁传热系数

q_v——气体的体积流量，m^3/h

D_R——反应器直径，m

T, P——反应时的绝对温度（K）和绝对压力（Pa）

u——以 T、P 计的表观气速，m/s

D_d——扩大段直径，m

h_1——流化床浓相段高度，m

h_2——稀相段高度（包括扩大段高度和分离高度），m

h_3——锥底高度，m

R——膨胀比

W_P——固体颗粒的进料量，kg/h

τ——接触时间，h

M——固体物料在反应器内的装载量，kg

θ——锥角，(°)

φ——开孔率

Q——传热速率，$kW/(K \cdot m^2 \cdot s)$

A——传热面积，m^2

Δt_m——对数平均温差，K

α_i——管内流体的传热系数，$kJ/(m^2 \cdot s \cdot K)$

α_{dc}——分布板布气临界开孔率

u_1——气体在进口管中的速度，m/s

ε——分布板的阻力系数

d_1——气体进口管径，m

Δp_d——分布板压降，Pa

α_{sc}——分布板稳定性临界开孔率

项目六

气液相反应过程与反应器

气液相反应过程是指气相中的组分必须进入液相中才能进行反应的过程。气液相反应过程属于非均相反应过程。一种是所有反应组分是气相的，而催化剂是液相的；另一种情况可能是一种反应物是气相的，而另一种反应物是液相的。还有一种情况也可能两个反应物都在气相，但需进入含有催化剂的溶液中才能进行反应。但是无论是哪种形式，气相的反应物都必须进入液相才有可能发生反应。因此气液相反应需要进行相间传递才能进行。用来进行气液相反应的反应器称为气液相反应器。

【生产应用案例】

硫酸纯品为无色、无臭、透明的油状液体，呈强酸性，强吸水性，可以与水以任意比混合，并放出大量的热。硫酸的结晶温度、密度、沸点、蒸气压以及黏度随着硫酸浓度的不同而变化。硫酸是无机强酸，腐蚀性很强，化学性质很活泼。

生产硫酸的原料主要有硫铁矿、硫黄、硫酸盐、冶炼烟气及含硫化氢的工业废气等。工业上生产硫酸的方法主要有两种，硝化法（塔式法）和接触法。接触法制得的硫酸纯度、浓度比硝化法制得的硫酸高，我国目前全部以接触法生产，其工艺流程因所采用的原料种类不同而有所不同。接触法不仅可制得任意浓度的硫酸，而且可制得无水三氧化硫及不同浓度的发烟酸，操作简单、稳定，热能利用率高，因此，在硫酸工业中占有重要地位，在接触法制备流程中，例如在二氧化硫炉气的净化及干燥、三氧化硫的吸收中，都采用了吸收塔和鼓泡塔反应器。

（一）三氧化硫吸收的工艺流程

转化气经三氧化硫冷却器冷却到120℃左右，先经发烟硫酸吸收塔 1，后经浓硫酸吸收塔 2，再经尾气回收后放空。吸收塔 1 用 18.5%的发烟酸喷淋，吸收三氧化硫后，浓度和温度均升高。吸收塔 1 流出的发烟酸在贮槽Ⅰ中与来自贮槽Ⅱ的 98%硫酸混合，以保持发烟硫酸的浓度。经冷却器 7 冷却后，取出部分标准发烟酸产品，其余部分送入吸收塔 1 循环使用。吸收塔 2 用 98%硫酸喷淋，塔底排出酸浓度上升，酸温由 45℃上升为 60℃，在贮槽Ⅱ中与来自干燥塔的 93%硫酸混合，以保持 98%浓度。经冷却后，一部分 98.3%的酸送入发烟硫酸贮槽 4-Ⅰ，另一部分送往干燥塔贮槽Ⅲ，以保持干燥酸浓度。同时取出部分酸作为成品酸．大部分送入吸收塔 2 循环使用（图 6-1）。

（二）两转两吸工艺流程

在硫酸生产过程中，二氧化硫转化过程中，无论使用“一转一吸”还是“两转两吸”，

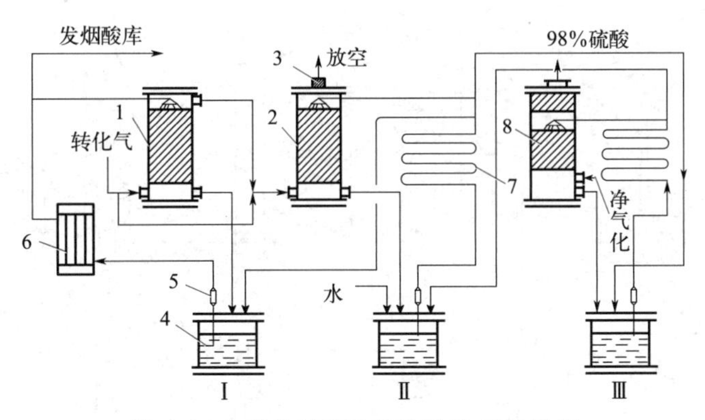

图 6-1　生产发烟硫酸时的干燥-吸收流程

1—发烟硫酸吸收塔；2—浓硫酸吸收塔；3—捕沫器；4—循环槽；5—泵；6,7—酸冷却器；8—干燥塔

均采用吸收塔，20 世纪 70 年代后，硫酸生产中“两转两吸”工艺发展很快，该工艺最终 SO_2 转化率能达 99%以上。“两转两吸”的基本特点是，二氧化硫炉气经过三段转化后，送入中间吸收塔吸收 SO_3，未被吸收的气体返回第四段转化器转化，然后送吸收塔吸收 SO_3。由于在两次转化间增加了吸收工艺除去三氧化硫，有利于后续转化反应进行得更完全。图 6-2 为我国典型的（ⅣⅠ-ⅢⅡ）“两转两吸”工艺换热器组合。

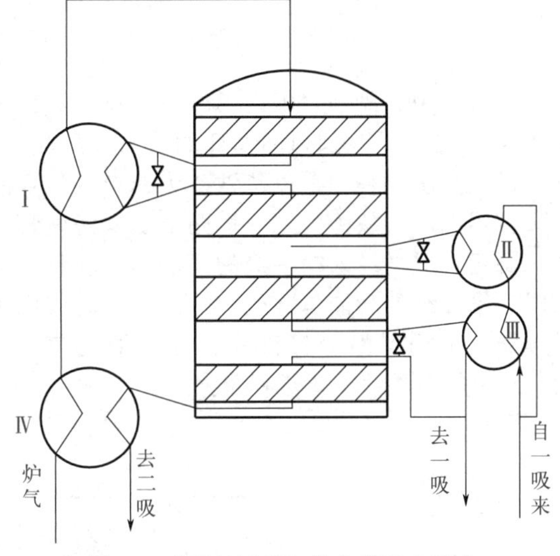

图 6-2　“两转两吸”换热器组合型式

（三）炉气净化的工艺流程

炉气净化是硫铁矿制硫酸的重要环节，主要分为酸洗流程和水洗流程。

1. 酸洗流程

酸洗流程是用稀硫酸洗涤炉气，除去其中的矿尘和有害杂质，降低炉气温度。酸洗流程通常设置两级洗净系统，每级自成循环。第一级为原料气的净化和绝热增湿，常用设备有空塔、文丘里洗涤塔。第二级是用于除热、除湿机原料气的进一步净化，常用设备有空塔、填料塔和静电除雾器。典型的酸洗流程有标准酸洗流程、“两塔两电”酸洗流程、“两塔一器两电”酸洗流程及“文泡冷电”酸洗流程等。

“文泡冷电”酸洗净化流程是我国自行设计的，从环保考虑将水洗改为酸洗，流程如图 6-3 所示。自焙烧工序来的 SO_2 炉气，进入文丘里洗涤器 1，用 15%～20%稀酸进行第一级洗涤，洗涤后的气体经复挡除沫器 3 除沫，再进入泡沫塔 4 用 1%～3%稀酸进行第二级洗涤。炉气经两级稀酸洗除去矿尘、杂质，其中的 As_2O_3、SeO_2 部分凝固为颗粒而被除掉，部分成为酸雾的凝聚中心；炉气中的 SO_3 与水蒸气形成酸雾，在凝聚中心形成酸雾颗粒。炉气经两级稀酸洗，再经复挡除沫器 5 除沫，进入列管式冷凝器 6 冷却，水蒸气进一步冷凝，酸雾粒径进一步增大，而后进入管束式电除雾器，借助直流电场除去酸雾，净化后的炉气去干燥塔。

文丘里洗涤器 1 的洗涤酸经斜板沉降槽 9 沉降，沉降后清液循环使用；污泥自斜板底部放出，用石灰粉中和后与矿渣一起外运处理。

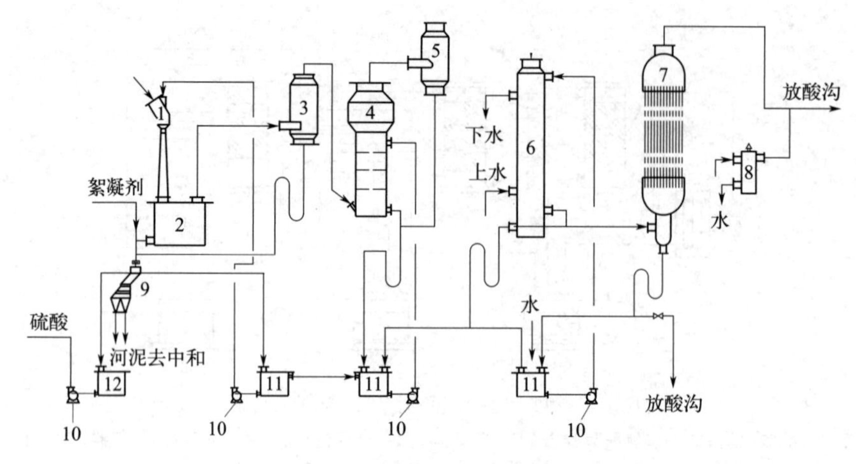

图 6-3 “文泡冷电”酸洗流程

1—文丘里洗涤器；2—文丘里洗涤器受槽；3,5—复挡除沫器；4—泡沫塔；6—间接冷却塔；7—电除雾器；8—安全水封；9—斜板沉降槽；10—泵；11—循环槽；12—稀酸槽

该流程用絮凝剂（聚丙烯酰胺）沉淀洗涤酸中的矿尘杂质，减少了排污量（每吨酸的排污量仅为 25L），达到封闭循环的要求，故此称为“封闭酸洗流程”。

标准酸洗流程，是以硫铁矿为原料的经典酸洗流程，由两个洗涤塔、一个增湿塔和两级电除雾器组成，故称为“三塔两电”酸洗流程。“三塔两电”酸洗流程通常设置两级洗净系统，每级自成循环。第一级的功能为原料气的净化和绝热增湿，常用设备有空塔、文丘里洗涤器。第二级的功能是除热、除湿及原料气的进一步净化，常用设备有空塔、填料塔、静电除雾器。采用稀酸直接洗涤、冷却原料气，再以稀酸冷却器间接换热，移去酸中热量。图 6-4 为典型酸洗净化流程示意图。

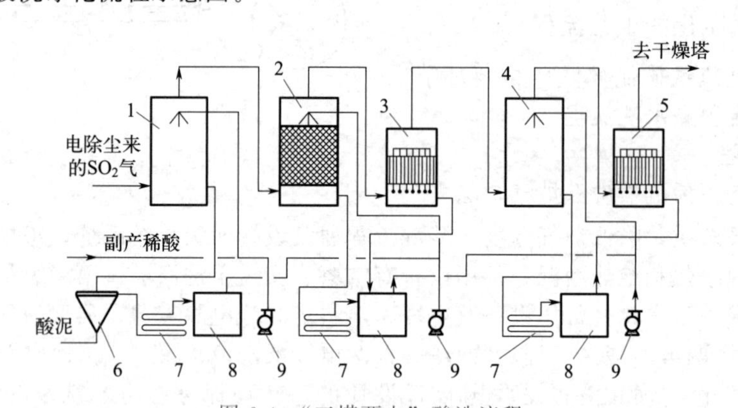

图 6-4 “三塔两电”酸洗流程

1—第一洗涤器；2—第二洗涤器；3—第一段电除雾器；4—增湿塔；5—第二段电除雾器；6—沉淀槽；7—冷却器；8—循环槽；9—循环酸泵

“两塔两电”酸洗流程与标准酸洗流程相似，仅省去了增湿塔，所用洗涤酸浓度较低。“两塔一器两电”酸洗流程也是在标准酸洗流程基础上发展的，其中增湿塔用间接冷凝器代替，故称“两塔一器两电”酸洗流程。

2. 水洗流程

水洗净化是将炉气经初步冷却和旋风除尘后，用大量水喷淋，洗涤掉炉气中的有害杂质，再经干燥送去转化。常用的水洗流程有：①由文丘里洗涤器、泡沫塔、文丘里洗涤器组成的“文泡文”水洗流程。②用电除雾器代替上述“文泡文”流程中的第二级文丘里洗涤器的“文泡电”水洗流程。③由两个文丘里洗涤器、冷凝器、电除雾器组成的“文文冷电”水洗流程。水洗流程污水排放量大，污水中含有大量矿尘、砷及氟等有害杂质且酸性较强，对环境造成严重危害，近年来较少使用。

从以上案例，我们可以看出，气液相反应过程中，无论是填料吸收塔还是鼓泡塔，内部结构的不同，使反应器内部气液相接触状态不同，导致传质和传热效果不同，这对反应结果有很大影响。同时可以看出气液相反应器内流体的流动情况比较复杂，气体的进入方式多种多样，气速的大小有高有低，有的单独鼓入，有的与液体一起鼓入或喷入。液体有流动的（连续式），有不流动的（半间歇式）。在连续操作的塔中，液体与气体有逆流的，有并流的，气液的流动会相互影响。塔内的内部构件导流管、障板、挡板、筛板、换热器等，也会影响气体和液体的流动状态及气液两相的接触状态，从而影响反应结果。

【学习目标】

知识目标

（1）了解并掌握气液相反应器的分类及基本结构。

（2）了解并掌握气液相反应器内的流体流动过程。

（3）掌握鼓泡塔反应器、填料塔反应器的基本结构及特点。

（4）掌握鼓泡塔反应器的开车要点及反应操作条件的控制。

（5）理解气液相反应动力学基本概念。

技能目标

（1）能够完成鼓泡塔反应器的冷态开车、正常停车和事故处理。

（2）根据化工产品的反应特点和生产条件选择气液相反应器类型。

（3）能够熟练完成鼓泡塔反应器的冷态开车程序。

（4）能准确分析判断温度、压力、液位、流量异常等故障原因。

（5）能快速准确处理反应器异常状况。

素质目标

（1）能够深刻领悟并践行化工安全生产及职业道德规范。

（2）提高团队合作能力。

（3）提升发现问题、分析问题和解决问题的能力。

（4）通过工艺参数的科学控制，培养安全意识和岗位责任意识。

（5）传承劳模精神、工匠精神，提升职业素养。

任务一 气液相反应过程分析

一、气液相反应过程

气液相反应和反应器广泛应用于石油、化工、轻工、医药和环境保护等生产过程。在化工生产过程中，进行气-液相反应的目的主要有两个：

（1）得到某种产品　例如用乙烯与氯气通入悬浮有三氯化铁的二氯乙烷溶液中制取二氯乙烷，用乙烯和氧气通入氯化钯、氯化铜的乙酸水溶液制取乙醛，用氧气通入含乙酸锰的乙醛溶液制乙酸等。

(2) 净化气体以及废气和污水的处理 例如合成氨生产中除去原料气中硫化氢、二氧化碳等，硫酸厂及燃料锅炉厂尾气中消除二氧化硫等。总之，在石油化工、无机化工及生物化学工程等领域有许多气液反应过程的实例并越来越显示它们的重要性。

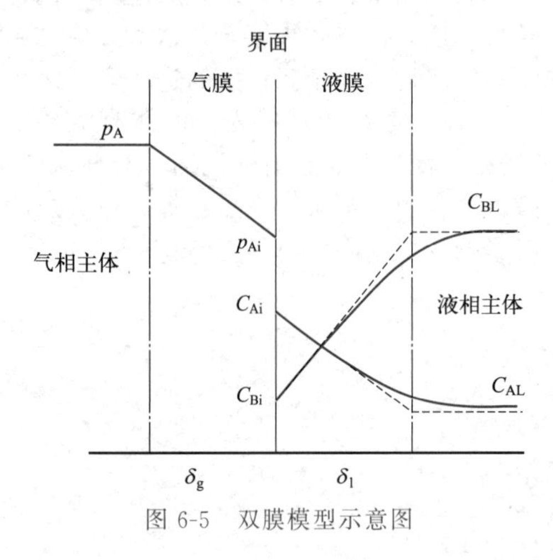

图 6-5 双膜模型示意图

二、气液相反应过程计算关系式

气液反应过程必然是反应物中有一个或一个以上组分存在于气相，但并非所有反应组分均在气相，因此在气相中并没有化学反应发生。在反应过程中气相中反应组分必须进入液相，与液相中反应组分相接触才能进行反应。气液反应过程模型有多种，如双膜模型、涡流扩散模型，表面更新模型等，后两种模型发展较晚，比较接近实际情况，但其模型参数不易确定。而双膜模型实际应用较多，其优点是简明易懂，便于进行数学处理。所以这里还使用经典的双膜模型（如图 6-5 所示），虽然它还存在着某些缺陷和不足，但仍然被广泛采用。

双膜模型基本论点：

(1) 气液界面的两侧分别有层流流动的气膜和液膜，膜的厚度随流动状态而变化。

(2) 组分在气膜和液膜内以分子扩散形式传质，服从菲克定律。

(3) 通过气膜传递到相界面的溶质组分瞬间溶于液相且达到平衡，符合亨利定律，相界面上不存在传质阻力。

(4) 气相和液相主体内混合均匀，不存在传质阻力。全部传质阻力都集中在二层膜内，各膜内的阻力可以串联相加。

假定气液相界面两侧存在着气膜与液膜（很薄的静止层或滞留层）。当气相组分向液相扩散时，必须先到达气液相界面，并在相界面上达到气液平衡，即符合亨利定律。

$$p_{Ai}=H_A C_{Ai}$$

p_{Ai} 是气相组分 A 在相界面上成平衡的气相分压；C_{Ai} 是气相组分 A 在相界面上成平衡的液相浓度；H_A 为亨利常数。

双膜模型又假定在气膜之外的气相主体和液膜之外的液相主体中，达到完全的混合均匀，即全部传质阻力都集中在膜内。在无反应的情况下，组分 A 由气相主体扩散而进入液相主体需经历以下途径：气相主体→气膜→界面气液平衡→液膜→液相主体。

在单位气液相界面积上作物料衡算，由 Fick 扩散定律

扩散入：
$$-D_{LA}\frac{dC_A}{dz} \tag{6-1}$$

扩散出：
$$-D_{LA}\frac{d}{dz}\left(C_A+\frac{dC_A}{dz}dz\right) \tag{6-2}$$

积累量：0 反应量：0 物料平衡式：扩散入=扩散出

$$-D_{LA}\frac{dC_A}{dz}=-D_{LA}\frac{d}{dz}\left(C_A+\frac{dC_A}{dz}dz\right) \tag{6-3}$$

$$D_{LA}\frac{d^2C_A}{dz^2}dz=0,\quad \frac{d^2C_A}{dz^2}=0 \tag{6-4}$$

边界条件：界面处　　$z=0$，$C_A=C_{Ai}$

液膜表面处 $z=\delta_L$，$C_A=C_{AL}$

上式积分两次，代入边界条件，可得到液膜内 A 组分的浓度分布方程为

$$C_A=\frac{1}{\delta_L}(C_{AL}-C_{Ai})z+C_{Ai} \tag{6-5}$$

对上式微分得：

$$\frac{dC_A}{dz}=\frac{1}{\delta_L}(C_{Ai}-C_{AL}) \tag{6-6}$$

当扩散达定常态时方程右侧各项均为常数，可知此时液膜内浓度梯度处处相等。根据双膜模型的假定，全部液相传质阻力都集中在液膜内，单位时间内通过单位传质表面的 A 组分的量可表示为

$$N_A=k_{LA}(C_{AL}-C_{Ai}) \tag{6-7}$$

k_{LA} 为 A 组分在液膜中的传质系数，而根据 Fick 扩散定律，液膜中的传质速度即是其中的扩散速度，由上式可得

$$N_A=-D_{LA}\frac{dC_A}{dz}=-D_{LA}\left[-\frac{1}{\delta_L}(C_{Ai}-C_{AL})\right]=\frac{D_{LA}}{\delta_L}(C_{Ai}-C_{AL}) \tag{6-8}$$

对照两式可得到扩散系数与传质系数之间的关系

$$k_{LA}=\frac{D_{LA}}{\delta_L} \tag{6-9}$$

气膜传质系数与气膜扩散系数也成正比关系

$$k_{GA}=\frac{D_{GA}}{\delta_L} \tag{6-10}$$

如定义与液相中 C_{AL} 平衡的气相分压为 P_A，与气相中 P_A 平衡的液相浓度为 C_A。则传质通量又可表示为

$$\begin{aligned}N_A&=k_{GA}(p_A-p_{Ai})=k_{LA}(C_{Ai}-C_{AL})=K_{GA}(p_A-p_A^*)\\&=K_{LA}(C_A^*-C_{AL})=\frac{P_A-P_{Ai}}{\frac{1}{k_{GA}}}=\frac{C_{Ai}-C_{AL}}{\frac{1}{k_{LA}}}=\frac{p_A-P_A^*}{\frac{1}{K_{GA}}}=\frac{C_A^*-C_{AL}}{\frac{1}{K_{LA}}}\end{aligned} \tag{6-11}$$

$$\frac{p_A-p_{Ai}}{\frac{1}{k_{GA}}}=\frac{p_{Ai}-p_A^*}{\frac{H_A}{k_{LA}}}=\frac{p_A-p_A^*}{\frac{1}{K_{GA}}}$$

可得

$$\frac{1}{K_{GA}}=\frac{1}{k_{GA}}+\frac{H_A}{k_{LA}} \qquad \frac{1}{K_{LA}}=\frac{1}{H_Ak_{GA}}+\frac{1}{k_{LA}} \tag{6-12}$$

三、气液相反应分类、特征

气液相反应是传质与反应过程的综合，其宏观反应速率取决于其中速率最慢的一步，即控制步骤。如反应速率远大于传质速率，则称为传质控制（气膜或液膜扩散控制），宏观反应速率在形式上就是相应的传质速率方程。如传质速率远大于反应速率，称为反应控制，宏观反应速率就等于本征反应速率。如果传质速率与反应速率相当，则宏观反应速率要同时考虑传质和反应的影响。了解气液反应的控制步骤，是对过程进行分析和设备选型的重要依据。

$$A(气相)+B(液相)\longrightarrow 产物$$

$$A(g)+B(l) \longrightarrow P$$
$$(-r_A)=kc_Ac_B$$

反应步骤：(1) 反应物气相组分 A 由气相主体扩散到气液相界面，在界面上假定达到气液平衡；

(2) 由气相界面进入液相；

(3) 反应物由相界面扩散到液相；

(4) 反应物在液相内反应；

(5) 产物从高浓度向低浓度扩散，若为气相产物，则向界面扩散，再回到气相。

(一) 气液相反应分类

根据反应速率相对快慢，分为以下 5 种类型。

1. 瞬间反应

本征反应速率远大于传质速率的反应。瞬间反应属扩散控制，反应阻力来自气相及液相传质阻力（图 6-6）。

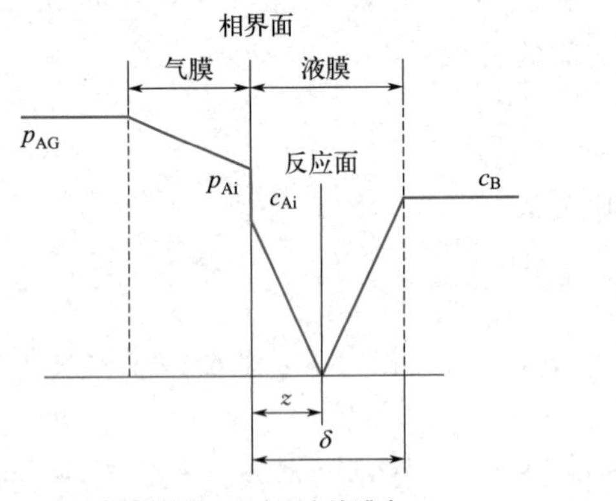

(a) 瞬间反应，反应面在液膜内

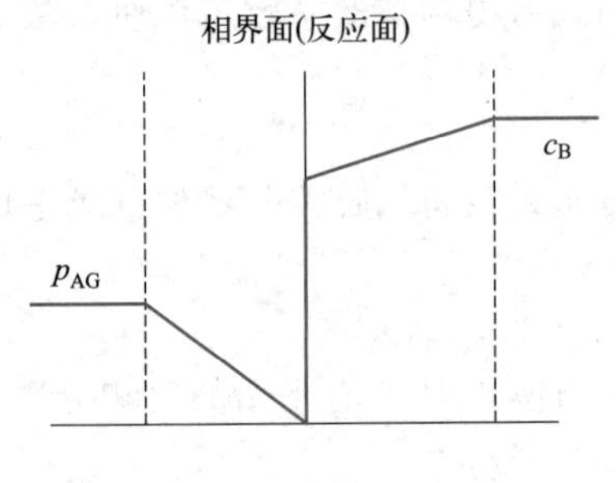

(b) 瞬间反应，c_B大，反应面在相界面上

图 6-6 瞬间反应示意图

当组分 A 与组分 B 的反应速率远远大于组分 A 与组分 B 由液膜两侧向膜内的传质速率时，气相组分 A 与液相组分 B 之间的反应为瞬间完成，即两者不能在液相中共存。反应发生于液膜内某一个面上，该面称为反应面。在此反应面上 A 和 B 两组分至少有一个组分的浓度为零。而反应面在液膜中所处的位置由组分 A 在气相中的分压、组分 B 在液相主体内的浓度以及传质系数所决定。所以，A 和 B 扩散到此界面的速率决定了过程的总速率。

此时边界条件：$z=\delta_L$，$c_B=c_{BL}$，$c_A=0$，且在反应面处，$c_B=c_{BL}=0$

$$(-R_A)=\frac{D_{LA}}{\delta}c_{Ai}\left[1+\left(\frac{D_{BL}}{D_{AL}}\right)\left(\frac{c_{BL}}{\alpha_B c_{Ai}}\right)\right] \tag{6-13}$$

若因液相中组分 B 的浓度高，气相组分 A 扩散到达界面时即反应完毕，则反应面移至相界面上。此时，总反应速率取决于气膜内 A 的扩散速率。

$$(-R_A)=k_{AG}SP_{AG} \tag{6-14}$$

2. 快速反应

本征反应速率大于传质速率。快速反应的反应区在液膜内，反应阻力来自传质阻力及动力学阻力，但传质阻力占主要（图 6-7）。

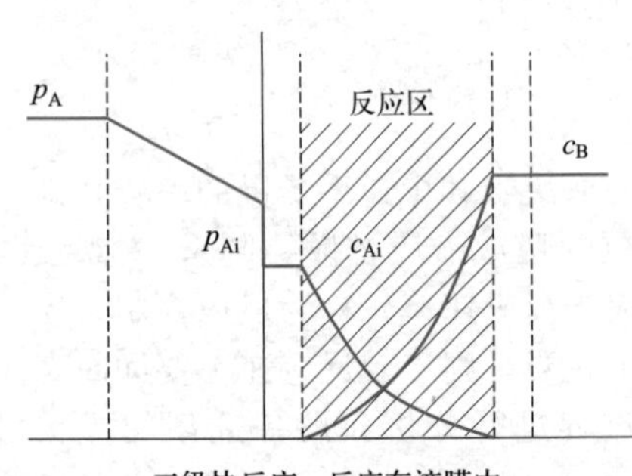

二级快反应，反应在液膜内

图 6-7 快速反应示意图

当A与B的反应速率大于A与B由液膜两侧向膜内的传质速率时，通过相界面溶解到液膜内的组分A在膜内全部与组分B反应，反应面为整个液膜。在液相主体内组分A的浓度$c_{AL}=0$。故液相主体内无化学反应的发生。此时，总反应速率取决于化学反应速率常数、扩散系数和界面被吸收组分的浓度而与液膜传质系数K_L无关。

此时边界条件：$z=\delta_L$，$c_B=c_{BL}$，$c_A=0$

$$(-R_A)=\frac{\gamma}{\tanh(\gamma)}k_{AL}c_{Ai} \tag{6-15}$$

其中：$\gamma=k\delta_L/k_{AL}$为八田数。

3. 中速反应

本征反应速率与传质速率相当，反应从液膜内某一位置开始，蔓延到液相主体。中速反应的阻力主要来自传质及动力学阻力（图6-8）。

当A与B的反应速率与A在液膜内的传质速率相接近时，通过相界面溶解到液膜内的组分A在膜内不可能全部与组分B反应，因此，在液相主体内仍然发生化学反应。即反应过程在液膜和液相主体内同时进行。总反应速率既和传质速率有关又和化学反应速率有关。

$$(-R_A)=\frac{\gamma}{\tanh\gamma}\left[1-\frac{1}{\cosh\gamma}\left(\frac{c_{AL}}{c_{Ai}}\right)k_{AL}c_{Ai}\right] \tag{6-16}$$

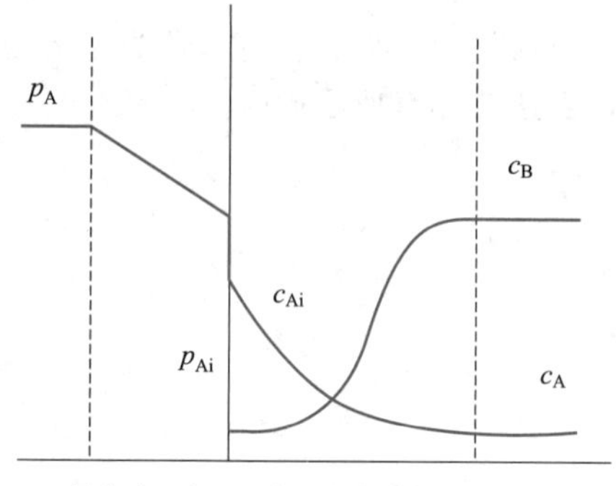

二级中速反应，反应发生在液膜及液相主体内

图6-8　中速反应示意图

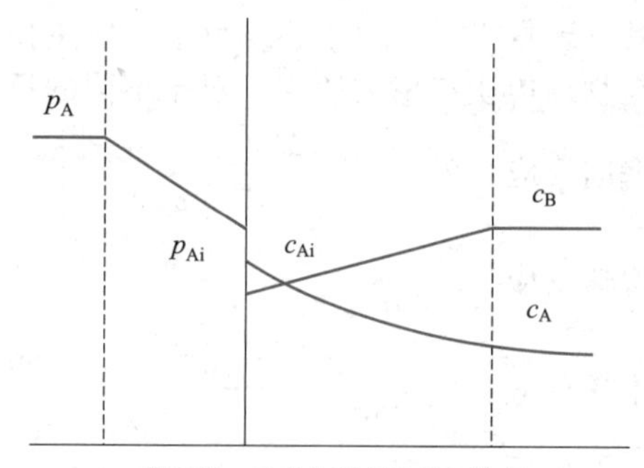

慢反应，反应主要在液相主体内

图6-9　慢速反应示意图

4. 慢速反应

本征反应速率小于传质速率，反应主要在液相主体内进行。慢反应的阻力主要来自动力学阻力（图6-9）。

当A与B的反应速率小于A与B由液膜两侧向膜内的传质速率时，通过相界面溶解到液膜内的组分A在液膜中与液相组分B发生反应，但由于液相主体内的反应速率已大于A在液膜内的传质速率，所以液膜内的传质阻力可以忽略，致使大部分A反应不完而扩散进入液相主体，并在液相主体中与B发生反应。故反应主要在液相主体中进行。实际上此时的宏观动力学方程即为物理吸收过程的规律。

$$(-R_A)=\frac{1}{1/k_{AG}+H/k_{AL}}(P_{AG}-Hc_{AL})S \tag{6-17}$$

5. 极慢反应

本征反应速率远小于传质速率的反应。极慢反应完全在液相主体内进行，反应的阻力完全来自动力学阻力，属动力学控制（图6-10）。

由于A与B的反应速率远远小于A与B由液膜两侧向膜内进行传质的速率，导致组分A在气膜和液膜内的传质阻力可以忽略。所以组分A在液相主体和相界面上的浓度是相等

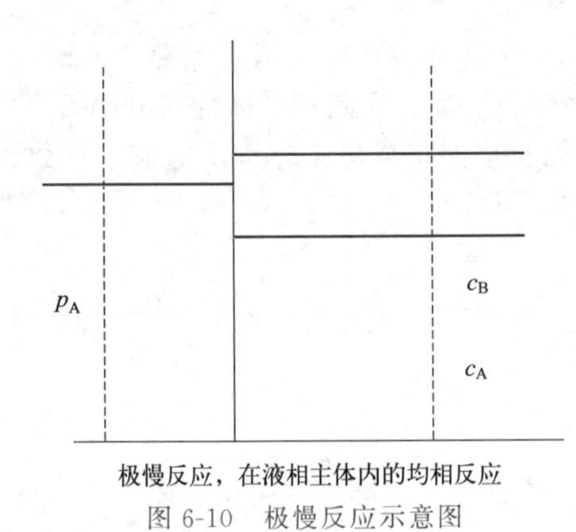

图 6-10 极慢反应示意图

的，与气相主体中组分 A 的反应成相平衡。反应速率完全取决于化学反应动力学。

$$(-R_A)=kc_Ac_B \tag{6-18}$$

由此可知，不同的反应类型，其传质速率与本征反应速率的相对大小不同，导致宏观反应速率的表达形式相差很大。以上宏观反应动力学方程是通过解微分方程得到的，由于求解过程复杂，所以不再做推导。对于不同的反应类型，适宜的气液反应设备也不相同。

（二）气液相反应过程的重要参数

从气液相反应的宏观动力学方程可以看出，对于不同的反应类型动力学方程的表达式是不同的，表达式的形式也较为复杂。为了能够清楚描述气液相反应的特征，给出以下几个在气液相反应过程中应用较多的参数。

1. 化学增强系数 β

根据定义：$\beta=\dfrac{k'_{AL}}{k_{AL}}=\dfrac{\text{有化学反应时 A 在液相中的传质速率}}{\text{纯物理吸收时 A 在液相中的传质速率}}$

其物理意义是：由于化学反应的发生使得传质系数增加的倍数。也可以认为是表观反应速率与物理传质速率的比值。对于不同的反应类型，表达式亦有所不同。

瞬间反应：$\beta=\left[1+\left(\dfrac{D_{BL}}{D_{AL}}\right)\left(\dfrac{c_{BL}}{\alpha_B c_{Ai}}\right)\right]$

快速反应：$\beta=\dfrac{\gamma}{\tanh(\gamma)}$

中速反应：$\beta=\dfrac{\gamma}{\tanh(\gamma)}\dfrac{[c_{Ai}-c_{AL}/\cosh(\gamma)]}{c_{Ai}-c_{AL}}$

慢速反应：$\beta\cong 1$

极慢速反应：$\beta=1$

2. 膜内转换系数（八田数）γ

根据定义：$\gamma^2=\dfrac{kD_{AL}}{k_{AL}^2}=\dfrac{k\delta_L}{k_{AL}}=\dfrac{\text{液膜内最大可能的反应量}}{\text{液膜内最大的传质量}}$

其物理意义是：液膜内化学反应速率与物理吸收速率的比值，或者说是膜内进行反应的那部分量占总反应量的比例。我们可以用膜内转换系数来判断反应进行的快慢或反应类型。通常情况下，当 $\gamma>2$ 时，可认为反应属于在液膜内进行的快速反应或瞬间反应，此时反应速率与液相传质速率 K_L 无关但与单位体积液相具有的表面积有关。当 $0.02<\gamma<2$ 时，反应属于中速反应，主体内反应的量大于液膜内反应的量，因此需要大量的存液量。$\gamma<0.02$ 时，反应属于全部在液相中反应的慢反应。反应速率取决于单位体积反应器内反应相所占有的体积。

3. 有效因子

与气固相催化反应的处理方法相同，气液相反应也可以用有效因子来表示反应过程中液相传质过程对反应速率的影响。

$$\eta=\frac{(-R_A)}{(-r_A)}=\frac{\text{受传质影响时的反应速率}}{\text{传质没影响时的反应速率}}$$

有效因子的大小也可以表示反应相内部总利用率。$\eta=1$ 说明化学反应在整个液相中反应，$\eta<1$ 说明液相的利用是不充分的。因此 η 又可称为液相利用率。

由于气液相反应主要有两类。一类是用于气体净化，另一类是用于制取产品。不同的反应可以用不同的参数来描述。如反应是用于气体净化时，可以用化学增强因子 β 来表示由于化学反应的存在而使传质速率增大的倍数，因为此类反应的着眼点是物理吸收过程。如反应是为了制取产品，用化学增强因子 β 来表示就不太合适。此时，用有效因子 η 来表示相间传质对液相化学反应速率的影响就比较合适，因为此类反应的着重点在于液相中化学反应进行的速率和反应物的转化率。

总之，气液相反应过程由于化学反应速率和传质速率相对大小的不同具有不同的反应特点。化学反应速率慢的气液相反应，反应主要在液相主体中进行。此时采用传质速率较快、存液量大的反应器效果比较好。化学反应速率大的反应，一般反应在液膜内已基本进行完毕。此时若要提高宏观反应速率，就需要提高反应温度来增大速率常数 k 及扩散系数 D_{AL}，同时减小气膜阻力即增大相界面处与气相呈平衡的组分 A 的浓度 c_{Ai}。而增加液相湍动，减小液膜厚度等对反应的影响是不大的。

任务二　认识气液相反应器

一、气液相反应器分类

气液相反应器按照气液的接触方式可以分为三类。

液膜型：液体成膜状以膜状运动与气相进行接触，气液两相均为连续相。如填料塔、湿壁塔、降膜反应器等。

气泡型：液体为连续相、气体以气泡形式分散在液体中。如鼓泡塔、板式塔、搅拌鼓泡釜式反应器等。

液滴型：气体为连续相、液体以液滴形式分散在气体中。如喷洒塔、喷射反应器、文丘里反应器等。

常见气液相反应器简图如图 6-11 所示。

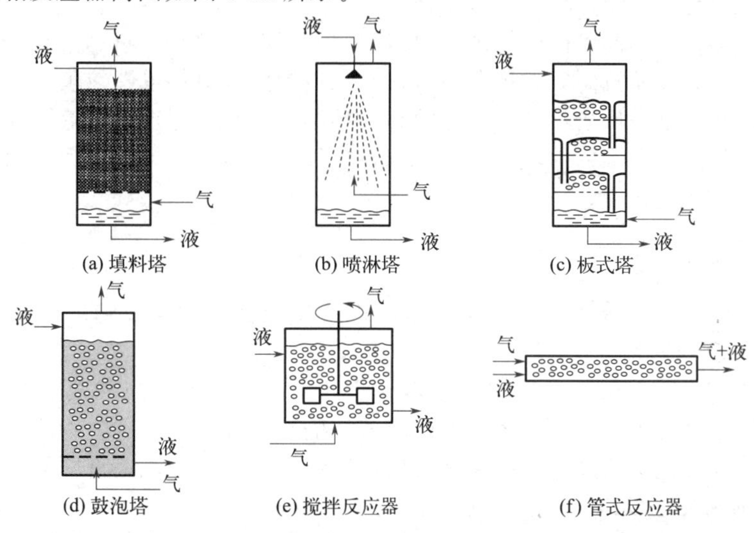

图 6-11　常见气液相反应器简图

（一）填料塔反应器

填料塔是以塔内的填料作为气液两相间接触构件的传质设备。具体结构如图 6-12 所示。填料塔的塔身是一直立式圆筒，底部装有填料支承板，填料以乱堆或堆砌的方式放置在支承板上。填料的上方安装填料压板，以防被上升气流吹动。液体从塔顶经液体分布器喷淋到填料上，并沿填料表面流下。气体从塔底送入，经气体分布装置（小直径塔一般不设气体分布装置）分布后，与液体呈逆流连续通过填料层的空隙，在填料表面上，气液两相密切接触进行传质。填料塔属于连续接触式气液传质设备，两相组成沿塔高连续变化，在正常操作状态下，气相为连续相，液相为分散相。

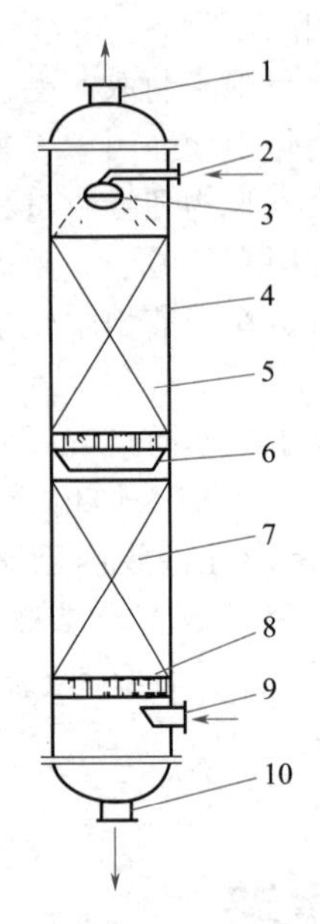

图 6-12 填料塔结构示意图

1—气体出口；2—液体入口；3—液体分布装置；4—塔壳；5—填料；6—液体再分布器；7—填料；8—支撑栅板；9—气体入口；10—液体出口

当液体沿填料层向下流动时，有逐渐向塔壁集中的趋势，使得塔壁附近的液流量逐渐增大，这种现象称为壁流。壁流效应造成气液两相在填料层中分布不均，从而使传质效率下降。因此，当填料层较高时，需要进行分段，中间设置再分布装置。液体再分布装置包括液体收集器和液体再分布器两部分，上层填料流下的液体经液体收集器收集后，送到液体再分布器，经重新分布后喷淋到下层填料上。

填料塔优点：结构简单，适用于腐蚀性的液体；气液相流量的允许变化范围较大，适用于低气速、高液速的场合；气液流型接近于活塞流，用于要求较高转化率的反应；填料塔的单位体积相界面大而持液量小，适用于过程阻力主要在相间传递的气液反应。

填料是填料塔的核心构件，它提供了气流两相接触传质的相界面，是决定填料塔性能的主要因素，一般为了使填料塔高效率地操作，选择填料一般考虑几个因素：有较大的比表面积；有较高的空隙率；具有适宜的填料尺寸和堆积密度；有足够的机械强度；对于液体和气体均需具有化学稳定性；制造容易，价格便宜等。

填料按照堆砌方式不同可以分为散装填料和规整填料。散装填料是具有一定几何形状和尺寸的颗粒体，一般以随机的方式堆积在塔内，又称为乱堆填料或颗粒填料。散装填料根据结构特点不同，又可分为环形填料、鞍形填料、环鞍形填料及球形填料等。规整填料是按一定的几何构形排列，整齐堆砌的填料。规整填料的种类繁多，根据其几何结构可分为格栅填料、波纹填料、脉冲填料等。

（二）鼓泡塔反应器

气体以鼓泡形式通过液体进行化学反应的塔式反应器，称为鼓泡塔（床）反应器，如图 6-13 所示，简称鼓泡塔。

鼓泡塔反应器广泛应用于液体相也参与反应的中速、慢速反应和放热量大的反应。例如，各种有机化合物的氧化反应、各种石蜡和芳烃的氯化反应、各种生物化学反应、污水处理曝气氧化和氨水碳化生成固体碳酸氢铵等反应，都采用这种鼓泡塔反应器。

1. 简单鼓泡塔反应器

其基本结构是内盛液体的空心圆筒，底部装有气体分布器，壳外装有夹套或其它型式换

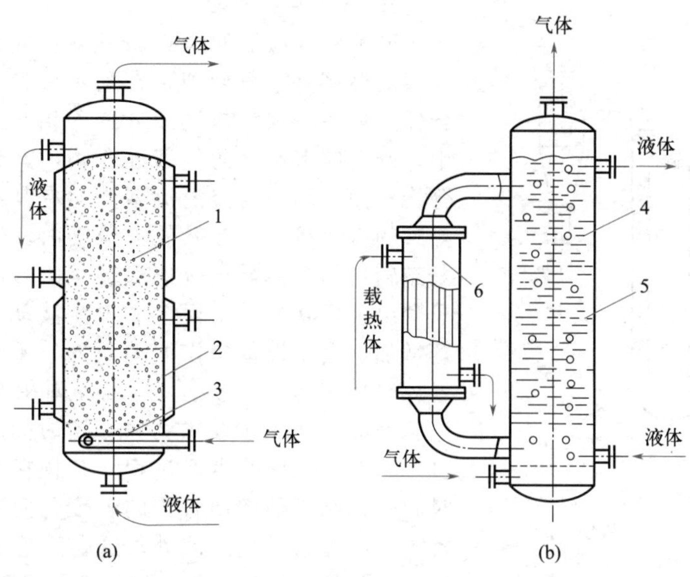

图 6-13　鼓泡塔反应器

1—分布隔板；2—夹套；3—气体分布器；4—塔体；5—挡板；6—塔外换热器

热器或设有扩大段、液滴捕集器等，见图 6-13。反应气体通过分布器上的小孔鼓泡而入，液体间歇或连续加入，连续加入的液体可以和气体并流或逆流，一般采用并流形式较多。气体在塔内为分散相，液体为连续相，液体返混程度较大。为了提高气体分散程度和减少液体轴向循环，可以在塔内安置水平多孔隔板。简单鼓泡塔内液体流型可近似视为理想混合模型，气相可近似视为理想置换模型。它具有结构简单、运行可靠、易于实现大型化，适宜加压操作，在采取防腐措施（如衬橡胶、瓷砖、搪瓷等）后，还可以处理腐蚀性介质等优点。但是不能在简单鼓泡塔内处理密度不均一的液体，如悬浊液等。

2. 气体升液式鼓泡反应器

为了能够处理密度不均一的液体，强化反应器内的传质过程，可采用气体升液式鼓泡塔。该鼓泡反应器适用于高黏性反应物。例如生化工程的发酵、环境工程中活性污泥的处理、有机化工中催化加氢（含固体催化剂）等情况，此种利用气体提升和液体喷射形成有规则的循环流动，可以强化反应器传质效果，并有利于固体催化剂的悬浮。它具有径向气液流动速度均匀、轴向弥散系数较低，传热、传质系数较大，液体循环速度可调节等优点。该反应器结构较为复杂如图 6-14 所示。这种鼓泡塔与简单鼓泡塔的结构不同在于它的塔体内装有一根或几根气升管，它依靠气体分布器将气体输送到气升管的底部，在气升管中形成气液混合物。此混合物的密度小于气升管外的液体的密度，因此引起气液混合物向上流动，气升管外的液体向下流动，从而使液体在反应器内循环。因为气升管的操作像一个气体升液器，故有气体升液式鼓泡塔之称。在这种鼓泡塔中，虽然没有搅拌器，但气流的搅动要比简单鼓泡塔激烈得多。因此，它可以处理不均一的液体；如果把气升管做成夹套式，在内通热载体或冷载体，则气升管同时还具有换热作用。在反应过程中，气升管中的气体流型可视为理想置换模型，整个反应器中的液体则可视为理想混合模型。

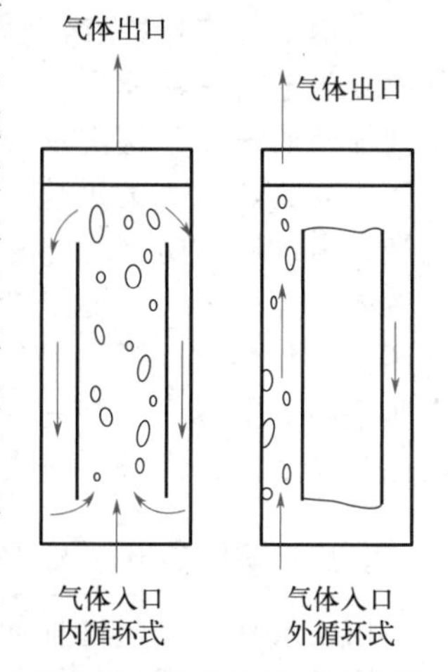

图 6-14　气体升液式鼓泡塔

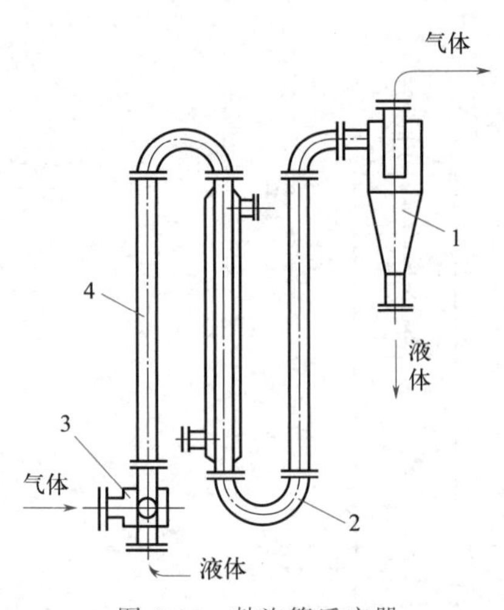

图 6-15 鼓泡管反应器
1—气液分离器；2—管接头；
3—气液混合器；4—垂直管

3. 鼓泡管反应器

鼓泡管反应器如图 6-15 所示。它是由管接头依次连接的许多垂直管组成，在第一根管下端装有气液混合器，最后一根管与气液分离器相连接。这种反应器中，既有向上运动的气液混合物，又有下降的气液混合物，而下降的物流的流型变化有其独特的规律，下降管的直径较小，在其鼓泡流动时，气泡沿管截面的分布较均匀，但当气流速度较小时，反应器中某根管子会出现环状流，从而造成气流波动，引起总阻力显著增加，会使设备操作波动而处于不稳定状态，因此气体空塔流速不应过小，一般控制在大于 0.4m/s。鼓泡管反应器适用于要求物料停留时间较短（一般不超过 15～20min）的生产过程，若物料要求在管内停留时间长，则必须增加管子的长度，而这样会造成反应器内流动阻力增大。此外，这种反应器特别适用于需要高压条件的生产过程，例如高压聚乙烯生产。

鼓泡管反应器的最大优点是生产过程中反应温度易于控制和调节。由于反应管内流体的流动属于理想置换模型，故达到一定转化率时所需要的反应体积较小，对要求避免返混的生产体系更是十分有利。

4. 填料鼓泡塔

在塔内的液体层中放置填料，称为填料鼓泡塔，该种反应器可以增加气液相接触面积和减少返混。它与一般填料塔不同，一般填料塔中的填料不浸泡在液体中，只是在填料表面形成液层，填料之间的空隙中是气体。而填料鼓泡塔中的填料是浸没在液体中。填料间的空隙全是鼓泡液体。这种塔的大部分反应空间被填料所占据，因而液体在反应器中的平均停留时间很短，虽有利于传质过程，但传质效率较低，故不如中间设有隔板的多段鼓泡塔效果好。

鼓泡塔反应器的换热方式根据热效应的大小可采用不同的形式。当反应过程热效应不大时，可采用夹套式进行换热；热效应较大时，可在塔内增设换热装置如蛇管、垂直管束、横管束等（图 6-16）。或者还可以设置塔外换热器，以加强液体循环。同时也可以利用反应液蒸发的方法带走热量。

鼓泡塔反应器特点：塔内充满液体，气体从反应器底部通入，分散成气泡沿着液体上升，既与液相接触进行反应同时搅动液体以增加传质速率。这类反应器适用于液相也参与反应的中速、慢速反应和放热量大的反应。鼓泡塔反应器结构简单、造价低、易控制、易维修、防腐问题易解决，用于高压时也无困难。鼓泡塔内液体返混严重，气泡易产生聚并，故效率较低。储液量大，适于速度慢和热效应大的反应。液相轴向返混严重，连续操作型反应速率明显下降。在单一反应器中，很难达到高的液相转化率，因此常用多级鼓泡塔串联或采用间歇操作方式。

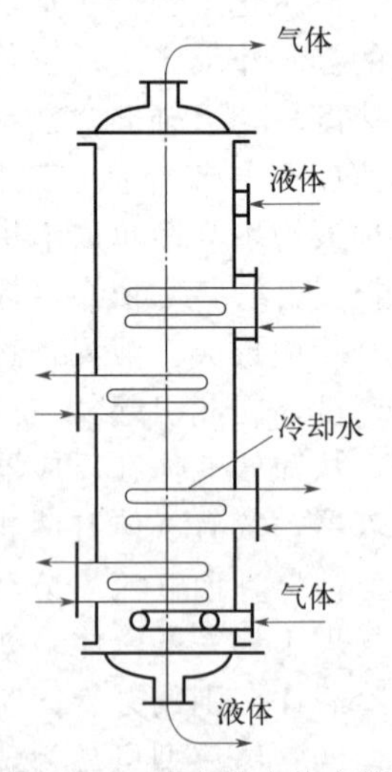

图 6-16 具有塔内热交换装置的鼓泡反应器

（三）搅拌釜式反应器

用于气液相反应过程的搅拌釜式反应器结构如图 6-17。它与鼓泡塔反应器不同，气体的分散不是靠气体本身的鼓泡，而是靠机械搅拌。由于釜内装有搅拌器，使得反应器内的气体能较好地分散成细小的气泡，增大气液接触面积，使液体达到充分混合。即使在气体流率很小时，搅拌也可以造成气体的充分分散。

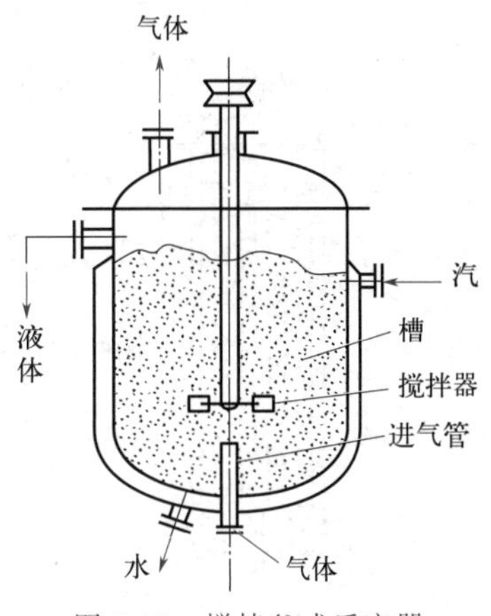

图 6-17　搅拌釜式反应器

一般搅拌釜式反应器的气体导入方式采用在搅拌器下设置各种静态预分布器的强制分散方法。搅拌器的形式有很多种，最好选用圆盘形涡轮。若进气的方式是单管，将其置于涡轮桨下方的中心处，并接近桨翼。由于圆盘的存在，气体不致短路而必须通过桨翼被击碎。当气量较大时，可采用环形多孔管分布器，环的直径不大于桨翼直径的80%，气泡一经喷出便可被转动桨翼刮碎并卷到翼片后面的涡流中而被进一步粉碎，同时沿着半径方向迅速甩出，碰壁后又折向搅拌器上下两处循环旋转。气液混合物在离桨翼不远处含气量最高，成为传质的主要地区。当液层高度与釜直径之比大于1.2时，一般需要两层或多层桨翼，有时桨翼间还要安置多孔挡板。气体在搅拌釜中的通过能力受液泛限制，超过液泛的气体不能在液体中分散，它们只能沿釜壁纵向上升。液体流量由反应时间决定。

搅拌釜式气液相反应器的优点是气体分散良好，气液相界面大，强化了传质、传热过程，并能使非均相液体均匀稳定。主要缺点是搅拌器的密封较难解决，在处理腐蚀性介质及加压操作时，应采用封闭式电动传动设备。达到相同转化率时，所需要反应体积较大。

（四）膜式反应器

膜式反应器的结构型式类似于管壳式换热器，反应管垂直安装，液体在反应管内壁呈膜状流动，气体和液体以并流或逆流形式接触并进行化学反应，这样可以保证气体和液体沿着反应管的径向均匀分布。

根据反应器内液膜的运动特点，膜式反应器可分为降膜式、升膜式和旋转气液流膜式反应器，见图 6-18。

1. 降膜式反应器

降膜式反应器是列管式结构，见图 6-18(a)。液体由上管板经液体分布器形成液膜，沿各管壁均匀向下流动，气体自下而上经过气体分布管分配进各管中，热载体流经管间空隙以排出反应热，因传热面积较大，故非常适合热效应大的反应过程。

因为这种反应器液体在管内停留时间较短，所以必要时可依靠液体循环来增加停留时间。在采取气液逆流操作时，管内向上的气流速度为5～7m/s，以避免下流液体断流和夹带气体。如采取气液并流时，则可允许较大的气体流速。

降膜式反应器具有气体阻力小，气体和液体都接近于理想流动模型，结构比较简单，并具有操作性能可靠的特点。但当液体中掺杂有固体颗粒时，其工作性能将大大降低。

2. 升膜式反应器

升膜式反应器的结构见图 6-18(b)。液体加到管子下部的管板上，被气流带动并以膜的形式沿管壁均匀分布向上流动。在反应器上部装有用来分离液滴的飞沫分离器。

这种反应器在反应管内的气流速度可以在很大范围内变化，操作时可按照气体和液体的性质，根据工艺要求在10～50m/s范围选定。它比降膜式反应器中的气体传质强度更高。

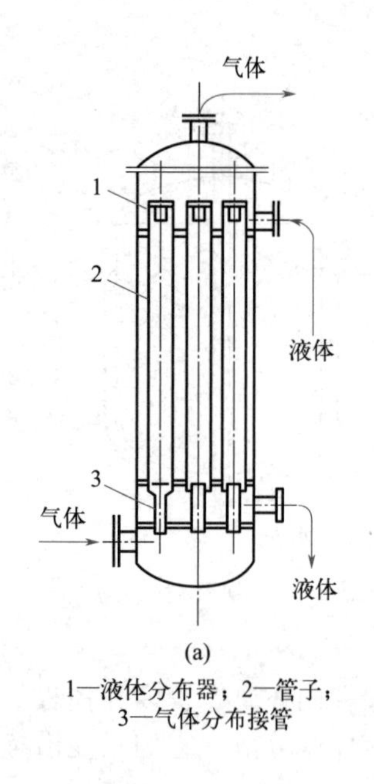

(a)
1—液体分布器；2—管子；
3—气体分布接管

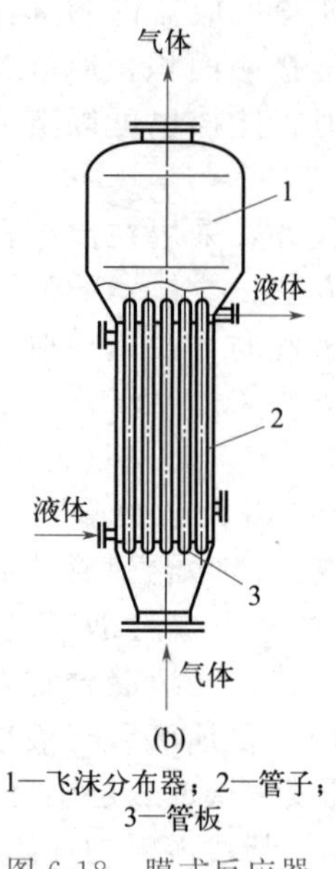

(b)
1—飞沫分布器；2—管子；
3—管板

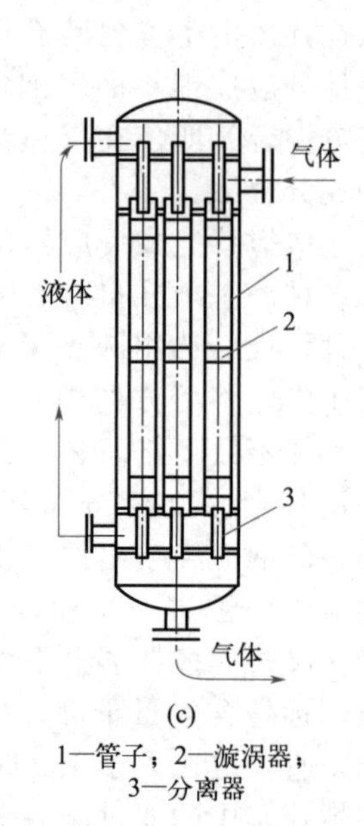

(c)
1—管子；2—漩涡器；
3—分离器

图 6-18 膜式反应器

3. 旋转气液流膜式反应器

旋转气液流膜式反应器的结构见图 6-18(c)。这种反应器中的每根管内都装有旋涡器，气流在旋涡器中将上部加入的液体，甩向管壁，使其沿管壁呈膜式旋转流动。为使液膜一直保持旋转，在气液分离器前沿管装有多个旋涡器。

旋转气液流膜式反应器与前两种膜式反应器比较，提高了传质传热效率，降低喷淋密度，对管壁洁净和润湿性条件要求也低。但因每根管都装有旋涡构件，而使结构复杂，同时增大了流体的流动阻力。因此只适用于扩散控制下的反应过程。

在各类膜式反应器中，气液相均为连续相，适用于处理量大、浓度低的气体以及在液膜内进行的强放热反应过程。但不适用于处理含固体物质或能析出固体物质及黏性很大的液体，因为这样的流体容易阻塞喷液口。

目前，膜式反应器的工业应用尚不普遍。有待进一步研究和开发。

除以上各类气液反应器外，经常使用的还有板式塔反应器、喷雾塔反应器、高速湍动反应器等。板式塔反应器与精馏过程所使用的板式塔结构基本相同，在塔板上的液体是连续相，气体是分散相，气液传质过程是在塔板上进行的。喷雾塔反应器结构较为简单，液体经喷雾器被分散成雾滴喷淋下落，气体自塔底以连续相向上流动，两相逆流接触完成传质过程，具有相接触面积大和气相压降小等特点。喷射反应器、文丘里反应器等属于高速湍动接触设备，适用于瞬间反应。

总之，用于气液相反应过程的反应器种类较多，在工业生产上，可根据工艺要求、反应过程的控制因素等选用，尽量能够满足生产能力大、产品收率高、能量消耗低、操作稳定、检修方便及设备造价低廉等要求。不同的反应类型对反应器的要求也不同。同样的反应类型，侧重点不同，对反应器的要求也不同。

二、常见气液相反应器及应用范围

不同类型的气液相反应器相界面、反应器体积、液相体积等均不同，需要根据不同的反应类型来选择合适的反应器类型，确保提高反应效率（表 6-1）。

表 6-1 主要类型气液相反应器应用范围

型式	相界面积		液相体积分率	液相体积(液膜体积)	气液摩尔比	应用范围
	(以液相体积计)/(m^2/m^3)	(以反应器体积计)/(m^2/m^3)				
喷雾塔 填料塔	～1200 ～1200	～60 100	0.05 0.08	2～10 10～100	19 11.5	极快反应和快速反应，气相浓度低，气液比大，为了提高液相利用率要求增加膜体积
板式塔 鼓泡搅拌釜	1000 200	150 200	0.15 0.90	40～100 150～800	5.67 0.111	中速反应和慢速反应，也适用于气相浓度高，气液比小的快速反应
鼓泡塔	20	20	0.98	$4000～10^4$	0.0204	极慢反应，也可用于中速反应

气液相反应是化工生产中应用较多的反应，根据使用目的不同，主要有两种类型。一种是通过气液反应生产某种产品。如苯烃化生产乙苯。这类反应主要是侧重于研究传质过程如何影响化学反应速率，以求最大效率地生产所需产品。落脚点在反应速率的提高。另一种是通过气液反应净化气体，即从气体原料或产物中除去有害的气体成分，这种过程有时也叫化学吸收。如用碱溶液脱除煤气中的硫化氢。这类反应主要是侧重于研究化学反应如何强化传质速率，以期能够最大化从生产废气中除去对环境有污染的微量气体组分。落脚点在传质速率的提高上。

当气液相反应过程的主要目的是用于生产化工产品时，要根据不同的反应类型考虑。如果反应速度极快则可以选用填料塔和喷雾塔；如果反应速度极快，同时热效应又很大，就可以考虑选用膜式反应器；如果反应速度为快速或中速时，宜选用板式塔和鼓泡塔；而对于要求在反应器内能处理大量液体而不要求较大相界面积的动力学控制、同时要求装设内换热器以便及时移出热量的气液相反应过程，以选用鼓泡塔更为适宜；另外若反应是要求有悬浮均匀的固体粒子催化剂存在的气液相反应过程，或者反应体系是高黏性物系，此时一般选用具有搅拌器的釜式反应器。

从能量的角度考虑，反应器的设计就应该考虑能量的综合利用并尽可能降低能量的消耗。若反应处于高于室温的条件下进行，就应考虑反应热量的利用和过程显热的利用。若反应在加压下进行，就应考虑反应过程压力能的利用。同时，反应过程中的温度控制对能量的消耗也有很大的影响。若气液相反应的热效应很大而需要综合利用时，选降膜式反应器比较合适，也可以采用塔内安置冷却盘管的鼓泡塔反应器，而填料塔反应器则不适于该类反应，因为填料塔反应器只能靠增加喷淋量来移出反应热。

任务三 填料塔式反应器设计

填料塔反应器是进行气液反应和化学吸收的常用设备。由于填料层高度比填料直径大得多，因此，填料的作用除增加比相界面积外，还能降低气泡合并和液相轴向返混。塔内气、液两相皆可视为活塞流。填料本身也可作催化剂，如苯的氯化反应，用铁环作填料生成的 $FeCl_3$ 便是催化剂。因此，瞬间反应、快速和中速反应吸收过程都可采用填料塔反应器。例如催化热碱吸收 CO_2、水吸收 NO_x、形成硝酸，水吸收 HCl 生成盐酸等都常采用填料塔。

但是，填料反应器也有不少缺点。例如：由于存在壁流和液体分布不均等问题，其效率不如板式塔；由于无法从塔体中直接移去热量，当反应热较高时，必须借增加液体喷淋量以显热形式带出热量；由于存在填料的润湿率的问题，过低的喷淋密度会造成填料润湿极差的情况，尽管当反应剂较少时可采用自身循环的方法以保证填料的基本润湿，但这种自身循环通常破坏了逆流的原则、降低了反应和吸收的推动力，对反应过程极为不利。

填料反应器虽然存在如上一些缺点，但它仍是气液反应和化学吸收的常用设备。特别是在常压和低压下，压降成为主要矛盾时；在介质强腐蚀选材比较困难时；在反应溶剂易于起泡时，采用填料塔反应器更为适合。

一、塔径的计算

塔径的计算与化工原理中填料塔的计算相同，塔径计算公式为

$$D=\sqrt{\frac{4V_s}{\pi u}} \tag{6-19}$$

式中　D——塔径，m；

V_s——在操作条件下混合气体的体积流量，m^3/s；

u——混合气体的空塔速度，m/s。

塔径设计要做多方案比较以求经济上既是优化的，操作上也是可行的。一般适宜操作气速通常取泛点气速的50%～85%。算出的塔径还要按压力容器公称直径标准圆整。那么计算的核心问题是如何计算空塔气速 u。

1. 空塔气速的确定——泛点气速法

对于散装填料，其泛点率的经验值 $u/u_f=0.5\sim0.85$

对于规整填料，其泛点率的经验值 $u/u_f=0.6\sim0.95$

泛点气速可用经验公式法，也可采用 Eckert 通用关联图求解：

(1) 贝恩（Bain）-霍根（Hougen）关联式，即：

$$\lg\left[\frac{u_f^2}{g}\left(\frac{\alpha_t}{\varepsilon^3}\right)\left(\frac{\rho_V}{\rho_L}\right)\mu_L^{0.2}\right]=A-K\left(\frac{W_L}{W_V}\right)^{1/4}\left(\frac{\rho_V}{\rho_L}\right)^{1/8} \tag{6-20}$$

式中　A,K——关联系数（查表可知）；

u_f——泛点气速，m/s；

g——重力加速度，$9.81m/s^2$；

α_t——填料总比表面积，m^2/m^3；

ε——填料层空隙率，m^3/m^3；

ρ_L——液相密度；

ρ_V——气相密度。

(2) 埃克特（Eckert）通用关联图，散装填料的泛点气速可用埃克特通用关联图计算。

横坐标　$$\frac{W_L}{W_V}\left(\frac{\rho_V}{\rho_L}\right)^{0.5}$$

纵坐标　$$\frac{u^2\varphi\psi}{g}\left(\frac{\rho_V}{\rho_L}\right)\mu_L^{0.2}$$

$$\psi=\frac{\rho_{H_2O}}{\rho_L} \tag{6-21}$$

2. 气相动能因子（F 因子）法

气相动能因子简称 F 因子，其定义为：

$$F=u\sqrt{\rho_V} \tag{6-22}$$

该公式多用于规整填料空塔气速的计算。可先从相关手册查出填料在操作条件下的 F 因子，后计算空塔气速 u。且在低压条件下应用（<0.2MPa）。

3. 气相负荷因子（C_s 因子）法

气相负荷因子定义：

$$C_s=u\sqrt{\frac{\rho_V}{\rho_L-\rho_V}} \tag{6-23}$$

气相负荷因子法多用于规整填料空塔气速的确定。计算时，先求出最大气相负荷因子；常用规整填料的最大气相负荷因子可通过有关填料手册查知，也可从波纹板填料图表查得，如为其他填料，可以 250Y 型波纹板填料为基准，乘以修正系数 C 后，按下式计算：

$$C_s=0.8C_{s,\max} \tag{6-24}$$

即

$$C_{s,\max}\text{-}\varphi\ 图\quad \varphi=\frac{W_L}{W_V}\left(\frac{\rho_V}{\rho_L}\right)^{0.5} \tag{6-25}$$

二、填料层高度的计算

关于填料层高度计算方法常见的有两种：

传质单元高度法：$Z=H_{OG}N_{OG}$

等板高度法：$Z=N_T HETP$

下面以传质单元高度法为例，简要介绍填料层高度的计算。传质单元数的计算详见《化工原理》吸收章节；传质单元高度的计算因传质过程复杂，至今无通用的计算方法和公式。目前，在设计中多选用一些准数关联式进行计算，应用较多的是恩田公式：

修正的恩田公式为：

$$k_G=0.237\left(\frac{U_V}{\alpha_t\mu_V}\right)^{0.7}\left(\frac{\mu_V}{\rho_V\cdot D_V}\right)^{1/3}\left(\frac{\alpha_t\cdot D_V}{RT}\right) \tag{6-26}$$

$$k_L=0.0095\left(\frac{U_L}{\alpha_w\mu_L}\right)^{2/3}\left(\frac{\mu_L}{\rho_L D_L}\right)^{-1/2}\left(\frac{\mu_L\cdot g}{\rho_L}\right)^{1/3} \tag{6-27}$$

$$k_G\alpha_t=K_G\alpha_W\phi^{1.1} \tag{6-28}$$

$$k_L\alpha_t=K_L\alpha_W\phi^{0.4} \tag{6-29}$$

其中：

$$\frac{\alpha_w}{\alpha_t}=1-\exp\left[-1.45\left(\frac{\sigma_C}{\sigma_L}\right)^{0.75}\left(\frac{U_L}{\alpha_t\mu_L}\right)^{0.1}\left(\frac{U_L^2\alpha_t}{\rho_L^2 g}\right)^{-0.05}\left(\frac{U_L^2}{\rho_L\sigma_L\alpha_t}\right)^{0.2}\right] \tag{6-30}$$

式中 α_t——填料的总比表面积，m^2/m^3；

α_w——填料的润湿比表面积，m^2/m^3；

σ_L——液体的表面张力，kg/h^2；

σ_C——填料材质的临界表面张力，kg/h^2；

ψ——填料形状系数。

常见填料材质的临界表面张力和常见填料的形状系数均查表可得。

因为：

$$K_G\alpha_t=\frac{1}{\frac{1}{K'_G\alpha_t}+\frac{1}{H_A K'_L\alpha_t}} \tag{6-31}$$

$$H_{OG}=\frac{V}{K_{Y}\alpha_{t}\Omega}=\frac{V}{K_{G}\alpha_{t}P\Omega} \tag{6-32}$$

式中，H_A 为溶解度系数（亨利常数），kmol/(m^3·kPa)；Ω 为塔截面积，m^2。

注意，修正的恩田公式只适用于 $u\leqslant 0.5u_f$ 的情况，如 $u>0.5u_f$，则应按下式进行校正：

$$k'_{G}\alpha_{t}=\left[1+9.5\left(\frac{u}{u_{f}}-0.5\right)^{1.4}\right]k_{G}\alpha_{t} \tag{6-33}$$

$$k'_{L}\alpha_{t}=\left[1+2.6\left(\frac{u}{u_{f}}-0.5\right)^{2.2}\right]k_{L}\alpha_{t} \tag{6-34}$$

【例 6-1】 用填料塔从一混合气体中吸收所含的苯。进料混合气体含苯5%（体积分数），其余为空气。要求苯的回收率为95%。吸收塔操作压力为780mmHg（1mmHg=133.322Pa），温度为25℃，进入填料塔的混合气体为1000m^3/h，入塔吸收剂为纯煤油。煤油的耗用量为最小用量的1.5倍。气液逆流流动。已知该系统的平衡关系为 $Y=0.14X$（式中 X 均为摩尔比），气相体积总传质系数 $K_Y\alpha_t=125$kmol/(m^3·h)。煤油的平均分子量为170kg/kmol。塔径为0.6m。求：填料层高度为多少米？

解：塔内惰性组分摩尔流量为：

$$V=\frac{1000}{22.4}\times\frac{273}{273+25}\times\frac{780}{760}\times(1-0.05)=39.88(\text{kmol/h})$$

$$X_2=0$$

进塔气体苯的浓度为：

$$Y_1=\frac{0.05}{1-0.05}=0.05263$$

出塔气体中苯的浓度为：

$$Y_2=Y_1(1-\varphi_A)=0.05263\times(1-0.95)=0.00263$$

$$L_{min}=\frac{V(Y_1-Y_2)}{\dfrac{Y_1}{m-X_2}}$$

由吸收剂最小用量公式

$$\begin{aligned}L&=1.5L_{min}=1.5V(Y_1-Y_2)/\left(\frac{Y_1}{m-X_2}\right)\\&=1.5\times39.88\times(0.05263-0.00263)/(0.05263/0.14)\\&=7.956(\text{kmol/h})\end{aligned}$$

$$H_{OG}=\frac{V}{K_Y\alpha_t\Omega}=\frac{39.88}{125\times\dfrac{\pi}{4}\times0.6^2}=1.13(\text{m})$$

$$Z=H_{OG}N_{OG}$$

$$S=mV/L=0.14\times39.88/7.956=0.7$$

$$\begin{aligned}N_{OG}&=\frac{1}{1-S}\ln\left[(1-S)\frac{Y_1-mX_2}{Y_2-mX_2}+S\right]\\&=\frac{1}{1-0.7}\ln\left[(1-0.7)\frac{0.05263-0}{0.00263-0}+0.7\right]\\&=6.34\end{aligned}$$

故 $Z=6.34\times1.13=7.16(\text{m})$。

任务四 鼓泡塔式反应器设计

鼓泡塔反应器具有容量大、液体为连续相、气体为分散相、气液两相接触面积大等特点，适用动力学控制的气液相反应过程，也可应用于扩散控制过程。又因其气体空塔速度具有较宽广的范围，而当采用较高气体空塔速度时，强化了反应过程传质和传热，因此，在化工生产中的气液相反应过程多选用鼓泡塔反应器。

一、鼓泡塔流体流动特征及参数

在鼓泡塔中，气体是通过分布器的小孔形成气泡鼓入液体层中。因此气体在床层中的空塔速度决定了单位反应器床层的相界面积、含气率和返混程度等。最终影响反应系统的传质和传热过程，导致反应效果受到影响。所以，研究气泡的大小、气泡的浮升速度、含气率、相界面积以及流体阻力等，对鼓泡塔反应器的分析、控制和计算有着重要的意义。

因空塔气速不同液体会在鼓泡塔内出现不同的流动状态，一般分为安静区和湍动区以及介于二者之间的过渡区。

当气体的空塔速度一般小于 0.05m/s 时，气体通过分布器几乎呈分散的有次序的鼓泡，气泡大小均匀，规则地浮升；液体由轻微湍动过渡到有明显湍动，此时为安静区。在安静区操作，既能达到一定的气体流量，又很少出现气体的返混现象。

当气体的空塔速度一般大于 0.08m/s 时，则为湍动区。在湍动区内，由于气泡不断地分裂、合并，产生激烈的无定向运动，部分上升的气泡群产生水平和沟流向下运动，而使塔内液体扰动激烈，气泡已无明显界面。在生产装置中，简单鼓泡塔往往选择安静区操作，气体升液式鼓泡塔是在湍动区操作。

1. 气泡尺寸

气体在鼓泡塔中主要以两种方式形成气泡。当空塔气速较低时，利用分布器（多孔板或微孔板）使通过的气体在塔中分散成气泡；当空塔气速较高时，主要以液体的湍动引起喷出气流的破裂形成气泡。而气体分布器和液体的湍动情况不同，造成气泡大小也不同。通过实验观察可以看到，直径小于 0.002m 的气泡近似为坚实球体垂直上升，当气泡直径更大时，其外形好似菌帽状，近似垂直上升。

假设有一单个喷孔，当气体鼓入时，气泡逐渐在喷孔上长大，随着气泡的增长，浮力增大，直到浮力等于气泡脱离喷孔的阻力（表面张力）时，气泡便离开喷孔上浮。如果气泡是圆形的，则存在下列关系：

$$V_b=\frac{\pi}{6}d_b^3=\frac{\pi d_0\sigma_L}{(\rho_L-\rho_G)g}$$

式中　V_b——单个气泡体积，m^3；

d_0——分布器喷孔直径，m；

σ_L——表面张力，N/m；

ρ_L、ρ_G——液体、气体的密度，kg/m^3；

g——重力加速度，$g=9.81m/s^2$。

气泡直径为：

$$d_b=1.82\left[\frac{d_0\sigma_L}{(\rho_L-\rho_G)g}\right]^{1/3}\tag{6-35}$$

气泡产生的多少可以用发泡频率来计算。

发泡频率为
$$f=\frac{V_0}{V_b}=\frac{V(\rho_L-\rho_G)g}{\pi d_0\sigma_L} \tag{6-36}$$

式中：f 为发泡频率，V_0 为通过每个小孔的气体体积流量。从上式可以看出：在安静区，气泡直径与分布器小孔直径 d_0、表面张力 σ_L、液体与气体的密度差等有关。d_0 小则可以获得较小气泡；气泡尺寸和每个小孔中气体流量 V_0 无关；气泡频率与每个小孔中气体流量 V_0 成正比。

在工业操作中，气泡的大小并不均一，计算时仅以当量比表面平均直径 d_{vs} 计算。当量比表面平均直径 d_{vs} 是指当量圆球气泡的面积与体积比值与全部气泡加在一起的表面积和体积之比值相等时该气泡的平均直径 d_{vs}。

$$d_{vs}=\frac{\sum n_i d_i^3}{\sum n_i d_i^2} \tag{6-37}$$

当鼓泡塔在较高空塔气速条件下操作时，液体开始处于湍动状态，随着气速进一步增加，气液两相均处于湍动状态。气体离开分布器后以喷射状态进入液层，在分布器上方崩解为较小的气泡、气泡的直径由于激烈的湍动而分布很广，此时分布器孔径、经过小孔的气速对气泡尺寸的影响较小，分布器对气泡的尺寸已无影响。因此鼓泡塔内实际的气泡当量比表面平均直径可按下面的关系式近似估算：

$$d_v=26Bo^{-0.5}Ga^{-0.12}\left(\frac{u_{OG}}{\sqrt{gd_t}}\right)^{½} \tag{6-38}$$

式中：$Bo=\frac{gd_t^2\rho_L}{\sigma_L}$为邦德数，$Ga=\frac{gd_t}{\nu_L}$为伽利略数，$\nu_L$ 为液体运动黏度，d_t 为鼓泡塔反应器的内径。

一般工业鼓泡式反应器中气泡直径小于 0.005m。分布器开孔率范围较宽，采用较大开孔率往往引起部分小孔不出气甚至被堵塞，故应取偏低的开孔率。由于鼓泡塔液层较高，其上部还有气液分离空间，实际雾沫夹带并不严重，因此分布器小孔气速可以取得较高，实际反应器中有采用到 80m/s 者。

2. 气含率

单位体积鼓泡床（充气层）内气体所占的体积分数，称为气含率。鼓泡塔内的鼓泡流态使液层膨胀，因此在决定反应器尺寸或设计液位控制器时，必须考虑气含率的影响。气含率还直接影响传质界面的大小和气体、液体在充气液层中的停留时间，所以也对气液传质和化学反应有着重要影响。

气含率：
$$\varepsilon_G=\frac{V_G}{V_{GL}}=\frac{H_{GL}-H_L}{H_{GL}} \tag{6-39}$$

式中　V_G——气体的体积；
V_{GL}——充气液层的体积；
H_{GL}——充气液层的高度；
H_L——静液层高度。

影响气含率的因素有很多，主要有设备结构、物性参数和操作条件。设备结构主要是鼓泡塔的直径和分布板小孔的直径。气含率随鼓泡塔直径的增加而减小，但当 $D>0.15$ 时，气含率不再随鼓泡塔的直径而变。当分布板小孔的直径 $d_0<0.00225$m 时，气含率随孔径的增加而增大，分布板小孔的直径 d_0 为 0.00225～0.005m 时，气含率与孔径无关。一般气体的性质对气含率的影响不大，可以忽略不计。而液体的性质对气含率的影响则不能忽略。操

作条件主要是指空塔气速。当空塔气速增大时，气含率也随着增大，但当空塔气速增大到一定值时，气泡汇合，气含率反而下降。

在工业生产中，气含率可用下列经验式计算。

$$\varepsilon_G=0.627\left(\frac{u_{OG}\mu_L}{\sigma_L}\right)^{0.578}\left(\frac{\mu_L^4 g}{\rho_L\sigma_L^3}\right)^{-0.131}\left(\frac{\rho_G}{\rho_L}\right)^{0.062}\left(\frac{\mu_G}{\mu_L}\right)^{0.107} \tag{6-40}$$

3. 气泡浮升速率

单个气泡由于浮力作用在液体中上升，随着上升速度增加，阻力也增加。当浮力等于阻力和重力之和时，气泡达到自由浮升速度。而在鼓泡塔反应器中，气泡并不是单独存在的，而是许多气泡一起浮升。所以，工业鼓泡式反应器内气泡浮升速度可以用下式近似计算。

$$u_t=\left(\frac{2\sigma_L}{d_{vs}\rho_L}+g\frac{d_{vs}}{2}\right)^{0.5} \tag{6-41}$$

在鼓泡塔内，由于气泡相和液体相是同时流动，因此气泡与液体间存在一相对速度。该相对速度称为滑动速度，可通过气相和液相的空塔速度及动态含气率求出。在计算时分为两种情况处理。

液相静止时：
$$u_s=\frac{u_{OG}}{\varepsilon_{OG}}=u_G \tag{6-42a}$$

液相流动时：
$$u_s=u_G\pm u_L=\frac{u_{OG}}{\varepsilon_G}\pm\frac{u_{OL}}{1-\varepsilon_G} \tag{6-42b}$$

式中　u_{OG}，u_{OL}——空塔气速、空塔液速，m/s；

u_s——滑动速度，m/s；

u_G，u_L——实际气体、液体的流动速度，m/s。

4. 气体压降

鼓泡塔中气体阻力由分布器小孔的压降和鼓泡塔的静压降两部分组成，即：

$$\Delta p=\frac{10^{-3}}{C^2}\frac{u_0^2\rho_G}{2}+H_{GL}g\rho_{GL} \tag{6-43}$$

式中　Δp——气体压降，kPa；

C^2——小孔阻力系数，约为0.8；

u_0——小孔气速，m/s；

ρ_{GL}——鼓泡层密度，kg/m^3。

5. 比相界面积

比相界面积是指单位鼓泡床层体积内所具有的气泡的表面积。它的大小对气液相反应的传质速率有很大的影响。根据定义，比相界面积可由下式计算：

$$a=\frac{6\varepsilon_G}{d_{vs}}$$

在工业鼓泡塔内，比相界面积一般是由经验式计算。不同的操作条件，所选用的经验公式不同。当 $u_{OG}<0.6m/s$，$0.02\leqslant\frac{H_L}{D}\leqslant 24$，$5.7\times10^5\leqslant\frac{\rho_L\sigma_L}{g\mu_L}\leqslant 10^{11}$ 时，比相界面积可用下式计算。

$$a=26\left(\frac{H_L}{D}\right)^{-0.03}\left(\frac{\rho_L\sigma_L}{g\mu_L}\right)^{-0.003}\varepsilon_G \tag{6-44}$$

在工业使用的鼓泡塔内，当气液并流由塔底向上流动处于安静区操作时，气体的流动通常可视为理想置换模型。当气液逆向流动，液体流速较大时，夹带着一些较小的气泡向下运动，而且由于沿塔的径向含气率分布不均匀，气泡倾向于集中在中心，液流既有在塔中心的流动，又有沿塔内壁的反向流动，因而，即使在空塔气速很小的情况下，液相也存在着返混现象。当液体高速循环时，鼓泡塔可近似视为理想混合反应器。返混可使气液接触表面不断更新，有利于传质过程，使反应器内温度和催化剂分布趋于均匀。但是，返混影响物料在反应器内的停留时间分布，进而影响化学反应的选择性和目的产物的收率。因此，工业鼓泡塔通常采用分段鼓泡的方式或在塔内加入填料或增设水平挡板等措施，以控制鼓泡塔内的返混程度。

二、鼓泡塔反应器的传质传热

1. 鼓泡塔反应器的传质过程

在鼓泡塔内气液相际传质规律符合双膜理论，传质的阻力主要集中在液膜层，气膜层的阻力可以忽略不计。因此，要想提高鼓泡塔中的传质速率，就必须提高液相传质系数。影响鼓泡塔内液相传质系数的因素有很多。当反应在安静区操作时，气泡的尺寸、空塔气速、液体的性质及扩散系数等对传质系数的影响较大；当反应在湍动区进行时，液体的扩散系数、液体的性质、气泡的当量比表面积及气体的表面张力等则成为主要影响因素。

鼓泡塔中的液膜传质系数的计算可用经验式计算，如：

$$Sh=2.0+C\left[Re_{\mathrm{b}}^{0.484}Sc_{\mathrm{L}}^{0.339}\left(\frac{d_{\mathrm{b}}g^{1/3}}{D_{\mathrm{AL}}^{2/3}}\right)^{0.72}\right]^{1.61} \tag{6-45}$$

式中，$Sh=\frac{k_{\mathrm{AL}}d_{\mathrm{b}}}{D_{\mathrm{AL}}}$为舍伍德数，$Sc_{\mathrm{L}}=\frac{\mu_{\mathrm{L}}}{\rho_{\mathrm{L}}D_{\mathrm{AL}}}$为液体施密特数，$Re_{\mathrm{b}}=\frac{d_{\mathrm{b}}u_{\mathrm{OG}}\rho_{\mathrm{L}}}{\mu_{\mathrm{L}}}$为气泡雷诺数，$D_{\mathrm{AL}}$ 为液相有效扩散系数，$\mathrm{m^2/s}$，k_{AL} 为液相传质系数，m/s。单个气泡时 $C=0.081$，气泡群时 $C=0.187$。此式的适用范围为：$0.2\mathrm{cm}<d_{\mathrm{b}}<0.5\mathrm{cm}$，液体空速 $u_{\mathrm{L}}\leqslant 10\mathrm{cm/s}$，气体空速 $u_{\mathrm{OG}}=4.17\sim27.8\mathrm{cm/s}$。

2. 鼓泡塔反应器的传热过程

在鼓泡塔反应器内，由于气泡的上升运动而使液体边界层厚度减小，同时，塔中部的液体随气泡群的上升而被夹带向上流动，使得近壁处液体回流向下，构成液体循环流动。这些都导致了鼓泡塔反应器内的鼓泡层的传热系数增大，比液体自然对流时大很多。另外，鼓泡塔内传热系数除了液体的物性数据的影响外，空塔气速的影响也是不能忽略的。当空塔气速较小时，随着气速的增加，传热系数增大；但当气速超过某一临界值时，气速的增加对传热系数没有影响。传热系数的计算依然是采用经验式。当鼓泡塔反应器的换热方式采用在反应器内设置换热器的方式进行时，传热系数可用下式计算：

$$\frac{\alpha_{\mathrm{t}}D}{\lambda_{\mathrm{L}}}=0.25\left(\frac{D^{3}\rho_{\mathrm{L}}^{2}g}{\mu_{\mathrm{L}}^{2}}\right)^{1/3}\left(\frac{c_{p\mathrm{L}}\mu_{\mathrm{L}}}{\lambda_{\mathrm{L}}}\right)^{1/3}\left(\frac{u_{\mathrm{OG}}}{u_{\mathrm{s}}}\right)^{0.2} \tag{6-46}$$

式中 α_{t}——传热系数，$\mathrm{J/(m^2\cdot s\cdot K)}$；

λ_{L}——液体的热导率，$\mathrm{J/(m^2\cdot s\cdot K)}$；

c_p——液体的比热容，$\mathrm{J/(kg\cdot K)}$；

D——床层直径，m。

鼓泡塔反应器的总传热系数 K 的计算与换热器总传热系数 K 的计算公式相同。但管内侧传热系数必须通过上式计算，而管外侧的传热系数及传热壁的热阻计算等同于换热器的计算。通常情况下，鼓泡塔反应器的总传热系数 $K=894\sim915\mathrm{J/(m^2\cdot s\cdot K)}$。

三、鼓泡塔反应器经验法计算

鼓泡塔反应器计算的主要任务是完成一定的生产任务时所需要的鼓泡床层的体积。一般情况下，可采用数学模型法计算，但更常用的是经验法计算。根据实验或工厂提供的空塔气速、转化率和空时收率（单位时间、单位体积所得产物量）等经验数据计算。

（一）鼓泡塔反应器体积的计算

鼓泡塔反应器的体积主要包括充气液层的体积、分离空间体积及反应器顶盖死区体积三部分。

1. 充气液层的体积 V_R

充气液层的体积是指反应器床层内静止液层体积和充气液层中气体所占的体积。它是反应器在操作中所必须保证的气泡和液体混合物的体积。在计算时将纯液体以静态计的体积（简称液相体积）和纯气体所占体积分别考虑比较方便，可表示为

$$V_R = V_G + V_L = \frac{V_L}{1-\varepsilon_G} \tag{6-47}$$

式中 V_R——充气液层体积，m^3；

V_L——液相体积，m^3；

V_G——充气液层中的气体所占体积，m^3。

满足一定生产能力所需要的液相体积可用下式计算：

$$V_L = V_{0L}\tau \tag{6-48}$$

式中 V_{0L}——原料的体积流量；

τ——停留时间（间歇操作时，为生产时间＋非生产时间），可由经验数据计算。

充气液层中气体所占的体积为：

$$V_G = V_L \frac{\varepsilon_G}{1-\varepsilon_G} \tag{6-49}$$

2. 分离空间体积 V_E

分离空间是在充气液层上方所留有的一定空间高度，它的主要作用是利用自然沉降的作用除去上升气体中所夹带的液滴。

分离空间体积为：$V_E = 0.785D^2H_E$，其中 H_E 为分离空间高度。它是由液滴的移动速度决定。一般液滴的移动速度小于 0.001m/s，此时，分离空间高度可用下式计算

$$H_E = \alpha_E D \tag{6-50}$$

当塔径 $D \geqslant 1.2$m 时，$\alpha_E = 0.75$，当 $D < 1.2$m 时，H_E 不应小于 1m。

3. 反应器顶盖死区体积 V_C

反应器顶盖部位一般起不到除去上升气体中所夹带的液滴的作用，因而常把该部分称为死区体积或无效体积，通常可用下式计算。

$$V_C = \frac{\pi D^3}{12\phi} \tag{6-51}$$

其中 ϕ 为形状系数。若采用球形封头，$\phi = 1.0$，采用 2∶1 的椭圆形封头 $\phi = 2.0$

鼓泡塔反应器的总体积为 $V = V_R + V_E + V_C$

【例 6-2】 年产 3 千吨乙苯的乙烯和苯烷基化反应生产乙苯的鼓泡塔反应器中，已知反应器的直径为 1.5m，产品乙苯的空时收率为 180kg/(m^3·h)，年生产时间为 8000h，床

层气含率为0.34。试计算该反应器的体积。

解：液相体积 $V_L=\frac{3\times1000\times1000}{180\times8000}=2.08(m^3)$

充气液层中的气体所占体积 $V_G=V_L\frac{\varepsilon_G}{1-\varepsilon_G}=2.08\times\frac{0.34}{1-0.34}=1.07(m^3)$

充气液层体积 $V_R=V_G+V_L=2.08+1.07=3.15(m^3)$

因为反应器的直径为1.5m>1.2m，所以 $\alpha_E=0.75$

分离空间高度： $H_E=\alpha_E D=0.75\times1.5=1.13(m)$

分离空间体积为： $V_E=0.785D^2H_E=0.785\times1.5^2\times1.13=1.99(m^3)$

采用2∶1的椭圆形封头，则 $\phi=2.0$

反应器顶盖死区体积 $V_C=\frac{\pi D^3}{12\phi}=\frac{3.14\times1.5^3}{12\times2}=0.44(m^3)$

反应器的体积 $V=V_R+V_E+V_C=3.15+1.99+0.44=5.58(m^3)$

（二）反应器结构尺寸的计算

反应器的直径可以根据空塔气速的定义计算。

按气体空塔速度的定义式：$u_{OG}=\frac{V_{OG}}{3600A_t}=\frac{V_G}{3600\times\frac{\pi}{4}D^2}$

式中 V_{OG}——气体体积流量，m^3/h；

A_t——反应器横截面积，m^2；

u_{OG}——气体空塔速度，m/s。

则得反应器直径的计算式为：$D=\left(\frac{4V_{OG}}{3600\pi u_{OG}}\right)^{½}=0.018\sqrt{\frac{V_{OG}}{u_{OG}}}$ (6-52)

气体的空塔速度由实验或工厂提供的经验数据确定。当空塔气速很小时，计算所得塔径 D 必然较大，此时在确定 D 值时，主要应考虑保证气体在塔截面均匀分布，同时有利于气体在液体中的搅拌作用，从而加强混合和传质；当空塔气速很大时，计算所得的 D 值必然较小，液面高度将相应增大，此时应考虑气体在入口处随压强增高可能引起操作费用提高及由于液体体积膨胀可能出现不正常的腾涌现象等。所以应选择适当空塔气速，一般情况，取 $u_{OG}=0.0028\sim0.0085$cm/s 的范围比较适宜，而塔高和塔径之比一般取 $3<H/D<120$。

反应器高度的确定，应全面考虑床层含气量、雾沫夹带、床层上部气相的允许空间（有时为了防止气相爆炸，要求空间尽量小些）、床层出口位置和床层液面波动范围等多种因素的影响而后确定。

【例 6-3】 某乙醛氧化生产乙酸的反应在一鼓泡塔反应器中进行，已知原料气的平均体积流量为4746m^3/h，并以0.715m/s的空塔气速通过床层。床层气含率为0.26，乙酸的生产能力（以催化剂体积计）为200kg/(m^3·h)，年生产时间为8000h。试计算年产1万吨乙酸的反应器的结构尺寸。

解：反应器的直径为： $D=0.018\sqrt{\frac{V_{OG}}{u_{OG}}}=0.018\sqrt{\frac{4746}{0.715}}=1.46(m)$

反应液的体积：　$V_L=\dfrac{10\times10^6}{200\times8000}=6.25(m^3)$

充气液层的体积：$V_R=V_G+V_L=\dfrac{V_L}{1-\varepsilon_G}=\dfrac{6.25}{1-0.26}=8.45(m^3)$

因为反应器的直径为 1.46m>1.2m，所以 $\alpha_E=0.75$，分离空间高度

$$H_E=\alpha_E D=0.75\times1.46=1.10(m)$$

反应器分离空间体积　$V_E=0.785D^2H_E$

$$=0.785\times1.46^2\times1.10$$

$$=1.84(m^3)$$

采用球形封头，则 $\phi=1.0$

反应器顶盖死区体积　$V_C=\dfrac{\pi D^3}{12\phi}=\dfrac{3.14\times1.46^3}{12\times1.0}=0.88(m^3)$

反应器的体积　$V=V_R+V_E+V_C=8.45+1.84+0.88=11.17(m^3)$

反应器的高度为：　$H=\dfrac{V}{0.785D^2}=\dfrac{11.17}{0.785\times1.46^2}=6.68(m)$

四、鼓泡塔数学模型法计算

由于气液两相接触的传递过程和流动过程都比较复杂，使得利用数学模型法来进行鼓泡塔反应器的设计计算还不成熟。只能局限于几种比较简单的理想模型。目前，常用的简化数学模型有以下几种。

① 气相为平推流，液相为全混流。

② 气相和液相均为全混流。

③ 液相为全混流，气相考虑轴向扩散。

下面以气相为平推流，液相为全混流为例介绍鼓泡塔反应器的数学模型法计算。

假设在鼓泡塔中进行气相组分 A 和液相组分 B 的反应，气相与液相成逆流接触，已知进塔气体和液体的流量及组成。设塔内气相为平推流，液相为全混流，且塔内气相分压随塔高呈线性变化，单位体积气液混合物的相界面积不随位置变化，操作过程中液体的物性参数是不变的。

在塔内取一微元进行物料衡算（图 6-19），得

$$F\mathrm{d}Y_A=(-R_A)aS_t\mathrm{d}l \tag{6-53}$$

式中　F——气相中惰性气体的摩尔流量，kmol/s；

Y_A——气相中反应组分 A 的摩尔分数；

S_t——反应器的横截面积，m^2；

a——单位液相体积所具有的相界面积，m^2。

对式(6-53) 积分则为：

$$L=\int_0^L \mathrm{d}l=\frac{F}{S_t}\int_{Y_{A0}}^{Y_A}\frac{\mathrm{d}Y_A}{a(-R_A)} \tag{6-54}$$

上式若要计算出完成一定生产任务所需要的反应器的高度，则必须得到（$-R_A$）与 Y_A 的关系。这就首先要得到动力学方程式。气液相反应的动力学方程形式与气液相反应的类型（快反应、慢反应、中速反应等）有很大的关系。反应类型不同，动力学方程式的表达式则不同。

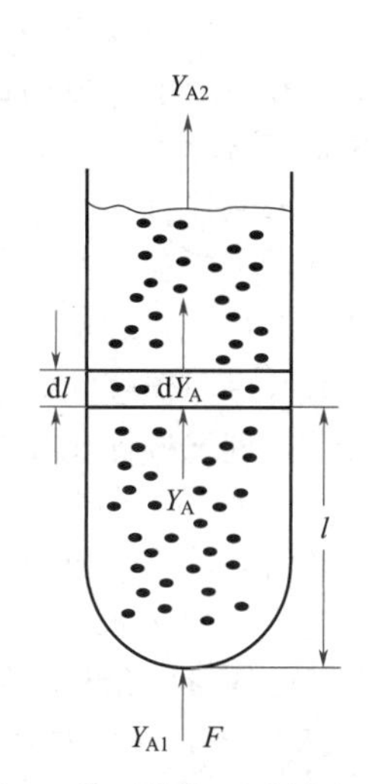

图 6-19　气液相反应器物料衡算

任务五　鼓泡塔反应器仿真操作

（一）生产原理

乙酸又名醋酸，是具有刺激气味的无色透明液体，无水乙酸在低温时凝固成冰状，俗称冰醋酸。在16.7℃以下时，纯乙酸呈无色结晶，其沸点是118℃。乙酸蒸气刺激呼吸道及黏膜（特别是对眼睛的黏膜），浓乙酸可灼烧皮肤。乙酸的生产方法有很多种，应用最广的是乙醛氧化法制备乙酸。

乙醛氧化法制备乙酸的原理是乙醛首先与空气或氧气氧化成过氧乙酸，而过氧乙酸很不稳定，在乙酸锰的催化下发生分解，同时使另一分子的乙醛氧化，生成二分子乙酸。氧化反应是放热反应。

$$CH_3CHO+O_2 \longrightarrow CH_3COOOH$$
$$CH_3COOOH+CH_3CHO \longrightarrow 2CH_3COOH$$

在氧化塔内，还会发生一系列的氧化反应，主要副产物有甲酸、甲酯、二氧化碳、水、乙酸甲酯等。

乙醛氧化制乙酸的反应机理一般认为可以用自由基的链接反应机理来进行解释，常温下乙醛就可以自动地以很慢的速度吸收空气中的氧而被氧化生成过氧乙酸。过氧乙酸以很慢的速度分解生成自由基。自由基 CH_3COO 引发一系列的反应生成乙酸。但过氧乙酸是一个极不稳定的化合物，积累到一定程度就会分解而引起爆炸。因此，该反应必须在催化剂存在下才能顺利进行。催化剂的作用是将乙醛氧化时生成的过氧乙酸及时分解成乙酸，而防止过氧乙酸的积累、分解和爆炸。

（二）工艺流程

乙醛氧化法生产乙酸的反应工段流程总图见图6-20，其中图6-20a为第一氧化塔DCS图，图6-20b第二氧化塔DCS图，图6-20c尾气洗涤塔和中间贮罐DCS图。

乙醛氧化制乙酸装置系统采用双塔串联氧化流程，主要设备有第一氧化塔T101、第二氧化塔T102、尾气洗涤塔T103、氧化液中间贮罐V102、碱液贮罐V105。其中T101是外冷式反应塔，反应液由循环泵从塔底抽出，进入换热器中以水带走反应热，降温后的反应液再由反应器的中上部返回塔内；T102是内冷式反应塔，它是在反应塔内安装多层冷却盘管，管内以循环水冷却。

乙醛和氧气首先在全返混型的反应器第一氧化塔T101中反应（催化剂溶液直接进入T101内），然后到第二氧化塔T102中，通过向T102中加氧气，进一步进行氧化反应（不再加催化剂）。第一氧化塔T101的反应热由外冷却器E102A/B移走，第二氧化塔T102的反应热由内冷却器移除，反应系统生成的粗乙酸送往蒸馏回收系统，制取乙酸成品。

乙醛和氧气按配比流量进入第一氧化塔（T101），氧气分两个入口入塔，上口和下口通氧量比约为1∶2，氮气通入塔顶气相部分，以稀释气相中氧和乙醛。乙醛与催化剂全部进入第一氧化塔，第二氧化塔不再补充。氧化反应的反应热由氧化液冷却器（E102A/B）移去，氧化液从塔下部用循环泵（P101A/B）抽出，经过冷却器（E102 A/B）循环回塔中，循环比（循环量∶出料量）为（110～140）∶1。冷却器出口氧化液温度为60℃，塔中最高温度为75～78℃，塔顶气相压力0.2MPa（表），出第一氧化塔的氧化液中乙酸浓度在92%～95%，从塔上部溢流去第二氧化塔（T102）。

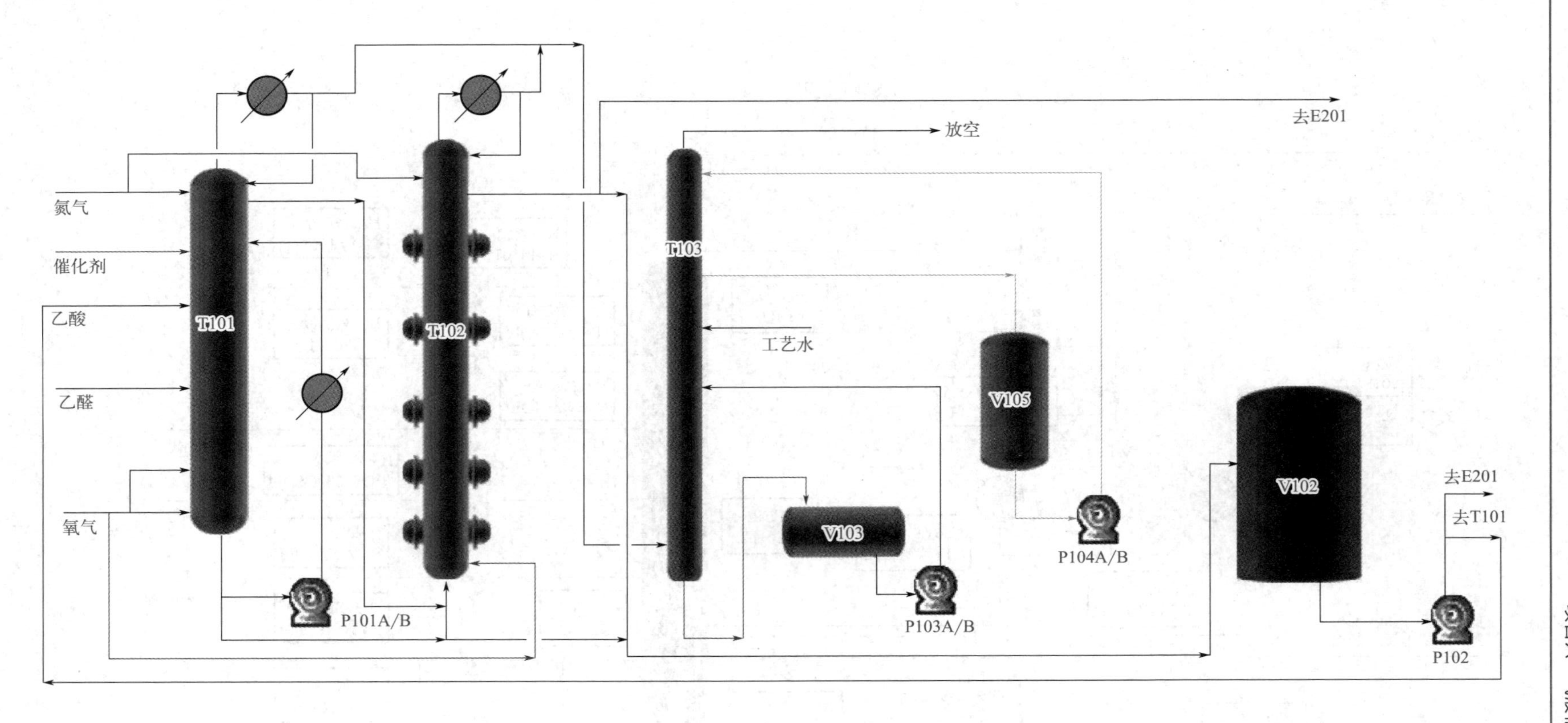

图 6-20　乙醛氧化工段流程图

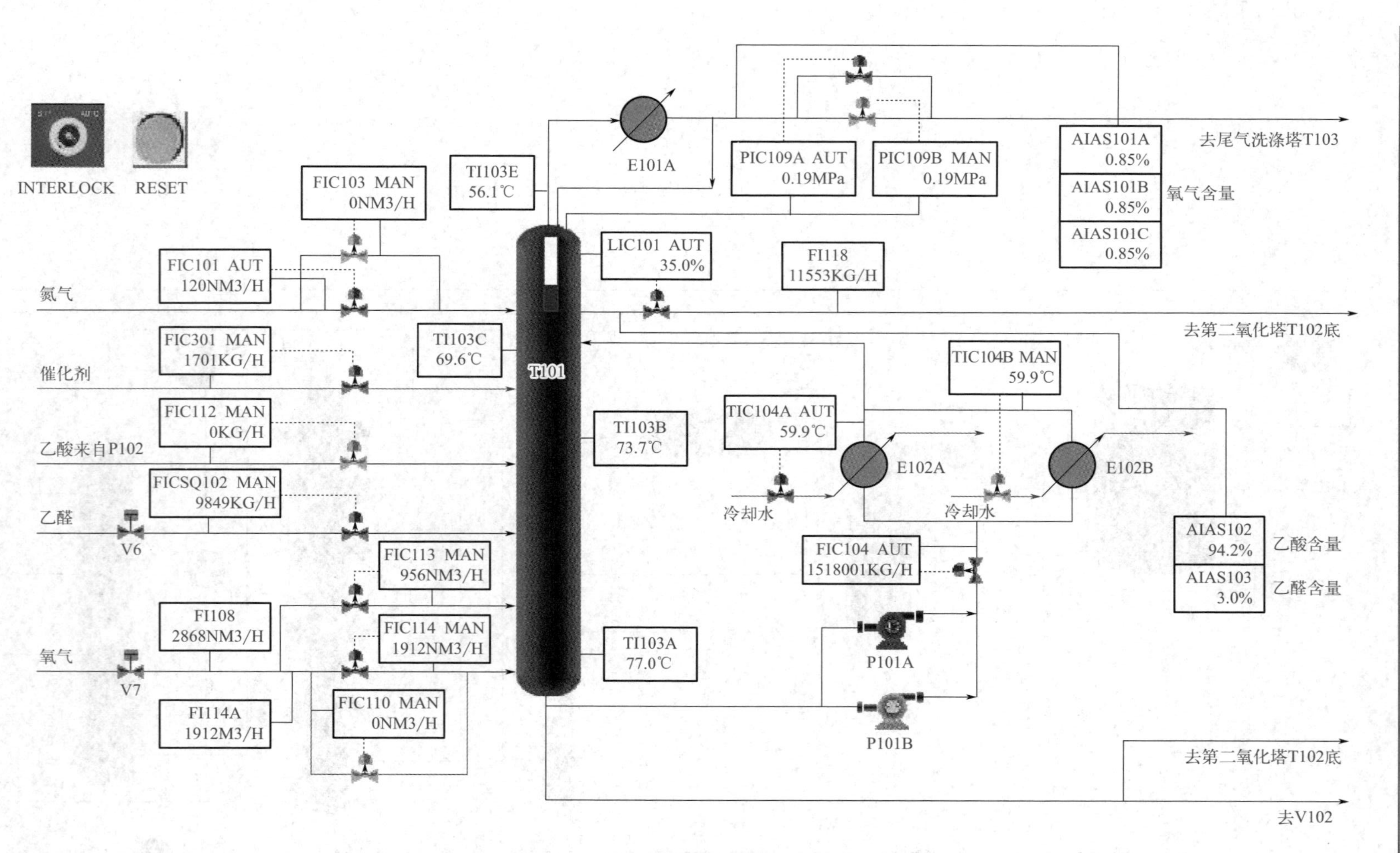

图 6-20a 第一氧化塔 DCS 图

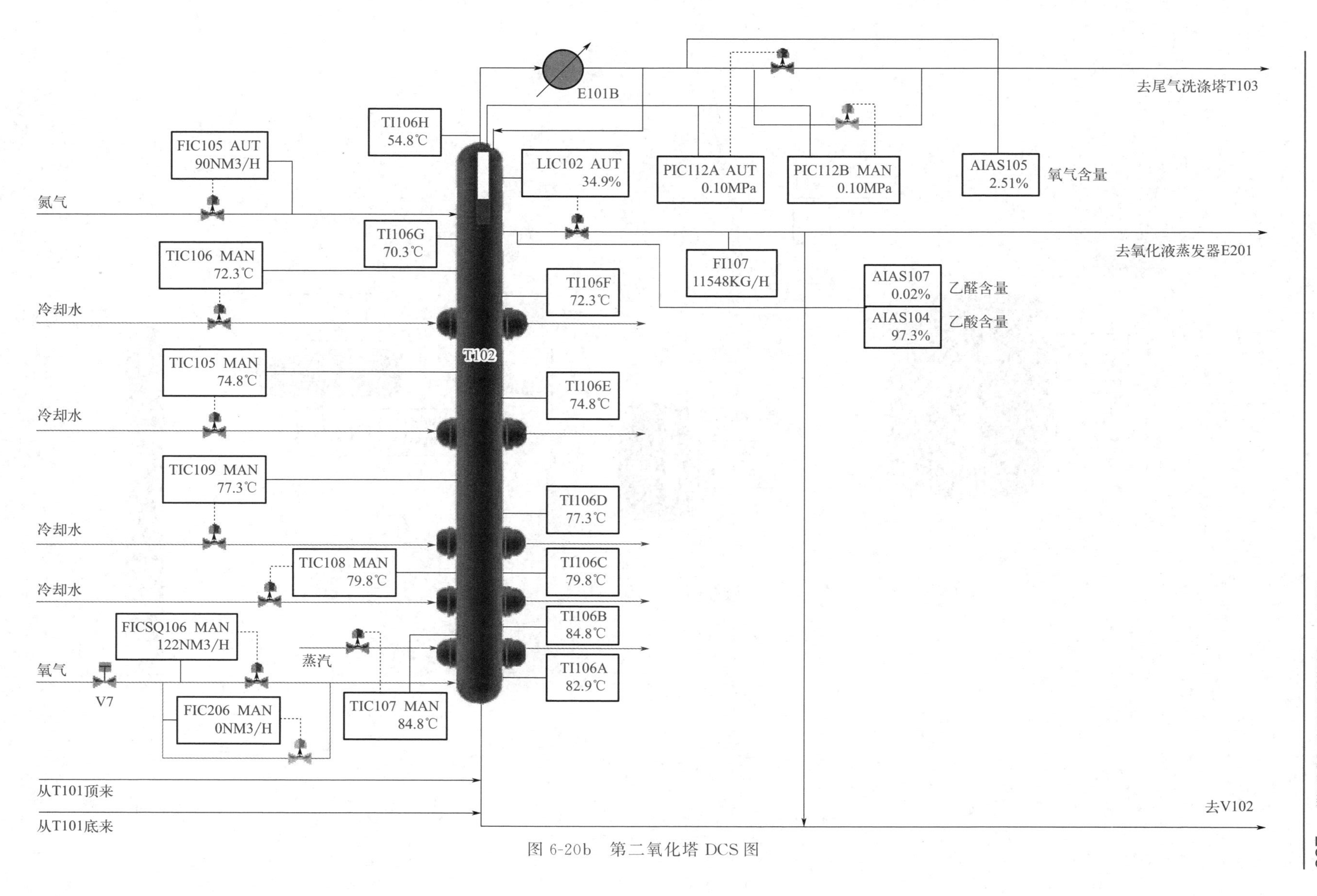

图 6-20b　第二氧化塔 DCS 图

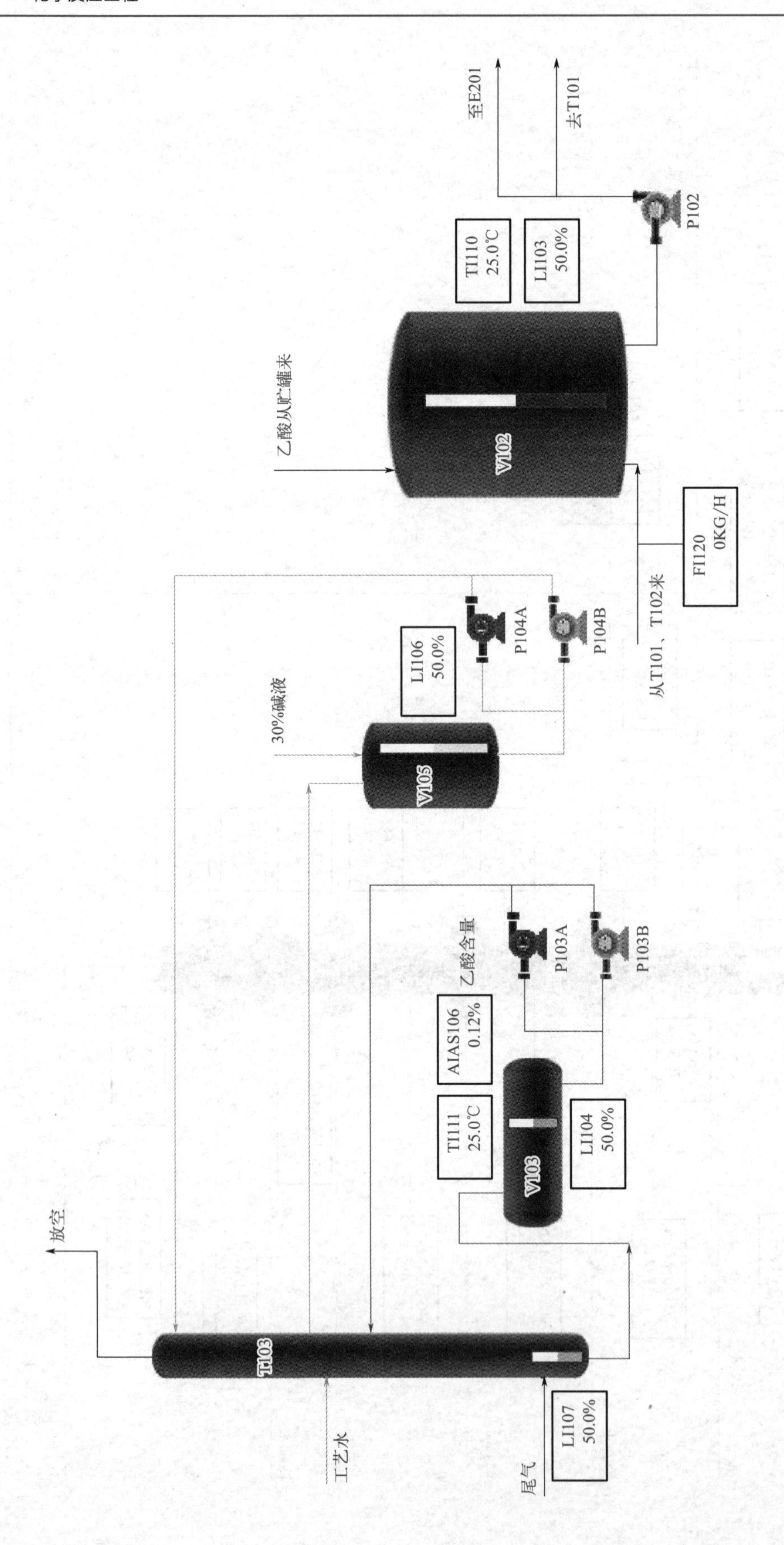

图 6-20c 尾气洗涤塔和中间贮罐 DCS 图

第二氧化塔为内冷式，塔底部补充氧气，塔顶也加入保安氮气，塔顶压力 0.1MPa（表），塔中最高温度约 85℃，出第二氧化塔的氧化液中乙酸含量为 97%～98%。出氧化塔的氧化液一般直接去蒸馏系统，也可以放到氧化液中间贮罐（V102）暂存。中间贮罐的作用是：正常操作情况下做氧化液缓冲罐，停车或事故时存氧化液，乙酸成品不合格需要重新蒸馏时，由成品泵（P402）送来中间贮存，然后用泵（P102）送蒸馏系统回收。

两台氧化塔的尾气分别经循环水冷却的冷却器（E101）冷却，凝液主要是乙酸，带少量乙醛，回到塔顶，尾气最后经过尾气洗涤塔（T103）吸收残余乙醛和乙酸后放空，洗涤塔下部采用新鲜工艺水，上部为碱液，分别用泵（P103、P104）循环。洗涤液温度常温，洗涤液含乙酸达到一定浓度后（70%～80%），送往精馏系统回收乙酸，碱洗段定期排放至中和池。

（三）冷态开车

1. 开工应具备的条件

（1）检修过的设备和新增的管线，必须经过吹扫、气密、试压、置换合格（若是氧气系统，还要脱脂处理）。

（2）电气、仪表、计算机、联锁、报警系统全部调试完毕，调校合格、准确好用。

（3）机电、仪表、计算机、化验分析具备开工条件，值班人员在岗。

（4）备有足够的开工用原料和催化剂。

2. 引公用工程、N_2 吹扫、置换气密、系统水运试车

（以上操作在仿真操作过程不做，但实际开车过程中必须要做）。

3. 酸洗反应系统

（1）首先将尾气吸收塔 T103 的放空阀 V45 打开；从罐区 V402（开阀 V57）将酸送入 V102 中，而后由泵 P102 向第一氧化塔 T101 进酸，T101 见液位（约为 2%）后停泵 P102，停止进酸。

（2）开氧化液循环泵 P101，循环清洗 T101。

（3）用 N_2 将 T101 中的酸经塔底压送至第二氧化塔 T102，T102 见液位后关来料阀停止进酸。

（4）将 T101 和 T102 中的酸全部退料到 V102 中，供精馏开车。

（5）重新由 V102 向 T101 进酸，T101 液位达 30%后向 T102 进料，精馏系统正常出。

4. 建立全系统大循环和精馏系统闭路循环

（1）氧化系统酸洗合格后，要进行全系统大循环：

V402 → T101 → T102 → E201 → T201

T202 → T203 → V209（V209 → E201）

T202 → E206 → V204 → V402

（2）在氧化塔配制氧化液和开车时，精馏系统需闭路循环。脱水塔 T203 全回流操作，成品乙酸泵 P204 向成品乙酸储罐 V402 出料，P402 将 V402 中的酸送到氧化液中间罐 V102，由氧化液输送泵 P102 送往氧化液蒸发器 E201 构成下列循环：（属另一工段）

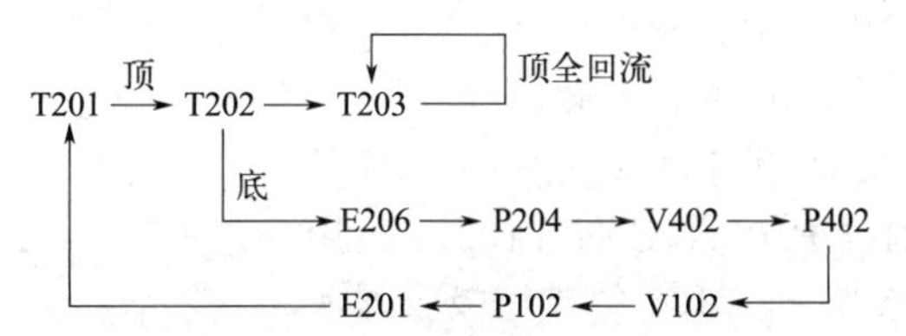

等待氧化开车正常后逐渐向外出料。

5. 第一氧化塔配制氧化液

向T101中加乙酸，见液位后（LIC101约为30%），停止向T101进酸。向其中加入少量醛和催化剂，同时打开泵P101A/B打循环，开E102A为氧化液循环液通蒸汽加热，循环流量保持在700000kg/h（通氧前），氧化液温度保持在70～76℃，直到使浓度符合要求（醛含量约为7.5%）。

6. 第一氧化塔投氧开车

（1）开车前联锁投入自动；

（2）投氧前氧化液温度保持在70～76℃，氧化液循环量FIC104控制在700000kg/h；

（3）控制FIC101 N_2流量为120m^3/h；

（4）按如下方式通氧：用FIC110小投氧阀进行初始投氧，氧量小于100m^3/h开始投。当FIC110小调节阀投氧量达到320m^3/h时，启动FIC-114调节阀，在FIC-114增大投氧量的同时减小FIC110小调节阀投氧量直到关闭。FIC-114投氧量达到1000m^3/h后，可开启FIC-113上部通氧，FIC-113与FIC-114的投氧比为1∶2。

操作时注意：

① LIC101液位上涨情况；尾气含氧量AIAS101三块表是否上升；同时要随时注意塔底液相温度、尾气温度和塔顶压力等工艺参数的变化。

② 原则上要求：当投氧量在0～400m^3/h之内，投氧要慢。如果吸收状态好，要多次少量增加氧量。400～1000m^3/h之内，如果反应状态好要加大投氧幅度，特别注意尾气的变化及时加大N_2量。

③ 当T101塔液位过高时要及时向T102塔出料。当投氧到400m^3/h时，将循环量逐渐加大到850000kg/h；当投氧到1000m^3/h时，将循环量加大到1000m^3/h。循环量要根据投氧量和反应状态的好坏逐渐加大。同时根据投氧量和酸的浓度适当调节醛和催化剂的投料量。

④ 操作时要注意温度的调节。当T101塔顶N_2达到120m^3/h，氧化液循环量FIC104调节为500000～700000m^3/h，塔顶PIC109A/B控制为正常值0.2MPa时，投用氧化液冷却器E102A，使氧化液温度稳定在70～76℃。待液相温度上升至84℃时，关闭E102A加热蒸汽。当反应状态稳定或液相温度达到90℃时，关闭蒸汽，开始投冷却水。开TIC104A，注意开水速度应缓慢，注意观察气液相温度的变化趋势，当温度稳定后再提投氧量。投水要根据塔内温度勤调，不可忽大忽小。

7. 第二氧化塔投氧

（1）待T102塔见液位后，向塔底冷却器内通蒸汽保持氧化液温度在80℃，控制液位（35±5）%，并向蒸馏系统出料。取T102塔氧化液分析。

（2）T102塔顶压力PIC112控制在0.1MPa，塔顶氮气FIC-105保持在90m^3/h。由T102塔底部进氧口，以最小的通氧量投氧，注意尾气含氧量。在各项指标不超标的情况下，通氧量逐渐加大到正常值。当氧化液温度升高时，表示反应在进行。停蒸汽开冷却水TIC-105、TIC-106、TIC-108、TIC-109使操作逐步稳定。

8. 吸收塔投用

（1）打开V49，向塔中加工艺水湿塔。

（2）开阀V50，向V105中备工艺水。

（3）开阀V48，向V103中备料（碱液）。

（4）在氧化塔投氧前开P103A/B向T103中投用工艺水。

（5）投氧后开P104A/B向T103中投用吸收碱液。

（6）如工艺水中乙酸含量达到80%时，开阀V51向精馏系统排放工艺水。

9. 氧化塔出料

当氧化液符合要求时，开LIC102和阀V44向氧化液蒸发器E201出料。用LIC102控制出料量。

（四）正常工艺过程控制

熟悉工艺流程，维护各工艺参数稳定；密切注意各工艺参数的变化情况，发现突发事故时，应先分析事故原因，并做及时正确的处理。

1. 第一氧化塔

塔顶压力0.18～0.2MPa（表），由PIC109A/B控制。

循环比（循环量与出料量之比）为110～140，由循环泵进出口跨线截止阀控制，即FIC104控制；液位（35±15）%，由LIC101控制。

进醛量（以乙醛计）满负荷为9.86t/h，由FICSQ102控制，根据经验最低投料负荷为66%，一般不许低于60%负荷，投氧不许低于1500m^3/h。

满负荷进氧量设计为2871m^3/h由FI108来计量。进氧、进醛质量配比为氧∶醛＝0.35～0.4，根据分析氧化液中含醛量，对氧配比进行调节。氧化液中含醛质量一般控制为3×10^{-2}～4×10^{-2}。

上下进氧口进氧的配比约为1∶2。塔顶气相温度控制与上部液相温差大于13℃，主要由充氮量控制。塔顶气相中的含氧量<5×10^{-2}（<5%），主要由充氮量控制。塔顶充氮量根据经验一般不小于80m^3/h，由FIC101调节阀控制。循环液（氧化液）出口温度TI103为(60±2)℃，由TIC104调节E102的冷却水量来控制。塔底液相温度TI103A为（77±1)℃，由氧化液循环量和循环液温度来控制。

2. 第二氧化塔（T102）

塔顶压力为（0.1±0.02)MPa，由PIC112A/B控制；液位（35±15)%，由LIC102控制；进氧量：0～160m^3/h，由FICSQ106控制，根据氧化液含醛来调节；氧化液含醛为0.3×10^{-2}以下；塔顶尾气含氧量<5%，主要由充氮量来控制；塔顶气相温度TI106控制与上部液相温差大于15℃，主要由氮气量来控制；塔中液相温度主要由各节换热器的冷却水量来控制；塔顶N_2流量根据经验一般不小于60m^3/h为好，由FIC105控制。

3. 洗涤液罐

V103液位控制在0～80%，含酸大于70%～80%就送往蒸馏系统处理。送完后，加盐水至液位35%。

（五）正常停车

（1）将FIC102切至手动，关闭FIC102，停醛。

（2）用FIC114逐步将进氧量下调至1000m^3/h。注意观察反应状况，当第一氧化塔T101中醛的含量降至0.1以下时，立即关闭FIC114、FICSQ106，关闭T101、T102进氧阀。

（3）开启T101、T102塔底排，逐步退料到V102罐中，送精馏处理。停P101泵，将氧化系统退空。

（六）异常事故与处理

乙醛氧化工段异常事故与处理见表6-2。

表 6-2 事故处理

原因	现象	处理方法
循环泵坏 球罐压力波动	T101 液面波动	开启 T101 的循环泵 P101B;关闭泵 P101A,调节液位至正常值
冷却水调节阀坏	T101 温度波动	开启 T101 的换热器 E102B 的调节阀 TIC104B,同时关闭 T101 的换热器 E102A 的调节阀 TIC104A,调节温度至正常值
进料球罐中乙醛物料用完	T101 塔进醛流量波动,不稳定	1. 将 INTERLOCK 打向 BP 2. 将 T101 的进醛控制阀关闭,停止进醛。并关闭 T101 的进催化剂控制阀 FIC301 3. 当 T101 中醛的含量 AIAS103 降至 0.1%以下时,关闭进氧阀 FIC114、FIC113 及 T102 的进氧阀 FICSQ106。同时关闭 T102 的蒸汽控制阀 TIC107 和 V65 4. 醛被氧化完后,打开阀门 V16、V33、V59 逐步退料到 V102 中 5. 停 T101 塔的循环操作并关闭换热器 E102A 的冷却水控制阀 TIC104A 6. 退料结束后,关闭 T102 的冷却水控制阀 TIC105~TIC108 和 V61~V64 7. 关闭 T101、T102 的进氮气阀 FIC101 和 FIC105
催化剂的量不够 催化剂的质量下降	T101 塔顶尾气中醛含量高	开大第一氧化塔 T101 的进催化剂控制阀 FIC301,使其开度大于 70%,增加催化剂的用量;或补充新鲜的催化剂
塔顶放空阀调节失控	T101 塔顶压力升高	打开 T101 的塔顶压力控制阀 PIC109B。关闭 PIC109A,用 PIC109B 调节压力。在保证尾气中氧含量的同时,可以减小氮气的进料量
进料中乙醛和氧气的配比不合适	T101、T102 尾气中含氧高	开大乙醛进料阀 FICSQ102,调节进料配比;开大催化剂进料阀 FIC301 增加催化剂的用量

分析与思考

1. 如何操作避免氧化塔尾气中氧含量超标?
2. 总结操作中如何控制乙醛和氧气的配比。
3. T101 塔和 T102 塔的换热方式有何不同?
4. 操作中 T101 塔和 T102 塔的液位如何控制?

任务六 鼓泡塔反应器实操训练

甲苯氧化生产苯甲酸

苯甲酸别名安息香酸,分子式:$C_7H_6O_2$,分子量:122,熔点:122.4℃,沸点:249℃,密度 1.2659g/cm^3,溶解性:油溶性,白色单斜片状或针状结晶体,略带安息香或苯甲醛气味。在 100℃时迅速升华,它的蒸气有很强的刺激性,吸入后易引起咳嗽。苯甲酸是弱酸,比脂肪酸强。它们的化学性质相似,都能形成盐、酯、酰卤、酰胺、酸酐等,都不易被氧化。苯甲酸的苯环上可发生亲电取代反应,主要得到间位取代产物。苯甲酸在常温下微溶于水,但溶于热水,水溶液呈酸性;易溶于醇、氯仿、醚、丙酮、苯、二硫化碳、松节油等有机溶剂,也溶于非挥发性油。在空气(特别是热空气)中微挥发,有吸湿性,常温下溶解度大约为 0.34g/100mL。对微生物有强烈毒性,但对人体毒害不明显。最初苯甲酸是由安息香胶干馏或碱水水解制得,也可由马尿酸水解制得。工业上苯甲酸是在钴、锰等催化剂存在下用空气氧化甲苯制得；或由邻苯二甲酸酐水解脱羧制得。苯甲酸及其钠盐可用作乳胶、牙膏、果酱或其他食品的抑菌剂和防腐剂，也可作染色和印色的媒染剂。

（一）实训目的

（1）了解苯氧化生产苯甲酸的工艺过程。
（2）掌握实训装置反应器的操作特点。
（3）掌握苯氧化生产苯甲酸的工艺条件。

（二）实训原理

反应原理：

$$C_6H_5CH_3 + \frac{3}{2}O_2 \longrightarrow C_6H_5COOH + H_2O$$

催化剂：环烷酸钴；助催化剂：溴化物（四溴乙烷）
原料：甲苯（纯度 99.8），空气
反应条件：压力 0.2～0.6MPa，温度 165±5℃
反应时间：8～12h（间歇反应），甲苯转化率在 25%左右
催化剂配比：0.71%主催化剂，0.46%助催化剂，甲苯与催化剂比例为 200。

（三）实训装置

1. 装置简介

本装置为塔式鼓泡反应器和玻璃精馏塔组成一套完整的苯甲酸制备实训装置，塔式设备广泛用于气液相反应或气液固相反应。它是一个非均相反应过程，气体可为一种或多种，而液体可以为反应物或催化剂，其反应速度决定化学反应速度和相界面上组分分子扩散速度，充分接触是加快反应的必要条件，实验室常用该反应器做有机化合物氧化，如烷烃氧化制有机酸、对二甲苯氧化生成对苯二甲酸、环已烷氧化生成环已醇和环已酮、乙醛氧化制乙酸、乙烯氧化制乙醛、苯氯化制氯苯、甲苯氯化制氯甲苯、乙烯氯化制氯乙烯、烯烃加氢、脂肪酸加氢等。此外，还可进行 SO_3、NO_2、CO_2、H_2S 的吸收反应、生化反应、污水处理等。

鼓泡塔式氧化反应器具有如下特点：（1）进气能以小气泡形式分布，可连续不断进入保证气液接触反应效果良好；（2）反应器结构简单，容易稳定操作；（3）有较高的传质、传热效率，适于慢反应和强放热反应；（4）换热件安装方便。可处理悬浮液体，塔内可添加构件。

该装置采用精馏塔分离的主要原因是：（1）从苯甲酸与甲苯混合液中分离回收甲苯；（2）从粗苯甲酸溶液中提纯苯甲酸。同时，反应装置中还采用了分相器。因为氧化反应会产生一些水，水会影响甲苯转化，故必须排水，而在排水过程甲苯也会随着水排出，采用分相器可使甲苯与水分离。

设备与技术指标

最高操作压力 0.6MPa，使用温度 170℃。

甲苯氧化反应器，下段 ϕ57mm×4mm，高度 440mm，外夹套 76mm，内插加热管 ϕ10mm×1.5mm；上段 ϕ89mm×4mm，外夹套 108mm，高度 150mm。气体分布器开孔率 10%。

转子流量计 N_2 0.1～10L/min、O_2　0.2～20L/min。

热液体循环齿轮泵　30L/h。

无油空压机 1000L/h。

导热油加热器 25～150℃。

甲苯加料电磁泵 0.79L/h。

精馏塔：塔釜1L；电热包的加热功率为400W；精馏塔直径20mm；塔高1400mm；塔外壁有两段透明膜导电加热保温，功率200W。

摆锤式内回流塔头，回流比控制1～99s内自动控制。

甲苯加料罐。

2. 工艺流程

工艺流程见图6-21。

（四）实训操作

1. 连续生产过程

（1）准备工作

① 将液体甲苯注入储罐内，并接好进气管线N_2与空气，将气体、液体出口阀门关死，通入N_2或空气在0.6MPa下试漏，十分钟内压力变为合格，可以进料，并通入气体鼓泡，当液体加至溢流口有流出时，可加入催化剂，同时将恒温油浴升温至所需温度。

② 操作时将循环泵开动起来，调节变频调速装置，使循环量达到所需要求。连续进出物料和产品时，反应须用泵进料，气体流量控制在20mL/min左右，液体加料根据选定的停留时间，高转化需低进料速度，但选择性要降低些；高液空速加料会使转化率下降，但选择性能够提高。

（2）操作注意事项

① 实验中要不断在溢流口调节阀门的开度，以排除反应后的液体，可保持鼓泡塔内液位稳定。反应压力一旦确定，就不要随意改变系统压力，压力变化会造成排料数据不能稳定。一般来说：在一开始就调节好进气压力和出气压力，此后只能微调各阀门，不应该大幅度地调节。

② 当试验完成后继续通气反应一定时间，最后通N_2清扫，并放出所有反应液，用清水充满鼓泡塔，清洗干净，以防腐蚀生锈。

③ 实验中应注意安全问题、避免空气与原料气浓度达到爆炸极限，时刻用N_2进行调整。

④ 当反应产物有一定数量时，可开启精馏塔。渐渐升温使塔顶温度达到110℃。收集甲苯原料，塔底产物用重结晶的方法处理得到纯苯甲酸。或者用多次累积量再精馏，控制塔底温度190℃，塔顶温度160℃，馏出物为苯甲酸纯品。

（3）停车操作 当反应结束后停止加料（液体），停止加热，关闭电源。电源关闭后要继续通气，待温度降至50℃以下可关闭气体（具体视催化剂的要求而定）。

精馏设备可用甲苯洗涤。塔底产物为催化剂与碳化物用其他溶剂稀释做废物处理。

（4）故障处理

① 开启电源开关指示灯不亮，并且没有交流接触器吸合声，说明保险坏或电源线没有接好。

② 开启仪表各开关时指示灯不亮，并且没有继电器吸合声，说明分保险坏或接线有脱落的地方。

③ 开启电源开关有强烈的交流震动声，则是接触器接触不良，应反复按动开关消除。

④ 仪表正常但仪表没有指示，可能保险坏掉或固态变压器或固态继电器发生问题。

⑤ 控温仪表、显示仪表出现四位数字，说明热电偶有断路现象。

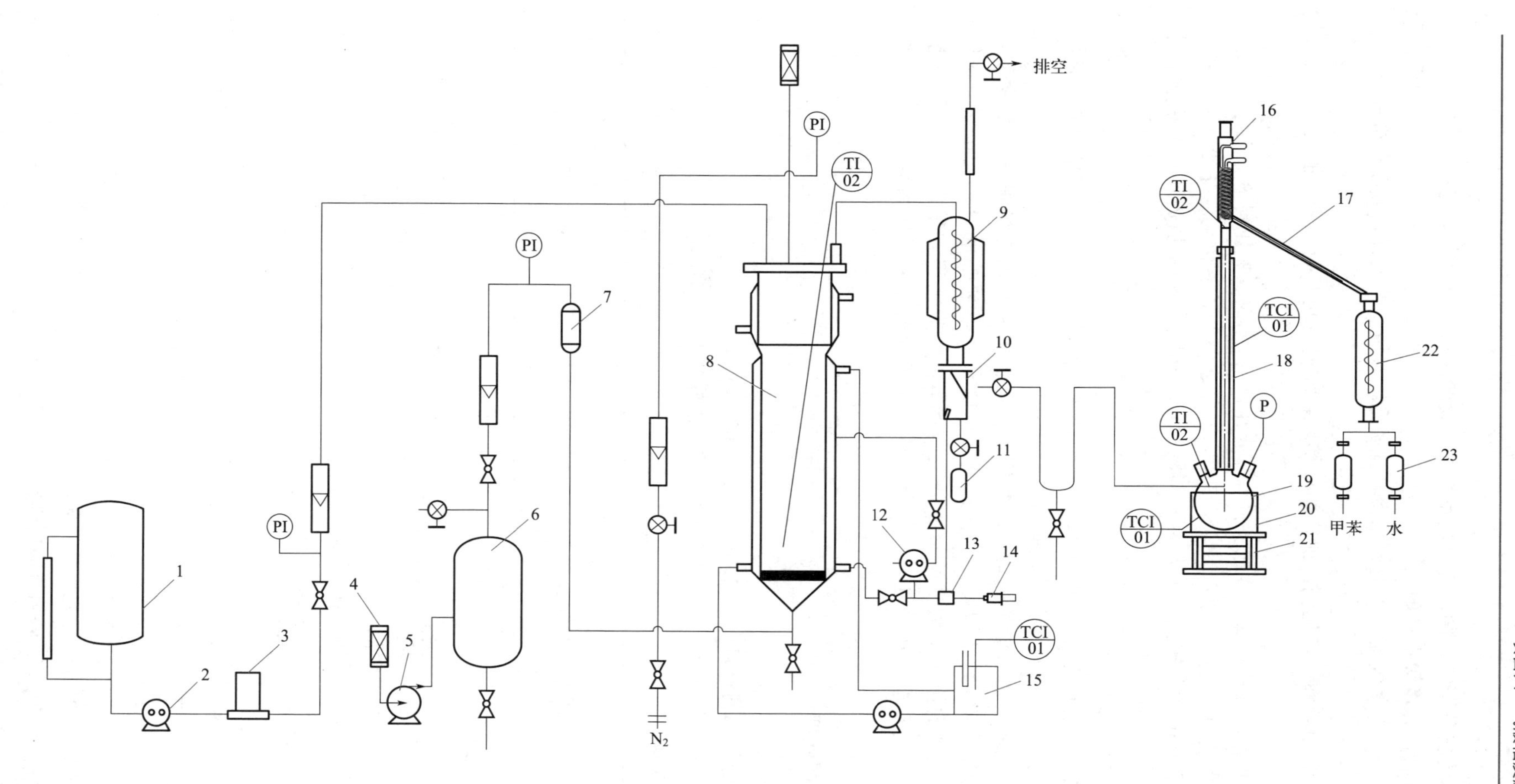

图 6-21　苯甲酸制备装置流程图

1—原料罐；2—原料泵；3—电磁泵；4—过滤器；5—泵；6—缓冲罐；7—小缓冲器；8—鼓泡塔；9—冷凝器；10—油水分相器；11—水收集器；12—齿轮泵；13—取样器；14—注射器；15—加热油浴；16—玻璃塔头；17—冷凝管；18—精馏塔；19—塔釜；20—加热包；21—升降台；22—冷却分相器；23—收集罐

⑥ 反应系统压力突然下降，则说明反应系统存在大泄漏点，应停车检查。

⑦ 电路时通时断，有接触不良的地方。

⑧ 压力不断增高，而尾气流量不变或减少，说明系统有堵塞的地方，应停车检查。

2. 间歇操作过程

（1）量取 300mL 甲苯和一定比例的催化剂环烷酸钴、溴化物及苯甲醛，依次加入反应器内。

（2）使反应器升温，打开冷凝管冷却水。当温度升到 100℃时，充压到预定压力。

（3）当反应釜内液相温度达到预定引发温度时，开始通空气，氧化反应开始，反应 8～12h 结束，其间有甲苯和水被带出，故反应中要补充一部分甲苯。停止加热后，缓慢泄压到大气压，温度降到 110℃时放料。

（4）粗产物有两种处理方式：

① 冷却至室温，有结晶析出，分离后用有机溶剂进行再结晶，称量，计算收率，通过色谱分析得出反应物组成，计算甲苯转化率。

② 将粗产物倒入玻璃精馏塔釜内，开启精馏设备，使甲苯与水在塔顶蒸出，釜内留下的粗苯甲酸，该物可以继续精馏可在塔顶得到苯甲醛最后得到苯甲酸，但此方法操作比较麻烦，必须有大量的粗苯甲酸产物，故可采用重结晶的方法得到精品。本实验的精馏装置有这种功能，但不推荐在此使用。有时脱甲苯也采用真空精馏的办法，但本实验未采用。

（五）实验数据处理

（1）产品分析

分析条件：热导检测器，H_2 30mL/min，OV-101 填充柱。

使用：柱温 210℃，汽化 230℃，检测器 200℃，进样量 0.8～1μL。

（2）实验数据记录

组分	甲苯	催化剂	空气	反应混合物
体积/mL				

（3）实验数据处理

苯甲酸的转化率 X：$X=\frac{\text{参加反应的苯甲酸量}}{\text{加入反应器的苯甲酸量}}$

苯甲酸收率 Y：$Y=\frac{\text{苯甲酸的实际产量}}{\text{苯甲酸的理论产量}}$

反应的选择性 S：$S=\frac{\text{苯甲酸收率}}{\text{甲苯转化率}}$

（4）结果分析与讨论

分析与思考

（1）甲苯氧化生产苯甲酸装置连续操作与间歇操作有何不同？

（2）分相器用于何处，作用有哪些？

（3）实训装置和工业生产装置有哪些主要区别？

（4）甲苯氧化生产苯甲酸中工艺条件如何确定？

（5）本装置还能进行哪些实训项目的训练？

【能力提升】

填料塔反应器设计案例分析

用填料塔从一混合气体中吸收所含的苯。进料混合气体含苯5%（体积分数），其余为空气。要求苯的回收率为95%。吸收塔操作压力为780mmHg，温度为25℃，进入填料塔的混合气体为$1000m^3/h$，入塔吸收剂为纯煤油。煤油的耗用量为最小用量的1.5倍。气液逆流流动。已知该系统的平衡关系为$Y=0.14X$（式中X，Y均为摩尔比），气相体积总传质系数$K_Y\alpha_t=125kmol/(m^3\cdot h)$。煤油的平均分子量为170kg/kmol。塔径为0.6m。求：

(1) 煤油每小时耗用量为多少千克？

(2) 煤油出塔浓度X_1为多少？

(3) 填料层高度为多少米？

(4) 吸收塔每小时回收多少千克苯？

解：

(1) 煤油的耗用量L

塔内惰性组分摩尔流量为：

$$V=\frac{1000}{22.4}\times\frac{273}{273+25}\times\frac{780}{760}\times(1-0.05)=39.88(kmol/h)$$

进塔气体苯的浓度为：

$$Y_1=\frac{0.05}{1-0.05}=0.05263$$

出塔气体中苯的浓度为：

$$Y_2=Y_1(1-\varphi_A)=0.5263\times(1-0.95)=0.00263$$

$$L_{min}=\frac{V(Y_1-Y_2)}{Y_1/(m-X_2)}$$

由吸收剂最小用量公式

$$\begin{aligned}L&=1.5L_{min}=1.5V(Y_1-Y_2)/[Y_1/(m-X_2)]\\&=1.5\times39.88\times(0.05263-0.00263)/(0.05263/0.14)\\&=7.956(kmol/h)=1352.52(kg/h)\end{aligned}$$

(2) 煤油出塔浓度X_1

由全塔物料衡算式可得：

$$X_1=X_2+\frac{V}{L}(Y_1-Y_2)=0+\frac{39.88}{7.956}(0.05263-0.00263)=0.25$$

(3) 填料层高度Z

$$H_{OG}=\frac{V}{K_Y\alpha_t\Omega}=\frac{39.88}{125\times\frac{\pi}{4}\times0.6^2}=1.13(m)$$

$$Z=H_{OG}\times N_{OG}$$

$$S=mV/L=0.14\times39.88/7.956=0.7$$

$$N_{OG}=\frac{1}{1-S}\ln\left[(1-S)\frac{Y_1-mX_2}{Y_2-mX_2}+S\right]$$

$$=\frac{1}{1-0.7}\ln\left[(1-0.7)\ \frac{0.05263-0}{0.00263-0}+0.7\right]$$

$$=6.34$$

故 $Z=6.34\times1.13=7.16(\mathrm{m})$

(4) 吸收塔每小时回收多少千克的苯

回收苯的质量为：

$$m=MV(Y_1-Y_2)=78\times39.88\times(0.05263-0.00263)=155.5(\mathrm{kg/h})$$

【知识拓展】

气液相反应器选型

工业生产对气液反应器的要求：较高的生产强度；有利于反应选择性的提高；有利于降低能量消耗；有利于反应温度的控制；应能在较小流体流率下操作。

1. 较高的生产强度

这就要求反应器的形式适合于反应系统的特性。例如，气膜控制情况，此时应选择气相容积传质系数大的反应器，即采用液体分散成微细的液滴（造成较大的比表面）并与高速的气流相接触的设备。在这种情况下，高速湍流接触设备诸如喷射反应器、文丘里反应器是适用的，喷雾塔式反应器也可以采用；快速反应情况，反应是在界面近旁的反应带（液膜）中进行，就要求选择表面大的反应器，同时也应具备一定的传质强度，以免反应带中反应剂的浓度降低，此时填料反应器和板式反应器是比较适应的；慢速反应情况，反应主要在液相主体中进行，它通常要求选用反应容积较大的设备，即储液量较多的设备，此时，鼓泡反应器和搅拌鼓泡反应器是很适用的。

2. 有利于反应选择性的提高

这就要求反应器的型式有利于抑制副反应的发生，以提高主要产物的得率。例如，如果是并行反应，副反应较慢，则可以采用储液量较少的设备，以抑制液相主体进行缓慢的副反应。合成氨生产中的脱硫过程，能够发生同时吸收 CO_2 的副反应，而采用储液量较少的木格填料塔、喷射塔和湍动浮球等塔型都能抑制副反应 CO_2 吸收过程的进行。如果是连串反应，主反应为 $A+B\rightarrow C$（产物），副反应为 $A+C\rightarrow D$（产物）。若 D 是副反应的产物、则应采用液相返混较少的设备进行反应，以尽可能减少 A 与 C 的反应，此时采用半间歇（液体间歇加入和取出，而气体是连续的）反应器，或采用填充床反应器以减少生成物 C 与反应剂 A 的混合，从而提高产物 C 的得率。若 D 是主要产物，则应以全返混反应器为宜。

3. 有利于降低能量消耗

当前世界能源的供应比较紧张，反应器设计也应该考虑能量综合利用和降低能量消耗的问题。若气液反应处于高于室温的条件下进行，此时，如何考虑反应热量的利用和反应生成物显热的回收，将是一个重要的问题。如果气液反应在加压下进行，则可考虑反应余气和生成物液流的能量综合利用。除此以外，为了造成气液两相的相互接触，需要消耗一定的动力。例如，鼓泡反应器的气流压降较大，需要较多的气流输送动力，喷射吸收器的喷射作用分散液体，要消耗一定的液流输送动力。就造成的比表面而言，喷射吸收器的能耗最少，其次是搅拌槽式反应器和填料塔。文丘里管和鼓泡反应器的能量消耗更大些。因而对于快速化学反应和瞬间化学反应，采用高速湍流过程的气液接触设备不仅是合适的，而且还是经济的。

4. 有利于反应温度的控制

反应器的温度条件控制是一个十分重要的问题。气液反应绝大部分是放热的，因而如何排除反应热防止温度过高就是经常碰到的实际问题。当气液反应的热效应很大而又需要综合利用时，降膜反应器是比较合适的塔型。例如尿素生产中 NH_3 和 CO_2 生成氨基甲酸的反应热，采用降膜塔就容易得到回收。除此以外，板式塔和鼓泡反应器可借安置冷却盘管式夹套来排除热量。但是，在填料反应器中，排除反应热比较困难，可通过提高液体喷淋量，以使反应热由液体显热的形式排出。

5. 在较低流体流率下操作

气液反应中，为了得到较高的液相转化率，液流速率一般较低。适应这种情况的操作有鼓泡反应器、搅拌鼓泡反应器和板式反应器。但填充床反应器、降膜反应器和喷射型反应器却不能适应这种工况的要求。例如，当喷淋密度低于 $5\sim10m^3/(m^2\cdot h)$ 时，填料就不会全部润湿。降膜反应器也有这种类似的情况。喷射型反应器在液气比较低时将不能造成足够的接触比表面。尽管可以采用液体自身循环的方法来提高液流速率，但是，它却同时带来液相产物和反应作用物的严重混合，从而大大地降低了气液反应的速率。

由上述讨论可知，定型式的气液反应器，仅适应一定的具体条件。在某一条件下该反应器是优越的。但在另一些条件下，也许就呈现严重的缺陷。应在实际运用中，根据反应系统的特性和主要的工艺要求，选择与之相适应的型式。

【分析讨论】

本章关于气液反应过程的讨论都是基于双膜理论的。双膜理论的前提是存在一个稳定的气液相界面。何谓稳定？研究成果表明，在气液相界面形成几十毫秒之后，相界面及两侧的膜传质达到稳定。也就是说，相界面形成几十毫秒后，就算稳定了。

双膜理论的一个基本思想是在相界面处气液两相达到平衡，不存在传质阻力，传质的全部阻力存在于界面两侧的气膜和液膜之中。强化传质所采取的措施是增加界面湍动、增加相对流速以减少液膜厚度及加速液膜表面的更新。

另外，根据现有传质理论，气液相界面两侧膜的厚度是在几十微米数量级，超过这一厚度的部分视为气液相主体。可以设想，如果将液相或气相尤其是液相分散到物理尺度与膜厚相近的程度，传统传质理论中的液相主体就不存在了，宏观传质强度亦会大大提高。

本章之所以主要介绍稳定的膜内传质，是因为目前广泛使用的传质设备，无论是填料塔还是鼓泡反应器，相界面的寿命都远超过一种新型的传质与反应设备——超重力反应器。这种设备通过机械旋转产生的离心力，将液体在多孔填料中分散成微米尺度的液膜、液滴或液线，而且以毫秒计的时间间隔更新重组。这就使得宏观传质速率较填料塔或鼓泡塔有了数量级上的提高。关于超重力反应器，请参阅其它文献。

【工业文化】

侯德榜：近代化学工业的奠基人

侯德榜（1890年8月9日—1974年8月26日），生于福建闽侯，著名科学家，杰出化学家，赴美留学，入美国麻省理工学院化工科学习，后在哥伦比亚大学研究院，1921年获博士学位，被选入美国最高荣誉 Sigma Xi 科学会会员，誉满国际化学工业界；英国皇家学会聘他为名誉会员，美国化学工程师学会和美国机械工程师学会，也先后聘他为荣誉会员。侯德榜是我国侯氏制碱法的创始人，中国化学工业的开拓者，近代化学工业的奠基人之一，是世界制碱业的权威。20世纪20年代，突破氨碱法制碱技术的奥秘，主持建成亚洲第一座纯碱厂；30年代，领导建成了中国第一座兼产合成氨、硝酸、硫酸和硫酸铵的联合企业；40～50年代，又发明了连续生产纯碱与氯化铵的联合制碱新工艺，以及碳化法合成氨流程制碳酸氢铵化肥新工艺；并使之在60年代实现了工业化和大面积推广。1926年，中国“红三角”牌纯碱入万国博览会，获金质奖章。侯德榜积极传播交流科学技术，培育了很多科技人才，为发展科学技术和化学工业做出了卓越贡献。1974年8月26日，侯德榜在北京逝世，享年84岁。

【本章小结】

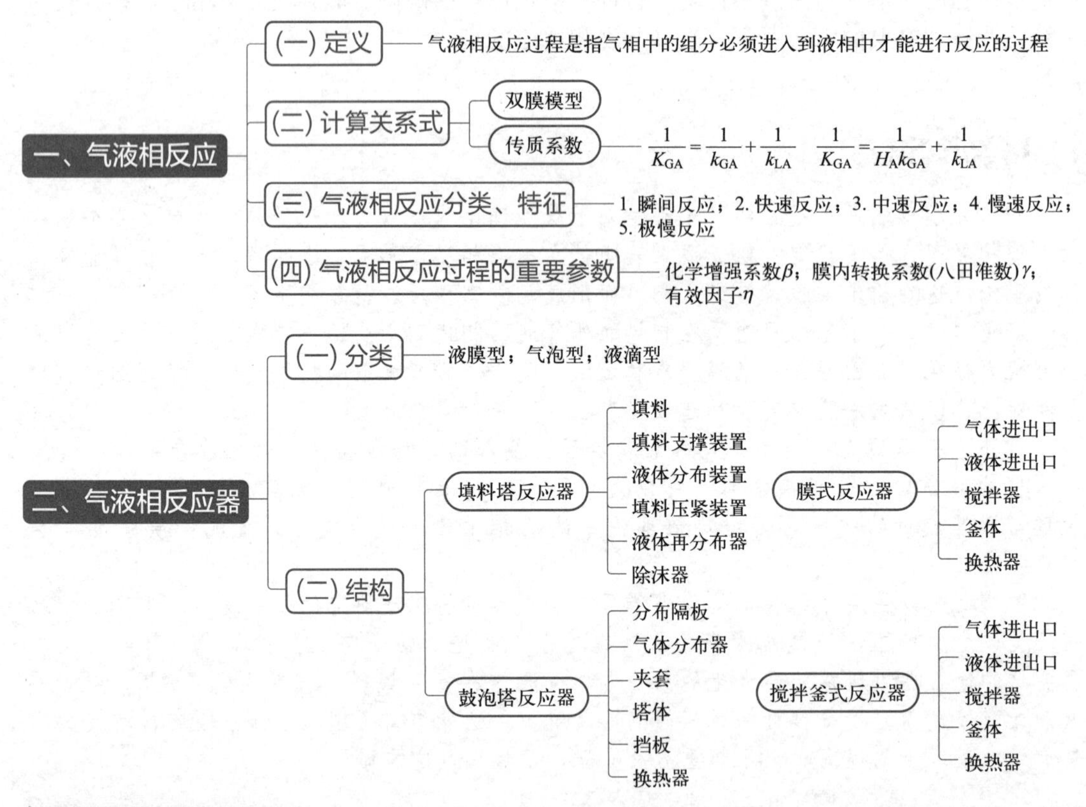

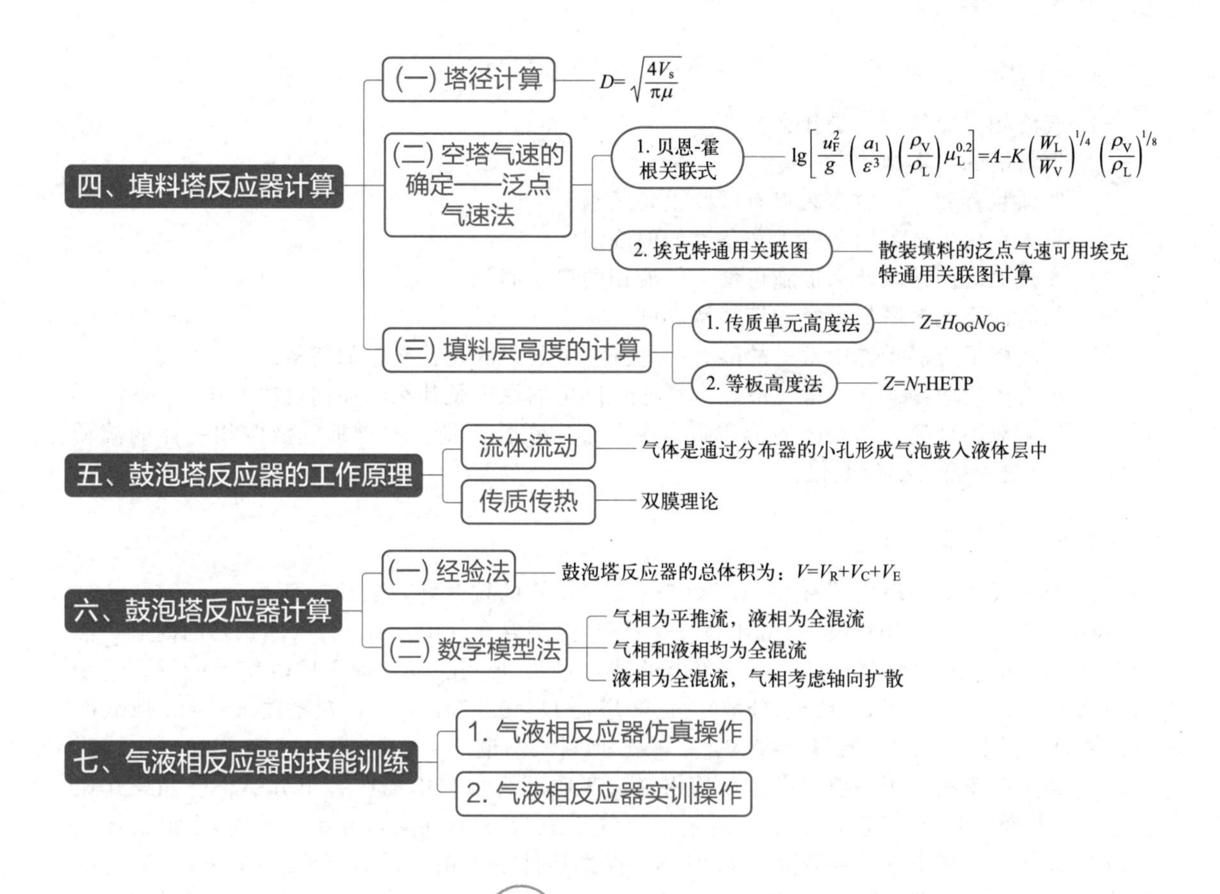

【自测习题】

（一）填空题

1. 双膜模型假设在气-液两相的相界面处存在着________流动的气膜和液膜，而假定气相主体和液相主体内组成________，不存在着传质阻力。

2. 当气液相反应用于化学吸收时，主要目的是提高________________________，因而应选择__________反应器。

3. 在鼓泡塔内的流体流动中，一般认为__________为连续相，________为分散相。

4. 鼓泡塔反应器分离空间的作用是________，它是靠________实现分离的。

5. 鼓泡塔中当空塔气速较低时，气泡是通过________方式形成的，空塔气速较高时，气泡是通过________方式形成的。

（二）判断题

1. 喷雾反应器适用于气液瞬间快速反应。（　　）

2. 鼓泡塔反应器的特点是结构简单，存液量大，适用于动力学控制的气液相反应。（　　）

3. 鼓泡塔反应器内的气含率大小与塔径的大小有关。塔径越大，气含率越小；塔径越小，气含率越大。（　　）

4. 在气液相反应过程中，化学反应既可以在气相中进行，也可在液相中进行。（　　）

5. 中速反应是指反应不仅发生在液膜区，并且主体相中也存在化学反应的反应过程。（　　）

（三）思考题

1. 气液相反应的特点是什么？

2. 填料塔的基本结构有哪些？

3. 实训装置和工业生产装置有哪些主要区别？

4. 甲苯氧化生产苯甲酸的工艺条件如何确定？

5. 在鼓泡塔内采取什么措施可增大气液相的接触面积？

6. 如何计算填料塔的塔径和填料层高度？

7. 鼓泡塔反应器操作中常见故障有哪些？产生的原因是什么？如何解决？

8. 填料塔反应器操作中常见故障有哪些？产生的原因是什么？如何解决？

9. 根据双膜理论，两相间的传质阻力主要集中在什么地方？增加气液两相主体的湍动程度，传质速率将会如何变化？

（四）计算题

1. 有一吸收塔，塔内装有25mm×25mm×3mm的拉西环，其比表面积$a=204m^2/m^3$（假设全部润湿），在20℃及1atm下操作。空气-丙酮混合气中含有6%（体积）的丙酮，混合气量$1400m^3/h$（标准状态）。塔顶喷淋的清水量为3000kg/h，丙酮回收率=98%，平衡关系为$y=1.68x$（x，y为摩尔分数）。已知塔径$D=0.675m$，总传热系数$Ky=0.4kmol/(m^2 \cdot h)$，试求：(1) 传质单元数N_{OG}；(2) 填料层高度Z。

2. 某生产车间使用一填料塔，用清水逆流吸收混合气当中的有害组分A，已知操作条件下，气相总传质单元高度1.5m，进塔混合气组成为0.04（摩尔分率，下同），出塔尾气组成为0.0053，出塔水溶液浓度为0.0128，操作条件下平衡关系为$Y=2.5X$（X、Y为摩尔比），试求：(1) 液气比L/V为$(L/V)_{min}$的多少倍？(2) 气相总传质单元数N_{OG}；(3) 所需填料层高度Z。

3. 在鼓泡塔内进行乙烯和苯的烃化反应。已知该塔的生产能力为$200kg/m^3$时，要求乙苯产品的纯度为99%，分离过程中乙苯的损失为产品量的5%。试求年产10000t乙苯时该鼓泡塔的塔高和塔径。

4. 乙醛氧化生产醋酸的反应在一鼓泡塔内进行。已知该塔的生产能力为$200kg/(m^3 \cdot h)$。静液层的高度为12m，设备安全系数为1.1。每小时生产醋酸为2012kg。分离空间的高度是反应器直径的5倍，采用椭圆形封头。确定反应器的总高度。

5. 年产2×10^4t异丙苯的鼓泡塔反应器中，已知反应器的直径为1m，产品异丙苯的空时收率为$180kg/(m^3 \cdot h)$，年生产时间为8000h，床层气含率为0.34。试计算该反应器的体积。

6. 乙烯氧化生产乙醛$C_2H_4+\frac{1}{2}O_2 \longrightarrow CH_3CHO$在一气升管式鼓泡塔反应器内进行。工艺数据如下：进料配比：$C_2H_4 : O_2 : (CO_2+N_2)=65:17:18$(mol)；乙醛的空时收率为$0.15kg/(L \cdot h)$，乙烯的单程转化率35%，每吨产品需消耗乙烯700kg、氧$280m^3$；反应温度398K，塔顶表压294kPa，气含率0.3417。用经验法确定每小时生产85kmol乙醛时反应器的工艺尺寸。

7. 某鼓泡塔的操作条件如下：气液采用并联操作，其中空塔气速$u_{OG}=0.715m/s$，空塔液速$u_{OL}=0.43m/s$；物性数据：液相黏度$\mu_L=2.96\times10^{-4}Pa \cdot s$，气相黏度$\mu_G=0.013\times10^{-3}Pa \cdot s$，液相表面张力$\sigma_L=80\times10^{-3}kg/s$，液相密度$\rho_L=1120kg/m^3$。假设气泡的自由浮升速度$u_t=0.25m/s$。试计算该反应器内流体的气含率。

【主要符号】

A_t——鼓泡塔反应器的截面积，m^2

Bo——邦德数$\left(Bo=\frac{gD^2\rho_L}{\sigma_L}\right)$

C^2——分布器小孔阻力系数

D——鼓泡塔反应器床层直径，m

D_{GA}——A 组分在气体中分子扩散系数，mol/(s·m·Pa)

D_{LA}——A 组分在液体中分子扩散系数，m^2/s

Fr——弗劳德数$\left(Fr=\frac{u_{OG}}{\sqrt{gD}}\right)$

G——气体的空塔摩尔流速，$mol/(m^2 \cdot s)$

Ga——伽利略数$\left(Ga=\frac{gD^3\rho_L^2}{\mu_L^2}\right)$

G_M——气体摩尔流速，$mol/(m^2 \cdot s)$

G_L——液体摩尔流速，$mol/(m^2 \cdot s)$

H_E——分离空间高度，m

H_{GL}——充气液层的高度，m

H_L——静液层高度，m

$\overline{M}$——气体的平均摩尔质量，kg/kmol

N_A——扩散速率，$kmol/(m^2 \cdot s)$

p——操作系统总压，Pa

Re_b——气泡雷诺数$\left(Re_b=\frac{d_b u_{OG}\rho_L}{\mu_L}\right)$

Sc_L——液体施密特数$\left(Sc_L=\frac{\mu_L}{\rho_L D_{LA}}\right)$

V_C——顶盖死区体积，m^3

V_G——充气液层中的气体所占体积，m^3

V_E——分离空间体积，m^3

V_{GL}——气液混合物体积，m^3

V_L——液体体积，m^3

V_{0L}——原料的体积流量

a——传质比表面积，m^2/m^3

c_{Ai}——液相界面处组分 A 的浓度，$kmol/m^3$

c_{AL}——液相主体中组分 A 的浓度，$kmol/m^3$

c_p——液相比热容，J/(kg·K)

d_{vs}——当量比表面平均直径，m

d_b——单个球形气泡直径，m

d_0——分布器喷孔直径，m

k——一级反应的速率常数，L/s

k_{AL}——组分 A 在液膜内的传质系数，m/s

p_A——气相主体中组分 A 的分压，Pa

$(-R_A)$——以单位充气液层体积为基准的宏观反应速率，kmol/(m^3·h)

$(-r_A)$——气相组分 A 的反应速率，kmol/(m^3·s)

$(-r_B)$——液相组分 B 的反应速率，kmol/(m^3·s)

Sh——舍伍德数$\left(Sh=\frac{k_{LA}d_b}{D_{LA}}\right)$

u_O——小孔气速，m/s

u_{OG}, u_{OL}——气体和液体的空塔气速，m/s

u_s——气泡滑动速度，m/s

u_G, u_L——实际气体、液体的流动速度，m/s

v_G——气体体积流量，m^3/h

α_t——传热系数，J/(m^2·s·K)

β——化学增强系数

γ——膜内转换系数（八田数）

η——有效因子

ε_G——气含率

λ_L——液体热导率，J/(m^2·s·K)

μ_G——气体黏度，Pa·s

μ_L——液体黏度，Pa·s

ρ_G——气体密度，kg/m^3

ρ_L——液体密度，kg/m^3

ρ_{GL}——鼓泡层密度，kg/m^3

σ_L——液体表面张力，N/m

σ_C——临界表面张力，N/m

τ——反应时间，s

φ——顶盖形状系数

H_A——亨利常数，kmol/(m^3·kPa)

k_{LA}——液膜传质系数

k_{GA}——气膜传质系数

D——塔径，m

V_s——在操作条件下混合气体的体积流量，m/s

u——混合气体的空塔速度，m/s

A, K——关联系数（查表可知）

u_f——泛点气速，m/s

g——重力加速度，9.81m/s^2

α_t——填料总比表面积，m^2/m^3

ε——填料层空隙率

ρ_L——液相密度

ρ_V——气相密度

F——气相机能因子

C_s——气相负荷因子

α_w——填料的润湿比表面积，m^2/m^3

ψ——填料形状系数

Ω——塔截面积，m^2

项目七

微反应器

【生产应用案例】

专注微反应　展现大作为

微反应器技术是适应化学工业绿色发展的新趋势，是近年来快速发展的一门化工前沿和热点技术，被公认为21世纪化学合成的革命性技术成果，为能源、化工、医药、军工等行业提供了安全高效的生产方案，在多个领域实现了应用。

微反应器主要指利用微加工技术制造的用于进行化学反应的三维结构元件或包括换热、混合、分离、分析和控制等各种功能的高度集成的微反应系统。化学反应发生在介于微米和毫米之间的流体流动通道内，因此微反应器又称作微通道（microchannel）反应器。微化工技术始于20世纪90年代初，该技术是利用微米级的通道式反应器进行反应，能够促进过程强化和化工系统的小型化，提高资源利用率，节能降耗，从根本上解决化学反应不彻底及易爆等技术难题，实现化工生产的本质安全。微化工技术的核心是微通道反应器，是一种通过微加工和精密加工技术制造的带有微结构的微型反应设备，“微”表示流体通道在微米级别，而不是指设备外形尺寸小或产品的产量小，其内部流体通道尺寸一般在10～1000μm，处理量从每分钟数微升到每年数万吨的规模。微通道反应器不是简单地将现有反应器缩小，而是将纳米材料技术、微加工技术、传感器技术等各种技术集成的微反应系统。微反应器内部的流体称为微流体，相对于常规尺度流体在传递特性、安全性以及可控性等方面都有很大优势。“心”形微通道反应器见图7-1。

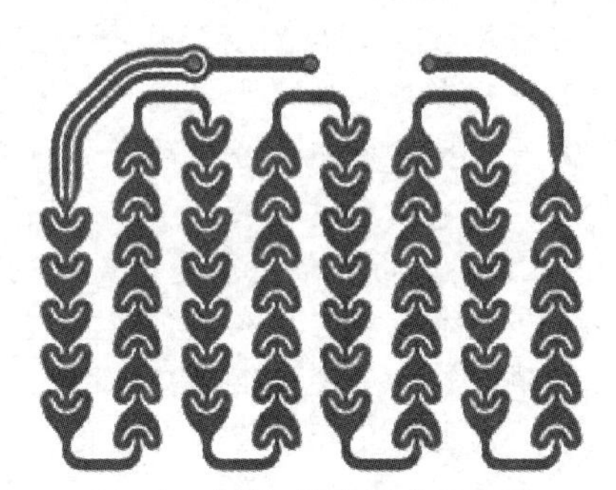

图7-1　“心”形微通道反应器

西安万德能源化学股份有限公司成立于1998年，是由西安市科委成果转化来的国家级高新技术企业，2011年7月改制为股份有限公司（以下简称“万德股份”），依托西北大学、西安石油大学等科研院校雄厚的技术研发能力，主要从事油田精细化学品、功能性化学材料研发、生产、销售及服务等业务，专注微反应技术开发及其产业化应用，为能源、化工、军工和医药行业提供工艺升级解决方案，是国内微通道技术产业化开发与应用的领军企业。依托自主研发的全球领先的微反应硝化成套技术，实现柴油质量升级关键添加剂——硝酸异辛酯产业化，建成国内首家万吨级硝化微反应工业化生产装置，目前产能规模居亚洲第一、世界第二，是全球主要生产商之一。

微通道反应是现代化工技术一个极其重要的发展方向，在化工领域具有革命性的意义，是一项实现化学生产本质安全、清洁高效、节能环保甚至可移动的微化工技术。如硝化反应安全风险较大，可利用微反应技术的超大比表面积、独特的流动行为、高选择性和无放大效应等特点，在微米级的通道式反应器内进行撞击流化学反应，从根本上颠覆了传统生产工艺，确保安全生产。与传统的间歇反应釜合成硝化工艺技术相比，具有副反应少，产品收率、纯度高，质量稳定等优点。微反应技术不仅克服了传统硝化工艺强放热反应带来的安全隐患，实现了硝化过程的本质安全，又节省空间、人力和成本，实现过程连续可控，自动化程度高，具有显著的经济效益和社会效益。

硝酸异辛酯作为柴油十六烷值改进剂，对油品质量升级、改善燃烧、降低发动机排放起着非常重要的作用，在国家环保政策日益趋严的时代背景下，硝酸异辛酯的应用市场无疑将逐步扩大。2013 年 10 月，“万德股份”采用自主研发的微反应技术生产的十六烷值改进剂硝酸异辛酯，年产能 1 万吨，产量居全国首位。2014 年 6 月 28 日，“万德股份”在山东淄博高新区举行 10 万吨/年硝酸异辛酯（EHN）装置一期工程（4 万吨/年）投产仪式，这是全球第一套采用“万德股份”自主知识产权专利技术——微通道硝化反应技术生产十六烷值改进剂硝酸异辛酯的大型装置（图 7-2）。该项目一期工程投产后，“万德股份”硝酸异辛酯总产能达到 5 万吨/年，成为全球第二大柴油十六烷值改进剂生产商。

图 7-2 “万德股份”位于山东淄博的硝酸异辛酯生产装置一角与微反应生产控制室

科学技术探索的脚步永无止境。“万德股份”应用微通道反应技术开发了纳米级聚合物微球。该微球作为油田三次采油的驱油剂，具有良好的控水增油效果，可大幅实现国内外老油田增产 20%，特别对低渗透油田有颠覆性效果。同时，不断将微通道反应技术拓展应用到医药和农药等领域，完成了双咪唑、二叔丁基过氧化物、烷基化油、硝基苯等多种化学品在微通道反应器中的合成，产品纯度、收率明显提高，尤其是从本质上实现了安全、清洁化生产，整个生产过程实现了“三废”大幅减排，甚至达到零排放。

“万德股份”依托微通道连续硝化专利技术工业化生产硝酸异辛酯积累的实践经验，将该工艺技术拓展应用在硝化等其它领域。通过技术攻关相继开发成功硝酸异丙酯、硝酸异丁酯、硝基胍、硝酸三缩乙二醇酯、硝酸丙二醇酯、二硝基甲苯等系列含能材料产品硝化生产工艺，实现硝化产品连续自动化、小型化安全生产，并正在开发硝酸胍、TMETN（三羟甲基乙烷三硝酸酯）和 BUNENA（羟乙基丁硝胺硝酸酯）、重氮化合物等，不断丰富和延展这一核心技术在火（炸）药领域的开发应用。同时，利用微反应技术开发火（炸）药移动式柔性自动化生产装置，为我国实现军用化学品和民用危险化学品技术升级和安全生产提供技术支持。

【学习目标】

知识目标

（1）了解微通道反应器的分类及结构。

(2) 掌握微通道反应器的特点及工业应用。
(3) 了解微通道反应器的常见材质。
(4) 掌握微反应器的设计要点。

技能目标

(1) 能通过查阅资料，获取相关知识，并进行归纳整理。
(2) 能够发现问题、分析问题和解决问题。
(3) 能认识微通道反应器各部件并说出其作用。
(4) 能根据应用要求选择合适的微通道反应器类型。

素质目标

(1) 具备创新性思维。
(2) 具备团结协作、安全意识和责任意识。
(3) 具备爱国情怀和奉献精神。

任务一 认识微反应器

随着资源和环境压力的日益突出，传统化工面临着巨大挑战，伴随着经济与科学技术的快速发展，人们对产品种类和质量的要求也越来越高，传统工艺已经难以满足当代社会的需求，迫切需要一种绿色化、安全化、高效化以及自动化的新型化工工艺技术。微化工技术被认为是21世纪具有革命性的化工新兴技术，微化工技术的核心为微反应器。

一、微反应器的定义与分类

（一）微反应器的定义

微反应器（microreactor）是一种利用微加工技术和精密加工技术制造的一种新型的、微型化的化学反应器，通道尺寸一般在1000μm以下，也被称作“微通道反应器”。

广义的微反应器指以反应为主要目的，以一个或多个微反应器为主，包括微混合、微换热、微分离、微萃取等辅助装置及微传感器和微执行器等关键组件所构成的一个微反应系统。微反应系统的核心是特殊结构的微反应器，流体在微米级的有限空间内完成化学反应过程。在微尺度下，流体具有与常规尺寸不一样的流体力学规律，其传质方式以分子扩散为主，强化了混合及传递过程。反应物料在内部带有特殊微结构的通道下进行混合，在处理高危化学反应、防止热失控和促进高效混合等方面有着与传统反应器不可比拟的优势。同时反应器体积小，持液量少，本质安全性高，可将体系中的混合、反应、分离、分析等多个模块高度集成化，实现化工过程的连续可控化。

与传统釜式反应器相比，微反应器的内部结构达微米至毫米尺寸，具有高比表面积，高效的传质传热能力以及本质安全性。微反应器技术最初应用于化学微分析、细胞及蛋白质生物分析和反应机理及动力学研究中，近年来在医药合成、农药合成、无机及纳米材料的合成等领域发展迅速。

（二）微反应器的分类

按照反应相态的不同，可分为气固相微反应器、气液相微反应器、液液相微反应器和气液固相微反应器；按照操作方式的不同，可分为连续微反应器、半连续微反应器和间歇微反应器；按照用途的不同，可分为生产用微反应器和实验用微反应器。按照混合方式的不同，可分为主动式微反应器和被动式微反应器。

1. 按照反应相态分类

（1）气固相催化微反应器　迄今为止，微反应器的研究主要集中在气固相催化反应，因此气固相催化微反应器的种类最多。最简单的气固相催化微反应器是壁面固定有催化剂的微通道反应器，复杂的气固相催化微反应器一般都耦合了混合、换热、传感和分离等某一功能或多项功能。由反应器、加热器和冷却器三部分组成的微反应器，见图 7-3。

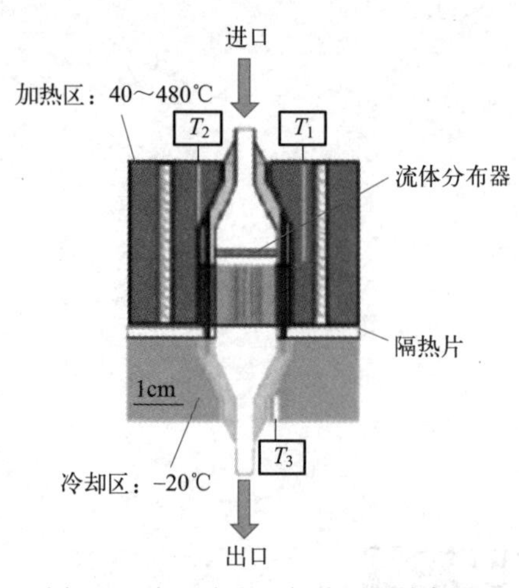

图 7-3　由反应器、加热器和冷却器三部分组成的微反应器

甲苯气相氧化反应是在填充有 V/Ti 催化剂的微通道反应器中进行的。由于微通道反应器具有内在安全性及良好的传质传热性能，可有效消除催化剂床层内热点的形成，部分氧化产物的选择性较传统固定床反应器有很大提高；在催化剂和原料都未稀释的情况下，采用纯氧做氧化剂，反应可在爆炸范围内安全进行。

（2）液液相反应器　目前，与气固相催化微反应器相比，液相微反应器的种类非常少。因液-液相反应的关键影响因素是充分混合，液-液相微反应器可与微混合器耦合在一起或其本身就是一个微混合器。专为液-液相反应而设计的与微混合器等其他功能单元耦合在一起的微反应器案例数量不多，主要有 BASF 设计的维生素前体合成微反应器和麻省理工学院设计的用于完成 Dushman 化学反应的微反应器。

（3）气液相微反应器　气液相微反应器较液液相微反应器的研究更少，按气液接触方式可分为两类。一类是气液分别从两根微通道汇集流入一根微通道，整个结构呈 T 字形。由于在气液两相中，流体的流动状态与泡罩塔类似，随着气体和液体的流速变化会出现气泡流、节涌流、环状流和喷射流等典型流型，这一类气液相微反应器被称为微泡罩塔。另一类是沉降膜式微反应器，液体自上而下呈膜状流动，气液两相在膜表面充分接触。气液反应的速率和转化率主要取决于气液两相的接触面积。上述两类气液相反应器的气液相接触面积都非常大，其比表面积均接近 $20000m^2/m^3$，较传统的气液相反应器大了一个数量级。

（4）气液固三相催化微反应器　气液固三相反应在化学工业中比较常见，种类较多。多数情况下，固体为催化剂，气体和液体为反应物或产物，美国麻省理工学院设计了一种用于气液固三相催化反应的微填充床反应器，其结构类似于固定床反应器，在反应室（微通道）中填充了催化剂固定颗粒，气相和液相被分成若干流股，再汇集到反应室中混合进行催化反应。该团队还尝试了对该微反应器进行“放大”，将 10 个微填充反应器并联，在维持产量不变的情况下，大大减小了微填充反应器的压力。

2. 按照混合方式的不同

（1）主动式混合器　整个混合过程需要外界提供动力源，外界动力源主要包括声波、电能、热能、动能以及微波等，如磁力搅拌型微混合器及电能促进型微混合器等。

（2）被动式混合器　可通过几何形状在流体间产生有效的接触，进行高效的传质与传热，在实际应用最为广泛。常见的微反应器的混合结构类型包括简单接触结构、分裂再重组结构、多层流混合结构、螺旋或弯曲结构和周期性填充结构，见图 7-4。

简单接触结构有 T 形、Y 形、交叉形和平行流形等，通过改变流体的接触方向，实现不同的流体动力学状态和混合效率，但这些简单几何型混合器不能有效地混合黏性或多相流体，混合效率低下，常常出现环空及段塞流等现象；分裂-重组结构的微混合器可以反复拉伸、切割和叠加流体流，有利于对高黏性流体的混合；多层结构是基于剪切稀化液体成膜，由于其扩散长度尺度的减少，混合器表现出优越的混合性能，即使在低流速下；螺旋或弯曲结构在高流速下可强制流体湍流，从而增强流体混合效率，然而，在低流速下流体的混合效率较差；填充结构既能产生混沌流效应，又能产生剪切效应，该结构微混合器对多相流体的混合十分有效，但反应器内部压降偏高。现有的微反应器都一般包含上述两种结构以上，优势互补。

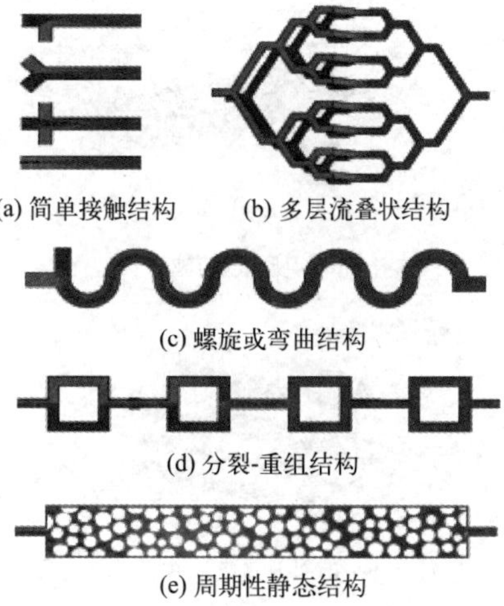

(a) 简单接触结构　(b) 多层流叠状结构

(c) 螺旋或弯曲结构

(d) 分裂-重组结构

(e) 周期性静态结构

图 7-4　五种混合结构示意图

二、微反应器的结构

微反应器的本质是一种连续流动的管道式反应器。目前，微通道反应器的总体构造可分为两种：一种是整体结构，以错流或逆流热交换器的形式体现，可在单位体积中进行高通量操作。但整体结构中只能同时进行一种操作步骤，最后由这些相应的装置连接起来构成复杂系统。另一种是层状结构，是由一组不同功能的模块构成，在一层模块中进行一种操作，在另一层模块中进行另一种操作。流体在各层模块中的流动可由智能分流装置控制，对于更高的通量，通常以并联方式进行操作。

1. 整体结构

集成式微通道反应器，见图 7-5，是一种借助于精密扩散结合技术，以固体基质制造的含有较小通道尺寸和结构的可用于化学反应的三维结构元件。它包括化工单元所需要的混合器、换热器、反应器控制器等。反应介质在反应层通道中流动并在通道中完成所要求的反应，换热介质分布在反应层的两侧提供反应所需温度。

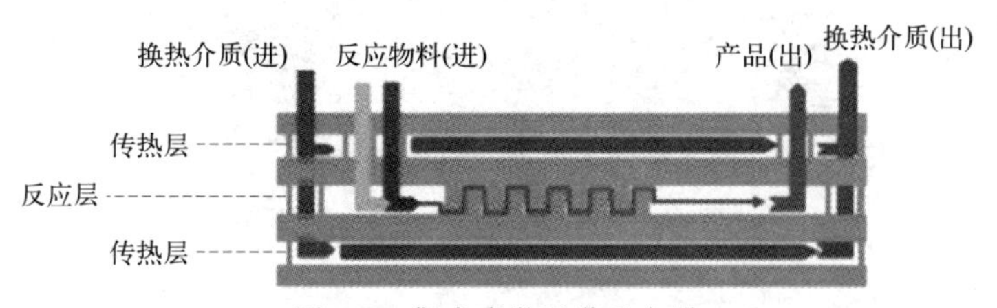

图 7-5　集成式微通道反应器

微反应器的内部腔体结构是影响其用途和效率的决定性因素。对于不同类型的反应，微反应器的内部腔体结构也不同。几种典型微通道反应器的腔体结构如图 7-6 所示。例如矩形微通道型、毛细管型、多股并流型、外场强化型、微孔阵列和膜分散型、降膜型等。此外，微反应器中微通道腔体材料也对其性能有影响。

2. 层状结构

层状结构的微反应器，先以亚单元形成单元，再以单元来形成更大的单元，以此类推。其特点与传统化工设备不同，便于微反应器以“数增放大”的方式（而不是传统尺度放大方式）来对生产规模进行扩大和灵活调节。微细结构以不同的排列方式（多为交叉形式），加上周遭的进出口，构成微部件；微部件与管道连接，再加上支撑部分，构成微单元；微单元常采用堆叠形式，特别在气相反应器中，当微单元用器室封闭起来时，构成微装置，是微反应系统中可独立操作的最小单元，有时，在密闭器室中会有几种不同的微单元，从而形成一

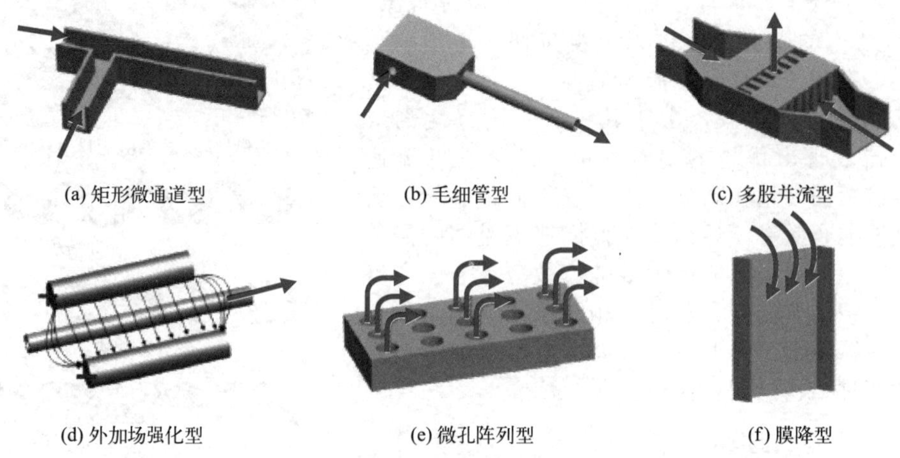

图 7-6 几种典型微通道腔体结构类型

种复合的微装置；如果将微单元串联、并联或混联，则构成微系统，见图 7-7。微反应器的制作是在进行工艺计算、结构设计、强度校核后，选择合适的材料和加工方法制成微结构、微部件，然后选择合适的连接方式，将其组装成微单元和微型器件，最后通过试验验证其效果，如果达不到预期要求，则重新进行。

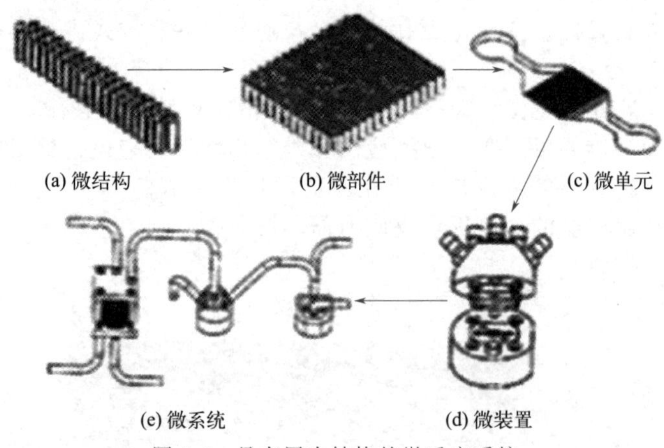

图 7-7 具有层次结构的微反应系统

最早的微通道反应器是 T 形或 Y 形，反应器内部呈层流，流动规律可预测，但混合效果差。这对制作纳米材料很重要，但对于化学合成，规则流动不是特别重要，因此人们开发了一些特殊流道，进而增大流体的湍动特性，微通道反应器的通道结构见图 7-8。

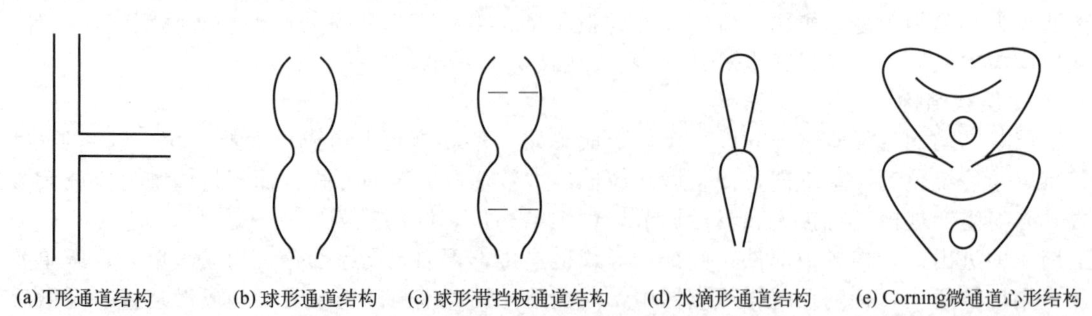

图 7-8 微通道反应器的通道结构

三、微反应器常用材质

微反应器材质的选择取决于介质的腐蚀性能、操作温度、操作压力、加工方法等。不同材料的加工方法不同，材料选择会影响加工方法的选择，同时，加工方法也会影响材料的选择，例如，当由于精度或安全要求必须采用某种加工方法时，必须使用与这种处理方法相适应的材料。在微型反应器中，常见材料有硅、不锈钢、玻璃、陶瓷等。

硅材料在微反应器中被广泛应用。因为硅与钢具有几乎相同的优异的机械和物理性能。硅的密度小（$2.3g/cm^3$），与铝一样轻；熔点高（1400℃），约为铝的两倍；热膨胀系数小，仅为铝的十分之一；单晶硅的屈服强度可达7000MPa，比不锈钢大三倍；硅具有各向异性，便于选择性腐蚀。

不锈钢常用于某些放热的多相催化微反应器中，对于尺寸稍大的反应器也可采用不锈钢制造，因其具有良好的延展性、加工方便、成本低，易于与外部连接，是反应器、热交换器薄片生产常用的材料。

玻璃因化学性质稳定，且有良好的生物兼容性，便于观察内部反应情况，因此在微反应器中常被用作基底材料。

陶瓷的化学性能稳定、耐腐蚀能力强、熔点高、在高温下仍能保持尺寸稳定，常被用于高温和强腐蚀的场合，缺点是耗时长，价格昂贵。

塑料和聚合物等其他材料在光刻电镀和压模成形等工艺出现后，在微反应器中的应用越来越广泛。

四、微反应器的特点

1. 优点

微通道反应器与常规反应器相比，由于其结构特征具有很多优势，主要体现在以下几个方面。

（1）混合效率高　微反应器内流体雷诺数较低，混合主要通过横向扩散进行的。微通道中扩散长度很短，所以内部流体间的混合很快，流层之间传质也强烈；相较于常规反应器，微反应器的内部通道尺寸很小，比表面积大，即内部流体扩散距离大大缩短，物质与能量输送驱动力增大，传质过程得到强化，混合时间大幅缩短，反应效率极大地提高，时空转化率高。同时反应物间的有效混合抑制了副反应的发生，反应收率和选择性大大提高。

（2）反应条件精准控制　微通道反应器的几何尺寸、高效的传质传热能力、极窄的停留时间分布和连续流动反应，便于温度和时间等工艺条件的控制。

（3）比表面积大，传热效率高　微通道的尺度小，在不借助外力的作用下使物料快速均匀地混合，单位面积上传热、传质能力显著增强。

（4）反应速度快，可平行放大　传统放大过程存在“放大效应”，通过增大生产设备体积和规模放大过程耗时费力。而微反应系统呈多通道结构，每一通道相当于一个独立的反应器，通过反应器并联提高生产能力，在保证质量的同时提高产量，是一种“数增放大”。

（5）本质安全性高　微通道反应器的流体通道尺寸为微米级，危险物滞留量小，决定了这是一种危险性低的反应器。设备材质主要为玻璃、碳化硅、陶瓷及不锈钢，材质本身具有阻燃性。因传质传热效率高，对于强放热反应产生的大量热量可快速移出，避免“飞温”，最大程度地减少事故发生的可能性。

（6）占地面积小，可显著降低工业成本，生产规模灵活可控　微反应器相较于釜式反应器，体积缩小100甚至1000倍，具有占地面积小的特点，并可根据市场情况增减微通道的数量调节产能，具有很高的操作弹性。

（7）具有自动化的潜力　能够降低劳动力要求以及可搭载在线纯化、分析技术。

2. 缺点

与传统釜式反应器相比，其缺点主要有4个方面。

（1）通道堵塞　目前已有许多研究利用微反应器来制备纳米材料，由于其混合效率高，得到的颗粒粒径分布窄。但微米级的微通道具有十分复杂的内部结构，使其极易堵塞，清理困难。目前微反应器的堵塞问题已成为微反应器替代间歇反应器的最大障碍。

（2）泵的脉动　微通道反应器一般是采用机械泵驱动流体，但大部分机械泵都会产生脉动流，造成微反应器内流体流动不稳定。目前实现稳定连续流的一个解决方案是电渗流。

（3）设备腐蚀　由于微反应器具有很高的比表面积和很小的微通道尺寸，即使是极微小的腐蚀降解作用对微反应器的影响也非常显著，这使得微反应器对于通道材质的选择具有很高的防腐要求，这不仅增加了微反应器的制造成本，也限制了它的大规模工业化使用。

（4）工业化实现复杂　微反应器采用“数增放大”扩大产能，虽能有效降低放大成本，但处理能力受到很大限制。其次，当微反应器数量增加时，其监测和控制的复杂程度相应增加，对于实际生产来说其运行成本也会提高。

五、微反应器内的流体传递特性

微反应器因通道尺寸为微米级，通道内流体体积很小，雷诺数 Re 通常处于一个较低的水平（一般小于100），使得通道内流体多为层流状态。因此微通道内发生的传质、反应等现象十分迅速，在很短的时间内即可完成。较大的比体积和比表面积又促进了能量的快速传递，确保了反应器内温度、压力等条件均匀一致。

1. 传热特性

微通道反应器中狭窄的微通道结构增加了温度梯度，由于其较大的比表面积，使得微通道反应器的传热能力大大增强，传热系数可高达25000W/(m^2·K)，相较于传统换热器的传热系数至少增大一个数量级。

2. 传质特性

微反应器具有与大反应器完全不同的几何特性：狭窄规整的微通道、非常小的反应空间和非常大的比表面积。微反应器及其他微通道设备的通道特征尺寸（当量直径）数量级是微米级。传统混合过程依赖于层流混合和湍流混合。微化工系统中，由于通道特征尺度在微米级，雷诺数 $Re<2000$，流动多呈层流，因此微流体混合过程在很大程度上是基于扩散混合机制，而不借助于湍流。这个过程通常是在很薄的流体层之间进行，其基本混合机理如下。

（1）层流剪切。在微混合器内引入2次流，使流动截面上不同流线之间产生相对运动，引起流体微元变形、拉伸继而折叠，增大待混合流体间的界面面积、减少流层厚度。

（2）延伸流动。由于流动通道几何形状的改变或者由于流动被加速，产生延伸效应，使得流层厚度进一步减小，改进混合质量。

（3）分布混合。在微混合器内集成静态混合元件，通过流体的分割重排再结合效应，减小流层厚度，并增大流体间的界面。

（4）分子扩散。分子水平均匀混合的必经之路。在常规尺度混合器中，只有当剪切、延伸和分布混合使流层厚度降至足够低的水平时，分子水平的混合才有意义。而在微混合器中，由于微通道当量直径可低至几个微米，依据Fick定律：

$$t_{\min} \propto \frac{l^2}{D} \tag{7-1}$$

式中　$t_{\min}$——达到完全混合所需的时间，h；

l——传递距离，m；

D——扩散系数。

由上式可知，混合时间与传递距离的二次方成正比，由于微通道尺寸狭窄，微型通道尺寸大大减少了反应混合时间。对于互不相溶的液-液相流体，在实际的传质与反应过程中，其流动状态会随着传质、反应程度的增加而发生变化，因此反应过程将会发生流型转化现象。当混合流体处于同一微通道内时，分子扩散路径大大缩短，因此仅依靠分子扩散就可在极短的时间内（毫秒至微秒级）实现均匀混合。

3. 流动特性

从微观角度来看，流体微元在轴向上存在返混现象，但由于微通道的长径比一般远大于100，宏观上仍可视为平推流模型，流体的返混现象可忽略。同时反应产物连续从微通道中流出，促使反应过程中的可逆反应向右移动，即促使原料反应完全。微反应器的体积小、比表面积大，比表面积可达 $10000\sim50000m^2/m^3$，传统实验或工业反应设备的比表面积一般低于 $1000m^2/m^3$ 或 $100m^2/m^3$。

微通道反应器是具有特定微结构的反应设备，微结构是微反应器的核心。在微反应器的设计和制作过程中，可采用两种反应物混合生成一种产物的管式结构，也可采用集成了注射、混合、淬灭、结晶、萃取、封装和相分离等复杂功能的复合式结构的微反应器。微反应器一般具有抗腐蚀、耐高温（200℃）、耐高压（100bar，$1bar=10^5Pa$）等性能，适用于多种化学反应，具有较高的换热和传质性能。因具有连续封闭、快速可控、放大简单、机械连接易于拆装维护等优点，为化工过程强化“更好”“更快”“更经济”“更安全环保”提供了重要途径。

任务二 微反应器的应用

微反应器已广泛应用于化工合成、制药、纳米材料的制备等方面。微反应器具有很多优点，但也有一定的局限性，因为每个反应的特性不同，微通道反应器装置的种类也非常多，因此，很难界定哪些反应适用于微反应器。

一、微反应器应用范围

微化工技术的核心是微反应器，与传统化工工艺相比，微化工技术最重要的研究是开发适合于微反应系统的反应器和快速反应的工艺条件。目前，微化工技术的研究工作主要集中在以下三个方面：一是传统化工技术的更新换代，主要集中在石油化工、医药、农药、染料、火（炸）药等领域，主要包括磺化、硝化、直接氟化、氧化、过氧化、酰胺化、重氮化等各类强放热和易燃易爆的气-液和液-液反应过程。二是国家安全领域的研究工作，主要涉及化学激光器微型化、核燃料高效处理、特种材料的安全生产等。三是纳米材料合成等领域，特别是可以将精细化工、医药化工等间歇式、效率较低的合成工艺，变为像石油化工那样的可控连续工艺，让反应从几小时缩短到几十秒。微反应器的应用见表7-1。

表 7-1 微反应器的应用

应用类型	应用场合
精细化工	卤化、氧化、重氮与偶氮化、硝化、催化加氢、氟化反应等
药物合成	盐酸环丙沙星、卢非酰胺(Rufinamide)、比阿培南等

续表

应用类型	应用场合
纳米颗粒制备	无机纳米粒子、染料、催化剂等
石油化工	加氢裂解、重油加氢精制、重整生成油脱烯烃、硫酸烷基化、柴油深度脱硫、磺化工艺、聚合工艺等
强放热反应	硝化、重氮化、氧化、氟化、氯化、溴化、聚合等

目前认为，现有的20%～30%的合成反应可通过微反应器进行工艺技术改进。同时，利用微反应器可将20%～30%的过去认为是危险工艺的化学反应得以实现。微反应器可适用于以下几种类型的反应。

（1）本身反应速度很快，但受制于传递过程的反应。对于整体反应速度偏低的反应，如液-液多相反应及液-液萃取等物理过程。其特点是本身反应速度快，但由于底物要在液相间扩散导致整体反应速率偏低。若采用反应釜，需使用搅拌器进行搅拌，但反应效率较低。而在微通道反应器内由于通道尺寸小带来的扩散尺度减小，反应可快速进行。

（2）本身反应速度快，反应剧烈，强放热，产物容易破坏的反应。这类反应主要包括硝化，重氮化以及部分水解与烷基化反应。硝化反应与重氮化反应本身反应速率非常快且剧烈，但在实际工厂操作往往反应时间以小时计。这是因为反应釜的传热能力有限，为防止体系内温度过高不可控制，需要滴加反应试剂，即化学反应速率受移热速率的影响。若使用移热能力强的微通道反应器就可快速通入试剂并维持反应平稳进行。

（3）需要严格控制反应器内部流型的反应。主要指纳米颗粒的合成等，利用微通道内部的流动规律制备颗粒分布窄的材料，提高产品的附加值。这类反应一般产品产量低，附加值大，应用前景也较为广阔。

（4）部分气-液相反应从机理上可采用微通道反应器，如加氢反应。部分加氢反应的反应速率高，但受氢气向液相扩散速率的限制，导致整体反应速率较低。在这种状况下，可利用微通道反应器的混合特性进行反应，目的是加强气液相的传质过程。但由于气液传质的过程的特殊性，主要体现在流体分配与控制方面，致使适宜放大的气-液微通道反应器还不存在。因此这方面实验研究非常活跃。

颗粒尺度达到微通道特征尺度的10%以上，固含量超过5%的含有固体的反应不宜使用微通道反应器。

二、微反应器应用案例

近年来，微反应器越来越多地应用于化工、材料、环保等领域。

1. 重氮化反应

位于湖北宜昌高新区的某生物科技有限公司具有氟虫腈生产车间，其氟虫腈农药的重氮化工段采用重氮化微通道工艺在反应机理、操作流程、原料、产能等均未改变的前提下，对生产方式进行了优化改进。该公司主要生产国家鼓励类的高效、低毒、环境友好型农药原药和化工产品，广泛应用于植物保护领域。

负责人表示，通过反应器微型化、连续化取代反应器的大型化、间歇化，不仅提高了生产的稳定性，重氮化工艺的本质安全得到显著提升，现场操作人员也由原来的3人变成1人进行巡查，基本实现自动化操作。该重氮化工艺所采用的设备是由清华大学化学工程系设计并提供的微通道反应器，替代了原有的间歇操作方式的釜式反应器，并采用连续进料、连续出料的连续化操作方式。

2. 硝化反应

硝化反应是向有机化合物的碳、氮或者氧原子引入硝基的反应，反应速度快，强放热。

在传统反应器中进行的硝化反应如果控制不当会发生飞温，引起爆炸；此外，因搅拌混合和控温效率低下也会造成目标产物的选择性降低。而微通道反应器具有高效的传质、传热性能使得硝化反应得以安全可控进行。下面以邻硝基对甲酚的连续化合成工艺为例。

邻硝基对甲酚，又称4-甲基-2-硝基苯酚，分子式：$C_7H_7NO_3$，是一种黄色结晶块状或红棕色油状液体，是广泛采用的有机合成中间体。可用作染料或生产荧光增白剂DT的中间体，也可用作制取甲氧基克力西丁和乙氧基克力西丁等。

目前工业上邻硝基对甲酚的生产工艺主要采用以对甲苯酚为原料的生产路线，对甲苯酚在催化剂的作用下直接硝化得到邻硝基对甲酚。生产过程是在传统釜式反应器中加入一定浓度的稀硝酸，控制反应釜在低温条件下以一定速度滴加对甲苯酚，随着反应的进行，釜温逐渐升高，约2～3h反应完全，随着反应的进行及温度的升高易发生副反应，降低产品的收率，且后续分离纯化操作困难，产品收率一般小于80%。

$$\text{对甲苯酚 (OH, CH}_3\text{)} + HNO_3 \longrightarrow \text{邻硝基对甲酚 (OH, NO}_2\text{, CH}_3\text{)} + H_2O$$

改用微通道反应器，由于其换热比表面积比传统釜式反应器提高了百倍乃至千倍，采用冷热一体机，双面换热，可显著提高换热效率，提高反应的选择性，减少因反应温度不当而导致的副反应的发生，提高产品收率。

根据实验结果（表7-2），采用微通道反应器，产品收率达92%，产品纯度达97%，验证了邻硝基对甲酚在微通道反应器中进行连续化生产的可行性。采用微通道反应器提高了产品的收率与纯度，主要是因为在微通道反应器的特殊精密通道内，传质效果明显提升，反应时间大大缩短，减少了因传质问题生成副产物。

表7-2 釜式反应器与微通道反应器的结果比较

反应器类型	硝酸浓度/%	反应温度/℃	反应时间	收率/%	纯度/%
间歇反应釜	17	20	2～3h	78	95.8
微通道反应器	20	30	90s	92	97

3. 聚合反应

溴化丁基橡胶（BIIR）是含有活性溴的异丁烯-异戊二烯共聚物弹性体。因具有丁基橡胶的基本饱和主链，具有丁基聚合物的多种性能特性，如较高的物理强度、较好的减振性能、低渗透性、耐老化及耐天候老化。卤化丁基橡胶气密层可应用于现代子午线轮胎，因这类聚合物可改善轮胎的保压性能，提高气密层与胎体间的黏合性能以及轮胎的耐久性。作为国民经济支柱产业之一的中国汽车工业正在快速发展，汽车轮胎对溴化丁基橡胶的需求也在不断增长，目前中国每年需进口丁基和溴化丁基橡胶25万吨，消费量也以每年15%的速度递增。

由清华大学与浙江信汇新材料股份有限公司合作开发的3万吨/年溴化丁基橡胶微化工技术项目，目前在浙江信汇已经顺利投产并正常运行，该工艺的卤化过程在微反应通道内的停留时间仅为20～300s。该项目首次将微反应技术应用于合成橡胶领域，引领了国际微化工技术的发展，为提高我国高端橡胶产品的自给率和国际竞争力奠定了坚实的基础。

近年来，微化工技术快速发展，清华大学、南京工业大学等相关单位十分关注微化工技术在高聚物合成领域的应用。微通道反应器内的流体以微米级薄层进行撞击流化学反应，可实现快速混合、传质与传热，效率比常规设备提高2～3个数量级。与传统搅拌反应器相比，微反应器在强化单体/引发剂混合，控制聚合反应温度，提高聚合物改性、反应选择性、调节聚合物颗粒结构和形貌等方面展现出优势。目前，中国已在微化工技术产业化应用方面处于国际领先水平，成为智能制造、安全环保、发展绿色化工和建设美丽中国的重要推动力。

清华大学微化工团队在聚丙烯酸树脂、活性聚异丁烯、溴化丁基橡胶、聚乙烯醇缩丁醛、聚酰胺等聚合物产品的反应规律和微反应过程强化等方面取得了良好的成果。南京工业大学微化工团队在制备聚合物方面也取得很大进展，如在聚合物分子量及分布控制、分子结构控制、聚合物形貌控制以及反应条件优化和降低副反应等方面，展现出了独有的优势，目前已工业化的代表品种有聚戊内酯（PVL）、聚乳酸、聚琥珀酸丁二酯（PBS）等。其中，聚戊内酯（PVL）是较为成熟的典型工艺代表之一，为聚酯的制造开辟了新途径。此外，南京工业大学开发的8万吨/年生物基聚氨酯多元醇装置已在飞航化工安装并投产。

4. 催化加氢

催化加氢分为均相催化加氢和多相催化加氢。均相催化加氢的催化剂通常为贵重过渡金属配合物，催化剂和反应底物处于同一相；多相催化加氢的催化剂通常是负载于载体上的过渡金属活性组分或配合物，催化剂与反应底物处于不同相。

目前，用于催化加氢的微通道反应器主要是内壁由过渡金属活性组分或配合物修饰的毛细管微反应器、负载型催化剂直接填充于（毛细）管中的填充床反应器、活性组分沉积表面的毫米级平行通道挤出材料填充于管道中的蜂窝反应器和独体反应器。

硝基苯催化加氢生成苯胺是典型的硝基还原反应。朱恂等通过多巴胺聚合在市售的不同内径的聚四氟乙烯毛细管内表面形成聚多巴胺层，以其为基质吸附四氯钯酸根，再经硼氢化钠或氢气还原转化为钯纳米粒子构建催化基层（图7-9）。将涂有钯纳米粒子催化剂层的毛细管与相同材质的T形管混合器连接搭建出各种类型的微反应器。在这些微反应器中，硝基苯的转化率和反应液中苯胺的浓度取决于泵入的硝基苯浓度，反应结果与反应器结构相关，苯胺的选择性都有所提高。如在长度1.0m、内径0.6mm的涂有钯纳米粒子催化剂层的聚四氟乙烯毛细管反应器中，控制气体流速0.01～0.35L/min，液体流速5～25μL/min，硝基苯初始浓度30～90mmol/L，连续反应40h，硝基苯转化率可达97%。

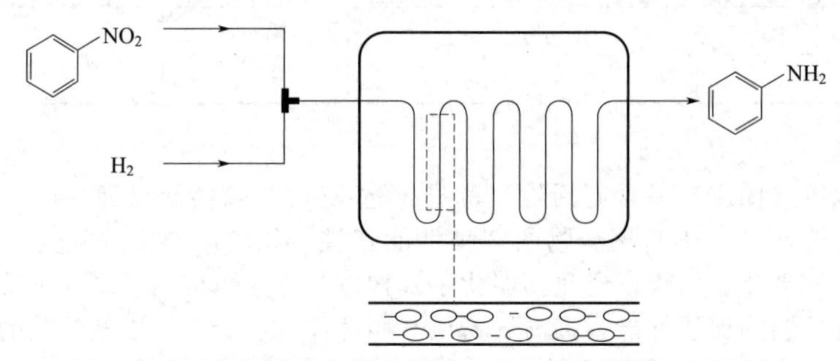

图7-9 催化剂层修饰的微通道反应器中硝基苯催化加氢反应

此外，该课题组采用同样的成膜方法在泡沫镍表面生成聚多巴胺膜，沉积钯纳米粒子构建独体反应器，考察硝基苯在该反应器中的催化加氢性能，结果表明增加泡沫镍的长度、提高氢气流速和降低反应液流速可改善反应结果。

5. 氧化反应

氧化反应是有机合成中最重要的化学反应之一，是杂原子引入和官能团转化的关键，被广泛应用于精细化学品的合成。在精细化学品的合成过程中约50%以上的关键步骤是氧化反应过程，其中约90%以上是催化氧化反应过程。因此，氧化反应是精细化学品合成不可或缺的步骤。但传统间歇反应器应用于氧化反应存在很多问题：①氧化过程放热量大、升温速率快，使用的高锰酸钾等强氧化剂在加热、振荡及与酸反应时，易引起火灾和爆炸等；

②在高温热重排反应中，反应温度越高，反应速率越快，反应时间越短，对反应过程传质、传热的控制就越差；③对反应过程的放热和混合速率的控制效果差，常出现局部过热现象，导致过度氧化；④无法连续长时间运行，严重限制了工业化生产。微反应器可应用的氧化反应包括烷烃氧化、烯烃氧化、醇氧化、醛酮氧化、芳香族化合物氧化、胺氧化等，不仅可以提高反应的选择性，缩短反应时间，而且可以实现连续生产，因此，微反应器在精细化工领域发展空间较大。

以烷烃的氧化为例。烷烃氧化是生产有机化工产品和精细化学品的重要工业过程，烷烃被氧化后可得到醇、醛、酮和酸。传统烷烃氧化过程存在传质及传热效果差、转化率低、产率低、反应条件较苛刻等缺点，微反应器为烷烃氧化提供了一条新途径。Willms 等开发了一种微反应器模块化设备，使用长度可变且可替换的毛细管（长 100m、内径 1mm）作为单个反应器，在一定流速、温度（75～165℃）和压力（25～100bar）下，以液体异丁烷和氧气为原料制备过氧化氢叔丁醇（TBHP）。模块化结构微反应器解决了传统间歇反应器无法连续生产、不适用反应条件苛刻且存在爆炸隐患工艺的问题，使得 TBHP 的制备过程可以在毛细管反应器中完成；在停留时间为 4h 时，异丁烷转化率达到 5%，TBHP 选择性为 60%。

任务三　微反应器设计

典型的连续流实验装置一般由物料输送与控制模块、混合反应模块、产品后处理及分析模块三部分组成。将微反应器应用于特定的化学反应时，首先要掌握该化学反应的特性，同时，有必要进行小规模的釜式实验，便于了解化学反应速率的快慢、热量释放的剧烈程度以及反应体系的均匀性。此外，构建连续流微反应器系统，还需要根据反应物料的黏度、腐蚀性及酸碱性选择合适的动力泵；根据反应特性及要求，选择合适的微反应器及后处理设备。

一、微通道的形状与尺寸

微化工技术源于传热机理，微反应器是化工过程强化的重要组成部分，其克服了传统间歇反应器或半间歇反应器在传热及安全性方面的缺陷。微反应器内部物料的混合主要受层流的影响，局部也有二次流的混合。当传递通过分子扩散时，微通道的特征尺寸越小，反应耗时越短，混合效率越高。如在圆管的层流流动中，当管壁温度维持恒定时，根据公式(7-2)可知，传热系数 h 与管径 d 成反比，即管径越小，传热系数越大；当组分 A 在管壁处的浓度保持恒定时，传质系数 k 与管径成反比，见公式(7-3)，即管径越小，传质系数越大。由于微通道内的流体流动多属于层流流动，主要依靠分子扩散实现流体间的混合，由公式(7-4) 可知，混合时间 t 与通道尺寸的平方成正比，因此，通道的特征尺寸减小，比表面积提高，过程的传递特性得以强化。

$$Nu=hd/k=3.66 \tag{7-2}$$

$$Sh=kd/D=3.66 \tag{7-3}$$

$$t=d^2/D \tag{7-4}$$

式中，Nu 为努塞尔数，Sh 为舍伍德数，D 为扩散系数。

分离后再混合是利用液体薄层的多次分割和重组来提高物料的混合质量，反应器可以反复拉伸、切割和叠加流体。当流体主要通过分子扩散来完成传质混合，流体层间的扩散距离很短，传质时间短，适用于高黏度或多相流体系，在给定的压降条件下，反应器即可达到很高的通量；螺旋或弯曲结构的微反应器在高流速下形成强制流体湍流，可增强流体的混合效率，但对低流速下的流体混合性能较差，但制造简单。微反应器内设障碍结构（如挡板或柱状结构等），可产生混沌流效应，又能产生剪切效应，因此内设障碍结构的微混合器对多相流体的混合十分有效，但反应器内部压降偏高。如“心”形反应器采用弯曲结构、障碍结构等思路，非常适用于多相流体系，且体系的压降一般。

压降对微反应器的混合性能有重要影响，混合效果一般随体系压降的增大而提高。对于混合效率很高的微混合器，一般很小的压降就能提供较好的混合性能。在微反应器中，对于一个特定部分 i，层流摩擦系数为 λ_i，混沌二次流摩擦系数为 ω_i，通道长度为 l_i，直径为 $d_{h,i}$，能量损耗主要为层流壁面摩擦及二次流摩擦，则压降模型如下：

$$\Delta P_i=(\lambda_i+\omega_i)\frac{l_i}{d_{h,i}}\frac{\rho}{2}u_i^2 \tag{7-5}$$

$$\Delta P_{总}=\sum\Delta P_i=\Delta P_{入}+\Delta P_{混合}+\Delta P_{停留}+\Delta P_{出} \tag{7-6}$$

化学反应受传递速率或本征反应动力学控制或两者共同控制。对于瞬时和快速反应，在传统反应器内进行时，受传递速率的影响较大；而在微反应系统内，由于传递速率呈数量级的提高，使这类反应过程的速率得以大幅度提高。慢速反应主要受本征反应动力学控制，实现过程强化的关键手段之一在于如何提高本征反应速率，通常采用提高反应温度、改变工艺操作条件等措施。对于中速反应则由传递和反应速率共同作用，可采取与慢反应过程类似的措施。

二、动力泵的选型

选择稳定可靠的动力泵对微化工系统的连续运行至关重要，动力泵包括注射泵、柱塞泵、齿轮泵和蠕动泵四种类型。注射泵能提供恒定且精确的流速，是实验室小规模合成的最佳选择，但其量程小，使用时必需多次更换注射器，使得操作变得复杂。对于柱塞泵，双活塞往复柱塞泵的使用较多，因双活塞结构可有效消除压力脉冲的影响，例如高压液相色谱（HPLC）泵可提供高压输送条件，相较于注射泵，能提供更高的流速，但 HPLC 泵不适合输送黏度较大的流体，因高黏度流体易使止回阀失效。在高流速下，可选择蠕动泵，因其具有波动性。反应物料若涉及腐蚀性物料如浓硫酸、发烟硝酸及发烟硫酸，泵头应为聚四氟乙烯材质，再根据物料黏度及流量选择泵的具体型号。

三、反应模块的建立

微反应器系统的核心部分是物料的混合反应模块，一般分为集成芯片式、盘管式及填充床式微反应器，见图 7-10。填充床式微反应器常用于气-固、气-液-固等非均相催化反应系统中，这类催化反应通常在高温高压下进行，催化剂被负载在比表面积极大的特定微通道结构内，反应物通过反应器时发生氧化、加氢等催化反应，比表面积极大的特定微通道结构提高了反应的选择性、安全性和反应效率。集成芯片式微反应器是将反应混合、换热及分离等多单元集成到一个反应芯片上，物料在芯片中的特定微通道结构内反应，反应温度由换热层的导热油进行温度控制，反应器具有优良的传热能力，为精准控制反应温度提供了可能，常见材质有玻璃、硅片、石英、含氟聚合物、金属和陶瓷料等，此类反应器一般造价较为昂贵。盘管式微反应器由管道绕制而成，常见材质有聚四氟乙烯（PTFE）、不锈钢 316L 及 PFA 塑料等材质。PTFE 及 PFA 塑料为含氟聚合物材料，其耐高温高压能力有限，但具备优良的耐腐蚀性能，因此，在使用该类型管道要综合考虑反应体系的温度、压力及传热要求；不锈钢管具有优良的传热能力，耐高温高压，但耐腐蚀性差，因此，可采用哈氏合金材料代替。

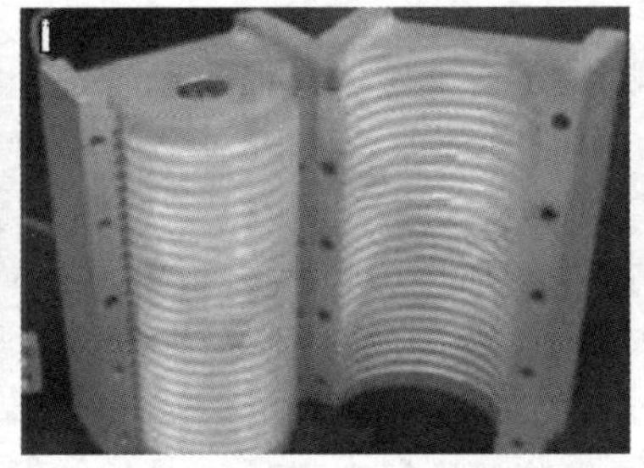

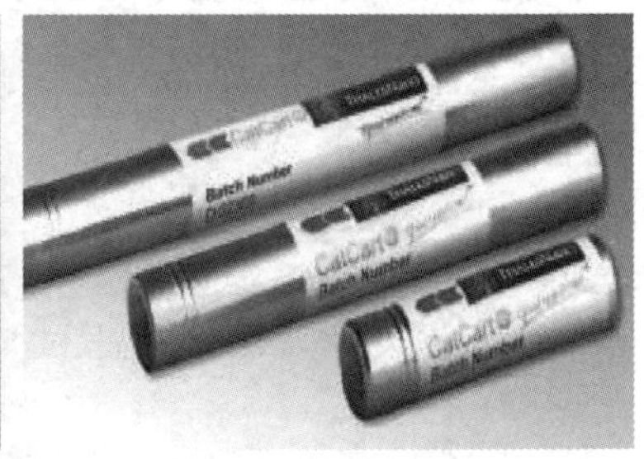

图 7-10 三种类型微反应器

如“心”形微通道反应器由多个微反应器单元组成，每个微反应器单元包含三层，外部两个换热层及内部反应模块，反应过程中，高低温循环冷却泵调节换热层内导热油温度，进而控制反应器温度，且内部设有热电偶测温，可实时监测反应温度。“心”形反应模块结构结合了反应器设计时的平推流及全混流模型，每个心形单元体积及温度均相同，且各单元之间不存在返混现象，所有物料在整个反应器中的停留时间是一样的，是一种无返混的平推流模型；但每个心形单元内存在着局部涡流，理想状态下，单元内各处物料组成及温度等都是均匀的，物料充分混合，是一个返混量达到最大的全混流模型，见图 7-11。

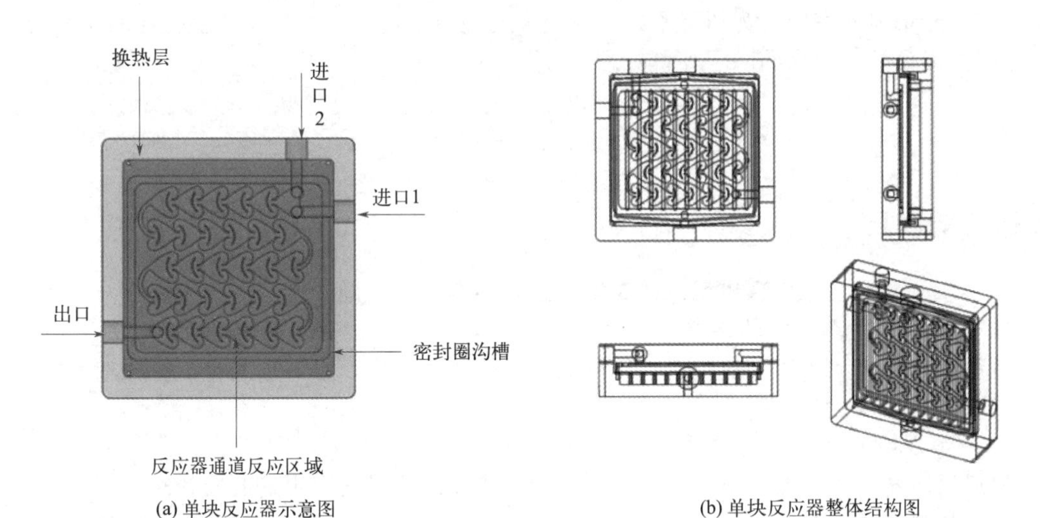

(a) 单块反应器示意图

(b) 单块反应器整体结构图

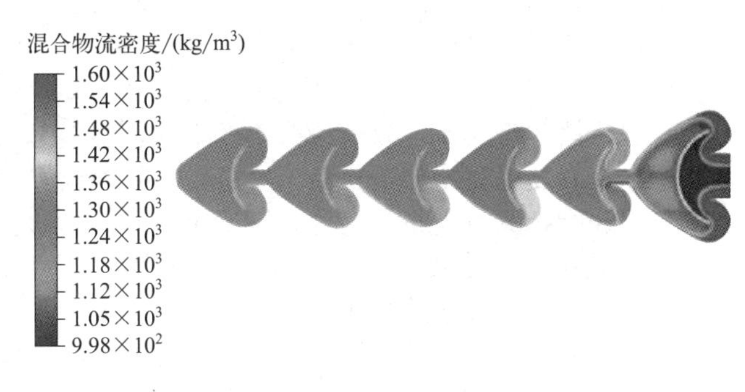

(c) 单块反应器实物图

(d) 通道内流体流动示意图

图 7-11 单块心形微通道反应器

四、连续流工艺的放大准则

许多研究者声称微反应器的数增放大可保持微通道的特征尺寸不变，过程简单高效，但仍存在一些问题。总体来说，微反应器的放大策略包括以下三种：并联放大、串联放大、反应器特征尺寸放大。

（1）并联放大　并联反应器通过增加反应总通量提升其生产能力，微反应器仍为原有的特征通道尺寸，保留了小试反应器优良的传质传热能力，但需添加流体分配及控制设备。

（2）串联放大　串联放大通过串联反应器增加反应通量，保持反应的停留时间不变，不需要流体分配设备，放大过程成本低，但放大程度十分有限，不能无限增加反应流速而提高产能。

（3）反应器特征尺寸放大　采用增加反应器内部通道尺寸来增加反应器的持液量，提高放大通量的同时还能很好地解决固体堵塞问题，但此方法的前提是要保持反应器具有优良的传质传热能力，因此对尺寸的放大需控制在一定程度。有研究者发现通道尺寸在 1mm 以下时，反应通道的尺寸对反应的影响不大，当通道尺寸放大至 1mm 以上时，反应产率可能会急剧下降，特别是当尺寸放大至 5mm 时，在具体流动条件下两者的流动状态有着巨大差别，因此可采用放大特定通道尺寸，保持其他通道尺寸，放大过程中需结合压降及能量损耗率进行调整。能量损耗率定义为压降乘以表观速度与通道长度之比，以每体积损耗的功率为单位，是在湍流条件下放大的一个评价标准。

$$\varepsilon=\frac{\Delta Pu}{V/A} \tag{7-7}$$

【知识拓展】

微通道反应器在发展过程中存在的问题

1. 对物料流动性有一定的要求

若流体黏度较大或固体颗粒过大，很可能造成微通道堵塞，且清理残留物料的难度相较传统反应器高很多。

2. 对物料反应速度有一定的要求

微通道反应器的优势在于对于需要严格配比的快速反应过程有很好的控制作用，它能够快速地将物料混合均匀促使其反应均匀且稳定，但同样地，对于反应较慢的化工过程来说，在微通道反应器内的反应时间要比传统的反应器时长短很多，就很可能造成反应不充分的情况，所以对于较慢的化学反应在选择微通道反应器时也需要谨慎。

3. 设备复杂且价格比较昂贵

相较传统的反应器，微反应器高度集成，使得它在增强监测能力的同时增加了操作难度，操作控制变得更加复杂。由于尺度小，处理能力较传统反应器小很多，而微反应器设备的价格和维护成本高昂，因此，微反应器所需要的生产成本相对较高。

4. 国内人才缺乏及政策不完善

微化工技术相较于传统化工技术来说属于新技术，新技术理论储备不够完善，因缺乏相关专业人才，相关产品政策不完善，使得微反应设备产品质量参差不齐。

【分析讨论】

1. 微混合反应技术是一个多学科间交叉的新兴技术，它的发展和完善将为化学化工过程的强化提供强有力的技术平台。

微反应器因通道尺寸为微米级，通道内流体体积很小，雷诺数 Re 较低，使得通道内的流体多为层流流动。因此在微通道反应器内发生的传质、反应等现象十分迅速，在很短的时间内即可完成。较大的比体积和比表面积又促进了能量的快速传递，确保了反应器内温度、压力等条件均匀一致。与传统釜式反应器相比，微反应器因内部结构达微米至毫米尺寸，具有高比表面积，高效的传质传热能力以及本质安全性。

2. 微反应器的优势在于：(1) 反应系统是呈模块结构的并行系统，反应器尺寸小，操作性强，能最大程度减小事故危害程度；(2) 微通道的比表面积可达 $10000\sim50000m^2/m^3$，传质、传热效率高，反应速率在毫秒级，能避免因反应时间过长而产生不稳定的副产物；(3) 换热效率极高，可以精确控制物料温度，有效避免局部过热；(4) 由于反应器内的反应是连续流动反应，可以通过增加微通道的数量达到常规反应器的生产规模。因此，微反应器可以实现大型反应器很难或不可能完成的化学反应。

微反应器还存在的问题：(1) 工业化实现复杂：首先，微设备数增放大，虽然降低了放大成本，但其处理能力还较小，一般只适合生物制药、精细化工等处理量相对较小的领域。其次，微反应器的放大看似简单，但实现却是一个巨大的挑战。当微反应器的数量大大增加时，微反应器的监测和控制的复杂程度大大增加，对于实际生产来说成本相对高。(2) 微通道易堵塞，难清理。微反应器微米级的通道尺寸，加之内部复杂的通道结构，使得制备颗粒材料时造成反应器通道极易堵塞，很难清理等问题。因此发展具有高清洁性能和可处理含固体体系的微混合反应设备十分必要。

【工业文化】

“协调发展”和“以人为本”的生产观

化工企业安全事故多发，不仅造成严重的经济损失和人员伤亡，还会加剧公众“谈化色变”的恐惧心理。我国不少地方的“化工围城”问题日益突出，企业搬迁关停似乎成为解决之道。在这样的背景下，我们可以思考一下：搬迁就能杜绝安全和环境隐患吗？生产过程存在高风险的化工行业该如何发展？

这种问题产生的原因一方面是我国化工行业在生产技术的总体能力和水平上与世界发达国家相比还有较大差距，我国石油和化学工业的产品技术结构还是比较落后和同质化的，我们要正视产业结构现状，积极推动我国化工产业转型升级，同时完善相关法律法规和行业标准；另一方面，事故多是由操作不当或设备失修引起的，因此在生产过程中必须贯彻落实安全生产要求，牢固树立安全意识，最大限度消除安全隐患。在此基础上，全面、客观地认识化工和社会发展之间的相互作用与联系，建立“协调发展”和“以人为本”的生产理念。

【本章小结】

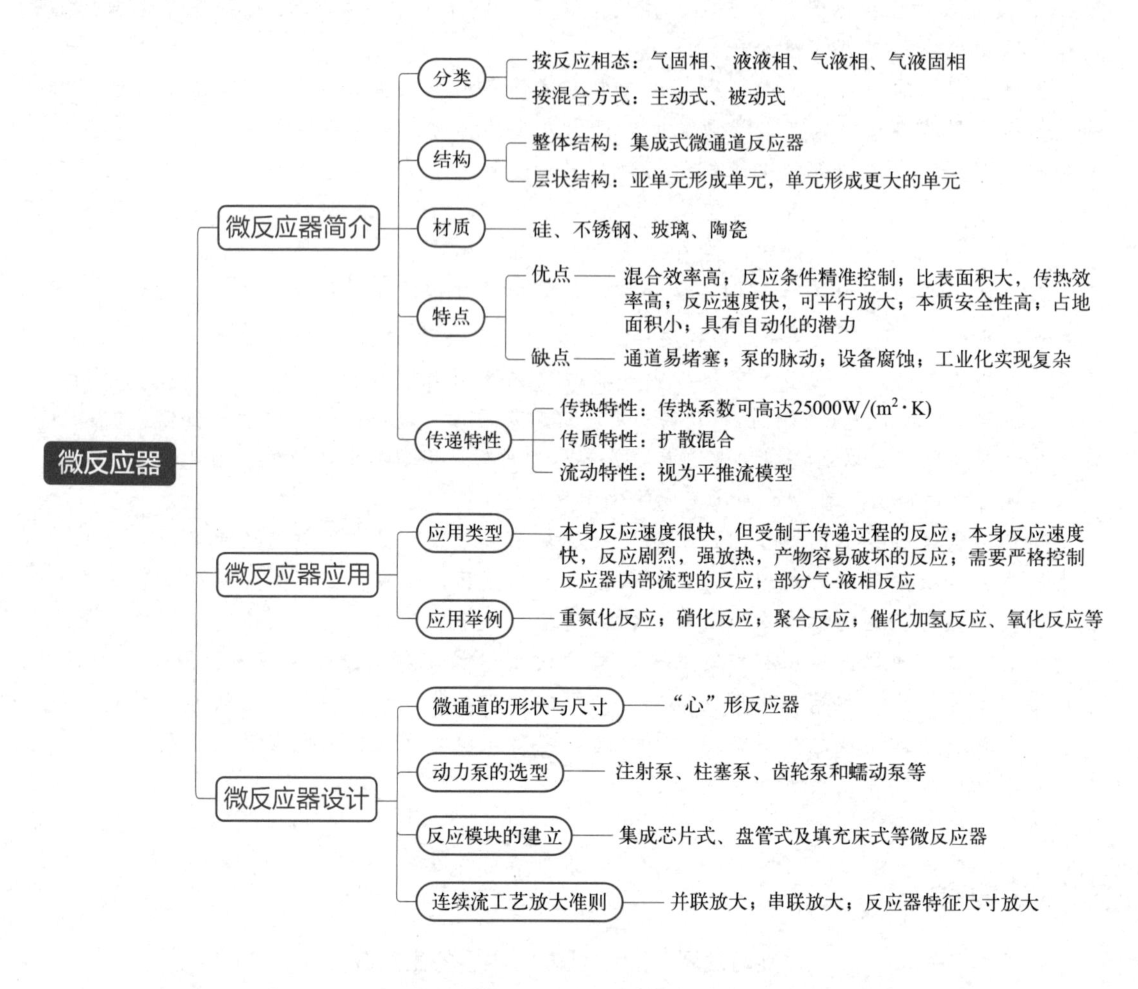

【自测习题】

（一）填空题

1. 微反应器是一种利用________和________制造的一种新型的、微型化的化学反应器，通道尺寸一般在________以下，也被称作“微通道反应器”。

2. 微反应器按照反应相态的不同，可分为________、________、________和________；按照混合方式的不同，可分为________和______________。

3. 与传统釜式反应器相比，微反应器的内部结构达微米至毫米尺寸，具有________、________和________。

4. 微反应器的本质是一种________反应器。

5. 集成式微通道反应器包括化工单元所需要的________、________、________等。

6. 微反应器的常见材质有__________、__________、__________和__________。

7. 微反应器可应用于本身反应速度________，但受制于传递过程的反应。

8. 微反应器内部物料的混合主要受________的影响，局部也有________。

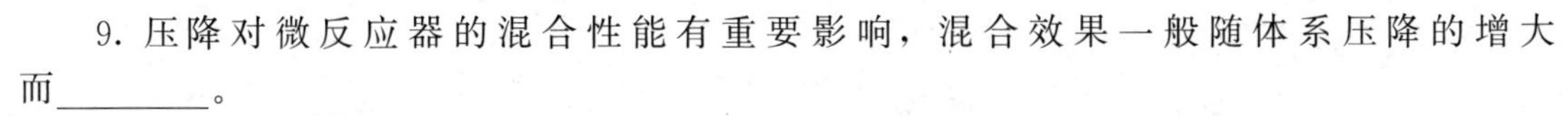

9. 压降对微反应器的混合性能有重要影响，混合效果一般随体系压降的增大而________。

10. 微反应器的放大策略包括以下三种：__________、__________、__________。

（二）思考题

1. 与传统反应器对比，微通道反应器的优势有哪些？
2. 微通道反应器的类型有哪些？
3. 微通道反应器的最大特点是什么？
4. 查阅资料，了解微通道反应器在危化反应中的应用。
5. “心”形微通道反应器有哪些优点？

【主要符号】

t_{min}——达到完全混合所需的时间，h

l——传递距离，m

D——扩散系数

Nu——努塞尔数

Sh——舍伍德数

Re——雷诺数

h——传热系数

d——管径

k——传质系数

λ_i——层流摩擦系数

ω_i——混沌二次流摩擦系数

ε——能量损耗率

项目八

其他类型反应器

【学习目标】

知识目标

(1) 熟悉三相反应器的分类及特征。

(2) 了解生化反应器特点及工业应用。

(3) 了解电化学反应器特征及应用。

技能目标

(1) 能够分析小众反应器内的流体流动特征。

(2) 能够进行简单的聚合反应器设计。

(3) 能够对电化学反应器进行分析。

素质目标

(1) 具备创新性思维。

(2) 具备团结协作、安全意识和责任意识。

(3) 具备化工操作的基本职业素养。

任务一 认识气液固三相反应器

气液固三相反应，如许多矿石的湿法加工过程中固相为矿石的三相反应，石油加工和煤化工中许多存在固相催化剂的三相催化反应等。气液固三相反应是反应工程中的一个新兴领域，具有巨大的、现实的以及潜在的应用价值。

一、气液固三相反应器的类型

根据气液固三相的物料在反应物系中所起的作用，可以将反应器分为下列几种类型。

(1) 反应器中同时存在二相物质，各相不是反应物，就是反应产物。比如气体和液体反应生成固体反应产物就属于这一类，具体的如氨水与二氧化碳反应生成碳酸氢铵结晶等。

(2) 采用固相为催化剂的气液催化反应，例如煤的加氢催化液化，石油馏分加氢脱硫等。

(3) 气液固三相中，有一相为惰性物料，虽然有一相并不参与化学反应，但从工程的角度看，仍属于三相反应的范畴。例如采用惰性气体搅拌的液固反应，采用固体填料的气液反应，以惰性液体为传热介质的气固反应等都属此类。

工业上常用的气液固三相反应器按照床层的性质主要分成两种类型，即固体处于固定床和固体处于悬浮床，下面分别进行介绍。

1. 固定床三相反应器

所谓固定床三相反应器是指固体静止不动，气液流动的气液固三相反应器。根据气体和液体的流向不同，可以分为三种操作方式：气体和液体并流向下流动，气体和液体并流向上流动以及气体和液体逆向流动（通常液体向下流动，气体向上流动），见图 8-1。在不同的流动方式下，反应器中的流体力学、传质和传热条件都有很大的区别。

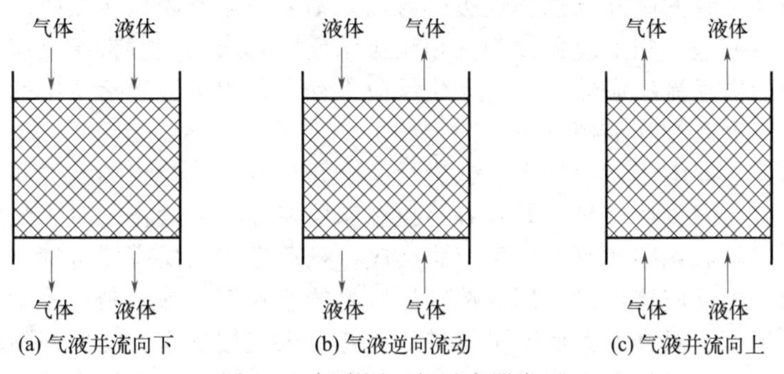

图 8-1　气液固三相反应器类型

三相反应器中液体向下流动，在固体催化剂表面形成一层很薄的液膜，和与其并流或逆流的气体进行接触，这种反应器统称为滴流床或涓流床反应器。正常操作中大多采用气流和液流并流向下流动的方式，见图 8-1(a)。这种反应器对石油加工中的加氢反应特别有利。工业滴流床反应器使用广泛，具有许多优点：整个操作处于置换流状态，催化剂被充分润湿，可以获得较高的转化率；反应器操作液固比很小，能够使均相反应的影响降至最小。在气液固反应过程中，气液界面和液固界面的传质及传热阻力都很重要，滴流床反应器中液膜很薄，这两种界面阻力能结合起来，使总的液膜阻力比其他类型三相反应器要小，并流操作的滴流床反应器不存在液泛问题。滴流床三相反应器的压降比鼓泡反应器小。

滴流床反应器也有缺点。在大型滴流床反应器中，低液速操作的液流径向分布不均匀。如沟流、旁路可能引起固体催化剂润湿不完全，并且引起径向温度不均匀，形成局部过热，从而使催化剂迅速失活并使液层过量汽化，这些都不利于滴流床反应器的操作。滴流床反应器中，催化剂颗粒不能太小，而大颗粒催化剂存在明显的内扩散影响。加氢脱硫过程中催化剂孔道堵塞将引起催化剂严重失活。滴流床反应器中还可能存在明显的轴向温升，形成热点，有时可能飞温，这时，可以沿轴向引入一股或多股“冷激流体”，以控制升温。

2. 悬浮床三相反应器

气液固三相反应器中，当固体在反应器内以悬浮状态存在时，则称为悬浮床三相反应器。它一般使用细颗粒固体，根据使固体颗粒悬浮的方式不同，将其分为：①机械搅拌悬浮式；②不带搅拌的悬浮床三相反应器，用气体鼓泡搅拌，也称为淤浆鼓泡反应器；③不带搅拌的气液两相并流向上而颗粒不被带出床外的三相流化床反应器；④不带搅拌的气液两相并流向上而颗粒随液体带出床外的三相输送床反应器，或称为三相携带床反应器；⑤具有导流筒的内环流反应器。

机械搅拌悬浮三相反应器依靠机械搅拌使固体悬浮在三相反应器中，适用于三相反应器的开发研究阶段及小规模生产。淤浆鼓泡三相反应器从气-液鼓泡反应器变化而来，将细颗粒物料加入气-液鼓泡反应器中，固体颗粒依靠气体的支撑而呈悬浮状态、液相是连续相，与机械搅拌悬浮三相反应器一样，适用于反应物和产物都是气相，固相是细颗粒催化剂的淤浆鼓泡三相床催化反应器，强化了床层传热及保持等温。显然淤浆鼓泡三相反应器比机械搅拌悬浮三相反应器更适于大规模生产，这是三相床催化反应器中使用最广泛的型式。如果液相连续地流入和流出三相床反应器，而固体颗粒仍然保留在反应器内，即三相流化床。三相流化床是在液-固流态化的基础上鼓泡通入气体，固体颗粒主要依靠液相支持而呈悬浮状态。如果固体颗粒随同液相一起呈输送状态而连续地进入和流出三相床，固体夹带在液相中，即三相输送床或三相携带床。显然三相流化床反应器需要有从液相分离固体颗粒的装置，而三相携带床需要有淤浆泵输送浆料。如果将三相床催化反应器中的惰性液相热载体改为能对气相产物进行选择性吸收的高沸点选择性吸收溶剂，则溶剂需要脱除所吸收的气体而再生循环使用，就要将淤浆鼓泡三相反应器改为三相流化床反应器或三相携带床反应器。

具有导流筒的内环流反应器常用于生化反应工程。若用于湿法冶金中的浸取过程，称为气体提升搅拌反应器或帕丘卡槽。

悬浮床三相反应器由于存液量大，热容量大，并且悬浮床与传热元件间的传热系数远大于固定床，所以容易回收反应热，并且容易控制床层在等温下操作。对于强放热复合反应并且其副反应是生成二氧化碳和水的深度氧化反应，悬浮床三相反应器可抑制其超温从而提高选择率；悬浮床三相反应器可以使用高浓度反应物的原料气，并控制在等温下操作，这在气固相催化反应器中由于温升太大而不可能进行。悬浮床三相反应器使用细颗粒催化剂，可以消除内扩散过程的影响，但由于增加了液相，不可避免地增加了气体中反应组分通过液相的扩散阻力。悬浮床三相反应器采用易于更换、补充失活的催化剂，但又要求催化剂耐磨损。如果必须使用三相流化床或三相携带床，则需充分考虑三相流化床操作时液固分离的技术问题及三相携带床淤浆输送的技术问题。

二、滴流床三相反应器

滴流床三相反应器与前面讨论的用于气固相催化反应的固定床反应器相类似。区别是后者只有单相流体在床内流动，而前者的床层内则为两相流体（气体和液体）。显然，两相流的流动状况要比单相流复杂。原则上在滴流床中气液两相可以并流，也可以逆流，但在实际中以并流操作为多数。并流操作可以分为向上并流和向下并流两种形式。流向的选择取决于物料处理量、热量回收以及传质和化学反应的推动力。逆流时流速会受到液泛现象的限制，而并流则无此限制，可以允许采用较大的流速。因此，滴流床反应器是一种气液固三相固定床反应器，由于液体流量小，在床层中形成滴流状或涓涓细流，故称为滴流床或涓流床反应器。

滴流床反应器一般都是绝热操作。如果是放热反应，轴向有温升。为防止温度过高，一般使气体或部分冷却后的产物循环。

对于常用的气液并流向下的滴流床反应器，滴流床内气液两相并流向下的流动状态很复杂，它取决于气液流速、催化剂的颗粒大小与性质、流体的性质等，而且直接影响滴流床的持液量和返混等反应器性能。所以，确定床层的流动状态是研究滴流床反应器性能的基础。一般按气液不同的表观质量流速[$kg/(m^2 \cdot h)$]或表观体积流速[$m^3/(m^2 \cdot h)$]，可以把气液并流向下滴流床内的流动状态大致分为四个区，即气液稳定流动滴流区、过渡流动区、脉冲流动区、分散鼓泡区。

1. 气液稳定流动滴流区

当气速较低时，液体在颗粒表面形成层流液膜，气相为连续相，这时的流动状态称为“滴流状”。若气速增加、颗粒表面出现波纹状或湍流状的液流，由于气流曳力的作用，有些液体呈雾滴状悬浮在气流中，称为“喷射流”。滴流与喷射流的转变不明显，喷射时气相仍为连续相。

2. 过渡流动区

继续提高气体流速，就进入过渡区，这时床层上部基本上是喷射流，床层下部则出现脉冲现象。在过渡区流动既不完全是喷射流，又不完全是脉冲流，两者并存。

3. 脉冲流动区

随着气速进一步增大，脉冲不断出现，并充满整个床层。液体流速一定时，脉冲的频率和速度基本不变，脉冲现象具有一定的规律性。当液体流速增加时，脉冲频率也增加。

4. 分散鼓泡区

再增大气速，各脉冲间的界限变得不易区分，达到一定程度后，形成分散鼓泡区。这时液相成为连续相，气体则呈气泡状存在，成为分散相。

形成不同区域的最大气速与液体流速有关。液体流速越大，越易形成脉冲区与鼓泡区。

三、淤浆鼓泡反应器

浆态反应器与滴流床反应器的基本区别是前者所采用的固体催化剂处于运动状态，而后者则处于静止状态；此外，前者的气相为分散相，而后者则为连续相。浆态反应器广泛用于加氢、氧化、卤化、聚合以及发酵等反应过程。

浆态反应器主要有四种不同的类型，即机械搅拌釜、环流反应器、鼓泡塔和三相流化床反应器，如图 8-2 所示。机械搅拌釜及鼓泡塔在结构上与气液反应所使用的没有原则上的区别，只是在液相中多了悬浮着的固体催化剂颗粒而已。环流反应器的特点是器内装设一导流筒，使流体以高速度在器内循环，一般速度在 20m/s 以上，大大强化了传质。三相流化床反应器的特点是液体从下部的分布板进入，使催化剂颗粒处于流化状态。与气固流化床一样，随着液速的增加，床层膨胀，床层上部存在一清液区，清液区与床层间具有清晰的界面。气体的加入较之单独使用液体时的床层高度要低。液速小时，增大气速也不可能使催化剂颗粒流态化。三相流化床中气体的加入使固体颗粒的运动加剧，床层的上界面变得不那么清晰和确定。

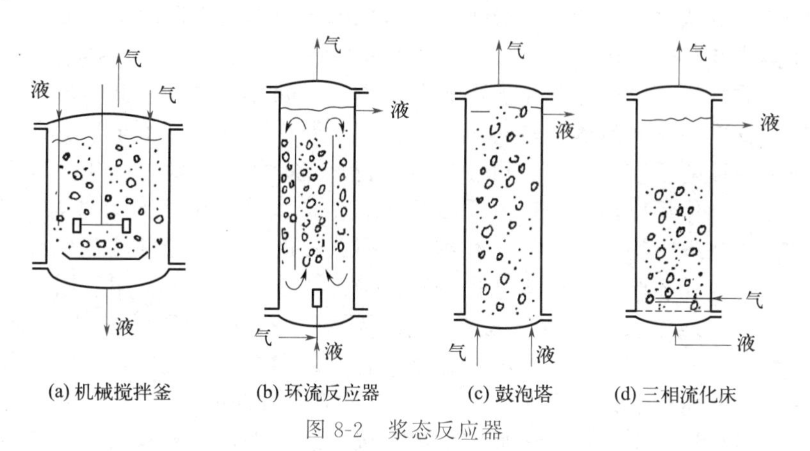

图 8-2 浆态反应器

图 8-2(b)、(c) 和 (d) 所示的三种浆态反应器，其中催化剂颗粒的悬浮全靠液体的作用。由于三者结构上的差异和所采用的气速和液速的不同，器内的物系处于不同的流体力学状态。图 8-2(a) 所示的机械搅拌釜则是靠机械搅拌器的作用使固体颗粒悬浮。

图 8-2(c) 所示的鼓泡塔是以气体进行鼓泡搅拌，也称为鼓泡淤浆床反应器。它是从气液鼓泡反应器变化而来，将细颗粒物料加入气液鼓泡反应器中去，固体颗粒依靠气体托起而

呈悬浮状态，液相是连续相，所以它的基础是气液鼓泡反应器。

与其他浆态反应器类似，作为催化反应器的鼓泡淤浆床反应器有如下优点：①床内催化剂粒度细、不存在大颗粒催化剂颗粒内传质和传热过程对化学反应转化率、收率及选择性的影响；②床层内充满液体，所以热容大，与换热元件的传热系数高，使反应热容易移出，温度容易控制，床层处于恒温状态；③可以在停止操作的情况下更换催化剂；④不会出现催化剂烧结现象。但此类反应器也存在一些不足，如对液体的耐氧化和惰性要求较高，催化剂容易磨损，气相呈一定的返混等。

鼓泡淤浆床反应器是以气液鼓泡反应器为基础的，床内的流体力学特性与气液鼓泡反应器相同或接近。主要有流型、固体完全悬浮时的临界气速、气含率与气泡尺寸分布。

任务二 了解生化反应器

生化反应器是利用生物催化剂进行生化反应的设备，是生化产品生产中的主体设备。它在理论、外形、结构、分类和操作方式等方面基本上类似于化学反应器。但是生化反应器用于进行酶反应、动植物细胞培养、常规微生物和基因工程菌的发酵，所以底物的成分和性质一般比较复杂，产物类型很多，且常常与细胞代谢等过程紧密相关。因此，生化反应器又有其自身的特点，一般应满足：①能在不同规模要求上为细胞增殖、酶的催化反应和产物形成提供良好的环境条件，即易消毒，能防止杂菌污染，不损伤酶、细胞或固定化生物催化剂的固有特性，易于改变操作条件，使之能在最适合条件下进行各种生化反应；②能在尽量减少单位体积所需功率输入的情况下，提供较好的混合条件，并能增大传热和传质速率；③操作弹性大，能适应生化反应的不同阶段或不同类型产品生产的需要。

一、生化反应器的类型

生化反应器可以从多个角度进行分类，最常用的是根据反应器的操作方式，将其分为间歇操作、连续操作和半间歇操作等多种类型。根据操作方式对生化反应器进行分类能反映出反应器的某些本质特征，因而是常用的一种分类方法。间歇操作反应器的反应物料一次性投料一次性卸出，反应物系的组成仅随时间变化，属于非稳态过程。由于它适合于多品种、小批量、反应速率较慢的反应过程，又可以经常进行灭菌操作，因此在生化反应工程中常采用这种反应器。连续操作反应器具有产品质量稳定、生产效率高的优点，适合于大批量生产。特别是它可以克服在进行间歇操作时，细胞反应所存在的由于营养基质耗尽或有害代谢产物积累造成的反应只能在一段有限的时间内进行的缺点。连续操作主要用于固定化生物催化剂的生化反应过程。但是连续操作一般易发生杂菌污染，而且操作时间过长，细胞易退化变异。半间歇操作是一种同时兼有上两种操作某些特点的操作，它对生化反应有着特别重要的意义。例如存在有基质抑制的微生物反应，当基质浓度过高时会对细胞的生长产生抑制作用。若利用半间歇操作，则可控制基质浓度处在较低的水平，以解除其抑制作用。此种半间歇半连续操作又常称补料分批培养，或称流加操作技术。在此种操作过程中，由于加料，反应液体积逐渐增大，到一定时间应将反应液从反应器中放出。如果只取出部分反应液，剩下的反应液继续进行补料培养，反复多次进行放料和补料操作，此种方法又称重复补料或重复流加操作。

常用的另一种分类方法是根据反应器的结构特征来进行。其中包括釜式、管式、塔式、膜式等。它们之间的主要差别反映在其外形和内部结构上的不同。还有一种分类方法是根据反应器所需能量的输入方式来进行的，其中有机械搅拌式、气体提升式、液体喷射环流式等。

二、机械搅拌式反应器

机械搅拌式反应器是目前工业生产中使用最广泛的一种生化反应器。医药工业中第一个大规模的微生物发酵工程是青霉素生产，它是在机械搅拌式反应器中进行的。迄今为止，对新的生物过程，首选的生物反应器仍然是机械搅拌式反应器。机械搅拌式反应器能适用于大多数的生物过程，是已经形成标准化的通用设备。对于工厂来说，使用的通用设备，对不同的微生物发酵具有更大的灵活性。因此通常只有在机械搅拌式反应器的气液性质或剪切力不能满足生物过程时才会考虑选用其他类型的反应器。

机械搅拌式反应器最大特点是操作弹性大，对各种物系及工艺的适应性强，但其效率偏低，功率消耗较大，放大困难。

三、气升式反应器

气升式反应器是在鼓泡塔反应器的基础上发展起来的，它以通入的气体为动力，靠导流装置的引导，形成气液混合物的总体有序循环。器内分为上升管和下降管，通入气体的部分，气含率高，相对密度小，随气泡上升，气液混合物向上升，至液面处大部分气泡破裂，气体由排气口排出；剩下的气液混合物相对密度较上升管内的气液混合物大，由下降管下沉，形成循环。

根据上升管和下降管的布局，可将气升式反应器分为两类。一类称为内循环式，上升管和下降管在反应器内，具有同一轴心线，在器内形成循环；内循环式的结构比较紧凑，导流筒可以做成多段，用以加强局部及总体循环，导流筒内还可以安装筛板，使气体分布得以改善，并可抑制液体循环速度。另一类称为外循环式，通常将下降管置于反应器外部，可以在下降管内安装换热器以加强传热，且更有利于塔顶及塔底物料的混合与循环，加强传热。

气升式反应器结构简单，不需搅拌，因此造价较低，易于清洗和维修，不易染菌，传质和传热效果好，易于放大，剪切应力分布均匀，能耗较低，装料系数可达80%～90%。但是要求的通气量和通气压头较高，使空气净化工段的负荷增加，而且对于黏度较大的发酵液，氧传递系数较低。

四、其他型式的生化反应器

1. 液体喷射环流型

液体喷射环流型反应器有多种形式。它们是利用泵的喷射作用使液体循环，并使液体与气体间进行动量传递达到充分混合。该类反应器有正喷式和倒喷式两类。其特点是气液间接触面积大，混合均匀，传质、传热效果好和易于放大。

2. 固定床生化反应器

固定床生化反应器的基本原理是反应液连续流动，通过静止不动的固定化生物催化剂。固定床生化反应器主要用于固定化生物催化剂反应系统。根据物料流向的不同，可分为上流式和下流式两类。其特点是可连续操作，返混小，底物利用率高和固定化生物催化剂不易磨损。

3. 流化床生化反应器

通过流体的上升运动使固体颗粒维持在悬浮状态进行反应的装置称为流化床反应器。多用于底物为固体颗粒，或有固定化生物催化剂参与的反应系统。

流化床中固体颗粒与流体的混合程度高，所以传质和传热效果好，床层压力降较小，但是固体颗粒的磨损较大。流化床生化反应器不适合有产物抑制的反应系统。

为改善其返混程度，现又出现了磁场流化床反应器，即在固定化生物催化剂中加入磁性物质，使流化床在磁场下操作。

流化床可用于絮凝微生物、固定化酶、固定化细胞反应过程以及固体发酵，近年来也有用于培养贴壁动物细胞的例子。流化床的典型例子为固体基质制曲过程（气固流化床），以及用絮凝酵母酿造啤酒（液固流化床）。固定化细胞流化床已应用于生产乙醇和废水的硝化和反硝化，在生化行业中液固流化床更为常见。

4. 膜反应器

是将酶或微生物细胞固定在多孔膜上，当底物通过膜时，即可进行酶催化反应。由于小分子产物可透过膜与底物分离，从而可防止产物对酶的抑制作用。这种反应与分离过程耦合的反应器，简化了工艺过程。

生化反应器目前正向大型化和自动化的方向发展，而生化反应器的规模与生物过程的特性紧密相关。重组人生长激素的大规模生产只有 200L，医药工业中传统的微生物次级代谢发酵产品青霉素已经达到了 $200m^3$ 的规模，大的废水处理生物反应器有 $15000m^3$。这些生物反应器的形式和操作方法是各不相同的。反应器体积的增大，可以使生产成本下降。但反应器的大型化也会受到传热和传质能力的限制，随着生物催化剂活性的提高和反应器体积的增大，对生化反应器传递性能的要求将会更高。

任务三 了解电化学反应器

一、电化学反应器的特点

实现电化学反应的设备或装置统称为电化学反应器，它被广泛地应用于化工、能源等各个部门。在电化学工程的三大领域，即工业电解、化学电源、电镀中应用的电化学反应器，包括各种电解槽、电镀槽、一次电池、二次电池、燃料电池。它们结构与大小不同，功能与特点迥异，然而却具有以下一些基本特征。

（1）都由两个电极（第一类导体）和电解质（第二类导体）构成。

（2）都可归入两个类别，即由外部输入电能，在电极和电解液界面上促成电化学反应的电解反应器，以及在电极和电解质界面上自发地发生电化学反应产生电能的化学电源反应器。

（3）反应器中发生的主要过程是电化学反应，并包括电荷、质量、热量、动量的四种传递过程，服从电化学热力学、电极过程动力学及传递过程的基本规律。

（4）电化学反应器是一种特殊的化学反应器。首先它具有化学反应器的某些特点，在一定条件下可以借鉴化学工程的理论和研究方法；其次它又具有自身的特点，如在界面上的电子转移及在体相内的电荷传递，电极表面的电势及电流分布，以电化学方式完成的新相生成（电解析气及电结晶）等，而且它们与化学及化工过程交叠、错综复杂，难以沿袭现有的化工理论及方法解释其现象，揭示其规律。

二、电化学反应器的类型

电化学反应器作为一种特殊的化学反应器，可以从不同的角度进行分类。通常是根据反应器结构和反应器工作方式进行分类。

1. 按照反应器结构分类

（1）箱式电化学反应器　这是应用最广的电化学反应器，一般为长方形，具有不同的三维尺寸（长、宽、高），电极常为平板状，大多为垂直平行地放置于其中。箱式反应器应用广泛，结构简单，设计和制造较容易，维修方便。但缺点是时空产率较低，难以适应大规模连续生产以及对传质过程要求严格控制的生产。

箱式电化学反应器既可间歇工作，也可半间歇工作。蓄电池是典型的间歇反应器，在制造电池时，电极、电解质被装入并密封于电池中，当使用电池时，这一电化学反应器既可放电，亦可充电；电镀中经常使用敞开的箱式电镀槽，周期性地挂入零件和取出镀好的零件，这显然也是一种间歇工作的电化学反应器；然而在电解工程中，例如电解炼铝、电解制氟及很多传统的工业电解，应用更多的是半间歇工作的箱式反应器。大多数箱式电化学反应器中电极都垂直交错地放置，并减小极距，以提高反应器的时空产率。然而极距的减小往往受到一些因素的限制，例如在电解冶金槽中，要防止因枝晶成长导致的短路，在电解合成中要防止两极产物混合产生的副反应，为此，有时需在电极之间使用隔膜。箱式反应器中很少引入外加的强制对流，而往往利用溶液中的自然对流，例如电解析气时，气泡上升运动产生的自然对流可有效地强化传质。

箱式反应器多采用单极式电联结（图 8-3），但采用一定措施后也可实现复极式联结。

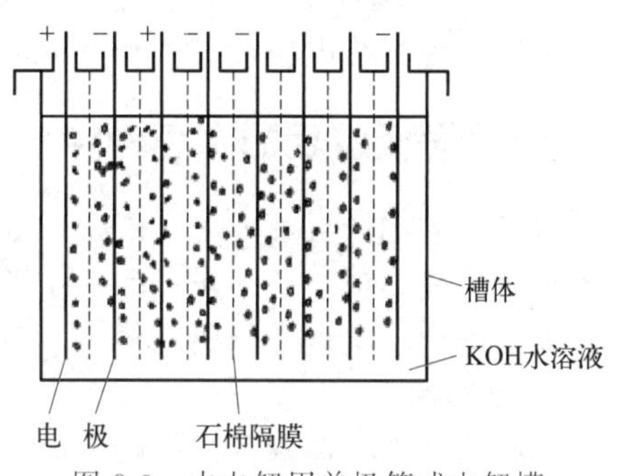

图 8-3　水电解用单极箱式电解槽

（2）板框式或压滤机式电化学反应器　这类电化学反应器由单元反应器重叠并加压密封组合（图 8-4），每一单元反应器均包括电极、板框和隔膜等部分，在工业电解和化学电源中应用广泛。

这类电化学反应器由很多单元反应器组合而成，每一单元反应器都包括电极、板框、隔膜，电极可垂直或水平安放，电解液从中流过，不需另外制作反应器槽体。一台压滤机式电化学反应器的单元反应器数量可达 100 个以上。

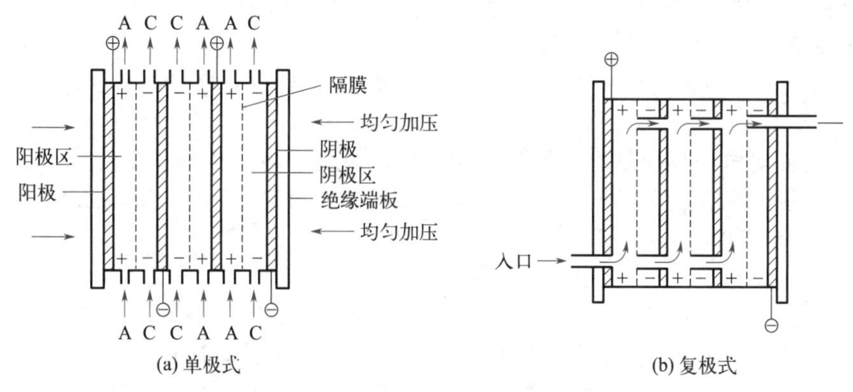

图 8-4　板框压滤机式电化学反应器

A—阳极液；C—阴极液

压滤机式电化学反应器的特点：

① 单元反应器的结构可以简化及标准化，便于大批量地生产。

② 可选用各种电极材料及膜材料满足不同的需要。

③ 电极表面的电位及电流分布较为均匀。

④ 可采用多种湍流促进器来强化传质及控制电解液流速。

⑤ 可以通过改变单元反应器的电极面积及单元反应器的数量较方便地改变生产能力，形成系列适应不同用户的需要。

⑥ 适于按复极式联结（其优点为可减小极间电压降，节约材料，并使电流分布较均匀），也可按单极式联结。

压滤机式电化学反应器还可组成多种结构的单元反应器。压滤机式电化学反应器的单极面积增大时，除可提高生产能力外，还可提高隔膜的利用率，降低维修费用及电槽占地面积。压滤机式电化学反应器的板框可用不同材料制造，如非金属的橡胶和塑料以及金属材料，前者价格较低，但使用时间较短，维修更换耗费时间，后者使用时间长，但价格较高。

在电化学工程中压滤机式电化学反应器已成功用于水电解、氯碱工业、有机合成（如己二腈电解合成）以及化学电源（如叠层电池、燃料电池）。

（3）结构特殊的电化学反应器　为增大反应器中的比电极面积、强化传质、提高反应器的时空产率，而研制的多种特殊结构的电化学反应器。

2. 按反应器工作方式分类

可以分为间歇式电化学反应器、置换流式电化学反应器和连续搅拌箱式电化学反应器。

3. 按反应器中工作电极的形状分类

可以分为二维电极反应器和三维电极反应器。

三、电化学反应器的主要构件

尽管按不同的分类方式，电化学反应器有许多形式，每一种形式的电化学反应器又是由各种构件组成。但是几乎所有的电化学反应器，在设计或选型时都要遇到三个主要方面的选择，即电解槽、电极、隔膜。

1. 电解槽

电解槽是由槽体及其内部的阳极、阴极、电解液、膜和参比电极组成。最简单的电解槽内部只有阳极、阴极和电解液。当电解槽内只有阳极和阴极时，称为两电极型；有参比电极时称为三电极型；电解槽内没有隔膜时称为一室型；用隔膜将阳极室和阴极室分开的称为两室型。电解槽的具体形式很多，根据需要可以设计成各种形状。

2. 电极材料

电极材料应该对所进行的电化学反应具有最高的效率，为此，它至少应该有以下几种特性。

① 电极表面对电极反应具有良好的催化活性，电极反应的超电势要低。

② 一般来说，它在所用的环境下应该是稳定的、不会受到化学或电化学的腐蚀破坏。

③ 是电的良导体。

④ 容易加工，具有足够的机械强度。

实际上，很难同时满足上述所有要求。电极催化活性随反应而异，而且一般具有催化性能的物质都是比较昂贵的。工业上常将它们涂布在某种较便宜的基底金属上，如阳极基体用钛，阴极基体用铁、锌和铅等。稳定性的问题也是相对的，所谓惰性阳极也是有一定的使用寿命。目前氯碱工业中应用 DSA 阳极寿命已远超过电解槽里的其他部件，而且受到导电性和机械性能的限制。

3. 隔膜

有些电化学过程，必须把阴极液和阳极液隔开，以防止两室的反应物或产物相互作用或混合，从而造成不良的影响。选择隔膜的原则如下。

① 电阻率低，具有良好的导电性能，以便减少电解槽的欧姆电压降。

② 能防止某些反应物质的扩散渗透。

③ 足够的稳定性和长的使用寿命。

④ 价廉、易加工、无污染等。

事实上，这些原则也是相对的，可根据电解过程的实际而确定所选用的隔膜。隔膜通常分为两大类，即非选择性的隔膜和选择性的离子交换膜。

非选择性隔膜是多孔材料，其作用只是降低两极间的传递速率，而不能完全防止因浓度梯度存在所发生的渗透作用，这类物质一般价廉、容易得到。离子交换膜是具有高选择性的隔离膜，它仅让某种离子通过，而阻止其他离子穿透，性能十分优良，但价格昂贵。在隔膜材料中，聚四氟乙烯是一种新型材料，它具有耐浓酸、浓碱和所有的有机溶剂的特性，即使温度高达 530K，它仍然保持稳定。

任务四　了解聚合反应器

聚合反应是把低分子量的单体转化成高分子量的聚合物的过程，实现这一过程的反应器称为聚合反应器。从本质上讲，聚合反应器与前面讨论的其他化学反应器没有多少区别，只是针对聚合反应系统的高黏度、高放热的特点，在解决传热与流动两大问题上采取了一些措施。

一、聚合反应器的类型

聚合反应器的种类多种多样，按反应器的型式可分为搅拌釜（槽）式、塔式和管式反应器，还有一些特殊型式的聚合反应器。聚合反应器的型式，根据聚合工艺的要求而定。同一类反应器有它自己的规律，但可以用于多种反应系统。因此聚合反应工程的任务就是要设法找到聚合反应的特性与聚合反应器的特性两者之间的最佳匹配。下面对部分聚合反应器做一简单介绍，便于读者对它们的特性和应用有个概括性的了解。

二、常用聚合反应器

1. 釜（槽式）聚合反应器

应用最广泛的是釜式聚合反应器，这是进行聚合反应的主要反应器型式。此类反应器的主要特点是依靠搅拌器使物料得以良好地混合。搅拌作用使物料处于流动状态，从而增大了物料与反应器换热面之间的传热系数。在连续操作时，由于物料的返混，使得反应器内反应物料的浓度比进料浓度低得多。在全混流状态下，它就等于反应器的出口浓度。这就大大降低了反应速率，导致放热速率也大大减小。因此釜式聚合反应器的一个突出优点就在于它解决了聚合热的去除问题。此外，为了保持非均相聚合中粒子的悬浮，也要依靠搅拌。选用搅拌器的型式主要根据物料的黏度而定，当反应物料黏度较低时，搅拌桨直径与釜径之比可以小些，转速则较快。当黏度较大时，搅拌桨叶直径应增大，并与釜径接近，桨叶末端与反应器内壁空隙减小，这样可以使所有物料都能承受到搅拌作用。但此时转速较慢，也可以达到同样的要求而不使消耗功率过大。当釜的高径比为 2.0～2.5 或更高时，可设置多层桨，各层间距为桨叶直径的 1.0～1.5 倍。

2. 塔式聚合反应器

塔式聚合反应器多用于连续生产，并且对物料的停留时间有一定要求。在合成纤维中，塔式聚合反应器所占的比例有 30％左右，主要用于一些缩聚反应。在本体聚合反应和溶液聚合反应中，应用也很广泛。如生产聚己内酰胺的连续塔。单体己内酰胺从顶部加入，这时物料黏度较小，缩聚的初始阶段所生成的水变成气泡从顶部排出，而物料则沿塔下流。由于依靠壁外夹套的加热，使物料黏度不致太高，所以使物料得以依靠重力而流动。塔内还装有横向碟形挡板，使物料返混减少，停留时间均一。对于聚己内酰胺的连续塔，根据其结构不同，还有不少改进的型式。再如本体聚合法生产聚苯乙烯的塔式反应器、三个塔串联操作的苯乙烯连续本体聚合的塔式反应器等。

3. 管式聚合反应器

在聚合物的生产中，管式反应器的应用远不及在其他化工产品的生产中普遍，只在少部分聚合物的生产中有所运用。在尼龙-66（聚己二酰己二胺）的熔融缩聚生产中，其预聚合反应器即为管式反应器。另一个例子是乙烯的高压聚合，管内压力可达300MPa以上，管长可达1000m。由于物料黏度高，易于粘壁，故操作中常使压力做周期性的脉动，以便把附着于管壁处的物料冲刷下来。

三、特殊型式聚合反应器

实际生产中，除了上述常见的聚合反应器外，还有许多特殊型式的反应器，以便满足一些特殊的聚合体系或者对聚合物的特殊要求。这些特殊类型的聚合反应器都是以处理高黏度下的聚合系统为目的。例如供本体聚合或缩聚后阶段用的所谓后聚合反应器在继续进行聚合的同时，还需要把残余单体或缩聚生成的小分子物质脱除。所以往往一方面要通过间壁传热以保持相当高的温度，一方面还要减压，并且使表面不断更新，以便于小分子的排出。此外，为了防止粘壁或存在死区，在结构上还有种种特殊的考虑。目前特殊型式的聚合反应器中有的已在工业上应用，但更多的还处在研究阶段。

根据反应器结构型式的不同，特殊型式的聚合反应器有板框式聚合反应器、卧式聚合反应器、捏合机式聚合反应器、螺杆挤出式聚合反应器、履带式聚合反应器、流化床聚合反应器等。

四、聚合反应器选择原则

1. 满足聚合反应的特性

同一种聚合物可以用不同的聚合方法生产，但在决定采用何种方法前，应考虑采用何种催化剂（或引发剂）、聚合速率的大小及其可控性、反应体系的黏度和杂质等对反应的影响、产物性能等问题。不同的聚合方法需选择适宜的聚合反应器。如对于悬浮聚合、乳液聚合等低黏度体系，采用釜式反应器，并配以适当的搅拌桨叶及除热方式已能满足工艺要求。但对本体聚合、溶液聚合由于体系黏度高，常采用特殊型的聚合反应器。考虑到聚合过程中的黏度变化，可把本体聚合过程分成几段，采用不同型式反应器的组合以适应不同的操作条件。

2. 经济效益的合理性

经济效益是工业化生产首先要考虑的问题，其中包括操作方式、设备容积效率、操作弹性、生产能力、开停车难易程度、设备能否大型化等。表8-1列出间歇操作与连续操作的优缺点。两种操作方式各有利弊，应综合考虑产量、品种、产品质量等要求来决定。

表8-1 间歇操作与连续操作的比较

连续操作	间歇操作
(1)适应少品种的大量生产 (2)产品质量均一,波动小 (3)操作人员少 (4)大型化容易	(1)适用于小规模,多品种的生产 (2)产品质量变动大 (3)操作人员多 (4)技术容易但所需时间长

是否有利于反应控制也是选择间歇或连续操作的一个因素。如乙烯聚合时的聚合热很高，在高压聚乙烯生产时，要达到规定的20%转化率生产条件下的聚合速率很高，而要在间歇操作的条件下完成这样的反应无法避免爆聚。另一方面聚乙烯是在高温、高压下聚合而得，用间歇操作时由于开停车十分困难，辅助时间长。由于以上各种原因，高压聚乙烯用连续法生产。氯乙烯悬浮聚合时，由于聚合物粒子易于粘壁故采用间歇操作。又如乳液聚合时，采用多釜连续反应器可分别控制各釜的搅拌速度、平均停留时间及温度以满足生产工艺及产品质量的要求。

在选择聚合反应器时，设备的容积效率也应予以注意。进行非零级反应时，理想混合流反应器达到规定转化率所需的反应器体积 V，总比平推流（或间歇反应器）反应器的体积 V_p 大，转化率越高 V 可比 V_p 大几十倍，所以在连续操作时不应追求过高的转化率。但转化率低，单体回收量增加，操作费用也相应提高。从传热角度来看，管式反应器的容积效率高，但传热主要依靠夹套，所以在扩大反应器时传热能力受到限制。相反釜式反应器虽然容积效率低，但在以传热能力作为反应操作控制因素时，可通过物料的预冷、增添附加传热面等方式来达到工艺要求。

3. 聚合反应器特性对聚合物质量的影响

平均聚合度、聚合度分布、支化度等是决定聚合物性能的重要因素，不同的反应器会对它们产生不同的影响。高压聚乙烯生产可分为管式和釜式二类。釜式法得到的产物支化度大，而管式法小。其原因主要是釜式反应中单体浓度低，聚合物浓度高，所以活性链向聚合物的链转移反应容易发生；而管式反应器从总体上说单体浓度比釜式高，反应器中聚合物平均浓度产物的支化度也就小。

按聚合反应的特性及过程控制的重点，可将聚合反应器的选型简要归纳如下。

(1) 重点在于确保反应时间的场合可选用塔式反应器。

(2) 重点在于除去聚合热的场合可选用搅拌釜式反应器。

(3) 控制聚合速度和去除平衡过程中产生的低分子的场合可选用搅拌式反应器、薄膜型或表面更新型反应器。

(4) 以控制反应产物颗粒性状为主的场合可选用乳化、分散型搅拌釜，需要在强剪切下进行反应的场合可选用桨叶与壁面间隙较小的反应器。

项目九 化学反应过程开发案例

【学习目标】

知识目标

（1）了解反应过程开发的两种常用方法。

（2）了解两种方法的基本特征。

（3）了解反应过程开发的基本步骤。

技能目标

（1）能综合分析温度和浓度对反应动力学的影响。

（2）能够进行反应过程开发的工程问题分析。

（3）能够进行动力学的计算。

素质目标

（1）具备化工生产相关职业资格的基本素质。

（2）具备一定的科研素养、工程思维。

（3）具备高级技能人才的技术改造开发的基本素质。

通过前面内容的学习已经知道工业反应过程通常包含化学过程与物理过程。二者同时存在导致过程变得异常复杂。在对某一个反应过程进行深入研究开发时，就需要考虑多方面的影响。目前有些方法在化工单元操作的开发放大过程中已经得到了应用，但是对反应过程的放大方面还是存在一些困难。

过程开发方法主要有逐级经验放大方法和数学模型方法，也是以实验过程为基础的。逐级经验放大方法完全依赖于实验，数学模型方法本质上也是以实验为基础。工业化学反应过程的成功开发，既需要化学反应工程理论的指导，也需要实验方法论的指导，取决于反应工程研究和开发设计人员的专业素养和实践经验。

本项目主要介绍化学反应过程开发中常用的基本方法和特征，以及通过案例阐述反应过程从小试到放大实验的基本路径。

任务一 了解过程开发基本方法

化工过程开发是指一全新的化工过程，或已经部分改变的化工过程从实验室研究过渡到大规模工业生产的整个过程。

一、过程开发方法概述

就反应过程而言，研究通常是从化学实验室开始的，当在化学实验室中取得了某项发现，例如发现了一条新的反应路线，或发现了某种新的反应方式，或发现了某种新的催化剂，并在技术经济上对这项发现作出了有利的评价后，研究过程就进入了以建设一套生产装置为目标的开发阶段。一个完整的工业反应过程开发就其核心问题而言需要解决以下三方面的问题：

（1）反应器的选型；

（2）反应器操作的优选条件；

（3）反应器的工程放大。

接下来重点介绍两种有代表性的过程开发方法，即逐级经验放大方法和数学模型方法。

（一）逐级经验放大方法

长期以来，化工生产过程中的开发工作是以逐级经验放大方法为基本方法。逐级经验放大方法基本步骤是：

（1）通过小试确定反应器型式（结构变量）；

（2）通过小试确定优选工艺条件（操作变量）；

（3）通过逐级中试考察几何尺寸变化的影响（几何变量）。

显然，逐级经验放大一方面反映了设备由小型经中型再到大型工业装置的逐级放大的过程，另一方面也表明了开发过程的经验性质，即开发过程是依靠实验探索逐步来实现的。这就是说，逐级经验放大方法完全依赖于实验所得到的结果，从实验室装置一步一步地扩大规模进而向工业生产规模过渡。可以看出，逐级经验放大方法有如下基本特点。

1. 着眼于外部联系，不研究内部规律

逐级经验放大方法首先根据在各种小型反应器实验结果的优劣评选反应器型式，即进行反应器的选型。在选定的反应器型式中对各种工艺条件——温度、浓度、压力、空速等进行实验，从反应结果的优劣评选适宜的工艺条件，即确定优选的工艺条件。在这一基础上进行几种不同规模的反应器实验，观察反应结果的变化，推测放大后的反应结果。可以看出，上述研究方法的共同点是考察变量与结果的关系，也就是输入和输出的关系，或称外部联系。这种工作方法是把反应器作为一个“黑箱”处理，它既不需要事先知道反应器内进行的实际过程，在研究考察之后也不了解过程的内部规律。

在逐级放大过程中，有一个现象不能忽视，伴随着装置规模的放大，往往会产生所谓的“放大”效应。如果在逐级放大过程中发现反应结果有一定的恶化，就说明这一过程有放大效应。至于怎么会有放大效应，是什么因素造成了这种放大效应，应该采取何种措施才能减轻或消除这种放大效应，在逐级放大过程中并不能找到准确的答案。化工过程中所谓的放大效应其实只是一种现象的表达，并不是一种原理，并不能指明改进的方向。

2. 着眼于综合研究，不试图进行过程分解

反应器内进行的是多种过程，既有化学的又有物理的，既有流动的又有传质和传热的。各个过程又有各自的规律，对反应结果有不同程度的影响。逐级经验放大方法不能对上述各种过程做出分别的研究与考察，只能将不同的化学和物理过程都同时综合在一起进行考察，因此，其结果必然分不清各个因素对反应结果产生怎样的效应。也就是说，只能找到综合的宏观原因，例如：温度、压力、浓度、空速和催化剂等笼统的原因，无法找到具体的、真实的原因，比如：流体流速分布、停留时间分布和传递等方面的原因。

3. 人为地规定了决策序列

一般而言，反应结果是结构变量、操作变量和几何变量的函数，但是这三类变量之间存在着交互的影响，即这三类变量可以是交联的，但是逐级经验放大方法却把这三类变量看成是相互独立的，可以逐个依次确定的。例如，第一步是在小试的评比中确定反应器的优选型式，这意味着在小试中谁优，则大型化时仍然是谁优。换言之，它否认了几何尺寸对反应器选型的影响，认为几何尺寸的影响和结构形式的影响是相互独立的。而在第二步的小试中确定的优选的工艺条件，同样意味着几何尺寸不致明显改变优化的工艺条件，如果认为几何尺寸改变后优选的工艺条件也将有相应的变化，那么，小试中寻找优选的工艺条件也就失去了意义。事实上，有些情况下几何尺寸的变化会对工艺条件有较大的影响，比如釜式反应器的直径和搅拌器的大小比例，对物理过程存在着明显的影响。

由此可见，逐级经验放大方法所遵循的决策序列是人为的，并不是科学论证的结果。

4. 放大过程是外推的

逐级经验放大方法中进行几种不同尺寸反应器的实验，从中考察几何尺寸的影响，然后进行放大设计。不难看出，这是在进行外推。大家都知道，外推是很不可靠的，某种因素也许在一定的尺度范围内是渐变的，或呈线性的变化关系；超出这一范围后也许会有剧变甚至突变。因此，将在小尺寸范围内进行的考察结果外推到大尺寸时就有风险。所以逐级经验放大过程中有时需要经历好几个中间试验的层次，造成开发工作旷日持久的后果。

（二）数学模型方法

逐级经验放大方法从方法论角度看，还有一个严重的缺陷。工业反应器中发生的过程有化学反应过程和传递过程两类。在设备自小型至被放大的过程中，化学反应的规律并没有发生变化。设备尺寸的变化主要影响到流体流动、传热和传质等过程。真正随设备尺寸而变的不是化学反应过程的规律而是传递过程的规律。因此，需要跟踪考察的实际上也只是传递过程的规律。然而，各级中试之所以耗费巨大，主要是由于化学反应，因为要进行化学反应，就必须全流程运转以提供原料以及处理反应产物。这里存在着一个明显的矛盾——目的和手段之间的矛盾。这一矛盾的根源在于逐级经验放大方法总是综合地对过程进行研究，而不是分解成几个子过程分别加以研究，并在最后予以综合。

针对上述矛盾，数学模型方法首先将工业反应器内进行的过程分解为化学反应过程和传递过程，然后分别地研究化学反应规律和传递过程规律，如果经过合理的简化，这些子过程都能用方程表述，那么工业反应过程的性质、行为和结果就可以通过方程的联立求解获得。这一步骤可称作过程的综合，以表示它是分解的逆过程。

由于化学反应规律不因设备尺寸而变，所以化学反应规律可以在小型装置中测取。传递规律受设备尺寸的影响较大，因而必须在大型装置中进行，但是由于需要考察的只是传递过程，无须进行化学反应，所以完全可以利用空气、水和砂子等廉价的模拟物料进行实验，以探明传递过程规律，这种实验通常称为冷模实验，显然，冷模实验即使以很大的规模进行也不致耗费过多。

按数学模型方法进行的工业反应过程开发工作可以分为以下四个基本步骤：

（1）小实验研究化学反应规律；

（2）大型冷模实验研究传递过程规律；

（3）计算机上的综合，预测大型反应器的性能，寻找优选的条件；

（4）中间试验检验数学模型的等效性。

这里要说明的是，冷模实验研究的是大型反应器中的传递规律，它是反应器的属性，基本上不因在其中进行的化学反应而异，特定的工业反应过程只是特定的化学反应规律和这些传递规律的结合，也就是说，对于一个特定的工业反应过程，化学反应规律是其个性，而反应器中的传递规律则是其共性。

具备了传递过程规律和小试测定的反应过程规律，就可直接设计工业反应器，这样就不存在设备的放大问题。“放大”一词的内涵是从一个小型反应器出发经过中间试验，放大到工业规模的反应器。数学模型方法本身并不意味着必须要有这么一个由小型反应器和中间规模的反应器以供放大之用，而是直接可以通过计算获得一个大型反应器的设计。

尽管要在计算机上进行综合，尽管各个子过程必须要用方程进行描述，尽管对各个子过程进行分别研究的最终结果是描述该过程的数学模型，但是，实验在数学模型方法中仍占有主导地位。

在数学模型方法中，中试仍然是一个重要环节。与逐级经验放大方法不同的是，中试的目的不再是实验搜索大的规律，因此，中试不再是放大的起点。在数学模型方法中，中试的目的是对模型化的结果作出检验。从这个意义上，中试也意味着一个开发阶段的结束。如果模型计算与中试结果不同，则必须检查是中试原因，还是模型所反映的规律与实际不同。如属后者，则应修正模型。

综上所述，数学模型方法的基本特征是：①过程的分解；②过程的简化。这两个基本特征是密切关联，互为基础、互为前提的，过程分解给简化创造了有利的条件。反之，没有简化，也得不到数学模型，也就不能综合。

二、两种开发方法的对比

分析了上述两种开发方法的基本特征以后，就不难看出，这两种方法呈现鲜明的对照。这两种方法无论是出发点还是工作方法都是全然不同的，逐级经验放大方法立足于经验，并不需要理解过程的本质、机理或内在规律，而是一切凭借实验结果，这是它的主要出发点。正因为它不要求对过程本质的认识，因此，即使过程异常复杂，该方法仍可被沿用，对研究者的理论素养并不苛求。

数学模型方法则立足于对对象的深刻认识，只有有了深刻的理解，才能作出恰当的分解和简化。而且，它不仅要求对过程有深刻的定性的理解，还要求做到准确的定量的理解，以便能将这种理解表示成方程，显然，这个要求是相当苛刻的。也正因为如此，尽管数学模型方法在逻辑上是非常合理的，从方法论上说也是很科学的，但其实际应用直到目前仍然是有限的。它一方面要求有可靠的反应动力学方程，另一方面，又要求有大型装置中的传递方程，对于复杂的反应系统，就很难得出准确的可靠的反应动力学方程，与反应动力学相比较，更缺乏、更困难的是大型装置中的传递过程规律。有些复杂的反应器，如流化床反应器等，其中的传递规律至今尚未能定量地作出描述。

在工作方法上两者也是大相径庭的。不同的出发点有不同的工作方法，这是很自然的。以小试为例，逐级经验放大方法的小型实验的目的是寻优，即寻找优选的工艺条件。因而实验装置在形状和结构上应当尽量模拟工业反应装置，实验点的安排通常采用网格法、优选法或正交设计法等。而数学模型方法的小型实验的目的是建立反应动力学模型。因而其实验装置不在于是否与工业反应装置相仿，而在于尽可能排除传递过程的影响，从而获得真正的反应动力学规律，而实验的计划首先是充分揭示反应的特征，以便设想简化的动力学模型，然后进行模型的检验和模型参数的估值。中间试验则显示了更多的不同，逐级经验放大方法利用逐级的中试探求设备几何尺寸变化造成的放大效应；数学模型方法则设计中试以检验模型化的结果。

三、反应过程开发的基本原则

上述的两种开发方法实际上是两个极端：一个不要求对过程有任何认识和理解，另一个则不仅要求对过程有深刻的定性的理解，而且要求有足够准确的定量的理解。显然，如果所处理的问题在过程上是简单的，在设备上同样是简单的，或者通过分解和简化可以使之足够简单，就完全可以既有定性又有定量的理解，那么，完全可以采用较为科学的数学模型方法。反之，如果过程和设备两者之中有一个极为复杂，人们仍理解极少，那么，也只能采用逐级经验放大法。然而，大多数实际的化学反应过程问题并不是如此极端的，实际问题的复杂性往往是介于两者之间的中间情况。现在经常遇到的情况是，对过程有所理解，但又未能达到足够准确的定量的理解，采用数学模型方法并不现实。但是，由于对过程还是有相当的理解，再用纯经验的逐级经验放大方法又不甘心。显然，应当探索在这种中间情况下的正确的开发方法。

我们所要处理的问题是工业反应过程，所应凭借的手段主要是实验。当然，逐级经验放大方法完全依靠实验。即使是数学模型方法，在很大程度上也依赖于实验，对于对象的深入认识依赖于实验；模型的检验和参数的估值也依赖于实验，综合的结果也需要中试的验证。但是，实验同样需要理论指导，否则将成为盲目的实验，因此，开发实验必须有理论的指导，包括：

(1) 反应工程理论的指导；

(2) 正确的实验方法论的指导。

只有将开发工作置于这两方面的理论知识的指导下，开发工作才能大大简化，开发工作开发的周期才能大大缩短。

(一) 反应工程理论的指导

将开发工作置于反应工程理论的指导从根本上摆脱了逐级经验放大方法的纯经验性质。

由上述分析可以看到，两种开发方法实际上是两个极端，一个是不要求对过程有深入的认识和理解，另一个则不仅要求对过程有深刻的定性的理解，而且要求有足够准确的定量描述。然而，实际过程的复杂性，往往既非对过程有完整的、全面的深入理解，从而可以完全采用数学模型方法进行过程开发研究，也非对过程一无所知，以致不得不采用纯经验的逐级放大。当前，化学反应工程学科经过了半个多世纪的发展，给大多数化学反应过程和反应器提供了相当多的规律性知识。化学反应工程理论能够为过程开发工作提供理论指导，提供一些有利于思考问题的依据。

概括起来，化学反应工程在以下基础理论研究方面已经为开发工作创造了许多有利的依据。

1. 概括了各种宏观动力学因素

化学反应工程虽是以化学反应为研究对象，但因在化学反应器中存在着流体流动、传质和传热等过程，对化学反应产生各种有利或不利的影响。这些因素通常称为工程因素或宏观动力学因素，例如，物料在连续流动反应器中的返混及停留时间分布可能对反应结果产生严重影响；物料之间的微观混合对快速反应会产生不良的后果；多态及热稳定性对强放热气固相催化反应是特别需要加以注意的问题；甚至加料方法的不同或是操作方式的变化也会得出截然不同的反应结果。

2. 提供了大量重要概念和科学结论

反应工程学科通过对最基本的化学反应（包括简单反应、可逆反应、平行反应和连串反应等）大量的单因素研究，通过理论推导和数学运算，得出以下重要概念和结论：

（1）在低转化率（<50%）时返混的影响较小，可以不予考虑；高转化率（>95%）时，其影响很大。因而要充分重视化学反应末期的动力学特征。

（2）对于气相慢反应，预混合问题可以不予考虑；对于快反应，预混合可能严重影响反应选择率，而反应快慢的分界是秒级，即反应所需时间为几秒的属慢反应，反应时间为分秒级的属快反应。

（3）对气固相强放热催化反应，催化剂颗粒与气流主体间可以存在明显温差，从而对反应结果带来很大的影响，而反应热强弱的标志不是摩尔反应热，而是反应物系的绝热温升。

这些重要的概念和结论给过程开发研究工作带来了极大的好处和便利，在小试阶段，它就能提醒我们哪些影响因素对过程是重要的，应加以仔细研究；而哪些是可忽略的，从而使实验工作得到极大的简化。相应地，如在开发研究工作中遇到问题，也能提供一些解决方案。

3. 提供了若干重要类型反应器的传递特征

反应工程的理论和实验已经对一些典型的工业反应器，如釜式反应器、管式反应器、固定床反应器、流化床反应器、鼓泡塔反应器等进行了大量研究，掌握了这些反应器的型式、结构特征和传递特性。

应该指出，由于反应工程理论研究对过程已作种种简化假定，与实际情况会有明显偏离，因此仍然只能作为定性的或半定量的估计。然而，在实际反应过程开发研究中，化学反应工程理论指导仍可体现在下述两个方面：一是反应工程理论可以决定哪些因素必需予以重视，哪些因素可以忽略，即可提供工程因素利与弊的半定量指导；二是对不同类型反应器结构、操作方式、操作条件等各种工程因素对反应场所温度和浓度产生的影响程度进行预示，并确定相应的对策。

应用反应工程理论指导过程开发工作还需要具备相应的工程思维方法，就是要求把反应器型式、操作方式以及操作条件等对反应结果的影响分解为以下三个部分，如图 9-1 所示。

一是反应器型式、操作方式和操作条件对有关工程因素产生影响。

二是各种工程因素对实际反应场所温度和浓度产生影响。需要指出的是温度和浓度是指实际反应场所的温度和浓度，而不是指反应器进口、也不是指反应器出口的温度和浓度。例如，气固相催化反应过程，实际反应场所的温度和浓度是指催化剂表面的温和浓度。

三是实际反应场所温度、浓度通过化学反应的温度效应和浓度效应对反应速率和反应选择性产生影响，从而改变反应结果。

由图 9-1 可见，整个反应过程的问题可分解为两大部分：即动力学问题和工程问题。

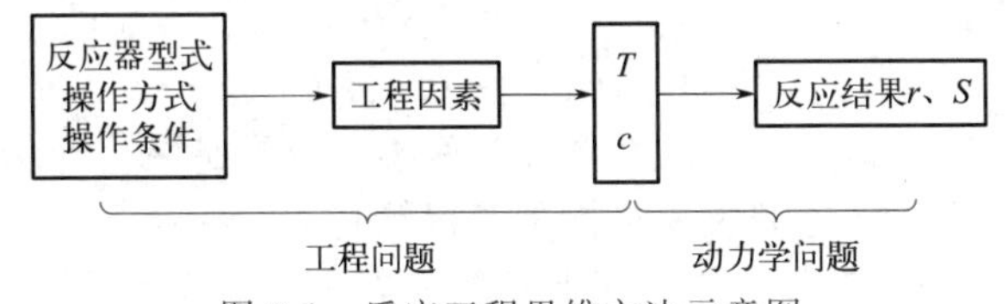

图 9-1 反应工程思维方法示意图

动力学问题是化学反应规律的研究，是反应的个性问题。化学反应规律可以在小型装置中通过实验揭示，反应工程理论已把反应分为若干典型的反应类别和特征。

工程问题则是反应器的传递规律研究，工程因素将改变反应场所的温度和浓度。传递规律是反应器属性，基本上不因在其中进行的化学反应而异，可以采用冷模实验研究。

因此，在反应过程开发研究中，可通过小型装置研究反应规律，然后应用反应工程理论思维方法，与工程因素相结合，研究确定反应器型式和合理的工艺条件，并预测放大过程中可能出现的变化。

（二）正确的实验方法论的指导

采用实验探求客观事物的规律需要有实验方法论的指导，以期用最少的实验获得最明确可靠的结论。面对复杂的工程问题，需要将实验数减少到可以接受的程度，因而必须寻找简化实验的方法。

要使实验大幅度简化，必须充分认识并利用对象的特殊性，这是正确的实验方法论的一条重要原则。可以认为，特殊性来自两个方面：①过程的特殊性；②工程问题的特殊性。

过程的特殊性是显而易见的，因为反应有不同的类型，有其个性。反应设备也有各种型式。在不同的反应设备中进行不同的反应，若用同一种方法去研究，去安排实验，显然是不合理的。逐级经验放大方法的一个重要缺陷在于，对不同的过程用同一种方法去处理，不考虑对象的特殊性。而数学模型方法则立足于过程的分解和简化，是以对象的特殊性为着眼点的。不同的过程可以作不同的分解和简化，这是数学模型方法的精华。是否充分利用了过程的特殊性是实验计划优劣的重要标志。

工业反应过程开发属于工程研究。工程问题有其复杂的一面，也有其简单的一面。工程问题会伴有一些强烈的约束条件，使许多因素受其约束而使实验得以简化。所以，应当判断特定工程问题的特殊性，充分运用这种特殊性来简化实验。

综上所述，正确的开发方法应当在反应工程和正确的实验方法论的指导下进行。要充分利用对象的特殊性规划实验，简化实验。

任务二 反应过程开发案例分析

综合分析了工业反应过程开发的方法、原则和相关因素的影响之后，本节内容以丁二烯氯化制二氯丁烯为例介绍工业反应过程开发的基本过程。

一、反应过程特性研究

丁二烯氯化反应是利用丁二烯和氯气进行气相均相热氯化反应生成产品二氯丁烯的过程，这是一个快速的放热反应。即使在常温下反应也能很快地进行。产品二氯丁烯为无色透明的液体。主反应式为

$$C_4H_6+Cl_2 \longrightarrow C_4H_6Cl_2$$

反应过程伴有多种副反应，副反应产物大体分为两类：一类是氯代产物；另一类是多氯加成产物。由于反应速率很快，优化的主要目标是获得较高的选择性。

根据反应工程理论的指导，首先要分析其反应特征。为此采用如图 9-2 所示的实验反应器。

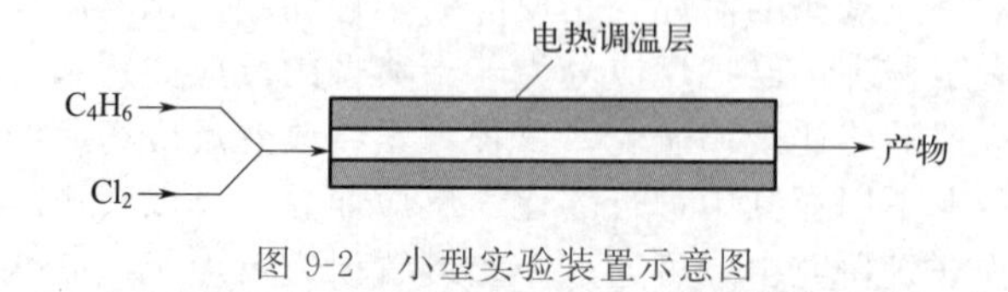

图 9-2 小型实验装置示意图

丁二烯和氯气经 Y 形管混合后进入管式反应器，管外绕电热丝以调节反应器内温度。

选用这种简单的管式反应器只是为了方便，其目的是初步认识反应的特征。

1. 温度影响分析

首先进行第一组实验，观察反应温度对选择性的影响。

实验结果发现，反应在常温下也能快速地进行，但是氯代副产物很多。随着温度上升，氯代副产物逐渐减少，高温时氯代副产物变得极少，其含量只占百分之几。高温与低温的大致分界线是270℃。实验表明：低温利于氯代反应，高温有利于加成反应。用反应动力学的语言，就是加成反应活化能大于氯代反应活化能。因此，从这一结论可知，这一反应的温度效应要求反应器内不出现低温区。

为使反应器内不出现低温区，最直接的办法是将两种原料气各自预热，然后进入反应器。但是丁二烯容易在预热器中发生自聚，造成换热面的污染，使换热器不能长期运转。因此，从工程观点考虑，不宜采用原料预热的方法，免得后患无穷。

另一个办法是不预热原料，利用返混使进入反应器的冷料与已在反应器中的热料迅速混合，使冷料温度可以立即提高到270℃以上，正如全混流反应器中所提及，充分的返混将使反应器内各处的浓度和温度均匀，且等于反应器出口的浓度和温度。

那么，实现返混最直接的方法是机械搅拌，这样必须有轴封，而又在高温氯介质中工作，腐蚀因素将会产生不少问题。另一实现返混的方法是利用高速射流将周围的气体吸入射流。即将原料丁二烯和氯气以高速射流形式喷入反应器，周围已经反应的热气体将被吸入，并借射流内部的高度湍流使物料迅速混合并且升温。

假定反应器内温度维持在300℃，进入的丁二烯、氯气的温度为30℃，为了使进入的冷料迅速升温到270℃以上，被射流吸入的气量按管式循环反应器中循环比β计算可得，循环气量应为进料气量的8倍以上。为保证这一吸入量，近似地用维持自由射流（即无约束射流）计算进行估算。估算结果表明：射流速度维持在100m/s左右，吸入气量可达射流气量的十余倍。而100m/s的气速，喷嘴的阻力也不会超过0.05MPa，工程上是完全可以实现的。因此，利用原料气的动量完全可以达到所需的返混比，不需采用机械搅拌。

根据反应的温度效应，为消除反应器内低温区，选择喷射返混式反应器，因此该反应器的唯一特征是返混。然后从反应工程理论进一步考虑返混是否引起反应选择性的变化。因为返混这一工程因素将改变实际反应场所的温度和浓度。在丁二烯氯化反应中返混有利于消除反应器内的低温区，使氯代副产物含量降低至百分之几，而返混还将改变反应器内的浓度分布，是否会使选择性变化还需要进一步实验验证。

2. 浓度影响分析

最直接的方法是制造一个小型的返混式反应器，但制作小的机械搅拌反应器或者小型喷射式返混反应器，不仅难以加工，而且操作也十分困难。实际上，并不一定需要直接进行返混式反应实验。前面曾经学习过，返混对平行副反应级数低的反应有利，对平行副反应级数高的反应以及串联副反应都是不利的。丁二烯氯化反应中氯代副反应已因选择高温而相对被抑制，也就不需考虑，剩下的问题是多氯加成反应。多氯加成反应的可能发生途径如图9-3所示。

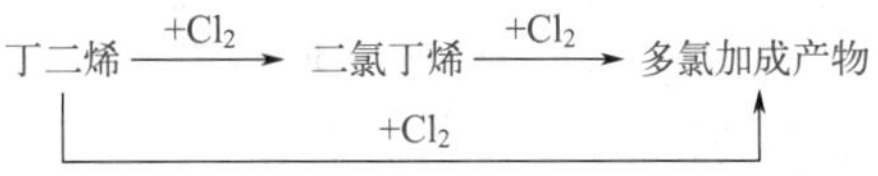

一是由多个氯同时与丁二烯作用生成多氯产物；另一个是由产物二氯丁烯与氯进一步发生反应生成多氯加成产物。由平行副反应生成多氯加成产物来看，由于需要多个氯同时作用，可以推测该反应对氯的浓度必然比较敏感，其对氯的级数绝不会小于主反应，即副反应级数高于主反应级数，这样返混对二氯丁烯主反应的选择性是有利的。于是，返混引起的浓度变化对选择性是否有害可以归结于二氯丁烯是否存在进一步的连

$$丁二烯 \xrightarrow{+Cl_2} 二氯丁烯 \xrightarrow{+Cl_2} 多氯加成产物$$

（丁二烯 $\xrightarrow{+Cl_2}$ 多氯加成产物）

图9-3　多氯加成产物可能生成途径

串副反应。这一命题的转化，将探索返混浓度的变化对选择性的影响转化为探索连串副反应是否存在，进而使实验工作大为简化。

为此，进行第二组实验，该实验仍在小型实验装置中进行。本次实验可将二氯丁烯汽化后与氯气混合通入反应器，考察反应器中是否出现多氯化合物，以此来验证连串副反应的存在。

实验结果表明：产品中出现大量的多氯化合物，证明连串副反应是存在的。也就是说返混将使选择性下降。于是，面临两种选择：一是放弃返混方案，寻找抑制氯代副产物的其他措施；二是坚持返混式，寻找其他抑制多氯副产物的措施。由于无法找到抑制氯代副产物的其他可行措施，因而只能寻找抑制连串副反应的方法。

3. 动力学方程测定

上述两组实验分别考察了反应的温度效应、证明了连串副反应的存在，但没有进行动力学测定。因此，只能暂时假定丁二烯氯化反应对丁二烯和氯都是一级反应，即

$$A \xrightarrow{+B(k_1)} R \xrightarrow{+B(k_2)} S \tag{9-1}$$

反应选择性 S_R 可以表示为 $S_R=\dfrac{k_1c_Ac_B-k_2c_Rc_B}{k_1c_Ac_B}=1-\dfrac{k_2}{k_1}\times\dfrac{c_R}{c_A}$　　(9-2)

由式(9-2) 可知，若要提高选择性可使丁二烯的浓度较高，但是由于返混的存在丁二烯的浓度不会很高，因此可以考虑将丁二烯的浓度过量，即人为提高浓度，使反应过程中丁二烯的浓度趋于一个定值，这样就可以大大提高反应后期的瞬时选择性。

理论思维的结论尚需要实验验证，可进行第三组实验，主要检验过量丁二烯对反应选择性的影响。实验仍在小型实验装置中进行，改变丁二烯和氯气的比值。实验结果表明过量丁二烯的作用是显著的，几乎没有明显的多余氯化物生成。

以上三组实验的结果确定了反应的工艺条件和反应器的选型：反应温度为 300℃左右；丁二烯过量；喷射式返混反应器。

二、反应器结构和操作条件

在确定了反应器型式和工艺条件后，进一步的工作是确定反应器的结构尺寸和优选工艺条件。完成这一工作，更应充分考虑工程问题。

1. 反应器的结构尺寸

通常，反应器体积取决于反应速率，但是丁二烯氯化反应速率极快，因此实际反应所需体积不大；同时，反应器体积过大并无害处，因为氯反应耗尽，在多余反应器体积中，不会造成不良后果。由此可以得出，反应器体积和结构尺寸对反应结果不会有直接关系。另一方面，从工程角度考虑，反应器内必须保证有足够大的返混。所以丁二烯氯化反应器体积和结构尺寸不是取决于反应速率，而是取决于满足大的返混比。

射流进入反应器后呈圆锥形展开，经一段距离后，线速度才降到一定的程度，由此可以决定反应器的长度。在该位置，呈圆锥形扩展的射流有一定的直径，反应器直径必须比此直径大并留有一定的余地以便气流能返回到喷嘴口附近，由此可以决定反应器的直径。这些是确定反应器尺寸的原则。按此原则，进行适当的冷模实验，就能确定合适的反应器尺寸以保证所需的返混比。

2. 丁二烯与氯气的配比

氯气流量由产量而定，反应释放的热量也随之而确定。若反应释放的热量不足以将冷原料升温到规定的温度（270℃）以上，那么反应器应另设供热装置；反之，如果反应释放的热量过剩，则反应器内应设冷却装置以移走热量。不论供热还是冷却装置，都会带来传热面

的沾污问题，造成操作上的隐患。最简单的方法是调节丁二烯与氯的配比，使反应释放的热量恰好等于丁二烯和氯气冷原料升温所需的热量，即反应器实现绝热操作。按热量衡算，可得原料中丁二烯和氯气配比应为 4∶1，这样丁二烯过量也足以达到选择性的要求。由此可见，原料气中实际配比并不仅仅取决于选择性的要求，也取决于绝热操作的要求。显然这是工程的约束强于工艺的要求。

虽然丁二烯氯化反应过程开发中没有反应动力学方程，也没有传递方程，但全部开发过程都依赖于反应工程理论的指导，都注意到利用反应对象的特殊性和工程问题的特殊性进行实验研究，实现了实验工作的简化。

三、中试研究和预混合措施

在年产 25t 的模型试验（模试）装置中检验开发的决策。在模试装置中其他条件和小试提供的条件一样，只是改变了丁二烯和氯气的进料方式，把喷嘴改为一同心双喷嘴。氯气进料量小于丁二烯进料量，氯气由管内喷出，丁二烯从环隙喷出。两股气流都以 100m/s 的速度喷入反应器。模试结果出现意料不到的现象，系统堵塞，到处是暗黑色的粉末。显然，从小试中已取得的认识无法解释这种现象。

可以认为，通过小试确定的决策是有理论依据，并经过实验检验的。在模试中唯一没有仔细考察过的是氯气和丁二烯的进料方式。小试中氯气和丁二烯是由 Y 形管预混合后进入反应器的，模试中由于考虑到氯气和丁二烯在低温下也会反应，因而二者是分别由喷嘴喷出后在反应器内混合的。这种预混合方法的变化没有事先在小试中进行过考察，为了弄清楚预混合是否会影响反应进程，或影响到黑色粉末的生成，必须重新进行小试探索。

为此可以进行第四组实验改变原料的混合方式。仍然采用小试装置进行实验，原料氯气和丁二烯不经 Y 形管预混合，分别从反应管进口两侧直接进入反应器，结果出现了大量黑色粉末，原来仅认识到反应是快速反应，但没有领悟到反应已快到预混合也成为过程重要的因素。实际上如果氯气和丁二烯预混合差，氯气微团较大，丁二烯向氯气微团边扩散边反应，此时实际反应场所中配比就不是丁二烯过量而是氯气大大过量，过量的氯能使丁二烯上的氢全部被氯所取代，从而形成碳链，由此可见，在模试中出现的炭粉是由于预混合不足造成的。也就是说，喷嘴有两重作用：一是返混；二是预混合。

在进行了大量工作改善了喷嘴结构和加工精度后，解决了上述问题，在模试中实现了稳定的连续操作，完成了过程开发的要求。

参考文献

[1] 朱炳辰．化学反应工程．5版．北京：化学工业出版社，2012.
[2] 陈炳和，许宁．化学反应过程与设备．4版．北京：化学工业出版社，2020.
[3] 李绍芬．化学反应工程．3版．北京：化学工业出版社，2013.
[4] 郭锴，唐小恒，周绪美．化学反应工程．北京：化学工业出版社，2017.
[5] 雷振友．反应过程与设备．北京：化学工业出版社，2013.
[6] 周波．反应过程与技术．3版．北京：高等教育出版社，2014.
[7] 左丹．反应器操作与控制．北京：化学工业出版社，2019.
[8] 陆敏．化学制药工艺与反应器．4版．北京：化学工业出版社，2020.
[9] 曹贵平．化学反应与化学反应器．上海：华东理工大学出版社，2011.
[10] 黄仲涛．工业催化．3版．北京：化学工业出版社，2020.
[11] 陈甘棠．化学反应工程．3版．北京：化学工业出版社，2020.
[12] 王安杰．化学反应工程学．2版．北京：化学工业出版社，2018.
[13] 梁斌．化学反应工程．3版．北京：科学出版社，2016.
[14] 许志美．化学反应工程．北京：化学工业出版社，2019.
[15] 王承学．化学反应工程．北京：化学工业出版社，2015.
[16] 王尚弟．催化剂工程导论．3版．北京：化学工业出版社，2015.
[17] 李倩，刘兴勤．化工反应原理与设备．3版．北京：化学工业出版社，2021.
[18] 陈敏恒，袁渭康．工业反应过程的开发方法．北京：化学工业出版社，2021.